一流本科专业一流本科课程建设系列教材

新形态·高等院校安全工程类特色专业系列教材

安全人机工程学

董陇军　编著

机械工业出版社

安全人机工程学是立足于安全的角度，研究人、机器与环境的关系，并利用系统分析方法实现人-机-环系统最优匹配的重点学科，是安全科学学科建设与发展的重要支柱。大数据时代信息技术的发展为安全人机工程学理论的革新与转型升级带来了新的机遇与挑战。本书作者经历多年安全人机工程学的教学与相关科研工作，在该学科原有框架体系的基础上，顺应当今信息时代的潮流，添加了新的知识理论。

安全人机工程学是安全工程专业的核心基础课程，本书作为该课程的配套教材，正是作者基于多年的教学积累和科研成果编著而成的。本书从安全工程专业本科教学的特点和"安全人机工程学"课程的教学要求出发，系统介绍了安全人机工程学研究的基础理论、方法和技术，全面展示了安全人机工程学的应用，整理分析了安全人机工程学研究的新技术与新方法，注重将安全融入人机系统设计、实施、运维全生命周期中，主要内容包括绪论、人的基本特性及感知系统、机的基本特性及其感知系统设计、人机界面安全设计、人的作业能力与可靠性分析、安全人-机-环系统的功能配置、人-机-环系统分析与安全评价、安全人机工程建模仿真、人-机-环系统事故致因理论及安全防控技术、安全人机工程学典型案例要点与分析、大数据时代智能安全人机工程。

本书主要作为安全工程以及机械工程、环境工程、应急技术与管理等相关专业的本科教材，还可作为相关专业研究生的教学参考书，同时可供相关科研人员和工程技术人员学习参考。

图书在版编目（CIP）数据

安全人机工程学/董陇军编著. —北京：机械工业出版社，2022.9（2025.3重印）

一流本科专业一流本科课程建设系列教材 新形态·高等院校安全工程类特色专业系列教材

ISBN 978-7-111-71687-7

Ⅰ.①安… Ⅱ.①董… Ⅲ.①安全工程-人-机系统-高等学校-教材 Ⅳ.①X912.9

中国版本图书馆 CIP 数据核字（2022）第 179107 号

机械工业出版社（北京市百万庄大街22号 邮政编码100037）
策划编辑：冷 彬 责任编辑：冷 彬 舒 宜
责任校对：张 征 张 薇 封面设计：张 静
责任印制：单爱军
北京虎彩文化传播有限公司印刷
2025 年 3 月第 1 版第 3 次印刷
184mm×260mm·29.5 印张·677 千字
标准书号：ISBN 978-7-111-71687-7
定价：89.00 元

电话服务 网络服务
客服电话：010-88361066 机 工 官 网：www.cmpbook.com
 010-88379833 机 工 官 博：weibo.com/cmp1952
 010-68326294 金 书 网：www.golden-book.com
封底无防伪标均为盗版 机工教育服务网：www.cmpedu.com

前　言

安全人机工程学是以安全科学理论为基础，包含机械工程、人因工程、控制技术、系统工程等多学科交叉融合的综合性学科。相比安全科学的其他二级学科，安全人机工程学融合的学科领域更为多样化，涉及面更为广泛。可见，安全人机工程学在安全科学理论体系中举足轻重。本书作者在长期的教学与科研过程中，秉承将安全理念彻底融入人-机-环系统的设计、实施、运行、维护全生命周期的思想，从安全的角度和着眼点，运用人机工程学的原理和方法解决人机结合面的安全问题，并为安全人机工程学的定义注入新的内涵，即安全人机工程学是运用生理学、心理学、环境学、人工智能等学科的知识，以安全舒适为目标，以工效为条件，使人、机、环境相互协调与适应，将安全融入人-机-环系统设计、施工（制造）、运行、维护的全过程满足人们生活与工作的需求，从而达到安全、高效的一门学科。

学科的发展对高校专业人才的培养和课程教学提出新的要求，"安全人机工程学"作为高校安全科学与工程专业的核心基础课程，其教材必须与专业人才培养目标及专业发展前景相适应。本书是作者顺应科学技术进步和社会经济发展趋势，依据当前高校专业教学内容与教学手段改革的实际需求，在对传统教材框架体系进行全面创新的基础上，秉承以人为本的思想编著而成的。

本书的内容设置符合安全科学与工程专业人才的培养目标，也符合社会发展的需要；整体编排与教学环节设计更加突出科学性、系统性、有效性、新颖性、广泛性、实用性，可充分满足当前高校安全专业的教学需求，为学生的个性培养及全面发展奠定坚实的专业基础。

本书由中南大学董陇军编著。邓思佳、陶晴、黄子欣、闫先航、王加闯、裴重伟等研究生协助完成了大量的资料收集与整理工作。

本书在编著完稿过程中，参考了国内外一些相关文献，在此向参考文献的作者表示衷心感谢。因学术水平和时间有限，书中难免有不足和有待商榷之处，敬请读者和各方面专家批评指正。

编著者

目　录

第 1 章
绪　论

学习目标

（1）了解人机工程学、安全人机工程学的起源与发展。

（2）掌握安全人机工程学的定义和研究对象。

（3）掌握安全人机工程学的研究内容和研究方法。

（4）了解安全人机工程学的学科前沿。

本章重点与难点

本章重点：人机工程学和安全人机工程学的定义和研究内容、安全人机工程的研究方法、安全人机工程学的前沿发展。

本章难点：安全人机工程学的研究内容和研究方法、人机工程学与安全人机工程学的区别、安全人机工程学在现代科学技术背景下的创新。

了解人类历史上人机工程学的发展，结合不同发展时期的典型事件与相关定义和内容，可以为学习安全人机工程学提供理论基础。另外，利用最新和前沿技术与方法，如传感技术、5G 技术、物联网、大数据、人工智能，介绍安全人机工程学领域在新时代背景下的变革与创新，以安全、舒适为目标，服务于人们生活和工作的需要。

1.1 人机工程学的起源与发展

人机工程学的形成和发展经历了漫长的历史阶段。广义上说，自有人类以来，就存在一种人机关系，这种关系是一种最原始、最简单的"人机关系"——人与工具的关系，这是一种简单的相互依存和相互制约的关系。"工欲善其事，必先利其器"，一方面，人需要适应工具，以达到自身的目的；另一方面，人也需要对工具、用器进行一定改造，以满足进一步的需求，人与机的关系自古以来就是无法分割的，这个道理早就被人类的祖先所认知。

工业革命以后，技术日新月异地向前发展，改革工具的需求也日益迫切。为此，有些学者开始了人机工程的相关研究，他们的研究方法和理论为后来的人机工程学的发展奠定了基础。

英国是世界上开展人机工程学研究最早的国家，但本学科的奠基性工作实际上是在美国完成的。所以，人机工程学有"起源于欧洲，形成于美国"之说。虽然人机工程学的起源可以追溯到 19 世纪，但是其作为一门独立的学科还只有 50 年左右的历史。人机工程学大致的发展可分为图 1-1 所示的四个阶段。

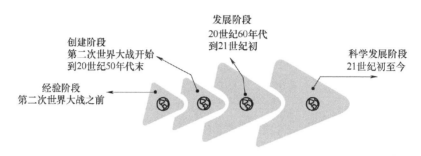

图 1-1　人机工程学发展的四个阶段

1.1.1　经验阶段

自人类社会形成以来，人类在求生存、求发展的过程中，创造各种各样的工具和器具，并利用这些工具和器具进行狩猎、耕种，从而形成了人与工具的关系——原始人机关系。在古老的人类社会中，虽然没有系统的人机工程学的研究方法，但人类通过生存经验和实践的启发所创造的各种简单工具，从形状的发展变化来看是符合人机学基本原理的。旧石器时代的石刀、石斧、骨针等工具大部分呈直线形状，这个形状比较利于人类使用；在新石器时代及青铜器时代的锄头、铲刀及石磨等工具，其形状是针对人手进行了改进的，更适合人的使用，那时的人类使用这些工具进行繁重的体力劳动时，提高劳动效率和保护自己这两方面的意识是同时存在的。我国古代的器具制造设计严谨、结构流畅、使用方便，体现古人智慧光芒的同时，也映射出我国传统人机工程学的思想。可见随着人类社会的发展，人类对工具的使用和改进不断发展，使用感受和经验不断积累，促使人机关系由简单向复杂、由低级向高级、由被动向主动逐渐发展。在旧石器时代、新石器时代和青铜器时代的人机关系及其发展是建立在人类不断积累的经验和生存需求上的，这也标志着人机关系及其发展过程进入人机工程学的经验阶段。

经历第一次工业革命和第二次产业革命后，人的劳动作业在复杂程度及负荷量上都有很大变化，人、机、环境三者也相应形成了更复杂的关系，人机工程学在该时期得到了一定的发展。尤其是 1830—1911 年，与人相关的特性研究取得了相当大的进展（表 1-1）。如 1884 年德国学者 Mosso 进行了人体疲劳试验研究，对作业的人体通以微电流，随着人体疲劳程度的变化，电流也随之变化，这样用不同的电信号来反映人的疲劳程度。这一试验研究为以后的安全人机工程学的形成打下了基础。Bloch 于 1885 年研究了人眼的感知情况与单个光脉冲刺激时间（持续时间）和刺激强度（脉冲强度）的关系，他指出，如果单个光脉冲的刺激时间及其刺激强度的乘积小于 Bloch 阈值，该光脉冲就不会被人眼感知。1898 年美国学者

Taylor 从人机学的角度出发，对铁锹的使用效率进行了研究。他用形状相同，铲量分别为 5kg、10kg、17kg 和 30kg 的四种铁锹去铲同一堆煤，试验结果表明，铲量为 10kg 的铁锹作业效率最高，随后他又做了许多试验，终于找出了铁锹的最佳设计和搬运煤屑、铁屑、沙子和铁矿石等松散粒状材料每铲最适当的质量，这就是人机工程学发展过程中著名的铁锹作业试验。Pavlov（1900 年）开展了条件反射的试验，训练动物学会对中性刺激做出反应。1911 年，Gilreth 对美国建筑工人的砌砖作业进行了试验研究，他通过快速摄影机把工人的砌砖动作拍摄下来，然后对动作展开分析，去掉无效动作，优化作业行为，最终实现工作效率的提高，使工人砌砖速度由当时的每小时 120 块提高到每小时 350 块。这一系列的研究与论证具有很强的工种针对性，不难看出，在这一时期，人们已经开始利用自身操作经验、管理经验等对人机工程学进行初步探索。

表 1-1　1830 年—1911 年典型的与人相关的特性研究

年份	学者	研究成果
1834 年、1890 年	Talbot 和 Plateau	当光线明暗周期变化时，如果其闪烁的频率高于闪烁融合频率阈值，那么人类就无法感觉到闪烁
1846 年	Weber	人对重量的感觉变化的最小阈值（最小可觉差）与物体本身的基础重量成正比
1884 年	Mosso	肌肉疲劳试验，以不同的电信号来反映人的疲劳程度
1885 年	Bloch	人眼感知与刺激强度和刺激时间的关系
1898 年	Taylor	铁锹作业试验，作业效率最高状态时的铁锹设计和搬运松散粒状材料时每一铲最适当的重量
1900 年	Pavlov	经典条件反射，一个中性的刺激（如响铃）与一个原来就能引起某种反应的刺激相结合，能使动物学会对中性刺激做出反应
1911 年	Gilreth	砌砖作业试验，用快速摄影机把工人的砌砖动作拍摄下来，对动作进行分析，去掉无效动作，最终提高工作效率
1911 年	Taylor	运用时间——动作研究方法对工作进行科学研究，设计出合理的工作程序，提出了工人在体力上应与工作相匹配的劳动定额管理

第一次世界大战（1914 年—1918 年）客观上促进了人机工程学的发展。在欧洲，一方面工厂开足马力生产战时物资及民需物品，另一方面由于男性到前线参战，没有工作经验的女性大量投入生产第一线。在这种特定环境下开展的人机工程研究，称为工效学（ergonomics）。工效学以劳动中疲劳、劳动时间和休息等为着眼点，开展人的能力和极限以及对作业工具、作业环境和作业顺序的设计等的研究。此外，各参战国几乎都有心理学家解决战时兵种分工、特种人员的选拔训练及军工生产中的人员疲劳等问题。其研究特点是选拔和训练人，遵循"使人适应机器"（human to machine）的设计思想。英国在 19 世纪末就创立了心理研究所，在第一次世界大战中得到进一步发展，1921 年创立了产业心理学研究所。20 世纪初，美国学者 Taylor 开展了劳动中的动作分析、职务分析和评价等，对生产领域中人的工作能力和效率进行研究，并制定了一整套以提高工作效率为目的的操作方法，考虑了人所使

用的机器、工具、材料以及作业环境的标准化问题，其研究范围包括工具形状和重量对工效的影响、动作合理性对疲劳的影响、工作流程、工作方法分析、工具设计以及装备布局等，Taylor 的研究具有很强的管理科学和劳动科学的内涵。在这一个时间阶段，因从事这一领域研究的大多是心理学家，人机工程学的研究也就偏向心理学方向，因而许多人把这一阶段的本学科称为"应用实验心理学"。日本东京大学的松本教授在第一次世界大战期间到访美国，后在 1920—1921 年先后发表和出版"人间工学"（中文意思是指人类工效学，即人机工程学）有关的论文与专著，正式将人机工程学引入日本。1921 年创设的仓敷劳动科学研究所，开始了作业效率与身体负担方面的工效研究。其后，在产业心理学领域也开展了人机工程方面的研究，进而在人类学领域，对人的生物学特性的了解、身体负担和疲劳、环境适应能力等方面开展了生理人类学研究。此时，日本的人机工程学研究内容也是以改善效果或分析疲劳为中心的，阐述如何提高作业效率，即以提高工效为研究对象。在 20 世纪 30 年代，我国人机工程学的研究开始，同样是处于人机工程学经验阶段。

从管理方法和理论形成到第二次世界大战之前，人机工程学的目的是使人适应机器，主要研究不同职业特点、工种特性等，利用各种测试方法选择工人并匹配相应工作、制定培训方案，使人力得到最有效的发挥。不难看出，在经验阶段，人机工程学的主要目的是人维持生计和生产效率，还没有将人的特性和优势特别是安全舒适重点纳入探索与研究内容。

1.1.2　创建阶段

随着机器的不断改进，人与机器的关系越来越复杂，机器操作者需要接收大量的信息进行迅速而准确的操纵。第二次世界大战期间，由于战争的需要，许多国家大力发展效能高、威力大的新式武器和装备，"机"相较于之前有了质的变化。复杂的武器系统要求操作者在特殊条件下进行高效率的搜索与控制作业。但过于片面注重新式武器和装备的功能研究，必然忽视了其中"人的因素"，操作者无法适应武器的操作要求而出现操作失误的教训屡见不鲜。例如，由于飞机座舱及仪表位置设计不当，造成驾驶人误读仪表盘和无法正确使用操作器而意外失事；操作不灵敏、命中率降低等事故也会经常发生。发生这类事故的原因可总结为两方面：一是这些机器的设计没有充分考虑人的生理、心理和生物力学特性，致使机的设计和配置不能满足人的要求；二是操作者缺乏训练，无法适应复杂机器系统的操作要求。这些事故教训使决策者和设计者充分意识到"人的因素"是设计中不可忽视的重要条件，还认识到完成一个完善的设计，仅有工程技术知识是不够的，还必须有其他学科知识的配合。因此，二战期间，军事领域率先开展了与设计相关学科的综合研究与应用，对"人的因素"的重点关注，人机工程学应运而生。

第二次世界大战结束后，世界的工业重心逐渐从军事领域转向非军事领域，主要解决工业与工程设计中存在的问题，涉及对象如飞机、汽车、机械设备、建筑设施以及生活用品等。由此，人机工程学的研究与应用在世界范围内不断扩大，在设计工业机械设备时也应集中运用工程技术人员、医学家、心理学家等相关学科专家的共同智慧，逐渐成为一门应用广泛的技术学科。此阶段从事人机工程学研究的不再单一的是心理学家，还包括工程技术人员、医学家等多领域专家，这一阶段的研究开始重视"人的因素"，人机工程学逐步呈现出机宜人的特点。

随着研究范围与应用的逐渐广泛，国际上多个国家开始重视人机工程学，并开设了专门的研究学会。1959 年，国际工效学会（International Ergonomics Association，IEA）成立，该学会使用的人机工程学的专业名称是 ergonomics，因此，德国和法国等欧洲工业强国开展人机工程学方面的研究时，也都统一使用了 ergonomics 这一专业术语。1964 年，日本正式成立了人间工学学会，随即大力引进和借鉴欧美各国在人机工程学方面的基础理论和实践经验，并且逐步改造成为自己特有的"人间工学"体系，将其广泛应用于工业建设中。日本生产的照相机、汽车、电器等产品因此不断优化升级，迅速占领相关领域的国际市场。

20 世纪 50 年代左右，我国在消化吸收苏式飞机和坦克的设计技术过程中遇到了大量的人机工程问题。以苏式飞机和坦克的座椅设计为例，设计规范确定了适用该座椅的驾驶人的身高范围，但按照设计图生产出来的飞机和坦克在使用过程中发现了很多问题，仔细分析后了解到，欧洲人与亚洲人的体型相比较，在上下身比例方面普遍存在差异。因此，采用苏联标准设计的弹射座椅，同等身高情况下，因中国人上身较长，座舱舱盖与座椅扣合时容易与驾驶人头部发生碰撞；同理，同等身高情况下，因中国人下身较短，采用苏联标准设计的坦克座椅存在驾驶人踩刹机踩不到底的情况。为了解决诸如此类的问题，我国在航空生理与心理学、飞行器驾驶舱人机工效设计、飞行器作业环境对人体影响及防护等方面进行了大量的研究工作。

除此之外，德国、法国、荷兰、瑞典、瑞士、丹麦、芬兰等国家在 20 世纪 60 年代初相继成立了人机工程学学会和专门从事人机学方面研究和教育工作的研究机构。此时，人机工程学在国际上获得广泛重视，多个国家开始以较为统一的术语展开相关研究，因此这一阶段也就是人机工程学的创建阶段。在此阶段，人机工程学从"人适机"向"机宜人"转变，重点关注"人的因素"，主要目的是发展工效，其次是提高工作的舒适性。

1.1.3 发展阶段

从 20 世纪 60 年代开始，大量的自动化设备、计算机设备都采用控制系统，无论是简单的汽车仪表盘还是复杂的核电站控制中心，其设计都要解决效率控制问题。1975 年，国际标准化组织（ISO）成立了人类工效学标准化技术委员会，人机工程学的研究达到了高潮，人机工程学迎来新的发展阶段。当时设计界广泛认为人机工程学是能够实现良好设计的重要的、甚至是唯一的途径。可以说，20 世纪 70 年代是人机工程学泛滥，甚至夸大的阶段，也是人机工程学作为一个独立的学科得到逐步完善的阶段。随着科学技术的发展，人机工程学在设计中的地位及其运用方式都逐步成熟。到了 20 世纪 80 年代，人们开始对人机界面（human-machine interface）展开研究，其核心就是对人的认知科学的研究。认知科学主要研究信息科学如何与人的特性和行为相结合，人如何获知数据，如何将其转化成综合信息，如何将综合信息作为决策依据。其研究旨在提高人机工效，揭示人为失误的原因、失误本质以及减少失误的措施。人机界面是指人与机（装备、设备、系统）之间信息交互、作业交互的连接部。界面形式有硬件和软件两种形式。例如，作业空间的开关、按钮、驾驶操纵杆、脚蹬、内饰等为硬件人机界面；通过计算机软件和显示器实现的视觉信息交互为软件人机界面。信息交互界面包括视觉、听觉、语音等人机交互接合部。作业交互界面包括操纵器和控制器等人机交互接合部。可见，人机界面研究已从传统的人机关系研究深入到人机交互的研究；从传统的人适应机器到机器的设计和使用要符合人的特性；从传统的采用劳动和安全科学对人体的研究到采用心理学、生理学和精神物理学来对人的认知特性开展研究，不难看出，人机界面的研究为人机工程学的研究注入了新的内容。

我国在20世纪80年代以后才开始对人机工程学进行系统和深入的研究。1980年，由中国标准化研究院牵头成立了全国人类工效学标准化技术委员会，统一规划、研究和审议全国有关人类工效学的基础标准的制定。1981年，在著名科学家钱学森的指导下，陈信、龙升照等发表了《人-机-环境系统工程学概论》一文，概括性地提出了"人-机-环境系统工程"的科学概念。人-机-环境系统工程是人体科学和现代科学的理论和方法，是研究人-机-环境系统最优组合的一门科学。"人"是指作为工作主体的人，也就是参与系统工程的作业者（如操作人员、决策人员、维护人员等）；"机"是指人所控制的一切对象，也就是与人处于同一系统中与人交换信息、能量和物质，并为人借以实现系统目标的物（如汽车、飞机、轮船、生产过程、具体系统，计算机等）的总称；"环境"是指人、机共处的外部条件（如外部作业空间、物理环境、生化环境、社会环境）或特定工作条件（如温度、噪声、振动、有害气体、缺氧、低气压、超重及失重等）。研究中，把人、机、环境三者视为相互关联的复杂巨系统，运用现代科学技术的理论和方法进行研究，使系统具有"安全、高效、经济"等综合效能。1984年，国防科工委成立了国家军用人-机-环境系统工程专业标准化技术委员会。国家军用人-机-环境系统工程专业标准化技术委员会和全国人类工效学标准化技术委员会的建立，有力地推动了我国人机工程学的发展。1989年，我国成立了中国人类工效学学会。

可见，20世纪80年代到21世纪初，人机工程学进入蓬勃发展阶段。人们对于人与机，不再局限于产品设计后的人员选择和培训，而更关注产品的设计，且要求与工程应用紧密结合，通过详细的理论分析和实验研究进行产品设计，从源头进行人机工程的设计。同时，将生理学、解剖学等学科与物理学、工程学、数学等方面的研究相结合，共同完成产品的设计。可见，人机关系更加趋于复杂化、科学化，其应用领域也更广泛。把人-机-环境系统作为一个统一的整体来研究，以创造最适合于人的机械设备和作业环境，使人-机-环境系统相协调，从而获得系统的最高综合效能是人-机-环关系变化的重要表现。可见，这一阶段是人机工程学的发展阶段，其主要特点是注重提升产品品质，注重人的特性，提高人机交互效率，创造出科学、合理的人机系统。

1.1.4　科学发展阶段

21世纪以来，陆续有《人机工程》《人因工程学》《武器装备人机工程》《安全人机工程》等图书出版，更有大量的与人机工程学相关的科研论文相继发表，人机工程学的发展呈现欣欣向荣的局面。人机工程学的研究更多地关注人在工作中的安全。由此，人机工程学的研究内容逐渐演变为研究人-机-环系统的协调与安全，人机工程学开始不仅注重人适机、机宜人，安全也成为其不可或缺的重要因素之一，由此，在人机工程学的基础之上，安全人机工程学诞生了。安全人机工程学以高效、安全、经济为目的，在完成人机系统工作任务的前提下，保证人机环系统的安全与舒适。

我国经济社会发展进程中，安全已渗透于生产生活相关的各行各业中，开展以安全为目的的人机工程学研究，是人机工程学研究的必然趋势。党的十八大以来，我国坚持发展是解决我国一切问题的基础和关键，历史和实践证明，只有统筹好发展和安全，才能确保我国社会主义现代化事业顺利推进。因此，安全人机工程学应运而生，也与我国的基本国情和经济社会发展的需求相吻合。

2021年，董陇军教授提出"智能安全人机工程学"的学科思路和研究内容，定义智能安全人机工程学是指以新一代信息技术为工具，以生理学、心理学、环境学等学科知识为基础，以满足人们生活与工作的需求为出发点，以将安全理念彻底融入人机环系统的设计、实施、运行、维护全生命周期为侧重点，以实现系统本质安全为目标，以实现"人-机-环-信"系统自适应、自训练、自维护、自学习、自优化为最终目的的一门新兴交叉综合学科，该学科拟将现代科学技术融入安全人机工程当中，从安全人机工程系统的设计、施工、运用、维修全过程出发，实现人-机-环系统的本质安全及其智能化。

同样在国际上，更多的人关注安全，并致力将人机工程学的基础知识和实践经验应用到安全领域中，不仅有效提高了工作效率和系统可靠度，还很大程度上降低了事故的发生率。可见，开展安全人机工程学的研究在世界各国受到重视，人机工程学正处于科学发展阶段。

1.1.5 人机工程学的定义

1. 人机工程学的命名

人机工程学是研究人、机及环境之间相互作用的学科。该学科在其自身的发展过程中，逐步打破了各学科之间的界限，并有机地融合了各相关学科理论，不断地完善自身的基本概念、理论体系、研究方法以及技术标准和规范，从而成为一门研究和应用都极为广泛的综合性边缘学科。人机工程学所涉及的各学科领域的专家、学者都从自身的角度来给这一学科命名、下定义，因而世界各国对本学科的命名不尽相同，即使是同一个国家，对本学科名称的提法也不统一，甚至有很大差别。

美国早期的人机工程的研究叫作人类工程学（human engineering），后来又有人因（素）工程学（human factors engineering）的提法。在心理学占主要地位时，人机工程学被命名为工程心理学（engineering psychology），该名称下的学科研究更侧重于心理学的方面。到了1949年，"ergonomics"一词由英国学者莫瑞尔首次提出。它由两个希腊词根"ergo"和"nomics"组成，前者的意思是"出力、工作"，后者的意思是"正常化、规律"，因此"ergonomics"的含义也就是"人出力正常化"或"人的工作规律"。由于该词能够较全面地反映本学科的本质，而且词义保持中性，不显露它对各组成学科的亲密与间疏，因此目前较多国家采用这一词作为该学科的名称。

在我国，人机工程学的研究重点略有差别，因而名称也较多，主要有人机工程学、工效学、人体工程学、人类工程学、工程心理学、机械设备利用学、宜人学等，其中使用最为广泛的是人机工程学。

2. 人机工程学的定义

目前，学科定义尚未统一，且随着学科发展其定义也在不断变化（表 1-2）。

表 1-2 一些人机工程学的定义

提出者	定义
美国人机工程学家 Charles C. Wood	设备设计必须适合人的各方面因素，以便在操作上付出最小的代价而求得最高效率
美国人机工程学专家 W. B. Woodson	人机工程学研究的是人与机器相互关系的合理方案，即对人的知觉显示、操作控制、人机系统的设计及其布置和作业系统的组合等进行有效的研究，其目的在于获得最高的效率及作业时感到安全和舒适
著名美国人机工程学及应用心理学家 A. Chapanis	人机工程学是在机械设计中，考虑如何使人获得简便而又准确的操作的一门科学
日本	人体工程学是根据人体解剖学，生理学和心理学等特性，了解并掌握人的作业能力与极限，及工作、环境、起居条件等和人体相适应的科学
苏联	人机工程学是研究人在生产过程中的可能性、劳动活动方式、劳动的组织安排，从而提高人的工作效率，创造舒适和安全的劳动环境，保障劳动人民的健康，使人从生理上和心理上得到全面发展的一门学科
国际人机工程学会	人机工程学是研究各种工作环境中人的因素，研究人和机器及环境的相互作用，研究在工作中、家庭生活中和度假时怎样统一考虑工作效率、人的健康、安全和舒适等问题的科学
《辞海》	人机工效学（即人机工程学）是运用系统工程的理论与方法，研究人-机-环境中各要素本身的性能，以及相互间关系、作用及其协调方式，寻求最优组合方案，使系统的总体性能达到最佳状态，实现安全、高效和经济的综合效能的一门综合性的技术学科
《中国企业管理百科全书》	人机工程学是研究人和机器、环境的相互作用及其合理结合，使设计的机器与环境系统适合人的生理、心理等特点，达到在生产中提高效率、安全、健康和舒适的目的的学科
同济大学教授丁玉兰	人机工程学是以人的生理、感知、社会和自然环境因素为依据，为研究人与人机系统中其他元素的相互关系，创造健康、安全、舒适、协调的人-机-环境系统提供理论和方法的学科
中南大学教授董陇军	人机工程学是研究生活和工作中人、机、环境的相互作用，应用系统工程的观点，以人-机系统的健康安全、舒适为目标，人、机、环境的配合达到最佳状态的工程系统提供理论和方法的科学

此外，基于不同学科和研究领域人机工程学还有一些其他定义，见表 1-3。

表 1-3 人机工程学基于不同学科和研究领域的其他定义

学科	定义
人机科学	研究人和机器相互关系的边缘性学科
运筹学	利用关于人的行为知识，提高生产过程与机械的合理性和有效性
机械设计	研究能提高劳动生产率、减少差错、减轻疲劳和创造舒适劳动条件的机械设计和制造问题
劳动科学	在综合各门有关人的科学成果基础上，研究人的劳动活动规律的科学
管理学	研究人、机、环境系统，力求达到人的可能性和劳动活动的要求之间的平衡
劳动科学	综合研究人体在劳动过程中的可能性和特点，从而创造最佳的工具、劳动环境和劳动过程
生物力学	利用生产生物力学、生理解剖学、心理学和技术科学的最新成就，设计最佳人机系统
生理学	利用生理解剖学和工艺学的知识，改造生产过程、劳动方法、机械设备、劳动条件，使之符合人体的生理活动和人类行为的基本规律
社会学	研究人和环境相互关系的科学，此处的环境是指机器、工具、劳动组织管理以及生产上的客观环境
安全工程学	运用生理学、心理学、管理学和其他有关学科的知识，使人、机器、环境相互适应，创造舒适和安全的工作条件以及休息环境，从而提高工效的一门科学

人机工程学的研究范围很广，涉及的学科领域很多，是一门多学科的交叉性学科；是研究人与系统中其他因素的相互作用，以及应用相关理论、原理、数据和方法来设计以达到优化人类和系统效能的学科；它是将人类的需求和能力置于设计技术体系的核心位置，为产品、系统和环境的设计提供与人类相关的科学数据，追求实现人类和技术完美和谐融合的目标，以人的生理、心理特性为依据，应用系统工程的观点，分析研究人与机械、人与环境以及机械与环境的相互作用，为设计操作简便省力、安全、舒适，人、机、环境的配合达到最佳状态的工程系统提供理论和方法的科学。

1.1.6 人机工程学的研究内容

人机工程学的研究内容主要包括：人的因素、机的因素、环境因素和综合因素。

1. 人的因素

人的因素，即人与产品关系的设计。

在自然属性方面，人的因素研究内容主要有人体尺寸参数、人的机械力学参数、人的信息传递能力、人的心理、人的可靠性及作业适应性（表 1-4），其分析和研究的目的是使人机系统的工效、安全性、经济性及舒适性达到最佳效果。对人的自然属性的研究主要包括以下内容：

1）机器适应人的硬件工效问题，主要研究人体测量学、工作域（人的工作姿态、座椅、显示/控制器、环境）工效设计等，如研究一款适应人体手臂肌肉等特性的黑板擦。

2）机器适应人的软件工效问题，主要研究人-计算机-显示系统最佳匹配的工效规律及设计方法。

3）机器适应人的认知工效问题，主要研究人与信息系统之间信息交互、决断的工效规律及系统设计，使信息系统与人的认知过程相适应。

以上研究是对人的自然属性的基本特性研究。此外，还包括：人员选拔与训练，使其生理与心理上与职业工作和机器相适应；人的基本素质的测试、评价和工作能力的研究；人的体力负荷、智力负荷和心理负荷研究；人的可靠性研究；人的数学模型（人的模型、信息接收模型、决策模型、控制模型等）研究等。"人的因素"涉及的学科内容很广，在进行产品的人机系统设计时（如学生使用的书包、劳动所用的手套、作业所用的安全带）应科学合理地选用各种参数。

表 1-4 人机工程学人的因素自然属性的主要研究内容

自然方面	研究内容
人体尺寸参数	主要包括动态和静态情况下人的作业姿势及空间活动范围等，它属于人体测量学的研究范畴
人的机械力学参数	主要包括人的操作力、操作速度和操作频率，动作的准确性和耐力极限等，它属于生物力学和劳动生理学的研究范畴
人的信息传递能力	主要包括人对信息的接受、存储、记忆、传递、输出能力，以及各种感觉通道的生理极限能力，它属于工程心理学的研究范畴
人的心理	主要包括人的感觉、知觉、记忆、思维、想象、情感、意志行为、个性心理等
人的可靠性及作业适应性	主要包括人在劳动过程中的心理调节能力，心理反射机制，以及人在正常情况下失误的可能性和起因，它属于劳动心理学和管理心理学研究的范畴

而对于人的因素社会属性方面的研究，主要包括人在工作和生活中的社会行为、价值观念、人文环境等，目的是解决各种机械设备、工具、作业场所及各种用具和用品的设计如何与人的生理、心理特点适应，为使用者创造舒适、健康、高效的工作条件。

2. 机的因素

机的因素是指研究人机工程相关的机器特性，主要包括操纵控制系统、信息显示系统和安全保障系统。

操纵控制系统主要是指机器接受人发出指令的各种装置，如操纵杆、方向盘、按键、按钮等。这些装置的设计及布局必须充分考虑人输出信息的能力。信息显示系统主要是指机器接受人的指令后，向人发出反馈信息的各种显示装置，如模拟显示器、数字显示器、屏幕显示器，以及音响信息传达装置、触觉信息传达装置、嗅觉信息传达装置等。无论机器如何把信息反馈给人，都必须快捷、准确和清晰，并充分考虑人的各种感觉通道的"容量"。安全保障系统主要是指机器出现差错或人出现失误时的安全保障设施和装置，它应包括人和机器两个方面，其中以人为主要保护对象，对于特殊的机器还应考虑救援逃生装置。

3. 环境因素

环境因素是指人和机共处场所的工作条件，包含的内容十分广泛，无论在地面、在高空或在地下作业，人们都面临种种不同的环境条件。在人-机-环系统中，环境与人、环境与机器之间存在着密切的联系，存在着物质、能量和信息的交换，它们直接或间接地影响着人的工作和系统的运行，甚至影响人的安全。一般情况下，影响人的作业的环境因素主要有以下几种：

1）物理环境，主要有声环境、振动环境、辐射环境、光环境、热环境、电磁环境。

2）化学环境，主要是指化学性有毒气体、粉尘、水质以及生物性有害气体、粉尘、水质等。

3）心理环境，主要是指作业空间（如厂房规模、机器布局、道路交通等）的状况，美感因素（如外部事物的形态、色彩、装饰等）。

4. 综合因素

综合因素主要是指人、机、环境三个因素之间的组合，主要包括人与机、人与环境、机与环境和人-机-环系统。

（1）人与机

需全面综合考虑人与机的特征及机能，使之扬长避短，合理配合，充分发挥人机系统的综合使用效能。人机应按以下原则合理分工：凡是笨重的、快速的、精细的、规律的、单调的、高阶运算的、操作复杂的工作，适合机器完成；对机器系统的设计、维修、监控、故障处理，以及程序和指令的安排等，则适合人来承担。人与机之间的要高效配合，就一定存在信息传递的过程，因此，人机信息传递也是人机工程学中的重要研究内容。人机信息传递是指人通过执行器官（手、脚、口、身等）向机器发出指令信息，并通过感觉器官（眼、耳、鼻、舌、身等）接受机器反馈信息。担负人机信息传递的中介区域称为"人机界面"，其至少有三种，即操纵系统人机界面、显示系统人机界面和环境系统人机界面。完善和优化人机界面的主要目的是使人与机器的信息传递达到最佳，使人机系统的综合效能达到最高。

人机工程学中有关人与机的研究主要包括静态人-机关系研究、动态人-机关系研究和多媒体技术在人-机关系中的应用三个方面。静态人-机关系研究主要有作业域的布局与设计；动态人-机关系研究主要有人、机功能分配研究（人机功能比较研究、人机功能分配方法研究、人工智能研究）和人-机界面研究（显示和控制的人-机界面设计及评价技术研究）。

（2）人与环境

研究环境因素（气压、重力、温湿度、照明、噪声等）对人的影响，以及环境适应人的生活和工作的防护及控制方法等。在人-机-环境系统中，人是系统的主体，是机的操纵者和控制者；环境是人和机所处的场所，是人生存和工作的条件。因此，人和环境是相互联系和相互作用的关系。环境对人提供必要的生存条件和工作条件，但恶劣的环境也对人产生各种不良的影响，所以开展环境对人的影响、人体对环境的影响及环境防护方面的研究，是最基本和最重要的研究问题之一。

（3）机与环境

研究环境因素对机器（设计、功能等）的影响，以及环境适应机器的性能与要求等。

（4）人-机-环系统

研究人-机-环的整体设计，作业空间设计、作业方法及人机系统的组织管理等。整个生产系统工作效能的高低取决于人-机-环境系统总体设计的优劣，从系统角度考虑，人、机、环境要互相适应，根据人、机、环境各自的特点，合理分配人、机功能，取长补短，有机配合，更好地发挥各自的特长，保证系统功能最优化。

1.2 安全人机工程学的研究与发展

1.2.1 安全人机工程学概述

安全人机工程学以"人"为中心，是从安全工程学的观点出发，为进行系统安全分析、预防伤亡事故和职业病提供人机工程学方面知识的科学体系。

安全人机工程学的任务是为人机系统设计者提供系统安全性设计，特别是确保人员安全的理论、方法、准则和数据支撑，建立合理可行的人-机-环系统，更好地实施人机工程分配与系统信息传递，更有效地发挥人的主体作用，并为劳动者创造安全、舒适的环境，实现人-机-环系统的"安全、高效、经济"的综合效能。

1. 人-机-环系统概述

系统（systems）是由若干要素（或元素）相互联系、相互作用，形成的一个具有某些功能的整体。一般系统论的创始人、理论生物学家贝塔朗菲（Bertalanffy）把系统定义为相互作用的诸元素（或要素）的综合体。美国著名学者阿柯夫（Ackoff）教授认为系统是由两个或两个以上相互联系的任何种类的元素（或要素）所构成的集合。综上所述，一个系统通常是由多个元素所构成的，它是一个有机的整体，并具有一定的功能。在物质世界中，系统的任何部分都可以看作一个子系统，而每一个系统又可以成为一个更大规模系统中的一个组成部分。

人类社会发展的历史就是一部人、机、环境三大要素相互关联、相互制约、相互促进的历史。因此，人、机、环境便构成了一个复杂的系统。这一系统由共处于同一时间和空间的人与其所使用的机以及他们周围的环境所构成，在系统中，人、机、环境相互依存、相互作用、相互制约，完成特定的工作或生活过程。其中，"人"是工作的主体（执行人员或决策人员）；"机"是人所控制的一切对象（如工具、生产设备、汽车、计算机、系统及技术等）的总称；"环境"是指人与机所处的共同的特定工作条件（如外部作业空间、物理环境、化学环境、社会环境等）。

2. 安全人机工程学的定义及研究对象

关于安全人机工程学曾有多位学者从不同角度给出多个不同定义，如：

（1）定义

安全人机工程学是从安全的角度出发，以安全科学、系统科学和行为科学为基础，运用安全原理及系统工程的方法去研究人-机-环境系统中人与机及人与环境保持何种的关系，才能保证人的安全的一门学科。

中南大学吴超给出的定义是：安全人机工程学是以安全的角度和着眼点，运用人机工程学的原理和方法解决人机结合面的安全问题的一门学科，其通过在系统中建立合理、科学的方案，更好地进行人机之间合理、科学的功能分配，使人、机、环境有机结合，充分发挥人的作用，最大限度地为人提供安全、卫生和舒适的工作系统，保障人能够健康、舒适、愉快地活动，同时带来活动效率的提高。

综合上述观点，本书对安全人机工程学给出如下定义：安全人机工程学是运用生理学、心理学、环境学、人工智能等学科的知识，以安全舒适为目标、以工效为条件，使人、机、环境相互协调与适应，将安全融入人-机-环系统设计、施工（制造）、运行、维护的全过程，满足人们生活与工作的需求，从而达到自身安全、提高工效的一门学科。

（2）研究对象

安全人机工程学的研究对象是：人、机、环境、人机结合面、人环结合面、机环结合面，其中，人机关系如图 1-2 所示。

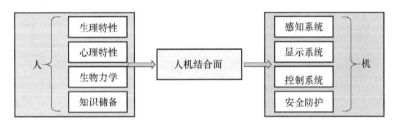

图 1-2　人机关系示意图

人（man）：是指活动的人体，即安全主体。

机（machine）：广义来说，它包括劳动工具、机器（设备）、劳动手段和环境条件、原材料、工艺流程等所有与人相关的物质因素。

人机结合面（man-machine interface）：人和机在信息交换和功能上接触或互相影响的领域（或称界面）。

人环结合面（man-environment interface）：人与环境在信息交换和功能适应上相互依赖、相互影响的领域。

机环结合面（machine-environment interface）：机和环境在信息交换和功能适应上相互依赖、相互影响的领域。

1.2.2　安全人机工程学的研究内容

在前面给出的定义中已经强调，安全人机工程学是在人-机-环系统中对人、机、环境有机结合的相关问题展开研究的学科。把人、机、环境作为一个系统整体进行研究是钱学森先生所倡导的。大量的实践表明，从系统整体的高度，正确处理和研究人、机、环境三大要素的各自性能、相互关系和整体变化规律，是人-机-环系统工程分支学科发展的正确途径之一。

安全人机工程学的发展

要真正做到这一点，就必须自始至终强调把人置于真实的工作对象（即"机"）与工作环境之中，也就是从人-机-环系统的总体高度来强调人、机、环境三大要素及其相互关系的真实性。因此，安全人机工程学所研究的内容也应在人-机-环系统的整体高度上，以安全为着眼点开展。安全人机工程学主要的研究内容见表 1-5。

表 1-5　安全人机工程学的研究内容

研究内容	具体内容
人机系统中人的基本特性及感知系统	基本特性：人体相关参数和人的心理特征；感知系统：人的生理特征
人机系统中机的基本特性及感知系统	基本特性：机的可靠性操作、机的动力学特征、机的易维护性及基本维修性指标、机的本质可靠性及其关键技术；感知系统：机的感知系统构架、机的感知系统软硬件模块、机械设备的故障分布
各类人机界面	控制类人机界面、工具类人机界面、自然用户界面等
人的作业能力和人的可靠性分析	作业类型及特性、人体机能调节与适应、作业能力动态分析；劳动强度及其分级、作业疲劳发生机理、作业疲劳与安全生产、人的自然倾向性、人的可靠度、人的可靠性分析方法、人因失误分析、人的失误概率定量分析模型
安全人-机-环系统功能配置	人和机各自的功能特性参数、适应能力和发挥其功能的条件、人机系统设计、人机功能分配的方法、人机与环境的关系
人-机-环系统分析与安全评价	人-机-环系统分析方法、人-机-环系统安全评价方法、人-机-环系统典型安全评价方法
安全人机工程建模仿真	安全人机工程数学建模方法、安全人机工程数值模拟方法、安全人机工程模拟仿真方法
人-机-环系统事故致因理论及安全防控技术	事故致因理论、人因失误事故模型、事故的统计规律与预防原则、人-机-环系统检测与监测、极端环境下的安全人机问题
智能安全人机工程	安全人机工程的大数据，安全人机的可视化、智能化，安全人机系统的智能化设计、实施与运维、智能安全人机工程学科建设及内容体系研究

1. 人机系统中人的基本特性及感知系统

（1）基本特性

基本特性包括人体相关参数和人的心理特征，人体参数包括静态及动态人体尺度、人体生物力学参数；人的心理特征包括人的心理与行为特征、个性心理特征、社会心理特征及情绪。

（2）感知系统

感知系统包括人的感知系统、人对信息的处理过程。人的感知系统包括人的感觉、知觉、视觉等的基本特征。人对信息的处理包括信息处理系统，人的信息输入、处理、输出的机制和能力。

2. 人机系统中机的基本特征及感知系统

（1）基本特征

基本特征包括机的可操作性、机的动力学特征、机的可靠性与故障、机的易维护性及基本维修性指标、机的本质可靠性。从机的稳定性、快速性和准确性等方面可以判别机的可操作性，以机的失效类型分析为基础能够研究可靠度。机器有 7 条易维护性设计原则和 6 条本质可靠性设计原则，机器的生产制造需要符合相关要求。

（2）感知系统

机器的感知系统通常由多种传感器或视觉系统组成，其智能程度取决于感知系统的完整性和智能性。感知系统能为机器智能作业提供决策依据，感知系统模块包括硬件模块和软件模块。

3. 各类人机界面

各类人机界面主要有控制类人机界面、工具类人机界面和自然用户界面。

控制类人机界面的研究内容包括机器显示装置与人的信息通道特性的匹配，机器操纵器与人体运动特性的匹配和显示器与操纵器性能的匹配等，从而针对不同的系统研究最优的显示-控制方式。工具类人机界面在生活和生产领域中应用最多，主要研究其适用性和舒适性，即如何使其与人体的形态功能、尺寸范围、手感和体感等相匹配，如工具手柄。

4. 人的作业能力与人的可靠性分析

（1）人的作业能力

作业能力包括作业类型及特性、人体机能调节与适应、作业能力动态分析。人体在进行不同类型作业时需氧量是不同的，劳动强度越大，持续时间越长，需氧量也就越多。在作业过程中，人会有一系列的生理变化，体内指标也会随之变化，通过对生理指标的监测可以推断人在从事作业时所承受的生理负荷，并据此合理安排作业时间与劳动定额。

（2）人的可靠性分析

人的可靠性分析包括作业疲劳发生机理、作业疲劳的测定及影响因素、降低疲劳的措施。作业疲劳是人在作业过程中体验到的一种生理和心理现象，其会导致人体的各项功能下降，进而影响生产效率和安全性。通过分析作业疲劳的影响因素，可以有效防止作业疲劳的产生，并提出有效的防范措施，最终达到提高人的可靠性的目的。人的自然倾向性和人的可靠性定量分析则为提高人的可靠性提供理论指导。

5. 安全人-机-环系统的功能配置

安全人-机-环系统的功能配置的研究内容主要包括人和机各自的功能特性参数、适应能力和发挥其功能的条件、人机系统设计、人机功能分配的方法、人机与环境的关系。人机功能分配要根据二者各自的特征，发挥各自的优势，达到高效、安全、舒适、健康的目的。人机功能分配方法如图 1-3 所示。

6. 人-机-环系统分析与安全评价

建立人-机-环系统的目的不只是为了安全，更重要的是使整个系统能高效工作，并使人在系统中感到舒适，人-机-环系统分析就是以"安全、高效、舒适"为导向进行的人-机-环系统的总体分析，评价人-机-环系统的总体性能，目的是提高系统的有效性和可靠性。

7. 安全人机工程建模仿真

研究系统安全或风险控制，需要在计算机辅助建模环境中，以多种模式映射事物的安全特征信息，真实地描述事物的属性，建立快速、高效、海量的信息通道，解决多种载体、多

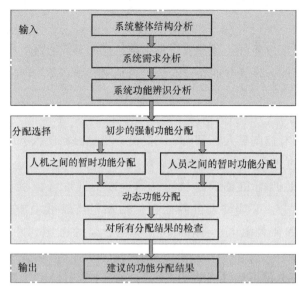

图 1-3　人机功能分配方法

种模式映射信息的融合技术，实现高水平的一体化、智能化安全信息综合映射，最终达到各种安全目的。因此，安全人机工程数学建模、数值模拟以及 VR 仿真是研究复杂系统的安全人机问题的重要手段。

8. 人-机-环系统事故致因理论及安全防控技术

了解事故致因理论及人因失误事故模型，分析事故原因是实现安全防控的继承。掌握事故的统计规律与预防原则，结合现代高新技术，研究人-机-环系统检测与监测，用以解决极端环境下的安全人机问题。

9. 智能安全人机工程

如今，智能化是安全人机工程发展的重要趋势，主要包括安全人机工程领域的大数据，安全人机的可视化、智能化，安全人机系统的智能设计、实施与运维，智能安全人机工程的实际应用案例，以及智能安全人机工程未来面临的挑战。其中，安全人机工程可视化的工具包括 Plotly 可视化工具、文本可视化工具、Gephi 可视化工具、信息图表类可视化工具、数据地图类工具和时空数据可视化工具。安全人机智能化包括智能化安全人机交互技术、智能化安全人机数据挖掘技术等。

1.2.3　安全人机工程学的多学科特点及其研究方法

1. 安全人机工程学的多学科特点

安全人机工程学是应用各种不同学科共同研究而发展起来的新兴学科，它保留着多学科的特点，跨越了不同学科领域，是一门典型的交叉学科。安全人机工程学与相关学科如图 1-4 所示。

1）安全人机工程学与工效人机工程学的关系：安全人机工程学和工效人机工程学都是人机工程学的重要分支；工效人机工程学以安全为前提，以工效为目标；安全人机工程学以

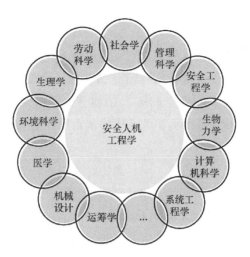

图 1-4 安全人机工程学与相关学科

安全舒适为目标,以工效为条件。

2)安全人机工程学与人机工程学的关系:安全人机工程学的基础研究方法与人机工程学的研究方法基本相同,它们的研究对象都是人-机-环系统,并且均关注人机工效。但安全人机工程学是从安全的角度出发,以人机工程学为着眼点研究人、机、环境的关系,将人机工程学作为研究基础,运用人机工程学的原理和方法解决人、机、环境的各类结合面的安全、工效和舒适问题。

3)安全人机工程学与安全心理学的关系:安全心理学是心理学的应用学科之一,是安全人机工程学的主要理论基础之一。

4)安全人机工程学与人体测量学、生物力学的关系:人体测量学、生物力学为安全人机系统的设计提供了科学依据和数据支持。

5)安全人机工程学与安全工程学的关系:安全工程学可以分为安全管理工程学、安全设备工程学、安全人机工程学和安全系统工程学,安全人机工程学是安全工程学学科体系的一部分。

6)安全人机工程学与人体生理学及环境科学的关系:人体生理学及环境科学都是安全人机工程学的基础依据,是安全人机工程学的数据来源。

7)安全人机工程学与其他工程技术科学的关系:工程技术科学是研究工程技术设计的具体内容和方法,而安全人机工程学是研究如何让设计适合于人的使用并避免危害。

2. 安全人机工程学的研究方法

安全人机工程学的基础研究方法与人机工程学的研究方法基本相同,但是研究的角度和着眼点主要侧重于从适合人的安全特性、特征研究人机界面。同时,安全人机工程学坚持"以人为本"的基本指导思想,在确保人身安全的前提下,研究人、机、环境三大要素的最佳匹配问题,研究如何将本质安全融入安全人机工程全生命周期。因此,理论分析与实验研究是安全人机工程学研究的两大基本手段,缺一不可。主要的研究方法包括：测量法、测试法、实验法、观察分析法、系统分析评价法、模型试验法、模拟仿真法和经验类比法。

（1）测量法

测量法是一种借助器具、设备进行实际测量的方法，通常为对人的生理特征方面（人体尺度与体型、人体活动范围、作业空间等）的测量，或者对人体知觉反应、疲劳程度、出力大小等的测量，依据测量结果能够了解人体的基本特征信息。

（2）测试法

测试法是一种依据特定的研究内容，提前设计好调查表，对生产环境中的人员进行书面或问询调查，以及必要的客观测试（生理、心理指标等），收集人员的反应和表现的方法。以脑疲劳测试为例（表1-6），可根据测试对象将测试法分为个体或小组测试法和抽样测试法。个体或小组测试法：对典型生产环境中的作业者个体或小组进行测试，收集作业者或小组的反应和表现。抽样测试法：被测试者是通过对人群的随机抽样或分层抽样而选取的样本，所以分层原则以及各层的样本的数目将直接影响测试和分析结果。

表1-6 脑疲劳测试量表

序号	疲劳症状描述	是	否
1	你感觉到虚弱吗？		
2	你集中注意力有困难吗？		
3	你在思考问题时头脑像往常一样清晰、敏捷吗？		
4	你在讲话时出现口头不利落吗？		
5	讲话时，你发现找到一个合适的字眼很困难吗？		
6	你现在的记忆力像往常一样吗？		
7	你还喜欢做过去习惯做的事情吗？		

（3）实验法

实验法是在测试法受到限制时采用的一种方法，这种方法一般在实验室进行，但也可以在作业现场进行。例如，为了获得人对各种不同显示仪表的认读速度和差错率的数据，一般在实验室进行实验。当需了解色彩环境对人的心理、生理和工作效率的影响时，由于需要进行长时间和多人次的观测，才能获得比较真实的数据，通常在作业现场进行实验。图1-5为实验用的眼球追踪系统。

图1-5 实验用的眼球追踪系统⊖

⊖ 引自 Liu W L, Cao Y Q, Robert W P, How do app icon color and border shape influence visual search efficiency and user experience? Evidence from an eye-tracking study, International Journal of Industrial Ergonomics, 2021。

（4）观察分析法

观察分析法是指观察、记录被观察者的行为表现和活动规律等，然后进行分析的方法。观察可以采用多种形式，它取决于调查的内容和目的，如可用公开或秘密的方式（但不应干扰被调查人的行为）等。例如，要获取人在厨房里的行为，可以用摄像机把观察对象在厨房里的一切活动记录下来，然后逐步整理、分析。又如，某公司为了优化设计电熨斗的设计，在公司上百名员工家中熨衣处安放摄像机，从中发现了电熨斗电源线妨碍操作及电熨斗放置不便等问题。

（5）系统分析评价法

系统分析评价法是指通过人机系统的分析评价，从中找出不合理、浪费的因素并加以改进，以达到有效利用现有资源、增进系统工效和安全性的目的。人机系统分析评价是现代安全管理的重点工作。对人机系统的分析评价应包括作业者的能力、生理素质及心理状态，机械设备的结构、性能以及作业环境等诸多方面因素。安全人机工程学可提供系统安全评价定性和定量分析的理论和方法。图 1-6 为作业分析法流程图。

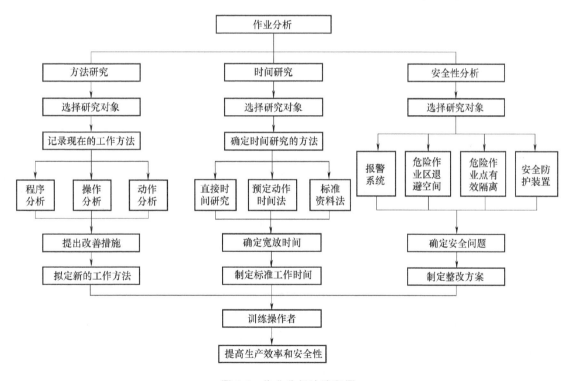

图 1-6　作业分析法流程图

（6）模型试验法

由于机器系统一般比较复杂，因而在进行人机系统研究时常采用仿真建模及模型试验的方法。如最初由美国宾夕法尼亚大学研制的 Jack 技术，可以提供人体模型的视野范围和活动空间信息。模型试验方法包括各种装置的模型，如操作训练模拟器、机械模型以及各种人体模型等。通过这类模型方法可以对某些操作系统进行逼真的试验，得到更符合实际的数据。因为使用模拟器或模型的花费通常比它所模拟的真实系统便宜很多，又可以进行符合实际的研究，所以得到较多的应用。

（7）模拟仿真法

由于人机系统中的操作者是具有主观意志的生命体，用传统的物理模拟和模型方法研究人机系统，往往不能完全反映系统中生命体的特征，其结果与实际相比必定存在误差。另外，随着现代人机系统越来越复杂，采用物理模拟和模型方法研究复杂人机系统，不仅成本高、周期长，而且模拟和模型装置一经定型，就很难做修改。为此，一些更为理想而有效的方法逐渐被研究创建并得以推广，这其中就有计算机数值仿真法，它已成为人机工程学研究的一种现代方法。数值仿真是通过计算机利用系统的数学模型进行仿真性实验研究。研究者对处于设计阶段的系统进行仿真，并分析系统中的人、机、环境三要素的功能特点及其相互间的协调性，从而预知所设计产品的性能，并进行改进。应用数值仿真研究可大大缩短设计周期，并降低成本。

（8）经验类比法

经验类比法是人类认识客观世界的一种基本思维方法。根据两个或两类对象之间在某些方面有相同或相似的属性，从而推断出它们在其他方面也可能具有相同或相似的属性的一种研究方法。在安全人机工程领域，经验类比法常应用于人和机的特性研究。例如，一个企业的工人所处的劳动环境相似、接收到的安全氛围和安全教育也是相似的，若他们中的某一人因人为失误导致了事故，根据经验类比，这个企业中的其他工人也有很大可能性出现相同或类似的人为失误而导致事故的发生，于是应及时采取相应措施避免事故再次发生。经验类比法的简化思路如图 1-7 所示。

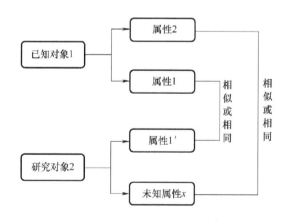

图 1-7　经验类比法的简化思路图

1.3 | 安全人机工程学学科前沿

1.3.1　传感技术对安全人机工程学的影响

传感器是指能感受被测量物并按照一定的规律转换成可用输出信号的器件或装置，其发展大致分为三个阶段：材料结构阶段、材料特性阶段和智能化阶段。传感器是传感技术的重要部件，传感技术通过各类传感器感知周围环境并把模拟信号转化成数字信号传递给中央处理器处理，最终将结果以气体浓度参数、光线强度参数、区域内是否有人、系统的温湿度、设备状态参数等显示出来。传感技术是实时、高效的，它能克服传统观察手段滞后、不直观、不精确等问题，是安全人机工程重要信息和数据的获取手段，对于人、机、环境信息的获取是至关重要的，该技术发展水平直接影响着人-机-环系统的本质安全。对于人，一般包括热红外人体传感技术、语音识别传感技术、指纹传感技术等；对于机器设备，一般包括接近传感技术、转速传感技术、压力传感技术、流量传感技术、倾角传感技术等；对于环境，一般包括气敏传感技术、温度传感技术、湿度传感技术、液位传感技术、辐射传感技术等。这些传感技术主要依靠红外线、光纤、半导体、激光、压电材料、气敏材料、湿敏材料等感知外界。如今，传感技术已发展到智能阶段，智能化的传感技术应用于安全人机工程领域，可以提升人-机-环系统的安全性。例如，在资源开发系统中，对于人，可采用热红外人体传感技术、呼吸频率传感技术感知人状态，状态不好的应避免下井，对于已经在井下的，要及时救援，这种交互能够有效避免人为失误造成的事故；对于采矿车辆，通过智能传感系统可将井下的车辆运行情况通过互联网上传到云计算平台如图1-8所示，这一传感系统由10个传感器（$S_1 \sim S_{10}$）、2个数据采集单元和3个模数转换器组成。△、★和●分别表示智能传感器、爆破源和微震源$^{\ominus}$。通过决策层分析获得的信息，可以定位车辆的位置，判断其周围环境及采矿条件，并根据车辆之前的行为，计划车辆的下一个行动和路线，再通过控制系统将决策反馈给车辆（图1-9），这种人与设备的感知和交互可以提高生产效率和安全性；对于采矿环境，可以通过气敏传感技术感知一氧化碳或其他有毒有害气体的成分和含量，并传递信息，通过人机信息交互，工人可在下井前得知井下的空气状况，必要时可采取相应措施避免危险或事故发生。可见，通过人与人、人与机、人与环境的交互，可以从本质上实时地对人-机-环系统提供安全保障。

1.3.2 5G 技术在安全人机工程学中的应用

第五代移动通信（5G）技术是新一代通信技术，是实现人机物互联的网络基础，具有高速率、低时延、节省能源、降低成本、提高系统容量和可大规模设备连接的特点，利用该技术不仅能够实现大量数据、图像、信息的实时传输，还能快速有效地连接远程设备，对远程设备进行实时控制。可见，在安全人机工程领域，5G 技术是保证人-机-环系统中信息高效交互的技术支撑，可以有效提高系统的可靠性。

对于系统中的人，利用5G技术高速率、低延时等特点，不仅可以实现各种图像、数据和信息的实时传输，在输出终端呈现，缩短人与人信息的交互时间与反应时间，为人的决策争取更多时间，还可以在较为恶劣条件下保证通信的稳定顺畅，使人与人的信息交互更加有

$\ominus$ 引自 Dong L J, Sun D Y, Han G J, et al, Velocity-free Localization of Autonomous Driverless Vehicles in Underground Intelligent Mines, IEEE Transactions on Vehicular Technology, 2020。

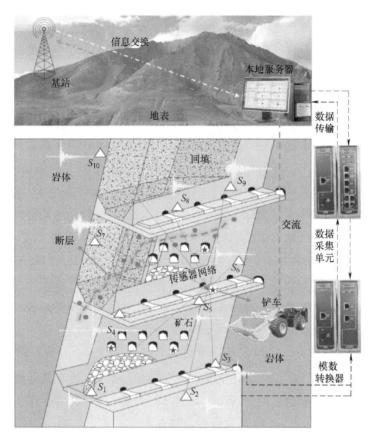

图 1-8 地下采矿示意图

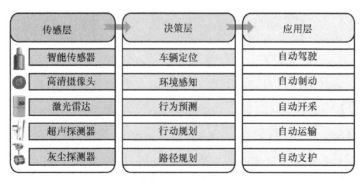

图 1-9 资源开采系统的层次结构

保障。例如，在井下作业人员，可以利用 5G 技术与地面进行实时、稳定的沟通，有任何不适或异常情况，都能及时反馈到地面，保证了作业人员的安全。

对于系统中的机器设备，利用 5G 技术不仅可以储存和传输大量机器数据，还可以保证各种机器设备间顺畅稳定的通信连接，实现自动化生产，提高生产效率，如 5G 技术能实现车间机械臂的远程控制，作业人员发送指令，机械臂可以实时接收指令并完成目标动作，作业人员还可以对机械臂的错误行为进行实时的控制和矫正，防止错误行为导致的事故。

在实际生产生活中，考虑成本和可行性问题，很多环境无法安排作业人员进行巡逻监视，此时可以利用 5G 技术高速率、低时延、能耗低等特点，对系统环境图像进行快速实时传输，将监控范围内发生的一切（如车间中的视频监控系统）传递到管理者端，若有异常情况，管理者能及时采取措施应对，避免视频监控系统的延迟可能导致的事故。

1.3.3 安全人机工程学在物联网背景下的创新

物联网是指通过各种信息传感器、射频识别技术、全球定位系统、红外感应器等装置与技术，按约定的协议，将任何物体与网络相连接，采集其声、光、热、电、力学、化学、生物、位置等各种需要的信息，通过信息传播媒介进行信息交换和通信，以实现智能化识别、定位、跟踪、监管等功能的技术。物联网技术的特点是覆盖面广、海量数据存取、多设备连接组网等。物联网是人-机-环系统连接和交互的重要技术手段，其技术特点使得其能够在安全人机工程领域中发挥巨大作用：

1）对于人，物联网技术可以通过采集人在系统中的行为和动作等信息，对人的表现进行整理和汇总，有助于决策者进行决策优化。例如在工人佩戴的安全帽中装载智能芯片，对作业现场的数据进行采集和传输，也就是为工人佩戴智能安全帽，实现数据自动收集、上传和语音提示，最后在移动端实现实时数据整理、分析，可以使管理者清楚掌握工人现场分布、考勤数据等信息，图 1-10 为一体化智能安全帽示意图及其系统结构图。

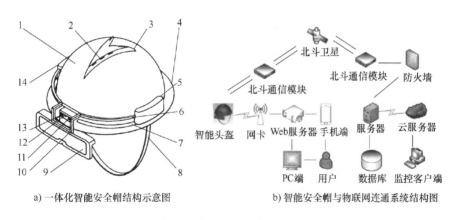

a）一体化智能安全帽结构示意图   b）智能安全帽与物联网连通系统结构图

图 1-10   一体化智能安全帽示意图及其系统结构图

1—安全帽主体   2—透气孔   3—加强筋   4—帽檐   5—电源模块   6—AR 眼镜支架
7—线路连接通道   8—带子   9—AR 眼镜   10—AR 眼镜连接架   11—应急灯   12—LED 灯
13—摄像头   14—红外传感器、湿度传感器、CO 浓度传感器等功能集成模块

2）对于机器设备，物联网技术可以将多个设备连入网络，通过对不同设备信息进行分析整理，使管理者清晰掌握网络中所有设备的运行情况，并对下一步工作进行合理安排，提高生产效率。例如，在井下无人驾驶作业车辆可通过物联网技术与云端相连，若有车辆将已完成的任务和工作条件的信息传输到云计算平台，在分析接收信息后，可以由管理者判断是

否需要其他车辆配合完成工作或优化任务分配（图 1-11）。

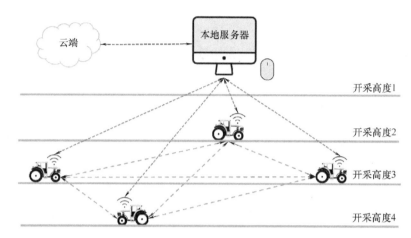

图 1-11 井下无人驾驶作业车辆的物联网技术应用，蓝线表示不同的开采高度

3）对于环境，物联网技术能够将内部环境与外界环境相连通，在外界环境变化的情况下，及时调整内部环境，降低能源成本，保证系统正常运行。例如，使用物联网技术实现生产车间的照明依据自然光的明暗合理调节灯具的亮度，可以在保证安全生产的前提下，节约能耗。

1.3.4 大数据时代的安全人机工程学

大数据是在数据获取、存储、管理、分析方面大大超出传统数据库软件工具能力范围的数据集合，具有海量的数据规模、快速的数据流转、多样的数据类型和低价值密度四大特征。在安全人机工程学的应用领域，信息交互是人-机-环系统正常运转的基础，信息交互不良会使人的行为产生偏差，进而导致事故发生。因此，对系统中的海量信息进行正确的获取、存储、管理和分析，同时在这些信息中找到共性及突破点，为人的行为服务是大数据技术的任务之一。有了大数据技术的支持，安全人机工程学会得到很大发展。

对于系统中的人，大数据可以获取并存储人在作业中的行为数据并加以分析，有利于人的行为优化、管理者的决策优化和事故追责。例如，某车间工人在车间进行包装作业，该包装作业的平均水平是需要花费 10 分钟完成，但该工人需要 15 分钟；此时可以使用大数据系统进行分析，找出该工人对比与其他工人的差距及其原因，提高人机交互水平，优化作业行为，提升生产效率。

对于系统中的机器设备，可以利用大数据技术分析其运行数据，若出现异常值，则说明设备处于非常运行状态，应及时采取措施，预防事故发生。

利用大数据技术对于系统中的环境进行分析，有利于人-机-环系统的正常运行和管理者决策。例如，通过大数据分析已有的环境信息并对之后的环境信息进行预测，然后有针对性地对环境进行管理和决策。

图 1-12 为基于大数据的网络学习行为分析模型，运用这种模型可获得不同对象的行为

分析结果。

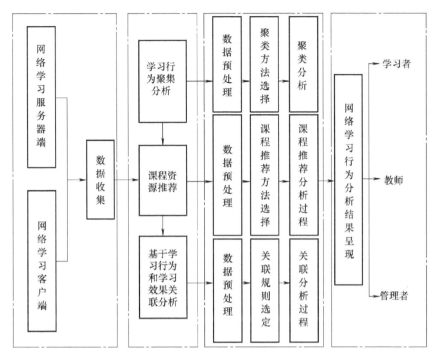

图 1-12 基于大数据的网络学习行为分析模型

1.3.5 安全人机工程学的智能化发展

人工智能是以生产出能以人类智能相似的方式做出反应的智能机器为目的的科学技术，其研究内容包括机器人、语言识别、图像识别、自然语言处理和专家系统等，目前已广泛应用于控制系统和仿真系统等领域中。安全人机工程学的智能化发展，要求在人-机-环系统的设计、实施、应用和维护这几个方面体现本质安全，实现人工智能驱动下的人-机-环系统自适应、自训练、自学习、自维护、自优化等功能，深度优化人-机-环系统，提高人-机-环系统的效率和可靠性。

对于系统中的人，人工智能可以采用语言识别技术，识别人发出的语音指令，并指挥机器执行指令，改善人-机交互界面，提高生产效率；人佩戴某种人工智能设备，可以使用图像识别技术快速分辨、筛选出自己需要的物品。

对于机器设备，尤其对于单一固定操作的设备，可以采用机器人代替人的操作，发挥机器人犯错少、疲劳少、危险少、劳动成本低的优点，提高生产效率，有效防止人为失误造成的损失。

对于系统中的环境，可利用人工智能技术感知环境中的不同因素，在不同情况下做出相应的反应与动作，让机与环境的交互界面代替传统的人机环交互界面，提高了系统的安全性与可靠性。

复 习 题

1. 人机关系的定义是什么？人与机的关系随着社会的进程发生了巨大变化，请说明其在各个时期的特点。

2. 人机工程学的定义是什么？

3. 简述人机工程学的研究内容。

4. 何为安全人机工程学？它的研究内容和研究方法是什么？

5. 阐述人机工程学与安全人机工程学的联系和区别。

6. 举例分析你所熟悉的一个人机系统的人、机及其结合面。

7. 请说明安全人机工程学在安全工程学中的地位与作用。

8. 请举例说明生活中符合人机工程设计的事物，并简单介绍其特点。

9. 请列举两种不符合人机工程学设计的事物。

10. 请举例说明人工智能、5G 技术、物联网等在生活和工作中的应用。

11. 请论述传感技术对安全人机工程学的促进作用。

第 2 章
人的基本特性及感知系统

学习目标

（1）掌握人体相关参数的定义、常用人体尺度数据；掌握人体尺度数据的应用。

（2）掌握人体的心理特征，如个体性格、情绪和不安全心理等与安全生产的关系。

（3）掌握人体的生理特征，如感觉、知觉对人机系统安全性的影响。

本章重点与难点

本章重点：人体相关参数测量、人的心理特征。

本章难点：人的心理特征与安全生产。

在人-机-环境系统中，包含人、机、环境三大要素，它们相互依存、相互制约、互相补偿。在这三大要素中，人是安全人机工程的核心，起着主导作用。因此，在设计任何人-机-环境系统时都需要对人的特性进行充分考虑，确保机与环境的设计符合人的特性和安全。人是一个有意识活动的极其复杂的、开放的巨系统，随时随地要与外界进行物质、能量和信息交换。对人基本特性与感知系统内容的掌握可以为学习安全人机工程提供基本知识。因此研究与掌握人的基本特性尤为必要。

人的基本特性包括人体相关参数、人的心理特征，人的感知系统主要包括人的生理特征，本章将分别进行介绍和分析。

2.1 人体相关参数及其测量

为了设计出符合人的生理、心理、生物力学特点的设备和机构，以及作业空间的布置，使操作者在操作时处于舒适的环境中，就必须考虑人体各部分相关参数。在进行事故分析、安全评价等方面也会运用人体相关参数的测量数据。

1. 人体相关参数

人体相关参数也就是人体尺度是产品体量和空间环境设计的基础依据，合理的设计首先要符合人的形态和尺寸，使人感到方便和舒适。人体尺度可分为构造尺寸和功能尺寸。构造尺寸是指静态的人体尺寸，它是人体处于固定的标准状态下测量的。构造尺寸包括不同的标准状态和不同部位，如手臂长度、腿长度、坐高等，对与人体直接关系密切的物体有较大关系，如家具、服装和手动工具等，主要为人体各种装具设备的设计提供参考数据。功能尺寸是指动态的人体尺寸，是人在进行某种功能活动时肢体所能达到的空间范围，它是在人体动态的状态下测得的，是由关节的活动、转动所产生的角度与肢体的长度协调产生的范围尺寸，用以解决多种空间范围、位置的相关问题，如室内空间等。之所以要考虑功能尺寸，是因为若仅把静态下的特性数值直接引入动态下使用，可能造成差错甚至导致事故发生。以人的视力和视野为例，实验测试表明：当人体运动速度达到100km/h时，其视野仅是静态视野的1/5；当人体运动速度达到60km/h时，其视力由静态下的1.2降至0.6。通常在高速公路上机动车行驶的速度正是在60~110km/h的范围内，可以设想，如果按人体静态视力和视野特性数据来考虑设计指示标牌的位置、大小、信息量等，则存在诸多不合理，可能导致异常严重的后果。

2. 人体有关参数的测量

人体测量要依据和运用人体测量学的相关理论与方法。人体测量学是一门用测量方法研究人的体格特征的科学。它是通过测量人体各部位尺寸来研究人的形态特征，从而为各种工业设计和工程设计提供人体测量数据。

进行人体测量时，只有当被测者的姿势、测量基准面、测量方向、测点都符合相应的国家标准要求时，测量出的数据才有效。

（1）测量姿势

人体测量时的基本姿势有两种：一种为直立姿势（简称立姿）；另一种为坐姿。

（2）测量基准轴、基准面和基准点

三个测量基准轴分别为垂直轴（z轴）、纵轴（y轴）与横轴（x轴）。垂直轴又称铅垂轴，纵轴又称矢状轴，横轴又称冠状轴。

三个测量基准面为正中面（矢状面）、冠状面和水平面。

人体测量基准点是人体几何参数测量的参照基准点，分布于人体的各个特征部位。我国国家标准规定了人体测量的各主要基准点（简称测点），并予以命名与编号，其中头部有16个测量点，躯干部有10个测点，四肢部有12个测点，总共有38个测点。

（3）测量标准

我国有相关国家标准对测量项目的具体测量方法及各个测量项目所使用的测量仪器做了详细的规定与说明，如《人体测量仪器》（GB/T 5704—2008）、《用于技术设计的人体测量基础项目》（GB/T 5703—2010）等，凡是进行人体测量，必须要严格依据标准规定的测量方法进行，其测量结果才有效。

《用于技术设计的人体测量基础项目》中规定了人机工程学使用的人体测量术语和人体测量方法，相较于GB/T 5703—1999，增加了72项测量项目和14个相应的测点；删除了容貌面长、容貌上面长和耳屏点间颌下弧长3项测量项目，以及颅侧点、耳上附着点、耳下附着点、耳上点、耳下点、下唇中点、口裂点和耻骨联合点 8 个与该标准中测量项目无关的测点。

随着时代的发展和科技的进步，三维扫描逐步走进大众的视野，三维扫描作为光学的一部分被广泛地应用于人们的生产生活中。传统的人体数据尺寸测量依赖于皮尺、测高仪等仪器，但是由于这种测量方式人工参与度较高，往往导致测量数据不够精确，在测量中容易出现误差。近年来，三维扫描这一全新技术被用于人体尺寸测量，使单一的二维测量升级至三维测量，测量数据变得更加精确。

3. 人体测量数据的应用

人体测量所得到的测量值都是离散的随机变量，因而可根据概率论和数理统计理论对测量数据进行统计分析，从而获知所需群体尺寸的统计规律和特征参数。这样经过统计分析后的数据对于工业产品、生活用品、服装、建筑等的设计才有意义。

人体相关参数的测量数据的应用在人机工程领域是非常重要的。我国现有《成年人头面部尺寸》（GB/T 2428—1998）、《成年人手部号型》（GB/T 16252—1996）等国家标准提供了相关人体局部构造尺寸和特定功能尺寸的数据，可供设计时参考。另外，《工作空间人体尺寸》（GB/T 13547—1992）规定了与工作空间有关的我国成年人基本静态姿势人体尺寸的数值，可用于各种与人体尺寸相关的操作、维修、安全防护等工作空间的设计及其工效学评价。

例如，获取座椅设计相关的人体尺寸新数据及腰臀形态分型，利用统计分析方法对数据进行统计处理、性别显著性分析、身体质量指数（BMI）显著性分析，并以坐姿臀宽、坐姿腰宽和腰节点高为分类依据，对腰臀形态进行分型，从而得到与腰背部适应性更高的座椅设计形态。再如，设计机动车驾驶室时，固然可以通过挑选训练人员使之适应于驾驶室的"机"系统，但更好的方式是通过合理设计各种装置的空间位置，使之适应于驾驶人员群体。这种适应程度通常以计算百分数来表示，并以一定的百分位数范围作为设计依据。

人体测量的数据常以百分位数 PK 作为一种位置指标或界值，如在设计中最常用的是 P5、P50、P95 三种百分位数。其中，第 5 百分位数代表"较小"身材，指有 5% 的人群人体尺寸小于此值，而有 95% 的人群人体尺寸大于此值；第 50 百分位数代表"中等"身材，指大于和小于此人体尺寸的人群各为 50%；第 95 百分位数代表"较大"身材，指有 95% 的人群人体尺寸小于此值，而有 5% 的人群人体大于此值。《在产品设计中应用人体尺寸百分位数的通则》（GB/T 12985—1991）对此进行了详细规定。

在运用人体尺寸测量数据进行设计时，应遵循以下几个准则：

（1）最大最小准则

最大最小准则又称极端设计原则，该准则要求在不涉及使用者健康和安全的情况下，设计应该适合于尽可能多的使用者，选用适当偏离极端百分位的第 5 百分位数和第 95 百分位数作为界限值较为恰当。当某设计特性的最大值必须尽可能满足所有人时，应按照人体尺寸的最大值进行设计，如门的高度、公共过道的宽度、承重设施的载重量等，通常按照第 95

百分位的男性尺寸设计；当某设计特性的最小值必须尽可能满足所有人时，应按照人体尺寸的最小值进行设计，如公共汽车上拉环的高度、飞机舱内座位到控制器的距离、操作门把手所需的力量等，通常按照第 5 百分位的女性尺寸设计。当人体尺寸在上述界限值之外时可能会危害其健康或增加事故风险，其尺寸界限应扩大到第 1 百分位数或第 99 百分位数，如运转着的工业机械旁的作业空间、操作者到紧急制动杆的距离等。

此外，还有在设计中许多尺寸的考虑还有人的重心问题。重心是考虑全部重量集中作用的点，例如栏杆设计的高度应该高于人的重心。理论上，如果人身高为 100cm，人体重心则为 56cm；如果平均身高为 163cm，重心高度则为 92cm。考虑到栏杆必须高于最高身材的人的重心，应取高百分位的数据，因此取 110cm 较好。一般来说，每个人的重心位置不同，主要是受身高、体重和体格的不同的影响。此外重心还随人体位置和姿态的变化而不同。

（2）可调性准则

对与健康安全关系密切或要求减轻作业疲劳的设计应遵循按可调性准则设计，即在使用对象群体的 5%～95% 内可调。具体说就是，为了使设计适合于尽可能多的使用者，有时需要满足设计对象的特定性质在一定范围可以调整。例如，设计头盔、汽车驾驶室内座椅的前后位置和靠背倾角等，通常使用从第 5 百分位数的女性尺度到第 95 百分位数的男性尺寸作为可调整的范围。由于男性和女性的身体尺寸存在重叠部分，这一可调范围能满足 95% 的人群的特定性质。

（3）平均准则

虽然在大部分产品、用具设计中使用平均数这一概念不太合理，但诸如锁孔离地高度、锤子和刀的手柄设置等，用平均值进行设计更合理。同理，在设计肘部平放高度时，如办公桌的高度，主要考虑是能使手臂得到舒适的休息，故选用第 50 百分位数据是合理的。

《在产品设计中应用人体尺寸百分位数的通则》将产品设计时对人体尺寸的选择按所用百分位数的不同进行分类（表 2-1）。

表 2-1　人体尺寸百分位数选择

产品类型	产品类型定义	说明
Ⅰ型产品尺寸设计	需要两个百分位数作为尺寸上限值和下限值的依据	属于双限值设计
Ⅱ型产品尺寸设计	只需要一个百分位数作为尺寸上限值或下限值的依据	属于单限值设计
ⅡA型产品尺寸设计	只需要一个人体尺寸百分位数作为尺寸上限值的依据	属于大尺寸设计
ⅡB型产品尺寸设计	只需要一个人体尺寸百分位数作为尺寸下限值的依据	属于小尺寸设计
Ⅲ型产品尺寸设计	只需要第 50 百分位数作为产品尺寸设计的依据	平均尺寸设计

以下具体举例说明上述几个设计准则的应用。

针对Ⅰ型产品设计，设计汽车驾驶员的可调式座椅的调节范围时，为了使驾驶员的眼睛位于最佳位置、获得良好的视野以及方便地操纵方向盘及制动，高身材驾驶员可将座椅调低和调后，低身材驾驶员可将座椅调高和调前。因此对于座椅高低调节范围的确定可取眼高的 P95 和 P5 为上限值和下限值的依据，对于座椅前后调节范围的确定可取臀膝距的 P95 和 P5 为上限值和下限值的依据。针对ⅡA型产品设计，如设计门的高度、床的长度时，只需考虑到高身高的人的需要，那么对低身高的人使用时必然不会产生问题，所以应取身高的 P90 为上限值的依据；当确定防护可达危险点的安全距离时，应取人相应部位的可达距离的 P99 为上限值的依据。针对ⅡB型产品设计，如确定工作场所采用的栅栏结构、网孔结构或孔板结构的栅栏间距时，网、孔直径应取人的相应肢体部位的厚度的 P1 为下限值的依据。针对Ⅲ型产品设计，如进行门的把手或开关在房间墙壁上离地面的高度设计时，只能确定一个高度供不同身材的人使用，此时宜取肘高的 P50 为产品尺寸设计的依据。

（4）使用最新人体数据准则

人体尺度都会随着年代、社会经济的变化而有所不同。因此，设计时应使用近期的人体数据。

（5）地域性准则

一个国家的人体参数与地理区域分布、民族等因素有关，设计时必须考虑产品使用区域和民族分布等因素。

（6）功能修正与最小心理空间相结合准则

有关国家标准公布的人体各部分尺寸数据是在裸体或穿单薄内衣的条件下测得的，且测量时不穿鞋。而设计中所涉及的是在穿衣服、穿鞋甚至戴帽条件下的人体尺寸。因此，在考虑有关人体尺寸时，必须给衣服、鞋、帽留下适当的余量。产品的最小功能尺寸可由下式确定：

$$S_{\min} = S_a + \Delta_f \tag{2-1}$$

式中 $S_{\min}$——最小功能尺寸；

　　 S_a——第 a 百分位人体尺寸数据；

　　 Δ_f——功能修正量。

功能修正量与产品的类别有关，大部分为正值，有的也可能为负值。功能修正量通常用试验方法求得，也可以通过统计数据获得。对于着装和穿鞋修正量可参照表 2-2 中的数据确定。姿势修正量的常用数据是：立姿时的身高、眼高减 10mm；坐姿时的坐高、眼高减 44mm。考虑操作功能修正量时，应以上肢前展长为依据，而上肢前展长是后背至中指尖点的距离。此外，对操作不同功能的控制器应做不同的修正。

此外，为了避免人们产生空间压抑感或高度恐惧感等心理感受，或者为了满足人们求美、求奇等心理需求，会考虑在产品最小功能尺寸上附加一项增量，称为心理修正量。

表 2-2　正常人着装身材和穿鞋修正量　　　　　　　　　（单位：mm）

项目	Δ_f	修正原因	项目	Δ_f	修正原因
立姿高	25~38	鞋高	肩高	10	衣（包括坐高及肩）
坐姿高	3	裤厚	两肘的肩宽	20	—
立姿眼高	36	鞋高	肩-肘	8	手臂弯曲时，肩肘部衣物压紧
坐姿眼高	3	裤厚	臂-手	5	—
肩宽	13	衣	大腿厚	13	—
胸宽	8	衣	膝宽	8	—
胸厚	18	衣	膝高	33	—
腹厚	23	衣	臀-膝	5	—
立姿臀宽	13	衣	足宽	13~20	—
坐姿臀宽	13	衣	足长	30~38	—
足后跟	20~28	—			

例如设计护栏时，对于高度为 3000~5000mm 的工作平台，只要栏杆高度略为高过人体重心，就不会发生因人体重心失稳所致的跌落事故。但对于比上述高度更高的平台来说，操作者在平台栏杆作业时，可能因恐惧心理而导致身体不适或异常，如足部发软，手掌心和腋下出"冷汗"，患恐高症的人甚至会晕倒，因此，只有将栏杆高度进一步加高来帮助操作者克服上述心理障碍。这项附加的加高量便属于心理修正量，考虑了心理修正量的产品功能尺寸称为最佳功能尺寸。具体计算可通过下式：

$$S_{opm} = S_a + \Delta_f + \Delta_p \tag{2-2}$$

式中　S_{opm}——最佳功能尺寸；

　　　S_a——第 a 百分位人体尺寸数据；

　　　Δ_f——功能修正量；

　　　Δ_p——心理修正量。

2.2 人的心理特征与安全

人的心理活动具有普遍性和复杂性。普遍性是因为它始终存在于人的日常生活与完成工作任务的全过程。复杂性则体现在它既有有意识的自觉反映形式，又有无意识的自发反映形式；既有个体感觉与行为水平上的反映，又有群体社会水平上的反映。概括起来，人的心理特性可分为心理过程与个性心理两个方面。

2.2.1 人的心理过程

按照安全科学理论，任何一起安全生产事故的发生无非是由两方面的原因造成的，即人的不安全行为和物的不安全状态。而人的不安全行为作为人失误的特例，是事故的诱发因素。心理学研究表明，不安全行为的背后存在不安全的心理因素。在人机系统中，人的生产作业与人的心理现象相互影响，研究人的心理现象对于开展人机系统的安全设计具有十分重要的作用。心理是客观现实在人的大脑中的反映。心理现象是指人在感觉、认知、记忆、情感、意志、个性等心理活动的表现形式和特征。人的心理活动是一个整体，各种心理现象之间是相互联系、相互影响的，在特定的情境中综合地表现为一定的心理状态，并且在行为上得到体现。

心理过程是指人的心理活动过程，它揭示了人的心理活动的共性。人的心理过程可以分为认识过程、情感过程和意志过程。在这三个过程中，认识过程是最基本的心理过程，情感过程与意志过程均是在认识过程的基础上产生的。认识过程主要包括感觉、知觉、记忆和思维过程。

心理过程是指心理现象发生、发展和消失的过程。它具有时间上的延续性。

1）认知过程：人在认识客观世界的活动中所表现的各种心理现象。

2）情感过程：人认识客观事物时产生的各种心理体验过程。

3）意志过程：人们为实现奋斗目标，努力克服困难，完成任务的过程。

2.2.2　人的个性心理与安全生产

个性是人所具有的个人意识倾向性和比较稳定的心理特点的总称。人的个性是受家庭、社会潜移默化的影响，并在长时间过程中逐渐形成的。个性主要包括个性倾向和个性心理特征两大方面。其中个性心理特性主要包括气质、能力与性格三个方面。

1. 气质

古希腊医生希波克拉底认为人的体内有血液、黏液、黄胆汁和黑胆汁四种体液，而人的机体状态决定于四种体液混合的比例，不同比例所形成的四个气质类型就是多血质、黏液质、胆汁质和抑郁质。现代心理学认为，气质是人典型、稳定的心理特点，这些特点以同样方式表现在对各种事物的心理活动的动力上，而且不以活动的内容、目的和动机为转移。

1）气质主要表现为人的心理活动动力方面的特点：

① 心理过程的速度和稳定性（知觉的速度、思维的灵活程度、注意力集中时间的长短等）。

② 心理过程的强度（情绪的强弱、意志努力的程度）。

③ 心理活动的指向性特点（外向型或内向型等）。

2）气质的形成既有先天因素，又有后天因素。先天因素是主要的，表现为气质的稳定性；后天因素表现为教育和社会影响。

3）构成气质类型的特性有以下几种：

① 感受性，是人对外界影响产生感觉的能力。

② 耐受性，是人对外界事物的刺激作用在时间上、强度上的耐受能力。它表现为注意力的集中能力，保持高效率活动的坚持能力，对不良刺激（冷、热、疼痛、噪声、挑逗等）的忍耐能力。

③ 反应的敏捷性，包括两方面：一方面表现为说话的速度、记忆的快慢、思维的敏捷程度、动作的灵活性等；另一方面表现为各种刺激可以引起心理各方面的指向性。

④ 可塑性，是人根据外界事物的变化而改变自己适应性行为的可塑程度。表现在对外界适应的难易、产生情绪的强烈程度、态度上的果断或犹豫等方面。

⑤ 情绪兴奋性，是神经系统的强度和平衡性。有的人情绪极易兴奋但抑制力弱，这就是兴奋性强而平衡性差。

⑥ 外倾性和内倾性。外倾性的人其心理活动、言语、情绪、动作反应倾向表现于外，内倾性则相反。

4）传统的气质类别分为以下几种：

① 多血质。这种气质的人一般活泼好动，反应速度快，体现了反应的敏捷性和外倾性。他们喜欢与人交往，注意力不容易集中，兴趣变化快，体现为可塑性强和情绪兴奋性高。

② 胆汁质。具有这种气质的人往往直率热情，情绪易于冲动，心境变化比较剧烈，表现为外倾性和情绪兴奋性较高，反应速度快但不灵活。

③ 黏液质。该类气质的人表现为安静、稳重，沉默寡言、反应缓慢，情绪不外露；注意力稳定难以转移，善于忍耐。具有这种气质的人感受性低，耐受性高，不随意反应性和情绪兴奋性都较低，内倾性明显，稳定性高。

④ 抑郁质。感受性高而耐受性低。不随意的反应性低，行为孤僻，观察细致，多愁善感，可塑性很差，具有明显的内倾性。

不同气质的人在不同工作上的工作效率有着显著差异，因此，在选择职业人才时，要考虑人的气质。此外，为达到安全生产的目的，在劳动组织管理中，也要充分考虑人的气质特征的影响。

2. 能力

能力是指一个人完成一定任务的本领，或者说，能力是人们顺利完成某种任务的心理特征。它并不是先天具有的，而是在一定的素质基础上经过教育和实践锻炼逐步形成的。能力标志着人的认识活动在反映外界事物时所达到的水平。

1）能力的特点。

① 能力总是和人的某种活动相联系，并表现在活动中。人只有从事某种活动，才能表现出其所具有的某种能力。

② 能力的大小也只能在活动中进行比较。

③ 在活动中表现出的心理特征不全是能力。例如，性格开朗、脾气急躁等心理特征会对顺利完成任务造成不良的影响。

④ 能力是保证活动取得成功的基本条件，但不是唯一条件。活动的成功还受到其他条件影响，如知识、机能、工作态度等。

2）能力的差异。人与人之间的能力差异主要表现在以下三个方面：

① 能力类型的差异。表现为完成同一活动采取的途径不同，不同的人可能会采用不同

的能力组合。例如考虑问题时，有人善于分析，关注细节；有人善于概括，把握整体性。

② 能力表现早晚差异。受生理素质、后天条件、受教育程度和社会实践等因素影响，会出现"人才早熟"或"大器晚成"的现象。

③ 能力发展水平的差异。有的人能力超常，有的人能力低下，多数人的能力都属于中等。

3）由于人的能力存在差异，就需要在劳动组织中合理安排作业，发挥人的潜能，人尽其才，同时也能在一定程度上保证生产安全。

① 人的能力与岗位职责要求相匹配。管理者在任用、选拔人才时，不但要考查其知识和技能，还应考查其能力及其所长，能力与岗位职责合理匹配，才能使员工胜任工作，无心理压力，保证作业安全。

② 发现和挖掘员工潜能。管理者如果善于发现和挖掘职工的潜能，就能充分调动人的积极性和创造性，激发员工的工作热情，避免人才浪费，也有利于安全生产。

③ 通过培训和实践提高人的能力。培训和实践可提高人的能力，因此，管理者应对员工提供与岗位要求一致的培训和实践。

④ 注重团队合作。在人事安排时注意员工能力的相互弥补，使团队的能力系统更全面，提高作业效率，促进安全生产。

3. 性格

性格是指人对事物的态度和形成个人习性的行为方式，是人的稳定的个性心理特征之一。性格特征表现为：

1）态度（对公、私、人、己）。

2）意志（自觉性、自制性、果断性和坚韧性）。

3）情绪（情绪的强度、稳定性和持久性等）。

4）理智（注意、想象、记忆、思维等）。

多方面特征集中于某人，结合为独特的整体，就形成某人特有的性格。性格并不是各种性格特征的机械组合或堆砌，各种性格特征对每个人的影响和作用总是相互联系、相互制约的。有的学者将性格分为冷静型、活泼型、急躁型、轻浮型和迟钝型。前两种性格属于安全型，后三种属于非安全型。性格在个性心理特征中占核心地位，起主导作用。性格决定人的行为和思维方式，也与安全生产有着密切的联系。例如，急躁型性格的人比冷静型性格的人更容易引发事故。

2.2.3 人的社会心理与安全生产

人自出生起就处于一定的社会环境之中，也必然会刻上特定的社会印记。人的成长则是一个社会化的过程。

美国心理学家梅约曾在霍桑工厂进行了一系列试验，并于 1932 年提出一个至今都有现实意义的重要结论：职工的士气、生产积极性主要取决于社会因素、心理因素、群体心理、人际关系及领导关系的好坏；而物质刺激、工作的物理环境只是次要因素。

1. 需求和动机

动机产生于需求，而需求是个体的生理或心理的某种缺乏或不平衡状态，需求的满足是一个动态平衡的过程，而且它是机体自身或外部生产条件的要求在大脑中的反映。一般情况下，有什么样的需求就会有什么样的动机。

（1）需求

按照需求的起源分类，可分为生理性需求和社会性需求。前者是先天具有的，是保存和维持有机体生命或延续种族的需求，例如饮食、睡眠、觉醒、排泄等。社会性需求是后天形成的，是人类在社会化过程中通过学习而形成的需求，例如交往、成就、奉献、劳动等。按需求所指的对象分类，可分为物质需求和精神需求。前者是对社会物质生活条件的需求，如对衣、食、住、行等的需求；后者是指个体参与社会精神文化生活的需求，如对审美、道德、创造等的需求。

人的需求是受到各方面社会因素制约的，它是人们的一种主观状态，具有对象性、动力性、社会性等特征。正是这些原因，人的所有需求都带有一定的社会性，而且需求是人类从事各种活动的基本动力。

美国心理学家马斯洛提出了需求层次理论，如图 2-1 所示。马斯洛的需求层次结构是心理学中的激励理论，包括人类需求的五级模型，通常被描绘成金字塔内的等级。从层次结构的底部向上，需求分别为：生理需求（如食物和衣服），安全需求（如工作保障），社交需求（如友谊），尊重需求和自我实现需求。这五级层次可分为不足需求和增长需求。

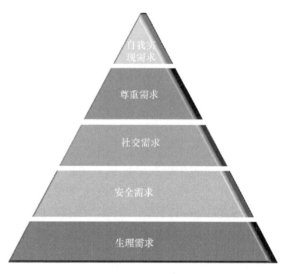

图 2-1　马斯洛需求层次理论

1）五种需求是与生俱来的，构成不同的等级或水平，并成为激励和指引个体行为的力量。

2）低级需求和高级需求的关系：马斯洛认为需求层次越低，力量越大，潜力越大。随着需求层次的上升，需求的力量相应减弱。高级需求出现之前，必须先满足低级需求。在从动物到人的进化中，高级需求出现得比较晚；婴儿有生理需求和安全需求，但自我实现需求是在成人后出现的；所有生物都有生理需求（如需要食物和水分），但是只有人类才有自我实现的需求。

3）低级需求直接关系个体的生存，也叫缺失需求（deficit/deficiency need），当这种需求得不到满足时直接危及生命；高级需求不是维持个体生存所绝对必需的，但是满足这种需求使人健康、长寿、精力旺盛，所以叫作生长需求（growth need）。高级需求比低级需求复杂，满足高级需求必须具备良好的外部条件，如社会条件、经济条件、政治条件等。

4）马斯洛认识到低级需求和高级需求的区别，他后来澄清说，满足需求不是"全有或全无"的现象，他承认，他先前的陈述可能给人一种"错误的印象，即在下一个需求出现之前，必须百分之百地满足低级需求"，其实在人的高级需求产生以前，低级需求只要得到部分满足就可以了。

5）个体对需求的追求有所不同，有的对自尊的需求超过对爱和归属的需求。

研究表明，人的需求层次与其所接受的教育程度密切相关。例如，在安全领域，从业者对化工厂有毒、有害气体危险性的了解得越多，对管道跑、冒、滴、漏的控制的需求程度也就越高。

随着社会的不断发展，人类对安全的需求程度越来越高。一旦安全需求无法满足，就不可避免地影响更高级需求的满足，进而影响人类的社会交往、对社会的贡献及社会的稳定发展。事故的发生源于物的不安全状态和人的不安全行为，其中，人因是最主要的因素。近年来，许多学者从个体心理特征角度出发对个体行为进行理论与实践研究，探求个体安全生产行为水平提高的前因后果。其中，个体主动性这一重要个体心理特征越来越多地被纳入安全行为领域的研究范畴。社会认知理论认为人的行为、认知因素和环境三者相互联系、相互决定，"个体-行为-环境"呈互为联系的闭环态势。因此，各行业的安全管理工作者应充分认识到安全的重要性，不断探索，寻求更有效、更可靠地保证安全的方法，满足劳动者对安全的基本需求[一]

（2）动机

动机是激发、指引并维持人们从事某项活动，并使活动朝向某个目标进行的内部动力。它是直接推动个体活动的动力，可以是兴趣、爱好、价值观等。

动机的功能有以下三类：

1）激发功能：使有机体产生某种活动，即活动性。

2）指向功能：使有机体的行为指向一定的目标，即选择性。

3）维持和调节功能：使有机体坚持或放弃某种活动，即决策性。

人们的需求多种多样，动机也同样如此。根据动机的性质分类，可分为生理性动机和社会性动机；根据动机的起因分类，可分为外在动机和内在动机；根据动机的意识水平分类，可分为有意识的动机和无意识的动机；从动机造成的后果分类，可分为安全性动机和危险性动机。

如果人类对客观事物的某些方面不甚了解，就不会在这些方面产生爱好、兴趣及动机，也很难从事相关的工作，更不会有出色的表现。因此，在安全管理过程中，应该设法提高员工在工作方面的积极性，强化安全行为，预防事故的发生。

2. 群体心理因素

群体内无论大小都有群体自己的标准，也叫规范。规范有正式规定的，如小组安全检查

⊖ 引自 Strohminger N，Knobe J，Newman G，The true self：A psychological concept distinct from the self，Perspectives on Psychological Science，2017。

制度等;也有不成文、没有明确规定的标准,人们通过模仿、暗示、服从等心理因素进行互相制约,若有人违反这个标准,就受到群体的压力和"制裁"。

群体中往往有非正式的"领袖",他的言行常被别人效仿,具有号召力和影响力。因此,如果能做好这些"领袖"的思想工作,使他们的行为积极向上,就会对其他人产生积极的影响。

群体中总有一种内聚力。这种内聚力给予成员的影响常常大于家庭、教师和父母。例如,普通职工在遇到工作问题时往往不愿意跟领导沟通,而情愿去找群体内的同辈谈心。考虑到群体的这种心理特征,如果能在群体中培养一些骨干员工,使其正确引导,便可产生积极的效果。

3. 不安全心理状态

大量的事故调查和统计分析表明,许多事故是由于明知故犯、违章作业引起的,这些心理因素可以归纳为以下几点:

(1)侥幸心理

这种心理习惯造成事故的概率较大。一般情况下,虽然工作岗位存在危险有害因素,但只要严格遵守作业规范,阻断事故链,就不会发生事故。或者一些事故很多年从未发生,人们心理上的危险感就会降低,容易产生麻痹心态,认为事故根本不会发生,其实不然。例如,某施工人员不戴安全帽进入施工现场并未发生事故,于是抱着侥幸心理养成了每次上工不戴安全帽的坏习惯,认为没必要,而且戴上安全帽又闷又累还不方便操作,屡次把工地门口的安全提醒标志不当回事,这样给自己和他人的安全都带来很大的隐患。

(2)省能心理

人们总是希望以最小的付出获得最大的回报,虽然这种心理在促进工作技术方法革新方面有着积极的作用,但在安全生产操作方面,往往容易引发事故。许多事故是在员工图省事、嫌麻烦等心理状态下发生的。例如,安全操作规范要求拆除脚手架的高处作业人员,必须戴安全帽和系安全带,但有些施工人员为图一时方便,不系安全带就开始工作,这种心理必然会带来安全隐患。

(3)逆反心理

由于环境的影响,某些个人会在好奇心、求知欲、偏见和对抗情绪等心理状态下,产生一种反常的心理反应,从而去做一些不该做的事情。例如,有些施工人员认为自己工作经验丰富,在他们看来那些安全预防管理措施是小题大做、故意找茬,因此产生了"你要我这样,我偏要那样;越不许干,我偏要这样干"的逆反心理。

(4)凑兴心理

凑兴心理是人在群体中产生的一种人际关系的心理反应,凑兴可以给予同伴友爱和力量,但如果通过凑兴行为来发泄剩余精力,就会导致一些不理智的行为。凑兴心理多见于精力旺盛而又缺乏经验的青年人,例如上班期间嬉笑打闹,汽车驾驶人开飞车等。对于这些违章行为,应该用更加生动的方式加强安全培训教育,控制无节制的凑兴行为的发生。

（5）从众心理

从众心理是人们在适应群体生活中产生的一种反映，不从众则容易引发一种社会精神压力。在安全生产领域，由于人们具有从众心理，因此不安全行为容易被效仿。假设某些工人不按规章操作，未发生事故，同班的其他工人也会效仿违章操作，因为他们怕被别人取笑技术差等。这类从众心理严重威胁着生产安全。

安全工作属于管理的范畴。有意识地运用社会心理学原理进行管理，企业的生产效益和安全状况一定会有所提高。安全状况与社会心理因素有着密切联系。

2.2.4　人的情绪与安全

产生事故的心理因素之一是心理机制失调，包括人的动机、情绪、个体心理特征等因素失调。其中，情绪是变化最大、影响最深的因素。

情绪是对客观事物所持态度的体验。快乐、悲哀、愤怒、恐惧是最基本的情绪。情绪是由客观事物与人的需求（自然的、社会的、物质的、精神的）是否符合而产生的心理反应。

情绪是有情景性和短暂性的，并通过明显的表情呈现，只有存在相应的客观刺激才产生这种情绪。情景消失，情绪也会消失或减弱。

情绪具有两面性，比如积极和消极、肯定和否定、紧张和轻松、满意和不满意、喜悦和悲哀、兴奋和冷静、热爱和憎恶等。

情绪会影响行为，一定的行为也要求一定的情绪水平与之相适应。不同性质的劳动要求不同的情绪水平。从事复杂劳动或抽象劳动时要求情绪激动水平较低，这样才有利于安全操作和发挥劳动效率；而从事快速、紧张的劳动时，较高的情绪激动水平有利于发挥劳动效率。

2.3　人的感知系统

人的感知系统是人与外界直接发生联系的一个主要系统。本节从人机工程学的角度来讨论人的感知系统，这也是相对于人的心理特征从人的生理特征来展开讨论，具体包括感觉、知觉、视觉、听觉、味觉、嗅觉及肤觉等，分析其功能特点和功能限度，为安全人机工程设计提供相关的人机生理学基础。

2.3.1　感觉

感觉是有机体对客观事物的个别属性的反映，是感觉器官受到外界的光波、声波、气味、温度、硬度等物理与化学刺激作用而得到的主观经验。有机体对客观世界的认识是从感觉开始的，因而感觉是知觉、思维、情感等一切复杂心理现象的基础。

感觉可分为三大类：

1）外部感觉：接受外部刺激的外感受器，它可以反映外界事物属性的外部感觉，如视觉、听觉、嗅觉、味觉和皮肤感觉。

2）内部感觉：接受人体内部刺激的内感受器，它反映内脏器官在不同状态时的内部感觉，如饥、渴等内脏感觉。

3）本体感觉：在身体外表面和内表面之间的本体感受器，它反映身体各部分的运动和位置情况的本体感觉，如运动感觉、平衡感觉等。

感觉的基本特性可归纳为以下三点：

（1）感受性以及感觉阈限

人体的各种感觉器官都有各自最敏感的刺激形式，这种刺激形式可称为对应于该感觉器的适宜刺激。当适宜刺激作用于该感受器时，只需要很小的刺激能量就能引起感受器的兴奋。对于非适宜刺激，则需要较大的刺激能量。表 2-3 给出了人体主要感觉器官的适宜刺激与感觉反应。

表 2-3　人体主要感觉器官的适宜刺激与感觉反应

感觉类型	感觉器官	适宜刺激	刺激起源	识别外界的特征	作用
视觉	眼	可见光	外部	色彩、明暗、形状、大小、位置、远近、运动方向等	鉴别
听觉	耳	一定频率范围	外部	声音的强弱和高低，声源的方向和位置等	报警、联络
嗅觉	鼻腔顶部嗅细胞	挥发的和飞散的物质	外部	香气、臭气、辣味等挥发物的性质	报警、鉴别
味觉	舌面上的味觉细胞	被唾液溶解的物质	接触表面	甜、酸、苦、咸、辣等	鉴别
皮肤感觉	皮肤及皮下组织	物理和化学物质对皮肤的作用	直接和间接接触	触觉、痛觉、温度觉和压力等	报警
深部感觉	机体神经和关节	物质对机体的作用	外部和内部	撞击、重力和姿势等	调整
平衡感觉	耳内半规管	运动刺激和位置变化	内部和外部	旋转运动、直线运动和摆动等	调整

人的感官只对一定范围内的刺激做出反应，只有在这个范围内的刺激，才能引起人们的感觉，这个刺激范围及相应的感觉能力称为感觉阈限和感受性。

1）绝对感受性与绝对阈限。刚刚能引起感觉的最小刺激量称为绝对感觉阈限的下限；感觉出最小刺激量的能力称为绝对感受性。表 2-4 给出了人体主要感觉的感觉阈值。

表 2-4　人体主要感觉的感觉阈值

感觉类型 及相关参数	感觉阈值	
	最低限	最高限
视觉/J	$(2.2 \sim 5.7) \times 10^{-17}$	$(2.2 \sim 5.7) \times 10^{-8}$
听觉/(J/m²)	1×10^{-12}	1×10^{2}
触压觉/J	2.6×10^{-9}	

（续）

感觉类型	感觉阈值	
及相关参数	最低限	最高限
振动觉/mm	振幅 2.5×10^{-4}	
嗅觉/（kg/m^3）	2×10^{-7}	
温度觉/[kg·J/（m^2·s）]	6.28×10^{-9}	9.13×10^{-6}
味觉（硫酸试剂浓度）	4×10^{-7}	
角加速度/（rad/s^2）	2.1×10^{-3}	
直线加速度/（m/s^2）	减速时 0.78	加速时：49~78 减速时：29~44

2）差别感受性和差别感觉阈限。当两个不同强度的同类型刺激同时或先后作用于某一感觉器官的时候，它们在强度上的差别必须达到一定的程度之后才能引起人的差别感觉。差别感觉阈限就是刚刚能够引起差别感觉的刺激之间的最小差别量；而对最小差别量的感受能力便称为差别感受性。1834 年，德国生理学家韦伯（Weber）曾系统地研究了触觉的差别阈限。他发现刺激增量和原刺激量之比是一个常数，可用下式表示：

$$\frac{\Delta I}{I} = K \tag{2-3}$$

式中　ΔI——差别感觉阈限；

　　　I——最初刺激的强度；

　　　K——韦伯比例常数。

人的各个感觉器官的感受能力发展很不平衡，在感受能力方面不同职业又有各自不同的要求。例如，对从事音乐工作的人要求具有较高的听觉分辨能力；对从事检验行业与美术工作的人需要具有较高的视觉颜色分辨能力。此外，人的感觉能力又具有很大的发展潜力，可以通过训练提高某些方面的感受性。

（2）感觉的适应

在同一刺激的持续作用下，人的感受性发生变化的过程称为感觉的适应。这种适应现象几乎在所有的感觉中（痛觉除外）都存在，但是适应的表现和速度是不同的，例如，视觉适应中的暗适应需要 45min 以上，明适应需要 1~2min；听觉适应需要 15min；味觉和轻触觉适应分别约需 30s 和 2s。

（3）余觉

刺激取消之后，感觉可以继续存在于极短的时间，这种现象称为余觉。例如，在暗室里急速转动一根燃烧着的火柴，就会产生一种类似短暂的"视觉停留"，可以看到的转动火焰就会形成一圈火花，这就是余觉。

感受性对于职业的选择和工种的分配具有实际的价值和意义。由于不同人的感受能力有绝对感受性的区别，所以每个人的感觉的绝对阈值不同。感觉阈值与员工的教育背景、工种、工龄、危险认知程度、应急处置能力等因素有关。安全管理人员要充分把握不同人群的心理特征，界定感觉阈值，让其发挥不同的功效。

2.3.2 知觉

知觉是人对事物的各个属性、各个部分及其相互关系的综合的、整体的反应。知觉必须以各种感觉的存在为前提，它不是感觉的简单相加，而是由各种感觉器官联合活动所产生的一种有机综合，是人脑的初级分析和综合的结果，是人们获得感性知识的主要形式之一。知觉是人体主动的反应过程，它比感觉更加依赖于人的主观态度和过去的知识经验。知觉大体上可分为空间知觉、时间知觉和运动知觉三大类。

不同的人对同一事物可能产生不同的知觉，在产品设计的过程中，设计师不仅要考虑人在知觉上的共性，还要考虑人的知觉的差异性。

1. 知觉的整体性

把知觉对象的各种属性、各个部分认识看成一个具有一定结构的有机整体，这种特性称为知觉的整体性。

知觉的整体性可使人们在感知自己熟悉的对象时，只根据其主要特征将其作为一个整体而被知觉。例如，若见到建筑群中的冷水塔，电力工程师立即会将该建筑群知觉为一个热电厂。

2. 知觉的理解性

根据已有的知识经验去理解当前的感知对象，这种特性称为知觉的理解性。由于人们的知识经验不同，因此对知觉对象的理解也会有不同，与知觉对象有关的知识经验越丰富，对知觉对象的理解也就越深刻。

3. 知觉的选择性

作用于感官的事物有很多，但人不能同时感知作用于感官的所有事物或清楚地认识事物的全部。人们总是按照某种需要或目的，主动、有意识地选择其中少数事物作为认识对象，对它产生突出、清晰的知觉映像，而对同时作用于感官的周围其他事物则呈现隐退、模糊的知觉映像，从而成为烘托知觉（认识）对象的背景，这种特性称为知觉的选择性。

影响知觉选择性的因素：

1）对象和背景的差别。知觉对象与背景之间的差别越大，对象越容易从背景中区分出来。

2）运动的对象。在固定不变或相对静止的背景上，运动着的对象最容易成为知觉对象，如在荧光屏上显示的变化着的曲线。

3）人的主观因素。若任务、目的、知识、兴趣、情绪不同，则选择的知觉对象也不同。

4. 知觉的恒常性

人们总是根据已往的印象、知识、经验去知觉当前的知觉对象，当知觉的条件在一定范围内改变时，知觉对象仍然保持相对不变，这种特性称为知觉的恒常性。

1）大小恒常性。在天空中飞行的飞机，在视网膜中的映像是近大远小，但在知觉中它的大小是不变的。根据光学原理，同样一个物体，在视网膜上成像的大小随观察者距离的改变而变化，距离越远，物体在视网膜上的成像越小；反之，距离越近，物体在视网膜上的成像越大。人在知觉物体的大小时，尽管观察距离不同，但形成的知觉大小都与物体实际大小相近，这主要是过去经验的作用以及对观察者距离等刺激条件的主观加工造成的，也为学习和实践的结果。在知觉物体大小时，个体学会了把物体与观察者的距离因素考虑在内，当自己处于不同距离位置知觉同一物体大小时，知觉的结果经常是一致的。

2）形状恒常性。形状恒常性是指个体在观察熟悉物体时，当观察角度发生变化而导致在其视网膜的影像发生改变时，其原本的形状知觉保持相对不变的知觉特征。如在观察一本书时，不管从正上方看还是从斜上方看，人对其形状的知觉都是长方形的。

3）方向恒常性。方向恒常性是指个体不随身体部位或视像方向改变而感知物体实际方位的知觉特征。人在弯腰时、侧卧时、侧头时、倒立时等，身体各部位的相对位置都在发生变化，与之相应的环境中的事物的上下左右关系也随之变化，但人对环境中的知觉对象的方位知觉仍保持相对稳定，并不会因为身体部位的改变而变化。

4）明度恒常性。明度恒常性是指当照明条件改变时，物体的相对明度或视亮度保持不变。例如，白墙在阳光和月色下看都是白色的；而煤块在阳光和月色下看都是黑色的。人看到的物体明度或视亮度，并不取决于照明的条件，而是取决于物体表面的反射系数。例如，将黑、白两匹布分别一半置于亮处，一半置于暗处，虽然两者亮度存在差异，但个体仍把它知觉为一匹黑布或一匹白布，而不会知觉为两段明暗不同的布料。

5）颜色恒常性。颜色恒常性是指当物体的颜色因光照条件改变而改变时，个体对熟悉物体的颜色知觉仍趋于一致的知觉特性。例如，在不同色光照明下，人对室内的家具的颜色知觉仍保持相对不变；一面红旗，不管在白天或晚上，在路灯下或阳光下，在红光照射下或黄光照射下，人都会把它知觉为红色。从物理特性和生理角度看，当色光照射到物体表面时，由于色光混合原理的作用，其色调会发生变化，但人对物体颜色的知觉并不受照射到物体表面色光的影响，仍把物体知觉为其固有的颜色。知觉的恒常性保证了人在变化的环境中，仍然按事物的真实面貌去知觉，从而更好地适应环境。

知觉是影响安全操作的重要因素。在辨别环境中可能存在的风险时，知觉会受到情景特征和观察者特征的影响。因此，对于同一情景，不同操作人员可能知觉到的风险大小也不相同。在面对不确定的情景时，迅速准确地识别并且评估外部风险的大小是做出正确决策的前提。

2.3.3　视觉

1. 视觉器官

机体从外界获得的信息中有 80% 以上来自视觉，因此，在感觉器官中视觉占有重要地位。视觉是由眼、视神经和视觉中枢共同完成的，眼是视觉的感受器官。

2. 人的视觉功能和特征

人能够产生视觉是由三个要素决定的，即视觉对象、可见光和视觉器官。可见光的波长范围在 $380×10^{-9} \sim 780×10^{-9}$m，小于 $380×10^{-9}$m 的为紫外线，大于 $780×10^{-9}$m 的为红外线，紫外线和红外线均不引起视觉。除满足波长要求外，要引起人的视觉，可见光还要具有一定的强度。在安全人机工程设计中经常涉及人的视觉功能和特征有以下几个方面：

（1）空间辨别

视觉的基本功能是辨别外界物体。根据视觉的功能和特征，可以把视觉能力分为察觉和分辨。察觉是看出对象的存在；分辨是区分对象的细节，分辨能力也叫视敏度。两者是要求不同的视觉能力。察觉不要求区分对象各部分的细节，只要求发现对象的存在。

视角是确定被观察物尺寸范围的两端光线射入眼球的相交角度。视角的大小与观察距离及被观测物体上两端点直线距离有关，可以用下式表示：

$$\alpha = \arctan \frac{D}{2L} \tag{2-4}$$

式中　α——视角，（′），即 $(1/60)°$；

　　　D——被观测物体上两端点直线距离（m）；

　　　L——眼睛到被看物体的距离（m）。

视敏度是能够辨出视野中空间距离非常小的两个物体的能力。将两个相距很近的刺激物区分开来的最小距离，这个距离所形成的视角就是这两个刺激物的最小区分阈限，又称为临界视角；其倒数即为视敏度。在医学上把视敏度叫作视力，视力单位为 $1/(′)$：

$$视力 = \frac{1}{能耗分辨的最小物体的视角}$$

检查视力就是测量视觉的分辨能力。一般将视力为 1.0 称为标准视力。在理想的条件下，大部分人的视力超出 1.0，有的还可达到 2.0。

（2）视野与视距

视野是指当头部和眼球固定不动时，所能看到的正前方空间范围，又称为静视野，常以角度表示。眼球自由转动时能看到的空间范围称为动视野。视野通常用视野计测量，图 2-2 所示为视野计，图 2-3 是正常人的水平视野和垂直视野的示意图。

水平视野的分布是：双眼视区大约在左右 60° 以内的区域，在这个区域里还包括字、字母和颜色的辨别范围，辨别字的视线角度为 10°～20°；字母识别的视线角度为 5°～30°，在各自的视线范围以外，字和字母趋于消失；对于特定的颜色的辨别，视线角度为 30°～60°；人的最敏锐的视力范围是在标准视线每侧 1° 的区域内；单眼视野界限为标准视线每侧 94°～104°（图 2-3a）。

垂直视野的分布是：假定标准视线是水平的，定为 0°，则最大视区为视平线以上 50°、视平线以下 70°。颜色辨别界限为视平线以上 30°、视平线以下 40°。实际上人的自然视线是低于标准视线的，在一般状态下，站立时自然视线低于水平线 10°，坐着时低于水平线 15°；在很松弛的状态中，站着和坐着的自然视线偏离标准线分别为 30° 和 38°。观看展示物的最佳视区在低于标准视线 30°的区域里（图 2-3b）。

图 2-2　视野计

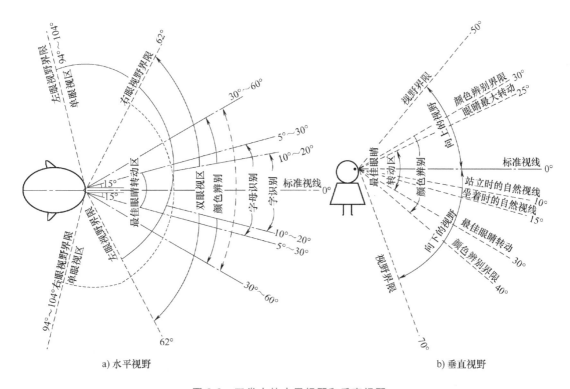

a) 水平视野　　　　　　　　b) 垂直视野

图 2-3　正常人的水平视野和垂直视野

　　在同一光照条件下，用不同颜色的光测得的视野范围不同。白色视野最大，黄蓝色次之，再其次为红色，绿色视野最小。这表明不同颜色的光波能够被不同的感光细胞所感受，而且对不同颜色敏感的感光细胞在视网膜的分布范围也不同。人对不同颜色的视野如图 2-4所示。

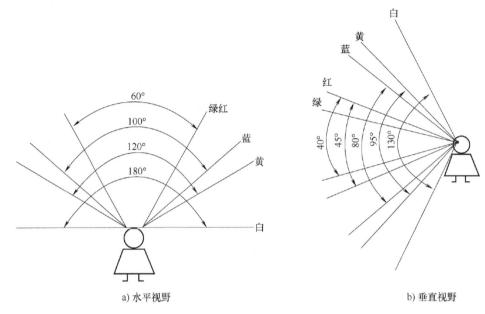

a) 水平视野   b) 垂直视野

图 2-4 人对不同颜色的视野

视距是指人在操作系统中正常的观察距离，一般操作的视距范围为 38~76cm，而在 58cm 处最为适宜。视距过远或过近都会影响认读的速度和准确性，而且观察距离与工作的精确程度密切相关，因而应根据具体任务的要求来选择最佳的视距。几种工作视距的推荐值见表 2-5。

表 2-5 几种工作视距的推荐值

任务要求	举例	视距离/cm	固定视野直径/cm	备注
最精确工作	安装最小部件（表、电子元件）	12~25	20~40	完全坐着，部分地依靠视觉辅助
精细工作	安装收音机、电视机	25~35（多为30~32）	10~60	坐着或站着
中等粗活	印刷机、钻井机、机床旁工作	50 以下	≤80	坐着或站着
粗活	包装、粗磨	50~150	30~250	多为站着
远看	看黑板、开汽车	150 以上	250 以上	坐着或站着

（3）暗适应和亮适应

当人们在光亮处停留一段时间后再进入暗室时，开始视觉感受性很低，然后才逐渐提高，经过 5~7min 才逐渐看清物体，大约经过 30min 眼睛才能基本适应，而完全适应大约需要 1h。这种在黑暗中视觉感受性逐渐提高的过程叫暗适应。当人从黑暗处到光亮处，也有一个对光适应的过程，称为亮适应。亮适应在最初的 30s 内进行很快，大约 1~2min 就能基本完成。

视觉虽然具有亮暗适应特征，但如果亮暗变化过于频繁，眼睛需要频繁调节，也不能很快适应。这样不仅增加了眼睛的疲劳，而且观察和判断物体也容易出现错误，从而导致事故的发生。因此，在生产实践中，必须要求工作面的亮度均匀，避免产生阴影；环境和信号的明暗变化平缓；工厂车间的局部照明和普通照明相差不要太大；从一个车间到另一个车间要经历车间到车间外面空旷地带由暗变亮的过程，再到另一个车间即由车间外的较亮处到较暗处，眼睛有由亮到暗的适应期。如果经常出入于两车间的工人应佩戴墨镜，特别是太阳光线很强的时候，更要加强对眼睛的防护。

（4）对比感度

当物体与背景有一定的对比度时，人眼才能看清物体的形状。对比的方式可以采用颜色，也可以采用亮度。人眼刚刚能辨别物体时，背景与物体之间的最小亮度差称为临界亮度差。临界亮度差与背景亮度之比称为临界对比。临界对比的倒数称为对比感度，其关系式如下：

$$S_c = \frac{1}{C_p} \tag{2-5}$$

式中　C_p——临界对比；

　　　S_c——对比感度。

对比感度与照度、物体尺寸、视距和眼的适应情况等因素有关。在理想情况下，视力好的人临界对比约为 0.01，也就是其对比感度达到 100。

（5）视错觉

视错觉是人观察外界物体形象和图形所得的印象与实际形状和图形不一致的现象。这是视觉的正常现象。人们观察物体和图形时，由于物体或图形受到形、光、色干扰，加上人的生理、心理原因，会产生与实际不符的判断性视觉错误。美国亚利桑那州科罗拉多大峡谷的"魔鬼公路"之所以得此命名，就是因为在出事时段内公路与太阳的移动路线几乎平行，护栏前端受到太阳光照射，护栏后部分是阴影，而且前方公路也恰好为黑色，导致驾驶员无法注意到护栏的存在，直接冲向悬崖，造成惨剧。

（6）视觉运动规律

1）眼睛沿水平方向运动比沿垂直方向运动快而且不易疲劳；一般先看到水平方向的物体，后看到垂直方向的物体。

2）视线的变化习惯从左到右、从上到下和顺时针方向运动。

3）人眼对水平方向尺寸和比例的估计比对垂直方向尺寸和比例的估计要准确得多。

4）当眼睛偏离视中心时，在偏移距离相等的情况下，人眼对左上限的观察最优，依次为右上限、左下限，而右下限最差。

5）两眼的运动总是协调、同步的，在正常情况下不可能一只眼睛转动而另一只眼睛不动；在操作中一般不需要一只眼睛视物，而另一只眼睛不视物。

6）人眼对直线轮廓比对曲线轮廓更易于接受。

7）颜色对比与人眼辨色能力有一定关系。当人们从远处辨认前方的多种不同颜色时，其易于辨认的顺序是红、绿、黄、白。当两种颜色相配在一起时，易于辨认的顺序是：黄底黑字、黑底白字、蓝底白字、白底黑字。

颜色和形状是交通标志的基本特征，驾驶人可以使用这些特征来开发人工交通标志识别系统，提高驾驶安全性。近些年来，一些视觉行为模型和颜色外观模型通过提取颜色信息，对交通标志进行分割和分类。利用视觉模型提取的颜色和形状特征，可以在不同的视觉条件下，对距离合理的静止图像进行准确的识别。多种模型的建立对各种不同颜色、形式和信息内容的交通标志的识别都有很好的效果⊖

2.3.4 听觉

1. 听觉刺激

听觉刺激是机械波对人的适宜刺激。最适宜的条件下，人耳可听到的声音波长范围大致为 1.7cm~17m，这个波长范围的声音通常称为可闻声，也是在语音分析及听力测验中最常用的。不适宜的听觉刺激可能会对人的听力产生影响并会造成听力损失，听力损失的程度一般都是以纯音的平均听力损失来衡量的。

单一振动频率的声音称为纯音。频率和谐的几个纯音的合成称为乐音；频率不和谐或杂乱无章组成的声音称为噪声，在日常生活和生产中噪声的定义是"不需要的声音"。

声音往往有三种物理属性，分别是音调、音色和响度。声音频率的高低叫作音调，频率是决定音调的主要因素。物体振动得快，所发出声音的音调就高；振动得慢，所发出声音的音调就低。音色是指不同声音表现在波形方面总是有与众不同的特性，不同的物体振动都有不同的特点。不同的发声体由于其材料、结构不同，其发出声音的音色也不同。响度又称声强，主要是指声音的强弱程度，其常用单位为分贝（dB）。除了上述三个属性外，声压也是关于声音的重要基本概念。声压是由于声波的存在而引起的压力增值，单位为 Pa。声波在空气中传播时形成压缩和稀疏交替变化，所以压力增值是正、负交替的。声压级可定义为将待测声压有效值 $p(\mathrm{e})$ 与参考声压 $p(\mathrm{ref})$ 的比值取常用对数，再乘以 20，其单位为分贝（dB）。

2. 听觉现象

（1）听觉阈值

人耳的鼓膜不是对于一切振动都能做出响应的。人耳一般只能听到 20~20000Hz 的声音，有些年轻人能听到 24000Hz 的声音。

人耳对 1000Hz 的声音感受性最强。在 500Hz 以下和 5000Hz 以上的声音则需要更大的声强才能被感受。当声强超过 140dB 时，人耳将感到疼痛，称为痛阈。

（2）听觉的适应和疲劳

听觉适应和视觉适应相比所需的时间短得多，而且很快恢复，所以不易觉察。听觉的适

⊖ 引自 Gao X W，Podladchikova L，Shaposhnikov D，et al，Recognition of traffic signs based on their colour and shape features extracted using human vision models，Journal of Visual Communication and Image Representation，2006.

应具有选择性。如果以一定频率的声音作用于听觉器官，则适应表现为对该频率及其相邻频率的声音的感受性降低，而对其他频率的声音则影响不大。响度加大，适应的范围也加大。上述听觉适应表现在生产作业中工人对噪声的耐受限度有所增加，一般是开始时对噪声极度敏感，过一段时间就会习惯，但却引起了疲劳。

（3）声音掩蔽现象

两个强度相差很大的声音同时作用于人耳，那么人只能感受到一个声音，另一个声音则淹没了，这种现象称为掩蔽现象。它在生产、通信和军事中有重要的实际意义，因此受到广泛的注意。

人耳能够在寂静的环境中分辨出轻微的声音，但是在嘈杂的环境里，这些轻微的声音就会被杂音所淹没。这种由于第一个声音的存在而使得第二个声音听阈提高的现象就称为掩蔽效应。第一个声音称为掩蔽声，第二个声音称为被掩蔽声，第二个声音听阈提高的数量称为掩蔽效应。

掩蔽效应发生时，一般以不同性质的声音作为掩蔽声，比如纯音、复音、噪声等。研究还发现，当掩蔽声和被掩蔽声不同时到达时，也会发生掩蔽，这种掩蔽现象称为非同时掩蔽。掩蔽声作用在被掩蔽声之前所发生的掩蔽，称为前掩蔽；掩蔽声作用在被掩蔽声之后所发生的掩蔽，称为后掩蔽。

1）纯音的掩蔽。纯音是最简单的一种声音，纯音的掩蔽基本符合以下几个规律：低音容易掩蔽高音，高音较难掩蔽低音；频率相近的纯音容易互相掩蔽；提高掩蔽声的声压级时，掩蔽阈会提高，而且被掩蔽的频率范围会扩展。

2）复音的掩蔽。大多数声音是以复音的形式存在的。乐音一般是由一个基频和多个谐频组成的，音色主要取决于其谐频的结构。复音的掩蔽范围主要由复音所包含的频率成分决定，在每个所包含的频率附近都会产生一个最大的掩蔽量，当频率小于复音所包含的最小频率或大于其所包含的最大频率时，掩蔽效应逐渐减弱，并且掩蔽阈趋近于无掩蔽声时的听阈。

3）窄带噪声的掩蔽。窄带噪声通常是指带宽等于或小于听觉临界频带的噪声。用纯音作为掩蔽声时，掩蔽阈的测量比较困难；如果用窄带白噪声作为掩蔽声，测量较为容易，结果比较可靠。窄带噪声的掩蔽特性和纯音的掩蔽特性十分相似，只是曲线的左右不对称特性没有那么强。

大型公共场所发生灾害或突发事件时，紧急情况下往往伴随着停电、火灾产生烟气等，人员疏散过程中会出现环境能见度降低、视野范围缩小等情况，而声音信息却通常不会减弱。大型铁路客站具有出口多、人员密集的特征，容易造成视线遮挡，在出口和疏散通道中的视觉引导可能起不到应有的作用，而听觉引导则不同，可以很好地帮助人们迅速判断方向，接收当前危险信号，并做出反应，以便寻找出口位置等。

2.3.5　味觉和嗅觉

味觉和嗅觉器官担负着一定的警戒任务，因为它们处在人体沟通内、外部的入口处。过去，矿井深处信息沟通不便，发生灾害或突发事件时就使用嗅味向矿工报警，以便其及时撤退。现在生产或生活中，仍然有在管道煤气或液化气加入少量的恶臭物质——硫醇，用作气体泄露的报警措施的做法。

1. 味觉

凡能溶于水的物质都能向人提供味觉刺激。味觉的感受器是味蕾，主要分布于舌的表面、咽的后部、腭等部位，其中以舌上分布得最多。味觉的感受性用不同浓度溶液的阈值加以表示。

不同部位的味蕾对不同味刺激的敏感度不同，一般舌尖对甜味比较敏感，舌两侧对酸味比较敏感，舌两侧前部对咸味比较敏感，而软腭和舌根部则对苦味敏感。味觉的敏感度常受食物或刺激物本身温度的影响，$20 \sim 30 ℃$，味觉的敏感度最高。另外，味觉的辨别能力也受血液化学成分的影响，例如，肾上腺皮质功能低下的人，由于血液中低钠而喜食咸味食物。因此，味觉的功能不仅在于辨别不同的味道，而且与营养物质的摄取和机体内环境稳定的调节也有关系。

味觉是一种快适应感受器，长时间受某种味质刺激时，对其味觉敏感度可降低，但此时对其他物质的味觉并无影响。不同物质的味道与它们的分子结构形式有关，但也有例外。通常 NaCl 能引起典型的咸味味觉；H^+是引起酸味味觉的关键因素，有机酸的味道与它们带负电的酸根有关；甜味觉的引起与糖中的羟基有关；而奎宁和一些有毒物的生物碱的结构能引起典型的苦味味觉。另外，即使是同一种味质，由于其浓度不同所产生的味觉也不相同，如食盐溶液浓度为 $0.01 \sim 0.03 mol/L$ 时呈微弱的甜味，$0.04 mol/L$ 时呈甜咸味，大于 $0.04 mol/L$ 时才是纯粹的咸味。一般情况下，人对苦味的敏感程度远远高于其他的味道，苦味强烈时可引起呕吐或停止进食，这是一种保护性的反应。

2. 嗅觉

人的嗅觉感受性是很强的。例如，1L 空气中只要有 0.00004mg 的人造麝香，人就可以嗅到香味。影响嗅觉感受性的因素有环境条件和机体条件两方面。温度有助于嗅觉感受，最适宜的温度是 $37 \sim 38 ℃$；在清洁空气中，嗅觉感受性会提高；伤风感冒时，由于鼻咽黏膜发炎，感受性显著降低。

嗅觉的适应比较快，但有选择性。对于某种气味，经过一段时间后感受性就下降。"久居兰室而不闻其香"就是这个道理。例如，对碘酒，人只要 4min 就可以完全适应；而对大蒜的气味需 40min 才能完全适应，所以，发现异常气味应立即寻找原因。利用嗅觉，可以实现危险品泄露、火灾等事故的早期发现。对于同一种气味物质的嗅觉敏感度，不同的人具有很大的区别，有的人甚至缺乏一般人所具有的嗅觉能力，通常称为嗅盲。即使是同一个人，嗅觉敏锐度在不同情况下也有很大的变化。例如感冒或发生鼻炎都可以降低嗅觉的敏感度。环境中的温度、湿度和气压等的明显变化，也都对嗅觉的敏感度有很大的影响。

嗅觉不像其他感觉那么容易分类，在说明嗅觉时，一般是用产生气味的东西来命名，如玫瑰花香、肉香、腐臭等。几种不同的气味混合同时作用于嗅觉感受器时，可以产生不同情况：可能产生新气味，可能代替或掩蔽另一种气味，也可能产生气味中和，此时混合气味就完全不引起嗅觉。

敏锐的嗅觉可以避免有害气体（如战争中的毒气弹、石油液化气……）进入人的体内。在听觉或视觉损伤的情况下，嗅觉作为一种距离分析器具有重大意义。盲人、聋哑人运用嗅觉就像正常人运用视力和听力一样，他们常常根据气味来辨识事物，了解周围环境，确定自己的行动方向。

2.3.6　肤觉

皮肤感觉简称肤觉，是由物体的温度或机械的作用到达皮肤表面而引起的，它分为触压觉、温度觉和痛觉。

1. 触压觉

刺激物触及皮肤表面引起触觉，刺激物作用加强，使皮肤产生变形便产生压觉。人身体的不同部位，触压的感受性差别很大，越是活动部分，感受越强。若以背部中线的最小感受性为1，则身体其他部分的对比感受性是：胸部中线为1.39，腹部中线为1.06，肩部上表面为3.01，上眼皮为7.61，脚背表面为3.38，挠腕关节区为3.80。

触压觉的感受性因环境而异。皮肤变热，感受性提高；皮肤变冷，感受性下降，这就是冷敷可以止痛或减轻疼痛的原因之一。

触压觉的适应性表现得非常显著，经过3s触压觉就可以下降到原水平的1/4，其适应时间与刺激强度成正比，与刺激作用的面积成反比。

触压觉的敏感性可用两点阈值准确地测定出来。两点阈值即人的皮肤能感受到两点刺激的最小距离值。例如，舌尖的两点阈值约为1.1mm，手指尖约为2.2mm，手掌约为9mm，背部则可达67mm。人在疲劳、饮酒后或睡眠不足时，两点阈值会加大。

2. 温度觉

冷觉和热觉统称为温度觉。人的身体各部位温度觉是不一致的，面部皮肤具有最大的温度感受性，但因为经常裸露在外，所以其适应性也最强。人体经常被遮盖的部分对冷的感受性最强，肢体的皮肤感受性最差。这也是人若疏于防冷，容易导致下肢关节炎的重要原因。

温度觉的适应现象是十分明显的。如果一只手放在30℃水中，另一只手放在45℃水中，稍待片刻，手已适应，再把两手同时放在37℃水中，则来自冷水的手有热感，来自热水的手有冷感。电、机械或化学的因素也可引起温度觉神经末梢的兴奋。

3. 痛觉

痛觉是机体受到伤害性刺激时，产生的一种不愉快的感觉。痛觉常伴有情绪变化和防御反应，对机体起到保护性作用。痛觉感受器是游离的神经末梢，其本质是化学感受器。伤害性刺激作用于机体时，引起组织损伤，释放某些化学物质如 K^+、H^+、5-羟色胺、前列腺素等，使痛觉感受器兴奋，产生换能作用，随后产生传入冲动，抵达人体皮层，产生痛觉。

当皮肤受到伤害性刺激时可引起疼痛，皮肤痛可分为快痛和慢痛两种。

1）快痛：又称急性痛或第一痛，属于生理性疼痛。刺激后立即出现刺痛，持续时间短，定位准确，不会伴有情绪反应。疼痛的产生和消失较快，定位清楚，分辨能力强。

2）慢痛：慢痛属于病理性疼痛，又称第二痛。受到刺激后 0.5~1.0s 出现烧灼痛，持续时间长，产生和消失较慢，定位不准确，常伴有情绪和内脏反应。

疼痛是一种警戒信号，表示机体已经发生组织损伤或即将遭受损伤，通过神经系统的调节，引起一系列防御反应，保护机体免受伤害，提高操作安全性。但如果疼痛长期持续不止，便失去警戒信号的意义，对机体将是一种难以忍受的折磨，会严重影响人的学习、工作、饮食和睡眠，降低生活质量，这时疼痛就没有积极意义了，需采取措施进行治疗。

复 习 题

1. 人体测量数据如何处理？

2. 为什么说人体测量参数是人机工程中一切设计的基础？

3. 在运用人体测量数据进行设计时，应遵循哪几个准则？

4. 人的心理过程可以分为几个过程？哪一个过程是最基本的？

5. 能力的特点是什么？请简要概述。

6. 动机的功能分为哪几类？

7. 影响知觉选择性的因素有哪些？

8. 不安全心理状态包含哪几个方面？在现实生活中哪些行为属于这几个方面？

9. 感觉可分为哪几大类？

10. 如何理解人的感知系统为安全人机工程设计提供关键生理学参数？

第3章
机的基本特性及其感知系统设计

　　在人-机-环境系统中，机是构成系统的物质基础，也是实现本质安全化设计的重要元素。机的可操作性、易维护性和本质可靠性（机的三大特性）和对人-机-环境系统的总体性能（即高效、经济、安全）影响极大。本章着重介绍机的主要特性，并对机的可靠性模型进行了分析，还介绍了机的感知系统设计等相关内容。

3.1 机的可操作性及机的动力学特征分析

3.1.1 可操作性的定义及特征

　　机的可操作性是指在人-机-环境系统中，在特定环境中，作业人员通过操作或控制特定机体，能够迅捷、准确、无误地完成特定任务的能力。在不受外界干扰下，某个特定的人-机-环系统是一个闭环作业系统，如图 3-1 所示。

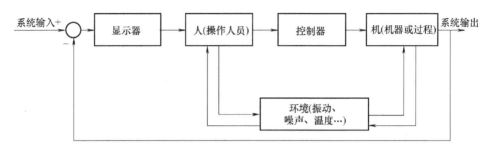

图 3-1　人-机-环闭环控制系统

机的可操作性一般应具备以下三大特征。

1. 稳定性

稳定性是保证人-机-环境系统正常工作的前提。当单个特定机体的动力学特性在其运行周期内出现问题，人员操作、人机系统的正常运行就会受到影响，因此提高机在运行中的稳定性是实现机器可靠性的先决条件。

2. 快速性

快速性是机的可操作性的重要保证。为了更好地完成人-机-环系统的预定任务，系统对外界环境的反应速度极为重要。

3. 准确性

要使人-机-环系统进一步准确无误地完成其自身功能，必须要保证机体作业准确无误，否则无法确保系统准确无误地完成预定的任务。

3.1.2　机的动力学特征分析与操作性比较

对于线性定常系统（系统的自身性质不随时间变化），为了对机的输入/输出动力学特性进行描述，一般可以用传递函数表达：

$$G(S) = Y(S)/X(S) \tag{3-1}$$

式中　$G(S)$——机的动力学特性，即传递函数；

　　　$X(S)$——输入信号的拉普拉斯变换；

　　　$Y(S)$——输出信号的拉普拉斯变换。

通常，当人对机进行操作或者控制时，由于人对信息的处理能力有限，机的动力学特性一般应在二阶积分特性之内。因此，机的动力学特性可以简化为以下六类主要基本情况。

1. 比例特性

比例特性的传递函数表达式如下：

$$G(S) = Y(S)/X(S) = K \tag{3-2}$$

式中　K——常数，称为放大系数。

比例特性又称作放大特性。特点：它的输出量与输入量成比例，其传递函数是一个常数。

2. 一阶惯性特性

一阶惯性特性也称作滞后特性或非周期特性，其传递函数表达式如下：

$$G(S) = Y(S)/X(S) = K/TS + 1 \tag{3-3}$$

式中 K——常数，称为放大系数；

T——时间常数，表征环节的惯性，和环节的结构参数有关。

特点：对突变的输入，其输出不能立即复现。

3. 一阶积分特性

一阶积分特性的传递函数表达式如下：

$$G(S) = Y(S)/X(S) = K/S \tag{3-4}$$

式中 K——常数，称为放大系数。

一阶积分特性的输出量为输入量的积分。特点：输出量与输入量的积分成正比例，当输入消失时，输出具有记忆功能。

4. 一阶惯性-积分特性

一阶惯性-积分特性的传递函数表达式如下：

$$G(S) = Y(S)/X(S) = K/[S(TS+1)] \tag{3-5}$$

式中 K——常数，称为放大系数；

T——时间常数。

特点：一阶惯性-积分特性的输出量为被滞后了的输入量的积分。

5. 二阶积分特性

二阶积分特性的传递函数表达式如下：

$$G(S) = Y(S)/X(S) = K/S^2 \tag{3-6}$$

式中 K——常数，称为放大系数。

特点：二阶积分特性的输出量为输入量的二次积分。

6. 不稳定惯性-积分特性

不稳定惯性特性的传递函数表达式如下：

$$G(S) = Y(S)/X(S) = K/[S(TS-1)] \tag{3-7}$$

式中 K——常数，称为放大系数；

T——时间常数。

特点：这种特性一般都产生不稳定振荡，在机的设计时应尽量避免出现这类特性。

表 3-1 给出了上述几类机的动力学特性与一些机的典型工作状态之间的关系。值得强调的是，实际应用中的机，它的动力学特性要比上述几类基本特性复杂得多，有时可能是两种甚至是几种基本特性的复合。

这六类机的动力学特性的可操作性从好到差依次排列的顺序为：第 1 类特性（比例特性）>第 2 类特性（一阶惯性特性）>第 3 类特性（一阶积分特性）>第 4 类特性（一阶惯性-积分特性）>第 5 类特性（二阶积分特性）>第 6 类特性（不稳定惯性-积分特性）。

表 3-1　几类机的动力学特性与一些机的典型工作状态之间的关系

动力学特性种类	传递函数	机的典型工作状态举例
比例特性	K	电子放大器、齿轮等
一阶惯性特性	$K/(TS+1)$	人用车把控制自行车的方向
一阶积分特性	K/S	飞行员用升降舵控制飞机的倾斜角
一阶惯性-积分特性	$K/[S(TS+1)]$	飞行员用副翼控制飞机的滚转角
二阶积分特性	K/S^2	航天员用喷管控制飞船的姿态角
不稳定惯性-积分特性	$K/[S(TS-1)]$	飞行员用升降舵控制静不稳定飞机的倾斜角

通过上述分析和比较可知，在对人-机-环系统进行设计时，单纯地从"机"的因素考虑，应该尽量降低控制系统的阶次，改变传统人机关系中"人适应机器"的理念，保证人与机的最大功能匹配，使机器更适应人的使用，以便有效地控制整个生产系统，进而向本质安全化迈进。

3.2 机的易维护性及基本维修性指标

3.2.1 机的易维护性及其设计准则

机的易维护性是指在任何一个闭环运行的人-机-环境系统中，具有技术水平的特定人员，在特定的维护"环境"下，利用规定的程序和资源对某一个特定的"机"维护时，使机保持或者恢复到规定状态能力的度量。本章中，机的易维护性应包括两种情况：①在故障状态下机的故障维修；②在正常状态下机的定期养护。易维护性的设计原则可由以下七个方面予以表述。

1. 便于维修和维护

具有特定技术的人员，在进行设备或机体维护时，需保证适当的、可达性的操作空间和工作部位，具体释义如下：

1）特定技术人员应根据操作的系统、设备、组件可靠性进行实时有效性分析，利用技术手段对其维护频率进行预测，进而实现设备、组件的可达性布置。

2）为保证机体、设备的维护效率迅速有效，设备装置的检查窗口、测试点、检查点等维护点都要布局在便于接近的位置。

3）在进行机的总体布局设计时，应保证拆装设备、组件的维护空间充足、开阔。

4）系统、分系统、设备、组件布局应满足人机匹配性的基本要求。

5）设备或装置需保证有互换性物件，物件应尽量保证标准，且与原配件具有很高的匹配程度。其中包括：①在对系统、设备、组件和零件进行设计时，应保证维修条件具有使用容差；②设备如果无法满足维修要求，则应满足其子部件（机构、外形、材料）可实现物理特性和功能的互换性；③设备、装置的结构部件及非永久性紧固连接的配件，都应实现互换；④设备装置需设定参数标准，即可实现不同厂商生产的同一类产品满足功能与构件的互换。

6）设备、组件在设计时应满足标准化设计准则，可保证系统、设备以及维护设施之间的相容性，进而满足配套使用。

2. 系统的模块化设计与便捷维护

在对设备或装置进行初始化设计时，尽量采用模块化处理原则，即通过将设备系统按照不同功能设计成不同的模块组。此外，对于一些重要设备或对系统稳定性有重要作用的子系统，在进行设计时需安装故障显示和机内测试装置。系统关键组件的拆装、连接、紧固及检查窗口的开关等尽量做到简易、快速和牢靠。对维系系统稳定性所需物料要保证供应充足，以方便维护者的使用。

3. 设备维护费用低

对于非必要的维修过程要尽量减少，进而降低维护成本。此外，维修工具、装置、设施要尽量减少，设备维护的要求不应过高，对维护人员的技术等级要求不能过高。

4. 要有预防维护差错的措施

设备机体的维护是人员的操作过程，因此难免会出现由于人员失误造成的维护差错，因此在对维护标志、符号和技术数据进行处理时，需保证其清晰、准确。此外，需保证维护作业安全、舒适、不单调，从而减少人员的判断失误。

5. 维护作业过程应满足人的要求

维护作业的外部空间特征要以方便维护人员为准则，例如设备、装置的开口尺寸、方向、位置要满足功能匹配的基本需求。维护人员也应该采用比较合适的操作姿态，进而保证设备维修过程中人员的舒适度。此外，作业环境参数要低于维护人员的生理阈值，如：作业环境的音量分贝不能过高；维护人员不可在过振环境下长时间作业；作业过程中要保证舒适的自然或人工照明。

6. 设备应满足与维护有关的安全可靠性要求

在机体设备原始设计过程中，要格外注重系统、设备及零部件的可靠性要求，尽量采取本质安全化设计。在原始设计过程中要满足安全性的问题，如设备可能出现问题的部位应设有警示标志，进而保证人员与设备的安全。

7. 尽量降低对维护人员的要求

设备维护人员的作业过程尽量采用标准化作业；设备或机体的维护程序应便捷、简单、明了、有效，对维护人员的专业素养要求尽可能精简。

3.2.2　机的基本维修性指标

1. 机的维修性

维修性是指设备在规定的条件下和规定的时间内，按规定的程序和方法进行维修时，保持或恢复到能完成规定功能的能力。在此基础上，可引出维修度的概念，即设备在规定的条件下和规定时间内按规定的程序和方法进行维修时，保持和恢复到能完成规定功能状态的概率。把产品从开始出故障到修理完毕所经历的时间称为产品的维修时间，并记为 ξ，产品维

修时间 ξ 所服从的分布称为维修分布，记作 $M(t)$：

$$M(t) = P\left| \xi \leqslant t \right| \tag{3-8}$$

$M(t)$ 又称为产品的维修度。若将 ξ 看作连续型随机变量，则其维修概率密度函数为 $m(t)$，它是维修度 $M(t)$ 的导数：

$$m(t) = \mathrm{d}M(t)/\mathrm{d}t \tag{3-9}$$

设有 N 个故障产品，在 $[0,t]$ 时间内被修复产品的数目为 $N(t)$，则维修度 $M(t)$ 的估计值 $\widetilde{M}(t)$ 表示如下：

$$\widetilde{M}(t) = N(t)/N \tag{3-10}$$

显然样本数目足够多时，便有：

$$M(t) = \lim_{N \to \infty} \frac{N(t)}{N} \tag{3-11}$$

2. 维修率函数

维修率是指机体、设备、机械装置的维修概率，它反映了设备的自身品质。维修率越高，表示设备已损坏或出现问题，设备的自身品质就低；反之，维修率低，即设备不轻易损坏，设备的品质就较高。设有 N 个故障产品，在时刻 t 时被修复产品的数目为 $N(t)$，在时刻 $t+\Delta t$ 被修复产品数目为 $N(t+\Delta t)$，维修概率密度函数 $m(t)$ 的估计值 $\widetilde{m}(t)$ 表示如下：

$$\widetilde{m}(t) = \left[N(t+\Delta t) - N(t) \right]/N\Delta t \tag{3-12}$$

当产品数目足够多，Δt 趋近于 0，考虑的时间间隔足够短时，则有：

$$m(t) = \lim_{N \to \infty} \frac{N(t+\Delta t) - N(t)}{N\Delta t} \quad (\Delta t \to 0) \tag{3-13}$$

维修率函数（又称修复率）$\mu(t)$，是在任意时刻 t 尚未修复的产品在单位时间内被修复的概率：

$$\mu(t) = \lim_{N \to \infty} \frac{N(t+\Delta t) - N(t)}{\left[N - N(t) \right]\Delta t} \quad (\Delta t \to 0) \tag{3-14}$$

对于有限样本，$\mu(t)$ 的估计值 $\widetilde{\mu}(t)$ 表示如下：

$$\widetilde{\mu}(t) = \frac{N(t+\Delta t) - N(t)}{\left[N - N(t) \right]\Delta t} \tag{3-15}$$

由上述式子可得：

$$\mu(t) = \lim_{N \to \infty} \frac{\dfrac{N(t+\Delta t) - N(t)}{N\Delta t}}{\dfrac{N - N(t)}{N}} = \lim_{N \to \infty} \frac{\widetilde{m}(t)}{1 - \widetilde{M}(t)} = \frac{m(t)}{1 - M(t)} = \frac{1}{1 - M(t)} \frac{\mathrm{d}M(t)}{\mathrm{d}t} \quad (\Delta t \to 0) \tag{3-16}$$

将上式左右积分：

$$\int_0^t \mu(t)\,\mathrm{d}t = \int_0^t \frac{\mathrm{d}M(t)}{1 - M(t)} = \ln\left[1 - M(0) \right] - \ln\left[1 - M(t) \right] \tag{3-17}$$

又 $M(0)=0$，即产品发生故障的瞬间是不可能立即修复的，则上式转变如下：

$$M(t) = 1 - \exp\left[-\int_0^t \mu(t)\,\mathrm{d}t \right]$$

$$m(t) = \mu(t)\left[1 - M(t) \right] = \mu(t)\exp\left[-\int_0^t \mu(t)\,\mathrm{d}t \right] \tag{3-18}$$

如果已知维修概率密度函数 $m(t)$，由上述式子可分别得到：

$$M(t) = \int_0^t m(t)\,\mathrm{d}t \tag{3-19}$$

$$\mu(t) = \frac{m(t)}{1 - \int_0^t m(t)\,\mathrm{d}t} \tag{3-20}$$

如果已知维修度函数 $M(t)$ 时，显然由上述式子可得到：

$$m(t) = \frac{\mathrm{d}M(t)}{\mathrm{d}t} \tag{3-21}$$

$$\mu(t) = \frac{1}{1-M(t)}\frac{\mathrm{d}M(t)}{\mathrm{d}t} \tag{3-22}$$

3. 平均修复时间

平均修复时间（mean time to repair，MTTR），是描述产品由故障状态转为工作状态时修理时间的平均值。在维修性分析中，平均修复时间是一个常用的修复性指标；在工程学中，"平均修复时间"是衡量产品维修性的值。显然，平均修复时间是修复时间的数学期望值。设修复时间为 ξ，若已知维修度 $M(t)$，得：

$$\mathrm{MTTR} = E(\xi) = \int_0^{+\infty} tm(t)\,\mathrm{d}t = \int_0^{+\infty} t\mathrm{d}M(t) = \int_0^{+\infty} \left[1 - M(t) \right]\mathrm{d}t \tag{3-23}$$

当修复时间服从指数分布时：

$$M(t) = 1 - \mathrm{e}^{-\frac{t}{a_0}} \tag{3-24}$$

式中 a_0——修复率的倒数。

经上述式子整理可得：

$$\mathrm{MTTR} = E(\xi) = a_0 \tag{3-25}$$

4. 修复前平均时间

在可靠性分析中，不可修复产品的平均寿命是指产品失效前的平均工作时间（mean time to failure，MTTF），它是一个常用的可靠性指标。设有 N_0 个不可修复产品在相同条件下进行试验，测得寿命数据为 $t, t_2, \cdots, t_x$，则 MTTF（常用符号 θ 表示）可估值如下：

$$\mathrm{MTTF} = \theta = \frac{1}{N_0}\sum_{i=1}^{N_0} t_i \tag{3-26}$$

如果子样比较大，即 N_0 值很大，则可将数据分成 m 组，每组的中值为 t_i，每组故障频数为 Δr_i，于是有：

$$\theta = \frac{1}{N_0}\sum_{i=1}^{m} (t_i\Delta r_i) \tag{3-27}$$

设第 i 组的故障率为 P_i，则：

$$P_i = \frac{\Delta r_i}{N_0} \tag{3-28}$$

则有：

$$\theta = \sum_{i=1}^{m} (t_i P_i) \tag{3-29}$$

显然，当子样数无限增多，分组越来越细 $m \to \infty$ 时，则：

$$\frac{\Delta r_i}{N_0} \to \frac{1}{N_0} \frac{\mathrm{d}r(t)}{\mathrm{d}t} \mathrm{d}t = f(t)\mathrm{d}t \tag{3-30}$$

将式（3-30）代入式（3-27），有：

$$\mathrm{MTTF} = \theta = \int_0^{+\infty} tf(t)\mathrm{d}t = \int_0^{+\infty} t\left[-\frac{\mathrm{d}R(t)}{\mathrm{d}t} \right]\mathrm{d}t = \int_0^{+\infty} R(t)\mathrm{d}t \tag{3-31}$$

式中　$R(t)$——机的可靠度。

【例 3-1】　某电视机厂维修站修理了该厂生产的 20 台电视机，每台的修理时间（单位为 min）如下：48，59，68，86，90，105，110，120，126，128，144，150，157，161，172，176，180，193，198，200；试求：

（1）160min 时的维修度。

（2）计算 MTTR。

（3）120min 时的修复率，$\Delta t = 15\mathrm{min}$。

解：（1）$M(t) = t$ 时间内修复的台数/维修总台数 = 13 台/20 台 = 0.65

（2）MTTR = 各台修复时间的总和/维修总台数 = (48+59+…200)min/20 台 = 133.55min/台

（3）根据修复率计算公式：

$$\mu(t) = \lim_{N \to \infty} \frac{N(t+\Delta t) - N(t)}{[N - N(t)]\Delta t} \quad (\Delta t \to 0)$$

则在时间段区间 $(t, t+\Delta t)$ 内，

$$\mu(t) = \frac{\text{在时间段区间}(t, t+\Delta t)\text{内修复的产品数量}}{\text{到时刻}\Delta t \text{仍未修复的产品数量} \times \Delta t}$$

$$= \frac{2}{12 \times 15}$$

$$= 1.1\%$$

【例 3-2】　有 5 个不可修复产品进行寿命试验，它们发生失效的时间分别是 1000h、1500h、2000h、2200h、2300h，该产品的 MTTF 观测值是多少？

$N_0 = 5$，$t_1 = 1000\mathrm{h}$，$t_2 = 1500\mathrm{h}$，$t_3 = 2000\mathrm{h}$，$t_4 = 2200\mathrm{h}$，$t_5 = 2300\mathrm{h}$，根据式（3-26）可得：

$$\mathrm{MTTF} = \frac{1}{5} \times (1000+1500+2000+2200+2300)\mathrm{h} = 1800\mathrm{h}$$

3.3 | 机的本质可靠性及其关键技术

3.3.1 本质可靠性的基本概念

机的本质可靠性是指在人-机-环境系统中，为使设备达到本质可靠而进行的研究、设计、改造和采取各种措施的最佳组合。通俗来讲，机的本质可靠性是指，当人员操作失误时，设备能自动保障安全；当设备出现故障时，系统能自动发现并自动消除，能确保人身和设备的安全。

设备是构成人-机-环系统的要素，也是生产系统的重要物质基础。在日常生产中，人-机-环系统是生产系统架构的主要载体。在生产过程阶段，存在着各种危险与有害因素，这为生产系统事故的发生提供了物质条件。因此，要预防事故的发生，就必须消除物的危险与有害因素，并采取措施控制其不安全状态。此外，在生产系统中，人作为人-机-环系统的工作主体，人的失误在所难免。墨菲定律（Murphy's Law）指出："如果一台机器存在错误操作的可能，那么就一定会有人错误地操作它。"机的本质可靠性设计的根本任务，就是在机的可靠性设计的基础上，充分考虑人的操作失误时可能产生的危险因素，进而从根本上防止人的操作失误，确保生产系统中人、机器、环境要素的协调运行。本节的重点是从生产系统的全局与整体出发，按照系统工程原理，阐述机的本质可靠性的设计方法。

3.3.2 本质可靠性的设计方法

为了预防人的操作失误，本质可靠性设计通常可以采取如下的方法。

1. 联锁设计

联锁是指为了保证设备作业的安全性，在设备运行通路之间通过技术手段建立的相互制约关系。其原理是当机器状态不允许采用某种操作时，可以采用适当的电路或机构进行控制，避免由于人的操作失误导致的故障。例如，车站联锁是车站内信号机、道岔与进路三者间建立的相互制约设备。基本要求是：只有在道岔位置正确、进路范围内无车占用（进行调车作业时只要求道岔区段无车占用）和敌对进路尚未建立的情况下，防护该进路的信号机才能显示允许信号，当信号开放后，有关道岔即被锁闭，敌对信号也不能显示允许信号。联锁设计是保证设备装置安全平稳运行的重要手段，但要以满足实际生产需要为前提。理论设计与实际生产情况紧密结合，才能更好地发挥安全保护的作用。

2. 唯一性设计

唯一性设计是指机器的运行状态只有在满足某一特定条件时设备才运行，即设备的操作或连接只有一种状态才能被接受，其他状态都是排斥的，这就从根本上消除了人操作失误的可能性，如异型电源插座与插头的凹凸对称设计，只有专用的插头才能插入插座。

3. 允许差错设计

人的不安全行为往往是事故发生的直接原因，特别是人员疏忽、不注意或遗忘和失误造成的，"允许差错"设计是设备允许人员在操作过程中出现一定程度的不安全行为而不危及系统的安全。例如，采取程序控制的方法进行控制，就可以防止操作差错的出现。

4. 自动化设计

自动化技术应用广泛。采用自动化技术不仅可以把人从繁重的体力劳动、部分脑力劳动以及恶劣、危险的工作环境中解放出来，还能扩展人的器官功能，极大地提高劳动生产率。设备的自动化程度越高，人员的操作步骤越简单，对技术人员的技术水平要求也不会很高。

5. 差错显示设计

当操作人员出现不安全行为导致操作失误时，机械装置的预警系统就会出现预警和警告提示，通常会有灯光显示与语音警报两种。当机械装置由于人的不安全行为出现预警，即提示设备会出现故障，进而可追溯人的不安全行为，这对防止人的操作失误是十分有益的。

6. 保护性设计

保护性设计就是针对装备非常重要的操作部位加以保护。例如，机炮、火箭、导弹等的发射按钮，会选用红色的保险盖加以保护，显然这种保护性设计是十分必要的。

3.3.3 机的失效与分析

机器设备的零部件失去原有设计所规定的功能称为失效。机器设备在运行过程中受其自身特性影响，经常会发生失效，其对机的本质可靠性有着重要影响。

1. 失效原因

导致机器设备失效的主要原因大致有以下几方面：

（1）零部件设计不合理

零部件设计不合理会造成应力集中。对工作时的荷载估计不足或结构尺寸计算错误，会造成零部件不能承受一定的过载；另外对环境温度、介质状况估计不足时，也会造成零部件承载能力降低。

（2）选材错误

材料是机器设备安全工作的基础，因材料而导致设备功能失效的原因主要表现在以下两方面：其一是选材不当，由于对材料性能指标的试验条件和应用场合缺乏全面了解，致使所选材料抗力指标与实际失效形式不符合，从而造成材料的性能指标不能满足工作条件，这是引起机器设备失效的主要原因，同时，材料的缺口敏感性等因素也会导致设备结构发生早期破坏；其二是材质欠佳，若各种冶金缺陷（如气孔、疏松、夹杂物、杂质含量等）超过规定的标准都会导致设备可靠性降低。

（3）加工工艺不合理

在加工制造过程中，若不注意工艺质量，则会留下各种冷、热加工缺陷问题进而导致零部件早期失效。例如，铸造工艺不当会在铸件中形成缩孔、气孔；锻造工艺不当会造成过热组织，甚至发生过烧；机加工工艺不当会造成深刀痕和磨削裂纹；热处理工艺不当会造成过热组织不合要求、脱碳、变形和开裂等问题，这些都是导致零部件失效的重要原因。

（4）安装使用不当

零部件安装时对中不好、配合过紧或过松，设备使用时违反操作规程及维修不及时等都可能导致机械设备失效。

2. 失效形式

机器设备最常见的故障形式之一是零部件失效，即在设备使用过程中，零部件由于设计、制造、组装、维护、使用、修理等多方面的原因，丧失规定的功能，无法继续工作，进而造成生产安全事故。任何机器设备的寿命都是有限的，只要使用就会发生失效和损坏，影响可靠性。常见的失效形式有零部件磨损、变形等。

（1）零部件磨损

零部件工作表面的相对运动会造成表面物质的不断磨损。据统计，大约80%的坏损零部件是磨损造成的。磨损会影响设备效率，降低设备工作可靠性，导致设备提前报废。因此，研究磨损机理，可以掌握其特点，为制定合理的维修策略和计划提供依据，为提高设备寿命服务。

1）磨损的分类。按照磨损破坏的机理，可以将磨损分为磨料磨损、黏着磨损、疲劳磨损和腐蚀磨损。

① 磨料磨损。磨料磨损通常是指物体表面与硬质颗粒或硬质凸出物相互摩擦引起表面材料损坏的现象。在农业、冶金、矿山、建筑、工程和运输等领域的机械中许多零件和泥沙、矿物、铁屑、灰渣等直接摩擦，都会发生不同形式的磨料磨损。据统计，因磨料磨损而造成的损失占整个工业范围内磨损损失的50%左右。

② 黏着磨损。黏着磨损又称黏附磨损、胶合磨损。加工后的零件表面总有一定的粗糙度，若零件接触处发生黏着，滑动时会使接触表面材料由一个表面转移到另一个表面，这种现象称为黏着磨损（胶合磨损）。所谓材料转移是指接触表面擦伤和撕脱，严重时摩擦表面能相互咬死。

③ 疲劳磨损。疲劳磨损又称接触疲劳磨损、疲劳点蚀。在滚动或兼有滑动和滚动的凸轮、齿轮等受载时，材料表层会有很大的接触应力。当荷载重复作用时，常会出现表层金属呈小片状剥落，而在零件表面形成小坑，这种现象称为疲劳磨损或疲劳点蚀。

④ 腐蚀磨损。在摩擦过程中，材料表面与周围介质发生化学或电化学反应，产生物质剥蚀、损失的现象称为腐蚀磨损。腐蚀的程度受到介质的性质、介质作用在摩擦面上的状态及摩擦材料性能等因素的影响。常见的腐蚀磨损有化学腐蚀、电化学腐蚀等。

2）磨损过程。正常运行过程中，零部件的磨损过程（图3-2）可分为三个阶段：

阶段Ⅰ——跑合磨合阶段。接触面波峰逐渐磨平，接触面积逐渐增大，磨损减缓。该阶段的轻微磨损是实现设备后期正常运行的必经阶段。

阶段Ⅱ——稳定磨损阶段。磨损趋于稳定、平缓。该阶段在整个磨损过程中所占的时间较长。时间越久，磨损量越大。此时应适时停机，及时、正确地检测及调整接触面的间隙量。这一阶段磨损缓慢且稳定，磨损率保持基本不变，属正常工作阶段。

阶段Ⅲ——事故磨损阶段（又称剧烈磨损阶段）。经过长时间的稳定磨损后，磨损率急剧增大，使机械效率下降，精度丧失，产生异常振动和噪声，摩擦副温度迅速升高，最终导致摩擦副完全失效。

（2）零部件变形

零部件或构件因受力而发生尺寸或形状改变的现象称为变形。由于工况条件恶劣，生产现场的机器设备经常超载运行，一些零部件很容易发生变形，导致相关零件加速磨损，甚至断裂，进而导致系统一系列零部件损坏或整台设备损坏，造成设备事故。由此可见，变形的危害相当大，是造成事故发生的主要原因之一。

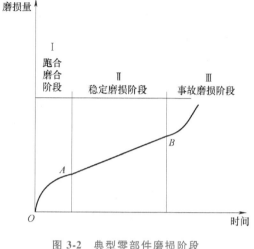

图 3-2　典型零部件磨损阶段

1）变形的原因。设备零部件变形的原因是多种多样的，且比较复杂。变形往往是多种原因共同作用造成的，是多次变形累积的结果。常见变形的原因有以下几类：

① 外荷载。当外荷载产生的应力超过零件材料的屈服强度时，零件将会产生过应力永久变形。设备经常满负荷工作或有时超载时易发生该类现象。产生变形的作用力可分为两类，一类是加工过程中产生的外力，如零件加工过程中的各种夹紧力、切削力、冲击力等；另一类是因加工条件改变，引起零件材料内部组织变化，产生内应力，包括铸造应力、锻造应力、焊接应力、淬火应力等。

② 温度。温度是设备零部件产生变形的主要原因之一。设备长期处于高温环境下，更容易出现局部结构变形。

③ 内应力。出现这种情况的主要原因是零件内部本身存在内应力，这些内应力的分布本身应该是一种相对平衡的状态，所以零件的外形相对稳定。但是当加工完毕或热处理完毕后，其内应力重新分布才达到平衡状态，所以致使零件外形发生变化。

④ 材料结构缺陷，如缩孔、气孔、裂纹等。

2）变形的防治措施。与磨损类似，变形也是无法避免的。只能根据变形的规律，分析产生原因，采取相应的对策来减少变形。

① 设计方面。设计时不仅要考虑零件的强度，还要重视零件的刚度和制造、装配、使用、拆卸、修理等问题。

② 加工制作方面。在加工中采取一系列工艺措施来防止和减少变形。

③ 修理方面。在修理中，既要满足恢复零件的尺寸、配合精度、表面质量等技术要求，还要检查和修复主要零件的形状、位置公差。为了尽量减少零件在修理过程中产生的应力和变形，应当制定出与变形有关的标准和修理规范，设计简单可靠、好用的专用量具和工夹具。

④ 设备使用方面。加强设备管理，制定并严格执行操作规程，加强机械设备的检查和维护，不超负荷运行，避免局部超载或过热等。

除上述磨损和变形以外，零部件的失效还包括断裂、腐蚀、滚动轴承的损坏等，这些失效类型也都会对设备的可靠性造成不良的影响，不利于本质安全化的实现。

3. 失效分析的基本步骤与方法

失效分析工作涉及多门学科知识，其实践性极强。要想快速准确地分析结果，就要采用正确的失效分析方法。一般认为失效分析的基本步骤如下：

（1）调查取证

调查取证是失效分析最关键、最费力，也是必不可少的程序，主要包括两方面内容：其一是调查并记录失效现场的相关信息、收集失效残骸或样品，失效现场的一切证据应保持原状、完整无缺和真实不伪，这是正确有效分析的前提；其二是咨询相关背景资料，如设计图、加工工艺等文件及使用和维修情况记录等。

（2）整理分析

对所收集的资料、证据进行整理分析，为后续试验明确方向。

（3）断口分析

对失效试样进行宏观与微观断口分析以及必要的金相分析（由二维金相试样磨面或薄膜的金相显微组织的测量和计算来确定合金组织的三维空间形貌，从而建立合金成分、组织和性能间的定量关系），确定失效的源头与失效形式，进一步分析设备的失效原因。

（4）成分、组织性能分析与测试

成分、组织性能分析与测试包括成分及均匀性分析、组织及均匀性观察、与失效方式有关的各种性能指标的测试等，与设计要求进行比较，找出其不符合规范之处。

（5）综合分析得出结论

综合各方面的证据资料及分析测试结果，判断并确定失效的具体原因，提出预防与改进措施，写出分析报告。

3.3.4 机的可靠性与度量指标

机器设备的可靠性是指机器、部件、零件在规定条件下和规定时间内完成规定功能的能力，度量可靠性指标的特征量称为可靠度。可靠度是指在规定时间内，机器设备或部件能完成规定功能的概率。若把它视为时间的函数，就称为可靠度函数。

1. 可靠性度量指标

（1）可靠度

可靠度是设备可靠性的量化指标，根据可靠度定义可知，可靠度是时间的函数，常用 $R(t)$ 表示，称为可靠度函数。可靠度函数与时间 t 的函数可表示如下：

$$R(t) = P(T > t) \tag{3-32}$$

式中　t——规定的时间；

　　　T——产品的寿命。

由可靠度的定义可知，$R(t)$ 描述了产品在 $(0, t)$ 时间内完好的概率，且 $R(0) = 1$，$R(+\infty) = 0$。

可靠度一般可分成两个层次，首先是组件可靠度（reliability of component），也就是将产品拆解成若干不同的零件或组件，先就这些组件的可靠度进行研究，再探讨整个系统、整个产品的整体可靠度，也就是系统可靠度（reliability of system）。

（2）不可靠度

与可靠度相对的一个参数叫不可靠度。它是指系统或产品在规定条件和规定时间内未完成规定功能的概率，即发生故障的概率，所以也称累积故障概率。不可靠度也是时间的函数，常用 $F(t)$ 表示。同样对 N 个产品进行寿命试验，试验到 t 瞬间的故障数为 $N_t(t)$，则当 N 足够大时，产品工作到 t 瞬间的不可靠度的观测值（即累积故障概率）可近似表示为

$$F(t) \approx N_t(t)/N \tag{3-33}$$

可见，$F(t)$ 随 $N_t(t)$ 的增加而增加，$F(t)$ 的变化范围为 $0 \leqslant F(t) \leqslant 1$。

对于有限样本，设在规定条件下进行工作的产品总数目为 N_0，令在 $0 \sim t$ 时刻的工作时间内，产品的累积故障数目为 $r(t)$，这时可靠度与不可靠度的估计值可分别用以下两式计算：

$$R(t) = \frac{N_0 - r(t)}{N_0} \tag{3-34}$$

$$F(t) = \frac{r(t)}{N_0} \tag{3-35}$$

（3）故障率

在可靠性分析中，常引入故障概率密度函数与故障率的概念。故障概率密度函数 $f(t)$ 是不可靠度的导数：

$$f(t) = \frac{\mathrm{d}F(t)}{\mathrm{d}t} \tag{3-36}$$

类似地，对于有限样本则故障概率密度函数的估计值可以表示如下：

$$f(t) = \frac{r(t+\Delta t) - r(t)}{N_0 \Delta t} \tag{3-37}$$

根据概率密度函数 $f(t)$ 概念，又可变成：

$$f(t) = -\frac{\mathrm{d}R(t)}{\mathrm{d}t} \tag{3-38}$$

由概率论基础知识，则：

$$F(t) = P\{\xi \leqslant t\} = \int_0^t f(t)\,\mathrm{d}t \tag{3-39}$$

$$R(t) = P\{\xi > t\} = \int_t^\infty f(t)\,\mathrm{d}t \tag{3-40}$$

故障和失效的含义基本一致，都表示的是产品在低功能状态下工作或完全丧失功能。不同的是，前者一般用于维修产品，表示可维修；后者对应非维修产品，表示不可修复。产品在工作过程中，由于某种原因会使一些零组部件发生故障或失效，为反映产品发生故障的快慢，引出了故障率参数的概念。

故障率（又称失效率）是指工作到 r 时刻尚未发生故障的产品，在该时刻后单位时间内发生故障的概率。故障率是时间的函数，记作 $\lambda(t)$，称为故障率函数。产品的故障率是一个条件概率，它表示产品在工作 t 时刻的条件下，单位时间内的故障概率。令在 $0 \sim t$ 时刻的工作时间内，产品的累积故障数目为 $r(t)$，相应地在 $0 \sim (t+\Delta t)$ 时刻的工作时间内，产品的累计故障数目为 $r(t+\Delta t)$，于是故障率的估计值表示如下：

$$\lambda(t) = \frac{r(t+\Delta t) - r(t)}{N_s(t)\Delta t} \qquad (3\text{-}41)$$

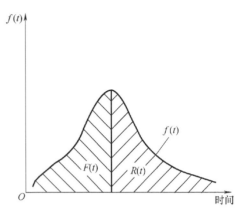

图 3-3 $F(t)$ 与 $R(t)$ 的关系图

式中 $N_s(t)$——工作到 t 时刻尚未发生故障的产品数，即 $N_s(t) = N_0 - r(t)$。

当考察的产品的总数目足够多（即 N_0 足够大，这里 N_0 代表 $t=0$ 时在规定条件下进行工作的产品数）并且考察的时间足够短（$\Delta t \to 0$）时，则：

$$\lambda(t) = \lim_{\substack{\Delta t \to 0 \\ N_0 \to \infty}} \frac{\dfrac{r(t+\Delta t) - r(t)}{N_0 \Delta t}}{\dfrac{N_0 - r(t)}{N_0}} = \frac{f(t)}{1 - F(t)} = \frac{f(t)}{R(t)} \qquad (3\text{-}42)$$

实践证明，大多数设备的故障率是时间的函数，典型故障曲线称为浴盆曲线或失效率曲线（bathtub curve）。浴盆曲线是指产品从投入到报废为止的整个寿命周期内，其可靠性的变化呈现一定的规律。如果取产品的失效率作为产品的可靠性特征值，它是以使用时间为横坐标，以失效率为纵坐标的一条曲线，曲线的形状呈两头高、中间低，有些像浴盆，所以称为"浴盆曲线"，曲线具有明显的阶段性，失效率随使用时间变化分为三个阶段：早期失效期、偶然失效期和磨损故障期，如图 3-4 所示。

1）早期失效期。产品在开始使用时，失效率很高，但随着产品工作时间的增加，失效率迅速降低，这一阶段失效的原因大多是由于设计、原材料和制造过程中的缺陷造成的。为了缩短这一阶段的时间，产品应在投入运行前进行试运转，以便及早发现、修正和排除故障，或通过试验进行筛选，剔除不合格品。

2）偶然失效期，也称随机失效期（random failures）。这一阶段的特点是失效率较低，且较稳定，往往可近似看作常数，产品可靠性指标所描述的就是这个时期，这一时期是产品的良好使

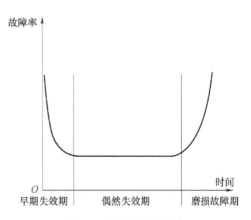

图 3-4 机的故障率分布

用阶段，偶然失效主要原因是质量缺陷、材料弱点、环境和使用不当等。

3）磨损故障期，也称耗损失效期（wearout）。该阶段的失效率随时间的延长而急速增加，主要由磨损、疲劳、老化和耗损等原因造成。

由此可见，为了提高产品的可靠性，降低故障率，应着重在早期失效期和磨损故障期加强检测和保养等工作，及时发现故障，并通过调整、修理或更换等方法排除故障，延长产品的使用寿命。

（4）平均寿命（平均无故障工作时间）

平均无故障时间（mean time between failure，MTBF）就是指在规定的条件下和规定的时间内，可修复产品的寿命单位总数与故障总数之比；或者说，平均无故障工作时间是可修复产品在相邻两次故障之间的工作时间的数学期望值，即在每两次相邻故障之间的工作时间的平均值，它相当于产品的工作时间与这段时间内产品故障数之比。

这里的平均无故障时间要分两种情况进行：对于非维修产品，称为平均寿命，其观测值为产品发生失效前的平均工作时间，或所有试验产品都观察到寿命终了时，它们寿命的算术平均值；对于维修产品，称为平均无故障工作时间或平均故障间隔时间，其观测值等于在使用寿命周期内的某段观察期间累计工作时间与发生故障的次数之比。上述两种情况的观测值都可以用下式求出：

$$\bar{t} = \frac{1}{n}\sum t \tag{3-43}$$

式中 $\bar{t}$ ——平均寿命或平均无故障工作时间；

$\sum t$ ——总工作时间；

n ——故障（或失效）次数或试验产品数。

（5）维修度

维修度是指在规定的条件下使用的产品，在规定时间内，按照规定的程序和方法进行维修时，保持或恢复到能完成规定功能状态的概率，用 $M(\tau)$ 表示。产品的可靠度反映了产品不易发生故障的程度，而维修度反映了当产品发生故障后其维修的难易程度。

（6）有效度

狭义可靠度 $R(t)$ 与维修度 $M(\tau)$ 的综合称为有效度，也称广义可靠度。其定义可概括为：可维修的产品在规定的条件下使用时，在某时刻具有或维持其功能的概率，即产品正常工作的概率。对于不可维修的产品，有效度等于可靠度。它是评价产品可靠性的综合指标。由此可见，有效度是工作时间 t 与维修时间 τ 的函数，常用 $A(t,\tau)$ 表示，它是对维修产品可靠性的综合评价，$A(t,\tau)$ 可用下式来表示：

$$A(t,\tau) = R(t) + F(t)M(\tau) \tag{3-44}$$

有效度的观测值是指在某段观测时间内，产品可工作时间 U 和不可工作时间 D 之和的比值，记为 $\widetilde{A}$：

$$\widetilde{A} = \frac{U}{U+D} \tag{3-45}$$

2. 可靠性特征量之间的关系

（1）$R(t)$ 与 $F(t)$ 的关系

比较可靠度和不可靠度的定义可知，它们代表两个互相对立的事件，由概率的基本知识可知，两个相互对立事件发生的概率之和等于 1，所以 $R(t)$ 与 $F(t)$ 之间有如下关系：

$$F(t) + R(t) = 1 \tag{3-46}$$

（2）$R(t)$ 和 $F(t)$ 与故障概率密度函数 $f(t)$ 的关系

对累积故障概率 $F(t)$ 进行微分后可以得到故障概率密度函数，用 $f(t)$ 表示，即 $f(t)$ 与 $F(t)$ 有如下关系：

$$F(t) = \int_0^t f(t)\,\mathrm{d}t \tag{3-47}$$

$R(t)$ 与 $F(t)$ 的关系可用下式表示：

$$f(t) = \frac{\mathrm{d}F(t)}{\mathrm{d}t} = \frac{\mathrm{d}[1 - R(t)]}{\mathrm{d}t} = \frac{-\mathrm{d}R(t)}{\mathrm{d}t} = -R'(t) \tag{3-48}$$

（3）$R(t)$ 与 $\lambda(t)$ 的关系

由式（3-34）、式（3-35）和式（3-41）可知：

$$\lambda(t) = \frac{\mathrm{d}N_s(t)}{N_s(t)\mathrm{d}t} = \frac{N}{N_s(t)} \frac{\mathrm{d}N_s(t)}{N\mathrm{d}t} = \frac{1}{R(t)} \frac{\mathrm{d}F(t)}{\mathrm{d}t} = -\frac{1}{R(t)} \frac{\mathrm{d}R(t)}{\mathrm{d}t} = -\frac{\mathrm{d}[\ln R(t)]}{\mathrm{d}t} = \frac{f(t)}{R(t)} \tag{3-49}$$

对上式积分可得：

$$\int_0^t \lambda(t) = -\int_0^t \frac{\mathrm{d}[\ln R(t)]}{\mathrm{d}t}\mathrm{d}t = -[\ln R(t) - \ln R(0)] = -\ln R(t) \tag{3-50}$$

因此有：

$$R(t) = \mathrm{e}^{-\int_0^t \lambda(t)\mathrm{d}t} \tag{3-51}$$

（4）$F(t)$ 及 $R(t)$ 与 $\lambda(t)$ 的关系

将式（3-51）代入式（3-46）可得：

$$F(t) = 1 - \mathrm{e}^{-\int_0^t \lambda(t)\mathrm{d}t} \tag{3-52}$$

对式（3-52）两边求导数：

$$f(t) = \lambda(t)\mathrm{e}^{-\int_0^t \lambda(t)\mathrm{d}t} \tag{3-53}$$

随着大数据及机器学习理论的发展，许多专家学者逐渐利用机器学习算法来对机器运行的可靠性进行分析：例如，Lo[一]提出了一种基于多准则群体决策的 FMEA 模型，通过与理想的失效模式排序方案的相似性进行对比来进行排序；Zhang[二]开发了一种自适应局部逼近方法，通过添加位于投影轮廓周围的新训练样本对原始的 SVM 模型进行分析，并提出了一种

[一] 引自 Lo H W, Liou J J H, Huang C N, et al, A novel failure mode and effect analysis model for machine tool risk analysis, Reliability Engineering & System Safety, 2019。

[二] 引自 Zhang J, Xiao M, Gao L, et al, Probability and interval hybrid reliability analysis based on adaptive local approximation of projection outlines using support vector machine, Computer-Aided Civil and Infrastructure Engineering, 2019。

基于蒙特卡罗模拟和改进 SVM 的失效概率区间评估方法；You[⊖]提出了一种基于粒子群优化方法（PSO-RFSVM）的随机模糊支持向量机决策模型，为可靠性隶属函数的求解提供了新的思路。

3. 系统或产品的可靠性

根据零部件的可靠性数据可以预计产品的可靠性指标，例如可靠度、故障率或平均寿命。相比而言，零组部件的可靠性数据一般都是通过抽样试验，利用数理统计方法对试验结果数据加以处理，根据可靠性理论计算出零组部件的可靠度或故障率等。

一台设备或一种产品都是由若干个零组部件组成的，产品的可靠度既与零组部件的可靠性有关，又与它们的组合方式有关。一般有串联组合及并联组合两种基本组合形式，其他较复杂的系统都是由这两种基本组合形式构成的，如串联或并联系统。针对可靠度，不同类型系统的计算方式不同。

对于串联配置方式，如果系统中的任意一个单元发生故障，就会导致整个系统发生故障。假设每个单元的可靠度为 R_1，R_2，R_3，$\cdots$，R_n，则系统的可靠度为 $R_s(t)$ 可表达如下：

$$R_s(t) = R_1 R_2 R_3 \cdots R_n \tag{3-54}$$

对于并联配置方式，系统的可靠度可表达如下：

$$R_s(t) = 1 - (1-R_1)(1-R_2)\cdots(1-R_n) \tag{3-55}$$

由式（3-54）和式（3-55）可知，串联配置系统中的单元数目越多，可靠性越差；如果采用并联配置方式，即使其中几个零部件失效，也不影响整个系统的正常工作。常见的并联配置方式有表决系统、储备系统等。因此，重要的和对可靠性要求高的系统，应尽量避免采用串联配置方式；当系统的部件单元可靠性较差时，最好采用并联的配置方式。例如，大型客机会同时配备两名驾驶员，驾驶室的左、右位置上也都配备了相同的仪表设备，用以减少因人的失误对客机安全性造成的威胁。

【例 3-3】 由两只规格一样、可靠性相同的灯泡并联组成的系统，R 为 0.97。试求这两只灯泡并联组成系统的可靠度。

解：系统的可靠度 $= 1 - (1-R)^2 = 1 - (1-0.97)^2 = 0.9991$

【例 3-4】 3 只不同规格的灯泡组成一个并联的电路系统，这 3 只不同规格灯泡的 1000h 功能正常的可靠度分别是 0.90、0.95、0.99。试求这个并联系统的可靠度 R_s。

解：并联系统的可靠度 $R_s = 1 - (1-0.90)(1-0.95)(1-0.99) = 1 - 0.00005 = 0.99995$

【例 3-5】 假设一台个人计算机由处理单元、调制解调器和印刷电路板构成，这三个部分的可靠度分别为 0.997、0.980 和 0.975。则该系统的可靠度 R_s 为多少？

解：$R_s = 0.997 \times 0.980 \times 0.975 = 0.953$

【例 3-6】 已知 N_0，$N_s(t)$ 和 $N_s(t+\Delta t)$，其中，N_0 为产品总数，$N_s(t)$ 为无故障工作到 t

⊖ 引自 You L F，Zhang J G，Zhou S，et al，A novel mixed uncertainty support vector machine method for structural reliability analysis，Acta Mechanica，2021。

时刻的产品数，$N_s(t+\Delta t)$ 为继续工作 Δt 时间的产品数。问系统在 Δt 时间里的可靠度是多少？

解：$R(t) = N_s(t)/N_0$；$R(t+\Delta t) = N_s(t+\Delta t)/N_0$

则在 Δt 时间里的可靠度 $R(t+\Delta t \mid t) = R(t+\Delta t)/R(t) = N_s(t+\Delta t)/N_s(t)$

【例 3-7】 在总数为 N_0 个的某批产品中，已有 88 个正常工作到 2400h，再继续工作 800h，还有 66 个能正常工作。问在 800h 里的可靠度是多少？

解：$N_s(t) = N_s(2400) = 88$

$$N_s(t+\Delta t) = N_s(2400+800) = N_s(3200) = 66$$

$$R(t+\Delta t \mid t) = R(2400+800)/R(2400) = N_s(3200)/N_s(2400) = 66/88 = 0.75$$

【例 3-8】 在观测时间段 Δt 内，产品的工作时间为 t_1。试求该产品的有效度。

解：由 $\widetilde{A} = \dfrac{U}{(U+D)}$

则该产品有效度 $\widetilde{A} = \dfrac{t_1}{\Delta t}$

【例 3-9】 总数为 N_0 个的某批产品中，已有 116 个正常工作到 1600h，再继续工作 800h，还有 88 个能正常工作。问在 $[1600, 2400]$ 时间内的故障率是多少？

解：$t = 1600\text{h}$，$\Delta t = 800\text{h}$，$N_s(t) = N_s(1600) = 116$

$$N_s(t+\Delta t) = N_s(1600+800) = 88$$

$$\lambda(t) = \frac{\Delta r(t)}{N_s(t)\Delta t} = \frac{116-88}{116 \times 800} = 3.02 \times 10^{-4}/\text{h}$$

【例 3-10】 一组元件的故障密度函数 $f(t) = 0.25 - (0.25/8)t$，t 为年。求 $F(t)$、$R(t)$、$\lambda(t)$。

解：$F(t) = \displaystyle\int_0^t f(t)\,\mathrm{d}t = 0.25t - \frac{0.25}{16}t^2$

$$R(t) = 1 - F(t) = 1 - 0.25t + 0.0156t^2$$

$$\lambda(t) = \frac{f(t)}{R(t)} = \frac{0.25 - \dfrac{0.25t}{8}}{1 - 0.25t + 0.0156t^2} = \frac{2 - 0.25t}{8 - 2t + 0.125t^2}$$

3.3.5 系统控制方法论

为进一步实现机的本质可靠性，需要对系统控制论的基本概念进行了解。系统控制理论是在接受系统论和控制论的思想和工作方法的基础上发展起来的预防和控制事故发生的理论，这对实现人-机-环系统的本质安全至关重要，可以说系统控制论是实现本质安全化的理论基础。

1. 系统控制论的基本概念

系统论认为，现实世界实际上是由各种系统组成的。一个问题的产生往往不是一个孤立的现象，而是系统内某部分出现问题，产生相互作用的结果。因此，要解决某个问题，不仅仅要注意这个问题，更要注意系统内相互关联的状况，只有厘清了脉络，找出了问题的相互关系，分清主次，才能得到预期的结果。也就是说，事故的发生不是单一要素决定的，而是多个要素共同作用的，因此在实现本质安全化的过程中，要综合考虑人与机构成的系统特征，而不应单纯地考虑人或机械设备。

控制论认为，当输出某个信号时，总会在某个方面或某个时候得到反馈，为了使输出总能够或者极大部分产生正面、积极的回应，总要或者时时刻刻检查输出的正确性和有益性，防止出现负效益或有害的反馈。可以认为，在实现本质安全化的过程中，时效性反馈至关重要，特别是随着智能化与信息化的普及，这种理论也逐渐被证实。为此，当人们需要预防和控制事故发生时，往往需要首先检查所有的输出，然后排除不利的输出，选取有利的输出。在此后的过程中，还需要继续调整反馈，以便及时发现问题，及时处理，使系统始终能够保持安全稳定的状态。

系统论和控制论的思想和方法在安全系统功能分析、危险辨识与控制、不安全行为与失误操作的预防与控制、人机适配系统优化等方面得到了充分的应用并取得了良好的效果，从而推动安全科学向更高层次发展。

2. 系统控制论的基本原理

1）根据系统的输入-输出来刻画系统的行为。环境对系统的作用在控制论中被概括为"输入"，如物质、能量、信息和干扰等的输入；系统对环境作用的响应称为"输出"；系统的输出的集合及其变化，实际上是系统的行为。控制论就是用一组分别表示输入和输出的时间函数来描述或刻画系统的行为及其变化规律的。

2）通过负反馈进行自稳控制。当系统的稳定态点已知而系统现时的状态尚未达到这点时，或者当系统已达到稳定态点，但因内外扰动的影响致使系统又偏离了原来的稳定态时，系统通过控制机构和负反馈回路，根据系统实际状态与稳定态偏离的信息反馈对系统的行为进行控制，使它达到或恢复到原来的稳定态。

3）通过正反馈进行自组控制。如果当环境对系统的干扰超过某一临界阈值时，系统原来的稳定性受到严重的破坏，这时系统试图通过负反馈恢复到原来的稳定态已无意义。系统为了要维持自己的正常职能，达到对环境干扰的适应，就必须改变这个系统的结构及其行为方式，即系统必须"重组"其内部约束力，根据反馈回路探索出新的稳定态点的位置，使系统在该状态点上稳定下来，从而达到对环境干扰的适应。

3. 系统控制论的基本特性

（1）目的性

任何控制系统都是由控制者、被控制对象和控制论系统组成的，控制者向控制论系统施加控制作用，以实现所需的控制过程，达到预期的控制目的或控制目标。例如，工人操纵机器，进行生产，达到完成任务的目的；厂长管理工厂，进行计划、调度与决策，达到优质、高产、低耗、赢利的目的。这里"控制"的概念是广义的，包括操纵、管理等。任何控制过程都有目的，如果没有目的，也就不需要控制。但是，同样的控制目的，可以采用不同的控制过程去实现，因而也就有不同控制策略、方法和设备，有不同的控制效果、性能和代价。为了达到预期的控制目的或目标，要采用什么样的控制策略、方法和设备，才能以最少的代价，获得最好的控制性能和效果，实现高效率的、最优的或满意的控制过程，这也正是控制系统分析和设计时要解决的问题。

（2）闭环性

控制者与被控制对象构成闭环系统，控制者施加控制作用，被控制对象接收控制作用。从控制者到被控制对象传递控制信息称为正向信息通道，从被控对象到控制者传递反馈信息称为反向信息通道，它们组成了闭环的信息通道，具有闭环性。

反馈是闭环系统的特征和条件，只有通过反馈进行闭环控制，控制者才能了解被控制对象的运行状态、变化特性。了解施加控制作用的效果，分析控制过程的品质，判断控制目标是否达到，从而进一步修改或校正控制作用，以改善控制过程品质，提高控制效果，更快地接近或达到预期控制目标。若没有反馈，则该系统就是开环系统，只能开环程序控制，且只有在被控制对象特性和环境条件已知且不变的情况下才能使用。但是，实际上被控制对象和环境条件往往是不确定的。因此，大多数控制系统都是闭环控制系统，开环控制系统可视为特殊情形。

（3）相对性

控制系统是相对于其环境而独立存在的，因此控制系统与周围环境相互影响，其间有如下信息交换：

1）系统输入，是指可对系统的状态施加良性影响的控制系统的输入，即输入的是有用的输入信息。

2）系统输出，是指对环境有良性影响的控制系统的输出，即有用的输出或有效的输出作用。

3）干扰，也是一种输入，它是环境对控制系统的不良影响。

（4）时效性

系统控制的时效性主要是指系统在实现本质安全化的过程中，系统能及时对外部环境的反馈信息有效处理，进而达到安全控制的目的。时效性反映了控制系统的动作反应能力。系统控制时效性越好，则这个系统应对外部环境变化时的自身生存和发展能力越强。其往往彰显了系统自身的固有属性。

3.3.6　安全控制系统设计

1. 安全控制系统设计的基本原则

从控制论的角度考虑各类系统的安全设计问题，应该遵守以下基本原则：

（1）系统的目的性原则

系统必须有安全目标，这是设计和实施安全控制的前提。安全目标可能是一个事先设定的指标值，也可能是一组安全目标集。

（2）系统的可控性原则

根据控制论的基本原理，在系统设计时必须保证系统的安全可控性。在设计各类技术与社会系统时，要分析系统的各种状态及输出变量，设计合适的系统控制变量，使系统的状态及输出变量可以随着控制变量的变化而变化。这样，当系统的状态超出允许的安全界限时，能够通过控制措施使其恢复到安全状态。

（3）系统的可观测性原则

通过对系统输出的观测来了解系统当前的状态，是对系统进行有效控制的前提。如果系统的状态不可观测，就不可能发现系统存在的安全隐患，也无法采取控制措施避免事故的发生。在设计各类技术与社会系统时，需要在系统中设置必要的监测仪表或安全检查人员，或者建立自动化的安全监测系统，以及时了解系统的状态。

（4）系统的稳定性原则

系统的稳定性与系统的安全性密不可分。在设计各类技术与社会系统时，在系统可控的前提下，通过给系统施加安全约束，通过监测系统及时识别出危险因素，并且通过控制器及时采取有效的控制动作等，可以保证系统的稳定性。

（5）系统控制的协调性原则

系统的控制应当基于合理的控制模型，即控制的作用应有利于安全目标的实现。当系统存在多个控制器时，它们的控制动作应协调一致。

2. 安全控制系统设计的基本方法

（1）设立系统的安全控制目标

安全控制目标不仅与系统构建的成本密切相关，而且受当前社会、经济和技术条件的限制。因此，确定系统安全控制目标要综合考虑多种因素，这是一个复杂的多目标优化决策过程。对于微观安全控制系统，其安全控制目标可能是一个具体的指标值，如矿井生产工作面粉尘浓度低于 2mg/m^2；也可能是个综合性的定性要求，如应用本质安全型系统。对于宏观安全控制系统，一般采用若干个综合性的系统输出变量的约束值构成一套指标体系。例如，全国安全生产控制考核指标体系由总体控制考核指标、绝对控制考核指标、相对控制考核指标、重大和特大事故起数控制考核指标等构成。

（2）识别可能引发事故的各种危险因素

安全控制的实质是对系统的各种危险因素施加适当的安全约束。因此，在系统设计阶段就应识别系统中可能引发事故的各种危险因素。这也是开展工程项目安全预评价的主要目的。

（3）设计限制危险因素所需的安全约束

对危险因素的约束，主要是通过工程技术措施和管理措施。相关的措施主要有：对危险因素的限制措施、提高系统的安全可靠性、消除人的不安全因素。

（4）设计施加安全约束的安全控制方法及其结构

在设计系统的安全控制方法和结构时，应遵守前述安全系统设计的控制目的性、可控性、可观测性、稳定性和协调性等基本原则。除了技术层面的安全控制方法和控制结构之外，还应特别重视安全监督管理措施和安全信息的重要作用。

3. 安全控制系统设计的控制策略

（1）自适应控制

1）模型参考自适应控制系统。它由参考模型、被控对象、常规反馈控制器和自适应控制回路（自适应律）几部分组成。这类自适应控制系统实际上是在原来反馈控制系统的基础上再附加一个参考模型和一个控制器参数的自动调节回路，参考模型的输出直接表达对系统的性能要求，自适应律调节控制器参数使被控过程的输出尽快跟踪参考模型表达的期望输出。设计这类自适应控制系统的核心问题是如何设计自适应律。关于自适应律的设计目前存在两类不同的方法：一种称为参数最优化的方法，即利用最优化方法搜索控制器的参数，使某个预定的性能指标达到最小；另一种设计方法是基于稳定性理论的设计方法，其基本思想是保证控制器参数的自适应调整过程是稳定的，然后使这个调整过程尽可能收敛得快一些。自适应控制系统一般是本质非线性的。

2）系统辨识与最优控制结合的自适应系统。这类自适应系统的一个主要特点是具有被控对象数学模型的在线辨识环节。根据系统和可行数据，首先对被控对象进行在线辨识，然后根据辨识得来的模型参数和预先指定的性能指标进行在线综合控制。通常，这类系统在设计辨识算法和控制算法时，考虑了随机扰动和测量噪声的影响，所以应该属于随机自适应控制系统。事实上，这类算法最为关键的问题是如何实时地正确辨识对象数学模型的参数。首先要确保输入是持续激励的，即能不断地将对象固有特性激发出来，其次是要确保被辨识的参数能收敛到真值。

（2）预测控制

1）预测模型。在预测控制算法中，需要一个描述对象动态行为的基础模型，称为预测模型。预测控制称为基于模型的控制，其意义即在于此。预测模型应具有预测的功能，即能够根据系统的历史信息和选定的未来输入预测出未来的输出值。在工业过程的某些早期预测控制算法中，为了克服建模的困难，选择了实际工业过程中较易测量的脉冲或阶跃响应作为预测模型，但不能认为预测模型仅限于这种形式。从方法论的角度讲，只要是具有预测功能的信息集合，不论其有什么样的表现形式，均可作为预测模型。在这里，强调的只是模型的功能，而不是其结构形式。因此，预测控制打破了传统控制中对模型结构的严格要求，更着眼于在信息的基础上，根据功能要求，通过最方便的途径建立模型。

2）滚动优化。预测控制是一种优化控制算法，但与通常的离散最优控制算法不同，它不是采用一个不变的全局优化目标，而是采用滚动式的有限时域优化策略。这意味着优化过程不是一次离线进行，而是反复在线进行的。这种有限优化目标的局部性使其在理想的情况下只能得到局部的次优解，但其滚动实施，却能顾及由于模型失配、时变、干扰等引起的不确定性，及时进行弥补，始终把新的优化建立在实际的基础上，使控制保持实际上的最优。这种启发式的滚动优化策略，兼顾了对未来充分长时间内的理想优化和实际存在的不确定性的影响，是最优控制对于对象的环境不确定性的妥协，在复杂的工业环境中，要比建立在理想条件下的最优控制更加实际和有效。

3）反馈校正。所有的预测控制算法在进行滚动优化时，都强调了优化的基点应与系统实际一致。这意味着在控制的每一步都要检测实际输出信息，并通过引入误差预测模型或模型辨识对未来做出较准确的预测。这种反馈校正的必要性在于：作为基础的预测模型，只是对动态特性的粗略描述，出于实际系统中存在的非线性、时变、模型失配、干扰等因素，基于不变模型的预测不可能和实际情况完全相同，这就需用附加的预测手段补充预测的不足，或者对基础模型进行在线修正。滚动优化只有建立在反馈校正的基础上，才能体现其优越性。这种利用实际信息对模型预测的修正是克服系统中所存在的不确定性的有效手段。

综上所述，预测控制的三个基个特征是一般控制论中模型、控制、反馈概念的具体体现。预测控制的预测和优化模式是对传统最优控制的修正，它使模型简化，并考虑了不确定性及其复杂性的影响，因而更加贴近复杂系统控制的实际要求。

（3）鲁棒控制

鲁棒控制（robust control）方面的研究始于 20 世纪 50 年代。所谓"鲁棒性"是指控制系统在一定（结构、大小）的参数摄动下，维持某些性能的特性。鲁棒控制方法，对时间域或频率域来说，一般要假设过程动态特性的信息和它的变化范围。一些算法不需要精确的过程模型，但需要一些离线辨识。一般鲁棒控制系统的设计是以一些最差的情况为基础的，因此一般系统并不在最优状态工作。

（4）容错控制

容错原是指系统虽然遭受到内部环节的局部故障或失效，但仍可继续正常运行的一种特性。人们无法保证构成系统的各个环节的绝对可靠性，但若把容错的概念引入控制系统，从而构成容错控制系统，使系统中的各个故障因素对控制性能的影响显著削弱，那就意味着间接地提高了控制系统的可靠性。尤其是当构成控制系统的各个部件的可靠性在检验前未知时，容错更是在系统设计阶段保证系统可靠性的主要途径。控制系统是一类由被控对象、控制器、传感器、执行器等部件组成的复杂系统。容错控制策略主要有冗余策略。

实现冗余技术的基本方法为重复线路、备份线路和复合线路。重复线路是指用多个相同品种和规格的元素或组件并联起来，当作一个元件或组件来使用，只要有一个不出故障，系统就能够正常工作。这一组相向的组件在输入端和输出端都并联起来。也就是说，在并联工作时，每一个组件的可靠性概率是相互独立的。备份线路与并联线路的差别是参加备份的组件并不接入系统，只是在处于工作状态的组件发生故障后，才把输入和输出端转接到备份组件上来，同时切断故障组件的输入和输出端。为了实现这种转接，系统应该具有自动发现故障的能力，还应有自动转接的设备。重复线路和备份线路是硬件冗余技术中最常用到的基本线路；复合线路是包含几个与非门的随机重复线路的串联，该方法需付出大的硬设备代价来提高可靠性。无论哪一种冗余技术，都把自修复和容忍故障的能力引入系统设计中，就可以达到系统高可靠性的目的。

3.4 | 机的感知系统技术概述及其组成

3.4.1 机的感知系统技术概述

机的感知系统担任着机器神经系统的角色，其作用是将机器中各种内部状态信息和环境信息，运用信号转换技术，演变成人与设备能够理解和应用的数据和信息知识。机器与外部环境或外部人员的能量传递、物质传输等过程都是从感知环境开始的，倘若这个过程遇到障碍，那么之后的所有行动都没有依托。可以认为，一个机器（或装置）的智能化水平在很大程度上取决于它的感知系统，智能设备的感知神经系统组成与人体类似（图 3-5）。

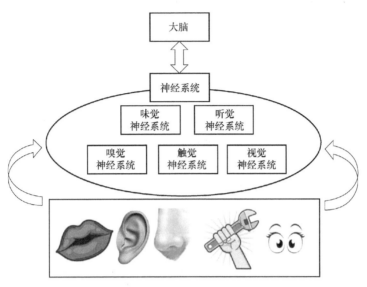

图 3-5　人体感知系统的基本构成

　　感知系统的组成包括各种专用传感器、信号调理电路、模数转换、处理器构成的硬件部分和传感识别、校准、信息融合与传感器数据库所构成的软件部分。传感器主要用于为机器系统输入信息，由这些传感器组成的"感觉"及外部环境的系统就构成了机器的感知系统。机器感知系统的本质是将机器内部状态信息（位移、机器姿势、速度、肢体旋转角速度、运行加速度、角加速度、平衡状态信息）和外部环境信息转变为机器系统自身、机器相互之间能够理解和应用的数据、信息和知识。

　　若使智能设备代替人的劳动作业，可以将计算机看作人体的中枢神经系统（即大脑），机器的机构本体（执行机构）可与肌体（人体肌肉组织、四肢等）相当，机器的各种外部传感器可与人体五官相当。也可以说，中心计算机是人体大脑或智力的外延，执行机构是人类躯干及四肢的外延，传感器是人体五官及其他外部感受系统的外延。机器要获取外部的环境信息，就要同人一样拥有感觉器官。

　　要使机器拥有智能，并对其感知系统进行设计，就必须保证机器可对环境变化做出反应。首先，必须使机器具有感知环境的能力，因此利用传感器采集信息是实现设备智能化的第一步；其次，选用适当的方法将多个传感器获取的环境信息综合处理，进而换成机器语言，控制机器进行智能化作业，则是提高机器智能化的重要体现。因此，传感器及其信息处理系统是构成机器智能的重要部分，它们为机器的智能化作业提供了技术保障。

3.4.2　机的感知系统的组成

　　机的感知系统包括以下几个部分：

　　1）视觉感知系统：机器视觉系统是通过机器视觉产品将被摄取目标转换成图像信号，

传送给专用的图像处理系统，得到被摄目标的形态信息，根据像素分布和亮度、颜色等信息，转变成数字化信号；图像系统对这些信号进行各种运算来抽取目标的特征，进而根据判别的结果来控制现场的设备动作。视觉感知一般包括三个过程：图像获取、图像处理和图像理解。

2）听觉感知系统：接收外部信息的渠道，主要是通过辨识声波性能转化成电信号进行感知，与具有接近人耳的功能还相差甚远。

3）嗅觉感知系统：用于检测空气中的化学成分、浓度等，主要采用气体传感器（气体成分分析仪）及射线传感器等。

4）味觉感知系统：对液体化学成分进行分析。实现味觉的传感器有 pH 计、化学成分分析仪等。

5）触觉感知系统：作为视觉的补充，触觉能感知目标物体的表面性能和物理特性，包括柔软性、硬度、粗糙度和导热性等。

6）力觉感知系统：机器力感知系统就安装部位来讲，可以分为关节力传感器、腕力传感器和指力传感器。

7）接近觉感知系统：研究它的目的是使机器避免在移动或操作过程中获取目标（障碍）物的接近速度过快而造成的冲击。

仿照人体感知系统的结构，机器感知系统（图 3-6）可采用类似分层网络组织结构进行理解：

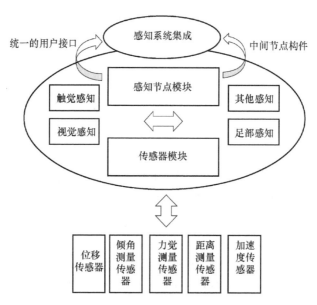

图 3-6　机的感知系统模型

最上层可利用计算机作为高层决策节点，经信号收集与处理，完成工作决策，这类似于人体大脑发挥指挥功能，其主要由多个传感系统节点模块构成。

中间层负责对底层信息的收集与信号转换、上层传感系统节点模块决策信息的传达、节点附近信息的收集以及本层节点信息向上层节点的高速实时传输，类似于人体脊柱、器官、神经末梢、神经突触的功能。中间层节点可以根据需要调整自身架构，可以是单一智能模块，也可以是功能强大的模块，这部分既可以完成复杂的信号处理，也可以将输入端与输出端的信号加以转换。

底层节点相当于外部的感知系统，是与物理世界直接接触的，通常采用嵌入式处理器架构实现对外部环境信号的采集，类似人体体表皮肤以及其他感觉器官的功能。其作为机器的感知部分主要由各种类型的传感器构成。根据不同需要，对不同类型的信号进行收集。

3.5 机的感知系统架构

3.5.1 机的信息融合与处理工具——传感器

1. 传感器的定义

传感器是一种以一定精度测量物体的物理、化学变化（如位移、力、加速度、温度等），并将这些变化变换成与之有确定对应关系的、易于精确处理和测量的某种电信号（如电压、电流和频率等）的检测部件或装置，它通常由敏感元件、转换元件、转换电路和辅助电源四部分组成。当今材料科学迅猛发展，固态电子传感器、磁传感器等新型传感器的应用越来越多[⊖]。图3-7为董陇军教授所在的中南大学硬岩灾害防控团队自主研发的地声智能传感器。

2. 传感器的分类

（1）按能量关系分类

1）能量转换型：直接将被测量转换为电信号（电压等）。例如：热电偶传感器、压电式传感器。

2）能量控制型：先将被测量转换为电参量（电阻等），然后在（电参量型）外部辅助电源作用下再输出电信号。例如：应变式传感器、电容式传感器。

（2）按工作机理分类

1）结构型传感器：基于某种敏感元件的结构形状

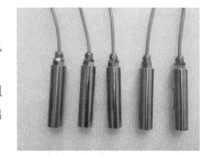

图 3-7　地声智能传感器

或几何尺寸（如厚度、角度、位置等）的变化来感受被测量。如电容式压力传感器的工作机理是，当被测压力作用在电容器的动极板（敏感元件）上时，电容器的动极板发生位移，导致电容发生变化。

2）物性型传感器：利用某些功能材料本身具有的内在特性及效应来感受被测量。例如利用石英晶体的压电效应而实现压力测量的压电式压力传感器。

（3）按输出信号分类

1）模拟型传感器：输出连续变化的模拟信号。如感应同步器的滑尺相对定尺移动时，

⊖　引自 Vetelino J，Reghu A，Introduction to sensors，CRC press，2017。

定尺上产生的感应电势为周期性模拟信号。

2) 数字型传感器：输出"1"或"0"两种信号电平。例如，用光电式接近开关检测不透明的物体，当物体位于光源和光电器件之间时，光路阻断，光电器件截止输出高电平"1"；当物体离开后，光电器件导通输出低电平"0"。

3.5.2 传感器性能指标

1. 灵敏度

灵敏度是指传感器的输出信号达到稳定时，输出信号变化与输入信号变化的比值。假如传感器的输出和输入呈线性关系，其灵敏度可表示如下：

$$S = \Delta y / \Delta x \tag{3-56}$$

式中 S——传感器的灵敏度；

Δy——传感器输出信号的增量；

Δx——传感器输入信号的增量。

假如传感器的输出与输入呈非线性关系，其灵敏度就是该曲线的导数。传感器输出量的量纲和输入量的量纲不一定相同。若输出和输入具有相同的量纲，则传感器的灵敏度也称为放大倍数。一般来说，传感器的灵敏度越大越好，这样可以使传感器的输出信号精确度更高、线性程度更好。但是过高的灵敏度有时会导致传感器的输出稳定性下降，所以应根据机器的要求选择大小适中的传感器灵敏度。灵敏度的量纲是输出、输入量的量纲之比。例如，某位移传感器，在位移变化 1mm 时，输出电压变化为 200mV，则其灵敏度应表示为 200mV/mm。

2. 线性度

线性度反映传感器输出信号与输入信号之间的线性程度。假设传感器的输出信号为 y，输入信号为 x，则输出信号与输入信号之间的线性关系可表示如下：

$$y = kx \tag{3-57}$$

上式中，若 k 为常数，或者近似为常数，则传感器的线性度较高；如果 k 是一个变化较大的量，则传感器的线性度较差。机器的控制系统应该选用线性度较高的传感器。实际上，只有在少数情况下，传感器的输出和输入才呈线性关系。在大多数情况下，k 为 x 的函数：

$$k = f(x) = a_0 + a_1 x_1 + a_2 x_2 + \cdots + a_n x_n \tag{3-58}$$

如果传感器的输入量变化不太大，且 a_0、a_1、$\cdots$、a_n 都远小于 a_0，那么可以取 $k = a_0$，近似地把传感器的输出和输入看作线性关系。常用的线性化方法有割线法、最小二乘法、最小误差法等。

3. 测量范围

测量范围是指被测量的最大允许值和最小允许值之差。一般要求传感器的测量范围必须覆盖机器的有关被测量的工作范围。如果无法达到这一要求，可以设法选用某种转换装置，但这样会引入某种误差，使传感器的测量精度受到一定的影响。对于重力传感器其量程范围代表测量范围，如重力传感器的量程范围是 0~5kg，则测量使用范围是 0~5kg。

4. 精度

精度是指传感器的测量输出值与实际被测量值之间的误差。在机器的系统设计中，应该根据系统的工作精度要求选择合适的传感器精度。

应该注意传感器精度的使用条件和测量方法。使用条件应包括机器的所有可能的工作条件，如不同的温度、湿度、运动速度、加速度，以及在可能范围内的各种负载作用等。用于检测传感器精度的测量仪器必须具有比传感器高一级的精度，进行精度测试时也需要考虑最坏的工作条件。例如，一般的国产温度传感器的精度分 A、B 两个级别，国家标准规定根据传感器的输出值与所测量的温度的真值的差来划分，A 级：不大于 $\pm$（$0.15\text{℃}+0.002\times$传感器量程）；B 级：不大于 $\pm$（$0.30\text{℃}+0.005\times$传感器量程）。所以，如果要求测量精度较高，应该选用量程较小的传感器。

5. 重复性

在相同测量条件下，对同一被测量指标进行连续多次测量所得结果之间的一致性。若一致性好，传感器的测量误差就越小，重复性越好。对于多数传感器来说，重复性指标都优于精度指标，这些传感器的精度不一定很高，但只要温度、湿度、受力条件和其他参数不变，传感器的测量结果也不会有较大变化。同样，对于传感器的重复性也应考虑使用条件和测试方法的问题。对于示教-再现型机器，传感器的重复性至关重要，它直接关系到机器能否准确再现示教轨迹。

6. 分辨率

分辨率是指传感器在整个测量范围内所能识别的被测量的最小变化量，或者所能辨别的不同被测量的个数。如果它辨别的被测量最小变化量越小，或者被测量个数越多，则分辨率越高；反之，则分辨率越低。无论是示教-再现型机器，还是可编程型机器，都对传感器的分辨率有一定的要求，现有技术发展水平下，光谱超高分辨率定量遥感技术为开发新的高分辨率传感器提供了技术保障[⊖]。传感器的分辨率直接影响机器的可控程度和控制品质，一般需要根据机器的工作任务规定传感器分辨率的最低限度要求。

7. 响应时间

响应时间是传感器的动态性能指标，是指传感器的输入信号变化后，其输出信号随之变化并达到一个稳定值所需要的时间。在某些传感器中，输出信号在达到某一稳定值前会发生短时间的振荡。传感器输出信号的振荡对于机器的控制系统来说非常不利，它有时可能会造成一个虚设位置，影响机器的控制精度和工作精度，所以传感器的响应时间越短越好。响应时间的计算应当以输入信号起始变化的时刻为始点，以输出信号达到稳定值的时刻为终点。实际上，还需要规定一个稳定值范围，只要输出信号的变化不再超出此范围，即可认为它已经达到稳定值。例如，对于温度或者压力传感器，当被测变量发生变化时，一般不能立即做出反应，而存在一定的滞后，这个滞后的时间就是响应时间。

⊖ 引自 Aasen H，Honkavaara E，Lucieer A，et al，Quantitative remote sensing at ultra-high resolution with UAV spectroscopy：A review of sensor technology，measurement procedures，and data correction workflows，Remote Sensing，2018。

8. 抗干扰能力

机器的工作环境是多种多样的，在有些情况下可能相当恶劣，因此对于机器使用的传感器必须考虑其抗干扰能力。由于传感器稳定输出信号是控制系统稳定工作的前提，为防止机器的系统意外动作或发生故障，设计传感器系统时必须采用可靠性设计技术。通常抗干扰能力是通过单位时间内发生故障的概率来定义的，因此它是一个统计指标。

选择机器的传感器时，需要根据实际工况、检测精度、控制精度等具体的要求来确定所用传感器的各项性能指标，还需要考虑机器工作的一些特殊要求，比如重复性、稳定性、可靠性、抗干扰性的要求等，最终选择出性价比较高的传感器。

3.5.3 机感知系统的内部传感器

机械设备的内部传感器一般安装在机器的机械手上，机器的内部传感器包括位置和位移传感器、光电编码器、速度传感器、力觉传感器等。

1. 位置和位移传感器

位置传感器主要是用来测量机器装置自身位置的传感器。位移传感器是通过电位器元件将机械装置的位移量转换成与之呈线性或任意函数关系的电阻或电压输出。机械设备"肢体关节"的位置控制是智能化装置最基本的控制要求，对其位移的检测也是智能设备最基本的感觉要求。位置和位移传感器根据工作原理和组成不同可以有多种形式，本节以电位器式位移传感器为例介绍其特点。

电位器式位移传感器由一个绕线电阻（或薄膜电阻）和一个滑动触点组成。它通过电位器元件将机械位移转换成与之呈线性或任意函数关系的电阻或电压输出。滑动触点通过机械装置受被检测量的控制，当被检测的位置量发生变化时，滑动触点也发生位移，从而改变滑动触点与电位器各端之间的电阻值和输出电压值。传感器根据这种输出电压值的变化，可以检测出机器的各关节的位置和位移量（如 Babu 开发的一种非接触式、基于平面螺旋线圈的电感式位移传感器[⊖]）。按照传感器的结构，电位器式位移传感器可分为两大类，一类是直线型电位器式位移传感器，另一类是旋转型电位器式位移传感器。

电位器式位移传感器具有性能稳定、结构简单、使用方便、尺寸小、质量轻等优点。它的输入、输出特性可以是线性的。这种传感器不会因为失电而丢失其已感觉到的信息。电位器式位移传感器的一个主要缺点是容易磨损，当滑动触点和电位器之间的接触面有磨损或有尘埃附着时，会产生噪声，使电位器的可靠性和寿命受到一定的影响。

（1）直线型电位器式位移传感器

直线型电位器式位移传感器的工作台与其滑动触点相连，当工作台左、右移动时，滑动触点也随之左、右移动，从而改变与电阻接触的位置，通过检测输出电压的变化量，确定以

⊖ 引自 Babu A，George B，Design and development of a new non-contact inductive displacement sensor，IEEE Sensors Journal，2017。

电阻中心为基准位置的移动距离，其工作原理类似于滑动变阻器，通过调节工作台位置即可调节导入电路中的电阻，从而改变其两端电压。

位移传感器计算原理：假定输入电压为 U_{cc}，电阻丝长度为 L，触头从中心向左移动，电阻右侧的输出电压为 U_{out}，则根据欧姆定律，移动距离 X 可表达如下：

$$X = \frac{L(2U_{out} - U_{cc})}{2U_{cc}} \tag{3-59}$$

（2）旋转型电位器式位移传感器

由于电阻值随着回转角而改变（如滑动变阻器），因此基于上述同样的理论可构成具有一定角度的角度传感器。应用时机器的关节轴与传感器的旋转轴相连，这样根据测量的输出电压 U_{out} 的数值，即可计算出关节对应的旋转角度。

旋转型电位器式位移传感器的电阻元件呈圆弧状，滑动触点在电阻元件上做圆周运动。由于滑动触点等的限制，角度传感器的工作范围只能小于 360°。

2. 光电编码器

光电编码器是一种通过光电转换将输出轴上的机械几何位移量转换成脉冲或数字代码的传感器，它可以高精度地测量转角或直线位移。光电编码器具有测量范围大、检测精度高、价格便宜等优点，在数控机床和机器的位置检测及其他工业领域都得到了广泛的应用。根据测出的信号不同，光电编码器可分为绝对式和增量式两种：

（1）绝对式光电编码器

绝对式光电编码器是一种直接编码式的测量元件，是一种直接输出数字量的传感器，它可以直接把被测转角或位移转化成相应的代码。这种编码器由码盘的机械位置决定的，它无须记忆，无须找参考点，在电源切断时不会失去位置信息。但其结构复杂、价格昂贵，且不易达到高精度和高分辨率。

绝对位置的分辨率（分辨角）a 取决于二进制编码的位数，即码道的个数 n。分辨率 a 的计算公式如下：

$$a = \frac{360°}{2^n} \tag{3-60}$$

（2）增量式光电编码器

增量式编码器是将位移转换成周期性的电信号，再把这个电信号转变成计数脉冲，用脉冲的个数表示位移的大小。增量式光电编码器能够以数字形式测量出转轴相对于某一基准位置的瞬间角位置，此外还能测出转轴的转速和转向。增量式光电编码器原理如图 3-8 所示。

增量式光电编码器的分辨率（分辨角）a 是以编码器轴转动一周所产生的输出信号的基本周期数来表示的，即脉冲数每转（PPR）。码盘旋转一周输出的脉冲信号数

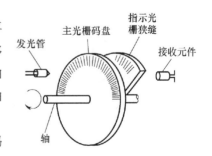

图 3-8 增量式光电编码器原理

目取决于透光缝隙数目的多少，码盘上刻的缝隙越多，编码器的分辨率就越高。假设码盘的

透光缝隙数目为 n 线，则分辨率 a 的计算公式如下：

$$a = \frac{360°}{2^n} \qquad (3\text{-}61)$$

在工业应用中，根据不同的应用对象，通常可选择分辨率为 500~6000PPR 的增量式光电编码器。增量式光电编码器原理构造简单、易于实现，其机械平均寿命可达到几万小时以上。此外，这种光电编码器分辨率高、抗干扰能力较强、信号传输距离较长、可靠性较高；其缺点是无法直接读出转动轴的绝对位置信息，打印机、扫描仪就是常见的增量式光电编码器。

3. 速度传感器

速度传感器是工业机器中较重要的内部传感器之一。工业机器的速度主要是指机器的关节运行速度，因此这里仅介绍角速度传感器。角速度传感器可用测速发电机和增量式光电编码器来转换信号。测速发电机应用最广泛，它是能直接得到代表转速的电压，且具有良好实时性的一种速度测量传感器。增量式光电编码器前文已有所介绍。

测速发电机是输出电动势与转速成比例的微特电机，它能把机械转速变换为电压信号，其输出电压与输入的转速成正比。其结构如图 3-9 所示。直流测速发电机的工作原理基于法拉第电磁感应定律，当通过线圈的磁通量恒定时，位于磁场中的线圈旋转使线圈两端产生的感应电动势与线圈转子的转速成正比，因此被测机构与测速发电机同轴连接时，只要检测出输出电动势，就能获得被测机构的转速：

$$U = kn \qquad (3\text{-}62)$$

式中 U——测速发电机的输出电压；

n——被测机构的转速；

k——比例系数。

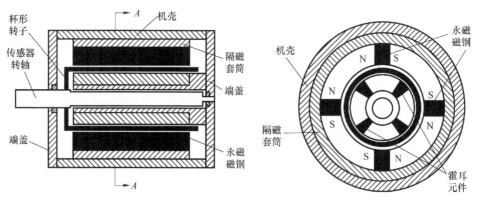

图 3-9 测速发电机结构

测速发电机广泛用于各种速度或位置控制系统。在自动控制系统中作为检测速度的元件，调节电动机转速或通过反馈来提高系统稳定性和精度；在解算装置中可作为微分、积分元件，也可用来测量各种运动机械在摆动或转动以及直线运动时的速度。

4. 力觉传感器

力觉传感器是用来检测机械装置的手臂和手腕所产生的力或其所受反力的传感器。工业智能化装置机械在进行装配、搬运、研磨等作业时，需要通过调节力或力矩的大小。例如，在组装设备过程中，智能化机械需完成将轴类零件插入孔里、调准零件的位置、拧紧螺钉等一系列步骤，在任何环节如果力量过大，都可能会导致组件破坏，如在拧紧螺钉过程中需要有确定的拧紧力矩，搬运时机器的手对工件需要合理的握力，握力太小不足以搬动工件，握力太大则会损坏工件，同样在研磨时也需要有合适的砂轮进给力以保证研磨质量。

力觉传感器根据力的检测方式不同，可分为应变片式压力传感器、利用压电元件式（压电效应）及差动变压器、电容位移计式（用位移计测量负载产生的位移）传感器。其中，应变片式压力传感器应用最普遍。

3.5.4 机感知系统的外部传感器

现有的机器设备绝大多数没有外部传感器。但是，对于新一代智能化机器设备，特别是各种移动设备，则要求具有自校正能力和反映环境适应变化的能力，已有越来越多的机器设备具有各种外部传感器，下面简单介绍几种比较典型的感知系统外部传感器。

1. 触觉传感器

触觉是人与外界环境直接接触时的重要感觉功能，研制满足要求的触觉传感器是智能机器的关键技术之一。随着微电子技术的发展和多种有机材料的出现，已有多种多样的触觉传感器研制方案。触觉传感器按功能大致可分为接触觉传感器、应力传感器、接近度传感器、压觉传感器和滑觉传感器等。

（1）接触觉传感器

接触觉传感器主要是用来判断机械装置是否接触物体的测量传感器，可以感知机器与周围障碍物的接近程度。接触觉传感器可以使机器在运动中接触到障碍物时向控制器发出信号，如智能扫地机器人利用的就是接触觉传感器。接触觉传感器有微动开关、导电橡胶式装置、含碳海绵式装置、碳素纤维式装置、气动复位式装置等类型，其基本特性介绍如下。

1）微动开关。它由弹簧和触头构成。触头接触外界物体后离开基板，造成信号通路断开，从而测到与外界物体的接触。这种常闭式（未接触时一直接通）微动开关的优点是使用方便、结构简单，缺点是易产生机械振荡和触头易氧化。

2）导电橡胶式装置。它以导电橡胶为敏感元件。当触头接触外界物体受压后，压迫导电橡胶，使它的电阻发生改变，从而使流经导电橡胶的电流发生变化。这种传感器的缺点是由于导电橡胶的材料配方存在差异，出现的漂移和滞后特性也不一致，优点是具有柔性。

3）含碳海绵式装置。它在基板上装有海绵构成的弹性体，当接触物体受压后，含碳海绵的电阻减小，由流经含碳海绵电流的大小可确定其受压程度。这种触觉传感器也可用作压力觉传感器。其优点是结构简单、弹性好、使用方便，缺点是碳素分布均匀性直接影响测量结果以及受压后恢复能力较差。

4）碳素纤维式装置。它以碳素纤维为上表层，下表层为基板，中间装以氨基甲酸酯和金属电极。接触外界物体时碳素纤维受压与电极接触导电。这种接触觉传感器的优点是柔性好，可装于机械手臂曲面处，缺点是滞后较大。

5）气动复位式装置。它有柔性绝缘表面，受压时变形，脱离接触时则由压缩空气作为复位的动力。与外界物体接触时其内部的弹性圆泡（铍铜箔）与下部触点接触而导电。优点是柔性好、可靠性高，但需要压缩空气源。

（2）应力传感器

应力传感器就是把力转换为电阻值变化的传感器。最简单的应力-应变传感器就是电阻应变片，可直接贴装在被测物体表面使用。当被测物理量作用于弹性元件上，弹性元件在力矩或压力等的作用下发生变形，产生相应的应变或位移，然后传递给与之相连的应变片，引起应变片的电阻值变化，通过测量电路变成电量输出，输出的电量大小反映被测量（即受力）的大小。

（3）接近度传感器

接近度传感器是检测物体接近程度的传感器。接近度可表示物体的来临、靠近、出现、离去或失踪等。接近度传感器在生产过程和日常生活中广泛应用，它除可用于检测计数外，还可与继电器或其他执行元件组成接近开关，以实现设备的自动控制和操作人员的安全保护，特别是工业机器在发现前方有障碍物时，可限制机器的运动范围，以避免与障碍物发生碰撞等。接近度传感器可分为磁感应器式和振荡器式两类。

1）磁感应器式接近度传感器。磁感应器式接近度传感器按构成原理又可分为线圈磁铁式、电涡流式和霍耳式。

① 线圈磁铁式：它由装在壳体内的一小块永磁铁和绕在磁铁上的线圈构成。当被测物体进入永磁铁的磁场时，被测物体切割磁感线，在磁铁线圈里感应出电压信号。

② 电涡流式：它由线圈、激励电路和测量电路组成，其线圈受激励而产生交变磁场，当金属物体接近时就会由于电涡流效应而输出电信号。

③ 霍耳式：它由霍耳元件（检测磁场及其变化的微型传感器）、三极管构成（见半导体磁敏元件），当磁敏元件进入磁场时就产生霍耳电势，从而能检测出引起磁场变化的物体的接近。

2）振荡器式接近度传感器。振荡器式接近度传感器主要有两种形式：一种形式是利用组成振荡器的线圈作为敏感部分，进入线圈磁场的物体会吸收磁场能量而使振荡器停振，从而改变晶体管集电极电流来推动继电器或其他控制装置工作；另一种形式是采用一块与振荡回路接通的金属板作为敏感部分，当物体（或人）靠近金属板时便形成耦合"电容器"，从而改变振荡条件而导致振荡器停振。这种传感器又称为电容式继电器，常用于广告灯箱中实现电灯或电动机的接通或断开、门和电梯的自动控制、防盗报警、安全保护装置以及产品计数等。

2. 其他外部传感器

（1）声觉传感器

声觉传感器主要用于感受和解释在气体（非接触式感受）、液体或固体（接触感受）中的声波。这类传感器的复杂程度可从简单的声波存在检测到复杂的声波频率分析和对连续自然语言中单独语音和词汇的辨识，例如，各种智能手机或各种智能音箱都安装了这种声觉传感器。

（2）温度传感器

温度传感器是指能感受温度并转换成可用输出信号的传感器，可分为接触式和非接触式两种。常用的温度传感器为热敏电阻和热电偶，这两种传感器必须和被测物体保持实际接触。其中，热敏电阻主要是利用阻值变化与温度变化的正比变化规律，通过热电偶测量待测物体的两端温度，当物体两端能够产生温度差时，热电偶可将温度差值转变成电压，进而通过信号转换进而实现温度测量。

（3）滑觉传感器

滑觉传感器是一种用来检测机械装置与抓握对象间滑移程度的传感器。机械装置在握住某特性未知物体时，需确定合适的握力值，因此需要检测出握力不够时机械装置的物体滑动信号，然后利用这个信号，在不损坏物体的情况下，牢牢地抓住该物体。滑觉传感器按被测物体滑动方向可分为三类：无方向性、单方向性和全方向性传感器。其中，无方向性传感器只能检测是否产生滑动，无法判别方向；单方向性传感器只能检测单一方向的滑移；全方向性传感器可检测各方向的滑动情况。

（4）机器的视觉系统

机器视觉系统是一种非接触式的光学传感系统，集成软件和硬件，综合现代计算机、光学、电子技术，能够自动地从所采集到的图像中获取信息或者产生控制动作。如前文所述，视觉感知过程主要包括图像获取、图像处理和图像理解。在上述整个过程中，被测对象的信息反映为图像信息，进而经过分析，从中得到特征描述信息，最后根据获得的特征进行判断和动作。最典型的机器视觉系统一般包括：光源、光学成像系统、相机、图像采集卡、图像处理硬件平台、图像和视觉信息处理软件、通信模块。

3.6　机的感知系统硬件模块

3.6.1　硬件模块化设计基本原则

以模块化的设计思想设计机的感知系统，主要涉及两个基本过程：模块划分和模块组合。模块又叫构件，是能够单独命名并独立地完成一定功能的程序语句的集合，也是模块化产品的基本组成单元，也是机感知系统设计基本组成单元。合理有效的模块划分是模块化设计的前提与基础，一般来讲，感知系统模块的划分遵循下面几个通用的原则，当然，在具体应用中，多种原则的组合使用往往会带来更好的模块划分效果。

1. 结构分离原则（软硬件分离原则）：分级别、分层次

结构分离原则是考虑机器系统设计的分工和效率。现有的与安全生产相关的机械装置专用性强，通常采用源自专业领域的整体系统设计方法。按照模块化机器感知系统的设计思想，首先应该完成机器感知系统的结构分离，将软件与硬件系统分离开来，以便进行独立设计开发。

2. 功能分离原则（通用专用分离原则）：平台无关和平台相关原则

功能分离是机感知系统设计的基本出发点。这里的功能分离是指将机械装置感知系统模块中具体代表的功能进行分离，如听觉感知模块，该模块中的所有软件和硬件都与声音信号相关等。由于功能是模块或单元所能够重复表现出来的一种外在性质，因此功能分离首先必须基于模块的功能性质的确定和稳定。在机器的感知系统中，多数功能是确定的。因此，可以将这些功能提炼出来，然后进一步分类为通用功能和专用功能。

3. 复合原则（可组合性）

由于感知系统是一个整体，因此在完成感知系统分离后，需要将原有分离化模块重新组合。由于机的感知系统功能具有可以复合的特点。例如，一些伺服电机通常具有位置检测功能，一些机械臂执行器可以和某些探知类传感功能复合，因此模块化的感知系统也应当具有可组合性，即应当具有可以复合的特性。与人体类似，人体的基本组成架构为细胞-器官-组织，进而实现人体的基本功能，而机的感知系统构成可描述为：传感器-模块-各类感知系统，各分模块间独立工作却又相互影响。复合之后的功能构件应当具有和单一构件相似的接口和组装方法。

4. 开放原则（可扩展性）

对机器的本身构造来讲，为了提高机器的软件的复用性，需实现源码开放、资源共享。一些开源的机器软件工程获得了快速发展，提出了自己的复用解决方案。例如，OROCOS（机器人开源控制软件）从控制系统的功能出发，分离出了一种通用的体系结构，并且为了客户化的需要提供了软件的插入机制；Player/Stage 和 URBI 采用客户端/服务器的方式，提供了与平台和机器的无关的软件库。可见，机器设备的感知系统硬件模块化也应具有开放原则，这样才可以实现各类编程开发软件与控制系统的互通性。

另外，从应用领域的角度，无论是在工业生产现场，还是在智能化家居环境中，机器感知系统通常是处于智能网络中的一个单元环节。因此，感知系统本身也应该是一个具有良好的开放性的可扩展单元，以便容易地融入智能网络，成为原有环境的一个重要补充。

机器系统的开放性通常包括以下的内涵：可扩展性、互操作性、可移植性、可增减性等。

1）可扩展性（extensibility）：除去生产者和使用者之外，第三方（如系统集成者、第三家自动化设备生产者）都可以在机器的感知系统基础上增加软件和硬件设备，扩充功能。

2）互操作性（interoperability）：系统的核心部分对外界应该表现为标准单元，能与外界的一个或多个系统交换信息。

3）可移植性（portability）：机器的应用软件可以在不同环境下相互移植。

4）可增减性（scalability）：机器的感知系统性能和功能可以根据实用性需求很方便地增减。

3.6.2 机的感知系统硬件模块架构

机器感知系统硬件模块的统一建模语言（unified modeling language，UML）组件描述如图 3-10 所示。其中，每个感知系统构件由传感器、端口及属性组成，端口向外提供接口，每个端口至少接有一个传感器。基于该模板感知系统可以衍生多个节点，感知系统硬件模块设计包含以下几个组成部分。

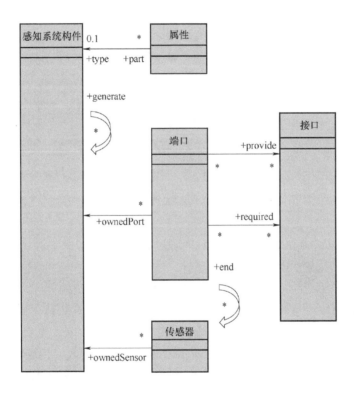

图 3-10 机器感知系统的 UML 组件描述

1. 构件设计

构件是一个封装了一系列类元（classifiers）的状态和行为的自包含单元，通常代表系统中的一部分物理实施，包括软件代码（源代码、二进制代码或可执行代码）或其等价物（如脚本或命令文件）。构件详细说明了各种服务的正式协议，包括构件向使用者提供的服务和构件从系统中其他构件或服务中获得的服务，服务通过提供接口和请求接口来实现。

构件是一个可替换的单元，它可以在设计时或运行时由提供相同功能的、基于其接口兼容性的构件替换。由于环境遵守由构件接口表示的同样的限制，所以构件能够与之交互。同样，系统能够通过增加提供新功能的构件而扩展其原始功能。

2. 端口设计

端口是指接口电路中的一些寄存器，这些寄存器分别用来存放数据信息、控制信息和状态信息，端口代表了类元和环境之间的交互点，可以认为是设备与外界通信交流的出口。

3. 接口设计

接口泛指实体把自己提供给外界的一种抽象化物（可以为另一实体），用以实现机器装置的内部操作与外部功能展现的一种联动。人与计算机等信息机器或人与程序之间的接口称为用户界面，计算机等信息机器硬件组件间的接口叫作硬件接口，计算机等信息机器软件组件间的接口叫作软件接口。

接口指定了一种契约，这契约必须由实现这个接口的构件的任何实例完成，把构件功能实现的接口称为提供接口，这意味着构件的提供接口是给其他构件提供服务的。

构件可以直接实现提供接口，构件的子构件也可以实现提供接口。实现接口的构件支持由该接口所拥有的特征。此外，构件必须与接口拥有的约束相容。构件使用的接口被称为请求接口，即构件向其他构件请求服务时要遵循的接口。

需注意到一个端口可能有多个接口，而那些接口也可能是混合极性的，其中有些是请求接口，而其他的是提供接口，该特性对双向通信协议（接口与端口数据间信息的相互转化）至关重要。可用一个显式的对象实现端口，它也可能只是一个虚拟的概念。

3.6.3　机器感知系统底层节点模块

机器感知系统节点是传感器与计算机或传感器网络之间连接的桥梁，其作用是解决传感器的异构性带来的诸多问题，并完成从原始信号到数据的数据流过程。机器感知系统节点一般是指传感器与计算机或传感器网络之间的硬件连接设备，主要包括传感器信号的转换、调理电路，有时还包括模数转换器以及数据通信的总线接口。

机器感知系统节点硬件模块如图 3-11 所示。底层节点包括数字传感器以及模拟传感器，数字传感器主要与接口模块的数字接口相连，模拟传感器的主要作用是将外界获取的信号进行调理，通过去除噪声使信号电平与模数转换器一致；根据机器感知系统硬件模块化设计开放原则（可扩展性），网络通信接口利用当前的网络协议实现传感器信息的资源共享；存储器则是将电子数据描述进行储存，并为识别不同的传感器提供即插即用服务；由于传感器作用功能不同，传感器的物理参数也有所不同，因此微处理器通过设置不同的传感器物理参数，将这些参数保存在存储器中，可保证在需要的时候进行读取，同时可以保证在必要的时候可以修改相应的参数。

机器感知系统独立的智能节点的设计使得传感器安装、拆卸以及信息交互变得更加容易。存储器使现场设备数据即插即用，进而获取有用价值信息。一个物理接口节点可以连接很多的不同类别的传感器，其万能作用的实现是依靠接口的配置软件，所谓接口配置是指根据接口所连接的传感器情况合理设置标准化接口的电子数据描述的内容。各构件基本功能如下：

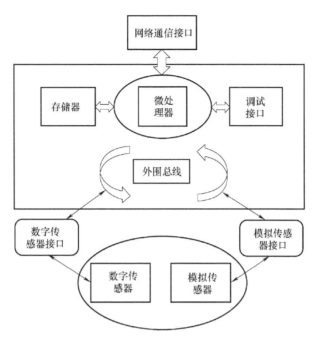

图 3-11　机器感知系统节点硬件模块

1. 传感器模块

机器感知系统的硬件平台设计的基本任务是根据其所连接的各种传感器的输出方式设计相应的信号接口处理电路，进而实现传感器的信号转换和处理。传感器模块总体来说包括执行器、模拟传感器和数字传感器，该模块是直接进行物理连接的装备，通过将外部不同类型的信号进行转换实现物理信号到数字信息的互通互达。

2. 模拟传感器接口

传感器分为两大阵营即数字量和模拟量。模拟传感器接口部分包括信号调理模块和片上模拟数字转换器（analog-to-digital converter，ADC，用于将模拟形式的连续信号转换为数字形式的离散信号的一类设备）或者由处理器外扩的 ADC 转换芯片，可以处理多路模拟传感器输入的情况。

3. 数字通信接口模块

数字通信接口是设备用于信号传输的通道，其主要作用是方便数字传感器的接入。根据数字传感器输出的物理介质和编码格式不同，数字通信接口总线可以分为 RS-232、RS-485、通用网络接口等。数字通信接口模块可以连接常用的各种数字通信接的传感器，同时可支持 PSTN、ISDN 以及 LAN 各种联网环境。为减小传感器物理接口电路的体积，在选择处理器的时候，要尽可能选择兼容较多数字总线的型号，使用扩展口的形式来连接各类数字传感器。

4. 存储单元

储存单元是多个存储元的集合，一般应具有存储数据和读写数据的功能。存储单元模块是为节点的数据描述服务的，一般应具有存储数据和读写数据的功能，大多数情况以 8 位二进制作为一个存储单元。因此，节点存储器得具备两个功能：一是用于存放电子数据描述内容，即存放外部传感器转化的节点数据信息；二是作为缓冲器功能，即实现外部信息与内部数据转化之间的缓冲作用。鉴于这两个功能，存储模块芯片的选取就得考虑总线读写速度、存储器的容量以及可编程性。由于传感器物理接口需要在标准化接口正常工作的同时修改 Flash（闪存）中的电子表单，所以存储芯片必须支持应用编程（IAP）功能。

5. 处理器模块

处理器模块是机器感知系统节点的指挥中心，是信息处理、程序运行的最终执行单元，相当于人的大脑。由于节点组件需要接入较多的传感器，并处理较大的数据量，因此设备控制、任务调度、功能协调、通信协议、数据存储都将在这个模块的支持下完成，这就要求传感器物理接口有足够快的运算能力，从而完成传感器数据采集、传感器数据处理和融合、局部智能决策等。在对处理器模块进行设计时，还得考虑数据采集精度、速率、接口大小、具体应用场景环境的限制、情景模式等诸多因素。

3.6.4 机器感知系统中间层节点模块

底层节点完成信号到数据的转换之后，需要进一步实现数据到信息甚至知识的过渡，而机器感知系统的中间层节点模块就是用来实现该功能的。不同类型的传感器数据的转换融合、专家知识库等高层技术汇聚都在中间层节点模块完成。该模块是平台无关型（即语言在计算机上的运行不受平台的约束，一次编译，到处执行）的功能构件，其内部架构是一种固定模式，主要是用来实现响应的既定功能。其基本特征与黑箱类似，即在研究过程中无须考虑中间层节点模块内部的结构和相互关系，仅从其输入输出的特点了解该系统规律。中间节点模块内部的各个构件之间完全独立，其内部子模块之间可以任意组合，而无须考虑是否兼容的问题。如图 3-12 为中间层节点模块结构图。

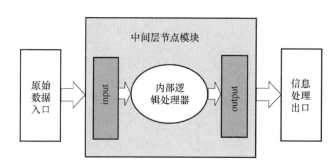

图 3-12　中间层节点模块结构图

基于中间层节点的编程需要完成两个工作：

（1）连接"input"和"output"

控制数据处理流程，即实现外部环境信息输入，内部环境知识流出。

（2）设定中间层节点相关的属性

"output" 代表了事件的产生，"input" 则是事件的处理程序。当某个事件出现时，对应的节点会发送相应的信号，如果有 "input" 与之关联，则节点的处理程序就会被激活，即执行相关的数据处理过程。"input" 与 "output" 具有多种连接方式：

1）一个 "output" 和一个 "input" 关联：当该 "output" 发出时，激活与之相关联的 "input" 处理程序。

2）一个 "output" 和多个 "input" 关联：当发出该 "output" 时，与该 "output" 关联的各个 "input" 处理程序都得以执行。在多任务系统中，其执行顺序是多任务并发的；在单任务系统中则以创建连接的先后顺序执行。

3）多个 "output" 和一个 "input" 关联：每个 "output" 发现，均可以激活与之相关联的 "input" 处理程序。在多任务系统中，多个 "output" 可以由不同的任务发出。"input" 处理程序内部保证多任务安全性。

4）"output" 和 "output" 关联："output" 的发出代表了事件的触发，当 "output" 与 "output" 关联时，一个 "output" 的发出将会激活节点发出另一个 "output"，从而触发其对应的事件处理函数。

3.7 机的感知系统软件模块

3.7.1 节点数据描述

根据感知系统硬件模块设计原则，其内部的不同节点可以挂接多个通道，不同通道连接不同类别的传感器。由于不同传感器对应的物理量不同，且性质、单位等性质差别较大，因此对于不同通道的不同参数需要有统一的格式来进行框定。这样在进行数据读取和程序编写时，可以轻松地对某些参数进行修改。

节点数据描述（图 3-13）分为三个模块：基本数据描述模块、通道数据描述模块和用户自定义模块，其中一个节点可以有多个通道数据描述，图中用户自定义模块是可选部分。

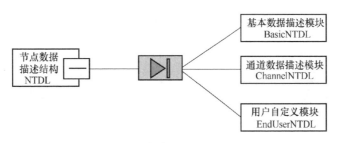

图 3-13　节点数据描述结构

1）节点基本数据描述模块用来描述节点的总体信息，包括基本数据描述的命令响应时间、通信握手时间、长度、标识号、通道数、最大传输速率、预热时间等（图 3-14）。

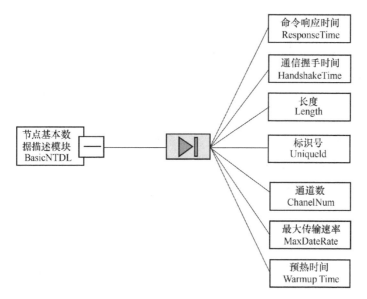

图 3-14　节点基本数据描述模块结构

2）通道数据描述模块用来描述每个通道的具体信息，包括通道数据描述的长度、通道类型、通道采样周期、通道预热时间、通道写建立时间和通道读建立时间（图 3-15）。

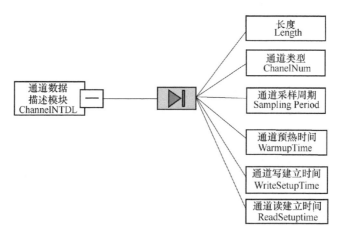

图 3-15　通道数据描述模块

3）用户自定义模块主要用于包含上述几个模块没有覆盖的信息，通常是在软件书写过程中所需要的特殊额外信息，如维护人员的姓名、联系方式、维护时间等。

3.7.2　用户接口组件

由于机器感知系统获取的外部信号源多种多样，因此机器感知系统的使用是多层次的，各种层次的使用者都会有自己的一套系统。随着智能化设备应用的不断普及，机器感知系统设计要求的复杂性、不确定性也在不断地提高，系统规模越来越大，而产品的研发周期又在不停地缩短，这就给机器感知系统的开发带来了新的挑战。感知系统常常用于关键设备或过程的控制，因而必须具有高度的移植性（即前文所指的开放原则，也可称为可扩展性原则）。软件是实现智能设备感知系统运行的灵魂，只有通过软件才可以进一步实现系统中的各项功能，操纵感知系统的运行。软件类似于人类"情感"，僵化无弹性的程序无法适应环境的变化，无法实现人与设备、环境的和谐相处，也无法实现本质安全化。因此，软件设计开发过程要保证在整体硬件的基本约束下，可随时重新组装或调换。软件模块设计也需要重视接口、强调封装以及维护自主性。因此，如何在开发过程中提高效率和质量，降低系统成本和风险，便成为机器感知系统设计过程中的热点讨论问题。

1. API 函数的作用

应用程序接口（application programming interface，API）函数是一些预先定义的函数，主要目的是让应用程序开发人员得以调用一组例程功能，而无须考虑其底层的源代码为何，或理解其内部工作机制的细节。在机器的感知系统设计过程中，定义 API 函数主要是为了对外提供一致的表达方式，以使传感器的更换尽量小地影响测试软件。传感器在接收信号时，只需向传感器传达测量信号是什么，传感器会进一步根据信号特征执行"怎么做"，并反馈给使用者结果（图 3-16）。两者需要一致性表达的平台，最可行的不是统一到传感器的控制功能上，因为传感器的实现功能总是随着传感器制造的不同而有所差异，统一对功能的提取方式才是可行的途径。

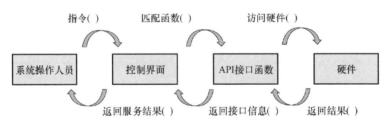

图 3-16　API 函数的作用

2. IDL（interface define language）**概述**

IDL 是用来描述软件组件接口的一种计算机语言。IDL 通过一种中立的方式来描述接口，使得在不同平台上运行的对象和用不同语言编写的程序可以相互通信交流。采用 IDL 这样的说明性语言，其目的在于克服特定编程语言在软件系统集成及互操作方面的限制。例如，不同的组件，有的用 C++语言写成，有的用 Java 语言写成，这也体现了其在构造分布式应用程序在网络时代的强大生命力。IDL 已经为 C、C++、Java 等主要高级程序设计语言制定了 IDL 到高级编程语言的映射标准。类似于其他的接口描述语言，IDL 以独立于语言和硬件的方式来定义接口，允许组件间的接口规范采用不同语言编写，目前主流的开发工具是 Rational Rose。

IDL 采用 ASCII 字符集构成接口定义的所有标识符。标识符由字母、数字和下画线的任意组合构成，但第一个字符必须是 ASCII 字母。IDL 认为大写字母和小写字母具有相同的含义，与 C++和 Java 类似，采用以"/ *"开始，以" */"结束的方式来注释一段代码。此

外, IDL 保留了 47 个关键字, 程序设计人员不能将关键字用作变量或方法名。其数据类型如下:

1) 基本数据类型: IDL 基本数据类型包括 short、long 和相应的无符号 (unsigned) 类型, 表示的字长分别为 16、32 位。

2) 浮点数类型: IDL 浮点数类型包括 float、double 和 long double 类型。其中, float 表示单精度浮点数, double 表示双精度浮点数, long double 表示扩展的双精度浮点数。

3) 字符和超大字符类型: IDL 定义类型 char 为单字节字符; 定义类型 wchar 为超大字符。

4) 逻辑类型: 用 boolean 关键字定义的一个变量, 取值只有 true 和 false。

5) 八进制类型: 用 octet 关键字定义, 在网络传输过程中不进行高低位转换的位元序列。

6) any 数据类型: 引入该类型用于表示 IDL 中任意数据类型。类似于 C 和 C++ 的语法规则, IDL 中构造数据类型包括结构、联合、枚举等形式。接口用关键字 interface 声明, 其中包含的属性和方法对所有提出服务请求的客户对象是公开的。

3.8 机器设备的故障分布

通过机器设备的安全检测, 原有故障会被发现, 与机的可靠性对应, 这里给出检测过程中可获取的三种故障分布类型: 指数分布、正态分布和韦布尔分布, 以下进行具体介绍。

1. 指数分布

指数分布是可靠性研究中最重要的一种分布类型, 它常用于描述电子设备的可靠性。指数分布的故障概率密度函数可表示如下:

$$f(t) = \lambda e^{-\lambda t} \quad (t \geq 0, \lambda \geq 0) \tag{3-63}$$

则有:

$$R(t) = e^{-\lambda t} \tag{3-64}$$

$$F(t) = 1 - e^{-\lambda t} \tag{3-65}$$

$$\lambda(t) = \frac{f(t)}{R(t)} = \frac{\lambda e^{-\lambda t}}{e^{-\lambda t}} = \lambda \tag{3-66}$$

则:

$$\theta = \frac{1}{\lambda} \tag{3-67}$$

式中　$f(t)$——故障概率密度函数;

　　$R(t)$——可靠度;

　　$F(t)$——不可靠度;

　　$\lambda(t)$——故障率;

　　　θ——修复前平均时间;

　　　λ——故障率。

2. 正态分布

随机变量 ξ 的概率密度 $f(t)$ 可表示如下：

$$f(t) = \frac{1}{\sigma\sqrt{2\pi}}\exp\left[-\frac{(t-\mu)^2}{2\sigma^2}\right] \tag{3-68}$$

显然在上式中，如果 μ 与 σ 为常数，则称随机变量 ξ 服从均值为 μ，标准差为 σ 的正态分布（又称高斯分布），记为 $\xi \sim N(\mu, \sigma^2)$；正态分布的累积分布函数 $F(t)$ 可表示如下：

$$F(t) = P\{\xi \leq t\} = \int_{-\infty}^{-t} f(t)\,\mathrm{d}t = \frac{1}{\sigma\sqrt{2\pi}}\int_{-\infty}^{-t}\exp\left[-\frac{1}{2}\left(\frac{t-\mu}{\sigma}\right)^2\right]\mathrm{d}t \tag{3-69}$$

上式简化得到：

$$F(t) = \Phi\left(\frac{t-\mu}{\sigma}\right) \tag{3-70}$$

式中：

$$\Phi(x) = \int_{-\infty}^{x}\frac{1}{\sqrt{2\pi}}\mathrm{e}^{-\frac{x^2}{2}\mathrm{d}x} \tag{3-71}$$

这时故障率函数 $\lambda(t)$ 表达如下：

$$\lambda(t) = \frac{f(t)}{R(t)} = \frac{\exp\left[-\frac{1}{2}\left(\frac{t-\mu}{\sigma}\right)^2\right]}{\sigma\sqrt{2\pi}\left[1-\Phi\left(\frac{t-\mu}{\sigma}\right)\right]} \tag{3-72}$$

图 3-17 给出了正态分布情况下可靠度 $R(t)$ 与故障率 $\lambda(t)$ 变化曲线。

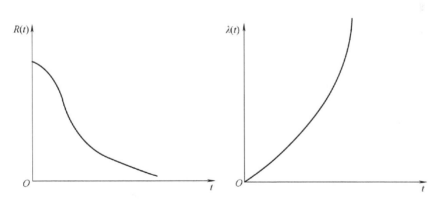

图 3-17 正态分布情况下 $R(t)$ 与 $\lambda(t)$ 的变化曲线

3. 韦布尔分布

设随机变量 ξ 服从含有 3 个参数的韦布尔分布，则其概率密度函数和累积概率分布函数表示如下：

$$f(t) = \frac{\beta}{\alpha}(t-\gamma)^{\beta-1}\exp\left[-\frac{(t-\gamma)^\beta}{\alpha}\right] \quad (t \geq \gamma) \tag{3-73}$$

$$f(t) = 0 \quad (t < \gamma) \tag{3-74}$$

$$F(t) = P\{\xi \leqslant t\} = 1 - \exp\left[-\frac{(t-\gamma)^\beta}{\alpha}\right] \quad (\gamma \leqslant t < \infty) \tag{3-75}$$

式中　β——形状参数；

　　$\alpha > 0$——尺度参数；

　　γ——位置参数。

当 $\gamma = 0$ 时，则 $f(t)$ 便退化为 2 个参数的韦布尔分布，可得到这种分布下的 $\lambda(t)$：

$$\lambda(t) = \frac{f(t)}{R(t)} = \frac{\beta}{\alpha}(t-\gamma)^{\beta-1} \tag{3-76}$$

【例 3-11】　喷气式飞机有 3 台发动机，至少需 2 台发动机正常才能安全飞行和起落。若飞机事故仅由发动机引起，假定发动机失效率为常数（2×10^{-3}/h）。求飞机飞行 10h 和 100h 的可靠度。

解：已知 $\lambda = 2 \times 10^{-3}$/h，$t_1 = 10$h，$t_2 = 100$h

$$R(t) = 1 - F(t) = e^{-\lambda t}$$

代入 $t_1 = 10$，$R(10) = e^{-10\lambda} = 0.98 = 98\%$

代入 $t_2 = 100$，$R(100) = e^{-100\lambda} = 0.819 = 81.9\%$

【例 3-12】　某系统，各单元寿命均服从指数分布，失效率均为 40×10^{-6}/h，若工作时间 $t = 7200$h，求系统的可靠度。

解：已知 $\lambda = 40 \times 10^{-6}$/h $= 4 \times 10^{-5}$/h，$t = 7200$h

$$R(t) = 1 - F(t) = e^{-\lambda t}$$

$$R(7200) = e^{-7200\lambda} = 0.75 = 75\%$$

【例 3-13】　一台机器运行 50000h，发生了 6 次失效，每次失效得到及时修理后又正常运转，计算其失效率。

解：平均失效间隔时间：$\text{MTTF} = \theta = (50000/6)\text{h} = 8333\text{h}$

则 $\lambda = 1/\theta = (1/8333)$/h $= 0.0001$/h

复 习 题

1. 机的不可靠性往往是由于人为差错造成的，根据人-机-环系统示意图，说明人为差错发生的原因。

2. 什么是本质安全？本质安全的特点有哪些？

3. 维修性指标包括哪些内容？能否将它与可靠性指标进行比较？能否用自己的语言描述 MTTF 和 MTTR 的具体含义？

4. 机的易维护性设计原则主要包括哪些内容？请举例说明这些原则的具体应用。

5. 机器感知系统在不同领域有哪些应用价值？请举例说明。

6. 智能手机内部具有多种传感器，请简述其内部传感器的作用并举例说明。

7. 请简要论证基于传感器网络的矿山安全生产实时监测与安全预警系统研发的可能性。

8. 机器的硬件模块化设计基本原则有哪些？请以自己的理解进行解释。

9. 依据机的感知系统设计准则，请以机器的移动感知为例，简要分析硬件模块与软件模块设计方案。

10. 根据已学习的编程知识，请以机器的移动感知为例，开发一套感知系统模块化设计仿真系统。

第4章
人机界面安全设计

人机界面安全设计主要包括显示器、控制器以及它们之间的关系的设计，本章依据第2、3章对人机系统中人的特性与机的特性的论述，本着"机宜人"的基本原则，把人机界面的研究重点置于两个问题：显示与控制。在阐述使人机界面符合人机信息交流的规律和特性的基础上，介绍如何将安全问题融入人机界面设计中，保障人机正常交互、避免能量意外输入或者损失而导致系统故障或事故。

4.1 人机界面概述

4.1.1 人机界面的定义

人机界面（human-machine interface）是人与机器进行交互的操作方式，即用户与机器互相传递信息的媒介，包括信息的输入和输出。简单来说，在人机系统中，存在一个人与机相互作用的"面"，所有的人机信息交流都发生在这个"面"上，通常人们称这个面为人机界面。

"系统"是由相互作用、相互依赖的若干组成部分结合成的具有特定功能的有机整体。人机系统包括人、机和环境三个组成部分，它们相互联系构成一个整体。人机系统模型如图 4-1 所示。

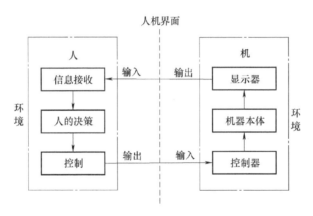

图 4-1 人机系统模型

由图 4-1 可见，操作过程的情况通过显示器显示，作业者首先要感知显示器上指示信号的变化，然后分析、解释显示的意义并做出相应决策，再通过必要的控制方式进行操作过程的调整。这是一个封闭的人机系统，即闭环人机系统。

人与机之间的信息交流和控制活动都发生在人机界面上。机器的各种显示都"作用"于人，实现机-人信息传递；人通过视觉和听觉等感官接收来自机器的信息，经过人脑的加工、决策，然后做出反应、操作机器，实现人-机的信息传递。可见，人机界面的设计直接关系到人机关系的合理性，而研究人机界面则主要针对显示与控制这两个问题。

4.1.2 人机界面三要素

在人机界面上，向人们表达机械运转状态的仪表或器件称作显示器（display），供人们操纵机械运转的装置或器件称作控制器（controller）。

对机械来说，控制器执行的功能是输入，显示器执行的功能是输出。对人来说，通过感受器接受机械的输出效应（例如显示器所显示的数据）是输入；通过运动器操纵控制器执行人的指令则是输出。如果把感受器、中枢神经系统和运动器作为人的三要素，而把机械的显示器、机体和控制器作为机械的三要素，并将各要素之间的联系用图表示出来，就叫作三要素基本模型。三要素基本模型如图 4-2 所示。

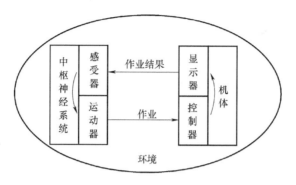

图 4-2　三要素基本模型

图 4-3 所示是驾驶人-汽车的三要素基本模型实例。驾驶人-汽车三要素基本模型表示人和机械整个系统的组成及其相互关系，只要把图正确绘出，就可直观地得知人体的哪一部分与机械的哪一部分有联系以及何等程度的联系。

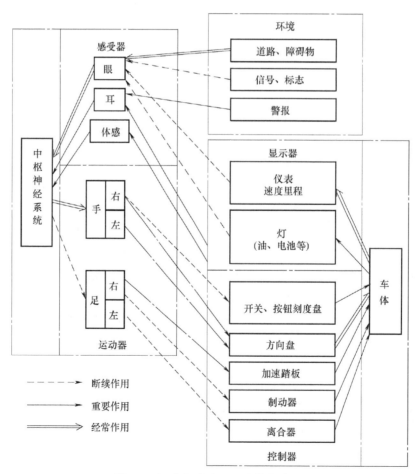

图 4-3　驾驶人-汽车三要素基本模型

　　人机界面是人机系统中人和机进行信息传递和交换的媒介及平台，人也可以通过该界面对机器进行控制。总体而言，整个人机界面主要包含显示器和控制器两大部分，它们是连接人与机的关键。人机界面的好坏直接影响信息传递及交换的有效性和准确性，进而影响到整个人机系统的安全性。大量实例研究表明，许多重大事故的产生都是由于人机界面设计不合理，作业者出现判读失误及其他种类的操作误差，最终才导致事故的发生。因此，综合考虑人机系统的可靠性和作业者的舒适性，设计良好的人机界面，能有效防止操作事故的发生，真正意义上实现人机系统的协同作业。

　　人机界面设计主要指显示器、控制器以及它们之间的关系设计，使人机界面符合人机信息交流的规律与特性。下面将讲述有关显示装置（显示器）与控制装置（控制器）的基本知识与设计。

4.2　信息显示装置的类型及功能

4.2.1　显示器的概念

　　显示器是以可知的数值、可见的变化趋势或图形、可听的声波以及各种人体可感知的刺激信号等方式将信息传递给人的装置。从狭义上讲，它是反映设备运行状态的一些仪表；从广义上讲，它包括所有属于"机"的反馈装置和真实显示现象。显示的目的就是将机器的运行状态转化为量的函数关系，然后用数值的形式定量地传达出来，或者用规定的形式定性地表现出来，提供给机器的操纵管理人员，作为控制机器的依据。

　　显示器的工作过程是操作人员对生产中的信息实行接收和处理的过程。信息传递与处理的速度、质量直接影响工作效率，由于显示器的设计决定着操作者接受信息的速度和准确度，所以现代工业产品设计必须重视显示器设计。

4.2.2　显示器的分类

1. 按信息接收通道分类

　　人的感觉通道很多，有视觉、听觉、触觉、痛觉、热感、振感等。所有这些感觉通道均可用于接收信息。根据人接收信息的感觉通道不同，可以将显示装置分为视觉显示装置、听觉显示装置、触觉显示装置等（图4-4）。其中，视觉和听觉显示装置应用最为广泛。由于人对突然发生的声音具有特殊的反应能力，因此听觉显示装置作为紧急情况下的报警装置，比视觉显示装置具有更大的优越性。触觉显示是利用人的皮肤受到触压刺激后产生感觉而向人传递信息的一种方式。

　　由于人的各种感觉通道在传递信息方面都具有一定的特性，因而与各种感觉通道相适应的显示方式所显示的信息也就具有一定的特性。上述三种显示方式所传递的信息传递特征见表4-1。

2. 按显示形式分类

　　1）模拟式显示装置：模拟式显示装置是指靠标定在刻度盘上的指针来显示信息的仪表，它通常可分为指针运动而表盘不动和表盘运动而指针不动两大类，如最常见的手表、电

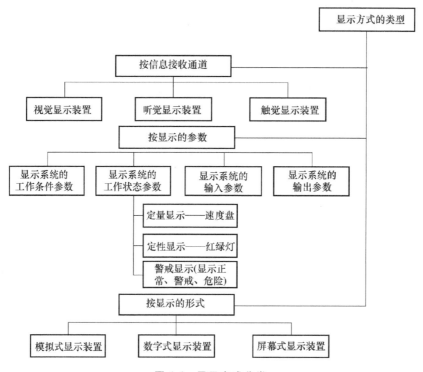

图 4-4　显示方式分类

流表、电压表等。模拟显示有以下特点：显示信息直观、形象，使人对模拟值在全量程范围内所处的位置一目了然，并能明显示出偏差量，特别适于监控。

表 4-1　三种显示方式所传递的信息传递特征

显示方式	信息传递特征	应用举例
视觉显示	1. 比较复杂、抽象的信息或含有科学技术术语的信息、文字、图表、公式等 2. 信息传递的持续时间较长、需要延迟传递的信息或者不需要急迫传递的信息 3. 需用方位、距离等空间状态说明的信息 4. 适合听觉传递，但听觉负荷已很重的场合或者所处环境不适合听觉传递的信息 5. 传递的信息须同时显示、监控	显示屏、交通信号灯、汽车仪表、安全标志牌等
听觉显示	1. 信号源本身是声音且消息是简短并涉及时间上的事件 2. 视觉通道负荷过重。在许多作业中，操作者的视觉负担往往过重，倘若能用听觉通道传递一部分信息，那么可以减轻视觉负担而有利于提高工作效率 3. 视觉观察条件（如照明或观察位置）受限 4. 信号需要及时处理，并立即采取行动（警用对讲机、运动场上） 5. 工作要求操作员四处走动 6. 工作中可能出现诸如振动引起视力下降、高过载力，缺氧等应激条件	铃、蜂鸣器、汽笛、广播等
触觉显示	1. 使用视觉、听觉通道传递信息有困难或者负荷过重的场合 2. 简单并要求快速传递的信息	盲道、盲文标识文字等

2）数字式显示装置：数字式显示仪装置是指直接用数码管或液晶显示数值信息的仪表，如各种数码显示屏、机械的和电子的数字计数器等，具有简单、准确、便于认读、不易产生视觉疲劳等特点。

3）屏幕式显示装置：屏幕式显示装置可在有限面积的显示屏上，显示大量不同类型的信息，其优点是可以同时显示状态信息和预报信息（如系统故障信息的预报），因而采用屏幕显示装置可大大减少仪表板上显示仪表的数量。此外，由于它可以用图形来显示系统的动态参数或变化趋势，因此具有直观、形象、易于被人接受的特点。屏幕式显示装置便于与计算机联用而实现自动控制。

3. 按显示参数分类

（1）显示系统的工作条件参数

为使系统在规定的工作条件和作业环境下工作，需要由显示仪表向人传递各种工作条件信息，如汽车发动机冷却液温度的显示、锅炉内压力的显示以及作业环境温度的显示等。

（2）显示系统的输入参数

为使系统按照人所需求的动态过程工作或者按照客观环境的某种动态过程工作，人必须通过显示仪表来掌握输入的信息，如通过无线电接收机的标度指示调节的频率，通过机械系统中的定时器指示人所调节的机构动作时间，通过恒温器上的温度数字指示制冷机所要调节的温度等。

（3）显示系统的工作状态参数

为了解系统的实际工作状态与理想状态的差距及其变化趋势，必须由各种仪表显示装置传递系统的状态信息。根据显示参数性质的不同，工作状态参数的显示又可分为以下三种：

1）定量显示：用于显示系统所处状态的参数值，如显示汽车行驶速度、飞机发动机转速等。

2）定性显示：用于显示系统状态参数是否偏离正常位置。一般不需要认读其数值大小，而要求便于观察偏离正常位置的情况，因此不宜采用数字式显示仪表，而采用指针运动式显示仪表。

3）警戒显示：用于显示系统所处的状态范围，其显示常分为正常、警戒和危险三种情况。例如，用绿色指示灯表示状态良好，用黄色指示灯表示警戒，用红色指示灯或声警报信号表示危险等。同样，可用指针式仪表显示三个状态范围。

（4）显示系统的输出参数

通过这类仪表显示装置可把系统输出的信息反馈给操作者，如汽车仪表板显示的行走公里数、计算机显示器显示计算的工作结果、锅炉出水管的温度计显示的热水温度等。

4.2.3 显示器的功能

各种显示器所显示的是规定的状态、数字和颜色等符号。对这些符号人们可以给以各种各样的规定，做出合乎逻辑的解释。同样一种仪表可以用来表示量的变化，也可以用来表示质的变化，还可以作为定性的显示等。表示机械状态的显示功能大致可分为以下三种。

1. 定量显示的功能

这种仪表的用途是准确显示数值。例如温度计、速度计、液位计等均属于这类显示。

2. 定性显示的功能

这种显示是表明机器的某种大致状态、变化倾向或描述事物的性质等。定性显示常注重情况的比较，而较少注重精确的程度。这类显示器对于检查、追踪较为适宜，操作者可一眼即可看出系统是否正常，还可洞察当前各种状态之间的差距及其变化趋势。例如，机器循环水表的显示只有"过冷""正常""过热"三个区域，分别表示机器的三种运行状态。

3. 警示性显示的功能

当量变积累达到某一临界点时，就会发生质的突变，这时常需设置警示性显示。警示性显示一般分为两级：第一级是危险警告，预告已接近临界状态；第二级是非常警报，报告已进入质变过程。

4.2.4 显示器的性能要求

1）显示形式要符合操作人员习惯及操作能力极限，要易于了解，避免换算，减少训练的时间，减少受习惯干扰造成解释不一致的差错。

2）根据作业条件运用最有效的显示技术和显示方法，要使显示变化速度与操作者的反应能力相适应，不要让显示速度超过人的反应速度。

3）显示精度要适当，保证最少的认读时间。

4）用简单明了的方式显示所传达的信息，以减少译码的错误。

4.3 显示装置的设计

4.3.1 显示器设计的基本原则

1. 准确性原则

显示装置的设计应确保信息传递准确。例如，数字认读的显示装置的设计应尽量使读数准确，警示作用的显示装置的设计应确保显示的警示信息无误。读数的准确性问题可以通过类型、大小、形状、颜色匹配、刻度、标记等方面设计解决。

2. 简单性原则

应使传递信息的形式尽量直接表达信息内容，在符合使用目的的前提下，设计得越简单、越清晰越好，尽量减少译码的错误；此外，应尽量避免使用不利于识读的装饰。

3. 一致性原则

选用反映物理量的信号和编码时，应当选用使用者熟悉或在逻辑上有联系的信号及编码；应使显示器的功能表现与机器动作或者与控制器运动的方向一致。例如，显示器上的数值增加就表示机器作用力的增加或设备压力的增大；显示器的指针旋转方向应与机器控制器的旋转方向一致。

4. 安全性原则

要求符合人机信息交流的规律和特性，设计时考虑安全因素，确保迅速、清晰、准确地向人传递信息，避免发生由于人机信息交流过程受阻而导致的事故。

5. 宜人性原则

显示器的排列要适合于人的视觉特征。例如，人眼的水平运动比垂直运动快且幅度宽，因此显示器水平排列的范围可以比垂直方向大；此外，为达到较好的视觉效果，在光线暗的地方要装设合适的照明设备；最常用和最主要的显示器应尽可能安排在视野中心 3° 范围之内，因为在这一视野范围内，人的视觉效率最优，也最能引起人的注意。

4.3.2　视觉显示器设计

视觉显示器是指依靠光波作用于人的眼睛，向人提供外界信息的装置。下面对视觉显示器中的指针式仪表、数字显示器和信号灯的设计分别进行简要的讨论。

1. 指针式仪表的设计

指针式仪表是一种利用刻度盘的不同位置来显示信息的视觉显示器，它用模拟量来显示机器的有关参数与状态，具有显示的信息形象、直观，便于接收和理解等特点。根据刻度盘的形状，指针显示器可分为圆形、弧形和直线形（表 4-2）。

表 4-2　指针显示器的刻度盘分类

类别	度盘	简图	说明
圆形指示器	圆形		开窗式的刻度盘也可以是其他形状
	半圆形		
	偏心圆形		
弧形指示器	水平弧形	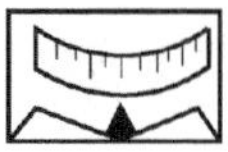	
	竖直弧形	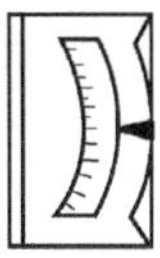	

（续）

类别	度盘	简图	说明
直线形指示器	水平直线		开窗式的刻度盘也可以是其他形状
	竖直直线		
	开窗式		

对于指针式仪表，要使人能迅速而准确地接受信息，则刻度盘、指针、字符和色彩匹配的设计都必须要适合人的生理和心理特征。设计指针式仪表时应考虑的安全人机工程学问题包括以下几点：

1）指针式仪表的大小与观察距离是否比例适当。

2）刻度盘的形状与大小是否合理。

3）刻度盘的刻度划分、数字和字幕的形状、大小以及刻度盘色彩对比是否便于监控者迅速而准确地识读。

4）根据监控者所处的位置，指针式仪表是否布置在最佳视区内。

针对刻度盘指针式显示器的设计需要涉及刻度盘尺寸设计、刻度线设计、文字符号设计、指针设计和仪表照明设计等。

（1）刻度盘尺寸设计

刻度盘的大小、刻度标尺的数量和人的观察距离有关。刻度盘尺寸可以根据实际情况适当增大，当刻度盘尺寸增大时，刻度、刻度线、指针和字符等均可增大，这样可提高清晰度。但过大也不好，过大导致眼睛的扫描路线变长反而影响认读速度和准确度，同时扩大了仪表占用面积，导致仪表盘不紧凑也不经济。相反，尺寸过小易导致刻度过密，往往易由于标记过小导致读错。

测试研究表明，刻度盘外轮廓尺寸（例如圆形刻度盘的直径）D 可在观察距离（视距）L 的 $1/23 \sim 1/11$ 范围内选取。表4-3给出的刻度盘最小尺寸、标记数量与视距的关系，已经考虑了刻度标记数量的影响。表4-4为认读时间和读错率与刻度盘直径的关系。

表 4-3　刻度盘最小尺寸、标记数量与视距的关系

刻度标记的数量	刻度盘的最小直径/mm	
	视距为500mm 时	视距为900mm 时
38	26	26
50	26	33

（续）

刻度标记的数量	刻度盘的最小直径/mm	
	视距为500mm时	视距为900mm时
70	26	46
100	37	65
150	55	98
200	73	130
300	110	196

表4-4　认读时间和读错率与刻度盘直径的关系

刻度盘直径/mm	观察时间/s	平均反应时间/s	读错率（%）
25	0.82	0.76	6
44	0.72	0.72	4
70	0.75	5.73	12

仪表盘的外轮廓尺寸，从视觉的角度来说，实际上是仪表盘外边缘构件形成的界线尺寸。该界线的宽窄、颜色的深浅都影响着仪表的视觉效果，也是仪表造型设计中应适当处理的因素。从视觉考虑，以能"拢"得住视线，不过于"抢眼"，又不干扰对仪表的认读为佳。

（2）刻度线设计

刻度线一般有三级：长刻度线、中刻度线和短刻度线（图4-5）。刻度线宽度一般可取刻度大小的5%～15%，普通刻度线宽度通常取0.1mm±0.02mm，

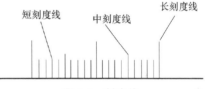

图4-5　刻度线

远距离观察时，取0.6～0.8mm。当观察距离一定时，刻度线的长度可参考表4-5选取。表4-6示出了刻度线长度与刻度大小的关系。

表4-5　刻度线的长度与观察距离的关系

观察距离/m	长度/mm		
	长刻度线	中刻度线	短刻度线
0.5以内	5.5	4.1	2.3
0.5～0.9	10.0	7.1	4.3
0.9～1.8	20.0	14.0	8.6
1.8～3.6	40.0	28.0	17.0
3.6～6.0	67.0	48.0	29.0

表4-6　刻度线长度与刻度大小的关系　　　　　（单位：mm）

刻度大小		0.15～0.3	0.3～0.5	0.5～0.8	0.8～1.2	1.2～2	2～3	3～5	5～8
刻度线长度	短刻度线	1.0	1.2	1.5	1.8	2.0	2.5	3.0	4.0
	中刻度线	1.4	1.7	2.2	2.6	3.0	4.5	4.5	6.0
	长刻度线	1.8	2.2	2.8	3.3	4.0	6.0	6.0	8.0

设计时应注意，不要以点代替刻度线，刻度线下面的准线用细线为好（图 4-6a），不要设计成间距不均的刻度，数字的标注应取整数，避免换算，每一刻度线最好为被测量的 1 个、2 个或 5 个单位值，或这些单位值的 10n 倍（图 4-6b）。

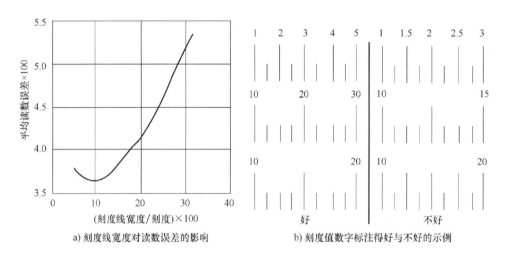

a) 刻度线宽度对读数误差的影响   b) 刻度值数字标注得好与不好的示例

图 4-6　刻度线宽度与刻度值数字

（3）文字符号设计

仪表刻度盘上的数字、字母、汉字或者特定的符号统称为字符。数字能够显示精确的运行参数；字母和汉字是被指示对象的国际通用英文缩写或习惯性的简称；符号是对被代表内容高度概括和抽象而成的图形，它们都能对刻度的功能起到一定的完善作用。因此，字符的形状、大小等多方面的因素都会影响操作者的认读效率及准确性，在设计时必须简明、易认。

通常而言，应将汉字字体尽量设计为简体、正体、细字体，笔画要均匀，方形或者高矩形，横向排列。如果是英文字母，宜采用大写体。

在便于认读和经济合理的前提下，字符应尽量大一些。字符的高度通常取为观察距离的 1/200，并可按下式近似计算：

$$H = L\alpha/3600 \tag{4-1}$$

式中　H——字符高度（mm）；

　　　L——观察距离（mm）；

　　　α——人眼的最小视角（°）。

（4）指针设计

模拟显示大都是靠指针指示。指针设计的人机学问题主要从下列几方面考虑：

1）形状。指针形状要单纯、明确，不应有装饰。针身以头部尖、尾部平、中间等宽或狭长三角形的为好。图 4-7 为指针的基本形式。在设计指针箭头时可参考图 4-8 所示的各种箭头形状，以最右端的为最好。

a) 刀形　b) 剑形　c) 直角　d) 塔形　e) 带指示　f) 杆形　g) 梯形　　　　最差　　　　　　　　　　　　　　　最好
　　　　　　　三角形　　　　　线塔形

图 4-7　指针的基本形式　　　　　　　　　　　　　　图 4-8　各种箭头形状的比较

2）宽度。指针针尖宽度应与最短刻度线等宽，但不应大于两刻度线间的距离，否则指针在刻度线上摆动时易引起读数误差。指针不应接触刻度盘盘面，但要尽量贴近盘面。对于精度要求很高的仪表，其指针和刻度盘盘面应装配在同一平面内。

3）长度。指针过长会遮挡刻度线，过短会难以准确读数。指针的针尖不要覆盖刻度，一般要离开刻度记号 1.6mm 左右；圆形刻度盘的指针长度不要超过它的半径，需要超过半径时，其超过部分的颜色应与盘面的颜色相同。

4）颜色。指针、刻度和刻度盘的配色关系要符合人的色觉原理，以提高人眼的视认度为原则。配色要求醒目，条理性强，避免颜色过多而造成混乱，还要充分考虑仪表使用过程中与其他仪表之间配色协调，使总体效果舒适、明快。表 4-7 列出了一般配色的明度对比级次，以供参考。通常，亮底暗指针要比暗底亮指针更有利于认读。

表 4-7　配色的明度对比级次

级次		1	2	3	4	5	6	7	8	9	10
清晰	底色										
	被衬色										
模糊	底色										
	被衬色										

（5）仪表照明设计

仪表照明是指仪表的单独照明，这种照明应不影响其他仪表及荧光屏等的显示。仪表中使用较多的是表内照明、边光照明及表盘背面照明三种。这种照明的特点是光源只照在仪表上，观察者看不见光源。

2. 数字显示器的设计

数字显示器是直接用数码来显示有关参数或工作状态的装置，例如电子数字计数器、数码管、数码显示屏等。其特点是显示简单、准确，具有认读速度快、不易产生视觉疲劳等优点。

（1）数字显示器显示形式

数字式仪表能够定量显示机器设备系统运行过程中的精确数值及量的变化。因此，这就决定了数字式仪表是以显示数字为主要内容的基本形式。目前，最常用的有机械式数字显示和电子数字显示两种形式。

1）机械式数字显示。机械式数字显示主要是依靠机械装置来实现数字的显示和变化。

其中一种是把数字印制在可转动的卷筒上，通过感应器使卷筒转动，从而达到数字的变化和显示效果。这种形式结构简单，但不利于检索和控制。另外一种是把数字印制在可翻转的金属薄片上，通过金属片的可控制的翻转来显示数字，这种形式使用方便，且可准确控制显示，但容易出现阻卡现象。

需要根据时间自动记录数据的机械式数字显示时，两组数值变化的间隔时间不能少于0.5s，否则会给认读带来不方便。机械式数字显示的数字符号不宜使用狭长形，否则会因移动而产生视觉变形，不利于认读；数字间隔不宜过大，否则不容易读全数字，而造成失误；多位数时，后面零位必须表示，而前面的空位可不必用零来补位，空起来反而容易看清楚。

2）电子数字显示。电子数字显示常见的有液晶显示和发光二极管显示。由于电子显示具有很多优良性能，故被广泛用于各种显示器之中。

电子显示可更方便地与计算机或各种电气系统连接，使之具有更好的可控性。利用不同颜色的电子显示，可以在显示数字的同时进行颜色编码，从而实现多种用途的显示。发光二极管还具有在工作时不需外加照明就能具有较高清晰度的优势。

（2）字符设计

在进行数字显示器的字符形体设计时，为了使字符形体简单醒目，必须加强各字符本身的特有笔画，突出"形"的特征，避免字体的相似性。汉字字体对误读效率也有影响，有人曾对正体字和隶书字体的误读率进行试验分析，若以正体字的误读率为100%，则隶书字体的误读率可达154%，可见越是对字体进行修饰，误读率越高。

在字体设计当中还应同时考虑背景和照明的因素。一般情况下不建议采用光反射强的材料作为字体的背景，因为强反射背景会产生炫目现象，从而影响认读效果。字体和背景在色彩明度上应对比强一些，以增加清晰度。此外，需根据显示仪表所处环境的照明条件来确定字体与背景的明暗关系。一般而言，仪表处在暗处时，用暗底亮字为好；仪表处在明亮处时，选择亮底暗字为好。

3. 信号灯的设计

信号灯产生或传递的视觉信息被称作灯光信号。信号灯常用于各种交通工具的仪器仪表板上。它一般的用途有两方面：一方面可以起到指示性的作用，引起操作者的注意，指导下一步操作；另一方面可以显示机器的工作状态，反映完成某个指令或操作之后机器设备的运转情况。它的特点是面积小，视距远，容易引起人的注意力，能够简单、明了地传递信息。它的缺点是信息负荷有限，需要传递的信号过多时容易产生干扰和造成混乱。

信号灯是以灯光作为信号载体的，需要作业者用肉眼去认读判断。因此，在设计信号灯时，除了要符合一定的光学原理，还要遵循人的视觉特性，按照人机工程学的要求进行设计。

（1）信号灯的视距设计

信号灯要满足一定的视距，而且要清晰、醒目。以驾驶舱的信号灯为例，必须能够被清楚地识别，不能引起眩目，影响驾驶者的注意力。对于远距离观察的信号灯，如航标灯、交通信号灯等，一定要确保在远视距或大雾等天气的情形下也能看清楚。能见距离指的是物体达到一定的距离之后，人眼再无法进行分辨时的临界距离。能见距离除了与空气透明度密切相关以外，还受到物体本身大小、亮度及颜色等因素的影响。能见距离与空气透明度的关系见表 4-8。

表 4-8　能见距离与空气透明度的关系

大气状态	透明系数	能见距离
绝对纯净	0.99	200km
极高的透明度	0.97	150km
很透明	0.96	100km
良好的透明度	0.92	50km
一般的透明度	0.81	20km
空气略微混浊	0.66	10km
空气较混浊（霾）	0.36	4km
空气很混浊（浓霾）	0.12	2km
薄雾	0.015	1km
中雾	$2 \times 10^{-4} \sim 8 \times 10^{-10}$	0.5～0.2km
浓雾	$10^{-19} \sim 10^{-34}$	0.1～0.05km
极浓雾	$< 10^{-34}$	几十～几米

信号灯的观察距离受其光强、光色、闪动特性等因素的影响，对于红、绿色稳光信号的观察距离可按以下公式计算：

$$D = 2000I \times 0.3048 \tag{4-2}$$

式中　D——观察距离（m）；

　　　I——发光强度（cd）。

对于红、绿闪光信号的观察距离，应先按下列公式换算发光强度后，再代入式（4-2）计算出观察距离：

$$I_{\mathrm{E}} = \frac{tI}{0.09 + t} \tag{4-3}$$

式中　I_{E}——有效发光强度（cd）；

　　　I——发光强度（cd）；

　　　t——闪光的持续时间（s）。

（2）信号灯的颜色

信号灯常用的颜色编码，按照不易混淆的顺序依次排列为黄、紫、橙、浅蓝、红、浅黄、绿、紫红、蓝。在采用单个信号灯时，蓝、绿色最为清晰。常见的几种信号灯颜色及其代表含义见表 4-9。

表 4-9　常见的几种信号灯颜色及其代表含义

颜色	含义	说明	举例
红	危险或警告	紧急状况需立即采取行动	1. 联锁装置失效 2. 压力已超（安全）极限 3. 有爆炸危险
黄	注意	情况有变化或有变化趋势	1. 压力异常 2. 出现短暂性可承受的过载
绿	安全	运行状态正常	1. 冷却降温正常 2. 自动控制运行正常 3. 机器准备启动
蓝	指示性	除红、黄、绿三色之外的任何指定用意	1. 遥控指示 2. 选择开关为准备位置
白	无特定含义	任何含义	1. 除尘 2. 盥洗

（3）信号灯的形状和标记设计

当信号灯的颜色不同时，其代表的意义也不同。当信号比较多时，单纯依靠颜色就无法准确、清晰地传递所要表达的信息，此时就需要在形状、标记等形式上进一步加以区别。所选用的形状与其表示的意义之间都有一定的逻辑意义，如"→"表示指向，"×"表示禁止，"!"表示警告，慢闪光表示慢速等。

如果需要引起特别注意，可以采用强光和闪光信号，闪光频率为 0.67~1.67Hz，闪光的方式有明暗、明灭、似动（并列两灯交替明灭）等。闪光的强弱应根据情况变化，表示危险信号的闪光强度略高于其他信号灯；当环境的对比度较低时，闪光频率应较高。另外，当需要传递较优先或较紧急的信息时，也应采用高频率（10~20Hz）闪光。

（4）信号灯的位置设计

重要信号灯应与重要仪表同时放置在最佳视区内，即视野中心 3°范围内，普通信号灯在 20°范围内，重要度更小的放置在 60°~80°范围内，但必须确保无须转头就能观察到。当信号灯显示与操纵或其他显示相关时，最好与对应器件成组排列，而且信号灯的指示方位与操作方向一致。例如，当上方开关处于开启状态时，对应的上方信号灯亮。

4.3.3　听觉显示器设计

听觉通道也是人机系统常用的一种信息传输路径，通常用声音作为信息的载体。听觉显示器是人机系统中利用听觉通道向人传递信息的装置。在要求收听者立即行动；收听者明确知道声音的意义；指示某一特殊时刻某事发生或即将发生；需要快速双向信息交换等情况下合理选择或者设计听觉显示器能实现信息的有效传递。听觉显示器分为两大类：音响及报警装置和语言传示装置。

1. 音响及报警装置

（1）音响及报警装置的类型及特点

1）蜂鸣器。蜂鸣器（Buzzer）是一种一体化结构的电子讯响器，属于电子元器件的一种，采用直流电压或者交流电压供电。蜂鸣器是音响装置中声压级最低、频率也较低的装置，它广泛应用于以下领域：计算机行业（主板蜂鸣器，机箱蜂鸣器，计算机蜂鸣器）、打印机（控制板蜂鸣器）、复印机、报警器行业（报警蜂鸣器、警报蜂鸣器）、电子玩具（音乐蜂鸣器）、农业、汽车电子设备行业（车载蜂鸣器、倒车蜂鸣器、汽车蜂鸣器、摩托车蜂鸣器）、电话机（环保蜂鸣器）、定时器、空调、医疗设备、环境监控等。蜂鸣器发出的声音柔和，不会使人紧张或惊恐，适合较安静的环境，常配合信号灯一起使用。例如，驾驶员在操纵汽车转弯时，驾驶室的显示仪表板上就有信号灯闪亮和蜂鸣器鸣笛，显示汽车正在转弯，直到转弯结束。

2）铃。铃根据其用途不同，其声压级和频率有较大差别。例如，电话铃声的声压级和频率只稍大于蜂鸣器，主要作用是在宁静环境下让人注意；而用作指示上下班的铃声和报警的铃声，其声压级和频率就较高，因而可用于具有一定噪声强度的环境中。

3）角笛和汽笛。角笛的声音有吼声（声压级 90~100dB、低频）和尖叫声（即高声强、高频）两种，常用于高噪声环境中的报警装置。汽笛是一种使空气或蒸汽强行输入一个空洞或输向一层薄薄的边瓣，使产生一种雄浑的笛子声的装置。汽笛声频率较高，声强也高，是适用于紧急状态的音响报警装置。

4）警报器。警报器的声音强度大，可传播很远，频率由低到高，发出的声调有上升与下降的变化，主要用于危急状态报警，例如防空警报、火灾警报等。警报器广泛应用于钢铁冶金、电信铁塔、起重机械、工程机械、港口码头、交通运输、风力发电、远洋船舶等行业，是工业报警系统中的一个配件产品。

表 4-10 给出了一般音响显示和报警装置的强度和频率参数，可供设计时参考。

表 4-10　一般音响显示和报警装置的强度和频率参数

使用范围	装置类型	平均声压级/dB		可听到的主要频率/Hz	应用举例
		距离装置 2.5m 处	距离装置 1m 处		
用于较大区域（或高噪声场所）	4in 铃	65~67	75~83	1000	用于工厂、学校、机关上下班的信号，以及报警的信号
	6in 铃	74~83	84~94	600	
	10in 铃	85~90	95~100	300	
	角笛	95~100	100~110	5000	主要用于报警
	汽笛	100~110	110~121	7000	
用于较小区域（或低噪声场所）	低音蜂鸣器	50~60	70	200	用作指示性信号
	高音蜂鸣器	60~70	70~80	400~1000	可作报警用
	1in 铃	60	70	1100	用于提醒人注意的场合，如电话、门铃，也可用于小范围内的报警信号或用作报时
	2in 铃	62	72	1000	
	3in 铃	63	73	650	
	钟	69	78	500~1000	

注：1in = 25.4mm。

（2）音响和报警装置的设计原则

1）听觉信号的强度应相对高于背景噪声的水平，以防止产生声音掩蔽效应。使用两个或两个以上听觉信号时，各信号之间应有明显差别，并且相同信号在所有时间里应代表同样的意义。

2）音响信号必须保证位于信号接收范围内的人员能够识别并按照规定的方式做出反应。因此，音响信号的声级最好能在一个或多个倍频程范围内超过听阈10dB以上。

3）音响信号必须易于识别，因此音响和报警装置的频率选择应在噪声掩蔽效应最小的范围内。例如，报警信号的频率在500~600Hz；当噪声声级超过110dB时，最好不用声信号作为报警信号。

4）为引人注意，可采用时间上均匀变化的脉冲声信号，脉冲声信号的频率应不低于0.2Hz和不高于5Hz。

5）报警装置最好采用变频的方式，使音调有上升和下降的变化。例如，紧急信号的音频应在1s内由最高频（1200Hz）降低到最低频（500Hz），然后转为听不见，再突然上升。这种变频声可使信号变得特别刺耳。

6）对于重要信号的报警，除使用音响报警装置外，最好与光信号同时作用，组成视听双重报警信号。

7）尽量使用间歇的或变化的声音信号，避免使用连续稳态信号；采用声音的强度、频率、持续时间等维度做信息代码时，应避免使用极端值。代码数目不应超过使用者的绝对辨别能力。

2. 语言传示装置

人与机器之间也可用语言来传递信息。传递和显示语言信号的装置称为语言传示装置。例如，送话器是语言传示装置，而受话器是显示语言的装置。经常使用的语言传示系统有：无线电广播、电视、电话、报话机和对话器及其他录音、放音的电声装置等。用语言作为信息载体，可使传递和显示的信号含义准确、接收迅速、信息量大，但易受噪声的干扰。

在进行语言传示装置的设计时应注意以下几个问题：

（1）语言的清晰度

所谓语言的清晰度是指人耳通过语言传达能听清的语言（音节、词或语句）的百分数。例如，若听清的语句或单词占总数的20%，则该听觉传示器的语言清晰度就是20%。对于听对和未听对的记分方法有专门的规定。表4-11给出了语言清晰度与人的主观感觉的关系。从表中可知，在进行语言传示装置的设计时，其语言的清晰度必须在75%以上才能正确地传示信息。

表 4-11　语言清晰度与人的主观感觉的关系

语言清晰度（%）	人的主观感觉
65 以下	不满意
65~75	语言可以听懂，但非常费劲
75~85	满意
85~96	很满意
96 以上	完全满意

（2）语言的强度

语言传示装置输出的语音，其强度直接影响语言清晰度。不同的研究结果表明，语言的平均感觉阈限为 25～30dB（即测听材料可有 50% 被听清楚），而汉语的平均感觉阈限为 27dB。当语言强度增至刺激阈限以上时，清晰度逐渐增加，直到差不多全部语音都被正确听到的水平；强度再增加，清晰度仍保持不变，直到强度增至痛阈为止（图 4-9）。

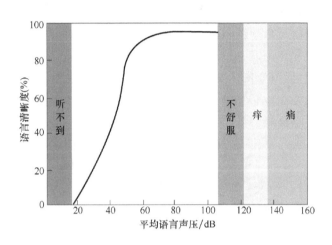

图 4-9　语言的强度与清晰度的关系

从图中可以看出，当语言强度接近 120dB 时，受话者将有不舒服的感觉；当语言强度达到 130dB 时，受话者耳中有发痒的感觉，再高便达到痛阈，将有损耳朵的机能。因此，语音传示装置的语言强度最好在 60~80dB。

（3）噪声对语言传示的影响

当语言传示装置在噪声环境中工作时，噪声将会影响语言传示的清晰度。当噪声声压级大于 40dB 时，阈限的变动与噪声强度成正比。这种噪声对语言信号的掩蔽作用可用信噪比（指有用信号功率 S 和噪声功率 N 的比值，记作 S/N）来描述，在掩蔽阈限里，S/N 在很大的强度范围内是一个常数。只有在很低或很高的噪声水平时，S/N 才必须增加。

国际电工委员会对信噪比的最低要求是前置放大器大于或等于 63dB，后级放大器大于或等于 86dB，合并式放大器大于或等于 63dB。合并式放大器信噪比的最佳值应大于 90dB，CD 机的信噪比可达 90dB 以上，高档的 CD 机可达 110dB 以上。

4.4 控制装置的类型及特点

4.4.1 控制器的概念

控制器是将人的信息传递给机器，用以调整、改善机器运行状态的装置，其本质是将人的输出信号转换为机器的输入信号的装置。与此同时，人能感受到控制器的反馈信息。控制器的设计是否合理，密切关系着作业人员的工作效率、可靠性和作业疲劳程度等。生产活动中有很多事故都是设计控制器时未考虑到人的因素而引起的。因此，为了避免事故的发生，在设计控制器的过程中必须要考虑作业者的生理、心理、生物力学等特征，使之必须适合人的使用要求。

4.4.2 控制器的分类及特性

控制器的分类方法有很多。如果按操纵控制器的人体部位来分控制器可分为手动控制器、脚动控制器和其他控制器（如言语控制器、膝控制器）等；如果按照控制器运动类型的不同，控制器可分为旋转控制器、摆动控制器、按压控制器、滑动控制器和牵拉控制器（表4-12）。各种控制器草图如图4-10所示。各类控制器的特性及其适用范围各不相同，表4-13~表4-16分别给出了旋转控制器、摆动控制器、滑动控制器和牵拉控制器的特性及其适用范围，可供设计时参考。

图 4-10　各种控制器草图

表 4-12　控制器分类

基本类型	运动类型	举例	说明
做旋转运动的控制器	旋转	曲柄、手轮、旋塞、旋钮、钥匙等	控制器受力后，在围绕轴的旋转方向上运动，也可反向倒转或继续旋转直至起始位置
做近似平移运动的控制器	摆动	开关杆、调节杆、杠杆键、拨动式开关、摆动开关、脚踏板等	控制器受力后，围绕旋转点或轴摆动，或者倾倒到一个或数个其他位置，通过反向调节可返回起始位置

（续）

基本类型	运动类型	举例	说明
做平移运动的控制器	按压	钢丝脱扣器、按钮、按键、键盘等	控制器受力后，在一个方向上运动，在施加的力被解除之前，停留在被压的位置上，通过反弹力可回到起始位置
	滑动	手闸、指拨滑块等	控制器受力后，在一个方向上运动，并停留在运动后的位置上，只有在相同方向上继续向前推或者改变力的方向，才可使控制器做返回运动
	牵拉	拉环、拉手、拉圈、拉钮	控制器受力后，在一个方向上运动，回弹力可使其返回起始位置，或者用手使其向相反方向上运动

表 4-13　旋转控制器的特性及其适用范围

名称	特性	调节角度	尺寸/mm	扭矩/(N·m)	
				单手操纵	双手操纵
曲柄	进行无级控制时，要求几个快速旋转动作后，控制器停止在一个位置上；进行两个或多个工位分级控制时，要求快速精确调节，且调节位置要求可见和可触及时均可使用曲柄	无限制	曲柄半径 100 以下	0.6~3	—
			100~200	5~14	10~28
			200~400	4~80	8~160
手轮	用于无级调节、三工位和多工位分级开关，极少应用于两工位。特别适宜于要求控制器保持在某一工位上及要求精确的调节的场合。为防止无意识的操作，需加特殊的保险装置	无限制；无把手60°	手轮半径 25~50	0.5~6.5	—
			50~200	—	2~40
			200~250	—	4~60
旋塞	用于两个工位、多个工位和无级调节。若调节范围小于一周，用于分级调节的旋塞可以有 2~24 个工位（旋塞量程选择开关）。旋塞应成指针形状或带有指示标记，各工位有指示数值，以利于精确控制，最适用于要求控制器保持在某一工位和要求可见工位的精确调节	在两个开关位置之间 15°~90°	塞长 25 以下	0.1~0.3	
			25 以上	0.3~0.7	
旋钮	无级调节的旋钮适宜于施力不大、旋转运动不受限制、可用作粗调和精调的场合。若调节范围小于一周，带有指示标记的旋钮，可有 3~24 个开关工位。若通过旋钮的形状做出了相应的标识，不带标记的无级调节旋钮可用于两个工位调节	无限制	旋钮直径 15~25	0.02~0.05	
			25~70	0.035~0.7	

（续）

名称	特性	调节角度	尺寸/mm	扭矩/(N·m)	
				单手操纵	双手操纵
钥匙	为避免非授权的和无意识的调节，可用钥匙做两级或多级调节，尤其适用于要求控制器保持在某一工位及要求工位可见的场合	在两个开关位置之间 15°～90°		0.1～0.5	

注：最大值只是靠手操作时的推荐值。

表 4-14　摆动控制器的特性及其适用范围

名称	特性	行程/mm	操纵力/N
开关杆	可用于两个或多个工位调节，也可用于多个运动方向以及无级调节，最适用于要求每个工位都可见、可触及且快速调节的场合，也适用于要求保持控制器位置的场合	20～300	5～100
调节杆（单手调节）	可用于两个或多个工位的调节、无级调节以及传递较大的力，当要求保持控制器的位置、快速调节和要求相应工位可见又可触及时，宜使用调节杆	100～400	10～200
杠杆键	仅限于两个工位，最适用于单手同时快速操纵较多个控制器的场合，也适用于要求保持控制器的位置，且有时可触及工位的场合	3～6	1～20
拨动式开关	可调节两个或三个工位。极适用于在地方小的条件下，单手同时快速准确调节几个控制器和要求可见、可触及工位的场合	10～40	2～8
摆动式开关	仅限于两个工位，最适用于在地方小的情况下，对几个控制器用单手同时进行快速准确调节，也适用于要求可见和可触及相应工位的场合	4～10	2～8
脚踏板	可用于两个或几个工位的调节和无级调节，尤其适宜于快速调节和传递较大的力，采取相应的结构设计时，可保持调节的位置和达到所要求的精度，也可使脚较长时间地放置在踏板上面，保持调节的位置	20～150	30～100

表 4-15　滑动控制器的特性及其适用范围

名称	特性	行程/mm	操纵力/N
手闸	调节频率较低时，可用于两个工位或数个工位的调节及无级调节，工位易于保持且可见又可触及。阻力不大时，可作为两个终点工位间的精确调节。需单手同时调节多个滑动控制器时，可进行快速精确调节，并可保持在调节的工位上	10～400	20～60
指拨滑块	指拨滑块有两类：一类为滑块所受的力是通过手指与滑块之间摩擦传递的，此类滑块只允许有两个工位，可做快速准确调节，最适用于地方小、工位可见的场合，也适用于应防止无意识操作的场合；另一类为滑块所受的力是通过其凸起的形状传递的，此类滑块可用于两个或多个工位的调节以及无级调节，可做快速调节，最适用于要求可见和可触及所调节工位且保持控制器位置的场合	5～25	1.5～20

表 4-16 牵拉控制器的特性及其适用范围

名称	特性	行程/mm	操纵力/N
拉环	可进行两个工位或多个工位以及无级调节，最适宜于要求可见工位和要求保持控制器位置的快速调节场合	10~400	20~100
拉手	可进行两个工位或多个工位的调节以及无级调节。在有恰当的结构设计的情况下，最适用于要求可见工位的场合	100~400	20~60
拉圈	可进行两个工位或多个工位的调节以及无级调节。在有恰当的结构设计的情况下，最适用于要求可见工位和要求保持控制器位置的场合	10~100	5~20
拉钮	可进行两个工位或多个工位的调节以及无级调节。在有恰当的结构设计的情况下，最适用于要求可见工位的场合	4~100	5~20

4.5 控制装置的设计

4.5.1 控制器设计的基本原则

正确地设计和选择控制器的类型对于安全生产、提高功效极为重要，需要遵循以下基本原则：

（1）准确性原则

要求控制装置的设计和选用符合作业操作的特性，如手控操纵器适用于精细、快速调节，也可用于分级和连续调节，脚控操纵器适用于动作简单、快速、需用较大操纵力的调节。脚控操纵器一般在坐姿有靠背的条件下选用。

（2）简单性原则

控制器的操作方式应简洁明了，尽量避免复杂难懂的操作程序，尽量减少编码的错误；不使用不利于识读的控制编码；尽量符合使用目的，越简单、清晰越好。

（3）适用性原则

根据操作特性，合理选用或设计控制器类型。例如，手动按钮、钮子开关或旋钮开关适用于用力小、移动幅度不大及高精度的阶梯式或连续式调节；长臂杠杆、曲柄、手轮及踏板则适合于用力、移动幅度大和低精度的操作。

（4）安全性原则

要求设计时考虑安全因素，提高本质安全水平，如紧急制动的控制器要尽量与其他控制器有明显区分，避免混淆；注重防操作失误装置的设计。

（5）宜人性原则

尽量利用控制器的结构特点进行控制（如弹簧、点动开关等）或借助操作者体位的重力进行控制（如脚踏开关），以防产生疲劳和单调感。

具体设计要求如下：

1. 控制器的设计要求

1）尺寸、形状要适应人体结构尺寸要求。快速而准确的操作宜选用手动控制器，用力需要过大时宜选用脚动控制器。适宜的操纵力不应该超出人的用力限度，并将操纵器控制在人施力适宜、方便的范围内。表 4-17 为部分控制器的最大允许用力。

表 4-17　部分控制器的最大允许用力

操纵对象的形式	最大允许用力/N
轻型按钮	5
重型按钮	30
脚踏按钮	20 ~ 90
轻型转换开关	4.5
重型转换开关	20
手轮	150
方向盘	150

2）与人的施力和运动输出特性相适应。例如，控制器向上扳或顺时针旋转的控制方向应预示着上升或增强。

3）当有多个控制器时，应易于辨认和记忆。控制器应从大小、颜色、空间位置上加以区别，最好与控制功能之间有一定的逻辑联系。

4）尽量利用控制器的结构特点或操作者体位的重力进行控制。重复性和连续性的控制动作应分布在各个器官，防止产生单调感和作业疲劳。

5）尽量设计多功能控制器。

2. 操纵阻力的设计

控制信息的反馈方式有仪表显示、音响显示、振动变化及操纵阻力。其中，操纵阻力是为了提高操作的准确性、平稳性和速度以及向操作者提供反馈信息，以判断操纵是否被执行，同时防止控制器被意外碰撞而引起的偶发启动。因此，它是设计控制器的重要考虑因素。操纵阻力主要有静摩擦力、弹性力、黏滞力和惯性力，其特性对比见表 4-18。

表 4-18　控制器操纵阻力的特性对比

操纵阻力	特性对比	应用举例
静摩擦力	运动开始时阻力最大，此后显著降低，可用以减少控制器的偶发启动。但控制准确度低，不能提供控制反馈信息	闸刀
弹性力	阻力与控制器位移距离成正比，可作为有用的反馈源。控制准确度高，放手时，控制器可自动返回零位，特别适用于瞬时触发或紧急停车等操作，可用以减少控制器的偶发启动	弹簧
黏滞力	阻力与控制运动的速度成正比。控制准确度高、运动速度均匀，能帮助稳定地控制，防止控制器的偶发启动	活塞
惯性力	阻力与控制运动的加速度成正比例，能帮助稳定地控制，防止控制器的偶发启动。但惯性可阻止控制运动的速度和方向的快速变化，易引起控制器调节过度，也易引起操作者疲劳	摇把

3. 控制器的编码设计

为了使每个控制器都有自己的特征，进而避免确认时出错，可以将控制器进行合理编码。编码的方法一般是利用形状、大小、位置、颜色或标志等不同特征对控制器加以区别，有时也会同时采用几种方式进行编码组合。

（1）形状编码

形状编码是按照控制器的性质设计成不同的形状，并与控制器的功能相联系，以便使各控制器彼此之间不易混淆。采用形状编码时应该注意以下几个方面：一是控制器的形状应尽可能地反映控制器的功能，从而使人能由控制器的形状联想到该控制器的用途，这样便可减少在紧急情况下因误触控制器而造成的事故；二是控制器的形状应使操作者在无视觉指导下仅凭触觉也能够分辨出不同的控制器，因此编码所选用的形状不宜过分复杂；三是控制器的形状设计应使操作者在戴有手套的情况下也可以通过触摸便能区分出不同的控制器。

图 4-11 给出了亨特（Hunt）[一]通过试验在 31 种旋钮形状中筛选出的三类 16 种适合于不同情况、识别效果好的形状编码的旋钮。其中，A 类（连续转动）适用于做 360°以上的连续转动或者频繁转动，旋钮偏转的角度位置不具有重要的信息意义；B 类（断续转动）适用于旋转调节范围不超过或极少超过 360°的情况，旋钮偏转的角度位置不具有重要的信息意义；C 类（控制信息）旋钮调节范围不宜超过 360°，旋钮的偏转位置可提供重要信息的场合，例如用以指示状态等。

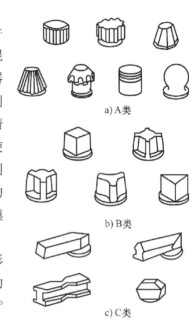

a) A类

b) B类

c) C类

图 4-11　三类用于形状编码的旋钮

（2）大小编码

如果想仅凭触觉就能正确辨认出不同尺寸的控制器（例如圆形旋钮），则控制器之间的尺寸差别必须足够大（圆形旋钮的尺寸必须相差 20%以上）。对于旋钮、按钮、扳动开关等小型控制器，通常只能划分大、中、小三种尺寸等级。因此，大小编码方式的使用效果不如形状编码有效，使用范围也较为有限。勃雷特莱（Bradley，1969）[二]曾通过实验研究发现，无论对正常的还是较大的轴摩擦力，旋钮的直径以 50mm 左右为最佳。当旋钮直径偏离最佳值时，转动旋钮的耗用时间随轴摩擦力的增加而明显增加。

（3）位置编码

利用控制器与控制器的相对位置以及控制器与操作者体位的相对位置进行编码。例如，汽车上的离合器踏板、制动器踏板和加速踏板就是以位置编码相互区分的。位置编码的控制

[一]　引自 Hunt R R，Hunt R R，Fundamentals of cognitive psychology，McGraw-Hill，1993。

[二]　引自 Bradley，James V，Optimum Knob Crowding，Human Factors the Journal of the Human Factors & Ergonomics Society，1969。

器数量不多，并须与人的操作顺序和操作习惯一致，这样在没有视觉辅助的情况下，使操作者也能够准确地搜索到所需要的控制器。利用位置编码，控制器之间应有足够的间距，以防控制器使用时发生置换错误。相邻控制器间应有一定的间距以利于辨别，此间距一般不宜小于125mm。对于仅用手而不用眼睛的操作，控制器垂直方向排列的准确性要优于水平方向布置。

（4）颜色编码

控制器的颜色编码一般不单独使用，而要同形状或大小编码合并使用。颜色只能靠视觉辨认，而且只有在较好的照明条件下才能看清楚，所以它的使用范围也就受到限制。人眼虽然能辨别很多颜色，但用于控制器编码的颜色，一般只使用红、橙、黄、蓝、绿五种颜色，过多反而容易混淆。颜色编码一般分为两种形式：一种是对一个控制器用一种颜色进行区分，这适合于控制器比较少的产品；另外一种是把功能相近或功能上有一定联系的控制器放置一种颜色区域内，作为控制器使用功能的区分时，这种情况适合于控制器较多的产品。

（5）标志编码

在控制器上面或侧旁，用文字或符号标明其功能。标志编码要求有一定的空间和较好的照明条件。标志本身应当简单明了、易于理解。文字和数字必须采用清晰的字体。例如，计算机显示器的亮度、色彩、对比度等的调节旋钮以及一些消费电子产品上的表示运转速度的箭头标志等。它是一种简单而又应用很普遍的编码方式，采用这种编码方式，需要良好的照明条件，还需要占有一定的控制面板空间。

4.5.2 手动控制器的设计

如果控制器的设计不合理，那么频繁的操作会使操作者产生不适甚至疼痛感，影响劳动情绪及工作效率。因此，设计时需要考虑人体测量学、生物力学及操作习惯等因素。由于手操作的准确性和灵活性，设计控制器时总是优先考虑手控形式。适用于手操作的控制器包括旋钮、按钮、手轮和曲柄、控制杆等。

1. 旋钮

旋钮是通过手的拧转完成控制动作的，其形状多样，旋转的角度也各异。一般旋转角度超过360°的多倍旋转旋钮，其外形宜设计成圆柱形或锥台形；旋转角度小于360°的部分旋转旋钮，其外形宜设计成接近圆柱形的多边形；定位指示旋钮，宜设计成简洁的多边形，以强调指明刻度或工作状态。为使操作时手与旋钮间不打滑，可将旋钮的周边加工出齿纹或多边形，以增大摩擦力。对于带凸棱的指示型旋钮，手握和施力的部位是凸棱，因而凸棱的大小必须与手的结构和操作运动相适应，才能提高操纵工效。实验表明，单旋钮的直径取50mm时最佳⊖。

2. 按钮

按钮是通过手指的按压完成控制动作的，常用的有圆形和矩形，有的还带有信号灯，它

⊖ 引自 Bradley，James V，Optimum Knob Crowding，Human Factors：The Journal of the Human Factors and Ergonomics Society，1969。

分为单工位和双工位两种类型。单工位指的是按压则下降，松手就弹回；双工位是指按下之后会自动锁住，再按时才能恢复至原位。为使操作方便，按钮表面宜设计成凹形。在设计按钮时需要考虑直径、作用力和移动距离。

1）按钮直径。按钮的尺寸主要按成人手指端的尺寸和操作要求而定。圆弧形按钮直径为 8~18mm，矩形按钮为 10mm×10mm、10mm×15mm 或 15mm×20mm。

2）按钮阻力。按钮应采用弹性阻力。阻力的大小取决于用哪个手指操作。有关研究结果表明，用食指尖操作的按钮，阻力为 2.8~11N；用拇指操作的按钮，阻力为 2.8~22N；各手指均可操作的按钮，阻力为 1.4~5.6N。按钮的阻力不宜太小，以防被无意驱动。

3）移动距离按钮应比盘面高 5~12mm，升降行程为 3~6mm，按钮的间隔为 12.5~25mm。

按钮开关一般用音响、阻力的变化或指示灯作为反馈信息。

3. 手轮和曲柄

手轮和曲柄可以双手同时或交替作业，转动力量较大，因而适用于需要较大操作扭矩的情形。回转直径是根据用途来选定的，通常为 80~520mm。机床上用的小手轮直径为 60~100mm；汽车、工程机械方向盘的直径为 330~600mm；手轮和曲柄上握把的直径为 20~50mm。手轮和曲柄在不同操作情况下的回转半径：转动多圈的为 20~51mm，快速转动的为 28~32mm。手轮和曲柄的操纵力与操纵方式有关，单手操作为 20~130N，双手操作不得超过 250N。

4. 控制杆

控制杆常用于机械操作，通过前后推拉或左右推拉等方向的运动完成控制操作，如汽车的变速杆。它一般需要占据较大的空间，同时杆的长度也与操纵力的大小有关，长度增加时更省力。操纵杆的操纵力最小为 30N，最大为 130N，使用频率高的操纵杆，操纵力最大不应超过 60N。例如，汽车变速杆的操纵力约为 30~50N。

长期使用不合理的控制杆，可使操作者产生痛觉，手部出现老茧甚至变形，影响劳动情绪、劳动效率和劳动质量。因此控制杆的外形、大小、长短、重量以及材料等，除应满足操作要求外，还应符合手的结构、尺度及其触觉特征。设计控制杆时，应主要考虑以下几个方面：

（1）手把形状应与手的生理特点相适应

就手掌而言，掌心部位肌肉最少，指骨间肌和手指部位是神经末梢满布的区域。而指球肌，大鱼际肌、小鱼际肌是肌肉丰满的部位，是手掌上的天然减振器。设计手把形状时，应避免将手把丝毫不差地贴合于手的握持空间，更不能紧贴掌心。手把着手方向和振动方向不宜集中于掌心和指骨间肌。因为长期使掌心受压和受振，可能会引起难以治愈的痉挛，至少容易引起疲劳和操作不正确。

（2）手把形状应便于触觉对它进行识别

在使用多种控制器的复杂操作场合，每种手把必须有各自的特征形状，以便操作者确认。手把形状必须尽量反映其功能要求，还要考虑操作者戴上手套也能分辨和方便操作。

（3）尺寸应符合人手尺度的需要

要设计一种合理的手把，必须考虑手幅长度、手握粗度、握持状态和触觉的舒适性。通常，手把的长度必须接近和超过手幅的长度，使手在握柄上有活动和选择的范围。手把的径向尺寸必须与正常的手握尺度相符或小于手握尺度。

另外，手把的结构必须能够保持手的自然握持状态，以使操作灵活自如。手把的外表面应平整、光洁，以保证操作者的触觉舒适性。

4.5.3 脚动控制器的设计

如果是需要连续操作，而且用手不方便，或者操纵力超过 50～150N，或者手部的控制负荷过大时，可以采用脚动控制器。脚动控制器通常是在坐姿姿态且背部有支撑时操作的，多用右脚，操纵力较大时用脚掌，快速操作时用脚尖。除了脚动开关，脚踏板和脚踏按钮是最常用的两种脚动控制器。当操纵力为 50～150N 时，或者操纵力小于 50N 但需连续操纵时，优选脚踏板。

1. 脚踏板

脚踏板多采用矩形或椭圆形平面板（图 4-12），设计时应以脚的使用部位、使用条件和用力大小为依据（表 4-19）。用脚的前端进行操作时，脚踏板上的允许用力不宜超过 60N；用脚和腿同时进行操作时，脚踏板上的允许用力可达 1200N；对于快速动作的脚踏板，用力应减至 20N。

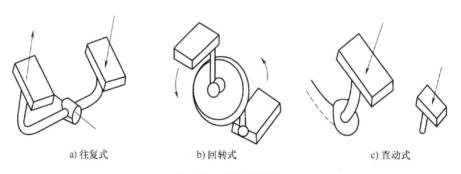

a) 往复式   b) 回转式   c) 直动式

图 4-12 脚踏板类型

表 4-19 脚动控制器的适宜用力

脚动控制器	适宜用力/N
休息时脚踏板受力	18～32
悬挂脚蹬	45～68
功率制动器	<68
离合器和机械制动器	<136
离合器最大蹬力	272
方向舵	726～1814
可允许的最大蹬力	2268

　　在操纵过程中，操作者往往会将脚放在脚踏板上，为了防止脚踏板被无意碰触而发生误操作，脚踏板应有一定的启动阻力，该启动阻力至少应当超过脚休息时脚踏板的承受力，至少应为45N。

2. 脚踏按钮

　　脚踏钮与按钮的形式相似，特定情形下还可以替代手动按钮。它多采用圆形或矩形，可用脚尖或脚掌操纵。踏压表面应设计成齿纹状，以避免脚在用力时滑脱，它还要能够提供操纵的反馈信息。图4-13中脚踏钮的尺寸为 $d = 50 \sim 80\text{mm}$，$L = 12 \sim 60\text{mm}$。

图 4-13　脚踏按钮

4.6 显示器与控制器的布局

4.6.1　显示器与控制器的布局原则

　　一台复杂的机器，往往在很小的操作空间集中了多个显示器与控制器。为了便于操作者迅速、准确地认读和操作，获得最佳的人机信息交流体验，显示装置及控制装置的设计基本要求就是保证人机双方的信息能够迅速、准确地交流。减少信息加工的复杂性，从而提高工作效率。设计能实现最佳效果的信息交流系统，布置显示器和控制器时应遵循以下原则：

1. 时间顺序原则

　　对于必须按一定时间顺序显示的仪表或按一定顺序操作的控制器，应按照它们起作用的时间顺序依次排列。图4-14所示为五位数值输入旋钮的排序，为了与数值对应，就需要由右向左使五个旋钮分别代表个位、十位、百位、千位和万位。

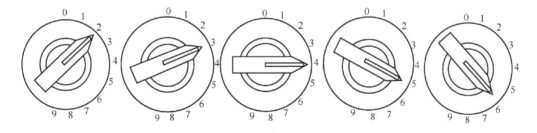

图 4-14　五位数值输入旋钮的排序

2. 重要性原则

　　按照控制器或显示器对实现系统目标的重要程度安排其位置。重要的控制器或显示器应该安排在操作者操作或认读最为方便的区域。

3. 功能顺序原则

　　按照控制器或显示器的功能关系安排其位置，将功能相同或相关的控制器或显示器组合在一起。另外按多个控制器的作用顺序排列布置显示器及控制器。如果功能的顺序不止一个时，应按主要功能顺序排列。

4. 使用频率原则

将使用频率高的显示器或控制器布置在操作者的最佳视区或者最佳操作区，偶尔使用的则布置在次要的区域。但是，对于紧急制动器，虽然其使用频率低，必须布置在易于操作的位置。

5. 运动方向性原则

显示器指针或光点的运动方向与控制器的运动方向应当一致。控制器的运动方向与显示器或执行系统的运动方向在逻辑上一致，符合人的习惯定势，即控制与显示的运动相合性好。

6. 安全防控原则

在显示器与控制器布置过程中，要求关注安全防控。显示与控制的配合布置一定要注意符合人机信息交流的规律和特性，保障人机正常交互；同时要注意危险因素的防控，避免能量意外输入或者损失而导致系统故障或事故。

为做到以上六项原则，需要做大量的实验和调查研究工作。首先要在保证安全性能的基础上确定出：每种仪表和控制器的使用时间顺序、作用功能顺序、使用频率、重要性程度顺序、运动方向的状态等，然后才有可能着手研究具体实施的可能性和方法，最后按人机系统要求的精确度、效率、劳动强度以及可靠性等条件对该显示-控制系统进行评价。

4.6.2 显示器的布置

显示器布置得当，可提高认读效果，减少巡检时间，提高工作效率。显示器布局中的主要问题有两个：一是选择最佳认读区域；二是仪表的配置方法。

1. 选择最佳认读区域

对于视觉显示器，除应考虑上述原则外，还必须考虑它的可见度。视觉显示器是否能发挥作用，完全依赖于它是否能被操作者看见，这是由于不同的视野区中人对显示的反应速度和准确度并不相同，海恩斯（Haines）和吉利兰（Gilliland）1973 年曾测试了人对放置于其视野中不同位置的光的反应时间[1]。图 4-15 给出了视野中的反应时间等值曲线，用它可以确定重要程度不同的显示器的位置。从图中可得出如下的结论：

1）最快的反应区域在视中心上下 8°，右 45°左 10°的范围内，这个区域明显地偏向右方，在此范围人的视力最好，看得最清晰，因而这是认读效率最高的区域。

2）随着反应速度下降，反应时间等值曲线的围绕面积扩大，上述偏右的现象逐渐减弱，但始终有一定约有偏量，可见仪表布置靠右比靠左有利。

3）在对角线上，右下角 135°方向的视区优于其他三个方向（45°、225°、315°）的视区。

显然，对于重要显示器，应该布置在反应时间最短的视区之内。人眼的分辨能力也随视

---

[1] 引自 Gilliland K，Haines R F，Binocular summation and peripheral visual response time，American journal of optometry and physiological optics，1976。

区而异。以视中心线为基准，视线向上 15° 到向下 15° 是人最少差错的易见范围。在此范围内布置显示器，误读率极小。若超出此范围，则误读率将增大。增大状况可由人的视线向外每隔 15° 划分的各个扇形区域所规定的相应不可靠概率来表示。

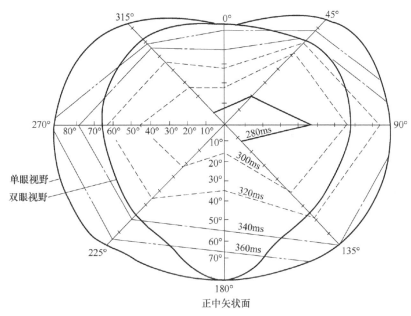

图 4-15　视野中的反应时间等值曲线

2. 仪表的配置方法

刻度盘指针仪表最宜用于检查显示和动态显示。这种显示常常需要多表同时进行，所用的仪表又往往是相同的，多个相同的仪表就构成一个仪表群。

检查显示的目的是监视机器的运行状态。当机器处于正常情况时，很多仪表指针都处于稳定的显示状态；一旦某部分出现异常，相关的那支仪表才会出现变位显示，在这个过程中仪表相当于一种记忆元件。稳定状态：平时的显示是"无信号"的，表示正常时仪表指针稳定不动；异常状态：每出现某种异常时就会在相应的仪表上做出一次显示和记录。因此，将显示器按某种几何规律排列对发现异常状况最为有利。

要求：为了保证工作效率和减少疲劳，布置显示器时，应当考虑让操纵者不必运动头部和眼睛，更不要移动座位，即可一眼看清全部显示器。

方案：一般可根据显示器的数量和控制室的容量，选择直线形布置，弧形布置或折式布置等布置方式。从视觉特征来说，仪表板的视距最好是 70cm 左右，其高度最好与眼相平，布置时，面板应后仰 30° 角。

（1）仪表群的排列——约翰斯加尔的排表实验

1953 年，约翰斯加尔（Johnsgard）将 16 支仪表排成四种情况⊖（图 4-16）。

⊖　引自 Johnsgard，Keith W，Check-reading as a function of pointer symmetry and uniform alignment，Journal of Applied Psychology，1955。

1）所有仪表指针一律向左（图4-16a）。

2）仪表分为左右两组，每组内两表指针相对（图4-16b）。

3）仪表分为上下两组，每组内两表指针相对（图4-16c）。

4）仪表分为四种，每组表针都指向中心（图4-16d）。

不论哪一种排法，都是将表针的指向排成有规律的图案，一旦发现有破坏这个图案者，必为异常显示。实验结果表明，图4-16d的效果最差，图4-16c优于图4-16b、图4-16a，为最好。

（2）仪表群的排列——达谢夫斯基的排表实验

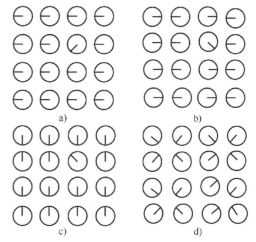

图4-16　Johnsgard 仪表阵

1964年达谢夫斯基（Dashevsky）进一步做了排表实验[⊖]。他将仪表的指针加上延续线画到表板上（图4-17），发现画延伸线的比不画延伸线的误差率减少85％，比约翰斯加尔的排法误读率可减少92％，这种排法提高功效的原因是指针延伸线强化了图案的规律性特征。

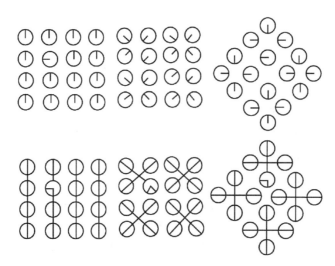

图4-17　Dashevsky 仪表阵

4.6.3　控制器的布置

控制器布局中主要有三个问题：一是控制器的位置设计；二是控制器的间隔设计；三是防止误操作设计。

⊖　引自 Dashevsky Sidney G, Check-reading accuracy as a function of pointer alignment, patterning, and viewing angle, Journal of Applied Psychology, 1964。

1. 控制器的位置设计

控制器布置的位置除应遵守时间顺序、功能顺序、使用频率、重要性及运动方向原则，还要考虑以下几点：

1）要考虑各种控制器本身操作特点，将其布置在控制的最佳操作区域之内。颜色编码控制器应布置在最佳视觉域之内；位置编码控制器应安排在习惯的操纵位置上，使控制器的位置有利于其编码的识别。

2）联系较多的控制器应尽量互相靠近。

3）控制器的排列和位置要符合其操作程序和逻辑关系。

4）应适合人左右手及左右脚的能力。

1965 年，夏普（Sharp）和霍恩希恩（Hornseth）将旋钮、扳动开关和按钮三种控制器分别布置在三个距操作者 760mm 的控制板上，由操纵实验得到图 4-18 中所示的操作区域。从图中可看出，扳动开关的适应操作区域最小，其次是旋钮，操作区域最大的是按钮。产生这样的结果主要取决于各种控制器的手动方法、动作距离及移动方向。

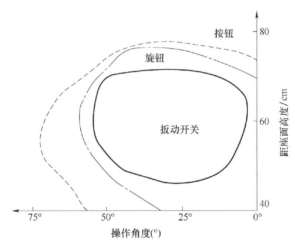

图 4-18　不同控制器的操作区域

2. 控制器的间隔设计

控制器的间隔要适当，间隔小排得紧凑，观察方便，但过小间隔会明显增加误操作率。控制器的间距取决于控制器的形式、操作顺序和是否需要防护等因素。控制器的安排和间隔应尽可能在做盲目定位等动作时，有较好的操作效率。控制器的形式对于控制器间隔的影响很大。不同形式的控制器要求不同的使用方式。

例如，按钮只需指尖向下按，对周围的影响最小。而扳动开关既要求手指在扳钮两侧有足够的空间以便捏住钮柄，又要求留出沿扳动方向的手活动空间。

再如，对于杠杆操纵器，如果两个杠杆必须用两手同时操作，两只手柄间就必须留有可容纳两只手动作时不会相碰的距离；如果两只杠杆是用一只手顺序操作，两支手柄的间距可以小得多。

布雷德利（Bradley）于 1969 年对 24 名右手为利手的被试者进行了旋钮间距实验[⊖]。实验的旋钮直径为 10～35mm，间距由 10mm 增到 40mm。实验中发现，当间距增加到 25mm 时，为操作速度最快，继续增大间距操作速度出现下降的趋势。表 4-20 中给出了几种控制器需要的间距，可供参考。

表 4-20　几种控制器需要的间距　　　　　（单位：mm）

操作器具间距操作方法		同时操作	单肢顺序操作	单肢随机操作	不同的手指操作
手指	按钮		25	50	10
	扳动开关		25	50	15
手	杠杆	125		100	
	曲柄	125		100	
	旋钮	125		50	
脚	踏板之间		100	150	
	中心距		200	250	

3. 防止误操作设计

即使控制器的间隔和位置都设计得合适，也存在发生误操作的可能。对重要的控制器，为避免发生误操作，可以采取以下的措施：

1）将按钮或旋钮设置在凹入的底座之中，或加装栏杆等。

2）使操作手在越过此控制器时，手的运动方向与该控制器的运动方向不一致。

3）在控制器上加盖或加锁。

4）按固定顺序操作的控制器，可以设计成联锁的形式，使之必须依次操作才能动作。

5）增加操作阻力，使较小外力不起作用。

4.6.4　显示器与控制器的配合

在显示器与控制器联合使用时，显示器与控制器的设计不仅应该各自的性能最优，而且应该使它们之间的配合达到性能最优。显示器与控制器的配合得当可减少信息加工与操作的复杂性，因而可减少人为差错，避免事故的发生。显然，这对紧急情况下的操作就更为重要。

1. 控制-显示比

控制-显示比（简称 C/D 比）是指控制器的位移量与对应显示器可动元件的位移量之比。位移量可用直线距离（如杠杆、直线式刻度盘等）或角度、旋转次数（如旋钮、手轮、图形或半圆形刻度盘等）来测量。控制-显示比表示系统的灵敏度，即 C/D 比值越高，表明系统的灵敏度越低，反之则越高。在使用与显示器运动相联系的控制器时，人的操作效果也会明显地受到 C/D 比值的影响。在这类操作中，人首先进行粗略调整运动（即大幅度地移动控制器），此时所需的时间称为粗调时间。在粗略调节之后要进行精细的调节以便找到正

⊖ 引自 Bradley, James V, Optimum Knob Crowding, Human Factors: The Journal of the Human Factors and Ergonomics Society，1969。

确的位置，此时所需的时间称为微调时间。通常，若 C/D 比值较小时，粗调时间短，微调时间长；而 C/D 比值较大时，粗调时间长，微调时间短（图 4-19）。当粗调时间与微调时间之和最小时，则系统的控制-显示比为最佳[⊖]。一般系统的最佳控制-显示比可以根据系统的设计要求及其性质通过实验来确定。对于旋钮的最佳 C/D 比的取值范围是 0.2~0.8，对于有操纵杆或手柄时则以 2.5~4.0 较为理想。

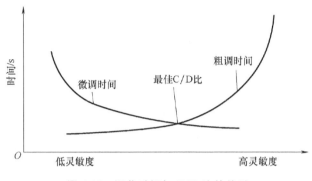

图 4-19　调节时间与 C/D 比的关系

2. 控制器与显示器的配合设计原则

控制器与显示器的配合一致，主要包括两个方面：一方面是控制器与显示器在空间位置关系上的配合一致，即控制器与其相对应的显示器在空间位置上有明显的联系；另一方面是控制器与显示器在运动方向上的一致，即控制器的运动能使与其对应的显示器（或系统）产生符合人的习惯模式的运动，例如，操作者顺时针方向旋转旋钮，显示仪表上应该指示出增量；再如汽车转向盘向右转动，则汽车向右拐等。

显示器和控制器空间位置关系的合适与否直接影响系统运行的效率高低；控制器与相应的显示器的运动方向相协调，对于提高操作质量、减轻人的疲劳，尤其是对于防止人紧急情况下的误操作具有重要的意义。控制器与显示器的最佳运动兼容随两者的相对位置、运动方式等因素而改变。

对于这两方面的详细讨论，可参考相关文献[⊖]。

4.7 人机界面的安全防护设计

4.7.1 安全防护装置的作用和分类

1. 安全防护装置的概念

安全防护装置常是指配备在机械设备上，能够减缓甚至避免由于人的不安全行为或物的不安全状态导致事故进而引发的人身伤害，实现保障人身安全和设备安全、提高机械设备安全性

⊖　引自 Mccormick E J，Sanders M S，Human factors in engineering and design，Tata McGraw-Hill Pub. Co，1982。

⊖　引自 Mekjavic I B，Banister E W，Morrison J B，Environmental ergonomics：sustaining human performance in harsh environments，Taylor & Francis，1988。

能、强化本质安全的目的的所有装置。简单地理解，它就好像人机界面上保障人机正常交互、避免能量意外输入或者损失而导致系统故障的一名"卫士"，属于人机系统的安全附件。

2. 安全防护装置的作用

安全防护装置的作用是杜绝或减少机械设备在正常或故障状态，甚至在操作者失误情况下发生人身或设备事故。其防止事故的类型如下：

1）防止机械设备因超限运行而发生的事故。

2）通过自动监测与诊断系统排除故障或中断危险。

3）防止因人为的误操作而引发的事故。

4）防止操作者误入危险区而发生的事故。

3. 安全防护装置的分类

根据《机械安全防护装置固定式和活动式防护装置的设计与制造一般要求》（GB/T 8196—2018），常见机用的安全防护装置见表 4-21。

表 4-21　常见机用的安全防护装置

类型	原理及应用	举例
固定式防护装置	防止操作人员接触机器危险部件的固定安全装置。该装置能自动地满足机器运行的环境及过程条件。装置的有效性取决于其固定的方法和开口的尺寸，以及在其开启后与危险点应有的距离。只能使用工具或破坏其固定方式才能打开或拆卸	封闭式防护装置　　距离防护装置
活动式防护装置	不使用工具就能打开的防护装置。包括动力操作式防护装置（依靠人力或重力之外的动力源进行操作）、自关闭式防护装置、自动可调式防护装置（借助重力、弹力、其他外部动力等回复到关闭状态）	自关闭式防护装置
可调式防护装置	整体或者部分可调的固定式或活动式防护装置	摇臂钻床或者台式钻床上的可调式防护装置

（续）

类型	原理及应用	举例
联锁安全装置	只有当安全装置关合时，机器才能运转；而只有当机器的危险部件停止运动时，安全装置才能断开。联锁安全装置可采取机械、电气、液压、气动或组合的形式。在设计联锁装置时，必须使其在发生任何故障时，都不使人员暴露在危险之中。例如，利用光电作用，当人手误入冲压危险区，冲压动作立即停止	联锁铰链防护装置(关闭时，危险区被封闭)　　联锁滑动防护装置

当操作者处于危险区或设备处于不安全状态时，安全防护装置能直接起安全保护作用，此时按照安全保护方式的不同可分为以下几种：

（1）隔离防护装置

隔离防护安全装置是专门为保护人身安全而设计的，是通过物体障碍方式防止人或人体部分进入危险区域与外露的高速运动或传动的零件或带电导体等接触受伤害，或避免意外飞溅出来的切屑、工件、刀具等外来物伤人，将人或人体部分隔离在危险区域外的装置。简单来说：一是使人体不能进入危险区；二是阻挡高速飞向人体的外来物。隔离防护装置分为防护罩和防护屏两种类型。

（2）联锁控制防护装置

用来防止相互干扰的两种运动或不安全操作时电源同时接通或断开的互锁装置。它是各类设备用得最多、最理想的一种安全装置。例如，只要洗衣机的门打开，电源就切断等。联锁装置可以通过机械、电气或液压气动的方法使设备的操纵机构相互联锁或操纵机构与电源开关直接联锁。

典型联锁控制防护装置见表4-22。其基本功能为保证生产正常运转，事故联锁，联锁报警，联锁动作和投运显示等。

（3）超限保险装置

机械设备在正常运转时，一般都保持一定的输出参数和工作状态参数；当由于某种原因使机械发生故障，将引起这些参数（温度、压力、荷载、速度、位置、振动、噪声等）变化，而且可能超出规定的极限值，如果不及时采取措施，将可能发生设备或人身事故，超限安全保险装置就是为防止这类事故发生而设置的。典型的超限保险装置见表4-23。

表 4-22　典型联锁控制防护装置

类型	原理及应用	举例
机械式联锁装置	依靠凸块、凸轮、杠杆等的动作来控制相互矛盾的运动。如利用钥匙开关、销子等来控制机械运动	多开关机械联锁

（续）

类型	原理及应用	举例
电气式联锁电路	顺序联锁：如锅炉的鼓风机和引风机必须按下述程序操作：开机时先开引风机后开鼓风机，停机时先停鼓风机，后停引风机。如果操作错误，则可造成炉膛火焰喷出，发生伤亡事故；为防止司炉工误操作，在锅炉的控制电路中，可设计引风机和鼓风机的安全程序联锁	 启动 停止
	正、反转联锁线路：如电动机的正、反转控制电路中的互锁，就是防止同时按下正、反向运行按钮时的误操作事故，避免造成相间短路	 正反转的控制线路
液压（或气动）联锁回路	在自动循环系统中，执行件的动作是按一定顺序进行的，否则，将会因动作干涉而发生事故。在液压或气动系统中，这种联锁是靠一定油路或气路来实现的。如防护门联锁液压回路	 一种保安油压联锁装置 1—油管路　2—油泵　3—截止阀　4—储油器　5—压力开关 6—压力变送器　7—分散控制系统（DCS）　8—主汽门 9—危急遮断系统（ETS）装置　10—传输信号电缆　11—控制阀

表 4-23　典型的超限保险装置

类型	原理及应用	举例
超载安全装置	处理设备由于人机匹配失衡造成的多余能量，通过中断能量流、排除能量等措施，达到保护人和设备安全的目的，如重量限制器、热继电器、熔断器等	熔断器
越位安全装置	机械以一定速度运行时，有时需要改变运动速度，或需要停止在指定的位置，即具有一定的行程限度，如果执行件运动时超越规定的行程，可能会发生损坏设备或撞伤人的事故。为此，必须设置行程限位安全装置，如行程限制器等	多功能行程限制器
超压安全装置	超压后自动排放介质、降低压力并保护设备及其系统免受破坏的装置。其广泛用于超压运行可能发生爆炸和泄漏等重大事故的压力容器（如液化气储存器、反应器、换热器等），如安全阀、防爆膜、卸压膜等	安全阀

（4）紧急制动装置

制动装置是防止紧急状态下发生人身伤害和设备事故的装置。例如，在危险位置突然出现人、操作者的衣服被卷入机器或人正在受伤害、运行部件越程与固定件或运动件相撞等紧急情况下，制动装置可以在即将发生事故的一瞬间迅速制动。

常用的制动方式有机械制动和电力制动。机械制动是靠摩擦力产生的制动力或制动力矩而实现制动的。电力制动是使电动机产生一个与转子转向相反的制动力矩而实现制动的。机床上常用的电力制动有反接制动和能耗制动。反接制动力矩大，制动效果显著，但制动过程中有冲击，且耗能较大。能耗制动比反接制动平稳、制动准确，且能量消耗小，但制动力较弱，且要用直流电源。

（5）报警装置

通过检测装置是指能及时发现机械的危险与有害因素及事故预兆，通过声光发出警报的装置，如锅炉中高低水位报警器。根据所监视设备状态信号不同（有载荷、速度、温度和压力等），机械设备上有相应的各种报警器，如过载报警器、超速报警器、超压报警器等。报警的方式有机械式、电气式等。

报警装置的原理大致为：监视信号→传感器→信号放大→超过阈值→报警。

4.7.2　安全防护装置的设计原则

1. 以人为本原则——以保护人身安全为出发点进行设计的原则

设计安全防护装置时，首先要考虑人的因素，确保操作者的人身安全。

2. 安全可靠原则——安全防护装置必须安全可靠的原则

安全防护装置必须达到相应的安全要求，保证在规定的寿命期内有足够的强度、刚度、稳定性、耐磨性、耐蚀性和抗疲劳性，既保证其本身有足够的安全可靠度，还要充分考虑可能发生的不安全状态，如误操作、意外事件、突发事件等特殊情况。

3. 同时设计原则——安全防护装置与机械装备配套设计的原则

安全防护装置应在结构设计时就作为设备性能要求的一部分考虑进去。新产品都应具备齐全的安全防护装置。

4. 简单经济原则——设计考虑简单、经济、方便的原则

安全防护装置的结构要简单，布局要合理，费用要经济，操作要方便，不影响正常操作，同时满足一定的安全距离，便于检修，采用安全装置后不能影响机器的预定使用。

5. 自组织原则——安全防护装置必须具备自动组织的设计原则

安全防护装置应具有自动识别错误、自动排除故障、自动纠错及自锁、互锁、联锁等功能。

4.7.3 安全防护装置的设计

1. 国家或行业的相关标准

有关安全防护装置的设计和设置必须以相关国家或者行业标准和规范为前提。现行标准和规范有如下：

1)《机械安全风险评估实施指南和方法举例》（GB/T 16856—2015）。

2)《机械安全与防护装置相关的联锁装置设计和选择原则》（GB/T 18831—2017）。

3)《机械安全防护装置固定式和活动式防护装置的设计与制造一般要求》（GB/T 8196—2018）。

4)《机械安全安全防护的实施准则》（GB/T 30574—2014）。

5)《机械安全防止上下肢触及危险区的安全距离》（GB 23821—2009）。

6)《生产设备安全卫生设计总则》（GB 5083—1999）。

2. 机械安全防护装置的一般要求

1）安全防护装置应当结构简单，布局合理，不得有锋利的边缘或凸缘。

2）安全防护装置应当考虑其可靠性，应具有相应刚度、硬度、稳定性、耐蚀性、柔韧性等特点。

3）安全防护装置应当与运转部件设置联锁，安全防护装置不起作用时机器不能运转，防护装置构造间距应符合相关规定。

4）光电式、感应式安全装置应设置故障自我报警系统。

5）紧急停车开关应保证瞬间动作时，能停止机器的一切运转。

6）满足安全距离的要求，使人身体各部位（特别是手或脚）无法接触危险部位。

7）不影响正常操作，不得与机械的任何可动零部件接触；对人的视线障碍最小。

8）便于检查和修理。

3. 安全防护装置的选择

选择安全防护装置的形式应考虑所涉及的机械危险和其他非机械危险，根据运动件的性质和人员进入危险区的需要决定。对特定机器安全防护装置应根据对该机器的风险评价结果进行选择。

1）机械正常运行期间操作者不需要进入危险区的场合。应优先考虑选用固定式防护装置，包括进料、取料装置、辅助工作台、适当高度的栅栏及通道防护装置等。

2）机械正常运转时操作者需要进入危险区的场合。可考虑采用联锁装置、自动停机装置、可调防护装置、自动关闭防护装置、双手操纵装置、可控防护装置等。

3）对非运行状态等其他作业期间需进入危险区的场合。对于机器的设定、示教、过程转换、查找故障、清理或维修等作业，防护装置必须移开或拆除，或安全装置功能受到抑制，可采用手动控制模式、止/动操纵装置或双手操纵装置、点动/有限运动操纵装置等。

4.8 自然用户界面

在信息爆炸的大环境下，通信技术充分发展，信息空间越发复杂，任务的难度不断提升，这与人们自身有限的认知能力和情感接受能力形成了明显的矛盾，使得人机交互过程中频繁发生交互障碍，并且随着计算机设备的多样化和新式交互技术的井喷式发展，用户对交互信息的处理和系统的界面设计提出了更高的要求，传统的人机交互界面的局限性也逐渐地体现出来，自然用户界面应运而生。

自然用户界面

4.8.1 自然用户界面概念

人机交互发展的总体趋势是持续向着以用户为中心、交互方式更加直观的方向发展，由此形成自然用户界面（natural user interface，NUI）。自然用户界面可以包含各种类型的交互，总体的思路是：用户不再用人工或机械的中介手段输入，而是如同与现实世界中的人和物体进行交互的方式那样，与计算机进行交互。交互的方式更为直接，包括触摸、手势、面部表情、语音等更自然、更日常的形式。从某种意义上说，界面从注意力中逐渐消失，用户和计算机之间的距离在变小，用户的体验更顺畅、更真实，如同在真实世界中的互动。

自然交互技术的发展将使人机交互越来越接近真实世界中人与物、人与人的交互。具有交互形式自然，降低认知负荷；多感官并用，提高沉浸感；多通道输入，降低使用人员的要求等优势。

例如，微软公司开发的 Kinect 是一种 3D 体感摄影机（开发代号"Project Natal"），它导入了即时动态捕捉、影像辨识、麦克风输入、语音辨识、社群互动等功能。游戏玩家可以通过这项技术在游戏中开车、与其他玩家互动、通过互联网与其他玩家分享图片和信息等。

Leap 公司开发的 Leap Motion 控制器与键盘、鼠标、手写笔或触控板协同工作。用户只需挥动一只手指即可浏览网页、阅读文章、翻看照片，还有播放音乐。在不使用任何画笔或笔刷的情况下，用指尖即可以绘画、涂鸦和设计，还可以实现在 3D 空间进行雕刻、浇筑、拉伸、弯曲以及构建 3D 图像，还可以把它们拆开以及再次拼接。这是一种全新的人机交互方式。

4.8.2 自然人机界面分类

随着科学技术的不断进步，自然用户界面的类型向着越来越多样化与智能化的方向发展，本节主要对常见的语音识别、触摸屏、手势识别、眼动追踪和脑机接口等做简要介绍。

1. 语音识别

（1）语音识别概述

语音识别技术就是让机器通过识别和理解过程把语音信号实时转换为相应的可读文本或命令的技术，也就是让机器听懂人类的语音。它也被称为自动语音识别（automatic speech recognition，ASR）。语音识别在人工智能领域应用广泛。随着深度学习技术的发展，语音识别从理论走向实用化。在输入法、翻译和搜索引擎等人机交互场景下，语音识别技术都有着广泛应用。

（2）应用领域

目前语音识别的应用研究较为热门，谷歌、百度、小米等企业都成立了相应的研究团队。语音识别技术丰富了人机界面的交互方式，使计算机能够理解自然语言，更准确地了解用户的意图，进一步提高工作效率，满足用户需求。

1）语音输入系统：相对于键盘输入方法，它更符合人的日常习惯，也更自然、高效。

2）语音控制系统：即用语音来控制设备的运行，相对于手动控制来说更加快捷、方便，可以用在诸如工业控制、语音拨号系统、智能家电、声控智能玩具等许多领域。

3）智能对话查询系统：根据客户的语音进行操作，为用户提供自然、友好的数据库检索服务，如家庭服务、宾馆服务、旅行社服务系统、票务系统、医疗服务、银行服务、股票查询服务等。

（3）语音识别过程（传统的基于 HMM 的语音识别）

1）在开始语音识别之前，通常需要把首尾端的静音切除，降低对后续步骤造成的干扰。这个静音切除的操作一般称为 VAD。

2）分帧，也就是把声音切开成一小段一小段，每小段称为一帧。

3）波形变换。常用的一种方法是提取 MFCC 特征，通过 12 维的向量来描述一帧的波形，12 维向量是根据耳朵的生理特征提取的，这一过程称为声学特征提取。声音就被转换成了 12 行 N 列的矩阵（观察序列）。

4）矩阵变成文本。其过程为：①把帧识别成状态；②把状态组合成音素；③把音素组合成词句。

5）解码。解码的过程就是搭建状态网络，是由词句级网络展开成音素网络，再展开成状态网络。

语音识别过程其实就是在状态网络中搜索一条最佳路径，语音对应这条路径的概率最大。路径搜索的算法是一种动态规划剪枝的算法，称为 Viterbi 算法，用于寻找全局最优路径。

语音识别过程如图 4-20 所示。

2. 触摸屏

（1）触摸屏概述

触摸屏（touch panel）又称"触控屏""触控面板"，是一种可接收触头等输入信号的感应式液晶显示装置，当接触了屏幕上的图形按钮时，屏幕上的触觉反馈系统可根据预先编

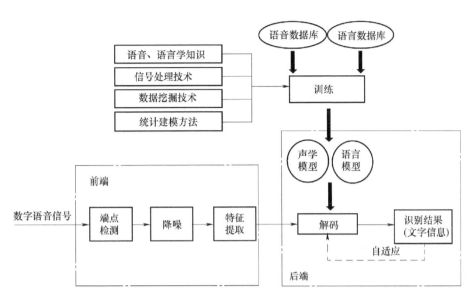

图 4-20　语音识别过程

程的程序驱动各种连接装置，可用以取代机械式的按钮面板，并借由液晶显示画面制造出生动的影音效果。

触摸屏作为一种新型输入设备，赋予了多媒体以崭新的面貌，是极富吸引力的全新多媒体交互设备，是一种简单、方便、自然的人机交互方式。它主要应用于公共信息的查询、工业控制、军事指挥、电子游戏、多媒体教学等。

（2）触摸屏基本原理

触摸屏技术是继键盘、鼠标、手写板、语音输入后较易被普通人接受的计算机输入方式。利用这种技术，用户只要用手指轻轻地触碰计算机显示屏上的图符或文字就能实现对主机的操作，从而使人机交互更为直截了当。这种技术极大地方便了用户，是极富吸引力的全新多媒体交互设备。触摸屏的本质是传感器，它由触摸检测部件和触摸屏控制器组成。

触摸检测装置：一般安装在显示器的前端，主要作用时检测用户的触摸位置，并把信息传送给触摸屏控制器。

触摸屏控制器：从触摸点检测装置上接收触摸信息，并将它转换成触点坐标，再传输给CPU，同时它能将接收的 CPU 的命令合并加以执行。

（3）触摸屏分类

根据传感器的类型，触摸屏大致被分为电阻式、电容式、红外线式和表面声波式触摸屏四种（表 4-24）。

表 4-24　触摸屏分类

触摸屏种类	优点	缺点
电阻式触摸屏	完全隔绝外部环境，避免灰尘、水汽、油污等；定位准确	不能实现多点同时触摸，且怕刮易损

（续）

触摸屏种类	优点	缺点
电容式触摸屏	轻触就能感应，使用方便，而且手指与触控屏的接触几乎没有磨损，性能稳定，经机械测试使用寿命长	漂移现象比较严重；不适用于金属机柜；当外界有电感和磁感的时候，可能会使触控屏失灵
红外线式触摸屏	价格低廉、安装方便、不需要卡或其他任何控制器，可以用在各档次的计算机上；不受电流、电压和静电干扰，适宜某些恶劣的环境条件	由于没有电容充放电过程，响应速度比电容式快，但分辨率较低；外框易碎，容易产生光干扰，曲面情况下失真
表面声波式触摸屏	不受温度、湿度等环境因素影响，分辨率极高，有极好的防刮性，寿命长，透光率高（92%），能保持清晰透亮的图像质量；没有漂移，只需安装时校正一次；有第三轴（即压力轴）响应，适合公共场所使用	该技术无法加以封装，易受灰尘和水滴、油污等影响，需要定期清洁

3. 手势识别

（1）手势识别概述

手势是人们进行信息交流的一个重要方式，人们可通过手的动作来表达丰富的语义信息。手势识别是跟踪和识别所执行的手势，并将其转换为能表达语义信息的词语或语句的过程。基于视觉的手势识别融合了先进感知技术与计算机模式识别技术，涉及数学、计算机图形学、生理学、模式识别、医学等多个学科，是多学科交叉的研究课题，也是实现自然人机交互的重要组成部分，目前已经引起国内外学者的广泛关注。

（2）手势识别分类

其主要分为静态手势识别和动态手势识别两种类型。静态手势识别是对手势图像进行识别，只涉及手势的二维空间特征，无须考虑到手势的时序信息。由于静态手势只能表达某一个时刻的状态，并不能检测到状态的改变，所以其表达的语义信息是有限的。动态手势识别处理对象是视频序列，在手势跟踪过程中不仅要考虑颜色、纹理和位置等信息，还需考虑手势运动的轨迹信息，及上、下文的语义信息，所以动态手势识别比静态识别的算法难度大。由于人手是非刚性物体，本身具有多样性、多义性以及差异性等特点，动态手势相较于静态手势，具有语义多样性，更符合实际应用需求，具有更强的实用性。

（3）手势识别过程

基于视觉的动态手势识别通常包括基于机器学习的视觉动态手势识别和基于深度学习的视觉动态手势识别。基于机器学习的视觉动态手势识别需要对手势进行检测与分割，去除背景噪声，然后进行手势追踪、特征提取等手势建模过程，并选择合适的分类模型进行手势识别；基于机器学习的视觉动态手势识别需要人工设计手部特征，然后将提取得到的特征使用传统的机器学习方法来处理，识别流程如图4-21所示。而基于深度学习的视觉动态手势识别是通过组合一些简单非线性单元，将一个级别的特征表示转换到一个更加抽象的特征表示,从而自动学习原始图像的手势特征,并进行分类,识别结果还可以通过网络模型的优化设计进一步提高其准确性(图4-22)。动态手势识别技术框架如图4-23所示。

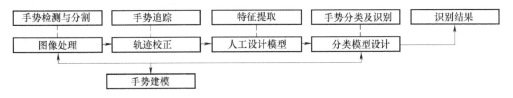

图 4-21　基于机器学习的手势识别流程

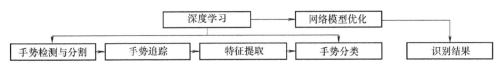

图 4-22　基于深度学习的手势识别流程

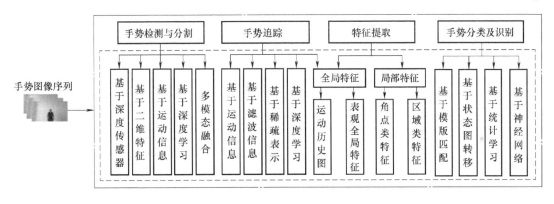

图 4-23　动态手势识别技术框架

4. 眼动追踪

(1)眼动追踪概述

简单地说,眼动追踪是测量眼睛运行的过程。眼动追踪研究的最关注的事件是确定人类或者动物眼睛看的地方(如"注视点"或"凝视点"),更准确来说是通过仪器设备进行图像处理技术,定位瞳孔位置,获取坐标,并通过一定的算法,计算眼睛注视或者凝视的点。

眼动跟踪技术可以根据跟踪结果了解用户的浏览习惯,门户网站和广告商可据此合理安排网页的布局特别是广告的位置,以期达到更好的投放效果。

(2)眼动追踪原理

眼动跟踪的基本工作原理是利用图像处理技术,使用能锁定眼睛的特殊摄像机连续地记录视线变化,追踪视觉注视频率以及注视持续时间长短,并根据这些信息来分析被跟踪者。目前,热门的眼动追踪技术主要是基于眼睛视频分析(videooculographic,VOG)的"非侵入式"技术[⊖]，其原理为，将一束光线（近红外光）和一台摄像机对准被试者的眼睛，通过光线和后端分析来推断被试者注视的方向，摄像机则记录交互的过程。为此，研究者通常使用基于视频的眼睛跟踪器，如 EyeLink 1000 plus。基于视频的眼睛跟踪器，除了监视注视，还可以显示其他有用的测量指标，包括瞳孔大小和眨眼率等。加拿大 SRResearch 公司生产的 EyeLink[⊖]系列眼动仪由于其高采样率、高精度和低噪声等优秀特性，应用于多个研究领域。

（3）眼动追踪过程

所有基于视频的眼动追踪的核心是一个或多个摄像头，它们可以拍摄一系列的眼睛图像。无论是 EyeLink 1000plus 和便携式 Portable Duo 的仪器，均使用能够每秒拍摄多达 2000 张双眼图像的摄像机。EyeLink 系统在距所拍摄眼睛图像不到 3ms 内，即可计算出受试者正在看屏幕（图 4-24）的坐标位置，并将此信息传递回控制刺激信号的计算机。

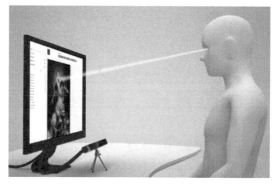

图 4-24　眼动追踪[⊖]

眼动跟踪软件使用图像处理算法来识别眼睛跟踪相机发送的每个图像上的两个关键位置——瞳孔中心和角膜反射中心。角膜反射点是固定光源（红外照明器）的发出的光在角膜上反射回来的点。

眼睛旋转时，相机传感器上瞳孔中心的位置会改变。但是，当头部稳定时，角膜反射（CR）的位置相对固定在摄像头传感器上因为反射源不会相对于摄像头移动。

如果眼睛完全固定在空间中，并简单地绕其自身的中心旋转，则仅在摄像机传感器上跟踪瞳孔中心的变化就可以确定眼睛注视或凝视的位置。实际上，瞳孔跟踪可以在某些头戴式或基于"眼镜"的眼动仪中使用，无论头部如何移动，相机和眼睛之间的关系都保持相对固定。但是，对于台式或遥测式眼动仪，即使使用下巴或前额托来稳定头部，也无法防止头部的微小移动，并且这些头部动作也会改变眼睛跟踪相机传感器上瞳孔的位置。

5. 脑机接口

（1）脑机接口概述

脑机接口（brain computer Interface，BCI）是指在人或动物大脑与外部设备之间创建的

⊖　引自 Gorges M，HP Müller，D Lulé，et al，Functional Connectivity Within the Default Mode Network Is Associated With Saccadic Accuracy in Parkinson \ " s Disease：A Resting-State fMRI and Videooculographic Study，Brain Connectivity，2013。

⊜　引自 Cornelissen F W，Peters E M，Palmer J，The Eyelink Toolbox：Eye tracking with MATLAB and the Psychophysics Toolbox，Behav Res Methods InstrumComput，2002。

⊜　引自 Kredel R，Vater C，Klostermann A，et al，Eye-tracking technology and the dynamics of natural gaze behavior in sports：A systematic review of 40 years of research，Frontiers in psychology，2017。

直接连接，它实现脑与设备的信息交换，是在人脑或动物脑（或者脑细胞的培养物）与外部设备间建立的直接连接通路。脑机接口有时也称作大脑端口（direct neural interface）或者脑机融合感知（brain-machine interface），是一种涉及神经科学、信号检测、信号处理、模式识别等多学科的交叉技术。

人在思考时，大脑皮层中的神经元会产生微小的电流。人进行不同的思考活动时，激活的神经元也不同。而脑机接口技术便可以靠直接提取大脑中的这些神经信号来控制外部设备，它会在人与机器之间架起桥梁，并最终促进人与人之间的沟通，创造巨大价值。现有的研究成功表明，在医学领域中，BCI 控制设备可以帮助肢体障碍患者提高生活质量，甚至有可能帮助其恢复受损肢体的功能。

（2）脑机接口技术原理

神经科学的研究表明，在大脑产生动作意识之后和执行动作之前，或者受试主体受到外界刺激之后，其神经系统的电活动会发生相应的改变，神经电活动的这种变化可以通过一定的手段检测出来，并作为动作即将发生的特征信号。通过对这些特征信号进行分类识别，分辨出引发脑电变化的动作意图，再用计算机语言进行编程，把人的思维活动转变成命令信号驱动外部设备，实现在没有肌肉和外围神经直接参与的情况下，人脑对外部环境的控制。这就是 BCI 系统的基本工作原理（图 4-25）。

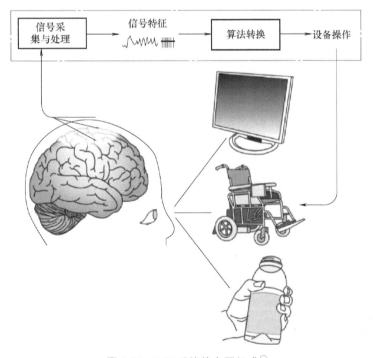

图 4-25　BCI 系统的主要组成[⊖]

⊖　引自 Daly J J，Wolpaw J R，Brain-computer interfaces in neurological rehabilitation，Lancet Neurology，2008。

（3）脑机接口技术控制过程

1）信号采集。信号采集是指通过相关设备采集大脑活动产生的电信号。目前，对脑电信号的采集主要有侵入式和非侵入式两种方法。侵入式方法是将电极插入脑皮层下，该方法采集的大脑神经元上的脑电信号具有较高的精度，而且噪声较小；缺点是无法保证脑内的电极长时期地保持结构和功能的稳定，而且将电极植入脑皮层内存在安全问题。非侵入式方法测量的是头皮表面的脑电信号，通过将电极贴附在头皮上，就可直接获得人脑活动产生的脑电信号，易采集、无创性等特点使之成为 BCI 技术研究的主要方向。

2）信号处理。脑电信号的处理主要包括预处理、特征提取和特征分类。预处理主要用于去除脑电信号中具有工频的杂波、眼电、心电以及肌电等信号的伪迹。特征提取的主要作用是从脑电信号中提取出能够反映受试者不同思维状态的脑电特征，将其转换为特征向量，作为分类器的输入；特征提取是脑电信号处理中十分重要的一步，提取出的特征的好坏将直接影响脑电信号的识别率。特征分类主要是寻找一个以特征向量为输入的判别函数，并且该分类器能识别出不同的脑电信号。

特征参数分为时域信号（如幅值）和频域信号（如频率）两种，特征提取方法分为时域法、频域法和时-频域方法。几种具有代表性的 BCI 特征信号有如下：人工神经网络（artificial neural network，ANN）[注]、贝叶斯-卡尔曼滤波、线性判别分析（linear discriminant analysis，LDA）、遗传算法（genetic algorithm，GA）、概率模型 Steven 等。

3）控制设备。控制设备主要把经过处理的脑电信号转换为外部设备的控制指令输出，从而控制外部设备实现与外界进行交互的目的。

4）反馈环节。反馈主要把外部设备的运行情况等信息反馈给使用者，以便使用者能实时地调整自己的脑电信号。

脑机接口技术控制过程如图 4-26 所示。

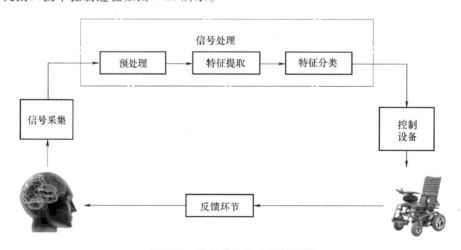

图 4-26　脑机接口技术控制过程

⊖ 引自 Malmgren B A，Winter A，Climate Zonation in Puerto Rico Based on Principal Components Analysis and an Artificial Neural Network，Journal of Climate，1999。

4.8.3　人机界面的发展趋势

随着大数据、人工智能、物联网等技术的发展，传统的人机界面已经不能满足用户多样化、个性化的需求。未来人机界面将向智能化、多层次互动方向发展。

1）自然用户界面普及，领域更广。科技的发展与电子信息技术的推动，使得自然用户界面能够覆盖生产和生活中更多的场景。在生物识别、智能助理、医疗卫生、产品加工、损伤检测、行为研究、休闲娱乐等方面，智能人机界面的应用和发展还有着巨大的发展潜力与前景，有望渗透生产生活的方方面面。资本的涌入、企业的增加、需求的释放，将推动人机界面产品出货数量与质量的极大提高，惠及更广大的群体。

2）人机界面外观设计更加多元。由于不同应用场景对人机界面所提出的要求不同，因此外观设计要求更加多元化和具备适应性。与此同时，随着技术的进一步发展，产品功能越发强化，人机界面产品设计也需要综合更多因素，在外观设计上更加注重产品实用和用户体验的平衡。语音交互、体感交互、触控交互等多种交互方式的多通道人机界面将根据场景要求做出合理、创新的设计。

复 习 题

1. 用自己的语言描述一下人机界面的概念，并请举例说明。

2. 人机界面的三要素是指什么？

3. 在设计语言传示装置时，应注意哪些问题？

4. 控制器有哪些编码？编码起什么作用？

5. 控制器的设计应符合哪些要求？

6. 在什么情况下选用脚动控制器？

7. 控制操作对显示的干扰主要有哪两种情况？应该如何避免？

8. 联系实际论述防止误操作设计的方法。

9. 什么是安全防护装置？它有几种类型？有什么作用？

10. 在安全防护装置设计中，一般应遵循的原则是什么？

11. 试列举几个你在工厂以及生活中所见到的机械、机电、液压等方面的安全防护装置，并简述它们的工作原理。

12. 自然用户界面的重要性和发展前景体现在哪些方面？

13. 试列举几个你在工厂以及生活中所见到的自然用户界面的应用。

5

第 5 章
人的作业能力与可靠性分析

学习目标

（1）掌握人的作业类型的分类及特征，了解人体能量产生及代谢机理。

（2）掌握作业时人体机能调节与适应过程，理解作业能力的影响因素及动态变化规律。

（3）掌握劳动强度分级，理解疲劳产生的机理。

（4）了解疲劳的测定方法，掌握疲劳的改善与消除措施。

（5）掌握人可靠性分析方法，了解人因失误概率及定量分析模型。

本章重点与难点

本章重点：静态作业与动态作业的定义特征、人体能量产生机理与代谢过程、人体作业时的调节机制、作业能力的影响因素、劳动强度与分级、作业疲劳的特点与分类、作业疲劳的影响因素及降低疲劳的措施。

本章难点：人作业时的耗氧量、作业能力的动态变化规律、动作的经济与效率法则、疲劳产生的机理、人的可靠性分析方法、人因失误概率及定量分析模型的基本概念。

在人-机-环系统中，人始终处于核心并起着主导作用，人的作业能力及可靠性影响着系统有序运行。进行作业时，人的生理及心理特征都会发生变化，这也会对作业效果产生影响。本章主要讨论在生产领域的各种人的作业类型、人的作业特征、作业时人的机能调节过程以及人的作业疲劳，并对人的可靠性展开了系统研究。

5.1 | 人的作业类型

作业通常是指人们为了完成生产、学习等方面的既定任务而进行的活动。本节根据肌肉收缩状态、参与劳动肌肉量的多少以及是否做功，将作业分为三种类型，即静态作业、动态作业及混合型作业。

5.1.1　静态作业

静态作业是指依靠肌肉的等长收缩来维持一定的体位，即身体和四肢关节保持不动时所进行的作业，静态作业又可以称为静力作业。脑力劳动工作者、计算机操作人员以及仪器监控者等所从事的作业都可归纳为静态作业。

1. 静态作业时的肌肉收缩状态

静态作业的作业时间取决于肌肉收缩力占最大随意收缩力的百分比，当肌肉等长收缩的肌张力为最大随意收缩力的15%~20%时，不管此时参与的肌肉有多少，只要收缩的张力是相对稳定的，这种静力作业就可以维持较长的时间。例如，计算机操作人员或教师坐姿时腰部肌肉和立姿时腰、腿部肌肉的收缩张力相对稳定，这类作业就属于静态作业。

当等长收缩的肌张力超过最大随意收缩力的20%时，人体极易产生疲劳，此时的肌肉收缩称为致疲劳性等长收缩，也称静力收缩。当肌张力为最大随意收缩力的50%时，作业能维持1min；如果以等同于最大随意收缩力的肌张力收缩，那么作业时间只能维持6s左右。

2. 静态作业时的做功

做功是能量由一种形式转化为另一种的形式的过程。根据做功的基本概念，由于静态作业在收缩力或肌张力的方向上不存在位移，因此静态作业时没有做功，在这种情况下虽然人体能耗水平不高，氧消耗水平较低，需氧量通常不超过1L/min，却容易引起疲劳。其原因一方面是，静力作业时，一定肌群持续收缩，压迫小血管，使血流发生障碍，肌肉在无氧条件下工作，形成氧债，一旦停止作业，血流变得畅通，立即开始补偿氧债，故呈现出作业停止后，氧消耗反而增高的现象；另一方面是，静力作业时，由于局部肌肉持续收缩、不断刺激大脑皮层而引起局限强烈兴奋灶，使皮层和皮层下中枢的其他兴奋灶受到抑制，例如能代谢的抑制；当作业停止后，即出现后继性功能的加强，产生氧消耗反而升高的现象。

3. 脑力劳动与体力劳动

脑力劳动与体力劳动相对，是一种以脑力活动为主的作业，也是与能量型体力劳动相对应的信息型劳动，属于静态作业的一种。脑力劳动的特征在于劳动者在生产劳动过程中，运用智力、科学文化知识和生产机能进行质量较高的复杂作业。脑力劳动过程是通过感觉器官感受信息，经中枢神经系统加工处理信息，然后通过多种形式转化为输出信息。脑力劳动多数为非重复性的，互不相同而又几乎没有明显规律可循。脑组织的氧代谢安静时是等量肌肉需氧量的15~20倍，是成年人总耗氧量的10%。人体90%的能量靠糖分解来提供，而脑组织的糖原储存量很少，因此脑组织对缺氧、缺血非常敏感，所以从事脑力劳动的人也极易感到疲劳。

体力劳动中也包含静态作业，如坐姿或立姿观察仪表、支持重物、把握工具、压紧加工物件等都属于静态作业。

5.1.2　动态作业

动态作业又称动力作业，是靠肌肉的等张压缩来完成作业动作的，即常说的体力作业。

目前，很多行业的生产活动中绝大多数体力劳动都属于动态作业。动态作业分为重动态作业和轻动态作业两种类型。重动态作业特点是参与劳动的多是大肌群，这种作业形式能量消耗较高。轻动态作业中参与作业的是一组或多组小肌群，参与活动的肌肉量小于全身肌肉总量的 1/7，肌肉收缩率高于 15 次/min，其特点是能耗不高，但易疲劳或受损，例如编程人员在操作键盘输入程序语言。

5.1.3 混合型作业

混合型作业就是既包含静态作业类型又包含动态作业类型的作业。常见的混合型作业如奥运会比赛项目现代五项。现代五项比赛包括马术、击剑（重剑）、射击、游泳及跑步 5 个单独的运动项目，其中，马术、击剑（重剑）、游泳及跑步属于动态作业，射击属于静态作业，整个比赛过程就是混合型作业。

5.2 人的作业特征

5.2.1 人体能量代谢

1. 能量代谢及代谢过程

机体通过物质代谢，从外界摄取营养物质，经过体内分解和吸收，将其中蕴藏的化学能释放出来，转化为组织和细胞可以利用的能量，人体正是利用这些能量来维持自身的生命活动，能量也为人开展作业劳动提供物质基础。通常将在物质代谢过程中所伴随的能量的释放、转移、储存和利用称为能量代谢（energy metabolism）。

能量代谢分为合成代谢和分解代谢两种过程。合成代谢又称同化作用或生物合成，是指将小的前体或构件分子（如氨基酸和核苷酸）合成较大的分子（如蛋白质和核酸）的过程。分解代谢是指机体将来自环境的或细胞储存的有机营养物的分子（如糖类、脂类、蛋白质等），通过一步步反应降解成较小的、简单的终产物（如二氧化碳、乳酸、乙醇等）的过程，它主要是通过氧化分解释放能量的。能量代谢过程是根据物质不灭和能量守恒法则进行的。能量既不能创造，也不能消灭，但物质代谢产生的各种不同形式的能量之间可以互相传递和转化，可以由一个物体传递给另一个物体，也可由一种能量形式转化为另一种能量形式。在能量传递或转化过程中，能量既不增加也不减少，即总能量守恒。

2. 能量代谢类型

人体能量代谢类型主要分为基础代谢、安静代谢和劳动代谢，其基本概念及作用机理如下：

（1）基础代谢（basal metabolism，BM）

人体在基础条件下的能量代谢称为基础代谢，是指人体维持生命的所有器官所需要的最低能量需要。单位时间内的基础代谢量称为基础代谢率，通常用 B 表示，是指人体在清醒而又极端安静的状态下，不受肌肉活动、环境温度、食物及精神紧张等影响时的能量代谢率。在临床和生理学实验中，基础代谢率是规定受试者至少有 12h 未吃食物，在室温 20℃，静卧休息 0.5h，保持清醒状态，不进行脑力和体力活动等条件下测定的代谢率。基础代谢率随着性别、年龄等不同而有生理变动。男子的平均基础代谢率比女子高，幼年比成年高；年龄越大，基础代谢率越低。

基础代谢量与体重不直接相关，而与人体表面积成比例关系。基础代谢率是用每平方米体表面积、每小时的产热量来计算的，单位是 W/m^2。我国正常人基础代谢率平均值见表 5-1。

表 5-1 我国正常人基础代谢率平均值（单位：W/m^2）[⊖]

年龄	11~15 岁	16~17 岁	18~19 岁	20~30 岁	31~40 岁	41~50 岁	51 岁以上
男性	54.3	53.7	46.2	43.8	44.1	42.8	41.4
女性	47.9	50.5	42.8	40.7	40.8	39.5	38.5

一般来说，基础代谢率的实际数值与正常的平均值相差 10%~15% 之内都属于正常。

（2）安静代谢（respose metabolism，RM）

安静代谢是作业开始之前，为了保持身体各部位的平衡以及某种姿势条件下的能量代谢。安静代谢量是人仅为保持身体平衡及安静姿势所消耗的能量，通常在工作前或后进行测定。安静代谢量一般取为基础代谢量的 1.2 倍，安静代谢量用 R 表示，则 R 与 B 的关系如下：

$$R = 1.2B \tag{5-1}$$

（3）劳动代谢

劳动代谢又称活动代谢、作业代谢、工作代谢，是指人在从事特定活动过程中所进行的能量代谢。作业时的能量消耗量是全身各器官系统活动能耗量的总和，故在实际活动中所测得的能量代谢量（称为实际能量代谢量，用 M 表示），不仅包括活动代谢量 M_r，也包括基础代谢与安静代谢：

$$M_r = M - R \tag{5-2}$$

一般运动时，代谢量要比静止时增几倍至十几倍。例如，人在步行时，可增加 3~5 倍；奔跑时，可增加 10~200 倍；昆虫飞翔时，可增加 50~100 倍。最紧张的脑力劳动的能量代谢量不会超过安静代谢量的 10%，而肌肉活动的能耗量却可高出基础代谢量的 10~25 倍。

3. 能量代谢率

由于人的体质、年龄和体力等差别，从事同等强度的体力劳动所消耗的能量因人而异，这样就无法用能量代谢量进行比较。由于各种运动、劳动所需的代谢量是可以测出的消除个人的差别，采用劳动代谢量和基础代谢量之比来表示某种体力劳动的强度，这一指标称为能量代谢率（relative metabolic rate，RMR），能量代谢率是评价机体能量代谢水平的常用指标。其基本计算公式如下：

⊖ 引自陈志伟，生理学基础，湖北科学技术出版社，2010。

$$RMR = \frac{劳动时总能耗量-安静时能耗量}{基础代谢量}$$

$$= \frac{活动代谢率}{基础代谢率}$$

$$= \frac{M-R}{B}$$

在同样条件、同样劳动强度下，不同的人劳动代谢量虽然不同，但劳动代谢率是基本相同的。表 5-2~表 5-4 给出了一般活动项目能量代谢率的实测值[一][二][三]。

表 5-2　不同活动类型的 RMR 实测值（一）

活动项目	动作内容	RMR
睡眠		基础代谢量×90%
整装	洗脸、穿衣、脱衣	0.5
扫除	扫地、擦地	2.7
	扫地	2.2
	擦地	3.5
做饭	准备	0.6
	做饭	1.6
	做饭后收拾	2.5
运动	广播体操的运动量	3.0
用饭、休息		0.4
上厕所		0.4
步行	慢走（45m/min）、散步	1.5
	一般（71m/min）	2.1~2.5
	快走（95m/min）	3.5~4
	跑步（150m/min）	8.0~8.5
上下班	自行车（平地）	2.9
	公交车（坐着）	1.0
	公交车（站着）	2.2
	轿车	0.5
楼梯	上楼时（46m/min）	6.5
	下楼时（50m/min）	2.6
学习	读、写、看、听（坐着）	0.2

[一] 引自 McCormick E J, Human Factors Engineering, 4th ed. New York；McGraw-Hill, 1976。

[二] 引自 Meister D. Human Factors, Theory and Practice, New York：John Wiley & Sons, 1976。

[三] 引自 McCormick E J, Sanders MS, Human Factors in Engineering and Design, New York：Wiley and Sons Publication, 1986。

（续）

活动项目	动作内容	RMR
笔记	用笔记录（一般事务）	0.4
	记账、算盘	0.5

表 5-3 不同活动类型的 RMR 实测值（二）

活动类型	RMR	活动类型	RMR
小型钻床作业	1.5	铸造型芯的作业	5.2
齿轮切削机床作业	2.2	煤矿的铁镐作业	6.4
空气锤作业	2.5	拉钢锭作业	8.4
焊接作业	3.0	做广播体操	3.0
造船的铆接作业	3.6	擦地	3.5
汽车轮胎的安装作业	4.5	缝纫	0.5

表 5-4 RMR 的推算值

动作部位	动作方法	被测人主诉	RMR
手指	机械运动	手腕微酸	0~0.5
	指尖动作	指尖长时间酸痛	0.5~1.0
由指尖到上臂	指尖动作引起前臂动作	工作轻，不累	1.0~2.0
	指尖动作引起上臂动作	有时想休息一下	2.0~3.0
上肢	一般动作	不习惯，难受	3.0~4.0
	较用力动作	上肢肌肉局部酸累	4.0~5.5
全身	一般用力	每 20~30min 想休息一下	5.5~6.5
	均匀地加力	连续工作 20min 就感到难受	6.5~8.0
	瞬时用全身力	5~6min 就感到很累	8.0~9.5
	剧烈劳动，用力尚留余地	用大力干，不能超过 5min	10.0~12.0
	拼出全力，只能坚持 1min	拼命用力	12.0 以上

4. 影响能量代谢的因素

（1）肌肉活动

影响机体能量代谢的因素有很多，其中，肌肉活动对能量代谢的影响最为显著，其任何轻微的活动都可提高机体代谢率，肌肉活动主要以增加肌肉耗氧量而做功，使能量代谢率升高。剧烈运动或强体力劳动可使产热量超过安静时很多倍。在肌肉活动停止后的一段时间内，能量代谢仍保持较高水平，之后才逐渐恢复到正常。

（2）精神活动

因为脑的能量来源主要靠糖氧化释能，安静思考时影响不大，但精神紧张时，产热量增多，能量代谢率增高。例如，人在平静思考问题时，产热量增加一般不超过 4%；而在精神处于紧张状态时，如烦恼、恐惧或强烈情绪激动时，由于随之出现的无意识的肌紧张加强，虽然无明显的肌肉活动，但是产热量明显增多。

（3）食物

人体需要的能量主要来自于食物中的碳水化合物、脂肪和蛋白质。人在进食后的一段时间内，一般认为从进食后 1h 开始，延续 7~8h，机体虽然处于安静状态，但产热量比进食前有所增加。饭后 2~3h 代谢率升高达最大值。若膳食全部是蛋白质，则额外增加产热量达 30% 左右；若为糖类或脂肪，增加热量为 4%~6%；混合食物可增加产热量 10% 左右。

（4）环境、温度

人在安静状态下，在 20~30℃ 的环境中能量代谢最稳定。环境温度过低可使肌肉紧张性增强，能量代谢增高；环境温度过高可使体内物质代谢加强，能量代谢也会增高。实验证明，当环境温度低于 20℃ 时，代谢率即开始有所增加，在 10℃ 以下显著增加，当环境温度为 30~40℃ 时，代谢率又会逐渐增加。

5.2.2 作业时的耗氧动态

1. 耗氧量与摄氧量

（1）耗氧量

成年人在安静状态下，为维持机体组织器官的基本生理活动，也需要靠有氧代谢供给，需氧量是指人体单位时间内所需要的氧气量。在人体劳动过程中，随着劳动强度的增加，消耗的氧气量也增多，人体为了维持生理活动和体外做功，必须通过氧化能源物质获得能量，单位时间内人体所消耗的氧气量称为耗氧量。

（2）摄氧量

单位时间内，人体通过呼吸、循环系统所能吸入的氧气量称为摄氧量（又称吸氧量），由 V_{O_2} 表示。由于氧不能在人体内大量储存，吸入的氧一般随即被人体消耗。因此，一般情况下，摄氧量与耗氧量大致相等。

人体在从事高度繁重体力劳动时，呼吸系统和循环系统的功能经 1~2min 后达到人体极限摄氧能力，这是因为心血管系统向肌肉输送氧的能力达到了极限，人体的摄氧量不再上升，此时的摄氧量被称为最大摄氧量，由 V_{O_2max} 表示，此时人体相应的耗氧量称作最大耗氧量。最大摄氧量近似等于最大摄氧量，最大值可达到安静休息时的 30 倍，即 3~6L/min。最大摄氧量反映机体氧运输系统的工作能力，是评价人体有氧工作能力的重要指标之一。

最大摄氧量一般有两种表示方法即绝对值和相对值。若用绝对值表示时，单位是 L/min，表示的是机体在一分钟内摄入氧气的最大量。但由于摄入氧气量与人体体重呈正相关，因此用绝对值法显然并不完善；相对值表示方法就是考虑体重的影响，单位是 mL/(kg·min)。若已知年龄，则最大摄氧量可按下式近似计算：

$$V_{O_2max} = 5.6592 - 0.0398A \qquad (5-3)$$

式中　V_{O_2max}——最大摄氧量 $[mL/(kg·min)]$；

　　　　A——年龄（岁）。

摄氧量相对值可以根据下式转换成绝对值：

$$V_{O_2绝} = \frac{V_{O_2相} W}{1000} \qquad (5\text{-}4)$$

式中　$V_{O_2绝}$——摄氧量绝对值（L/min）；

　　　　$V_{O_2相}$——摄氧量相对值[mL/（kg·min）]。

　　　　W——体重（kg）。

根据最大摄氧量的绝对值，还可以计算出人在从事最大允许负荷劳动时的能量消耗量：

$$E_{max} = 354.3 V_{O_2max} \qquad (5\text{-}5)$$

式中　E_{max}——最大能量消耗量。

2. 氧债

氧债（oxygen debt）是劳动1min的需氧量（氧需 oxygen demand）和实际供氧量之差，是评定一个人无氧耐力的重要指标。劳动者在进行体力劳动时，需氧量会随着劳动强度的增加而逐渐加大，但是由于人体的内脏器官本身的机能惰性，使摄氧量不能立即提高到应有水平来满足需氧量的要求，摄氧能力有限，此时个体需氧量与摄氧量就会存在差值，这个值就是氧债。随着劳动的继续，呼吸循环系统活动逐渐加强并适应，氧气供应就会逐渐得到满足，身体的生理功能逐渐恢复，这种状态下人员的作业才会持久。如果劳动强度过大，氧需超过供氧上限，这时人体处于供氧不足状态下作业，肌肉内的储能物质（主要为糖原）会迅速消耗，作业就无法持续。

作业停止后，机体要消耗较安静时更多的氧以偿清氧债，这个时期即恢复期，又称为补偿氧债阶段。因此，在剧烈活动之后或在劳动期间合理休息，对于重体力劳动是至关重要的。

3. 劳动负荷与氧债的关系

劳动负荷是一线操作人员在进行生产作业时身体承担的工作量，在车间生产中，工人所承受的脑力或体力负荷均会影响健康和生产效率。确定合理的劳动负荷量，对于确保工人的健康、安全以及提高生产效率，具有十分重要的意义。根据上述探讨的摄氧量与需氧量的关系，可将人体负荷量分为常量负荷、高量负荷、超量负荷三种情况。

（1）常量负荷

劳动时摄氧量与需氧量保持平衡的负荷，即需氧量小于最大摄氧量的各种非繁重劳动负荷。此时，作业只开始了2~3min，呼吸系统和循环系统活动时不能适应氧需，略欠了氧债，其后转稳定状态。这是人体可以持久作业的最理想的状态。稳定状态结束后，归还所欠氧债（图5-1）。

（2）高量负荷

需氧量已接近或等于最大摄氧量的劳动负荷。此时，氧债也在需氧量上升期间出现，到达最大摄氧量后，便维持稳定状态（图5-2a）。

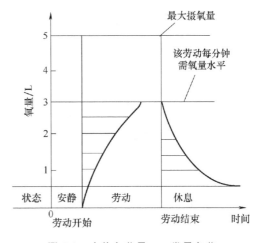

图5-1　人体负荷量——常量负荷

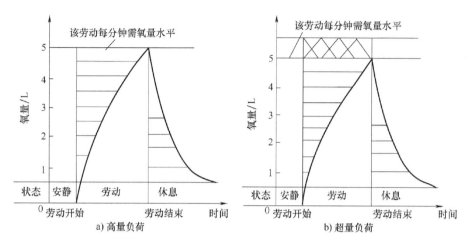

图 5-2　人体负荷量——高量负荷与超量负荷

（3）超量负荷

若劳动强度过大，需氧量超过最大摄氧量，人体一直在缺氧状态下活动，形成较大氧亏，处于"假稳定状态"下的负荷（图 5-2b）。由于肌体担负的氧债能力有限，活动不能持久，而且劳动结束后，人体还要继续维持较高的需氧量以补偿欠下的氧债，因此劳动后恢复期的长短主要取决于氧债的多少及人体呼吸、循环系统机能的状态。

4. 总需氧量与氧债能力

（1）总需氧量

总需氧量（TOD）是指水中的还原性物质（主要是有机物质）在燃烧中变成稳定的氧化物所需要的氧量，以 O_2 的含量（mg/L）计：

$$V_{O_2Z} = V_{O_2l} + V_{O_2h} - V_{O_2j}(t_1 + t_h) \tag{5-6}$$

式中　V_{O_2Z}——劳动时的总需氧量（mL/min）；

　　　V_{O_2l}——作业时摄氧量（mL/min）；

　　　V_{O_2h}——恢复期摄氧量（mL/min）；

　　　V_{O_2j}——安静时平均需氧量（mL/min），可取 200~300mL/min，一般为 250mL/min；

　　　t_1——作业时间（min）；

　　　t_h——恢复时间（min）。

（2）氧债能力

氧债能力通常是指人体偿还氧债的能力，是无氧氧化供能的标志。超量负荷或较大劳动强度作业会使机体的稳定状态遭到破坏，或造成作业者劳动能力的衰竭。据研究，体内要透支 1L 氧气，当以产生 7g 乳酸作为代价，直到氧债能力衰竭为止。一般人从事剧烈运动时，氧债能力约为 10L，受过良好训练的运动员可高达 20L。若人体在剧烈劳动过程中出现氧债衰竭现象，血液中的乳酸会急剧上升，这会对肌肉、心脏、肾脏以及神经系统都将产生不良影响。

作业中应合理安排劳动负荷和劳动强度，若从事劳动强度或劳动负荷较大的工作，应科学安排工作时间和休息时间，避免机体长时间在无氧状态下活动。

5. 氧需

氧需（oxygen demand）是指作业人员劳动1min所需要的氧量。作业时人体所需要氧量的大小主要取决于劳动强度与作业时间。劳动强度越大，持续时间越长，需氧量也就越多。氧需取决于循环系统的机能，其次取决于呼吸器官的功能。血液每分钟能供应的最大氧量称为最大摄氧量，正常成年人一般不超过3L/min，常锻炼者可达4L/min以上，老年人只有1~2L/min。

5.3 作业时人体机能调节与适应

作业时，人会产生一系列的生理变化，进而导致需氧量、呼吸量、心脏负荷、血液成分等生理指标发生变化，伴随出现身体发汗的现象。测定作业者的肌电图和脑电图帮助人们了解作业活动中局部肌肉和大脑的放松程度，进而降低工人的操作风险。劳动负荷不同，劳动者生理上的变化也不同，通过测定人的最大氧耗量、最大心率、搏出量与心脏输出等生理学参数可以科学地推断人从事某种活动所承受的生理负荷，并据此合理安排劳动定额和节奏，有效地预防或减轻作业疲劳，从而提高操作的安全性和工作效率。

5.3.1 神经系统机能调节与适应

神经系统（nervous system）是机体内对生理功能活动的调节起主导作用的系统，是人体最重要的机能调节系统。人体各器官、系统活动都是直接或间接地在神经系统控制下进行的。体力劳动时的神经调节，一方面取决于大脑皮层内形成的意志活动（自觉能动性）和中枢经系统高级部位的调节，另一方面取决于劳动过程中从人体的内外感受器所传入的神经冲动。劳动时，人体各器官和各系统作为一个整体而活动，为了完成极其复杂和高度分的作业，必须靠中枢神经系统的调节作用，特别是大脑皮层的主导作用。在劳动过程中，通过人体内外感受器所接受的各种刺激，传至大脑皮层进行分析、综合，形成共时性联系，以调节各器官和各系统适应作业的需要，维持人体与环境的平衡。

5.3.2 心血管系统机能调节与适应

1. 心率与最大心率

单位时间内心室跳动的次数称为心率（HR）。在安静时，正常男子、女子的心率约为75次/min，但作业时心率随着劳动负荷的增大而增大。青年人中，当以50%的最大摄氧量工作时，男子心率一般比女子低，分别约为130次/min和140次/min。当人达到最大负荷时心脏每分钟的跳动次数称为最大心率。最大心率几乎无性别差异，但心率和最大心率都随着年龄的增加而下降，并可用下式近似计算：

$$HR_{max} = 209.2 - 0.75A \tag{5-7}$$

式中　　HR_{max}——最大心率（次/min）；

　　　　A——年龄。

劳动负荷的适宜水平可理解为在该负荷下能够连续劳动8h，不至于疲劳，长期劳动时也不损害健康的卫生限值。一般认为劳动负荷的适宜水平约为最大摄氧量的13倍，适宜心率可按下式计算：

$$适宜心率 = （最大心率 - 安静心率）×40\% + 安静心率$$

表5-5所示为男性和女性的适宜负荷水平。

表 5-5　男性和女性的适宜负荷水平

性别		男性	女性
最大摄氧量（未经锻炼）/（L/min）		3.3	2.3
适宜负荷水平	耗氧量/（L/min）	1.1	0.8
	能量代谢/（kJ/min）	17	12
	心率（次/min）	不超过基础心率+40	

2. 搏出量与最大心脏输出

每搏输出量（stroke volume）是指一次心搏，一侧心室射出的血量，简称搏出量。单位时间内（1min）从左心室射出的血液量 Q，称作心脏输出量。心脏血液输出量是心脏输出的血液量，是衡量心脏功能的基本指标，简称心输出量。心输出量为每搏输出量与心率的乘积。心输出量与机体新陈代谢水平相适应，可因性别、年龄及其他生理情况而不同。例如，健康成年男性静息状态下，心跳平均75次/min，搏出量约为50~70mL，心输出量为（4.5~6.0L/min）；女性比同体重男性的心输出量约低10%；青年时期心输出量高于老年时期；心输出量在剧烈运动时可高达25~35L/min，麻醉情况下则可降低到2.5L/min。

随着动态作业的开始，人体心率逐渐加快，每搏输出量迅速增加并达到峰值。随着劳动的继续进行，心输出量的增加主要依赖于心率。一般情况下，中度劳动的心脏输出量较安静状态高50%；特大强度作业的心输出量较安静状态高5~7倍。

由于最大摄氧量与最大心脏输出量具有内在联系，因此可利用最大摄氧量求算最大心脏输出量，计算公式如下：

$$Q_{max} = 6.5 + 4.35 V_{O_2max} \tag{5-8}$$

式中　Q_{max}——最大心脏输出量（L/min）；

其他物理量含义同前。

3. 肌电图

肌电图（electromyogram，EMG）是指用肌电仪记录下来的肌肉生物电图形。对评价人在人机系统中的活动具有重要意义。静态肌肉工作时测得的该图呈现出单纯相、混合相和干扰相三种典型的波形，它们与肌肉负荷强度有十分密切的关系，可以认为肌电活性与肌肉的力量或负荷存在一定比例关系。

肌电图在肌肉疲劳时会发生明显的变化，振幅增大而频率降低，可直接反映局部肌肉疲劳。骨骼肌收缩时消耗一定数量的氧，若要测量全身肌肉收缩所消耗的能量，可通过测耗氧量，进而计算出全身肌肉收缩所消耗的能量。肌电图常用的指标有积分肌电图、均方振幅、幅谱、功率谱密度函数及由其派生的平均功率频率和中心频率等。大脑中枢运动区发出的运动命令，经传出神经纤维传递到效应器产生动作，传递过程中当神经冲动到肌纤维结合部位的突触时，引起肌纤维细胞发生极化而收缩，收缩时产生生物电位——动作电位，这就是肌肉的发电现象。肌肉收缩时产生的动作电位可通过电极引导出来，再经放大、记录即可得到很有价值的波形图，即肌电图。肌电图可反映人体局部肌肉的负荷情况，对客观、直接地判定肌肉的神经支配状况以及运动器官的机能状态具有重要意义。

4. 血压

血压（blood pressure，BP）是指血液在血管内流动时作用于单位面积血管壁的侧压力，它是推动血液在血管内流动的动力。通常所说的血压是指体循环的动脉血压，一般以毫米汞柱（mmHg）为单位（1mmHg = 13332Pa）。血压量值主要包括两个方面，即收缩压与舒张压。收缩压是当人的心脏收缩时，动脉内的压力上升，心脏收缩的中期，动脉内压力最高，此时血液对血管内壁的压力称为收缩压，也称高压。舒张压就是当人的心脏舒张时，动脉血管弹性回缩时，产生的压力，舒张压又叫低压。通常情况下，收缩压为 100~120mmHg，舒张压为 60~80mmHg。影响动脉血压的生理因素主要有五个方面：①每搏输出量；②外周阻力；③心率；④主动脉和大动脉管壁的弹性；⑤循环血量与血管容量。当然，血压还受到性别、年龄、劳动作业强度以及情绪等众多因素的影响。

通常，人安静时的动脉血压较为稳定，变化范围不大。动态作业开始之后，由于心输出量的增多，收缩压会立刻升高；当劳动强度及劳动时间持续增加时，收缩压会达到峰值。与收缩压不同的是，舒张压在整个过程中除在部分时间会略有升高，整体趋势基本保持不变（图 5-3）。静态作业时，动脉血压的变化不同于动态作业。心率和心输出量相对增加得少。作业停止后，收缩压值会迅速下降，一般 5min 内即可恢复到安静状态时的水平。但如果作业强度较大，约需 30~60min 方可恢复到作业前的水平。

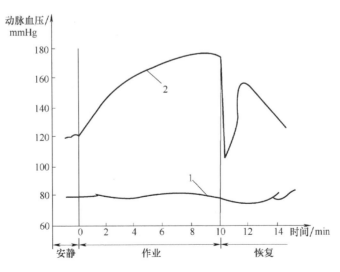

图 5-3 动态作业时收缩压与舒张压的变化

1—舒张压　2—收缩压

5. 血液的重新分配

人处于安静状态时，血液流向肾、肝以及其他内脏器官；体力作业开始后，交感神经兴奋，继而导致肾上腺髓质兴奋，进而引起心率增加，心肌收缩力加强，心输出量增加，血压升高，血液会发生重新分配，以满足其代谢增加的需要。表5-6给出了安静时与重体力劳动时的血液分配状况。显然，进行重体力作业时流向骨骼肌的血液量较安静时多20倍以上。

表5-6 安静时与重体力劳动时的血液分配状况

器官	安静时		重体力劳动	
	分配比例（%）	血流量/（L/min）	分配比例（%）	血流量/（L/min）
内脏	20~25	1.0~1.25	3~5	0.75~1.25
肾	20	1.00	2~4	0.5~1.00
肌肉	15~20	0.75~1.00	80~85	20.00~21.25
脑	15	0.75	3~4	0.75~1.00
心肌	4~5	0.20~0.25	4~5	1.00~1.25
皮肤	5	0.25	0.5~1	0.125~0.25
骨	3~5	0.15~0.25	0.5~1	0.125~0.25

5.3.3 脑力作业与持续警觉作业机能调节与适应

1. 脑力作业

相比于其他器官，脑的氧代谢会更高，安静状态时约为等量肌肉耗氧量的15~20倍，占人体耗氧量的10%。受其自身质量的影响（脑的质量仅为身体总质量的2.5%左右），即使人员处于高度紧张状态，能量消耗量的增加也不会超过基础代谢的10%。表5-7给出了不同类型的脑力作业和技能作业时的RMR实测值。

表5-7 不同类型的脑力作业和技能作业的RMR实测值

作业类型	RMR	作业类型	RMR
操作人员监视仪器面板	0.4~1.0	仪器室做记录、伏案办公	0.3~0.5
站立（或微弯腰）谈话	0.5	用计算器计算	0.6
电子计算机操作	1.3	接、打电话（站立）	0.4

2. 脑电波

人无论是处于休息还是持续兴奋状态，都有来自大脑皮层的动作电位，即脑电波。日本学者桥本通过分析脑电图记录的人不同状态下的脑电波，从大脑生理学角度把大脑意识状态划分为五个阶段，并总结了脑电波对应的大脑意识状态与人为错误的潜在危险性（表5-8）。可见，对于不同作业强度和不同作业状态，大脑的意识阶段和主要脑波的成分也略有不同，因此可通过脑电波的不同参数变化分析作业者的状态意识，进而判别产生人为错误的可能性，避免事故的发生。

表 5-8 大脑意识状态与人为错误的潜在危险性

大脑意识阶段	主要脑波成分	意识状态	注意力	生理状态	事故潜在性
0	δ	失去知觉	0	睡眠	
I	θ	发呆、发愣	不注意	疲劳，饮酒	+++
II	α	正常、放松	心事	休息，习惯性作业	+~++
III	β	正常、清醒	集中	积极活动状态	最小
IV	β 及以上频率	过度紧张	集中于一点	过度兴奋	最大

3. 持续警觉作业

持续警觉也称为警觉或强直警觉[⊖]，通常是指在刺激环境单调和脑力活动以注意为主的条件下，长时间保持的警觉状态。例如，化工厂、发电厂、雷达站和自动化生产系统中的操作人员，他们要时刻盯着仪表盘，监测参数的变化。

在持续警觉作业中，信号漏报、信号误报是衡量作业效能下降的指标。信号漏报是指信号已出现，但观察者却报告没有发现信号；信号误报是指信号出现，但观察者却由于高度紧张导致指数读报错误。随着作业时间的增加，信号漏报、信号误报的概率也大大增加。特别是在生产过程中，小到预告信号，大到事故信号，开关跳闸、保护动作均有可能发生误报，有时偶发，有时频繁，冲淡了观察者对正确信号的警觉。

若以接近感觉阈限的信号即临界信号的出现频率为横坐标，以发现信号率为纵坐标，即可画出如图 5-4 所示的曲线。从曲线可知，随着信号数的增加，作业者发现信号频率也逐渐增加，当信号数量增加到一定数值时，达到人员对信号的接受阈值，此时如果信号数持续增加，发现信号频率反而出现下降。由此可见，信号数量存在一个最佳值，使观察者的发现信号频率达到峰值。在作业时，信号低于其最佳值时，观察者处于警觉降低状态；而信号率高于其最佳值时，观察者又处于信息超负荷状态（即超过了人的信息加工能力）[⊖]。因此，两者都将导致作业效能的降低。

从图 5-4 可知，信号频率最佳值为 100~300 信号数/30min。若以觉醒状态为横坐标，以作业效能为纵坐标，可得到觉醒-效能曲线，如图 5-5 所示。觉醒效能曲线是人机工程学的一条极为重要的理论曲线，借助于该曲线可以获得与人的最高作业效能相对应的觉醒状态，即最佳觉醒状态。影响持续警觉作业效能下降的主要因素有：信号出现时间极不规则，这是造成信号脱漏的重要原因；不良的作业环境，如噪声大，温度高，无关刺

⊖ 引自 Torkamani-Azar M，Kanik S D，Aydin S，et al，Prediction of reaction time and vigilance variability from spatio-spectral features of resting-state EEG in a long sustained attention task，IEEE journal of biomedical and health informatics，2020。

⊖ 引自 Helton W S，Russell P N，Rest is still best：The role of the qualitative and quantitative load of interruptions on vigilance，Human factors，2017。

激的干扰多等；信号强度弱，信号频率不适宜；个体主观状态，如过分激动的情绪、失眠、疲劳等。

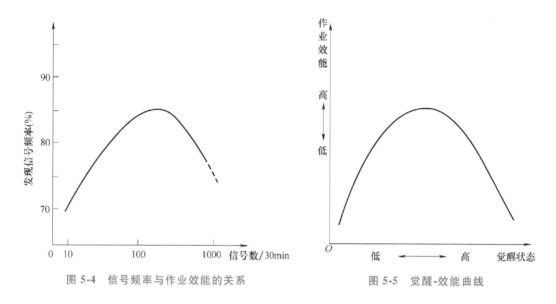

图 5-4　信号频率与作业效能的关系　　　　图 5-5　觉醒-效能曲线

为改善持续警觉作业效能，可采取的措施如下：适当增加信号的频率和强度，增强信号的可分辨性；根据持续警觉作业效能一般在作业开始 30min 后逐渐下降的规律以及有意注意可维持的最长时间，科学安排作业；改善不良作业环境，减少无关刺激的干扰；培养和提高作业者良好的注意品质。

5.3.4　其他系统的调节与适应

1. 呼吸频率与肺通气量

呼吸是人体内外环境之间进行气体交换的必需过程，人体通过呼吸吸进氧气、呼出二氧化碳，从而维持正常的生理功能。人体每分钟呼吸的次数称为呼吸频率，单位为次/min。

作业时呼吸频率随作业强度的增加而增加，其机体新陈代谢率增高，氧气的消耗量与二氧化碳的呼出量也都随着活动量的增大而增多，重强度作业时可达 30~40 次/min，极大强度作业时可达 60 次/min。

肺通气量指单位时间内出入肺的气体量，一般是指肺的动态气量，反映肺的通气功能。重强度作业时，肺通气量也由安静时的 6~8L/min 增加到 40~120L/min 以上。

一般作业后，要靠加快呼吸频率去适应肺通气量的变化。

2. 脉搏数

脉搏数即是心率，体力活动或情绪激动时，脉搏可暂时增快。脉搏测定主要是测量与刚结束作业时的脉搏数，以及恢复到安静状态时脉搏平稳所用的时间。

3. 发汗量

通常把汗腺分泌汗液的活动称作发汗。发汗是一种机体散热，维持恒定体温的有效途径。发汗量是在高温环境下进行劳动或重体力劳动下丧失水分程度的标志。人在安静状态下，当环境温度达到（28±1）℃时便开始发汗。如果空气湿度高且穿衣较多时，气温达到25℃时即可引起发汗。而当人们进行劳动或运动时，气温虽然在20℃以下，也会发汗甚至发出较多的汗量。劳动或运动强度越大，发汗量增加越显著。作业中大量发汗可造成脱水，因此对发汗量及汗液化学成分等应进行测定，并采用相应的劳动保护措施，防止高温中暑，还应及时补充水分，以防脱水。

4. 排尿量

人体在正常条件下，每昼夜排尿量为 1.0~1.8L，通常体力作业后，尿液减少 50%~70%，这主要是由于汗液分泌增加及血浆中水分减少所造成的。

5.4 | 人的作业能力

5.4.1 作业能力的定义和特性

作业能力是指一个人完成一定活动所表现出的稳定的心理、生理特征，它综合体现了个体所蕴藏的内部潜力，它直接影响着活动的效率。更确切地讲，作业能力是指在不降低作业质量指标的前提下，尽可能长时间内维持一定作业强度的能力。

作业能力的高低是不断变化的，它可以通过测定单位时间内产品的质和量以及作业的有效持续时间来观察，还可以通过测定劳动者的某些生理指标的变化来衡量，如握力、耐力、心率等。虽然体力劳动的作业能力受作业任务、个体特征等多种因素的影响而不同，但有其一般的变化规律。在体力劳动的作业中，作业能力可以通过单位作业时间内作业者生产的产品产量和质量间接地体现。在脑力劳动的作业中，作业能力可以用感受性、视觉反应时间等衡量。

5.4.2 作业能力的动态变化规律

作业者的作业能力可以从作业者单位作业时间内生产的产品数量和质量间接地体现出来。在实际生产过程中，生产的成果（这里指产量和质量）除受作业能力的影响外，还要受到作业动机等因素的影响：

生产成果 =f（作业能力×作业动机）

当作业动机一定时，生产成果的波动主要反映了作业能力的变化。一般情况下，作业者一天内的作业动机相对不变。因此，作业者单位时间所生产的产品产量的变动反映

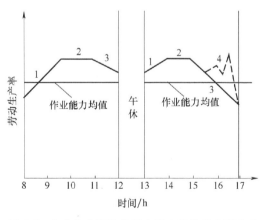

图 5-6 体力作业时作业能力动态变化的典型曲线

1—入门期 2—稳定期 3—疲劳期 4—终末激发期

了作业能力动态，图 5-6 给出了体力作业时作业能力动态变化的典型曲线。

1. 入门期（induction period）

一个工作日开始时，工作效率一般较低，这是由于神经调节系统在作业中"一时性协调功能"还没有完全恢复和建立，造成呼吸循环器官及四肢的调节迟缓。但作业者的动作会逐渐加快并趋于准确，效率会明显增加，所做工作的动力定型得到巩固。入门期一般可持续1~2h，可以认为它是人体作业前的准备状态。

2. 稳定期（steady period）

随着工作时间的持续，作业者逐渐进入状态，作业效率、产品质量得到稳步提升，稳定期一般可维持1~2h，可以认为是人体作业全程的最佳状态。

3. 疲劳期（fatigue period）

随着工作时间的继续延长，受心理和生理作用影响，作业者会产生疲劳感，注意力起伏分散，操作速度和准确性降低，作业效率明显下降，产品质量出现非控制状态。

午休阶段可作为工作状态恢复的缓冲阶段，通常在午休后，作业者的作业能力又会重复上述的三个阶段，但入门期持续时间要比午休短，且作业初始阶段的生产效率较午休前有所提升。此外，稳定期持续时间也较午休前短。需注意的是，在作业快结束时，会出现一种作业效率提高的现象（图5-6的阶段4），这种现象称为终末激发期（terminal motivation），通常这个时期的维持时间很短。

以脑力劳动和神经紧张型作业为主的作业，其作业能力动态特征的差异极大。作业能力动态变化情况取决于作业类型和紧张程度。这种作业的作业能力，在开始阶段提高很快，但持续时间很短，随后作业能力就开始下降。为了提高作业能力，对以脑力劳动和神经紧张型为主的作业，应在每一周期之间安排一段短暂的休息时间。

5.4.3 影响作业能力的主要因素

影响作业能力的因素多而复杂，除了作业者个体差异之外，还受环境条件、劳动强度等因素的影响，其大致可归纳为生理和心理因素、环境因素、工作条件和性质、锻炼和熟练效应。

1. 生理和心理因素

（1）身体条件

体力劳动的作业能力，随作业者的身材、年龄、性别、健康和营养状况的不同而异。对体力劳动者，在35岁以后，心血管功能和肺活量下降，氧上限逐渐降低，作业能力也相应减弱。但在同一年龄阶段内，身材高矮与作业能力的关系远比实际年龄更为重要。对脑力劳动者，智力发育似乎要到20岁左右才能达到完善程度，而20~30（或40）岁可能是脑力劳动效率最高的阶段，其后则逐渐减退，且与身材无关。

（2）性别

由于生理差异极大，一般男性的心脏每搏最大输出量、肺的最大通气量等均较女性大，所以男性的体力劳动作业能力也较同年龄阶段的女性强。但对脑力劳动，智力的高低和效率与性别关系不大。

（3）情绪

1）积极情绪：能对人的神经系统增加新的活力，刺激人的大脑皮层，发挥人体的潜在能力，提高人们的作业能力和工作效率，对人的生命活动产生良好的作用。

2）消极情绪：会使人失去心理上的平衡，削弱有机体潜力发挥的能力，产生肌肉的紧张度和负荷感，降低了作业能力。

2. 环境因素

环境因素通常是指工作场所范围内的空气状况、噪声状况和微气候（温度、湿度、风速等）。它们对体力劳动和脑力劳动的作业能力均有较大影响，这种影响或是直接的，或是间接的，影响的程度视环境因素呈现的状况，以及该状况维持时间的长短而异。如空气被长期污染，可导致呼吸系统障碍或病变。肺通气量下降会直接影响体力劳动的作业能力，进而使机体健康水平下降，间接影响作业能力。

3. 工作条件和性质

1）生产工具是否按照工效学原则设计。生产设备与工具的好坏对作业能力的影响较大，主要看它在提高工效的同时，是否能减轻劳动强度，减少静态作业成分，减少作业的紧张程度等。

2）作业时间。根据不同的作业性质、强度大小，合理制定作业时间。生产设备与工具的好坏对作业能力的影响较大，主要看它在提高工效的同时，是否能减轻劳动强度，减少静态作业成分，减少作业的紧张程度等。对轻度和中等强度的作业，作业时间过短，不能发挥作业者作业能力的最高水平；而作业时间过长，又会导致疲劳，不仅作业能力下降，还会影响作业者的健康水平。因此，必须针对不同性质和不同劳动强度的作业，制定出既能发挥作业者最高作业能力，又不致损害其健康的合理作业时间。

3）现代企业是集体协作的行为，要综合考虑社会、家庭、体力等多种因素，制定合理科学的作业制度。现代工业企业生产过程具有专业化水平高、加工过程连续性强、各生产环节均衡协调和一定的适应性等特点。因此，劳动组织和劳动制度的科学与合理性，对作业能力的发挥有很大影响。例如，作业轮班不仅会对作业者的正常生物节律、身体健康、社会和家庭生活等产生较大的影响，也会对作业者的作业能力产生明显影响。

4. 锻炼和熟练效应

锻炼能使机体形成巩固的动力定型，可使参加运动的肌肉数量减少，动作更加协调、敏捷和准确，大脑皮层的负担减轻，故不易发生疲劳。体力锻炼还能使肌体的肌纤维变粗，糖原含量增多，生化代谢也发生适应性改变。此外，经常参加锻炼者，心脏每搏输出量增大，心跳次数却增加不多；呼吸加深，肺活量增大，呼吸次数也增加不多。这就使得机体在参与作业活动时有很好的适应性和持久性。

熟练效应是指经常反复执行某一作业而产生的全身适应性变化，使机体器官各个系统之间更为协调，不易产生疲劳，使作业能力得到提高的现象。作业者作业熟练程度越高，平均单位工时消耗也越少。反复进行同一作业是一种锻炼过程，是形成熟练效应的原因。例如，机车修理工人靠听铁锤敲打车轴的声音鉴别火车车轴有没有损坏；炼钢工人通过钢水颜色判断炼钢的情况；印染工人靠眼力辨别色度；皮革工人通过触觉判断皮革的品质。

5.4.4 作业的动作经济原则

动作经济原则又称省工原则，它是一种为保证动作既经济又有效的经验性法则，是一组指导人们如何节约动作、如何提高动作效率的准则，它的目的是减少工作疲劳与缩短操作时间。该法则是由吉尔布雷斯（Gilbreth）首先提出的。

众多的学者在吉尔布雷斯研究的基础上做了进一步的改进与发展，巴恩斯（Barnes）的工作更为突出，他将动作经济原则归纳总结为三大类共 22 条：第一类是关于人体的使用，第二类是关于工作场所的布置，第三类是关于工具设备的设计。这些原则不仅适用于工厂车间的作业，而且适用于教育、医护、军事等各个领域，这三大类内容简介如下[一]：

1. 肢体使用原则

1）双手应同时开始，并同时完成动作。

2）除休息时间外，双手不应同时闲着。

3）双臂的动作应对称，方向应相反，并同时进行。

4）双手和身体的动作应该尽量以减少不必要的体力消耗为准则。

5）应当利用力矩协助操作。当必须用力去克服力矩时，则应将其降至最低限度。

6）动作过程中，使用流畅而且连续的曲线运动，尽量避免方向发生急剧的变化。

7）抛物线运动比受约束或受控制的运动更快、更容易、更精确。

8）动作要从容、自然、有节奏和规律，要避免单调。

9）作业时眼睛的活动应处于舒适的视觉范围内，要避免经常改变视距。

2. 作业配置原则

1）应该有固定的工作地点，要提供所需的全部工具与材料。

2）工具和材料应该放在固定的地方，以减少寻找所造成的人力与时间上的浪费。

3）工具、物料以及操纵装置应放在操作者的最大工作范围之内，并且要尽可能靠近操作者，但应避免放在操作者的正前方。应使操作者手移动的距离和移动次数越少越好。

4）应借助于重力去传送物料，并尽可能将物料送到靠近使用的地方。

5）工具和材料应按最佳动作顺序进行排列与布置。

6）应尽量借助于下滑运动传送物料，要避免作业者用手去处理已完工的工件。

7）应提供充足的照明。提供与工作台高度适应并能保持良好姿势的座椅。工作台与座椅的高度应使操作者可以变换操作姿势，可以坐、站交替，具有舒适感。

8）工作地点的环境色应与工作对象的颜色有一定的对比，以减少眼睛的疲劳。

3. 工装夹具设计原则

1）应尽量使用钻模、夹具或脚操纵的装置，将手从所有的夹持工件的工作中解脱出

一　引自 Barnes R M，Motion and time study：design and measurement of work，6th ed，New York and London：John Wiley & Sons Inc，1969。

来，以便做其他更为重要的工作。

2）尽可能将两种或多种工具结合为一种。

3）在应用手指操作时，应按各手指的自然能力分配负荷。

4）工具中各种手柄的设计，应尽量增大与手的接触面，以便施加较大的力。

5）机器设备上的各种杠杆、手轮和摇把等的位置，应尽量使作业者在使用时不改变或极少改变身体位置，并应最大限度地使用机械力。

5.5 劳动强度及其分级

劳动强度可以理解为在作业过程中，人在单位时间内做功和机体代谢能力之比，其可以作为劳动负荷大小的判定标准之一。劳动强度的分级是劳动卫生、劳动保护工作的一项重要内容，也是加强企业管理、制定劳动定额和有关劳动保护待遇的科学依据。

5.5.1　劳动强度的概念

劳动强度通常表现为劳动的繁重和紧张程度，以及劳动者在单位时间内消耗的劳动量。劳动强度是劳动的内含量，工作日长度是劳动的外延量。在同样的劳动时间内，提高劳动强度实际意味着支出更多的体力和脑力，生产出更多的产品。与提高劳动生产率能减少单位产品中所包含的劳动量的情况不同，提高劳动强度并不能减少单位产品中的劳动量；与延长工作日实质上相同，劳动耗费随产品增加而增大。

按照习惯，劳动可分为体力劳动、脑力劳动和精神紧张性劳动三种形式。以肌肉活动为主要形式的劳动称为体力劳动；以脑力活动为主要形式的劳动称为脑力劳动；精神紧张和精力高度集中的劳动称为精神紧张性劳动，如精密仪表的生产和装配、仪表监视等。

强度适宜的劳动有助于提高人的劳动能力和健康水平。劳动强度过大、精神过于紧张，可导致呼吸、循环系统、中枢神经、内分泌系统功能的减弱或失调，有损人体的健康，出现体重减轻、疲劳的现象，甚至诱发疾病。因此，不同性别、年龄、健康状况的人或在不同工作环境条件下作业，应参照作业密度、劳动量、作业姿势等综合判断，从事不同强度的劳动。

5.5.2　劳动强度分级

上一节提到劳动分为体力劳动、脑力劳动和精神紧张性劳动三种，其中后两种劳动形式暂无分级标准，因此，本节所介绍的劳动强度分级其含义均为体力劳动分级。

对于劳动强度分级，国外一般采用能量消耗值、耗氧量或心率值为指标。其中，能量消耗值指标应用最普遍。欧洲国家以能量代谢率分级劳动强度，日本以能量代谢率分级体力劳动强度，我国采用劳动强度指数作为劳动强度分级的标准。

1. 国际劳工局分级标准

研究表明，以能量消耗为指标划分劳动强度时，耗氧量、心率、直肠温度、排汗量、乳酸浓度和相对代谢率等具有相同意义。典型代表是国际劳工局1983年的划分标准，它将工农业生产的劳动强度划分为6个等级，各级指标见表5-9。

表 5-9　国际劳工局劳动强度作业分级标准

劳动强度等级	很轻	轻	中等	重	很重	极重
氧需上限（%）	<25	25~37.5	37.5~50	50~75	75~100	>100
耗氧量/（L/min）	<0.5	0.5~1.0	1.0~1.5	1.5~2.0	2.0~2.5	>2.5
能耗量/（kJ/min）	<10.5	10.5~21.0	21.0~31.5	31.5~42.0	42.0~52.5	>52.5
心率（次/min）	<75	75~100	100~125	125~150	150~175	>175
直肠温度/℃	—	<37.5	37.5~38	38~38.5	38.5~39.0	>39.0
排汗量/（mL/h）	—	—	200~400	400~600	600~800	>800

2. 我国分级标准

劳动强度分级是我国劳动保护工作科学管理的基础标准，也是确定体力劳动强度大小的根据。应用劳动强度分级标准，可以明确工人体力劳动强度的重点工种或工序，以便有重点、有计划地减轻工人的体力劳动强度，提高劳动生产率。

我国先后制定了有关劳动强度分级的不同标准。最初主要是由中国医学科学研究院劳动卫生研究所调查测定了 262 个工种的劳动工时、能量代谢和疲劳感等指标，经过综合分析研究后提出按照劳动强度指数来划分体力劳动强度，并制定《体力劳动强度分级》（GB 3869—1997）（2017 年 3 月 23 日起该标准废止）。以此标准为基础，2002 年我国颁布了《工作场所有害因素职业接触限值标准》（GBZ 2—2002）。该标准与《体力劳动强度分级》中有关我国体力劳动强度分级的相关规定基本一致。2007 年国家制定并发布了其取代标准《工作场所有害因素职业接触限值 第 1 部分：化学有害因素》（GBZ 2.1—2007）（该标准已改为 GBZ 2.1—2019，并于 2020 年 4 月 1 日执行）和《工作场所有害因素职业接触限值 第 2 部分：物理因素》（GBZ 2.2—2007），但该标准中有关体力劳动强度分级的内容与《体力劳动强度分级》（GB 3869—1997）和《工作场所有害因素职业接触限值》（GBZ 2—2002）两个标准的规定基本一致，所以本书介绍的我国劳动强度的分级标准仍然采用《工作场所有害因素职业接触限值》（GBZ 2—2002）中的相关规定。

该分级标准适用范围是以体力劳动形式为主的作业，不适用于脑力劳动或精神紧张性劳动或以静力作业为主要劳动形式的作业。因为这些作业产生疲劳的程度与能量消耗值的大小关系并不密切，我国体力劳动强度分级标准见表 5-10。

表 5-10　我国体力劳动强度分级标准

体力劳动强度级别	劳动强度指数
Ⅰ	≤15
Ⅱ	>15~20
Ⅲ	>20~25
Ⅳ	>25

3. 日本劳动研究所分级标准

表 5-11 是日本劳动研究所劳动强度分级标准，表中劳动强度分级有 5 个级别。

表 5-11　日本劳动研究所劳动强度分级标准

劳动强度分级	RMR	耗能量/kJ			作业特点	工种
		性别	8h	全天		
A 级 极轻劳动	0~1	男	2300~3850	7750~9200	手指作业，脑力劳动，坐位姿势多变，立位中心不动	电话员、电报员、制图、修理仪表
		女	1925~3015	6900~8040		
B 级 轻劳动	1~2	男	3850~5230	9290~10670	长时间连续上肢作业	驾驶员、车工、打字员
		女	3015~4270	8040~9300		
C 级 中等劳动	2~4	男	5230~7330	10670~12770	立位工作，身体水平移动，步行速度，上肢用力作业，可持续作业	油漆工、邮递员、木工、石工
		女	4270~5940	9300~10970		
D 级 重劳动	4~7	男	7300~9090	12770~14650	全身作业，全身用力 10~20min 需休息一次	炼钢、炼铁、土建工人
		女	5940~7450	10970~29800		
E 级 极重劳动	7~11	男	9090~10840	14650~16330	全身快速用力作业呼吸急促、困难，2~5min 即需休息	伐木工（手工）、大锤工
		女	7450~8920	12480~13940		

4. 劳动强度指数

（1）平均能量代谢率计算方法

平均能量代谢率是指某工种劳动日内各类活动和休息的能量消耗的平均值。计算公式如下：

$$M = \frac{\sum E_{si} T_{si} + \sum E_{rk} T_{rk}}{T_z} \tag{5-9}$$

式中　M——工作日平均能量代谢率 $[kJ/(min \cdot m^2)]$；

　　　E_{si}——单项劳动能量代谢率 $[kJ/(min \cdot m^2)]$；

　　　T_{si}——单项劳动占用的时间（min）；

　　　E_{rk}——休息时的能量代谢率 $[kJ/(min \cdot m^2)]$；

　　　T_{rk}——休息占用的时间（min）；

　　　T_z——工作日总时间（min）。

能量代谢率的计算方法如下：

肺通气量为 3.0~7.3L/min 时采用下式计算：

$$\lg M = 0.0945x - 0.53794 \tag{5-10}$$

式中　M——能量代谢率 $[kJ/(min \cdot m^2)]$；

　　　x——单位体表面积气体体积 $[L/(min \cdot m^2)]$。

肺通气量为 8.0~30.9L/min 时采用下式计算：

$$\lg(13.23 - M) = 1.1648 - 0.0125x \tag{5-11}$$

肺通气量为 7.3~8.0L/min 时采用上述两式的平均值计算。

（2）劳动时间率的计算方法

劳动时间率是指工作日内纯劳动时间与工作日总时间的比值，以百分率表示。首先选择 2~3 名接受测定的作业者，按表 5-12 记录整个工作日的各种动作（作业）相应的时间（包括各种劳动与休息、工作中间暂停的所有时间）及主要内容。对每个测试者连续记录三天（若生产不正常或发生事故，则当天工作日不做记录，择日重新测定），取平均值，求出劳动时间率。

$$T = \frac{\sum T_{si}}{T_z} \times 100\% \tag{5-12}$$

式中　T——劳动时间率（%）；

　　　$\sum T_{si}$——工作日内净劳动时间（min）；

　　　T_{si}——单项劳动占用时间（min）；

　　　T_z——工作日总工时（min）。

表 5-12　工时记录表

动作名称	开始时间（时、分）	耗费工时/min	主要内容（如物体质量、动作频率、行走距离、劳动体位等）

调查人签名：　　　　　　　　　　　　　　　　　　　　　　　　　年　　月　　日

（3）体力劳动强度指数计算方法

用体力劳动强度指数来区分体力劳动强度等级。体力劳动强度指数越大，表示体力劳动强度大；体力劳动强度指数越小，表示体力劳动强度越小。其计算式如下：

$$I = 10TMSW \tag{5-13}$$

式中　I——体力劳动强度指数；

　　　T——劳动时间率（%）；

　　　M——8h 工作日平均能量代谢率[kJ/（min·m²）]；

　　　S——性别系数，取值：男性 = 1，女性 = 1.3；

　　　W——体力劳动方式系数，取值：搬 = 1，扛 = 0.40，推/拉 = 0.05；

　　　10——计算常数。

（4）最大能量消耗界限测量方法

人体的最大能量消耗界限是指在正常情境中，工作 8h 不产生过度疲劳的最大工作负荷值。

最大能量消耗界限值通常以下列指标及数值为最佳负荷状态：

1）能量消耗界限：20.93kJ/min。

2）心率界限：110~115 次/min。

3）吸氧量：最大摄氧量的 33%。

对于重强度劳动和极重（很重）强度劳动，只有增加工间休息时间即通过劳动时间率来调整工作日中的总能耗，使 8h 的能耗量不超过最大能消耗界限。为了补充体内的能量储备，就必须在作业过程中插入必要的休息时间。

5. 按照能量消耗水平不同进行的劳动强度分级

除了根据体力劳动强度指数确定劳动强度等级以外，还可以根据能量消耗水平的不同进行劳动强度分级。伴随着我国经济的发展，职业劳动条件也不断改善。2001 年，中国营养学会建议我国成人的劳动强度由 5 级（极轻、轻、中等、重、极重）调整为 3 级，即轻、中、重（表 5-13）。由于工作熟练程度和作业姿势的不同，不同人从事同工作消耗的能量各不相同，加之 8h 以外的活动各异，所以这种劳动强度分级仅供参考。

表 5-13　我国成人能量消耗水平与劳动强度分级

劳动强度	职业工作时间分配	工作内容举例	性别	
			男	女
轻	75%时间坐或站立，25%时间站着活动	办公室工作、修理电器钟表、售货员、酒店服务员、化学实验操作、讲课等	1.55	1.56
中	25%时间坐或站立，75%时间特殊职业活动	学生日常活动、机动车驾驶、电工安装、车床操作、金工切割等	1.78	1.64
重	40%时间坐或站立，60%时间特殊职业活动	非机械化农业劳动、炼钢、舞蹈、体育运动、卸载、采矿等	2.10	1.82

5.6 | 作业疲劳

5.6.1　作业疲劳的特点与分类

1. 作业疲劳的概念

作业者在作业过程中，产生作业机能衰退，作业能力明显下降，有时伴有疲倦感等主观症状的现象，称作作业疲劳（简称疲劳）。作业疲劳不仅是生理反应，而且包含着大量的心理因素、环境因素等。例如，作业者为了某种目的，通过自己的努力可以在短时间内掩盖疲劳的效应；相反，心理上的某种不适或不满会提前或加速疲劳的出现。例如，单调的作业内容、强制而令人不适的作业节奏会使作业者产生厌倦感，因而造成作业者的作业效率下降。疲劳不仅使作业能力下降，而且增加事故发生的风险。

由于作业疲劳会成为不安全因素，诱导事故的发生，因此运用劳动生理学和心理学的原理研究作业疲劳及疲劳的减轻和恢复，可以保障工人健康和作业安全，从而充分发挥作业人员的主动性和积极性，提高劳动生产率。作业疲劳一般经过适当休息和睡眠可以恢复；若长期得不到完全恢复，可造成疲劳的累积，即导致肌体过劳，这极有可能诱发事故[⊖]。

⊖ 引自 Useche S A, Ortiz V G, Cendales B E, Stress-related psychosocial factors at work, fatigue, and risky driving behavior in bus rapid transport（BRT）drivers, Accident Analysis & Prevention, 2017。

2. 作业疲劳的特点

疲劳是涉及化学、生物学和心理学的综合过程，作业疲劳的特点可以归纳为以下几个方面和影响因素：

1）疲劳可能是身体的一部分过度使用后发生的，但并不是只发生在身体的这一部分。通常，疲劳所产生的症状不仅在局部，全身也会有筋疲力尽的感觉。疲劳所引起全身症状也表现出大脑疲劳，这种大脑与疲劳有关的现象是作业疲劳的最大特征。

2）预防过度劳累的警告作用。当人有疲劳感的时候，人的作业能力降低，作业意志也随之减弱，迫使人不得不停下来休息，减少疲劳的产生和积累，从而起到防护身体安全的作用。因此，疲劳与轮班强度、轮班频率也有相关性[⊖]。

3）人体疲劳后具有恢复原状的能力，而且基本不会留下损伤痕迹，但是恢复时间因疲劳工作的类型和程度以及人的体质而不同。

4）某些作业疲劳是由作业内容和环境变化太少引起的，当作业内容和环境改变时，疲劳可能会立即减弱或消失。

5）当人们对作业不感兴趣、缺乏动力时，就会有疲劳感觉，但是机体并未达到疲劳状态；当人们过于关注自己的工作、责任心很强、积极性很高时，会产生机体已过度疲劳，但主观并未感觉疲劳的现象。

6）作业疲劳可以缓解，但是不能避免。这与人体的机体功能有关，不论人体处于何种状态，只要从事生产作业，机体或组织器官就必然会疲劳，只是疲劳症状出现的时间与出现的程度不同而已。

7）疲劳的产生最终反映在人的行为中。不论机体或组织哪里出现疲劳，都会通过一定的形式表现出来，并且最终反映在人的动作行为中。例如，当工人在疲劳状态下工作时，其工作效率和工作质量明显低于正常状态，反应慢且极易出现判断错误，轮班作业机制不当也有可能引发疲劳。

3. 作业疲劳的分类

通常可以按照疲劳发生的部位、疲劳的表现形式、引起疲劳的原因和疲劳恢复的快慢程度四种分类方法对疲劳进行分类。

（1）按照疲劳发生的部位分类

1）局部疲劳表现为个别器官疲劳，常发生在仅需个别器官或肢体参与的紧张作业：如手、视觉、听觉等的局部疲劳，一般不影响其他部位的功能。例如手疲劳时，对视力、听力等并无明显影响。

2）全身疲劳通常发生在全身动作的作业或进行较繁重劳动的作业，主要是全身参与较为繁重的体力劳动所致，表现为全身肌肉、关节酸痛，疲乏，不愿活动和作业能力明显下降，作业错误增加等。

⊖ 引自 Härmä M, Karhula K, Ropponen A, et al, Association of changes in work shifts and shift intensity with change in fatigue and disturbed sleep: a within-subject study, Scandinavian journal of work, environment & health, 2018。

（2）按照疲劳的表现形式分类

1）精神疲劳主要与中枢神经活动有关，主要受大脑皮层的活动水平影响，大脑皮层活动水平分为多种不同状态，精神疲劳是介于懈怠与睡眠之间的一种状态。

2）肌肉疲劳是指人体在持续长时间、大强度的体力活动时，肌肉（骨肌）群持久或过度收缩而产生乳酸蓄积，出现局部酸痛现象，一般是局部疲劳。肌肉疲劳只涉及大脑皮层的局部区域。

3）混合性疲劳又称为综合性疲劳，是指精神、肌肉两种疲劳同时存在。

（3）按照引起疲劳的原因分类

1）智力疲劳是长时间从事紧张脑力劳动所致，表现为头昏脑涨、全身乏力、嗜睡或失眠、易激怒等。

2）技术性疲劳常见于需要脑力、体力并重且神经精神相当紧张的作业，如驾驶汽车、飞机，收发电报，操作计算机等。其表现视劳动时体力和脑力参与的多少而异。例如，卡车驾驶员的疲劳时除全身乏力外，腰酸腿痛颇为常见；而无线电发报员、半自动化作业操纵人员等，则以头昏脑涨、嗜睡或失眠等多见。

3）心理性疲劳，多是由于单调的作业内容引起的，也可能是由情绪问题和感情冲突所致。脑力劳动者、心理素质较差者和长期在噪声环境中工作、学习、生活的人容易产生心理上的疲劳，有抑郁和忧虑等不良情绪的人更容易产生心理疲劳。心理疲劳与群体的心理氛围、工作环境、态度和动机，以及与周围共同工作的同事的人际关系、自身的家庭关系、工作的工资制度等社会心理因素有密切关系。例如，监视仪表的工作并非表面看那么轻松，信号率越低越容易使人的警觉性下降，从而越容易疲劳；这时的疲劳并不是体力上的，而是大脑皮层的一个部位经常兴奋引起的抑制。

4）生理性疲劳是人们在日常活动中产生的，是由于人体生理功能失调而引起的一种不适的主观感觉。其产生原因是肌肉过度活动，新陈代谢的废物在肌肉中的沉淀，肌肉不能继续有效地工作，使人体力衰竭在这种状态下，只要经过一定时间的休息，让身体有机会排泄掉积聚的废物，肌肉重新得到所需要的能量物质，疲劳就可以完全消除。

（4）按疲劳恢复的快慢程度分类

按疲劳恢复的快慢程度一般将疲劳分为一般疲劳、过度疲劳和重度疲劳。一般疲劳稍事休息即可恢复，属正常现象；过度疲劳有疲乏、腿痛、心悸的感觉；重度疲劳除疲乏、腿痛、心悸外，还有头痛、胸痛、恶心甚至呕吐等征象，而且这些征象持续时间较长。

5.6.2 作业疲劳的发生机理及发展阶段

1. 工作动机与疲劳

工作动机是一种心理状态，指的是一系列激发与工作绩效相关的行为，与决定这些行为的形式、方向、强度和持续时间的内部与外部力量。1975年，Steer 和 Porter 对工作动机定义为影响工作情境中行为的激发、导向与持久的状态。由于各人或某一个人所具有的动机强度的差异，因此不同的人在同一时期或者同一个人在不同时期对个体所包含与储存的潜在能量在相关行为上进行分配的比例是不同的。个体的某种动机强度高时，其在相应行为上的能量分配就多些；个体的某种动机强度低时，其在相应行为上的能量分配就少些。

图 5-7 描述的是个体的能量分配和能量消耗以及它们与动机水平的关系。其中，图 5-7a和图 5-7b 代表了总能量相同的甲、乙两个人，他们由于从事某项活动的动机强度不同，分配给该活动的能量值也不同；图 5-7c 和图 5-7d描述了甲、乙两人完成任务后的状况，图中小圆圈中阴影部分代表已经消耗的能量。可以看出，甲、乙两人在完成任务时虽然都消耗了自己分配能量的 50%，体验到了相同的疲劳程度，但甲实际消耗的能量要比乙实际消耗能量多，说明作业疲劳是随着工作动机的变化而发生变化的。

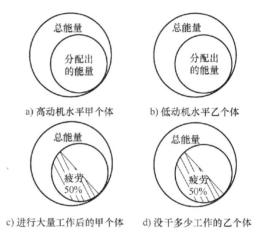

图 5-7　个体的能量分配和能量消耗
以及它们与动机水平的关系

2. 疲劳形成理论的几种观点

关于作业疲劳的形成理论的研究主要由以下几种观点：

1）能源物质耗竭学说。这种理论认为劳动者在劳动过程中需要消耗能量。随着劳动的进程推进，能源物质（如糖原、APT、CP 等）不断地消耗，但人的能源物质贮存量是有一定的限度的，一旦耗竭，便呈现疲劳。

2）疲劳物质累积学说。这种理论认为疲劳是人体肌肉或血液中某些代谢物质，如乳酸、丙酮酸等酸性物质大量堆积而引起的。

3）中枢神经系统变化学说。这种理论认为人在劳动中，中枢神经的功能发生着变化，当兴奋到某种程度，必然会产生抑制。疲劳是中枢神经工作能力下降的表现，是大脑皮质的保护性作用。

4）机体内环境稳定性失调学说。这种理论认为劳动中体内产生的酸性代谢物，使体液的 pH 下降。当 pH 下降到一定程度，细胞内外的水分中离子的浓度就会发生变化，人体就会呈现疲劳。

5）局部血流阻断机理。静态作业引起的局部疲劳是由局部血流阻断引起的。人体肌肉收缩时，肌肉变得非常坚硬，其内压可达几十千帕，因此会部分地或完全地阻断血流通过收缩的肌肉。

3. 疲劳过程的发展阶段

一般认为，作业疲劳实际上是由于多种机理共同作用产生的，其发展经历三个发展阶段：

第一阶段：疲倦感轻微，作业能力不受影响或稍下降。此时，浓厚兴趣、特殊刺激、意志等可使自我感觉精力充沛，能战胜疲劳，维持劳动效率，但有导致过劳的危险。

第二阶段：作业能力下降趋势明显，并涉及生产的质量，但对产量的影响不大。

第三阶段：疲倦感强烈，作业能力急剧下降或有起伏，后者表示劳动者试图努力完成工作要求。最终感到精疲力竭、操作发生紊乱而无法继续工作。

5.6.3 作业疲劳的测定

1. 疲劳测定的目的

研究疲劳与劳动产量和质量之间的关系，测量人体对不同劳动强度和紧张水平的反应，为发展生产和改善劳动条件提供依据。

2. 疲劳测试的条件

疲劳测试应满足以下三个条件：

1）测定结果应能客观地描述出疲劳的程度，而不是依赖于研究者的主观解释。

2）测定结果应能定量描述疲劳程度。

3）疲劳测定时不能导致被测者附加的疲劳或造成反感，如分神、造成心理负担而加重疲劳。

3. 疲劳的表现特征

疲劳可以从三种特征上表露出来：①身体的生理状态发生特殊变化，如心率（脉率）、血压（压差）、呼吸以及血液中乳酸含量等发生了变化；②作业能力的下降，如对特定信号的反应速度、正确率、感受性等能力下降；③疲倦的自我体验。

4. 疲劳测定的常用方法

检验疲劳的基本方法可分三类：生化法；生理心理测试法；他觉观察和主诉症状调查法。以下对前两类方法进行简要介绍。

（1）生化法

生化法是指通过检查作业者的血、尿、汗以及唾液等体液成分的变化判断疲劳的方法。这类方法的不足之处是，测定时需要中止作业者的作业活动，而且还容易给被测者带来不适和反感。

（2）生理心理测试法

生理心理测试法主要包括：膝腱反射机能检查法、两点刺激敏感阈限检查法、频闪融合阈限检查法、反应时间测定法、脑电图和肌电图检查法、测定心率（脉率）、血压测定法等。

下面仅对其中的几种方法略做介绍。

1）膝腱反射机能检查法。该方法是用医用小榔头敲击膝盖部，根据小腿的弹起角度大小及高度评价疲劳的轻重。一般认为，作业前后膝腱反射角度变化在 $5° \sim 10°$ 时为轻度疲劳；在 $10° \sim 15°$ 时为中度疲劳；在 $15° \sim 30°$ 时为重度疲劳。

2）两点刺激敏感阈限检查法。此方法利用针状物同时刺激皮肤，疲劳越严重，两点刺激敏感阈限值越大。当皮肤表面上的两个点同时受到刺激时，如果两点间距离在 50mm 以上时，任何人都能清楚地感受到两点的刺激。但是，当两点距离缩短到一定值以后，测试者只感觉是一个刺激点，这个距离称为两点值（又称两点刺激敏感阈限）。作业疲劳越重，感觉越迟钝，此值上升越多。

3）频闪融合限检查法。该方法是利用视觉对光源闪变频率的辨别程度来判断机体疲劳。当光源以某一频率闪变时，人眼能够辨别出光源的明暗。若把闪变频率提高到人眼对光源闪变感觉消失时，此时称为融合现象。开始产生融合现象的闪变频率称为融合度。相反，在融合状态下降低光源的闪变频率，使人眼产生闪变感觉的临界闪变频率称为闪变度。融合度与闪变度的均值便称为频闪融合阈限，它表征着中枢系统机能的迟钝程度。显然，频闪融合限因人而异，但均受机体疲劳程度的影响。

表 5-14 列出了日本早稻田大学的大岛给出的频闪融合阈限值，它可作为正常作业时应满足的标准。

表 5-14　频闪融合阈限值

劳动种类	第一工作日的日间降低率（%）		作业前的周间降低率（%）	
	理想值	允许值	理想值	允许值
体力劳动	−10	−20	−3	−13
中间劳动	−7	−13	−3	−13
脑力劳动	−6	−10	−3	−13

4）脑电图和肌电图检查法。此方法是用脑电图判断疲劳程度，用肌电图检测局部肌肉的疲劳程度。疲劳越严重，放电振幅越大，节律变缓。

5）测定心率（脉率）法。心率和劳动强度是密切相关的。在作业开始前 1min，由于心理作用，心率通常稍有增加；作业开始后，前 30~40s 心率迅速增加，以适应供氧的要求，以后缓慢上升，一般经过 4~5min 达到与劳动强度适应的稳定水平。轻度作业，心率增加不多；重度作业能上升到 150~200 次/min。有研究认为，作业中心率增加值最好在 30 次/min，增加率在 22%~27% 为好。作业停止后，心率可在几秒至十几秒内迅速减少，然后缓慢地降到原来水平。但是，心率的恢复要滞后于氧耗量的恢复，疲劳越重，氧债越多，心率恢复得越慢。心率恢复时间的长短可作为疲劳程度的标志和人体素质（心血管方面）鉴定的依据。

5.7　作业疲劳与安全生产

作业疲劳与安全生产紧密相关，特别是由于作业疲劳产生机理的复杂性，明确作业疲劳的影响因素，开展相关措施降低疲劳对提高作业者作业能力、保障安全生产至关重要。

5.7.1　作业疲劳的影响因素

由于作业疲劳的产生原因是多方面的，作业疲劳的影响因素大致可以从客观因素、主观因素、疲劳心态三个方面来考虑。

1. 客观因素

主要考虑机械设备、工作环境和工作组织制度与劳动负荷三个方面。

（1）机械设备

由于目前我国的工业基础设施发展并不是特别完善，或许多企业设备老化，或许多设备从人机匹配的角度来看并不是十分合理，尤其在正常作业过程中，产生的振动与噪声都将不可避免地影响作业者的听觉以及其他组织结构，从而产生疲劳并使机体的应急能力与自我保护能力下降。

（2）工作环境

工作环境对作业疲劳的影响主要包括：

1）不良的作业环境，如光照条件、温度、以及作业场所色彩的搭配等对人的视觉以及作业心理的影响。

2）作业空间的布置对作业人员正常作业姿势也会有很大的影响，如加速作业疲劳的来临，增加作业失误率，降低工作能力，尤其一些现代综合性写字楼的工作环境过于密闭，新鲜空气的补给量不够，对在其中办公的人员疲劳的影响巨大。

3）人际关系心理因素不适造成的办公室紧张气氛同样可以导致工作疲劳。

（3）工作组织制度与劳动负荷

现代企业为了在激烈的社会竞争中占有一席之地，经常安排员工加班加点，也有人迫于生活或者其他压力身兼数职，这样的工作制度与劳动负荷会造成超负荷工作极易引起身体疲劳。此外，我国现行的轮班制度是三班三轮制，即白、中、晚班每周轮流工作和休息，这样往往使人的生理机能刚刚适应或没来得及适应新的节律时又进入新的人为节律控制周期，而始终处于和外界节律不相协调的状态，极易由于疲劳造成事故。

2. 主观因素

作业人员自身因素包括生理与心理两个方面。生理角度主要是由于人本身身体素质存在巨大差异，如形体有坚实与脆弱，气血有壮旺与衰少，体质有温热与寒凉等，这些都与疲劳的发生与变化有很大的关系。另外，随着现代社会竞争的越加激烈，作业人员在工作过程中均有不同程度的心理压力以及不良的工作情绪，可以通过心理辅导以及自我调整得到改观。

3. 疲劳心态

由于管理原因产生疲劳心态不可忽视。在规章制度的落实过程中，管理人员由于职业疲劳心态的出现并未严格执行监督检查，导致安全生产管理工作漏洞百出。管理疲劳心态的产生主要是由于以下几个方面造成的：

1）操作人员所具备的能力高于操作要求，在工作中由于产生厌倦情绪导致工作心不在焉，发生人为失误。这就需要企业可以根据职工的实际工作能力和工作爱好合理安排工作岗位，以充分发挥职工的能力。

2）物质条件与本身的期望值存在较大的差距，从而在工作中产生一种消极应付的心态。从心理学的角度讲，人对自己的行为总会有一个期望值，人总是希望得到的大于或者等于这一目标值，当所期望的与实际所得到的存在差距时，人们就会相应做出调整（如工作不积极等），以适应这一目标，达到心里的暂时性平衡。

3）工作缺乏竞争性，不存在淘汰鼓励机制，从而产生"老化的工作心态"，直接导致工作积极性不高。这主要是由于现有安全生产管理体制并不完善，某些方面还存在空白。

若要有效解决管理疲劳给生产工作带来的不良后果，就需要国家、企业、行业以及社会群众多方面的共同监督与合作。

5.7.2 提高作业能力与降低疲劳的措施

由于我国作业智能化水平相对较低，一些机械化作业往往会耗费众多体力，因此如何减轻疲劳、防止过劳，是安全人机工程学应研究讨论的重要内容。

1. 提高作业机械化和自动化程度

提高作业的机械化、自动化程度是减轻疲劳和提高作业安全可靠性的根本措施。大量事故统计资料表明，笨重体力劳动较多的基础工业部门，如冶金、采矿、建筑、运输等行业，劳动强度大，生产事故较机械、化工、纺织等行业均高出数倍至数十倍。因此，提高作业机械化、自动化水平，是减少作业人员、提高劳动生产率、减轻人员疲劳、提高生产安全水平的有力措施。

2. 加强科学管理，改进工作制度

（1）工作日制度

工作日的时间长短取决于很多因素。许多发达国家实行每周工作32～36h、5个工作日的制度；某些有毒、有害物的加工生产场所环境条件恶劣，必须佩戴特殊防护用品工作的车间、班组，也可以适当缩短工作时间。当然，最为理想的是工人自己在完成任务条件下，掌握作业时间。目前，国内许多矿山，井下采矿、掘进工人实际下井时间不超过4h。这在当前计件或承包的分配制特定情况下是可行的。应当指出，延长工作时间以提高产量的做法是不足取的，这样不仅会导致作业人员产生疲劳感，影响作业效率，还可能引发潜在的危险事故。

（2）劳动强度与作业率

劳动强度越大，劳动时间越长，人的疲劳就越重。人在一定的劳动强度下只能坚持一定时间的劳动。所以，劳动强度越大，工作时间应越短，休息时间应越长。一般的经验表明，RMR≤2.0的作业，可保持稳态工作6h；RMR=3.6的作业，可持续80min；RMR=7.0的作业，则工作10min就需休息。这就有必要对不同劳动强度的作业时间给予科学的评价和规定。

鞍钢劳动卫生研究所对疲劳消除所做的现场试验说明，以能量代谢的大小计算的消除时间最为恰当。消除时间计算方法如下：

$$T=0.02(M-3)^{1.2}\times1.1^{t} \tag{5-14}$$

式中　　T——消除时间（min）；

$\quad\quad M$——能量代谢值$[kJ/(min\cdot m^2)]$；

$\quad\quad t$——纯劳动时间（min）。

根据经验，RMR>7.0 的作业应采用机械化、自动化设备来完成；RMR>4.0 应给必要的间隔休息时间；RMR<4.0 可持续工作，但工作日内的平均 RMR 值不应大于此。因此，制定科学的工作时间表，使作业和休息合理地交叉是必要的。

（3）工作时间及休息时间

如上所述，作业人员从生理和心理上是不可能连续工作的，过一定时间，效率就将下降，错误就会增多，这时若仍不及时休息，就会引起产品质量下降，甚至出现事故。由于事故是生理、心理和生产条件等不良因素综合作用的结果，在事故发生之前，事故发生的各种条件都已"准备就绪"，疲劳就是重要条件之一。因此，为安全考虑，也应制止疲劳发展。

疲劳表现的形式之一就是工作效率下降。如图 5-8 所示是某工厂一天作业者工作效率变化的曲线，图中的百分数数值表示一天中相应的时段所完成全天工作量（产量）的比重，反映了劳动效率。该曲线说明：工作开始阶段有个适应过程，人体要逐渐发挥出最大能力，经过一段稳定的高时率以后又会下降，午休后又有所上升，但不如上午。因此，应给作业人员一定的宽裕时间，工作时间内的作业率不应太高。若一直不能休息，作业人员也应自动调节，做些次要工作，缓解作业的紧张。

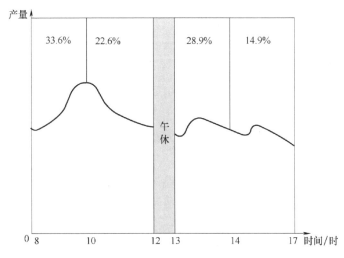

图 5-8 作业者一天工作效率曲线

意大利人马兹拉研究发现，工作期间多次短期休息，比一次长时间的休息要好得多。工作时间适度或适当减少，能使工人聚精会神，努力工作，产量反而提高。所以，在工作过程中，当疲劳发生的时候，就应考虑进行适当的休息，以减轻、消除疲劳，从而提高劳动效率和减少工伤事故。每次小休时间不宜过长或过短，一般对于中等强度作业，上、下午中间各安排一次 10~20min 的休息是适当的。有实验研究表明，每个作业周期休息 10min 或休息 2min，其工作效率相差悬殊（图 5-9），这说明了合理确定休息时间的重要性。

（4）休息方式

工间休息方式可以多种多样。对于连续、紧张生产的工作人员，工间休息多为自我调节

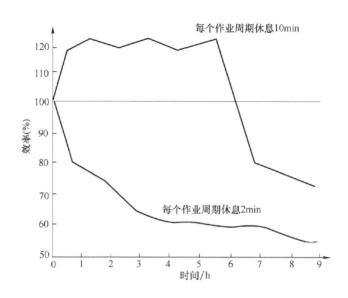

图 5-9　不同休息制度对功效的影响

式的。例如，体力劳动强度大的以静止休息为主，但也应做些有上下肢活动、背部活动的体操，以利于消除疲劳，即积极休息和消极休息应相互结合。对注意力集中和感觉器官紧张的工作，更应采取积极休息的方式，如工间操、太极拳运动等。

（5）轮班工作制度

1）疲劳与轮班制密切相关。轮班工作制与疲劳紧密相关，不合理的轮班制度足以引起疲劳。轮班工作制度会引起生物钟错乱，例如上夜班的人员在白天睡眠时极易受周围环境的干扰，不能熟睡或睡眠时间不足，醒后仍然感到疲乏无力。另外，轮班工作制会改变睡眠习惯，使轮班人员一时很难适应。

夜班作业人员病假缺勤比例高，原因多数是呼吸系统和消化系统疾病。因为人的生理机能具有昼夜的节律性，夜晚适于人们休息，消除疲劳。人的消化系统在早、午、晚饭时间分泌较多的消化液，夜里则进入抑制状态，矿井的井下工作人员由于轮班工作，又加上白班也缺少日光照射，患消化道疾病的人比例较大。英国学者通过研究人体体温来评定生活节律改变对人造成的影响。在生物节律的反应中，人的体温一般在清晨睡眠时最低，上午 7~9 时急剧上升，下午 5~7 时最高。

2）时间节律的错乱明显地影响人的情绪和精神状态，因而夜班的事故率也较高。轮班工作制在国民经济生产中有重要意义。首先，它提高了设备利用率，增加了生产物质财富的时间，从而增加产品产量，也相当于扩大了就业人数；其次，某些连续生产的工业部门，如冶金、化工等，其工艺流程不可能间断进行。

为有效避免或降低夜班事故率，我国一些企业合理推行四班三轮制。四班三轮制可以减少疲劳，提高效率和作业的安全性。它又分为几种，现举出两种轮班方式作为参考（表 5-15 和表 5-16）。

表 5-15　四班三轮制（一）：6（2）6（2）6（2）型

班次	时刻（时）											
	1、2	3、4	5、6	7、8	9、10	11、12	13、14	15、16	17、18	19、20	21、22	23、24
白班	A	B	C	D	A	B	C	D	A	B	C	D
中班	D	A	B	C	D	A	B	C	D	A	B	C
夜班	C	D	A	B	C	D	A	B	C	D	A	B
空班	B	C	D	A	B	C	D	A	B	C	D	A

注：A、B、C、D 表示不同班组。

表 5-16　四班三轮制（二）：5（2）5（1）5（2）型

班次	时刻（时）									
	1	2	3	4	5	6	7	8	9	10
白班	A	A	A	A	A	B	B	B	B	B
中班	C	C	D	D	D	D	D	A	A	A
夜班	B	B	B	C	C	C	C	C	D	D
空班	D	D	C	B	B	A	A	D	C	C

班次	时刻（时）									
	11	12	13	14	15	16	17	18	19	20
白班	C	C	C	C	C	C	D	D	D	D
中班	A	A	B	B	B	B	C	C	C	C
夜班	D	D	D	A	A	A	A	B	B	B
空班	B	B	A	D	D	C	C	B	A	A

（6）业余休息和活动的安排

业余的休息和活动往往被管理者所忽视。实际上，这也与生产安全和效率是密切相关的。

1）首先，要为轮班的工人提供良好的休息条件。睡眠是消除疲劳的最好方法。其次，要加强管理，合理安排不同班次作业工人的休息时间及环境，避免互相干扰。

2）积极组织业余活动。组织作业人员开展健康有益、丰富多彩的文化娱乐和体育活动，有助于从疲劳状态恢复、增进身心健康。

（7）开展技术教育和培训，选拔合格工人。

疲劳与体质和技术熟练程度密切相关。技术熟练的作业人员作业中无用动作少，技巧能力强，完成同样工作所消耗的能量较少。企业可组织工程师、老工人、技师、管理干部组成专家小组，对作业内容进行逐项解剖分析，如动作分析、安全性分析等，规定出标准作业动作，要求作业人员按标准作业动作进行操作。如果能不断听取意见，总结提高，结合各企业各自条件制定出各工种操作的标准化作业方案，对于减少疲劳、保证安全可起到有效且重要的作用。

3. 合理选择作业姿势和体位

1）尽量避免和减少静态作业，采用随意姿势。例如，搬运重物时不同姿势的氧耗量不同：肩挑 100%（基准），一肩扛 110%，两手提 114%，头顶重物 132%，一手提 140%。

2）避免不良体位，否则消耗能量大，易疲劳。常见不良体位：①静止不动；②长期反复弯腰；③身体左右扭曲；④单侧负重；⑤长期双（单）手前伸。

3）适宜采用立位姿势操作的作业。主要包括：①需经常改变体位的操作，如钳工、车工、装配工等；②工作地控制装置分散，需手脚活动幅度较大的作业，如锻打；③在无容膝空间的机台旁操作；④用力较大的作业；⑤单调作业。

4）适宜采用坐姿操作的作业。主要包括：①持续时间较长的作业；②精确而又细致的作业，如手表、钟表等装配；③需要手和脚并用的作业，如缝纫机操作。

4. 合理设计作业中的用力方法

1）合理安排负荷。例如，负重步行时，负荷小于体重的 40% 时，氧耗量基本不变；否则，氧耗量剧增。需要注意的是并非负重越轻，能耗越少。

2）按生物力学原理，将力用于完成某一操作动作的做功。例如，挑扁担的作业利用生物力学原理可知，扁担偏软较好。

3）利用人体活动特点获得力量和准确性。例如，大肌肉关节弯曲时产生大的爆发力（适宜立姿操作）；对抗肌肉群可获得准确性，如手臂操作（坐姿）。

4）利用人体动作的最经济原则。

① 动作自然。利用最适合运动的肌肉群，符合自然位置的关节参与动作，否则耗能较大。

② 动作对称。保证用力后，不破坏身体的平衡和稳定。

③ 动作有节奏。使能量不至于因肢体过度减速而浪费。

④ 肌群换着工作。减少肌群工作时间，减缓疲劳。

⑤ 降低动作能级。用手能完成的不用手臂动作，用手臂完成的不用全身动作。

⑥ 充分考虑不同体位的用力特点。

5.8 人的可靠性分析

对人的可靠性进行定性、定量分析，预测并预防或减少人为失误的分析方法对保障安全生产至关重要。本节从人的自然倾向性出发，提出人的可靠性的基本概念及分析方法，通过对人因失误及人的不安全行为开展相关探讨，进而对人的失误概率及定量分析模型进行了研究。

人的可靠性

5.8.1 人的自然倾向性

1. 习惯

习惯是人长期养成而不易改变的语言、行动及生活方式。习惯分个人习惯和群体习惯。

（1）个人习惯和群体习惯

个人习惯是一个人固有的行为方式，是指个人受本能行事的一种心理定势影响而呈现出来的一种行为状态和行动结果，一般是指个人在自己的活动与社会交往中的重复性活动。

群体习惯是指在一个国家或一个民族内部，人们所形成的共同习惯。符合群体习惯的机械工具可使作业者提高工作效率，减少操作错误。因此，对群体习惯的研究在人机工程学中占有相当重要的位置。

（2）动作习惯

动作习惯通常是指某个作业中时常进行的动作。例如，绝大多数人习惯用右手操作工具和做各种用力的动作，他们的右手比较灵活而且有力。但在人群中有 5%~6% 的人惯用左手操作和做各种用力的动作。至于下肢，绝大多数人也是惯用右脚，因此机械的主要脚踏控制器，一般也设置在机械的右侧下方。

2. 错觉

错觉是人观察物体时，由于物体受到形、光、色的干扰，加上人的生理、心理原因而误认物象，会产生与实际不符的判断性的视觉误差。错觉是知觉的一种特殊形式，它是人在特定的条件下对客观事物的扭曲的知觉，也就是把实际存在的事物被扭曲的感知为与实际事物完全不相符的事物。以下简要介绍视错觉及声音错觉。

（1）视错觉

视错觉又称错视，意为视觉上的错觉。属于生理上的错觉、特别是关于几何学的错视以种类多而为人所知。视错觉就是当人观察物体时，基于经验主义或不当的参照形成的错误的判断和感知。视错觉是指观察者在客观因素干扰下或者自身的心理因素支配下，对图形产生的与客观事实不相符的错误的感觉。

视错觉主要是对几何形状的错觉，可分四类：①长度错觉；②方位错觉；③透视错觉；④对比错觉。除了视错觉之外，还有空间定位错觉、大小与重量错觉、颜色错觉、听错觉、运动视觉中的错觉等。同样，正确地认识与掌握人可能导致的错觉现象，对指导人机环系统的合理设计十分有益。

（2）声音错觉

人们辨别声源方向时经常发生错觉，这称为声音定位错觉。例如，人的耳朵能够很好地辨别枪声是从左边还是从右边发出，但若枪声来自正前方或正后方，人们往往就难以准确地辨别。正前方发出的枪声，听起来像从后方发出的，而后方发出的枪声，又像从前方发出的。

3. 精神紧张

紧张是人体在精神及肉体两方面对外界事物反应的加强。人在工作繁忙时，常处于精神紧张状态。一般来讲，紧张状态的发展可分为三个阶段：警戒反应期、抵抗期、衰竭期。在不超过衰竭期的紧张状态下，人在紧张状态时的工作能力还有可能提高。需要注意的是，一般情况下，神经兴奋或紧张都会对肌肉运动张拉产生影响[一][二]。此外，精神紧张会导致体内

[一] Rindom E，Herskind J，Blaauw B，et al，Concomitant excitation and tension development are required for myocellular gene expression and protein synthesis in rat skeletal muscle，Acta physiologica，2021。

[二] Eftestl E，Excitation and tension development-the Yin & Yang of muscle signaling，Acta Physiologica（Oxford，England），2020。

的一些激素的分泌失去平衡、心跳加快、血压升高、新陈代谢加快或减慢。

以办公室的作业种类为例，打字的紧张度为30%，记账为45%，打算盘（又称珠算）为53%，默读为62%，操作计算机为67%。表5-17给出了紧张程度与各种作业因素之间的关系。

表5-17 紧张程度与各种作业因素之间的关系

作业因素	紧张度大————————紧张度小
能量消耗	大————小
作业速度	快————慢
作业精密度	精密————粗糙
作业对象的种类	多————少
作业对象的变化	变化————不变化
作业对象的复杂程度	复杂————简单
是否需要判断	需要判断————机械式进行
人所受限制	限制很多————限制很少
作业姿态	要求勉强姿态————可采取自有姿势
危险程度	危险感多————危险感少
注意力集中程度	高度集中————不需要集中
人际关系	复杂————简单
作业范围	广————窄
作业密度	大————小

慌张是另一种不利于工作进程的心态，表现为不沉着，惊慌失措，做事不稳重，急切不安。在人机工程学中，通常表现为着急慌忙，工作急于求成，而且忙中又常出错。产生慌忙心理主要有两方面的原因：一是人自身性格特点，二是由于种种原因想尽快将某件事情做完。表5-18是作业者在慌忙状态下与平静状态下的动作对比。

表5-18 作业者在慌忙状态下与平静状态下的动作对比

动作相关因素	慌忙	平静
动作的次数（次）	20.7	6.7
每次动作平均时间/s	8.5	36.4
无效动作次数（次）	15.4	1.6
有秩序、有计划的动作（%）	13.3	63.7
转来转去的动作（%）	37.4	17.2
无意义的动作（%）	28.2	1.4

（续）

动作相关因素	慌忙	平静
自以为是的动作（%）	31.4	1.8
看错、想错的次数（次）	4.2	0.2

表 5-18 中的动作次数通常可理解为作业者在完成某项作业时进行的平均次数，每次动作平均时间表示完成这项作业所用的时间。从表中可以看出，慌忙状态完成得比较快（用时 8.5s），而平静状态时完成作业相对缓慢（用时 36.4s），但慌忙状态下由于作业者作业比较争，有秩序、有计划的动作所占比例明显减少（占 13.3%，即无效动作次数增多）。同样的，慌忙状态下作业，转来转去的动作、无意义的动作以及自以为是的动作次数增多，占总动作次数的比例也会比在平静状态高，同样，看错、想错的次数在慌忙状态也会比平静状态高很多。

恐惧是指人们在面临某种危险情境，企图摆脱而又无能为力时所产生的一种担惊受怕的强烈压抑情绪体验。人在恐惧不安时，心电图上会显示出明显的变化。正常人平时心脏收缩时，波形是正常而有规律的；恐惧时由于心跳加快，波的间隔变窄。若恐惧进一步加重，则心电图中的 T 波几乎完全消失，解除恐惧以后，波形又恢复正常。人在恐惧状态下，认知水平就会直线下降，会做出许多非理智的行为，有的人心生慌乱，会做出不良举动，有的人会因为恐惧急于采取行动，最后乱中出错。例如，在昏暗的条件下，如果工人胆小恐惧黑暗，又着急完成任务，操作失误率会大大提高。

因此，要避免操作失误及事故发生，平时就必须注意培养在紧急事态下遇事不慌，能辨明事态迅速做出决定的能力。这点对于工厂或矿山从事作业的人员显得十分重要，平时注意进行防灾训练，搞清楚在紧急情况下如何切断电源、关闭阀门及快速逃离危险现场等，以免灾害发生时惊慌失措。

4. 躲避行动

当人静立时发现前方有物袭来会立刻做出反应，采取躲避行动。至于躲向何侧，有人曾做过试验统计（表 5-19），躲向左侧的人数大致为躲向右侧的 2 倍。也就是说，上述情况发生时，人一般显示出向左躲避的倾向。因此，在人工作位置的左侧留出一点安全地带，是比较合理的。

表 5-19　静立时躲避危险物的方向特点

危险物坠落位置	由左前方	由正面	由右前方	总计
左侧（%）	19.0	15.6	16.1	50.7
呆立不动（%）	3.0	10.5	7.3	20.8
右侧（%）	11.3	7.3	9.9	28.5
左右侧比值	1.68	2.14	1.62	1.77

以下介绍人躲避其所在位置正上方落下的物体试验。这个试验是让被测验者站立在楼房

外，测试人员从其前方距地面7m的3楼窗户内大声喊被测验者的名字，在被测者听到声音后向上仰望的同时，从被测者的正上方掉落一个物体，观察被测者躲避落下物的行动。试验结果表明：几乎所有的被测试者在仰头向上的同时，都能发现落下物，并且表现出表5-20给出的有关反应。这些反应可大致分为两类：一种是采取防御姿势，另一种是不采取防御姿势。采取防御姿势的占41%，不做防御姿势的占59%。在不采取防御措施的人中，又有24%是全然没有任何行动的表现，其中大多数是女性。试验结果显示，人对来自上方的危险物往往表现为无能为力。因此，建议在作业场所，特别是立体作业的现场，要求作业者佩戴安全帽。此外，要防止器物由上方坠落，在适当的地方应安装安全网或其他遮蔽物。躲避落下物的行动类型见表5-20。

表5-20 躲避落下物的行动类型

防御与否	行动特征	比例（%）
采取防御姿势	1. 遮住头部	3
	2. 举手于头部高度接住落下物	28
	3. 上身向后仰，想接住落下物	10
不采取防御姿势	1. 不采取行动（僵直，呆立不动）	24
	2. 采取微小行动（只动手）	10
	3. 脚不动，只转头部	7
	4. 想尽快逃离	18

5. 人为差错

（1）人为差错的概念

人为差错是指人未能实现规定的任务，从而可能导致计划中断运行或引起设备或财产的损坏行为，人为差错导致的事故占有相当大的比例（60%~80%）。因此在日常生产过程中，必须重视和认真研究人因差错的原因，从而找出防止失误的措施，提高人机系统的安全性。研究人为差错，是为了制定或采取一系列正确有效的措施和手段，防止人的行为错误，进而达到防止人为差错发生的目的。

人为差错发生的方式可分为五种：①人没有实现某一个必要的功能任务；②实现了某一个不应该实现的任务；③对某一任务做出了不适当的决策；④对某一意外事故的反应迟钝和笨拙；⑤没有察觉到某一危险情况。

（2）人为差错的分类

按照系统开发阶段，人为差错可分为七类。

1）设计差错。由于设计人员设计不当造成的设计差错包括：不恰当的人机功能分配，没按安全人机工程原理设计，荷载拟定不当，计算用的数学模型错误，选用材料不当，机构或结构形式不妥，计算差错，经验参数选择不当，显示器与控制器距离太远，使操作者感到不便等。一般来说，许多作业人员的差错都是由设计中潜在隐患造成的，因此设计差错是引起操作时人为差错的主要原因之一。

2）制造差错。制造差错是指产品没有按照设计图进行加工与装配，例如，使用不合适的工具，采用了不合格的零件或错误的材料、不合理的加工工艺，加工环境与使用环境相差较大，作业场所或车间配置不当，没有按设计要求进行制造等。

3）检验差错。如检验手段不正确，放宽了标准，没有完成检验的有关项目，未发现产品所潜在的缺陷，安装了不符合要求的材料、不合格配件及使用了不合理的工艺方法，或有违反安全要求的情况存在等。

4）安装差错。安装差错是指没有按照设计图或说明书进行安装与调试，发生的错装零件，装错位置，调整错误，接错电线等。

5）维修差错。维修差错是指对设备未能进行定期维修或设备出现异常时，没有及时维修和更换零部件，未严格按照规定全面检修保养等。

6）操作差错。操作差错除了使用程序出差错、使用工具不当、记忆或注意的失误外，还包括信息的确认、解释、判断和操作动作的失误。例如，没有执行分配给他的功能；执行了没有分配给他的功能；错误地执行了分配给他的功能。

7）管理差错。如管理出现松懈现象。

（3）人为差错的后果

人为差错的后果取决于人为差错的程度及机器安全系统的功能。人为差错后果可归纳为四种类型：①差错对系统未发生影响，因为发生失误时做了及时纠正，或机器可靠性高，具有较完善的安全设施，如冲床上的双按钮开关；②差错对系统有潜在的影响，如削弱了系统的过载能力；③差错造成事故，但系统可修复；④差错导致重大事故，造成机毁人亡，系统失效。

6. 人的生理节律

生物节律是自然进化赋予生命的基本特征之一，人类和一切生物都要受到生物节律的控制与影响。生理功能所显示出的周期性变化统称为生理节律。人体存在着像心电波那样以若干秒为周期的生理节律，也有像睡眠与觉醒那样以天为周期的生理节律。人的这种生理节律对作业效率、作业质量有明显的影响。

（1）日周节律以及其他周期节律

在日常生活中，昼夜变化是人们经受的最急骤变化，人体对昼与夜的反应是大不相同的，人们的日常生活节律基本上以 24h 为周期，故称之为日周节律。比较分别在白天与夜间进行作业，会发现作业效率、差错率和人的疲劳程度等都有很大差别。大量的试验研究资料表明，体现生命特征的体温、脉搏、血压等在下午 4 时前后达到最高值；作为体力劳动和脑力劳动能源的糖、脂肪和蛋白质，在血液中的峰值也出现在下午 4 时前后；此外，一天中体温在下午达到顶峰，到夜里熟睡时降至最低点。研究指出，人们一般在体温开始下降时发困欲睡，当体温开始上升时醒来，正是人体内部的生物钟使人从生理上倾向于在一天中的某一个特定时间最易入睡。这个时间依个人的时间表和其他一些因素而不同，但对指定个体来说，却都有一个最"理想"的进入睡眠的时间。上述都反映出交感神经系统（刺激交感神经能引起腹腔内脏及皮肤末梢血管收缩、心搏加强和加速、新陈代谢亢进、瞳孔散大、疲乏的肌肉工作能力增加等）占优势的"白天型人体"的特点。与此相反，副交感神经系统（它们不受中枢神经系统的支配，因而人们不能随意地控制内脏的活动）占优势的细胞分裂以及生长激素的分泌等，在夜间11时至凌晨2时左右为高峰，显示出"夜间型人体"的特点。总之，人的身体适于白天活动，到了夜间，各种机能下降，进入休息状态。

研究发现，在完全与外部时间线索隔绝的条件下，人依然能够显示出日节律。然而，有趣的是，在这种隔绝的情况下，周期改为25h。但是当再次看到光线时，生物钟又恢复到24h的日周期。这说明睡与觉醒是受内部节律调节的，如果不顾生物钟，而是在非正常时间睡眠，最常出现的情况是睡眠质量受损。当自身的生物钟与外界的时间不同步时，就会出现一些问题，所谓的飞行时差是最明显的例子。对于一天中人体机能状态的变化情况，Graf绘成一天之中人体机能随时间的变化曲线（图5-10）。由图5-10可以看出，4时—9时机能上升，随后下降，13时—20时机能再度上升，其后又急剧下降，凌晨3时—4时下降非常明显。

在安全人机工程学中，常用频闪融合阈限值表示大脑意识水平，来说明人体的机能状况。频闪融合阈限值越高，大脑意识水平也越高，相反，精神疲劳或困倦时，频闪融合阈限值变低。图5-11给出了一天之中频闪融合阈限及心搏动数的日周节律。图5-11a是频闪融合阈限值的日周节率，显然，上午6时最低，中午前后最高。图5-11b为坐姿或卧姿时的心搏动数日周节律，显然，凌晨4时前后最低，下午4时前后最高。比较图5-10与图5-11可以发现，机能的昼夜变化与频闪融合阈限值的昼夜变化趋势基本一致，只是在时间上有些偏离。

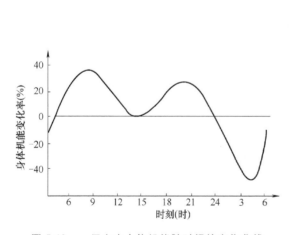

图5-10　一天之中人体机能随时间的变化曲线

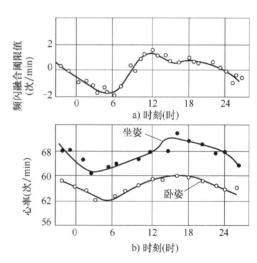

图5-11　频闪融合阈限值及心搏动数的日周节律

（2）PSI周期节律

在日常生活中，几乎每个人都有同感：有时体力充沛，情绪饱满，精神焕发，而有时却浑身疲乏，情绪低落，精神萎靡。迥然不同的两种情况是怎么在同一个人身上发生的呢？

20世纪初，德国医生菲里斯和奥地利心理学家斯瓦波达经过长期临床观察发现，人体生物节律中体力周期是23d、情绪周期是28d。此后，奥地利的泰尔其尔教授在研究了许多大、中学生的考试成绩后发现人的智力周期是 33d。体力、情绪和智力的变化呈正弦曲线变化，随时间呈现高潮期—临界日—低潮期的周期性。这个规律就是人的生物节律，称为人体生物三节律：体力节律、情绪节律、智力节律，因其像钟表一样循环往复，又被人们称作人体生物钟节律。国外也称作 PSI 周期，PSI 是英文 physical（体力）、sensitive（情绪）、intel-lectual（智力）的缩写。这一变化规律按照高潮期—临界日—低潮期的顺序周而复始，其变化可用正弦曲线加以描述（图 5-12）。

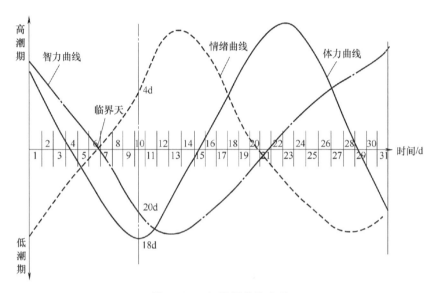

图 5-12　PSI 周期节律曲线

该图横坐标为时间轴，曲线位于时间轴以上部分对应的时间周期称为高潮期，在此期间，人的体力、情绪或者智力都处于良好状态，因此表现为体力充沛、精力旺盛，或者心情愉快、情绪高昂，或者思维敏捷、记忆力好。曲线位于时间轴以下部分对应的时间周期称为低潮期，在此期间，人的体力、情绪或智力都处于较差状态，表现为身体困倦无力，或者情绪低沉，或者反应迟钝。曲线与时间轴相交的前后二三天称为临界日。当人处于临界日时，体力、情绪或者智力在频繁变化，是最不稳定的时期，在此期间，机体各方面的协调性能降至最低，人易染病，或者情绪波动大，或者易出差错。当体力、情绪或者智力的临界日重叠在一起时则分别称为双临界日或称三临界日，这是差错与事故的多发期，需特别注意。

人体三节律运行在高潮期时，则表现出精力充沛、思维敏捷、情绪乐观、记忆力、理解力强，是学习、工作、锻炼的大好时机。在此期间，增加学习、运动量，往往事半功倍。节律高潮时，学生考试或运动员比赛都较易取得好成绩，作家写作较易产生灵感。

相反，人体三节律在临界日或低潮期运行时，会表现耐力下降、情绪低落、反应迟钝、健忘走神，这时易出车祸和医疗事故，也难在考试中考出理想成绩。老年人发病常在情绪钟低潮期，而许多疾病死亡时间恰在智力、体力、情绪三节律的双重临界日和三重临界日。

通过研究人体生物钟，目前已产生时辰生物学、时辰药理学和时辰治疗学等新学科。这些学科的研究帮助人们合理运用人体生物节律查询，了解自己体力、情绪、智力三节律的运行周期，便于根据人体节律周期的状态，合理地安排学习、工作和生活。在高潮期最大限度发挥自己的优势，在临界日、低潮期早作准备，以防不测。

对于生物节律曲线的绘制步骤现结合具体实例介绍如下。

【例 5-1】 试计算生于 1985 年 6 月 1 日的人在 2021 年 8 月 10 日这一天的三节律周期相位（即处于相应周期的第几天），并确定 8 月全月的三节律变化状况。

解：1）第一步计算给定日期的节律周期相位。为此，要按公历核准出生年、月、日（若只知农历出生日期，则必须准确无误地换算成公历，否则画出的曲线无效）。

2）第二步按下式计算出从出生日到预测日的总天数：

$$D = 365A \pm B + C \tag{5-15}$$

式中 A——预测的年份与出生年份之差；

B——由预测的那年生日到预测日的总天数（式中正负号的规定：已过生日时取 "+"，未到生日时取 "−"）；

C——从出生年到预测年所经过的闰年数（就是将 $A/4$ 取整数）；

D——从出生日到预测日的总天数。

本例的总天数 D 计算如下：

$$D = \left[365 \times (2021 - 1985) + (30 + 31 + 10) + (2021 - 1985)/4 \right] d = 13220d$$

3）第三步将总天数分别被 23、28、33 除，所得余数即为给定日期相应节律的周期相位：

$13220 \div 23 = 574$ 余 18，体力周期相位为第 18 天

$13220 \div 28 = 472$ 余 4，情绪周期相位为第 4 天

$13220 \div 33 = 400$ 余 20，智力周期相位为第 20 天

4）第四步则根据上述算出的节律周期相位绘制出生物节律曲线。在作图时可根据算出的周期相位日期直接反推算出各周期第一天的相应日期，即：体力周期的第一天为 7 月 24 日；情绪周期的第一天为 8 月 7 日；智力周期的第一天为 7 月 22 日。

5.8.2 人的可靠性相关基本概念

1. 人的可靠性

人的可靠性一般定义为在规定的时间内以及规定的条件下，人无差错地完成所规定任务的能力。人的可靠性的定量指标为人的可靠度。根据人的可靠性定义便可将人的可靠度定义为在规定的时间内以及规定的条件下，人无差错地完成所规定任务（或功能）的概率[⊖]。人的可靠性在人-机-环系统的可靠性中占主要作用，现代科学技术的发展使得机器的可靠性越来越高，相比而言，人的可靠性就显得越来越重要。分析人的可靠性，找出引发事故的人为原因，可以寻求防止事故发生的措施，提高人-机-环系统的可靠性。

⊖ 引自 Park K S, Human reliability: Analysis, prediction, and prevention of human errors, Elsevier, 2014.

人的可靠性对人-机-环系统的安全性起着至关重要的作用，其研究贯穿于人-机-环系统的设计、制造、使用、维修和管理的各个阶段。对人的可靠性研究其目的是在人发生失误时，确保人身安全，不致严重影响到系统的正常功能。

2. 人的可靠性分析

人的可靠性分析（human reliability analysis，HRA）是用于定性或定量评估人的行为对系统可靠性或安全性影响程度的方法，它与概率风险性评价之间有一定的联系。概率风险性评价是为了辨识由人参与作业的风险性，而人的可靠性分析是评价人完成作业的能力大小，其主要内容有以下几方面：

1）如何用概率量度人的可靠性。

2）如何通过人失误的可能性评估人的行为对人-机-环系统的影响。

3）可靠性评估与概率风险性评估相互独立而又彼此相关。

因此，人的可靠性分析在降低人为失误的方面起着不可或缺的作用，不但能够辨识出不希望发生事故产生的原因，还能对事故造成的损失给予客观的评价。人的可靠性分析包括定性和定量分析两个方面。

（1）人的可靠性定性分析

人的可靠性定性分析在于辨识人失误的本质和失误的可能状况，可通过观察、访问、查询和记录等方法进行失误分析。常见的失误类型有四类：未执行系统分配的功能、错误执行了分配的功能、按照错误的程序或错误的时间执行了分配的功能、执行了未分配的功能。

（2）人的可靠性定量分析

人的可靠性定量分析是从动态和静态两个方面来估计人的失误对系统正常功能的影响程度，其可以通过人的操作、行为模式和适当的数学模型来完成。

当系统比较复杂和重要时，需要人机工程专家、工程技术人员和管理人员等共同参与，必要时建立专家知识库，采取定性与定量相结合的分析手段。

3. 人的可靠性数据

在可靠性研究中，人的可靠性数据起着重要的作用。在人-机-环境系统中，人的许多作业都与人对输入信息的感知能力以及人输出信息的控制有关，因此这里给出有关这方面人可靠性的基本数据，供实际使用时参考。

当采用不同显示形式和安装不同显示仪表时，人的认读可靠度是不同的。表 5-21 给出了不同显示形式仪表的认读可靠度；表 5-22 列出了不同显示视区仪表的认读可靠度。

表 5-21 不同显示形式仪表的认读可靠度

显示形式	人的认读可靠度			
	用于读取数值	用于检验读数	用于调整控制	用于跟随控制
指针转动式	0.9990	0.9995	0.9995	0.9995
刻度盘转动式	0.9990	0.9980	0.9990	0.9990
数字式	0.9995	0.9980	0.9995	0.9980

表 5-22　不同显示视区仪表的认读可靠度

扇形视区	人的认读可靠度	扇形视区	人的认读可靠度
0~15°	0.9999~0.9995	45°~60°	0.9980
15°~30°	0.9990	60°~75°	0.9975
30°~45°	0.9985	75°~90°	0.9970

当采用不同控制方式进行控制输出时，人的控制可靠度也不同。表 5-23 给出了按键操作时的动作可靠度的相关数据；表 5-24 列出了操作人员用控制杆操作的动作可靠度的相关数据。

表 5-23　按键操作的动作可靠度

按钮直径	人的动作可靠度	按钮直径	人的动作可靠度
小型	0.9995	9~13mm	0.9993
3.0~6.5mm	0.9985	13mm 以上	0.9998

表 5-24　操作人员用控制杆操作的动作可靠度

控制杆位移	人的动作可靠度	控制杆位移	人的动作可靠度
长杆水平位移	0.9989	短杆水平位移	0.9921
长杆垂直位移	0.9982	短杆垂直移动	0.9914

另外，人的大脑意识活动水平对人体的行为和人的失误有非常重要的影响。日本学者从生理学的角度将大脑的意识水平分成了五个层次，并研究了人在不同层次时的可靠性：

第 0 层次：无意识或精神丧失阶段。这时注意力为零，生理表现为睡眠，大脑可靠性为零。

第 I 层次：意识水平低、注意迟钝阶段。这时生理表现为疲劳、瞌睡、单调刺激、药物或醉酒作用等，大脑可靠性为 0.9 以下。处于此状态时，作业者对眼前信号不注意，失误率高。

第 II 层次：意识状态处于正常和松弛的阶段。这时注意力消极被动，心不在焉，生理表现为安静、休息，大脑可靠性为 0.99~0.9999。

第 III 层次：意识状态处于正常和清醒的阶段。

这时人的注意力比较集中，生理状态表现为精力充沛、积极进取，大脑可靠性达 0.9999 以上。

第 IV 层次：意识极度兴奋和激动阶段。这时注意力高度紧张，生理表现为紧急状态下的惊慌和恐惧，大脑几乎停止了判断，大脑可靠性下降到 0.9 以下。

人的行动过程模式可描述为信息刺激（S）、意识（O）、反应（R）模式，简称 S-O-R 模式，该模式又称作"刺激输入-人的内部反应-输出反应模型"，日本东京大学井口雅一教授根据 S-O-R 模式提出了一种确定人操作可靠度的计算方法，他将机器操作者的基本可靠度 γ 定义如下：

$$\gamma = \gamma_1 \gamma_2 \gamma_3 \tag{5-16}$$

式中　γ_1——信息输入过程的基本可靠度；

　　　γ_2——判断决策过程的基本可靠度；

　　　γ_3——操作输出过程的基本可靠度。

基本可靠度 γ_1、γ_2、γ_3 的取值范围见表 5-25。相关计算过程详见 5.8.5 节。

表 5-25　基本可靠度 γ_1、γ_2、γ_3 的取值范围

作业类别	内容	γ_1、γ_3	γ_2
简单	变量在几个以下，已考虑工效学原则	0.9995 ~ 0.9999	0.999
一般	变量在 10 个以上	0.9990 ~ 0.9995	0.995
复杂	变量在 10 个以上，考虑工效学原则不充分	0.990 ~ 0.999	0.990

4. 提高人的可靠性措施

提高人的可靠性有多种措施，概括起来可分成六类：

1）提高人的基本素质。

2）机的设计要符合人的生理特点以及人的心理特点。

3）工作环境要符合人的特性。

4）人-机关系的设计要合理。

5）人-环关系的设计要合理。

6）人-机-环系统的总体设计要合理。

5. 连续作业时人的可靠性模型

所谓连续作业是指人一直从事连续的操作活动。例如，人员开车过程要时刻把握方向盘、踩着油门。对于这类作业，可直接用时间函数进行描述。为此，应先定义人为差错率，人为差错率是指进行某项工作时，在单位时间内发生人为差错的概率，其表达式如下：

$$\lambda(t) = -\frac{1}{R(t)} \frac{dR(t)}{dt} \tag{5-17}$$

式中　$R(t)$——时刻 t 时人的动作可靠度；

　　　$\lambda(t)$——人为差错率（又称人为失误率）。

将上式变换形式：

$$\lambda(t)dt = -\frac{1}{R(t)} dR(t) \tag{5-18}$$

将上式等号左右两边在时间区间 $[0,t]$ 内积分，并注意到 $t=0$ 时 $R(0)=1$，于是可得到：

$$R(t) = \exp\left[-\int_0^t \lambda(t)dt \right] \tag{5-19}$$

式中　$\lambda(t)$——人为差错率。

此外，可以给出平均人为差错时间（MTHE）的一般表达式：

$$\text{MTHE} = \int_0^\infty R(t)dt = \int_0^\infty \exp\left[-\int_0^t \lambda(t)dt \right] dt \tag{5-20}$$

6. 不连续作业时人的可靠性模型

不连续作业，即在作业时可进行间断性的操作活动。例如，汽车驾驶过程中的换档、制动等均属于这类操作，对于这类操作，人的可靠度模型可有：

$$R = \frac{N_r}{N_t} \tag{5-21}$$

式中　　R——人的可靠度；

　　　　N_t——执行操作任务的总次数；

　　　　N_r——无差错地完成操作任务的次数。

使用这些数据便可以进行人操作的可靠度计算，完成人的可靠性方面的相关分析。

5.8.3　人的可靠性分析方法

随着科技发展，系统及设备自身的安全与效益得到不断提高，人-机系统的可靠性和安全性越来越取决于人的可靠性。据统计，20%~90%的系统失效与人有关，其中直接或间接引发事故的概率为70%~90%。人的可靠性分析起源于20世纪50年代前期，最早的工作是由美国Sandia国家实验室进行的，研究的对象是复杂武器系统可行性研究中人的失误估计[一]。研究结果认为人在地面操作其失误概率为0.01；如果在空中操作，其失误概率增加为0.02。20世纪60年代后，人的可靠性分析方法大致经历了两个阶段，即第一代人的可靠性分析方法与第二代人的可靠性分析方法。

1. 第一代人的可靠性分析方法

第一代人的可靠性分析方法是在20世纪60—70年代发展起来的，其主要工作包括人的失误理论与分类研究，人的可靠性数据（包括现场数据和模拟机数据）的收集、整理以及以专家判断为基础的人的失误概率统计分析方法和预测技术，其中最有代表性的是人的失误率预测技术（THERP），又称人为差错率预测方法。表5-26中汇总了国际上提出的14种静态人的可靠性分析方法及其主要特点。在这14种方法中，常用的是THERP[二]、ASEP、HCR和SHARP，其中，THERP、ASEP和HCR最为常用。

表5-26　14种静态人的可靠性分析方法及其主要特点

序号	全称	缩写	主要特点	来源
1	人的失误率预计技术	THERP	①迄今为止最系统的人因可靠性分析方法；②有较好的数据收集条件；③在应用于事故的规则性失误分析时，可获得信赖的结果；④有一套较完整的表格，查表可量化人因失误	Swain、Guttmann，1983

[一] 引自 Spurgin A J, Human reliability assessment theory and practice, CRC press, 2009。

[二] 引自 Gertman D I, Blackman H S, Human Reliability and safety analysis date handbook, John Wiley & Sons, 1994。

（续）

序号	全称	缩写	主要特点	来源
2	事故序列评价程序	ASEP	THERP 的简便方法	Swain, 1987
3	操作员动作树	OAT	①早期开发的一种方法，用于诊断或与时间有关情况；②可用于操作员的决策分析；③仅用于粗略分析	Wreathall, 1982
4	事故引发与进展分析	AIPA	①用于与响应时间相关联的情况；②用于估算高温气冷堆运行中操纵员的响应概率	Fleming 等，1975
5	人的认知可靠性模型	HCR	①适用于诊断的决策行为的评价；②模式已考虑人员间的相关性	Hannaman 等，1984
6	一体化任务网络的系统分析法	SAINT	模拟复杂的人-机相互作用关系	Kozinsky 等，1984
7	成对比较法	PC	采用专家判断结果	Comer 等，1984
8	直接数字估计法	DNE	①要求有较好的参考数值；②不适用完全的人因可靠性分析的情况；③多位专家进行有效的讨论	Comer 等，1984
9	成功似然指数法	SLIM	①较好的灵活性，无法验证；②是一种专家判断的技术；③较好的理论基础；④不过分强调外界可观察的错误而选用较确切的失误概率值	Embrey 等，1984
10	社会-技术人的可靠性分析法	STAHR	①一种依赖于主观推测和心理分析结合的方法；②具有较强的灵敏度分析能力；③利用影响图进行技术分析，而社会分析是指对影响图中技术因素影响的分析	PhiUips 等，1985
11	混合矩阵法	CM	①用于分析在初因事件诊断中的混淆错误；②很强地依赖于专家判断；③是一种定性的分析	Potash 等，1981
12	维修个人行为模拟模型	MAPPS	①分析 PSA 中有关维修工作的方法；②技术性较强的一种方法，结果较难理解	Kopsttin、Wolf, 1985
13	多序贯失效模型	MSFM	①是一种研究以维修为导向的计算机软件模型；②方法本身是一种事件树的模拟，为分析人员提供有用的信息	Samanta 等，1985
14	系统化的人的行为可靠性分析程序	SHARP	建立人的可靠性分析的框架	Hannaman、Spurgin, 1984

第一代人的可靠性分析方法的缺陷可归纳如下：

1）使用人的可靠性分析事件树的两分法逻辑（成功与失败）不可能真实和全面地描述人的行为现象，因为人在对系统的动态响应过程中，可能存在着多种可选择方式，其优化价值不同，对风险的贡献也不同。

2）缺乏充分的数据。人的可靠性数据的缺乏是一个延续至今的严重问题，这与数据收集方式和人的心理状态有很大关系。这些数据对于复杂系统中人的行为的定量化预测具有很大的意义，它应包括与时间相关的和与时间不相关的人的失误数据。

3）过多依赖专家判断。由于缺乏人在复杂系统中的真实运行环境下或培训模拟机上的失误数据，只能采取弥补性质的模型（如时间相关性模型）或专家判断作为 HRA 的基础。而专家群体水平难以一致，预测的正确性和准确性受到很大的主观因素影响。

4）缺乏对模拟机数据的修正的一致认同。使用来自模拟机的数据对专家判断进行修正必须得到足够的重视。但是模拟机实验并不能完全反映真实的运行环境，如何修正来自模拟机的数据以反映真实环境下的人的绩效一直是一个待研究的课题。

5）众多 HRA 方法的正确性与准确性难以验证。各种 HRA 方法对于真实环境下人的可靠性预测的正确性几乎无法证明，非常规任务中 HRA 的有效性验证更是一个难题，如与时间相关的误诊断、误决策的概率。

6）HRA 方法中缺乏心理学基础。一些 HRA 方法或模型缺乏关于人的认知行为及心理过程的探究；此外，尽管认知模型层出不穷，但缺乏与工程实际相结合的可操作性。

7）缺乏对重要的绩效形成因子（PSFs）的恰当考虑和处理。例如，PSFs 没有对组织管理的方法和态度、文化差异、社会背景和不合理行为等给予充分的考虑，在处理方法上也缺乏一致性和可比性。PSFs 之间的相关性更是难以评估。

2. 第二代人的可靠性分析方法

第二代人的可靠性分析方法进一步研究人的行为的内在历程，着重研究在特定的情景环境下，在人的观察、诊断、决策等认知活动到执行动作的整个行为过程中，发生人因失误的机理和概率。第二代人的可靠性分析方法的模型是建立在多种学科（认知心理学、行为科学、可靠性工程等）相互结合的基础上，着重研究产生人的行为、绩效的情景环境以及它们是如何影响人的行为动作的，并与工业系统的运行经验和现场或模拟机获得的信息紧密结合。

目前比较流行的第二代人的可靠性分析模型有：GEMS 模型、CES 模型、IDA 模型、ATHEA 模型以及 CREAM 模型等。

人的失误分析（A technique for human error analysis，ATHEA）技术是一种基于运行经验的改进的 HRA 方法，是美国核管会针对第一代 HRA 方法在核电厂概率风险评价（PRA）中对人在非正常工况下的指令型失误（error of comission，EOC）的研究薄弱点而开发的。ATHEA 法提高了 PRA 的准确性和预测能力，具体表现在：①识别在事故条件下重要的人机系统交互作用的特征行为和它们的可能后果；②表示出可能发生的最重要的严重的事故序列；③在人误原因探查的基础上提供改进人的绩效的建议与措施。

CREAM（认知可靠性和失误分析方法）是在对传统的 HRA 原理和方法提出系统化的批评的基础上发展起来的。它的核心思想是强调人的绩效输出不是孤立的随机行为，而是依赖于人完成任务时所处的情景环境（context），它通过影响人的认知控制模式和其在不同认知活动中的效应，最终决定人的响应行为。

IDA（information，decisions，actions）模型是 1994 年提出的。它详细描述了操作员在某种工况下的认知过程以及解决问题的策略路线等。IDA 模型可分为单个操作员模型与班组群体行为模型两种。

5.8.4　人因失误分析与人的不安全行为

1. 人的失误

人的失误是人为地使系统发生故障或发生机能不良事件，是违背设计和操作规程的错误行为。由于系统规模扩大以及自动化程度的提高，特别是一些高风险企业，如核工业、化工、矿山企业，其潜在的风险也越来越大。大规模、高度自动化使得该类型企业通过大规模的技术改造来提升系统可靠性变得相当困难；有效地防范并减少人因失误，从而有效降低系统风险成为较好的选择。由于人行为的复杂性和人因失误的特征，人因失误不可能完全消除，但必须最大限度地减少它，深入探讨人的失误机理，研究人因失误的根本原因，提出并落实相应改进措施，可以较好地解决这一问题。根据人的行为过程模式（S-O-R 模式）可推断人为失误产生的原因。

（1）人的失误的外部因素

外部因素是指在系统设计（人机界面、工作环境、组织管理等）时，未很好地运用安全人机工程准则，致使系统设计本身潜伏着操作者失误的可能性。从人-机-环境系统着眼，影响人失误的外部因素如下：

1）人机功能分配、显示系统、控制系统、报警系统、信息系统、通信系统和工作站等的设计，对人生理、心理特点的适应性。

2）物理环境（例如，微气候环境、照明环境、声环境、空气品质、振动、粉尘以及作业空间等）设计，对人和作业的适应程度。

3）系统的组织管理工作设计。例如，作业时间、安排轮班作业、班组结构、工作流程、群体协同作业、操作规程、安全法规、技术培训、人际关系、企业文化、社会环境等，对人的作业的影响。提高人可靠性的基本途径是合理设计人-机接口、人-环境接口和人-人接口，并采用某些可靠性设计技术（如容错设计、冗余设计），使系统能适应人的生理、心理特点，减少人的失误。

（2）人的失误的内部因素

由于操作者本身的因素，使之不能与机器系统协调而导致失误。受人的生理、心理特点的制约，人的能力是有限度的，并往往带有随机性。能导致人失误的内在因素如下：

1）生理因素：人体尺度、体力、耐力、视觉、听觉、运动机能、体质、疲劳等。

2）心理因素：信息传递与接受能力、记忆、注意、意志、情绪、觉醒程度、性格、气质、心理压力、心理疲劳、错觉等。

3）个体因素：年龄、文化、训练程度、经验、技术能力、应变能力、责任心、个性、动机等。

4）病理因素：各类慢性病、症病初起、服药反应等。

2. 人失误的种类

人的失误一般具体表现为人在操作设备过程中产生的失误，人的失误往往会贯穿于整个生产过程中，从接收信息、处理信息到决策行动等各阶段都可能发生失误，人失误的种类可归纳为以下几点：

1）设计失误。如人机功能分配设计、选用的材料不当、结构形式设计不当、显示器与控制器的距离设计失误。

2）制造失误。如制作过程工具选取失误、采用的零件不合格、加工的工艺不合理、车间参数配置不当等。

3）组装失误。如零件装错、位置装错、调整错误及电线接错等。

4）检验失误。如未检出不符合要求的材料、不合格的配件，通过了不合理的工艺设计或者未重视违反安全要求的情况。

5）维修、保养失误。

6）操作失误。它主要是在信息确认、解释、判断和操作动作方面的失误。

7）管理失误。它主要表现为储藏或运输手段不当。

3. 人失误的后果

人失误的后果多种多样，主要受人失误的程度和人-机-环系统功能的影响，常见的失误后果包括：

1）失误对系统未造成影响。在工作系统运行时对人可能产生的失误动作进行了及时纠正；或者设备自身本质可靠度高，安全屏障设施比较完善。

2）失误对系统有潜在的影响。例如，人的失误可能对系统产生了不可修复隐患或不可修复影响，削弱了系统自身灾害过载能力。

3）在人的失误发生时必须进行工作程序的修正，作业过程暂停或被推迟。

4）失误发生后造成事故，有机器损伤和人员受伤，系统尚可恢复，但系统的可靠度可能降低，隐患性提高，会对后续设备的运行产生影响。

5）失误发生后造成重大事故，有机器破损和人员伤亡，导致系统安全失效。如核电站安全参数设计出错，很可能造成重大的人员伤亡事件。

上述第5种失误后果最为严重，容易造成机毁人亡的后果。除了经济的重大损失以外，更会对职工的情绪造成很大的负面影响。

4. 人失误的模式

（1）知识型失误

知识型失误是指人们通过分析、判断来解决问题的过程中所犯的失误。这类失误通常是由于工作人员的知识欠缺、经验不足、成见或偏见等因素造成。

（2）规则型失误

规则型失误是指按规则进行操作时所犯的失误。这类失误通常是由于工作人员使用了本身有错误的规程或错误地使用了规程所致。

（3）技能型失误

技能型失误是指在进行一些经常、简单、熟练的操作过程中所犯的错误。导致这类失误的原因通常是：注意力不集中，或注意力仅集中于某一点而忽视其他方面，就是人们通常说的"一时疏忽"。

5. 防止人失误的措施

1) 加强工人心理素质培训及安全意识。从经济地位、家庭情况、健康状态、年龄、嗜好、习惯、性情、气质、心情以及对不同事物的心理反应等方面,分析他们的心理特征,在加强安全思想教育时,利用心理特征来提高安全管理工作的水平。

2) 作业标准化。必须认真推行标准化作业,按科学的作业标准来规范人的行为。按照作业标准操作,科学、合理地制定作业标准。

3) 加强安全知识教育、安全技能教育、安全思想教育。安全教育与训练是防止职工产生不安全行为的重要途径。它能提高企业领导和广大职工搞好安全工作的责任感和自觉性;能使广大职工掌握工业伤害事故发生、发展的客观规律,提高安全技术操作水平和掌握检测技术和控制技术等科学知识,掌握防止工伤事故的技术,保护好自身和他人的安全健康,提高劳动生产率。

4) 改善生产环境。生产环境因素的好坏,不但影响着企业生产效益的高低,而且与操作人员的身心健康有着很直接的关系。特殊、复杂和多变工作环境给安全管理带来很大的困难,把生产现场的环境治理纳入安全管理工作的范畴来认识是十分必要的。

5) 完善用工和管理制度。要控制人因失误,必须把好用人关,做到人的安全化;加强管理,做到设备装置、保护用品安全化,做到操作安全化。

6) 加强安全生产的重点监察。变静态监察管理为动态监察管理,加强现场监察执法力度,加重对事故责任人查处力度,加强安全生产的日常监督检查,发现隐患,及时整改,督促企业建立健全各项规章制度,落实安全生产责任制和各项安全防范措施。

6. 人的不安全行为

人所处的环境中各种因素是变化的,而且与机器相比,人本身的灵活性更强。因此,人的失误归结到底是由于操作人员产生了不安全行为。人的不安全行为也有多种表现形式。《企业职工伤亡事故分类》(GB 6441—1986)中将人的不安全行为分为 14 类;现将常见的情况介绍如下:

1) 操作错误,忽视安全,忽视警告。主要包括:①未经许可开动、关停、移动机器;②开动、关停机器时未给信号或忘记关闭设备;③开关未锁紧,造成意外转动、通电或泄漏等;④忘记关闭设备;⑤忽视警告标志、警告信号;⑥操作错误(指按钮、阀门、扳手、把柄等的操作);⑦奔跑作业;⑧供料或送料速度过快;⑨机械超速运转;⑩违章驾驶机动车;⑪酒后作业;⑫客货混载;⑬冲压机作业时,手伸进冲压模;⑭工件紧固不牢;⑮用压缩空气吹铁屑;⑯其他。

2) 造成安全装置失效:主要包括:①拆除了安全装置;②安全装置堵塞,失掉了作用;③调整的错误导致安全装置失效;④其他失效形式。

3) 使用不安全设备。主要包括:①临时使用不牢固的设施;②使用无安全防护装置的设备。

4) 用手代替工具操作。主要包括:①用手代替手动工具;②用手清除切屑;③不用夹具固定，用手拿工件进行机加工。

5）物体（指成品、半成品、材料、工具、切屑和生产用品等）存放不当。

6）冒险进入危险场所。主要包括：①冒险进入涵洞；②接近漏料处（无安全设施）；③采伐、集材、运材、装车时，未离开危险区；④未经安全监察人员允许进入油罐或井中；⑤未"敲帮问顶"就开始作业；⑥发出冒进信号；⑦调车场超速上车；⑧易燃易爆场合使用明火；⑨私自搭乘矿车；⑩在绞车道行走。

7）攀、坐不安全位置（如平台护栏、汽车挡板、起重机吊钩）。

8）在吊起物下作业、停留。

9）机器运转时加油、修理、检查、调整、焊接、清扫等工作。

10）有分散注意力行为。

11）在必须使用个人防护用品用具的作业或场合中，忽视其使用。主要包括：①未戴护目镜或面罩；②未戴防护手套；③未穿安全鞋；④未戴安全帽；⑤未佩戴呼吸护具等；⑥未佩戴安全带；⑦未戴工作帽；⑧其他。

12）不安全装束：主要包括：①在有旋转零部件的设备旁作业穿肥大的服装；②操纵带有旋转零部件的设备时戴手套；③其他。

13）对易燃、易爆等危险物品处理错误。

14）其他不安全行为。

5.8.5 人的失误概率及定量分析模型

1. 常见的人的失误概率及定量分析模型

一般在预测完成某项操作任务的人因失误发生概率时要考虑以下影响因素：①行为的复杂性；②时间的充裕性；③人、机、环境匹配情况；④操作者的紧张度；⑤操作者的经验和训练情。下面介绍以下几种人因失误概率模型。

（1）广义概率模型

$$E(t) = 1 - e^{-\int_0^t h(t) \, dt} \tag{5-22}$$

式中　$E(t)$——失误率函数；

　　　$h(t)$——失误率函数，表明人员从事某项目到 t 时刻单位时间内发生事物的比率。

（2）纠错概率模型

$$Rc(t) = 1 - e^{-\int_0^t h(t) \, dt} \tag{5-23}$$

式中　$Rc(t)$——纠错率函数。

（3）井口教授模型

$$R_0 = R_1 R_2 R_3 \tag{5-24}$$

式中　R_0——人的可靠度；

　　　R_1——人接受信息可靠度；

　　　R_2——判断可靠度；

R_3——执行操作可靠度。

根据人因失误不同的影响因素，人的可靠度函数还可以进一步写成：

$$R = 1 - k_1 k_2 k_3 k_4 k_5 (1 - R_0) \tag{5-25}$$

由式（5-25）可得出人失误的概率：

$$E = k_1 k_2 k_3 k_4 k_5 (1 - R_0) \tag{5-26}$$

式中　E——人因失误概率；

　　　k_1——作业时间系数；

　　　k_2——操作频率系数；

　　　k_3——危险程度系数；

　　　k_4——生理、心理条件系数；

　　　k_5——环境条件系数。

人员操作各种修正系数的数值范围见表 5-27。

表 5-27　人员操作各种修正系数的数值范围

符号	项目	内容	系数的值
k_1	作业时间	有充足的多余时间	1.0
		没有充足的多余时间	1.0~3.0
		完全没有多余时间	3.0~10.0
k_2	操作频率	频率适当	1.0
		连续操作	1.0~3.0
		很少操作	3.0~10.0
k_3	危险程度	即使误操作也安全	1.0
		误操作危险性大	1.0~3.0
		误操作有重大事故危险	3.0~10.0
k_4	心理、生理状态 （教育训练、健康、疲劳、动机等）	综合状态良好	1.0
		综合状态不好	1.0~3.0
		综合状态很差	3.0~10.0
k_5	环境条件	综合状态良好	1.0
		综合状态不好	1.0~3.0
		综合状态很差	3.0~10.0

（4）人认知可靠性模型（HCR）

人认知可靠性模型用于预测操作者对异常状态反映失误的概率，计算式如下：

$$E = e^{-\left(\frac{\frac{t}{T_{0.5}} - B}{A}\right)^{C}} \tag{5-27}$$

式中　　t——可供选择、执行恰当行为的时间；

　　　$T_{0.5}$——选择、执行恰当行为必要时间的平均值；

　A，B，C——与人员行为层次有关的系数，见表 5-28。

表 5-28 与人员行为层次有关的系数

行为层次	A	B	C
反射	0.407	0.7	1.2
规则	0.601	0.6	0.9
知识	0.791	0.5	0.8

可供选择、执行恰当行为的时间 t 可以通过模拟实验和分析得到；选择、执行恰当行为必要时间的平均值 $T_{0.5}$ 可以按照下式计算：

$$T_{0.5} = \overline{T_{0.5}}(1+k_1)(1+k_2)(1+k_3) \tag{5-28}$$

式中　k_1——操作者能力系数；

　　　k_2——操作者紧张度系数；

　　　k_3——人机匹配系数。

系数 k_1、k_2、k_3 的取值可查表 5-29。

表 5-29 系数 k_1、k_2、k_3 的取值

系数	状况	系数值	标准
k_1	熟练者	-0.22	5 年以上操作经验
	一般	0	半年以上操作经验
	新手	0.44	操作经验不足半年
k_2	紧迫	0.44	高度紧张，人员受到威胁
	较紧张	0.28	很紧张，可能发生事故
	最优	0	最优紧张度，负荷适当
	松懈	0.28	无预兆，警觉度低
k_3	优秀	-0.22	在紧急情况下有应急支持
	良好	0	有综合信息的显示
	一般	0.44	有显示，但无综合信息
	较差	0.78	有显示，但不符合人机工程学
	极差	0.92	操作者直接看不到显示

2. 人因失误率预测技术

人因失误率预测技术大体上分四个步骤，具体如下：

1）危险性辨识。考察系统控制设施，完成事故树分析，着重了解操作对相关设备的影响和可能导致的失误事件。

2）定性评价。针对关键事件进行调查，对操作规程进行熟悉和了解，进行操作分析，建造人的可靠性分析（HRA）事件树。

3）定量评价。

4）提出必要的建议。

【例 5-2】　某汽车驾驶员操纵转向盘的差错率 $\lambda(t)$ 可近似认为是常数，其取值为 0.0001 时，若该驾驶员驾车 300h，求人的可靠度。

解：由式（5-22）可算得其可靠度：

$$R(300) = \exp\left[-\int_0^t 0.0001 \mathrm{d}t\right] = 0.9704$$

【例 5-3】　参照井口教授模型，对起重机驾驶员的操作可靠性进行分析。

具体分析过程如下：

（1）R_0 的求取。驾驶员是特殊工种，受过良好教育和专业培训，而地面操作人员（指挥工）的协助指挥和先进的控制系统使得操作起重机操作较为便捷。因此，R_0 可取简单类别中的较高值（R_1 取 0.9999，R_2 取 0.9990，R_3 取 0.9999）。

$$R_0 = R_1 R_2 R_3 = 0.9999 \times 0.9990 \times 0.9999$$

（2）人员操作各种修正系数确定：

1）驾驶员操作为间歇性动作，时间富裕充足且操作频率适当，因此，k_1 和 k_2 可取 1.0。

2）起重机机构设备配置中一般采用安全限位装置和配置冗余，以防止驾驶员误操作导致的较大风险，因此，k_3 可取 1.0~3.0。

3）起重机驾驶员属于特种设备作业人员，按规定须由持有国家职业资格的专业人员来操作，其生理和心理综合条件情况较好，因此，k_4 可取 1.0。

4）起重机常工作于工业场合（噪声大、粉尘多），驾驶室内操作空间狭窄，环境条件综合情况不佳，因此，k_5 可取 1.0~3.0。

（3）根据生理和心理条件及环境条件，将工作情况分为三种：①最好情况时，$k_3 = k_5 = 1.0$；②一般情况时，$k_3 = k_5 = 2.0$；③较差情况时，$k_3 = k_5 = 3.0$。计算操作可靠度（表 5-30）。

表 5-30　驾驶员操作可靠度计算结果

工作情况	定性说明	行为修正因子					驾驶员操作可靠度
		k_1	k_2	k_3	k_4	k_5	
第 1 种	最好	1.0	1.0	1.0	1.0	1.0	0.9857
第 2 种	一般	1.0	1.0	2.0	1.0	2.0	0.9440
第 3 种	较差	1.0	1.0	3.0	1.0	3.0	0.8780

【例 5-4】　起重机起重作业 HCR 模型分析。紧急工作情况下，起重机驾驶员操作可靠度主要取决于可用的任务时间，此阶段的人因可靠性可应用 HCR 模型进行分析。

（1）参照表 5-29，确定系数 k_1、k_2、k_3 取值列于表 5-31。

表 5-31 HCR 模型中系数值取值与备注

系数	状况	系数值	驾驶员状态	具体说明
能力系数 k_1	熟练者	-0.22	5 年以上操作经验	高级驾驶员
	一般	0	半年以上操作经验	中级驾驶员
	新手	0.44	操作经验不足半年	初级驾驶员
紧张度系数 k_2	紧迫	0.44	高度紧张, 人员受到威胁	特重级别起重机
	较紧张	0.28	很紧张, 可能发生事故	重级别起重机
	最优	0	最优紧张度, 负荷适当	中级别起重机
	松懈	0.28	无预兆, 警觉度低	轻级别起重机
人机匹配系数 k_3	优秀	-0.22	在紧急情况下有应急支持	有预警及安全装置冗余
	良好	0	有综合信息的显示	安全装置冗余
	一般	0.44	有显示, 但无综合信息	预警+安全装置
	较差	0.78	有显示, 但不符合人机学	有预警
	极差	0.92	操作者直接看不到显示	无预警

（2）分析现场允许驾驶员进行响应的时间 t。现场允许驾驶员进行响应的时间 t 应视具体情况而定, 其反映了驾驶员辨识和诊断的综合能力。

（3）分析标准执行动作时间 $\overline{T_{0.5}}$。$T_{0.5}$ 可由时间衡量法确定。时间衡量法: 按基本动作单元（足动、腿动、转身、俯屈、跪、站、行、手握）和执行因素（伸手、搬运、旋转、抓取、对准、拆卸、放手）设定作业时间标准及查定正常作业时间, 制定作业标准时间, 其事件单位用 TMU 表示, $1\text{TMU}=0.036\text{s}$。

驾驶员在一般标准状态下完成急停操作任务所需时间的估计平均值 $\overline{T_{0.5}}$:

$$\overline{T_{0.5}} = (2.0+8.1+7.3+10.6)\text{TMU} = 1.008\text{s}。$$

4）t 在不同取值条件下驾驶员操作可靠度计算。根据 HCR 模型及上述分析过程, 可得到驾驶员在紧急工作情况时的操作可靠度, 见表 5-32。

表 5-32 驾驶员在紧急工作情况时的操作可靠度

$t/T_{0.5}$	驾驶员操作可靠度 R		
	知识	规则	反射
1.0	0.49984	0.50003	0.50016
1.5	0.70070	0.76265	0.89460
2.0	0.81147	0.88241	0.98221
2.2	0.84185	0.91053	0.99163
2.5	0.87758	0.94026	0.99740
2.8	0.90451	0.95984	0.99922
3.0	0.91880	0.96910	0.99966
3.5	0.94525	0.98379	0.99995
4.0	0.96261	0.99141	0.99999

复 习 题

1. 在进行安全人机系统设计时，为了使动作速度、频率和准确性、灵活性很好地结合，必须遵循哪些定律？

2. 什么是基础代谢率、相对能量代谢率、安静代谢率？请用表达式进行描述三者关系。

3. 结合个人生活经验谈谈你对人体能量代谢的认识。

4. 影响人操作可靠性的因素有哪些？

5. 何为疲劳？疲劳形成的原因是什么？

6. 如何缓解和改善工作人员的疲劳？

7. 影响人的可靠性因素主要有哪些？

8. 提高人-机-环系统安全可靠性有哪些途径？

6
第6章
安全人-机-环系统的功能配置

学习目标

（1）了解安全人-机-环系统的类型，掌握安全人-机-环系统的功能。

（2）掌握人的功能和机的功能及功能特性比较，能进行简单的人机功能匹配设计。

（3）充分理解人机系统与环境的关系，了解环境因素对人机的影响。

（4）了解安全人机系统设计的基本要求及原则，掌握安全人机系统设计步骤。

本章重点与难点

本章重点：人-机-环系统的组成、类型及功能，静态人机功能匹配，动态人机功能匹配，人机与照明、温度、色彩等环境因素的关系。

本章难点：人机功能的优势分析、安全人机系统设计的原则及步骤。

安全人-机-环系统主要由人、机、环境这三部分组成。任何机器都必须有人操作，并且都处在各种特定的环境之中工作。现代机器设计的日益发展、机器的精密构造与高度复杂，不仅对机器所处的环境条件提出一定的要求，而且对使用机器的人提出了越来越高的要求。当然，人-机-环系统工程的设计重点是解决系统中人的效能、安全、身心健康以及人机匹配最优化的问题，也就是说，要使机器的设计既符合人的特点，又应考虑如何才能保证人的能力适合机器的要求，即做到机宜人，人适机，人机之间达到最佳安全匹配，这是一条基本的原则。因此，在人-机-环系统工程的研究中，必须处理好人与机器、人与环境、机与环境的关系，确保安全人-机-环系统总体性能的实现。

6.1 安全人-机-环系统组成及其主要功能

在人-机-环系统中，人、机器和环境各自负担着不同的功能。在某些人-机-环系统中，人和机器还通过控制器和显示器联系起来，共同完成系统所负担的任务。为使整个人-机-环系统高效、可靠、安全以及操纵方便，必须了解人、机器和环境的功能特点、优点及缺点，使系统中的人与机器、环境之间达到最佳配合状态。

6.1.1　人的主要功能

人在人机系统的操纵过程中所起的作用，可通过心理学提出的带有普通意义的规律来加以描述：刺激（S）→意识（O）→反应（R），即在信息输入、信息处理和行为输出三个过程体现人在操作活动中的基本功能，如图 6-1 所示。

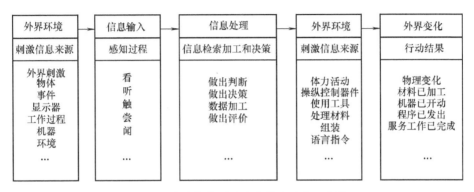

图 6-1　人在操作活动中的基本功能示意图

从图 6-1 可知，人在人机系统中主要有三种功能：

1）人的第一种功能——传感器。人在人机系统中首先作为信息发现器进行感知，是联系人与机之间的枢纽和信息接收者。人通过感觉器官接收信息，即用感觉器官作为联系渠道，感知工作情况和机器的使用情况。

2）人的第二种功能——信息处理器。有关人作为信息处理器的研究还不是很成熟，目前还在持续进行。

人的判断可分为相对判断和绝对判断。相对判断即有条件的判断，是在已有的两种或两种以上事物进行比较后做出的。绝对判断是在没有任何标准或比较对象的情况下做出的。例如，据估计，在相对判断的基础上，大多数人可以分辨出 1～30 万种不同的颜色，而绝对判断仅有 11～15 种。

3）人的第三种功能——操纵器。通过机器的控制器进行操纵，控制器的设计原则如显示器的设计一样，应让使用它的人易于操作和少出差错。

在人机系统中，控制器的作用是对接收的刺激做出反应。任何显示-反应模式，如果违反原有的习惯，很可能出现差错。不论在什么特殊情况，设计人员要求操作者改变其习惯的行为方式都是不妥的。

6.1.2　机的主要功能

机的子系统分为 C-M 和 M-D 系统。C-M 系统由控制器和机器的转换机构（或计算机主板）组成。这个系统的任务是使机器接受操作者的指令，实现机器的运转与调控，把输入转换为输出。M-D 系统由机器的转换机构和显示器组成，该系统的任务是反映机器的运行过程和状态信息。并不是所有的机器子系统同时具备 C-M 系统和 M-D 系统，有的只有 C-M 系统，如自行车等；有的则只有 M-D 系统，如某种信息显示仪表等。

机器是按人的某种目的和要求而设计的，虽然机器与人的特征不同，但在人机系统工作中所表现的功能是类似的，自动化的机器更是如此，它具有接收信息、储存信息、处理信息和执行指令等主要功能。

1）接收信息。对机器来说，信息的接收是通过机器的感觉装置，如电子、光学或机械的传感装置来完成的。当某种信息从外界输入系统时，系统内部对信息进行加工、处理，这些加工、处理的信息可能被储存或输出，也可能反馈到输入端而被重新输入，使人或机器接收新的反馈信息。接收的信息也可不经处理而直接存储起来。

2）储存信息。机器一般要靠磁盘、磁带、磁鼓、打孔卡、凸轮、模板等储存系统来储存信息。

3）处理信息。对接收的信息或储存信息通过某种过程进行处理。

4）执行指令。包括两方面：一是机器本身产生控制作用，如车床自动增加或减少铣削深度；二是借助声、光等信号把指令从这个环节输送到另一个环节。

6.1.3 环境的特点与主要功能

环境是以人类社会为主体的外部世界的总和，是围绕着人群的空间及其中可以直接或间接影响人类生活和发展的客观事物。

1. 环境要素的特点

1）最小限制律。整体环境的质量不能由环境诸要素的平均状态决定，而是受环境诸要素中与最优状态差距最大的要素控制。

2）各环境要素的等值性。这是指无论各个环境要素在规模上或数量上如何不同，但只要是一个独立的要素，那么对于环境质量的限制作用并无质的差别。

3）环境要素的整体效应大于个体效应之和。这是指环境诸要素间互相联系、互相作用产生的集体效应是在个体效应基础上质的飞跃。

4）各环境要素相互联系、相互依赖。这是指环境诸要素在地球演化史上的出现具有先后之别，但它们又是相互联系，相互依赖的，某些要素孕育着其他要素。环境诸要素的相互联系、相互作用和相互制约是通过能量流在各要素之间传递，或通过能量形式在各个要素之间的转换来实现的；通过物质流在各个环境要素间的流量，即通过各个要素对于物质的储存、释放、运转等环节的调控，使全部环境要素联系在一起。

2. 环境的主要功能

1）为人类生存和繁衍提供必需的资源。

2）环境的调节功能。在一定的时空尺度内，环境在自然状态下通过调节作用，使系统的输入等于输出，从而实现系统的有序性，保持环境平衡。系统的组成和结构越复杂，各成分间的相互作用机制越复杂，彼此的调节能力就越强，它的稳定性越大，越容易保持平衡。

3）环境的文化功能。环境的文化功能是指优美的自然环境使人类在精神和人格上得到发展和升华，不同的自然环境塑造了各民族不同的性格、习俗和文化。

6.1.4　人机系统的类型与功能

1. 人机系统的类型

人机系统的分类方法多种多样。下面主要介绍三种分类方法。

（1）按有无反馈控制分类

反馈是指系统的输出量与输入量结合后对系统发生作用。人机系统按反馈分类，有开环人机系统和闭环人机系统。

1）开环人机系统。开环人机系统是指系统中没有反馈回路或输出过程也可提供反馈的信息，但无法用这些信息进一步直接控制操作，即系统的输出对系统的控制没有直接影响，如操纵普通车床加工工件。

2）闭环人机系统。闭环人机系统是指系统有封闭的反馈回路，输出对控制有直接影响。若由人来观察和控制信息的输入、输出和反馈，如在普通车床加工工件时，配上质量检测构成反馈，则称为人工闭环人机系统。若由自动控制装置来代管人的工作，如利用自动车床加工工件，人只起监督作用，则称为自动闭环人机系统。

（2）按系统自动化程度分类

1）人工操作系统。人工操作系统包括人和相应的辅助机械及手工工具。人负责提供作业动力，并作为生产过程的控制者。人工操作系统如图 6-2 所示，人直接把输入转变为输出，这是影响系统效率的主要因素。

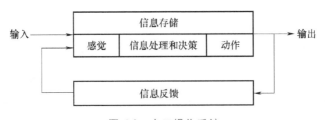

图 6-2　人工操作系统

2）半自动化人机系统。半自动化人机系统由人和机器设备或半自动化机器设备构成，人控制具有动力的机器设备，也可以为系统提供少量的动力，以对系统做某些调整或简单操作。在这种系统中，人与机器之间的信息交换频繁且复杂。在生产过程中，人感知来自机器、产品的信息，经处理后成为进一步操纵机器的依据。半自动化人机系统如图 6-3 所示。这样不断地反复调整，保证人机系统得以正常运行。

3）自动化人机系统。自动化人机系统由人和自动化设备构成，如图 6-4 所示。机器负责系统中信息的接收、储存、处理和执行等工作，人只起管理和监督作用，只有在发生意外情况时，才采取强制措施。系统从外部获得所需的能源，人的具体功能是启动、制动、编程、维修和调试等。为了安全运行，系统必须对可能产生的意外情况设有预报及应急处理的功能。值得注意的是，系统的设计不宜为了过分追求自动化而脱离现实的技术和经济条件，若把一些本来适合于人操作的功能也自动化，反而导致系统的可靠性下降，人与机器不协调。

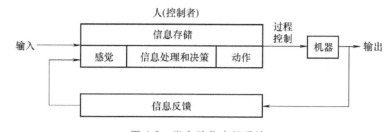

图 6-3　半自动化人机系统

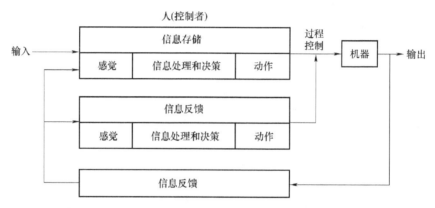

图 6-4　自动化人机系统

（3）按人机结合方式分类

人机系统按人机结合方式可分为人机串联、人机并联和人与机串/并联混合三种方式。

1）人机串联。人机串联结合方式如图 6-5a 所示。作业时，人直接介入工作系统，操纵工具和机器。人机串联结合突出了人的长处和作用，但是也存在人机特性互相干扰的一面。由于受人的能力特性的制约，机器特长不能充分发挥，而且还会出现种种问题。例如，当人的能力下降时，机器的效率也随之降低，甚至由于人的失误而发生事故。所以，采用串联系统时，必须进行人机功能的合理分配，使人成为控制主体，并尽量提高人的可靠性。

2）人机并联。人机并联结合方式如图 6-5b 所示。作业时，人间接介入工作系统，人的作用以监视、管理为主，手工作业为辅。人通过显示装置和控制装置，间接地作用于机器，产生输出。采用这种结合方式，当系统正常时，人管理、监视系统的运行，系统对人几乎无操作要求，人与机的功能有互相补充的作用，如机器的自动化运转可弥补人的能力不足的特性。但是人与机结合不是恒定不变的，当系统正常时，机器以自动运转为主，系统不受人的约束；当系统出现异常时，机器由自动变为手动，人必须直接介入系统之中，人机结合从并联变为串联，要求人迅速而正确地判断和操作。

3）人与机串/并联混合。人与机串/并联混合又称混合结合方式，也是最常用的结合方式，如图 6-5c 所示。这种结合方式的表现形式很多，实际上都是人机串联和人机并联两种方式的综合，往往兼有这两种方式的基本特性。

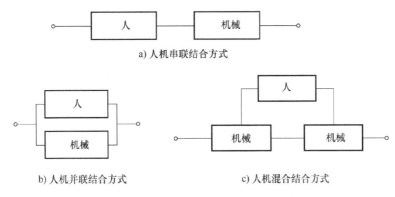

图 6-5　人机系统按人机结合方式分类

2. 人机系统的功能

人机系统是为了实现安全与高效的目的而设计的，也是由于能满足人类的需要而存在的。在人机系统中，虽然人和机器各有其不同的特征，但在系统中所表现的功能却是类似的。完整的人机系统都有六种功能，这些功能是连续进行的，是由人和机共同作用实现的（图 6-6）。

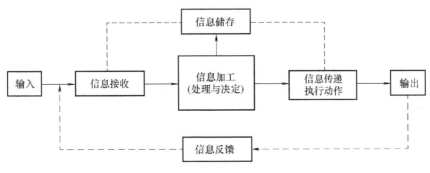

图 6-6　人机系统的功能

1）信息接收。人通过感觉器官来完成；"机"通过感受装置（电子、光学或机械的传感装置）来完成。

2）信息加工。脑接收感觉器官发来的信息或调用储存的信息，通过一定的过程（如分析、比较、演绎、推理和运算）形成决定或主意。现代化的机器也可以进行一些程序化的信息加工。信息加工的结果是决定下一步是否行动和如何行动。

3）信息储存。人的信息储存是靠大脑的记忆能力或借助录像、照相和文字记载等方式来完成的。机器的信息储存一般要靠磁带、磁鼓、磁盘、凸轮、模板等储存系统。

4）信息传递执行动作。即执行人脑或"机脑"的指令。这种功能一般有两种：一种是由人直接操纵控制器或由机器本身产生控制作用；另一种是传送指令，即借助于声、光等信号，将指令从一个环节送到另一个环节。

5）信息反馈。将系统中各过程的信息逐步返回到输入端。返回的信息是继续控制的基础，也是调节的根据。反馈可以弥补系统的不足，纠正偏离作业的动向。在人工调节系统中，反馈可促使操作者及时调节；在自动化系统中，反馈可自动触发调节。例如，当电冰箱内温度高于预定温度时，压缩机就开始运转，否则就会自动停机。

6）输入与输出。物料或待加工物从输入端输入，经过系统的加工过程，改变输入物的状态，变成系统的成果而输出。

6.1.5 安全人-机-环系统的组成

所谓系统是指由具有相互联系、相互制约的事物，以某种形式结合在一起并具有特定功能的有机整体。把整体系统的组成部分称为子系统。整体系统与子系统之间既有相对性也有统一性。

人-机-环系统是由相互作用、相互联系的人、机器和环境三个子系统构成的，且能完成特定目标的一个整体系统。人-机-环系统中的人是指机器的操作者或使用者；机器的含义是广义的，是指人所操纵或使用的各种机器、设备、工具等的总称；环境便是人与机器所处的环境。研究人-机-环系统时，既要研究子系统各自的特点和功能，还要研究它们之间形成的有机整体的功能。研究人-机-环系统的设计与改进，都是以具体的人-机-环系统为对象的。

由于人的工作能力和效率随周围环境因素而变化，任何人机系统又都处于特定环境之中，因此在研究人机系统时，环境因素也是其中一项很重要的因素。把人、机、环境三者相互联系、相互作用构成的整体称为人-机-环系统。这里所说的环境是一个广义的概念，不仅仅是纯粹的自然环境，还指人类在自然环境中通过技术手段创造出来的作业（生活）环境。例如，智能化、自动化是先进汽车研发的主要方向，其发展势头非常迅猛，由此使得交通事故的风险和形态随之发生变化，值得深入研究探讨。根据我国交通事故形态的发展规律及当前已发生的自动驾驶车辆事故特征，综合考虑各种人、车、路的因素，预测不远的将来可能出现的新的交通事故形态。在未来的道路交通系统中，新的交通现象比如多种自动驾驶车辆与有人驾驶车辆共存、人机共驾、智能交通系统的信息安全问题，以及依然存在的偶然机械故障，环境干扰和天气影响等，都可能成为事故诱因。其中，人的因素依然重要，弱势道路使用者是自动驾驶车辆的重点避撞对象。未来事故的发生依然将是人、机、环境因素综合作用的结果[⊖]。

人-机-环系统的安全本质是人、机器、环境三者安全性匹配的品质。而人-机-环系统本质安全化是人-机-环系统在安全本质上建设成为具有最佳安全品质的系统。安全水平是一个相对的概念，它是由一个国家、一个行业或者一个企业在一定的技术及经济条件下的安全管理的状况所决定的。本质安全化水平是指在现有的技术及经济水平上，具有较完善的安全管理机制状况下的安全可接受水平。可接受水平将随着技术及经济水平的不断提高而提高，随

⊖ 引自 Piao C S, Cheng W M, Zhou G, Safety analysis and assessment for human-machine-environment systematic engineering, Industrial Safety and Environmental Protection, 2009。

着安全管理机制的不断完善而提高。在实际生产中，安全可接受水平即为各个行业安全性评价标准所控制的安全水平。本质安全化能达到的程度受到技术及经济条件的制约，而如何运用已有的技术及经济条件，并正确支配技术及经济条件，则是安全管理功能，因此决定本质安全化程度的是一定技术经济条件下的安全管理水平。

6.2　安全人机系统的功能匹配设计

过去的设计总是把人和机器分开，认为两者是彼此毫不相关的个体。事实上，机器对人的影响很大，而人又操纵机器，两者是一个紧密联系的整体，不能把它们分割开来考虑。因此，我们首先必须掌握人体的各种特性，同时应了解机器的特性，然后才能设计出与此适应的机器。否则，人机作为一个整体（系统）就不可能安全、高效、持续而又协调地进行运转。

6.2.1　静态人机功能匹配

静态人机功能匹配，就是根据人和机的特性进行权衡分析，将系统的不同功能以固定的方式恰当地分配给人或机，而且系统在运行中并不随时加以调整。根据人机各自的能力，使人机相互配合、协调、适应，实现人监控机器和机器监控人。

人机功能匹配是一个非常复杂的问题，在长期的实践中，人们总结出以下系统功能分配的一般原则。

1. 比较分配原则

通过人与机器的特性比较，进行客观的和符合逻辑的分配。

2. 剩余分配原则

在功能分配时，首先考虑机器所能承担的系统功能，然后将剩余局部功能分配给人。在这当中，必须掌握和了解机器本身的可靠度，如果盲目地将功能强加于机器，那么会造成系统的不安全性。

3. 经济分配原则

以经济效益为原则，合理恰当地进行人机功能分配。这两者的经济效益通过比较和计算来确定功能的分配。

4. 宜人分配原则

系统的功能分配要适合人生理和心理的多种需要，有意识地发挥人的技能。

5. 弹性分配原则

系统的某些功能可以同时分配给人或机器，这样人可以自由选择参与系统行为的程度。例如，许多控制系统可以自动完成，也可手动完成，尤其是现代计算机的控制系统，要有多种人机对接，从而实现不同程度的人机对话。

以上是根据不同侧面所提出的五条原则。如果不考虑人和机器的适应，那么人既不会舒适，也不会高效工作。人机不协调或协调性差是违章操作的主要原因，而违章操作可能会导致人为失误甚至事故；而且操纵器、显示器、报警器设计上的缺陷，未能达到正确匹配也会造成违章操作，引发事故。

6.2.2 动态人机功能匹配

　　静态人机功能匹配是在忽略了作业的时变性以及人的响应可变性的条件下讨论的。对于一个人来讲，可以将分配给他的作业负荷与他可用能力之间的差距记作 δ，δ 是随时间而变化的（图 6-7）。在通常情况下，人能够补偿这个变化。然而在某些情况下，这种差距可能过大，以致产生人不可接受的超负荷或低负荷。在这种情况下或者会出现工效降低，或者造成系统无法实现原定功能的现象。因此，这时需要有一个能够动态地实现最佳作业分配的决策机制。在这个机制下，系统功能的分配可以依据作业的定义、工作环境和当前系统组成要素的能力等条件，随时做出相应的分配决策。也就是说，要求作业不是以一个固定的实体来设置。理想的情况是作业的构造能随着系统的目标与要求而变化，因此，可以引进一个智能适应界面系统或者辅助智能界面系统去适应上述的变化。智能界面系统能够根据当前作业的要求与可利用资源之间的匹配信息，借助于相关作业模型、机器系统模型、人的模型、工作负荷与能力关系模型等进行推理和预测，而后智能界面系统完成输出，这时的输出反映了作业的重新构造与作业的重新分配。动态的系统功能分配是要达到人、机两方面功能的相互支援、相互补充、相互促进的目的。上面所涉及的智能界面系统的实现并不容易，它是一个急需深入探索和研究的新课题。

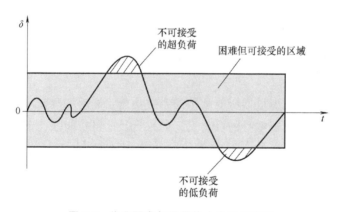

图 6-7　作业要求与可用能力失配示意图

6.2.3 安全人机功能优势分析

1. 人优于机械的功能

人在以下方面优于机械：

1）在感知觉方面，人的某些感官的感受能力比机械优越。例如，人的听觉器官对音色的分辨力优于机械。人的感知觉还具有机械很难实现的恒常性，因而人对图像的识别能力远胜于机械。

2）人能运用多种通道接受信息。当一种信息通道有障碍时，可用其他通道补偿；然而，机器设备只能按设计的固定结构和方法输入信息。

3）人具有高度的灵活性和可塑性，能随机应变，采用灵活的程序。人能根据情境改变工作方法，能学习和适应环境，能应付意外事件和排除故障，而机械应付偶然事件的程序是非常复杂的。因此，任何高度复杂的自动系统都离不开人的参与。

4）人能长期储存信息，并能随时综合利用记忆信息进行分析和判断。

5）人具有总结和利用经验，除旧创新，改进工作的能力，而机械无论多么复杂，只能按照人预先编排好的程序工作。

6）人能归纳推理。在获得实际观察资料的基础上，归纳出一般结论，形成概念，并能发明创造。

7）人有感情、意识和个性，具有能动性，能继承人类历史、文化和精神遗产。人在社会生活中，受社会的影响，有明显的社会性。

2. 机械优于人的功能

机械在以下方面优于人：

1）机械能平稳而准确地运用巨大动力，其功率强度和负荷的大小可随需要而定。

2）机械动作速度快，信息传递、加工和反应的速度快。

3）在感受外界作用和操作方面，机械的精度高，产生的误差可随机械精度的提高而减小。

4）机械的稳定性好，可终日不停地重复工作，不会降低效率，不存在疲劳和单调问题。

5）机械的感受和反应能力一般比人高。例如，机械可以接收超声、辐射、微波、电磁波和磁场等信号，还可以做出人做不到的反应，如发射电信号、发出激光等。

6）机械能同时完成多种操作，而且可以保持较高的效率和准确度。人一般只能同时完成 1~2 项操作，而且两项操作容易相互干扰，难以持久地进行。

7）机械能在恶劣的环境条件下工作。例如，在高压、低压、高温、低温、超重、缺氧、辐射、振动等条件下，机械可以很好地工作，而人则无法耐受。

综上所述，人和机械各自的突出优点见表 6-1，在进行人机分配时可进行参考。要合理利用人、机械在各自方面突出的优势资源，应寻求一个人机功能合理配合的平衡点，达到人机协调，提高系统的可靠性与安全性，在最大限度上规避风险。

表 6-1　人、机械各自的突出优点

机械的突出优点	人的突出优点	机械的突出优点	人的突出优点
①重复性的操作和计算	①排除干扰进行判断	⑤大量的数据处理	⑤进行预测工作
②迅速施加较大的力	②动态的变化中进行判断	⑥恶劣或危险环境作业	⑥进行创造性工作
③精确控制施力大小	③进行逻辑判断和推理	⑦快速进行操作	⑦对偶然或意外事件的处理
④长时间或连续施加作用力	④进行综合判断		

6.2.4 安全人机功能分配原则

1）费力、快速、持久、可靠性高、精度高、程序固定、操作复杂和环境条件差的工作，都适合由机械来承担。

2）研究、决策、编程序、发指令、检查、监视、管理、维修、处理故障和应付不测等利用脑力和感官的工作应该由人来承担。

人机匹配除合理分配人与机的功能外，实现人和机的相互配合也是很重要的。一方面，需要人监控机械，即使是完全自动化的系统也必须有人监视。机械一旦出现异常情况，必须由人来手动操纵。例如，高速火车的中央控制系统在出现异常时，必须由人来做出判断，下达指令，使系统恢复正常。另一方面，需要机械监督人，以防人产生失误时导致整个系统发生故障。人会经常出现失误，在系统中放置相应的安全装置非常必要，如火车的自动停车装置等。

人机功能分配是一个复杂问题，要在功能分析的基础上依据人机特性进行，其一般原则为：笨重、快速、精细、规律性、单调、高阶运算、支付大功率、操作复杂、环境条件恶劣的作业以及需要检测人不能识别的物理信号的作业，应分配给机器承担；而指令和程序的安排，图形的辨认或多种信息输入，机器系统的监控、维修、设计、创造、故障处理及应付突发事件等工作，则由人承担。

6.3 人机与环境因素的关系

作业环境与整个人机系统有着密不可分的联系，它会影响人的生理、心理特性等，这些影响一般来自于温度环境、照明、色彩、有毒物质、噪声等。例如，在深部矿井中，工人处于恶劣的环境中，如高温度、高湿度、高噪声、高粉尘、照明不良、有毒有害气体等。环境因素直接或间接影响人体健康和生命安全，人工效率、机器设备性能和可靠性也会受到不同程度的影响，轻则降低作业人员的劳动效率，重则影响整个系统的正常运行，甚至威胁到人体的健康和安全。因此，选择合适的人类反应生理、心理和工作效率等安全人因响应指标来进行分析，对确保作业人员身体健康和提升工作效率具有重要意义。当人在舒适的区域内进行作业时，完成作业的有效性与准确性都能够得到有效的保证。因此，为了尽可能排除环境对人造成的不良影响，就需要把作业环境的设计作为安全人机系统的一个重要方面加以研究。

6.3.1 照明环境

照明状况对人的精神状态和心理感受会产生一定的影响，良好的照明能振奋精神，提高工作效率和产品质量。目前，照明采用的光源主要有天然光源和人工光源两大类。作业场所的合理采光与照明，对生产中的安全有着非常重要的意义。

1. 基本概念及相关标准

（1）照度

照度经常被用来定量描述某个特定场所的照明环境是否符合要求，具体是指每单位面积接收到的光通量，用字母 E 表示。它的物理意义是物体被照亮的程度，单位为勒克斯（lx）。

1 勒克斯等于 1 流明（lm）的光通量均匀分布于 $1m^2$ 面积上的光照强度。

照度的影响因素较多，例如光源、与光源的距离和光照面倾斜程度的关系。在光源与光照面距离一定的条件下，垂直照射与斜射比较，垂直照射的照度大；光线越倾斜，照度越小。有时为了充分利用光源，常在光源上附加一个反射装置，使得某些方向能够得到比较多的光通量，增加该被照面上的照度，例如汽车前照灯、手电筒、摄影灯等。

为了确保各种不同场所能够得到合理的照明，我国颁布了有关标准作为现场照明设计的依据，如《视觉工效学原则 室内工作场所照明》（GB/T 13379—2008）、《建筑采光设计标准》（GB 50033—2013）、《建筑照明设计标准》（GB 50034—2013）等。部分工业建筑的照度标准值见表 6-2。

（2）亮度

另一个能够表述照明环境的物理量是亮度，它是指发光体（反光体）表面发光（反光）强弱的物理量，用字母 L 表示，单位是坎德拉/平方米（cd/m^2），物理意义是指人对光强度的主观感受。

表 6-2　部分工业建筑的照度标准值

房间或 场所		参考平面 及其高度	照度标准值 /lx	统一眩光值 （UGR）	显色指数（Ra）	备注
1. 通用房间						
实验室	一般	0.75m 水平面	300	22	80	可另加局部照明
	精细	0.75m 水平面	500	19	80	可另加局部照明
检验室	一般	0.75m 水平面	300	22	80	可另加局部照明
	精细、 有颜色要求	0.75m 水平面	750	19	80	可另加局部照明
控制室	一般控制室	0.75m 水平面	300	19	80	—
	主控制室	0.75m 水平面	300	28	80	盘面照明 不小于 200lx
	计算机站	0.75m 水平面	500	25	80	防光幕反射
仓库	大件库	1.0m 水平面	50	—	20	—
	一般件库	1.0m 水平面	100		60	
	精细件库	1.0m 水平面	200		60	货架垂直照度 不小于 50lx
2. 机、电工业						
机电仪表装配	大件	0.75m 水平面	200	25	80	可另加局部照明
	一般件	0.75m 水平面	300	25	80	可另加局部照明
	精密	0.75m 水平面	500	22	80	可另加局部照明
	特精密	0.75m 水平面	750	19	80	可另加局部照明
抛光	一般装饰性	0.75m 水平面	300	22	80	防闪频

（续）

房间或场所		参考平面及其高度	照度标准值/lx	统一眩光值（UGR）	显色指数（Ra）	备注
3. 钢铁工业						
轧钢	钢坯台、轧机区	地面	150	—	40	—
	加热炉周围	地面	50	—	20	—
	重烧、横剪及纵剪机组	0.75m 水平面	150	25	40	—
	打印、检查、精密分类、验收	0.75m 水平面	200	22	80	—
4. 木材业和家具制造						
一般机器加工		0.75m 水平面	200	22	60	防闪频
精细机器加工		0.75m 水平面	500	19	80	防闪频
锯木区		0.75m 水平面	300	25	60	防闪频
模型区	一般	0.75m 水平面	300	22	60	—
	精细	0.75m 水平面	750	22	60	—
胶合、组装		0.75m 水平面	300	25	60	—
磨光、异形细木工		0.75m 水平面	750	22	80	—

注：需增加局部照明的作业面，增加的局部照明照度值宜按该场所一般照明照度值的 1.0~3.0 倍选取。

照度是光源照在物体上的强弱程度，而亮度是物体反射光到眼里的强弱程度。但相似的是，为了营造比较舒心的照明环境，亮度的分布也应达到均匀化。

2. 照明的影响

良好的照明可改善人的视觉条件（生理因素）和视觉环境（心理因素），使人易于识别物体，可减轻视觉疲劳。良好的照明条件对于提高生产效率，降低事故发生率，也都有重要的作用，它有利于提高工作精度和效率、增加产量、减少差错。相反，若照明不当，则难以估准物体的相对位置，引起工作失误；若照度太低，则识别物体的时间长，工作效率低。照明还影响人的情绪，明亮令人愉快，阴暗使人烦躁。

图 6-8 可以用来说明良好照明的积极作用。此外，照明不良也是事故发生的因素之一。据英国调查，在机械、造船、建筑、纺织等行业，人工照明事故数量比天然采光情况下增加了 25%。良好的照明对降低事故发生率和保证工作人员的安全有明显的效果。图 6-9 为照明与安全状况的关系，它反映了良好照明可以有效降低事故次数、出错次数以及缺勤人数。

3. 作业场所的照明设计

（1）适宜的照明方式

自然采光和人工照明是作业场所光环境的主要组成部分，大部分采用两者兼用的方式。如果考虑到灯光的照射范围和效果，工业企业的建筑物通常采用的人工照明方式又可分为一般照明、局部照明、混合照明和分区一般照明。选择合理的照明方式，必须要同时考虑照明质量和相应的费用支出问题。

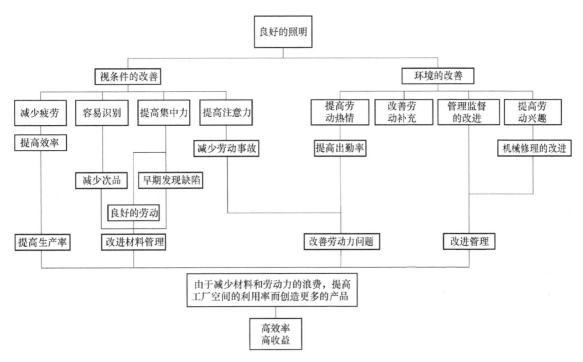

图 6-8　良好照明的积极作用

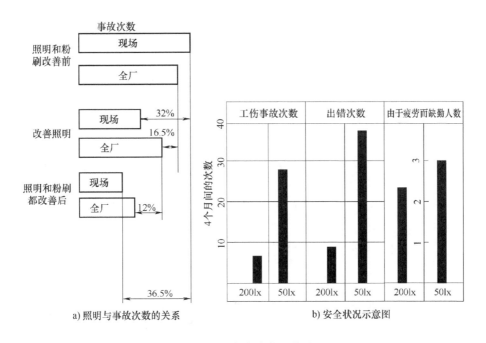

a) 照明与事故次数的关系　　　　　b) 安全状况示意图

图 6-9　照明与安全状况的关系

　　一般照明是指为照亮整个场所而设置的均匀照明。对于工作位置密度很大而对照明方向没有特殊要求，或受条件限制不适宜装设局部照明且采用混合照明不合理时，宜采用一般照明，如办公室、体育馆和教室等。

局部照明是为特定视觉工作所需照亮某个局部而设置的照明。其优点是开、关方便，并能有效地突出对象。需要注意的是，在一个工作场所内不应只装设局部照明。

混合照明是由一般照明和局部照明组成的。对于那些工作位置需要有较高照度并对照射方向有特殊要求的场合，宜采用混合照明。为了防止一般照明和局部照明对比过强使人产生不舒适感，影响作业效率，建议两者比例为 1∶5 较好。较小的工作场所，其比例可适当提高。

（2）光源选择

太阳光是最环保而且取之不尽的能源，人工照明则只是对作业场所光环境的完善，在设计作业场所的照明时应充分利用自然采光。选择人工光源时，应优先选择接近自然光的光源，还应根据生产工艺的特点和要求选择。通常，荧光灯的光谱近似太阳光，发热量较小，发光率高，光线柔和，视野范围内的照度比较均匀，而且经济性较好，是一种较为理想的光源。

除此以外，在设计选择光源时，还应考虑光源的色温和显色性。当某一光源所发出的光的光谱分布与不反光、不透光完全吸收光的黑体在某一温度辐射出的光谱分布相同时，就把绝对黑体的温度称为这一光源的色温（color temperature）。色温表示光源光色的尺度，单位为开尔文（K）。光源色温不同，光色也不同，带来的感觉也不相同，部分光源的色温和一般感觉见表6-3。

表6-3　部分光源的色温和一般感觉

名称	色温/K	说明
暖色光	3300	暖色光与白炽灯相近，红光成分较多，能给人以温暖、健康、舒适、容易入睡的感受，适用于家庭、住宅、宿舍、宾馆等场所或温度比较低的地方
冷白色光	3000~5000	又叫中性色，光线柔和，使人有愉快、舒适、安详的感受，适用于商店、医院、办公室、饭店、餐厅、候车室等场所
冷色光	5000	又叫日光色，光源接近自然光，有明亮的感觉，使人精力集中且不易睡着，适用于办公室、会议室、教室、绘图室、设计室、图书馆的阅览室、展览橱窗等场所

显色性就是指不同光谱的光源照射在同一颜色的物体上时，所呈现不同颜色的特性。通常用显色指数（Ra）来表示光源的显色性。光源的显色指数越高，其显色性能越好。日光的显色指数定义为100，视为理想的基准光源，其他光源的显色指数均小于100。人工光源的显色指数见表6-4。

表6-4　人工光源的显色指数

光源	Ra	光源	Ra
日光	100	白色荧光灯	55~85
白炽灯	97	金属卤化物灯	53~72
日光色荧光灯	75~94	高压汞灯	22~51
氙灯	95~97	高压钠灯	21

（3）照度分布

任何一个工作场所，除了需要满足标准中规定的照度值要求以外，对于在其内的工作面，最好能保证照度分布得比较均匀。所谓照度均匀度是指规定表面上的最小照度与平均照度之比。均匀的照度分布是视觉感受舒服的重要条件，照度均匀度越接近 1 越好；该值越小，视觉疲劳越强。

以往的研究结果得出了比较合理的照度分布比例，即局部工作面的照度值最好不要超过环境照度值的 1/4；而一般照明的最小照度与平均照度之比应大于 0.8。以羽毛球馆为例，要实现照度均匀，可以从灯具布置方面入手，保证边行灯至场边的距离在灯具间距的 1/3 ~ 1/2。如果是场内，尤其当墙面反光系数太低时，可以将边行灯至场边的距离减小至灯具间距的 1/3 以下；场地外照明的均匀度可适当放宽要求。

（4）亮度分布

作业环境亮度差异过大易导致眼疲劳，但也不必达到完全均匀的程度。若工作周围存在明暗环境的对比或者阴影，则不容易产生单调的感觉。室内亮度比最大允许值见表 6-5。

表 6-5　室内亮度比最大允许值

室内各部分	办公室	车间
工作对象与其相邻的周围之间（如书或机器与其周围之间）	3：1	3：1
工作对象与其离开较远处之间（如书或机器与墙面之间）	5：1	10：1
照明器或窗与其附近周围之间	—	20：1
在视野中的任何位置	—	40：1

（5）眩光控制

眩光是一种视觉条件。这种条件的形成是由于视野中的亮度分布不适宜或者亮度变化的幅度太大，或者在空间或时间上存在极端的对比，从而引起视觉的不舒适感和视觉功能下降。眩光有三种：直接眩光、反射眩光和对比眩光。直接眩光是指由高亮度光源的光线直接进入人眼内所引起的眩光，它与光源位置有关（图 6-10）。反射眩光是指光源通过光泽表面，尤其是抛光金属（如镜面）反射进入人眼引起的眩光。对比眩光是由于被视目标和背景明暗相差太大而造成的。

眩光会造成很多不良影响，例如破坏暗适应，造成视觉后像；导致视功能降低，影响视觉效率；严重时可导致暂时失明。眩光还会破坏心情，使人精神不振，注意力不集中，进而影响作业效率及作业质量。因此，控制眩光是非常有必要的。常用的眩光控制措施包含以下几点：

1）限制光源亮度。当光源的亮度超过 $16 \times 10^4 \text{cd/m}^2$ 时，会产生严重的眩光。如果白炽灯的灯丝亮度超过 $3 \times 10^6 \text{cd/m}^2$，应考虑用半透明或者不透明材料减少其亮度或将其遮住。

2）合理布置光源。尽可能将光源布置在视线外刺激比较微弱的区域，例如可以采用悬

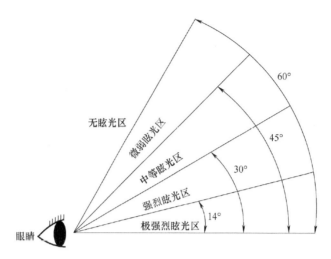

图 6-10 光源位置的眩光效应

挂的方法使光源在 45°范围以上。也可以采用不透明的材料挡住眩光源，使灯罩的边缘至灯丝连线与水平线之间的角度尽量保持在 45°，或者至少不小于 30°。

3）适当提高环境亮度。尽量保证物体的亮度与背景亮度的比值在 100∶1 以下，以减少两者之间的亮度对比，防止对比眩光的出现。

4）在室外戴太阳镜（滤光镜），如戴灰色镜可以降低射入眼内的光线的强度。

5）使光线经灯罩或顶棚、墙壁漫射到作业场所。

6.3.2 温度环境

环境的温度与人体健康密切相关，过热或者过冷都会引起人体不良的生理反应，不利于正常作业。不同的作业特性和劳动强度下，工厂车间内作业区的空气温度和湿度必须满足相应的标准（表 6-6）。

表 6-6 工厂车间内作业区的空气温度和湿度标准

车间和作业的特征			冬季		夏季	
			温度/℃	相对湿度	温度/℃	相对湿度
主要放散对流热的车间	散热量不大的	轻作业	14~20	不规定	不超过室外温度3℃	不规定
		中等作业	12~17			
		重作业	10~15			
	散热量大的	轻作业	16~25	不规定	不超过室外温度5℃	不规定
		中等作业	13~22			
		重作业	10~20			
	需要人工调节温度和湿度的	轻作业	20~23	75%~80%	31	≤70%
		中等作业	22~25	65%~70%	32	60%~70%
		重作业	24~27	55%~60%	33	50%~60%

（续）

车间和作业的特征			冬季		夏季	
			温度/℃	相对湿度	温度/℃	相对湿度
放散大量辐射热和对流热的车间 ［辐射强度大于 $2.5×10^5 J/(h·m^2)$］			8~15	不规定	不超过 室外温度5℃	不规定
放散大量 湿气的车间	散热量小的	轻作业	16~20	≤80%	不超过 室外温度3℃	不规定
		中等作业	13~17			
		重作业	10~15			
	散热量大的	轻作业	18~23	≤80%	不超过 室外温度5℃	不规定
		中等作业	17~21			
		重作业	16~19			

1. 高温

（1）高温作业环境界定

《工业场所有害因素职业接触限值 第2部分：物理因素》（GBZ 2.2—2007）规定，高温作业指的是在生产劳动过程中，工作地点平均 WBGT 指数（wet bulb globe temperature index，又称湿球黑球温度）不小于25℃的作业。而一般情况下，凡具有下述情形之一者即为高温作业环境：

1）在有热源的生产场所中，热源的散热率大于83736J/（m³·h）。

2）作业环境的温度在寒冷地区高于32℃，在炎热地区高于35℃。

3）作业环境的热辐射强度超过4.186J/（cm²·min）。

4）作业环境的温度高于30℃，相对湿度（RH）大于80%。

（2）高温环境人的生理反应

人在高温环境下进行作业会导致一系列的生理变化和心理变化，如大量出汗、增加心脏负荷以及人体对环境应激的耐力降低。此时，人体的热平衡会遭到破坏，高温对人体的这种负面作用会随着环境中热负荷的加重更加强烈，通常会经历代偿、耐受和病理损伤三个阶段。

1）代偿阶段。作业者刚接触高温环境时，体内的对流和辐射散热都受到抑制，散热低于产热，导致人体的热平衡开始受到破坏，体内的热含量增加。此时，体温调节中枢（即代偿机能）会通过两种途径增大散热量：一是通过扩张皮肤血管增加体表血流，提高对流和辐射散热的能力；二是通过汗腺排汗产生显性出汗蒸发散热。这一达到新的动态热平衡的过程即为代偿阶段[⊖]。

2）耐受阶段。当高温环境持续严重时，体温调节中枢就无法有效地调节和控制散热量，无法达到新的动态热平衡。此时，机体体温调节机制遭到抑制，造成心率过快，外周血

⊖ 引自 Gagge A P，Burton A C，Bazett H C，A practical system of units for the descriptiot of the heat exchange of man with his environment，Science，1941。

流过大，回心血不足，大脑及肌肉出血，而且由于大量排汗，失水失盐过多，会出现口渴、恶心等症状。机体无力进行代偿，转而进入耐受阶段。

3）病理损伤阶段。如果高温环境更加恶劣，机体的体温调节机制完全被抑制，人体已无法承受此时的热刺激，随即进入病理损伤阶段。该阶段会出现各种功能性热病，例如热衰竭、热昏厥、热痉挛等。在症状初发的情况下，如果抢救及时就能迅速恢复；一旦热环境进一步恶化，血管高度收缩，排汗基本停止，体温便会升至41℃以上，导致机体各部分尤其是大脑产生不可逆的严重损伤，甚至会有生命危险。

机体在高温环境下的生理反应如图6-11所示。

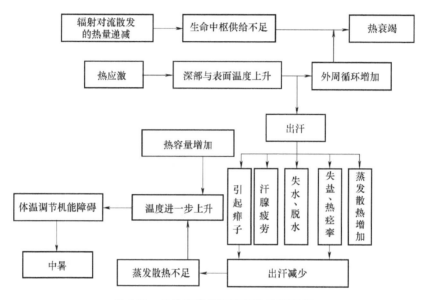

图6-11　机体在高温环境下的生理反应

（3）高温环境的影响

人在高温环境中作业时体温会升高，心情容易烦躁不安，由此引起的各种不舒适会影响机体的脑力劳动、信息处理、记忆力等功能的正常发挥。以空气温度为33℃、相对湿度为50%、穿薄衣服进行作业时所处环境的温度为有效温度。

除此以外，高温对重体力劳动效率影响更大。这是因为在高温环境中，很大一部分的血液供给要用于皮肤散发热量，调节体温，这样供给肌肉活动的血液就相应减少了。

O'Neal和Biship对10位男性实验对象在高温下（湿球黑球温度为30℃）重复重体力劳动前、后的认知能力（算术、反应时间、短期记忆等）进行了对比研究，结果表明，部分实验对象在高温条件下作业一段时间之后，算术的出错率明显增加，单击计算机屏幕上小点的反应时间明显增加，记忆力也明显降低。

（4）高温的控制措施

高温作业环境的设计应该遵循《工作场所职业病危害作业分级　第3部分：高温》（GBZ/T 229.3—2010）的要求（表6-7）。

表 6-7 高温作业分级

劳动强度	接触高温作业时间/min	WBGT 指数/℃						
		29~30 (28~29)	31~32 (30~31)	33~34 (32~33)	35~36 (34~35)	37~38 (36~37)	39~40 (38~39)	41~42 (40~41)
I (轻劳动)	60~120	I	I	II	II	III	III	IV
	121~240	I	II	II	III	III	IV	IV
	241~360	II	II	III	III	IV	IV	IV
	≥361	II	III	III	IV	IV	IV	IV
II (中劳动)	60~120	I	II	II	III	III	IV	IV
	121~240	II	II	III	III	IV	IV	IV
	241~360	II	III	III	IV	IV	IV	IV
	≥361	III	III	IV	IV	IV	IV	IV
III (重劳动)	60~120	II	II	III	III	IV	IV	IV
	121~240	II	III	III	IV	IV	IV	IV
	241~360	III	III	IV	IV	IV	IV	IV
	≥361	III	IV	IV	IV	IV	IV	IV
IV (极重劳动)	60~120	II	III	III	IV	IV	IV	IV
	121~240	III	III	IV	IV	IV	IV	IV
	241~360	III	IV	IV	IV	IV	IV	IV
	≥361	IV	IV	IV	IV	IV	IV	IV

注：括号内指数值适用于未产生热适应和热习服的劳动者。

作业者在高温环境中的反应及耐受时间受到多种因素的影响。作业环境的气温会受到很多因素的影响，除了主要因素大气温度以外，还受到作业场所中的各种热源的影响，例如加热炉、被加热物体、设备运转发热等。这些热源会以热传导、对流的方式加热作业环境中的空气，还会通过热辐射加热周围的物体，形成二次热源，扩大直接加热空气的面积，最终导致气温升高。因此，高温作业环境可以从生产工艺和技术、保健措施、生产组织措施等方面加以改善。

在生产工艺和技术方面，要合理地设计生产工艺过程，应尽可能将热源设置在作业场所主导风向的下风向；采取一定的隔热措施，例如在热源与作业者之间设置水幕、水箱、遮热板等；加强自然通风，利用普通天窗、挡风天窗及开敞式厂房等；还要降低湿度、必要时辅助机械通风和空调设备。

在保健方面，由于高温作业时会大量出汗，需要及时补充水分和营养。为了维持高温作业工人水盐代谢平衡，应适当饮用含盐饮料，如盐汽水和盐茶水等。高温作业时能量消耗增加，需要从食物中补充足够的热量和蛋白质，尤其是动物蛋白，还应增加维生素的摄入，特别是 B 族维生素和维生素 C，以利于提高机体对高温环境的耐受能力。高温作业工人应穿导热系数大、透气性好的工作服，加强个人防护。根据不同作业的要求，还应适当佩戴防热面罩、工作帽、防护眼镜、手套、护腿等个人防护用品。特殊高温作业（如炉衬热修、清理钢包等）工人，为防止强烈热辐射的作用，可以穿特制的隔热服、冷风衣、冰背心等。要加强医疗预防工作，高温作业工人应进行就业前和入暑前健康体检，了解职工在热适应能力方面的差异。

在生产组织方面，要通过增加休息次数、延长午休等途径合理安排作业负荷；在远离热源的场所设置工间休息场所，并备有足够的椅子、茶水、风扇等，而且为了不破坏皮肤的汗腺机能，休息室中的气流速度和温度都要适中；作业安排最好采用集体作业，以便能及时发现热昏迷的作业者；训练作业者能区分热衰竭和热昏迷，便于及时施救。

2. 低温

（1）低温作业环境界定

《低温作业分级》（GB/T 14440—1993）规定，在生产劳动过程中，其工作地点平均气温不高于5℃的作业称为低温作业。常见的低温作业有高山高原工作、水下工作、现代化工厂的低温车间作业以及寒冷气候下的野外作业等。

（2）低温环境人的生理反应

与高温环境下类似，在低温环境下进行作业时，人体也会经历代偿、耐受和病理损伤三个阶段。

1）代偿阶段。刚接触低温环境时，机体对流和辐射散热的作用会明显增强，热平衡开始遭受破坏，体内含热量有所减少。此时，为了减少散热，体温调节中枢会通过收缩皮肤血管减少体表流血，降低对流和辐射散热的能力；此外，人体在感到不舒适以后会自发性改变体位，保持全身性散热率与产热率在新的平衡状态。这一过程为适应性的代偿。

2）耐受阶段。低温环境比较恶劣时，体温调节中枢作用也难以达到新的热平衡。此时，即使机体外周血管有所收缩，对流和辐射散热也不会减少，进而会导致核心温度下降。这样一来，机体无力进行代偿，随即进入耐受阶段，机体会出现局部性和全身性的冷应激。

3）病理损伤阶段。如果低温环境极端严峻时，机体的体温调节机制完全被抑制，冷应激已经超出了人体的生理耐受范围，人体就会进入病理损伤阶段。在这个阶段，人体会出现心率减慢、语言障碍、意识不清、完全丧失工作能力等现象。如果作业者在上述症状发生初期能够得到及时复温抢救，就能逐渐恢复；反之，体温迅速下降，会出现生命危险。

（3）低温环境的影响

在认知能力方面，低温环境对简单的脑力劳动影响不明显。Horvath 和 Freedman 以一群在 -29℃ 的室内居住了14天的士兵作为研究对象，研究结果表明，他们的视觉分辨反应时间与在中等热环境下比较相似。但是，冷风会分散人的注意力，所以会延长人的反应时间。

此外，低温对体力劳动也会造成负面影响。因为在低温环境中，人体皮肤血管收缩，组织温度下降，手指会麻木，手部操作的灵巧性会下降。而且当手部皮肤温度低于8℃时，触觉敏感性也会变弱。一般手指灵巧性的临界温度为12~16℃。

（4）低温的控制措施

对于低温的主要防护措施包括对低温环境的人工调节和对个人的防护：通过暖气、隔冷和炉火等方法进行人工调节，使室内气温保持在人体可耐的范围内；个体的防护可以穿用符合标准的防寒服装；冬季应有防寒、采暖设施，露天作业要有取暖棚；尽量保持车间、个人衣着干燥，进行耐寒锻炼，提供高热饮食；合理安排工作时间与休息时间。

6.3.3　色彩环境

60%以上的外界信息是人们通过视觉通道来进行的，图形、图像、文字、色彩等都是通过视觉传递的信息元素，而色彩是优于其他元素，更快、更直接被大脑处理的视觉信息。在人机工程学中，作业空间的色彩会直接影响操作者的情绪、情感和认知，进而会对作业者的身心健康和工作效率造成负面影响。因此，合理地设计作业环境中的各种色彩，不但能够使人感到身心愉悦，还可以有效避免许多潜在事故的发生。

1. 色彩的心理效应

色彩的辨别力、明视性等会对人的心理产生不同的影响，并由于性别、年龄、个性、生理状况、心情、生活环境、风俗习惯的不同而产生不同的个别或群体的差异。色彩的心理效应总体包含以下几种：

（1）温度感

红色使人有温暖的感觉。因此，将红、橙、黄色称为暖色。

蓝色使人有寒冷感。因此，青、绿、蓝色称为冷色。

色彩的温度感是人类长期在生产、生活经验中形成的条件反射。当一个人观察暖色时，会在心理上明显出现兴奋与积极进取的情绪；而当观察冷色时，会在心理上明显出现压抑与消极退缩的情绪。

（2）轻重感

色彩的轻重感是物体色与人的视觉经验共同形成的重量感作用于人的心理的结果。深浅不同的色彩会使人联想起轻重不同的物体。

决定色彩轻重感的主要因素是明度，明度越高显得越轻，明度越低显得越重。例如，在工业生产中，高大的重型机器下部多采用深色，上部多采用亮色，可给人以稳定安全感，相反则会使人感觉有倾倒的危险。

（3）硬度感

色彩的硬度感是指色彩给人以柔软或坚硬的感觉，与色彩的明度和纯度有关。一般常采用高明度和中等纯度的色彩来表现软色。无彩色中的黑、白色是硬色，灰色是软色。

（4）胀缩感

色彩的胀缩感是指色彩在对比过程中，色彩的轮廓或面积给人以膨胀或收缩的感觉。色彩的轮廓、面积胀缩的感觉是通过色彩的对比作用产生的。

通常，明度高的色和暖色有膨胀作用，该种色彩给人的感觉比实际大，如黄色、红色、白色等；而明度低的色和冷色则有收缩作用，该种色彩给人的感觉比实际小，如棕色、蓝色、黑色。

（5）远近感

色彩的远近感是指在相同背景下进行配置时，某些色彩感觉比实际所处的距离显得近，而另一些色彩又感觉比实际所处的距离显得远，也就是前进或后退的距离感。这主要与色彩的色相、明度和纯度三要素有关。

从色相和明度来说，冷色感觉远，暖色感觉近；明度低的色感觉远，明度高的色感觉近。而纯度则与明度不同，暖色且纯度越高感觉越近，冷色且纯度越高感觉越远，如在白色背景中，高纯度的红色比低纯度的红色感觉近，高纯度的蓝色比低纯度的蓝色感觉远。

（6）情绪感

不同颜色对人的影响不同，如红色有增加食欲的作用；蓝色有使高烧病人退烧和使人情绪稳定的作用；紫色有镇静作用；褐色有升高血压的作用；明度较高而鲜艳的暖色容易引起人疲劳；明度较低、柔和的冷色使人有稳重和宁静的感觉；暖色系颜色给人以兴奋感，可以激发人的感情和情绪，但也易疲劳；冷色系颜色给人以沉静感，可以抑制人的情感和情绪，使人沉着、冷静和宁静地休息。

另外，明亮而鲜艳的暖色给人以轻快、活泼的感觉，深暗而浑浊的冷色给人以忧郁、沉闷的感觉。无彩色系列中的白色与纯色配合给人以明朗活泼的感觉，而黑色产生忧郁感觉，灰色则为中性。因此，在色彩视觉传达设计中，可以合理地应用色彩的情绪感觉，营造适应人的情绪要求的色彩环境。

2. 色彩设计

（1）色彩设计分类

1）环境色彩。它包括厂房、商店、建筑物、室内环境等色彩设计。

2）物品配色。它包括机床设备、家具、纺织品、包装等。

3）标志管理用色。它包括安全标志、管理卡片、报表、证件等。

（2）色彩设计的方法与步骤

1）色彩设计方法。色彩设计可利用计算机色彩模拟来分析配色。用模拟系统可以改变、分析、评价各种色彩的组合，确定某一设计的色彩。当进行环境色彩设计时，还可以把有代表性的四季景象协调、对比来确定建筑物的最佳配色，也可参考已有设计的，或用绘画的方式进行评价。

2）色彩设计步骤。具体如下：

① 根据造型、用途确定色彩设计原则。

② 按以上原则指出各种设计方案。

③ 进行模拟。

④ 制定评价标准，确定理想配色的条件，分析、评价所提出的各种设计方案，从中选出最佳方案。

3. 色彩调节及应用

（1）色彩调节的概念

选择适当的色彩，利用色彩的效果，可以在一定程度上对环境因素起到调节作用，称为色彩调节。

利用色彩对环境因素进行调节则不需要继续追加运行成本，更不会消耗能源，并且它是直接作用于人的心理，只要人的视线所及，不论什么空间类型都能发挥作用。因此，色彩调节在作业空间设计和工业设备的施色等方面具有广泛的应用。

（2）色彩调节的目的

色彩调节的目的就是选择更加适合于人在该环境中所进行特定活动的环境色彩。色彩调节的目的可分为三大类：

1）提高作业者作业愿望和作业效率。

2）改善作业环境、减轻或延缓作业疲劳。

3）提高生产的安全性，降低事故率。

上述分类中：第1）类适用于生产劳动和工作学习的环境，以提高作业者主观工作愿望和客观工作效率；第2）类适用于人的各种特定活动，在客观上改善作业环境的氛围，主观上减少作业者的生理和心理疲劳；第3）类适用于生产劳动现场，如生产车间厂房或户外工地现场，是为了避免作业者受到身体甚至于生命的危害，实际上这种调节并不能调节环境因素，而是改变了安全因素，因此称为安全色。

（3）色彩调节的应用

色彩调节在作业空间设计和工业设备的施色等各方面具有广泛的应用，可以改善生产现场的氛围，创造良好的工作环境以提高工效，减少疲劳，提高生产的安全性、经济性，降低废品率。对于车间厂房的色彩调节可分为两方面：一部分是车间、厂房建筑的空间构件；另一部分是设置其中的机械、设备及其各种管线。色彩调节的施色可分为三类：安全色、对比色和环境色。

1）安全色。安全色是传递安全信息含义的颜色。《安全色》（GB 2893—2008）中规定红、蓝、黄、绿4种颜色为安全色，其含义和用途见表6-8。

表 6-8　安全色含义和用途

颜色	含义	用途举例
红色	禁止、停止	禁止标志 停止信号：机器、车辆的紧急停车手柄或按钮以及禁止人们触动的部位
		红色也表示防火
蓝色	指令必须遵守的规定	指令标志：如必须佩戴个人防护工具，道路上指引车辆和行人行驶方向的指令
黄色	警告注意	警告标志 警戒标志：如作业内危险机器和坑池边周围警戒线 行车道中线 机械上齿轮箱 安全帽
绿色	提示、 安全状态、 通行	提示标志 车间内的安全通道 车辆和行人通行标志 消防设备和其他安全防护设备的位置

注：1. 蓝色只有与几何图形同时使用时才表示指令。

　　2. 为了不与道路两旁绿色行道树相混淆，道路上的提示标志用蓝色。

使用安全色必须有很高的打动知觉的能力与很高的视认性，所表示的含义必须能被明确、迅速地区分与认知。因此，使用安全色必须考虑以下三方面：

① 危险的紧迫性越高，越应该使用打动知觉程度高的色彩。

② 危险可能波及范围越广，越应使用视认性高的色彩。

③ 应该制定约定俗成的色彩作为安全色标准，以防止安全色含义的错误理解。

凡属有特殊要求的零部件、机械、设备等的直接活动部分与管线的接头、栓等部件以及需要特别引起警惕的重要开关，特别的操纵手轮、把手，机床附设的起重装置，需要告诫人们不能随便靠近的危险装置都必须施以安全色。对于调节部件，一般也应施以纯度高、明度大、对比强烈的色彩加以识别。

此外，色彩也应用于技术标志中，表示材料、设备设施或包装物等。表 6-9 给出了一些管道色彩标志。

表 6-9　一些管道色彩标志

管道介质种类	色彩	标准色
水	青	2.5PB5/6
气	深红	2.5R3/6
空气	白	N9.5
氯	蓝	—
煤气	黄	2.5Y8/12
酸或碱	灰紫	2.5P5/5
油	深橙	7.5YR5/6
电气	浅橙	2.5YR9/6
真空	灰	—

2）对比色。对比色是使安全色更加醒目的反衬色，它包括黑、白两种颜色。安全色与对比色同时使用时，应按表 6-10 的规定搭配使用。

表 6-10　对比色

安全色	相应的对比色
红色	白色
蓝色	白色
黄色	黑色
绿色	白色

3）环境色。车间、厂房的空间构件包括地面、墙壁、天花板以及机械设备中除了直接活动的部件与各种管线的接头、栓等部件外，都必须施以环境色。车间、厂房色彩调节中的环境色应满足以下要求：

① 应使环境色形成的反射光配合采光照明，形成足够的明视性。

② 应像避免直接眩光一样，尽量避免施色涂层形成的高光对视觉的刺激。

③ 应形成适合作业的中、高明度的环境色背景。

④ 应避免配色的对比度过强或过弱，保证适当的对比度。

⑤ 应避免大面积纯度过高的环境色，以防视觉受到过度刺激而过早产生视觉疲劳。应避免如视觉残像之类的虚幻形象出现，确保生产安全。

如在需要提高视认度的作业面内，尽可能在作业面的光照条件下增大直接工作面与工作对象间的明度对比。

同样，在控制器中也应注意控制器色彩与控制面板间以及控制面板与周围环境之间色彩的对比，以改进视认性，提高作业的持久性。

综上所述，在设计工作场所的用色应考虑：颜色不要单一，明度不应太高或相差悬殊，饱和度也不应太高，根据工作间的性质和用途选择色彩，利用光线的反射率。而设计机器设备的用色应考虑：颜色与设备功能相适应，设备配色与色彩相协调，危险与示警部位的配色要醒目，突出操纵装置和关键部位，显示器要异于背景用色，设备异于加工材料用色。

6.3.4　有毒环境

生产性毒物在生产环境中常以气体、粉尘、蒸气等各种形态存在，如氯化氢、氰化氢等是以气态形态污染环境的；低沸点的物质，例如苯、汽油等是以蒸气形态污染环境的；而喷洒农药时的药物，喷漆时的漆雾等，是以雾的形态污染环境的。这些生产性毒物会引起职业中毒，危害作业者的身体健康，甚至导致死亡事故的发生。因此，针对毒物环境的设计就显得尤为重要。

1. 毒物环境

有毒气体是指常温、常压下呈气态的有害物质，例如冶炼过程、发动机排放过程的一氧化碳。有毒蒸气是有毒固体升华、有毒液体挥发形成的蒸气。空气中的有害气体或蒸气超过一定限值时，就会导致作业者中毒或者诱发其他职业性疾病。工业生产中几种常见有毒气体对人体的影响见表6-11。

表 6-11　几种常见有毒气体对人体的影响

气体名称	气体浓度（$\times10^{-6}$）	对人体的影响
CO	50	允许的暴露浓度，可暴露8b（OSHA）
	200	2~3h内可能会导致轻微的前额头痛
	400	1~2h后前额头痛并呕吐，2.2~3.5h后眩晕
	800	45min内头痛、头晕、呕吐，2h内昏迷，可能死亡
	1600	20min内头痛、头晕、呕吐，1h内昏迷并死亡
	3200	5~10min内头痛、头晕，30min无知觉，有死亡危险
	6400	1~2min内头痛、头晕，10~15min无知觉，有死亡危险
	12800	马上无知觉，1~3min内有死亡危险

（续）

气体名称	气体浓度（$\times 10^{-6}$）	对人体的影响
H_2S	0.13	最小的可感觉到的臭气味的浓度
	4.60	易察觉的有适度臭味的浓度
	10	开始刺激眼球，可允许的暴露浓度；可暴露8h（OSHA，ACGIH）
	27	强烈的不愉快的臭味，不能忍受
	100	咳嗽，刺激眼球，2min后可能失去嗅觉
	$200\sim300$	暴露1h后，明显的结膜炎（眼睛发炎）呼吸道受刺激
	$500\sim700$	失去知觉，呼吸停止（中止或暂停），以至于死亡
	$1000\sim2000$	马上失去知觉，几分钟内呼吸停止并死亡，即使个别的马上移至新鲜空气中，也可能死亡
Cl_2	0.5	允许的暴露浓度（OSHA、ACGIH）
	3	刺激黏膜、眼睛和呼吸道
	3.5	产生一种易察觉的刺激性气味
	15	马上刺激喉部
	30	30min内最大的暴露浓度
	$100\sim150$	肺部疼痛、压感，暴露稍长一会将引起死亡
NO	25	允许的暴露浓度（OSHA）
	$0\sim50$	较低的水溶性，因此超过时量平均浓度（TWA），对黏膜也有轻微刺激
	$60\sim150$	咳嗽，烧伤喉部，如果快速移至清新空气中，症状会消除
	$200\sim700$	即使短时间暴露也会死亡
NO_2	$0.2\sim1$	可察觉的有刺激的酸味
	1	允许的暴露浓度（OSHA、ACGIH）
	$5\sim10$	对鼻子和喉部有刺激
	20	对眼睛有刺激
	50	30min内最大的暴露浓度
	$100\sim200$	肺部有压迫感，急性支气管炎，暴露稍长一会将引起死亡
SO_2	$0.3\sim1$	最小的可察觉的浓度
	2	允许的暴露浓度（OSHA、ACGIH）
	3	非常容易察觉的气味
	$6\sim12$	对鼻子和喉部有刺激
	20	对眼睛有刺激
	$50\sim100$	30min内最大的暴露浓度
	$400\sim500$	引起肺积水和声门刺激的危险浓度；暴露时间更长会导致死亡
HCN	10	允许的暴露浓度（OSHA）
	$10\sim50$	头痛、头晕、眩晕
	$50\sim100$	感到反胃、恶心
	$100\sim200$	暴露在此环境里$30\sim60$min即引起死亡

（续）

气体名称	气体浓度（×10^{-6}）	对人体的影响
NH$_3$	0～25	对眼睛和呼吸道的最小刺激
	25	允许的暴露浓度（OSHA、ACGIH）
	50～100	眼睑肿起，结膜炎，呕吐，刺激喉部
	100～500	高浓度时危险，刺激变得更强烈，稍长时间会引起死亡

工业粉尘是指能长时间漂浮在作业场所空气中的固体微粒，粒子大小多在 0.1～10um，例如木材、油、煤类等燃烧时产生的烟尘，固体物质的粉碎、铸件的翻砂、沉积粉尘遇到振动等情况在作业环境中造成的粉尘。

烟（尘）则是指直径小于 0.1um 的悬浮在空气中的固体微粒，一般形成于燃料的燃烧、高温熔融和化学反应等过程中。某些金属熔融时所产生的蒸气在空气中会迅速冷凝或者氧化，期间也会形成烟，例如熔铜铸铜时会产生氧化锌烟。

如果作业者在操作过程中长期暴露在上述毒物环境中，就会由于接触过量的有毒有害物而发生中毒，甚至死亡。

2. 毒物的危害

不同的毒物会对人体的不同部位或者生理机能造成损害，例如有害气体或蒸气会引发职业中毒。粉尘会诱发职业性呼吸系统疾患，例如尘肺病、职业性过敏性肺炎等。常见的毒物损害有以下几方面：

（1）对神经系统的危害

毒物对中枢神经和周围神经系统均有不同程度的危害作用，其表现为神经衰弱症候群：全身无力、易于疲劳、记忆力减退、头昏、头痛、失眠、心悸、多汗、多发性末梢神经炎及中毒性脑病等，汽油、四乙基铅、二硫化碳等中毒还表现为兴奋、狂躁、癔症。

（2）对呼吸系统的危害

氨、氯气、氮氧化物、氟、三氧化二砷、二氧化硫等刺激性毒物可引起声门水肿及痉挛、鼻炎、气管炎、支气管炎、肺炎及肺水肿。有些高浓度毒物（如硫化氢、氯、氨等）能直接抑制呼吸中枢或引起机械性阻塞而窒息。

（3）对血液和心血管系统的危害

严重的苯中毒，可抑制骨髓造血功能；砷化氢、苯肼等中毒，可引起严重的溶血，出现血红蛋白尿，导致溶血性贫血；一氧化碳中毒可使血液的输氧功能发生障碍；钡、砷、有机农药等中毒，可造成心肌损伤，直接影响到人体血液循环系统的功能。

（4）对消化系统的危害

肝是解毒器官，人体吸收的大多数毒物积蓄在肝脏里，并由它进行分解、转化，起到自救作用。但某些称为亲肝性毒物，如四氯化碳、磷、三硝基甲苯、锑、铅等，它们主要伤害肝脏，往往形成急性或慢性中毒性肝炎。人在汞、砷、铅等急性中毒时可发生严重的恶心、呕吐、腹泻等消化道炎症。

（5）对泌尿系统的危害

某些毒物损害肾脏，尤其以汞和四氯化碳等引起的急性肾小管坏死性肾病最为严重。此外，乙二醇、汞、镉、铅等也可以引起中毒性肾病。

（6）皮肤损伤

强酸、强碱等化学药品及紫外线可导致皮肤灼伤和溃烂。液氯、丙烯腈、氯乙烯等可引起皮炎、红斑和湿疹等。苯、汽油能使皮肤因脱脂而干燥、皲裂。

（7）对眼睛的危害

化学物质的碎屑、液体、粉尘飞溅到眼内，可发生角膜或结膜的刺激炎症、腐蚀灼伤或过敏反应。尤其是腐蚀性物质，如强酸、强碱、飞石灰或氨水等，可使眼结膜坏死糜烂或角膜混浊。甲醇影响视神经，严重时可导致失明。

（8）致突变、致癌、致畸

某些化学毒物可引起机体遗传物质的变异。有突变作用的化学物质称为化学致突变物。有的化学毒物能致癌，能引起人类或动物癌病的化学物质称为致癌物。有些化学毒物对胚胎有毒性作用，可引起畸形，这种化学物质称为致畸物。

（9）对生殖功能的影响

工业毒物对女工月经、妊娠、授乳等生殖功能可产生不良影响，不仅对妇女本身有危害，还可累及下一代。

接触苯及其同系物、汽油、二硫化碳、三硝基甲苯的女工，易出现月经过多综合征；接触铅、汞、三氯乙烯的女工，易出现月经过少综合征。化学诱变物可引起生殖细胞突变，引发畸胎。在胚胎发育过程中，某些化学毒物可致胎儿发育迟缓，可致胚胎的器官或系统发生畸形。有机汞和多氯联苯均有致畸胎作用。

3. 毒物环境的改善措施

我国颁布的《工作场所有害因素职业接触限值 第 1 部分：化学有害因素》（GBZ 2.1—2019）适用于工业企业卫生设计及存在或产生化学有害因素的各类工作场所、工作场所卫生状况、劳动条件、劳动者接触化学因素的程度、生产装置泄漏、防护措施效果的监测、评价、管理及职业卫生监督检查等。其中列出了多种有害气体、粉尘、烟雾等物质的时间加权平均允许浓度、短时间接触允许浓度、最高允许浓度和超限倍数，可以作为毒物环境设计的依据。为了使毒物环境符合标准规范的要求，保障作业人员的人身健康及安全，可以采取以下几种措施加以改善：

1）以无毒或毒性小的原材料代替有毒或毒性大的原材料，选择无硫或低硫燃料，或采取预处理法去硫等。

2）改变操作方法。改变操作方法通常是改善作业环境条件的最好办法。例如，将人工洗涤法改为蒸气除油污法，蓄电池铅板的氧化铅改为机械涂法以及静电喷漆法等。尽可能使生产过程机械化、自动化。

3）隔离或密闭法。为了将有害作业点与作业人员隔开，可采用隔离措施。隔离的方式有围挡隔离、时间隔离、距离隔离、密闭等。密闭是在产生有毒气体、蒸气、液体或粉尘的生产过程中,将机器设备、管道、容器等加以密闭,使之不能逸出。

4) 湿式作业。对于产生粉尘的作业过程,可利用水对粉尘的湿润作用,采用湿式作业可以收到良好的防尘效果,如耐火材料、陶瓷、玻璃、机械铸造行业等所使用的固体粉状物料采用湿式作业,使物料含水量保持在 3%~10%,即可避免粉尘飞扬。

5) 通风。通风是改善劳动条件、预防职业毒害的有力措施。采用通风措施可以使作业场所空气中有毒有害物质含量保持在国家规定的最高允许浓度以下。

6) 合理的厂区规划。在新建、扩建、改建工业企业时,要在厂址选择、厂区规划、厂房建筑配置以及生活卫生设备的设计方面加以周密的考虑,应遵照《工业企业设计卫生标准》中的有关规定执行。

7) 作业场所的合理布置。作业场所布置应做到整齐、清洁、有序,按生产作业、设备、工艺功能分区布置。

8) 个体防护措施。当采用各种改善技术措施还不能满足要求时,应采用个体防护措施,使作业人员免遭有害因素的危害。

9) 包装及容器要有一定强度,经得起运输过程中正常的冲撞、振动、挤压和摩擦,以防毒物外泄,封口要严,且不易松脱。

10) 加强厂区的绿化建设。

6.3.5　噪声环境

通常情况下,凡是影响人们正常学习、工作和休息的声音都称为噪声。它能够使人感到烦躁,还会因为音量过强而危害人体的健康。

1. 噪声的分类

(1) 根据来源不同分类

根据来源不同可将噪声分为以下几类:

1) 工业噪声:主要是指工业生产中产生的噪声,大部分是由机器和高速运转的设备产生的。工业噪声按其产生的机理又可分为:①机械噪声,是指由于机械设备运转时,机械部件间的摩擦力、撞击力或非平衡力,使机械部件和壳体产生振动而辐射的噪声;②空气动力性噪声,是指由于气体流动过程中的相互作用,或气流和固体介质之间的相互作用而产生的噪声(如空压机、风机等进气和排气产生的噪声);③电磁噪声,是指由电磁场交替变化引起某些机械部件或空间容积振动而产生的噪声(如变压器发出的声音)。

2) 交通噪声:主要是指机动车辆、火车、飞机等交通工具发出的声音,这些噪声源具有流动性,因此干扰的范围往往比较大。

3) 社会噪声:主要是指人们在一些娱乐场所、大型集会、体育竞赛中产生的噪声,或者电视机、电风扇、空调等家电产生的嘈杂声。

4) 建筑施工噪声:主要指建筑施工现场产生的噪声。在建筑施工中要大量使用各种动力机械,要进行挖掘、打洞、搅拌,要频繁地运输材料和构件,因此产生大量噪声。

（2）根据随时间变化的规律分类

按噪声随时间变化的规律，可以将噪声分以下几类：

1）稳态噪声：声音强弱随时间变化不明显，声级波动小于 3dB（A）的噪声。

2）非稳态噪声：声音强弱随时间变化较明显，声级波动大于等于 3dB（A）的噪声，还有可能是周期性变化。

3）脉冲噪声：噪声突然爆发又很快消失，一般持续时间不超过 0.5s、间隔时间 1s 以上、声压有效值变化超过 40dB（A）的噪声。

2. 国家标准对噪声的相关规定

为了保证作业者的身心健康及工作效率，国家颁布了一系列标准，规定了相应作业场所的噪声排放标准，如《声环境质量标准》（GB 3096—2008）、《工业企业厂界环境噪声排放标准》（GB 12348—2008）等。

根据上述标准，结合考虑区域的使用功能特点和环境质量要求，将声环境功能区分为以下五种类型：

0 类声环境功能区：指康复疗养区等特别需要安静的区域。

1 类声环境功能区：指以居民住宅、医疗卫生、文化体育、科研设计、行政办公为主要功能，需要保持安静的区域。

2 类声环境功能区：指以商业金融、集市贸易为主要功能，或者居住、商业、工业混杂，需要维护住宅安静的区域。

3 类声环境功能区：指以工业生产、仓储物流为主要功能，需要防止工业噪声对周围环境产生严重影响的区域。

4 类声环境功能区：指交通干线两侧一定区域之内，需要防止交通噪声对周围环境产生严重影响的区域，包括 4a 类和 4 类两种类型。4a 类为高速公路、一级公路、二级公路、城市快速路、城市主干路、城市次干路、城市轨道交通（地面段）、内河航道两侧区域；4b 类为铁路干线两侧区域。各功能区对应的环境噪声限值见表 6-12。

表 6-12　环境噪声限值

声环境功能区类别		时段	
		昼间（6:00—22:00）	夜间（22:00—次日 6:00）
0 类		50	40
1 类		55	45
2 类		60	50
3 类		65	55
4 类	4a 类	70	55
	4b 类	70	60

《工作场所有害因素职业接触限值　第 2 部分：物理因素》（GBZ 2.2—2007）中规定每周工作 5d，每天工作 8 h，稳态噪声限值为 85dB（A），非稳态噪声等效声级的限值为 85dB（A）。

《工业企业设计卫生标准》（GBZ 1—2010）中规定，非噪声工作地点的噪声声级设计要求应符合表 6-13 中的规定。

表 6-13 非噪声工作地点的噪声声级设计要求

地点名称	噪声声级/dB（A）	工效限值/dB（A）
噪声车间观察（值班）室	≤75	≤55
非噪声车间办公室、会议室	≤60	
主控室、精密加工室	≤70	

3. 噪声的影响

一旦超过了规定的排放标准，噪声便会对人的生理和心理产生负面影响，还会对信息传递、作业能力和工作效率产生影响。

（1）噪声对人体的影响

1）噪声的生理影响。如果人长时间遭受强烈噪声作用，听力就会减弱，进而导致听觉器官的器质性损伤，造成听力下降。它表现为以下几个方面：

① 听觉疲劳。在噪声的作用下，人的听觉敏感性会降低，导致听觉迟钝，此时的听阈会有所提高，但离开噪声环境几分钟即可恢复，这种现象称为听觉适应。但是听觉适应有一定的限度，如果人长时间遭受强烈噪声作用，听力就会减弱，听觉敏感性进一步降低，听阈会比正常值提高 15dB 以上。这种情况下，离开噪声环境以后恢复的时间会比较久，该现象称为听觉疲劳，属于病理前的状态。

② 噪声性耳聋。噪声对听觉的损伤效应是不断积累的，每次的强噪声只会导致短时间的听力损伤。长时间暴露在强噪声环境中，就会产生永久性的听阈位移，该位移超过一定限度时，就会产生噪声性耳聋。国际标准化组织（ISO）规定，500Hz、1kHz、2kHz 三个频率的平均听力损失超过 25dB（A）时称为噪声性耳聋。

③ 爆发性耳聋。除了上述缓慢形成的噪声性听力损失，当巨大的声压并且伴有强烈的冲击波时，人的听觉器官会发生鼓膜破裂出血，一次刺激就有可能使人双耳完全失去听力，这种现象称为爆发性耳聋。

噪声还会对人体的消化系统、心血管系统、内分泌系统及神经系统的生理机能产生影响。研究表明，噪声大的行业里溃疡病的发病率比安静环境下的发病率高 5 倍。在高噪声环境中工作的钢铁工人和机械工人，其心血管系统发病率要高于在安静条件下的发病率。噪声的刺激会导致甲状腺功能亢进，肾上腺皮质功能增强等症状，会导致女性性机能紊乱、月经失调、流产率增加等。噪声长期作用于人的中枢神经系统，可出现头晕、头痛、耳鸣、多梦、失眠、心慌、记忆力减退、注意力不集中等症状，严重者可产生精神错乱。

2）噪声的心理影响。噪声会对人的情绪产生很大的影响，很容易使人感到焦躁、烦恼、生气等。但需要注意的是，在不同区域内的居民对环境中噪声的烦恼反应也不相同。例如，在居民住宅中，60dB（A）的噪声就会引起不满的情绪；但如果是在生产区域，人们对噪声的敏感度会较高一些。此外，响度相同时，高调的噪声更为恼人；比起连续噪声，脉冲噪声的负面影响更大。

（2）噪声对信息传递的影响

由于噪声对听觉信号有掩蔽作用，作业者不易觉察或者分辨一些听觉信号，导致他们无法进行充分、有效的语言沟通，甚至无法进行语言沟通，很容易造成事故和工伤。500～2000Hz 的噪声对语言的干扰最大，若噪声过强，声音信号就只能传递非常有限的信息。在这种情况下，作业者往往需要借助手势动作配合声音信号来完成交流。

（3）噪声对作业能力和工作效率的影响

噪声对体力劳动的影响不大，但是会极大地干扰人的思维活动，尤其对一些长时间内需要保持紧张注意的作业影响更甚，例如检查作业、监视控制作业等。在噪声环境里，人们心情烦躁，工作容易疲劳，反应迟钝，注意力不易集中等，都会直接影响作业能力与工作效率。噪声是煤矿的主要职业危害因素之一，其不仅会影响煤矿工人的身体健康，还会影响安全生产。据统计，辽宁阜新矿区 1974—1983 年共发生 88 起死亡事故，因噪声影响引发的事故总数为 17 起，占事故总数的 19.3%。因此，噪声对安全生产的影响不容忽视。有研究表明，噪声强度在 50～75dB 时，工人的作业失误次数随噪声强度的增加变化并不显著，当噪声强度达 75dB 及其以上时，工人的失误次数随噪声强度增加出现显著的变化。基于事故预防的角度，对于噪声小于 75dB 的作业环境，应为工人配备防护设备，以降低噪声对其的影响；而对于噪声高于 75dB 的作业环境，在配备防护设备的同时，应尽量缩短工人在噪声环境下的工作时间，缩短作业班之间的轮换时间，以降低工人作业失误率，减小工人不安全行为的出现频率。有关部门对噪声在精密加工作业中，对工作效率的影响进行了调查，调查分为对精神集中程度的影响、对动作准确性的影响以及对工作速度的影响等三个方面。调查分析结果见表 6-14。这三个方面的效应表现出相同的阶段特性。在三种效应中，以对精神集中程度的影响最大。

表 6-14　噪声对工作效率影响的调查结果

噪声效应	各声级下的平均反应等级		
	50、55、60/dB（A）	65、70、75、80/dB（A）	90/dB（A）
对精神集中程度的影响	2.3	2.7～2.8	3.1
对动作准确性的影响	1.8～1.9	2.1	2.8
对工作速度的影响	2.0	2.3	2.8

4. 噪声环境的改善措施

噪声的产生过程中包含有三个要素，即声源、传播途径及接收者。有效改善噪声环境和控制噪声的产生，也必须从这三方面入手。最直接、有效的方法是降低噪声源的噪声级，但受到技术可行性和经济合理性的因素的限制，往往采用的方法是阻止噪声的传播。若此方法仍无法满足要求，应采取个人防护措施。

（1）控制噪声源

生产现场的噪声主要来自机器设备本身的振动和噪声。工作噪声主要包括机械噪声和空气动力噪声两部分。若要控制噪声源，最好选择低噪声的设备，改革生产加工工艺，提高机械设备的精度等，使发声物体的发声强度降至最小。

机械噪声一般来自运动部件之间的摩擦、振动、撞击等。降低其的措施主要有以下几点：

1）选用产生噪声小的材料。采用新型的高分子材料或高阻尼的合金制造某些机件，辐射噪声就会减小很多。

2）合理设计传动装置。从传动的结构设计、材料选用、参数选择等方面入手，降低噪声。

3）改善生产工艺，例如，用电火花代替切削、用焊接或高强度螺栓代替铆接，用电动机代替内燃机等。

空气动力噪声主要是由气体涡流、压力急剧变化和高速流动引起的，其发生的场合有：被压缩气体由空中排出时，物体在空气中运动速度很高时，燃烧器内雾状燃料燃烧时等。此时，可以通过降低气流速度、减少压力脉冲、减少涡流控制噪声的产生。

随着汽车行业的发展，汽车室内噪声越来越受到人们的关注。传统的被动降噪技术大多采用隔振、隔声、消声、吸声等方法，对高频率噪声有较好的控制效果，对低频噪声控制能力有限。低频噪声是车内噪声的主要成分，若想取得较好的控制效果，目前主要采用的是主动噪声控制技术。

（2）控制噪声传播

控制噪声的传播，可以从以下几个方面着手：

1）总体设计的布局要合理。在总体设计时，要正确估计工厂建成后可能出现的厂区环境噪声状况，并对此进行全面考虑。如将高噪声车间、场所与低噪声车间、生活区分开设置；对特别强烈的噪声源，设在距厂区比较远的偏僻地区，使噪声级最大限度地随距离自然衰减。

2）利用天然地形，如山冈土坡、树丛草坪和已有建筑屏障等，阻断或屏蔽一部分噪声向接收者传播。在噪声严重的工厂、施工现场和交通道路的两旁设置有足够高的围墙或屏障，以减弱声音的传播。绿化也可阻止噪声的传播。

3）利用声源的指向性控制噪声。对高强度噪声源，如受压容器的排气和放空，可使其出口朝向上空或野外。

4）在声源周围采用消声、隔声、吸声、隔振、阻尼等局部措施。消声是利用装置在气流通道上的消声器来降低空气动力噪声，用以消除风机等进、排气噪声的干扰。隔声是用围护构件如机罩等隔绝声源的传播。吸声是将吸声材料或吸声结构安装在室内，吸收室内的混响，或者作为管道内衬吸收气流噪声。隔振是在机器设备下方垫以减振的弹性材料，以阻止振动通过地面传向其他地方。阻尼是将胶状材料涂刷到机器表面，增加材料的内摩擦，消耗机器板面振动的能量，减小振动。

（3）个人防护

如果无法从噪声源和噪声控制两个方面有效改善噪声环境，就必须使用个人防护用具，减少噪声对接收者产生不良的影响。常用的防护用具有橡胶或塑料制的耳塞、耳罩、防噪声帽以及塞入耳孔内的防声棉（加上蜡或凡士林）等。

（4）音乐调节

音乐调节是指在工作场所创造良好的音乐环境，利用听觉掩蔽效应掩蔽噪声。音乐调节可以缓解噪声对人心理的影响，使作业者减少不必要的精神紧张，推迟疲劳的出现，提高作业能力。

（5）其他

调整班次、增加休息次数、轮换作业等也是很好的防护方法。

6.4 安全人机系统设计基本要求、原则及步骤

安全人机工程学是研究人、机、环境关系的合理搭配，它要求产品设计要遵循"以人为本"的设计理念，人机系统的安全设计是它所研究的部分内容，随着这种以人为中心的设计思想逐渐被认可，在人机系统的设计中做到人机关系的最佳匹配变得越来越重要，人机系统设计直接关系作业人员的生理和心理状况，合理的人机系统可防止职业病或重大事故的发生，可保证作业人员的工作效率和健康安全⊖。

6.4.1 安全人机系统设计基本要求

安全人机系统设计是按照系统论的方法进行的一种总体设计，它将整个安全人机系统划分为一系列具有明确定义的设计阶段，而每个阶段的设计活动和任务必须是明确的。"总体"的意义是强调安全人机系统的各个成分，如人、硬件、软件，都要给予全面考虑，以克服长期以来工程设计中忽视人和机的效能问题。其设计的目标是使系统的每个成分都能为实现系统目标而协调一致，并发挥各自的功能。人机系统设计的思想和过程可由图 6-12 予以概括。

从总体上讲，对人机系统设计的基本要求可由下面五点予以概括：

1）能达到预定的目标，完成预定的任务。

2）要使人与机都能够充分发挥各自的作用和协调地工作。

3）人机系统接受的输入和输出功能都应该符合设计。

4）人机系统要考虑环境因素的影响，这些因素包括室内微气候条件（如温度、湿度、空气流速等）、厂房建筑结构、照明、噪声等。人机系统的设计不仅要处理好人与机的关系，而且还需要把机器的运动过程与相应的周围环境一起考虑。因为在人-机-环境系统中，环境始终是影响人机系统的重要因素之一。

5）人机系统应有一个完善的反馈闭环回路。人机系统设计的总体目标是：根据人的特

⊖ 引自 Elbert K K, Introducing Ergonomics and Human Factors Engineering, Ergonomics (Third Edition), 2018。

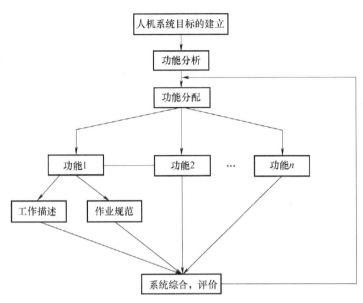

图 6-12 人机系统设计的思想和过程

性，设计出最适合人操作的机器、最适合手动的工具、最方便使用的控制器、最醒目的显示器、最舒适的座椅、最舒适的工作姿势和操作程序、最有效最经济的作业方法和最舒适的工作环境等，使整个人机系统保持安全、高效、可靠、效益、经济最佳，使人-机-环系统的三大要素形成最佳组合的优化系统。换句话说，就是使人-机-环系统的总体设计实现安全、高效、舒适、健康和经济几个指标的总体优化（图 6-13 和图 6-14）。

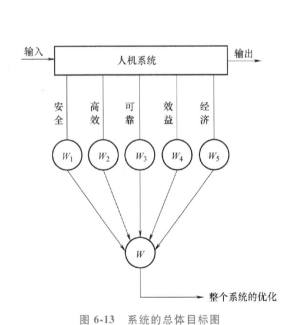

图 6-13 系统的总体目标图

注：W 代表每个效益的权重值。

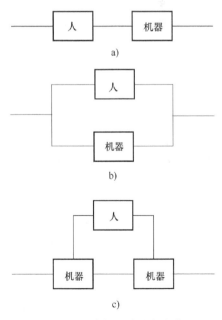

图 6-14 人与机的结合方式

6.4.2 安全人机系统设计原则

《工作系统设计的人类工效原则》（ISO 6385—2016）规定了人机工程学的一般指导原则，其中包括：

1）工作空间和工作设备的一般设计原则（其中规定了与人体尺寸有关的设计，与身体姿势、肌肉和身体动作有关的设计，与显示器、控制器以及信号相关的设计）。

2）工作环境的一般设计原则。

3）工作过程的一般设计原则（其中特别提醒设计者应避免工人劳动超载和负载不足的问题，保护工人的健康与安全，增加福利以便于完成工作）。

上述三个方面的一般原则在国际标准中已有详细的规定与说明，这里就不展开介绍。此外，在进行系统总体设计时要注意以下四个方面的设计与分析要点：

1）注意人机功能的分配。

2）注意人机匹配，尤其要注意显示器与人的信息通道的匹配，控制器与人体运动特性的匹配，显示器与控制器的匹配，环境与操作者适应性的匹配以及人、机、环境三大要素与作业的匹配等。

3）注意人-机界面的设计。

4）注意完成对人机系统的评价。从总体上说，人机系统的评价方法通常分为四类：试验法、模拟装置法、实际运行测定法和理论分析评价法。

为了提高人机系统的整体效率，保障人机的安全，必须根据人机特性合理安排人和机的工作。一般说来，复杂、快速、有规律性、单调、微分阶次较高的运算以及操作复杂的工作适合由机器承担；而指令和程序安排，机器系统的监管、维修、设计、创造，故障处理以及应付突发事件等工作则适合由人承担。但须特别注意，在人机系统中，人总是处于主导和主动地位，应当充分发挥人在人机系统中的能动和主导作用，降低事故发生率，减少职业危害，达到人机合理匹配。人机系统的设计主要遵循"以人为本，安全第一"的原则，具体体现如下：

1）以人为中心的设计原则。在工程设计阶段，全面考虑人机结合面的安全，做到以人为本，主动设计出能制约机器系统和环境系统的人机匹配的安全系统，让机器在系统中尽力发挥作用，使之具有保障系统安全的功能。

2）产品人性设计的原则。产品的设计应符合人的生理、心理、生物力学和人机参数要求，必须把人和机作为一个统一的整体，进行统一的控制，使人的操作特性与机器的特性相互配合，使它们产生最优的合作，以使系统达到安全、高效的状态。

3）安全第一的原则。应当模拟人的智能来充分提高机器人的性能，让它在某些方面（如：在高危害职业环境）代替人的劳动，使自动控制水平提高到一个新高度。

6.4.3 安全人机系统设计步骤

安全人机系统设计是在环境因素适应的条件下，重点解决系统中人的效能、安全、身心健康及人机匹配优化的问题。一般来说，完成人机系统的设计主要包括以下八个方面。

1）对系统的任务、目标，系统使用的环境条件以及对系统的机动性要求等进行充分的了解和掌握。

2）调查系统的外部环境，例如，要对阻碍系统执行的外部大气环境进行必要的检验和监测。

3）了解与掌握系统内部环境的设计要求，如照明、采光、噪声、振动、湿度、温度、粉尘、辐射等作业环境以及操作空间的要求，并要注意分析系统在执行时形成障碍的那些内部环境。

4）进行认真的系统分析，即利用安全人机工程学基础知识对系统的组成、人机的联系方式、作业活动等内容进行方案分析。

5）分析该系统各要素的机能特性及其约束条件，例如，人的最小作业空间，人的最大操作力、人的作业效率、人的可靠性和人体疲劳、能量消耗，以及系统的费用、输入输出功率等。

6）完成人与机的整体匹配与优化。

7）具体确定出人、机、环境各要素在系统设计中所承担的任务与角色。

8）借助安全人机工程学中的相关标准与原则对设计方案进行评价。在选定了合适的评价方法之后，对系统的可靠性、安全性、高效性、完整性以及经济性等方面做出综合评价，以确定方案是否可行。

表 6-15 给出了人机系统设计与开发过程的基本步骤。

表 6-15　人机系统设计与开发过程的基本步骤

系统开发的各阶段	各阶段的主要内容	人机系统设计中应注意的事项	人机工程学专家的设计实例
明确系统的重要事项	确定目标	主要人员的要求和制约条件	对主要人员的特性、训练等有关问题的调查和预测
	确定使命	系统使用上的制约条件和环境上的制约条件 组成系统中人员的数量和质量	对安全性和舒适性有关条件的检验
	明确适用条件	能够确保的主要人员的数量和质量，能够得到的训练设备	预测对精神、动机的影响
系统分析和系统规划	详细划分系统的主要事项	详细划分系统的主要事项及其性能	设想系统的性能
	分析系统的功能	对各项设想进行比较	实施系统的轮廓及其分布图
	系统构思的发展（对可能的构思进行分析评价）	系统的功能分配 与设计有关的必要条件与人员有关的必要条件 功能分析 主要人员的配备与训练方案的制定	对人机功能分配和系统功能的各种方案进行比较研究 对各种性能的作业进行分析 调查决定必要的信息显示与控制的种类

（续）

系统开发的 各阶段	各阶段的主要内容	人机系统设计中 应注意的事项	人机工程学专家 的设计实例
系统分析和 系统规划	选择最佳设想和必要的 设计条件	人机系统的试验评价设想与其 他专家组进行权衡	根据功能分配、预测所需人员的 数量和质量、训练计划和设备 提出试验评价的方法设想与其他 子系统的关系和准备采取的对策
系统设计	预备设计（大纲的设计）	设计时应考虑与人有关的因素	准备适用的人机工程数据
	设计细则	设计细则与人的作业的关系	提出人机工程设计标准 关于信息和控制必要性的研究与 实现方法的选择和开发 研究作业性能 居住性的研究
	具体设计	在系统的最终构成阶段，协调 人机系统操作和保养的详细分析 研究（提高可靠性和维修性） 设计适应性高的机器 人所处空间的安排	参与系统设计最终方案的确定， 最后决定人机之间的功能分配，使 作业过程中信息、联络、行动能够 迅速、准确地进行 对安全性的考虑 防止热情下降的措施 显示装置、控制装置的选择和 设计 控制面板的配置 提高维修性对策 空间设计、人员和机器的配置决 定照明、温度、噪声等环境条件和 保护措施
	人员的培养计划	人员的指导训练和配备计划与 其他专家小组的折中方案	决定使用说明书的内容和式样 决定系统的运行和保养所需人员 的数量和质量，训练计划的开展和 器材的配置
系统的 试验和评价	规划阶段的评价模型， 制作阶段原型，最终模型 的缺陷诊断和修改的建议	人机工程学试验评价，根据试 验数据的分析修改设计	设计图阶段的评价 模型或操纵训练用模拟装置的人 机关系评价 确定评价标准（试验法、数据种 类、分析法等） 对安全性、舒适性、工作热情的 影响评价 机械设计的变动，使用程序的变 动，人的作业内容变动，人员素质 的提高，训练方法的改善，对系统 规划的反馈

（续）

系统开发的 各阶段	各阶段的主要内容	人机系统设计中 应注意的事项	人机工程学专家 的设计实例
生产	生产	同上	同上
使用	使用、保养	同上	同上

　　人机系统的设计方法包括自成体系的设计思想和与之相应的设计技术，好的设计方法和策略使设计行为科学化、系统化。

　　从安全化设计的角度来讲，能从本质上解决人机系统的安全问题是最好的。为此，在对人机系统进行设计之初就应尽量防止采取不安全的技术路线，避免使用危险物质、工艺和设备，如用低电压代替高电压，用阻燃材料代替可燃材料，强电弱电化等。如果必须使用，可以从设计和工艺上考虑采取控制和防护措施，设计安全防护装置，使系统不发生事故或最大限度地降低事故的严重程度。

复 习 题

　　1. 什么是"人机功能分配"？为何要对人与机进行功能分配？

　　2. 人、机各有哪些优势和劣势？如何合理分配其功能？

　　3. 举例说明人机功能分配不当造成的危害。

　　4. 系统功能分配的一般原则是什么？

　　5. 为什么说环境条件是影响安全人机系统可靠性的重要因素？

　　6. 论述眩光对作业的不利影响以及应该对其采取的主要措施。

　　7. 照明设计应从哪几个方面入手？

　　8. 人机系统设计的总体目标是什么？

　　9. 通过对"一种基于云监控平台的智能消防头盔"作品的了解，分析设计中有哪些人机功能匹配的体现？

智能头盔

第7章
人-机-环系统分析与安全评价

学习目标

（1）通过本章学习，了解连接分析法、作业分析法等人-机-环系统分析方法的步骤及应用。

（2）掌握信息的概念及特征、人对信息的处理过程、人机交互的基本概念、研究内容、基本要素，了解影响人机交互时间的因素。

（3）掌握常用的人机环系统定性和定量的安全评价方法，并能应用于实践。

（4）通过实例分析，了解各种人机环系统的安全分析评价的实用方法、工作程序、安全评价成果表示方法及分析技巧。

本章重点与难点

本章重点： 连接分析法原理和步骤、信息的基本特征、人对信息的处理与安全、检查表评价法的主要评价内容、视觉环境综合评价指数法的程序、故障类型及影响分析的步骤、危险性与可操作性研究分析法的分析步骤、事故树分析法的步骤、保护层分析法的步骤、灰色系统综合评判模型的构建、模糊综合评价数学模型的建立。

本章难点： 人机交互的基本概念与研究内容、事故树分析法的定量分析、$F-N$曲线分析法的原理步骤、灰色系统综合评判模型的构建、模糊综合评价数学模型的建立。

人-机-环系统是一个极其复杂的系统，系统的性能是否达到了人、机、环境三要素的最优（或较优）的组合，是评价、分析人-机-环系统所要解决的问题。人-机-环系统设计的目标是把系统的安全性、可靠性、经济性综合加以考虑，并以人的因素为主导因素，使人能在系统中安全、舒适、高效地工作。系统分析与评价是运用系统的方法，对系统和子系统的设计方案进行定性和定量的分析与评价，以便提高对系统的认识，优化方案的技术。

7.1 人-机-环系统分析与信息交互过程

7.1.1 人-机-环系统分析的三个方面

人-机-环系统分析是指运用安全、高效、经济的综合效能准则，对人、机、环境三大要素构成的相互作用、相互依存的系统进行最优化组合的总体分析。

1. 安全性分析

安全性分析应放在系统分析的首位。人是人-机-环系统中的工作主体，是最活跃的因素，能根据不同任务的要求完成各种作业。然而，人在系统中也是最脆弱的，极易受到系统中机器设备和恶劣环境因素的伤害。人的工作能力会受到生理极限和意识界限的限制。因此，必须分析系统中是否存在危及人身安全与健康的潜在危险因素，分析机械设备对人的操纵要求是否过高，若其超出人的能力范围，容易导致操纵失误，引起系统失灵或发生重大事故。从总体上保证系统的安全性。

2. 高效性分析

高效性分析是为了实现系统最大的使用价值。建立一个人-机-环系统不是单纯为了安全，更重要的是保证整个系统高效率地进行工作。人机学理论认为，系统的工作效率是系统工作效果和人的工作负荷的函数，即工作效率＝工作效果×工作负荷。所谓工作效果主要是指系统运行时实际达到的速度、精度和运行可靠性。所谓工作负荷是指人完成任务所承受的工作负担或工作压力，以及人付出的注意力或努力程度。因此，系统工作效率的分析就是分析系统的人机功能分配、人机界面设计、人员选拔和培训、机器设备的可操作性、环境条件的适宜性等是否达到最佳组合和协调。

3. 经济性分析

经济性分析就是要求在满足系统技术要求的前提下，尽可能花费最少，创造最佳的经济效益。建立任何一个系统，都不能单纯地追求采用最先进的技术和最先进的设备，必须正确处理整体与局部的关系，保证预测能达到的建立系统的效能与费用之比大于1，并且越大越好。机器设计要采用标准化和模式化，使系统故障诊断、调试、设备维修、元器件更换的维修费用与生产费用相比尽可能小。系统越复杂，设备越先进，对操作人员的技能培训要求越高，培训费用越大。但在适当的费用支出之内，系统越复杂，越能更好地发挥人机系统的工作效能。因此，节约培训费用时，应注意项目整体效果。经济性分析是两方面的，除了节约生产费用、维修费用、培训费用之外，还应重视系统创造的经济效益。

7.1.2 人-机-环系统分析的目标

1）作业效能的改善。合理的分配作业，正确的机器设计，良好的环境，都会直接改善操作者的作业效能。

2）降低培训费用。良好的人机匹配设计和作业程序设计，会降低操作者达到作业标准所需要的培训费用和时间。

3）改善人力资源的利用率。良好的作业程序和工具设计可以降低对操作者的特殊能力和专项技能的要求，使更好地利用人力资源成为可能。通常可用利用人力资源的百分数作为评价人机系统设计的因素之一。

4）减少事故和人为错误。人-机-环系统分析和设计包括人为错误的分析，是从设计上减少事故和人为错误的可能性的方法之一。

5）提高生产效率。人-机-环系统的效率提高必然会提高生产效率。

6）提高使用者的满意度。使用者的心理压力与系统设计直接相关。对抗性的人机关系，低效率的作业，会引发心理上的挫折情绪，降低人机系统的效能。良好的人机关系可以提高作业效率，令人产生满意心理。

7.1.3 人对信息的处理

人们需要通过视觉、听觉、触觉等感官器官接收和处理来自体内和外环境的大量信息，根据这些信息调控保持内环境的稳定，并指导自身行动，达到适应环境和做出有利于机体的反应的目的。安全人机工程学可以将人及人的信息处理过程构成一个整体系统。在生理特性方面，它由三个交互作用的子系统组成，即感知系统、认知系统和运动系统。本节将与安全生产结合，从人对信息的接收、加工及输出等方面介绍人对信息的处理过程。

1. 信息及其特征

（1）信息基本定义

1）人-机-环系统中所讨论的信息是指人类特有的信息，它是客观存在的一切事物通过物质载体所发出的消息、指令、数据、信号和标志等所包含的一切传递与交换的知识内容，是表现事物特征的一种普遍的形式。人的大脑通过感觉器官直接或间接接收外界物质和事物发出的种种信息，从而能识别物质和事物的存在、发展和变化。

2）信息量。信息量是人机系统设计时考虑的重要参数。信息量以"位"为基本单位，称为比特（bit）。1比特信息量的定义是：在两个均等的可能事件中需要区别的信息量。

3）信息传递模式。在人-机-环系统中，信息在信息源和信宿（信息接受者）之间传递过程通常有三种模式：①信息源发出的信息被信宿完全接收，这是信息传递的理想模式；②信息源发出的信息在传递过程中消耗殆尽，有效传递的信息为零，这是信息传递最不可取的模式；③从信息源发出的信息虽然有些损耗，信宿收到的信号也混有某些噪声成分，但仍有部分信息源发出的信息被有效地传送到了信宿，这是人-机通信系统中常见的模式。

（2）信息的主要特征

1）可识别性。可以根据信息源的不同通过人体感官对信息进行直接识别，如光照的亮度等，也可以借助于各种测试仪器和手段完成对信息的间接识别。

2）可存储性。信息可以用不同的方式存储在不同的介质上，这种介质包括人脑以及磁带、光盘等。信息的可存储性为其传递和转换奠定了基础。

3）扩散和可共享性（可传递性）。同一信源可以供给多个信宿，因此信息是可以共享的。这种共享从某一个角度来看就实现了信息的传递，可传递性是信息的本质特征。

4）可扩充性和可压缩性。信息既可以通过人们不断的完善、扩充完成规模的增加，也可以通过进行加工整理、概括、归纳使之精练，从而达到浓缩的目的。

5）可转换性。信息可以由一种形态转换成另一种形态。

6）特定范围有效性。信息在特定的范围内是有效的，否则是无效的。

2. 人的信息处理系统

人的信息处理系统由感知系统、认知决策系统和运动（反应）系统三个子系统构成。

1）感知系统。人的信息处理的第一个阶段是感觉。在这一阶段，人通过各种感觉器官接收外界的信息，然后把这些信息传递给中枢信息处理系统。

2）认知决策系统。人的认知系统接收从感知系统传入的经过编码后的信息，并将这些信息存入本系统的工作记忆中，同时从长时记忆中提取以前存入的有关信息和加工规律，进行综合分析后做出反应决策，并将决策信息输出到运动系统。

3）运动（反应）系统。它执行中枢信息系统发出的命令，产生人的信息处理系统的输出。

在人和机械发生关系和相互作用的过程中，最本质的联系是信息交换。因而必须对人的功能从信息理论的角度来加以分析。人在人机系统中特定的操作活动上所起的作用，可以类比为一种信息传递和处理过程。

人的信息接收、加工、输出过程可用人的简单信息加工模型来说明（图 7-1）。来自机械设备和环境的信息经过相应的感知系统达到长时记忆，长时记忆中存储着各种各样的信息，如运动机能、语义、符号、价值、加工程序等。长时记忆中与之相关的一部分信息被激活参与加工，这部分被激活的长时记忆称为主动记忆，主动记忆中的一部分接受处于工作记忆中的信息更精细的加工后，传入中枢处理器。中枢处理器是整个信息加工系统的控制部分，它主要是处理目标和达到目标计划。中枢处理器接受经过精细加工的信息后，对信息做出及时应答，对运动系统发出指令，运动系统根据中枢处理器的指令，控制系统的全部输出，从运动动作到语言和表情。最后，反应系统的输出又成为对机器的指令和环境的一部分，机械设备和环境又向感知系统提供输入信息，从而达到人、机、环境的交互作用。

3. 人对信息的处理过程

（1）人的信息接收

在人机系统中，人通过感知系统接收外界传递的信息。如前所述，感知系统包括感觉和知觉。

1）感知系统的信息加工。感知系统由感觉器官及其相应的记忆缓冲器组成。感觉器官的功能是感觉外界信息，然后把感觉到的信息暂时储存到相应的记忆缓冲器中。而这些缓冲器的功能类似计算机的缓冲器，只是保存感觉器官输出的全部信息，把信息进行编码并输送到认知系统。

外界信息经感觉器官输出到相应的缓冲器，并进行编码，通常缓冲器并不对信息进行转换编码加工，只是以刺激的物理特性为依据，用非符号化的模拟方式进行直接编码，因而受刺激强度的影响。此外，缓冲器的信息加工周期时间也与刺激脉冲反应的时间密切相关。

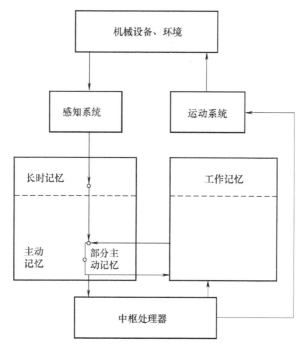

图 7-1　人的简单信息加工模型

刺激的物理映像在感知系统的记忆，直接影响认知系统的工作记忆。当感知映像一出现，一种符号编码的信息就在工作记忆中出现了，从而进入下一个工序——信息加工。

2）信息传递的基本模型。人机系统典型的信息传递模型如图 7-2 所示。

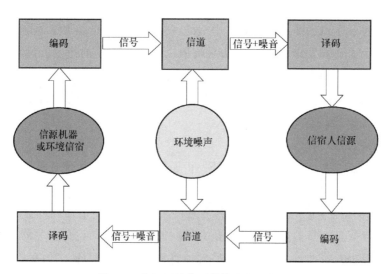

图 7-2　人机系统典型的信息传递模型

① 信源。信源是信息的始发源或信息发出者。在人-机-环系统中，信源是人，机械或系统的环境因素。

② 载体。信源发出的信息要经过编码，以某种符号或某种信号的形式进行传送。这种携带信息的符号称为信息的载体。人-机-环系统中最常用的载体是声、光等信号。

③ 编码。编码是把信息变换成符号或信号的措施。换言之，编码就是按照一定规则排列起来的符号或信号序列。这些符号或信号的编排过程就是编码过程。

④ 信道。信道是信息载体所途经的通道。信道在信息传递过程中起通道和储存信息的作用。信道的关键是信道的容量，即单位时间内可传输的最大信息量，不同的信道其容量（或能道容量）差异很大。在信息传递中，同一信息可通过不同信道进行传送，因而选择合适的信道对提高传信绩效有重要意义。在人机系统中，最常用的信道是视觉信道和听觉信道。

⑤ 环境噪声。一切影响信息传递绩效的干扰源均可称为噪声。干扰的能量越大，噪声系数就越高。当信号的能量和干扰的能量之比（简称信噪比）低于某个水平时，信息的传递就不可能进行。在人机系统中，噪声有两种：一种是环境系统产生的环境噪声；另一种是人机系统内部的噪声，如人机界面上信息显示非兼容性、传感器的失真等都可视为噪声。

⑥ 译码。将信息从信号载体上分离出来，恢复信息原来意义的过程称为译码。译码是编码的逆过程，通常在信息传递的信宿一端进行。

⑦ 信宿。信宿是信息传送的目的地。在人机系统中，信息传递是双向的，因而人与机械互为信息的信宿。

3）人的信息接受能力。人通过感觉器官获得关于周围环境和自身状态的各种信息。感觉器官中的感受器是接受刺激的专门装置。在刺激物的作用下，感受器中的神经末梢发生兴奋，兴奋沿神经通路传送到视、听、触觉等多种感受器。每一种感受器通常只对一种能量形式的刺激特别敏感。

人的感觉器官对信息载体的能量要求有一定的限度。从信息传递的要求来看，信号的能量只维持在阈值附近是不能保证信息的有效传递的。要保证信息传递通畅有效，信号的能量必须显著地超过人的耐受阈值，一旦信号的能量超过一定限度，就会给人的感官带来不适甚至损伤。因此，在人-机-环系统的安全性设计中，为保证信息的有效传递，信源发出的信号能量值应尽可能远离绝对阈限的上限和下限。此外，不同的感觉下限对评定操作人员的感觉能力在接受信息中是很有用的。例如，一个听觉报警信号的声级如果只比环境的噪声级高 $2 \sim 4 \mathrm{dB(A)}$，那么听觉报警信号强度就会在阈值之下，不会产生听觉，特别是年纪较大的人更是如此。如果信号灯的亮度不比操作者头顶固定灯具的亮度大 10%，那么光的亮度的差别就不会超过最小可觉差别，即操作者不能察觉到信号灯变化的信号。如果期望操作者直接比较不同的听觉信号所代表的事件及报警，并能对它们进行区分，那么选择的声音强度必须大于或等于绝对差别的值。

（2）人的信息加工

1）认知系统的信息储存。如前所述，感知系统、认知系统和运动系统都有各自功能上的相对独立的信息加工处理器。但是，认知系统类似于计算机的中央处理系统，除了对输入信息和内存信息进行加工外，还对感知系统和运动系统的信息加工进行监控和调节，它在整加工过程中，特别对联想功能起着重要的作用。

认知系统的信息储存有三种方式。根据信息的输入、编码、存储和提取的方式不同，以及信息在人脑中存储时间长短的不同，可分为瞬时记忆、短时记忆、长时记忆。

① 瞬时记忆。瞬时记忆又称为感觉记忆或感觉登记，是指外界刺激以极短的时间一次呈现后，信息在感觉通道内迅速被登记并保留一瞬间的记忆。常用的两个感觉存储机制是与视觉系统有关的映像存储和与听觉系统有关的回声存储。

② 短时记忆。工作记忆是指外界刺激以极短的时间一次呈现后，为当前信息加工所需要而短时储存的信息，一般称为短时记忆。工作记忆保持时间在1min以内，又称为操作记忆。从功能上理解，工作记忆是思维过程中结果保持的地方，也是知觉系统产生表象的地方。人类所特有的智力活动都必须从工作记忆中取得加工所需要的材料，操作的结果也必须经过工作记忆以进一步加工或输出，因而工作记忆在认知系统中的功能类似于计算机的通用寄存器。

短时记忆所能储存的数量也有一定限度。例如，显示一连串所词语，人一般只能记住最后的5个左右。因此，为了保证记忆作业效能，一方面是需要短时记忆信息数量不能超过人所能储存的容量；另一方面是作业者必须十分熟悉自己的工作内容、信号编码。显然，短时记忆是人机系统安全性设计中必须要考虑的又一重要因素。

③ 长时记忆。为以后信息加工的需要而储存的信息，即所谓长时记忆。长时记忆中储存着大量有用的知识。长时记忆能将记忆内容保持时间在1min以上、数月、数年，甚至终生，是一种长久性的存储。长时记忆的遗忘因自然衰退，或因干扰造成。遗忘的发展进程还受识记材料的性质、数量、学习程度以及识记时的主观状态等因素的制约。

德国心理学家艾宾浩斯对记忆的保持和遗忘现象进行了大量的系统的实验研究。1885年根据实验数据绘制了保持和遗忘曲线，如图7-3所示。由该曲线可知，遗忘发展的进程是不均衡的，在识记后的短时间内，遗忘速度很快，以后逐渐减缓，一定时间后处于稳定状态而几乎不再忘记。

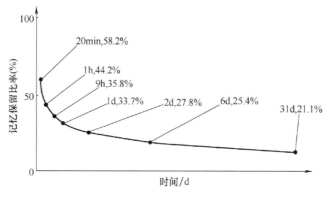

图7-3 艾宾浩斯记忆的保持和遗忘曲线 ⊖

⊖ 引自 Ebbinghaus, Hermann, Memory: A Contribution to Experimental Psychology, 1885。

2）认知系统信息加工。信息（包括外来的和内存的）在认知系统的加工中有如下特征：

① 辨认-活动加工周期。辨认-活动加工周期是认识加工的基本加工周期，它的功能类似于计算机的获取指令-执行周期。认知加工过程是由一系列非连续的单位加工周期构成的。每一单位加工周期里，工作记忆中的内容激活长时记忆中的内容（辨认），这些激活内容反过来又对工作记忆中的内容加以修正，同时成为下一周期的激活基础，以产生下一步行动的计划和加工程序。

② 认知加工器加工周期的可变性。与其他加工器一样，认知加工器也有自己的加工周期，通常大约每秒 10 次左右，每次约 70ms（25～170ms）。

加工认知器的加工周期变动性较大，不同的加工任务，其加工周期可在很大范围内波动。表 7-1 给出了几个不同认知系统的加工速度，其变化范围是比较大的。除了工作任务的影响外，实验条件、被试者的期望对加工周期的影响也不能忽视。通过练习和巧妙的任务安排可以在一定程度内缩短加工周期。被试者努力程度的提高或任务精度要求的降低，也能缩短认知加工器加工周期。

表 7-1　不同认知系统的加工速度

任务	速率	单位
数字	33（27～39）	ms/数字
颜色	38	ms/色
字母	40（24～65）	ms/个
词	47（36～52）	ms/个
几何图形	50	ms/种
随机图形	68（42～39）	ms/个
无意义音节	73	ms/个
点阵模式	46	ms/个
三维形状	94（40～172）	ms/个
知觉判断	106（85～169）	ms/判断
选择反应时	92	ms/判断
	153	ms/bit
默读数字	167	ms/数字

③ 认知加工器的串行加工与并行加工。在辨认加工阶段，认知系统以并行方式工作；而在运动输出阶段，认知系统以串行方式工作。因此，认知系统能同时意识到许多事情不能在同一时间执行两个以上的精细动作。但是，认知系统的串行加工可与知觉系统及运动系统的活动并行进行。所以，像驾驶车辆、阅读路边广告牌以及谈话等涉及三个系统的活动，可以像计算机的"中断"工作方式，在一个分时系统中协调地进行。

（3）人的信息输出

来自外界的信息，经过中枢加工以后，中枢处理器发出相应指令，运动系统根据这一指令，做出相应的反应。这一过程称为人的信息输出。信息输出是人对系统进行有效控制并使系统能正常运转的必要环节，其实际形式是多种多样的。各类输出的量取决于反应时间、运动时间和准确性等因素。人的信息输出通常体现为人的处理能力。

1）信息输出实际形式中，操作者的信息输出多种多样。根据信息输出的运动方式，人的信息输出可分为语言输出和运动输出。语言输出是指人可以通过声音向系统输出信息，如人可以通过叫、喊等表示惊讶、紧急情况，通过语言向他人传递信息。随着电子技术和计算机技术的发展，人可以通过言语输出直接控制系统的开、关或调整系统的运行状态。

2）人的信息处理能力。从外界感知信息——中枢信息加工——运动系统输出，这一信息加工过程最后都集中体现在人的处理能力上。

在某种情况下，人处理多重信息的能力取决于信息显示时间的长短、显示数量以及信息的感觉通道等。

① 处理能力和信息显示时间的关系。如果信息显示的时间很短，来不及进行分时处理，那么必将影响人的处理能力。当要求对某一显示时间很短的信息做出迅速反应时，因信息来不及完全处理，人们不能正确对它做出反应。更重要的是，如果信息显示的时间达不到处理信息所要求的最短时间，那么信息根本就不能处理。

② 处理能力和信息显示数量的关系。一定时间内，若信息显示数量过多，则可引起人的处理能力降低。如果相关的信息变化很快，如每隔 0.5s 显示一次不同的数据，那么操作员就来不及读取显示的信息，并把这些信息加以分析综合，从而对工况做出评价。

③ 处理能力和信息感觉通道的关系。同时使用不同的感觉通道可增加冗余或相关信息的处理能力。对于相关的信息，联合使用不同的感觉通道时，可提高操作的可靠性。例如，使用听觉报警同时使用闪烁报警器，可保证操作者有足够的认知能力去处理异常的工况信息。但是，如果在不同感觉通道传递无关信息，如通过视觉通道传递的是供水系统的信息，那么只会降低操作者的处理能力并增加他们做出错误判断的概率。

7.1.4 人机交互

1. 人机交互的基本概念

人机交互、人机互动（HCI 或 HMI），是一门与人类使用的交互式计算系统的设计，评估和实施有关的，以及研究围绕它们的主要现象的学科。人机交互关注人（用户）与计算机之间接口（交互界面），关注计算机技术的设计和使用。人机交互涵盖多门学科，包括计算机科学、心理学、社会学、图形设计、工业设计等，是一门综合性非常强的现代科学。

人机交互的研究内容如下：

1）人机交互界面表示模型与设计方法：友好的人机交互界面的开发离不开好的交互模型与设计方法，这也是人机交互的重要研究内容之一。

2）可用性分析与评估：主要用来探究人机交互能否达到用户期待的目标，以及实现这一目标的效率与便捷性。

3）多通道交互：多通道交互即可根据人或机器的多个感知组件实现信息的交流。当前人机交互技术的进步，例如人脸识别、语音识别、体感识别、眼动识别等人工智能技术逐渐成熟，促使多通道交互的深度融合，从而使人机交互过程更加高效、自然、智能。

4）认知与智能用户界面：智能用户界面目的是向用户提自然、方便的交互界面，以期实现绝佳的工作效率。

5）群件：主要是为了实现个人或群组之间的信息传递和信息共享。

6）Web 设计：重点研究 Web 界面的信息交互模型和结构。

7）移动界面设计：由于移动设备具有便携性、位置不固定性和计算能力有限性以及无线网络的低带宽高延迟等诸多的限制，移动界面设计又具有自己的特点。

2. 人机交互的基本要素

人机交互过程中需要一定的要素来支持，可归纳和总结为以下三种要素：

（1）人的要素

在人机交互过程中，人是必不可缺少的，也就是不能缺少使用者。人的要素这方面主要是用户操作模型，与用户的各种特征、喜好等有关。任务将用户和计算机的各种行为有机地结合起来。

（2）交互设备

人机交互过程中交互设备是不可缺少的，如图形、图像输入输出设备，声音、姿势、触觉设备，三维交互设备等，而且这些交互设备也在不断地完善中，以在交互过程中达到最佳的状态和收获最佳效果。

（3）交互软件

交互软件是交互计算机的核心。

上述三个要素是相辅相成、缺一不可的，只有三种要素的要求都达到一定的标准，最终才能真正地做到良好、友善的人机交互。

3. 人机交互时间的影响因素

根据人机交互的作用机理与研究内容，可将影响人机交互时间效率的因素归结为以下几种：

1）组织因素：政策、工作场所、设计、培训。

2）环境因素：噪声、通风。

3）用户因素：能力和认知过程、个性、体验、动机、情感。

4）舒适度因素：设备、布局。

5）用户界面因素：设备的输入和输出、配色、布局、图标、图形、导航。

6）任务因素：有多复杂/容易、技能、任务分配。

7）约束条件：成本、时间、设备。

8）系统功能：硬件、软件、应用。

9）生产力因素：以最少的成本实现最有效的产出，增加创新，解决问题。

7.2 人-机-环系统分析方法

7.2.1 连接分析法

连接分析法（link analysis）是一种描述系统各组件相互作用的简单图解技术，是一种对人-机-环系统进行分析、评价的简便方法，它用"连接"来表示人、机、环之间的关系。

1. 连接

（1）连接形式

连接是指人-机-环系统中，人与机、机与机、人与人之间的相互作用关系，因此相应的连接形式有人-机连接、机-机连接和人-人连接。

人-机连接是指作业者通过感觉器官接收机器发出的信息或作业者对机器实施控制操作而产生的作用关系；机-机连接是指机械装置之间所存在的依次控制关系；人-人连接是指作业者之间通过信息联络，协调系统正常运行而产生的作用关系。

（2）人-机-环系统连接方式

按连接的性质，人-机-环系统的连接方式主要有对应连接和逐次连接两种。

1）对应连接。对应连接是指作业者通过感觉器官接收他人或机器发出的信息，或作业者根据获得的信息进行操作而形成的作用关系。对应连接有显示指示型和反应动作型两种（图7-4）。以视觉、听觉或触觉来接受指示形成的对应连接称为显示指示型对应连接。例如，操作者观察显示器后，进行相应操作，即人的视觉与显示信号形成一个连接。操作者得到信息后，以各种反应动作来操纵各种控制装置而形成的连接称为反应动作型对应连接。

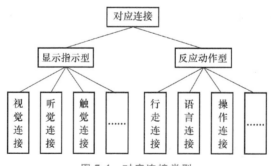

图7-4 对应连接类型

2）逐次连接。人在进行某一作用过程中，往往不是一次动作便能达到目的，而需要多次逐个的连续动作。这种由逐次动作达到一个目的而形成的连接称为逐次连接。

如汽车驾驶在交叉路口停车后重新起步的操作过程：确认允许通行信号（信号灯的绿灯显示或交通警的指挥信号）→左脚把离合器踏板踩到底→右手操纵变速杆，迅速挂上起步档→缓缓抬起左脚使离合器平稳结合，同时右脚平稳踏下加速踏板，使汽车平稳起步→汽车加速到一定车速时，左脚迅速把离合器踏板踩到底，同时右脚迅速抬起，把加速踏板迅速松开→右手操纵变速杆，迅速换入高一级档位→缓慢抬起左脚，使离合器平稳结合，同时右脚平稳踏下加速踏板，使汽车进一步加速→汽车加速到更高车速时，左脚迅速把离合器踏板踩到底，同时右脚迅速抬起，把加速踏板迅速松开→右手操纵变速杆，迅速换入更高一级档位（直接挡或最高挡)→缓慢抬起左脚，使离合器平稳结合，同时右脚平稳踏下加速踏板，使汽车加速到稳定车位后，保持稳速行驶。上述连续的操作过程就构成一条典型的逐次连接。

2. 连接分析

连接分析是指综合运用感知类型（视、听、触觉等）、使用频率、作用负荷和适应性，分析、评价信息传递的方法。连接分析涉及人机系统中各子系统的相对位置、排列方法和交往次数。

（1）连接分析的目的

1）根据视看频率、重要程度，运用连接分析合理配置显示器与操作者的相对位置，以求达到视距适当、视线通畅，便于观察的目的。

2）根据作业者对控制器的操作频率、重要程度，通过连接分析法将控制器布置在适当的区域内，以便于操作，提高操作准确性。

3）连接分析还可以帮助设计者合理配置机器之间的位置，降低物流指数。

总之，连接分析的目的是合理配置子系统的相对位置及其信息传递方式，减少信息传递环节，使信息传递简洁、通畅，提高系统的可靠性和工作效率。

（2）连接分析的步骤

连接分析的步骤可分为绘制连接关系图和调整连接关系两步。

1）绘制连接关系图。连接分析通过连接关系图进行。将人-机-环系统中操作者和机器设备的分布位置绘制成平面布置图（图7-5)，人-机-环系统中的各种要素均用符号表示，各种要素之间的对应关系根据不同连接形式用不同的线型表示，连接关系图中的要素符号、线型的含义见表7-2。

表 7-2　连接关系图中的要素符号、线型的含义

要素符号、线型	○	□	——	- - - -	—— ——
含义	操作者	控制器、显示器等设备装置	操作连接	听觉信息传递连接	视觉观察连接

如图7-6所示的控制系统设计，其中，作业者1、2、4分别对显示器和控制装置A、B、D进行监视和控制，作业者1对显示器A、B、C的显示内容进行监视，并对作业者1、2、4发布指示。其连接关系如图7-5所示。

2）调整连接关系。为了使各子系统之间达到相对位置最优化，在调整连接关系时常使用以下三个优化原则：

① 减少交叉。为了使连接不交叉或减少交叉环节，通过调整人机关系及其相对位置来

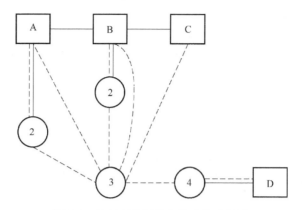

图 7-5 控制系统设计中的连接分析图

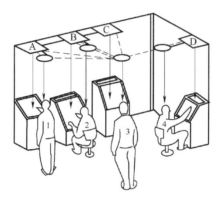

图 7-6 控制系统设计

实现。图 7-7a 为某人机系统的初步配置方案；图 7-7b 为修改后的方案。修改后交叉点消失，显然图 7-7b 所示方案比图 7-7a 所示方案合理。这样经过多次作用分析，直至取得简单、合理的配置为止。

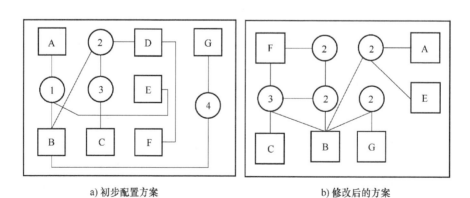

a) 初步配置方案   b) 修改后的方案

图 7-7 连接方案的优化

② 确定各连接的重要度和频率。对于较复杂的人机系统，仅使用上述图解很难达到分

析评价的效果，故引入系统的"重要程度"和"使用频率"两个因素，作为系统综合分析评价的基础。重要程度和使用频率一般用 4 级计分，即"极重要"或"频率很高"者为 4 分；"重要"或"频率高"者为 3 分；"一般重要"或"一般频率"者为 2 分；"不重要"或"频率低"者为 1 分。各连接的重要度和使用频率可以采用调查统计或者经验来确定（表 7-3）。

表 7-3　连接的重要度和使用频率分值表

分值	4	3	2	1
重要度	极重要	重要	一般重要	不重要
使用频率	频率很高	频率高	一般频率	频率低

③ 计算综合评价值（连接值）。将重要性和使用频率两者相对值乘积的大小作为综合评价值，系统的连接值等于各个连接值之和。用综合评价值对人机系统各连接设计优劣进行评价，可据此来判定人-机-环系统中各联系链的相对权重，从而为人-机-环系统的合理布置提供量化的依据。例如，对于连接值高的操作连接，应优先布置在人的手或脚的最优作业范围；对于连接值高的视觉连接应优先布置在人眼的最优视区；对于连接值高的行走连接，应使其行走距离最短等。

如图 7-8a 所示是某连接的初始方案，连线上所标的数值是重要程度和使用频率的乘积，即综合评价值。在进行方案分析中，既考虑减少交叉点数，又考虑综合评价值，将图 7-8a 所示方案调整为图 7-8b 所示方案，与改进前相比，连接变得流畅且易使用。

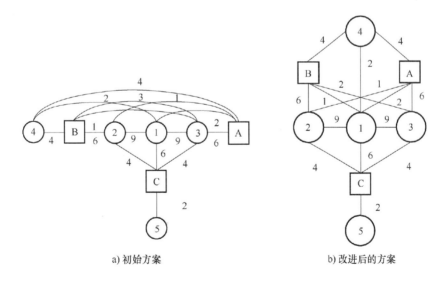

a) 初始方案　　　　　　　　　　b) 改进后的方案

图 7-8　采用综合评价的连接分析

④ 考虑感觉特性配置。从显示器获得信息或操纵控制器时，人与显示器或人与控制器之间形成视觉连接、听觉连接或触觉连接（控制、操纵连接）。视觉连接或触觉连接应配置

在人的前面，由人的感觉特性所决定，而听觉信号即使不来自人的前面也能被感知。因此，连接分析还应考虑运用感觉特性配置系统的连接方式。图7-9描述了3人操作5台机器的连接，小圆圈中的数值表示连接综合评价值。图7-9a所示为改进前的配置；图7-9b所示为改进后的配置。视觉、触觉连接配置在人的前方，听觉连接配置在人的两侧。

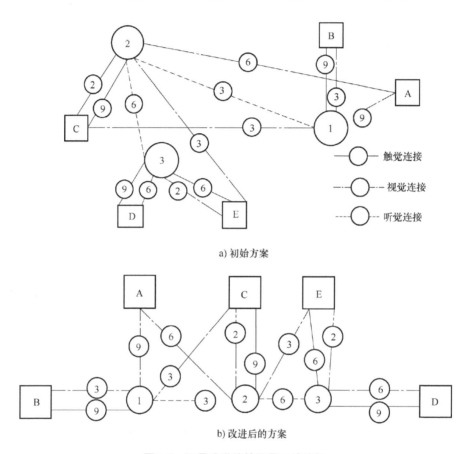

a) 初始方案

b) 改进后的方案

图 7-9 运用感觉特性配置系统连接

3. 连接分析法的应用

（1）对应连接分析

如图7-10所示，图7-10a为某雷达室的初始平面图。为了减少交叉和缩短行走距离，运用连接分析法优化雷达室内的人机间的连接。利用连接图将图7-10a简化为图7-10b。图7-10c所示为改进方案的连接图，改进方案的人机间连接关系与旧方案完全相同，但平面布置不同。改进平面图如图7-10d所示。

（2）逐次连接分析

连接分析可用于控制盘的布置。在实际控制过程中，某项作业的完成需对一系列控制器进行操纵才能完成。这些操纵动作往往按照一定的逻辑顺序进行，如果各控制器安排不当，各动作执行路线交叉太多，会影响控制的效率和准确性。运用逐次连接分析优化控制盘布局，可使各控制器的位置得到合理安排，减少动作线路的交叉及控制动作所经过的距离。

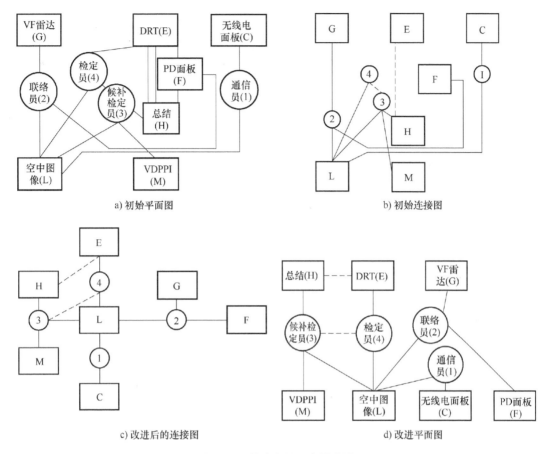

图 7-10 雷达室平面布置设计

图 7-11 为机载雷达的控制盘示意图，标有数字的线是控制动作的正常连贯顺序。图 7-11a 是初始方案连接图。显然，操作动作既不规则又曲折。当操作连续进行时，通过对各个连接的分析，按每个操作的先后顺序，画出手从控制器到控制器的连续动作，然后得出控制器的最佳排列方案，如图 7-11b 所示，使手的动作更趋于顺序化和协调化。

7.2.2 作业分析法

作业分析法是以人-机-环系统中的作业系统为对象，对现行各项作业、工艺和工作方法进行系统分析，从中找出不合理、浪费的因素并加以改进，以达到有效利用现有资源、增进系统功效的目的。作业分析法包括方法研究和时间研究两大类技术，方法研究着眼于选择科学合理的新工作方法以减少工作量时间研究；时间研究着眼于减少与作业有关的无效时间。两者紧密联系，相辅相成（图 7-12）。

1. 方法研究

在一定条件下，运用系统分析，研究资源的合理运用，排除作业中浪费、混乱等不合理因素，寻求一种最经济有效的工作方法，即对旧的和新的作业方法加以分析和检验，去除不

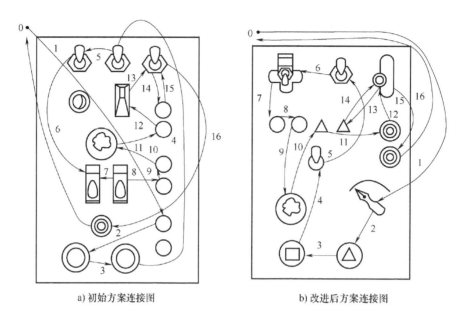

a) 初始方案连接图   b) 改进后方案连接图

图 7-11 机载雷达的控制盘示意图

0—控制动作起点与终点

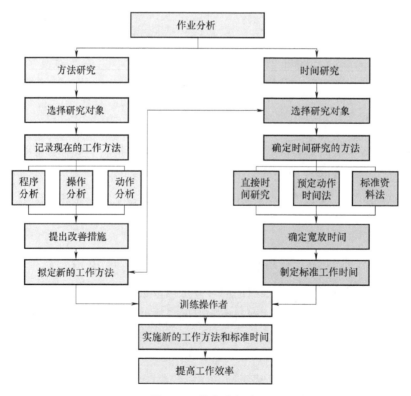

图 7-12 作业分析法

必要的作业动作和作业时间，只保留必要的功能，按此原则进行作业的组合。

方法研究的目的在于改进工艺和程序。改进工厂、车间和工作场所的平面布置，改进整个工厂和设备的设计，改进物料、机器和人力的利用，减少不必要的疲劳以改善工作环境。

（1）方法研究的步骤

方法研究的步骤及其实施内容见表 7-4。

表 7-4　方法研究的步骤及其实施内容

步骤名称	含义	实施内容
选择	选择拟研究的工作对象	从经济上、技术上和人的反应三方面考虑，选择确定拟研究的工作对象
记录	通过直接观察，记录与现行方法有关的全部事实	使用一系列图表，清晰、准确地按顺序记录事件；或既记录事件顺序，又记录事件时间，以便比较容易地研究相关事件的相互作用
考查	使用最符合目的的提问，严格而有次序地考查所记录的事实	提问技术是进行严格考查所使用的有效方法。对所研究的每项活动依次进行系统的提问
开发	开发最实用、最经济、最有效的工作方法，但要估计到所有意外情况	正确地提出问题，并做出回答后，首先在流程图上记录所建议的方法，以便同现行方法进行比较、核查，确保不再有任何问题，然后建立新的记录，确定出在目前情况下最好的方法
定义	对新方法做出定义，使其始终能被辨认	写出报告，详细说明现行方法和改进方法，并说明改进的理由。在取得有关部门的批准后，着手实施
建立	将新方法作为标准工作法建立起来	宣传新方法的优越性及其制定的标准，使工人及其代表接受新方法。重新培训工人，使其掌握新方法
保持	通过定期检查，保证该标准方法的贯彻实施	有关部门必须采取措施，定期检查，确保新方法的贯彻实施。没有特别充足的理由，不允许工人重回旧方法，也不允许采用未经批准的方法

（2）程序分析

程序分析从宏观出发，对整个生产过程进行全面观察、记录和总体分析。程序分析的范围包括三个方面，即产品的生产过程、生产服务过程和管理活动过程。程序分析常用的分析工具为操作程序图、流程程序图和流程线图。

1）操作程序图。操作程序图是以图表形式表示从原料投入生产直至加工成零件或装配成产品为止所经历的各种操作及检验。该图只反映操作和检验两种活动，运输、等待、储存在图中不做记录。图中用竖线表示操作程序的流程，用横线表示物料的投入。

2）流程程序图。流程程序图是一种按时间顺序记录操作、检验、运输、等待、储存五种活动的图表。它反映了生产过程中包括经过时间、移动距离以及等待在内的整个活动，是方法研究中最有用的工具。根据研究对象不同，流程程序图可分为物料型、人员型和设备型。

3）流程线图。流程线图是用来补充流程程序图的一种图表。它按照实际尺寸，采用一定比例，将流程程序图所涉及的工作区域、设备、工作台、检验台、原材料、制品或成品存放位置等画成平面布置图。流程线图一般与流程程序图结合使用，主要分析生产过程中物料和人员运动的路线。

（3）操作分析

操作分析是研究一道工序的运行过程，分析到操作为止，而程序分析是分析到工序为止的。操作分析常用的工具为人机程序图、工组程序图和双手操作程序图。

操作分析的基本要求是：使操作总数最少，工序排列最佳，每一操作员简单、合理利用肌肉群，平衡两手负荷，尽量使用夹具；尽量用机器完成工作；减少作业循环和频率；消除不合理的空闲时间；工作地点应有足够的空间等。

通过操作分析，应使人的操作及人机相互配合达到最经济、最有效的程度。

1）人机程序图。人机程序图是记录在同一时间坐标上，人与机之间协调与配合关系的一种图表，通过分析，可以减少人机空闲时间，提高人机系统效率。

2）工组程序图。工组程序图是记录在同一时间坐标上，一组工人共同操作一台机器或不同工种的工人共同完成一项工作时，他们之间的配合关系。

3）双手操作程序图。双手操作程序图是按操作者双手动作的相互关系记录其手（或上、下肢）的动作的图表。双手操作程序图一般用来表示重复相同操作时的一个完整工作循环。它着眼于工作地点布置的合理性和零件摆放位置的方便性。

（4）动作分析和动作经济原则

1）动作分析。动作分析是方法研究中的一种微观分析。它以操作过程中操作者的手、眼和身体其他部位为研究对象，按动作的目的分解为一系列的动素加以分析、研究。人体动作可划分为18种动素（表7-5）。这18种动素可归纳为三类：第一类为工作动素，即完成操作所必需的动素；第二类为干扰工作的动素，此类动素有妨碍第一类动素进行的倾向，通常可通过改进工作地点的布置加以消除；第三类为无效动素。动作分析的基本任务是通过分析、研究，尽量排除第二、三类动素，减少第一类中不必要的动素，将保留下来的动素合理组合，以便制定最佳操作方法和制定动作时间标准，使操作简便、省力、高效。

表7-5 动素的名称、符号、定义

类别	序号	动素名称	代号	符号	颜色	定义
第一类	1	伸手 reach	RE	⌣	橄榄绿	无负荷的空手向目的物移动的基本动作
	2	抓握 grasp	G	∩	深红	用手抓握住目的物的动作
	3	移动荷载 move	M	⌣	草绿	手或躯体有负荷由甲地移动到乙地的动作
	4	装配 assemble	A	#	深紫	将两个或两个以上物体组合在一起的动作

（续）

类别	序号	动素名称	代号	符号	颜色	定义
第一类	5	运用 use	U	U	紫色	使用工具、设备或仪器改变目的物的动作
	6	拆卸 disassemble	DA	#	淡紫	组合在一起的目的物分解为两个以上或使一物体脱离他物的动作
	7	卸去荷载 release	RL	⌒	洋红	放下目的物的动作
	8	检验 inspect	I	〇	深赭	将目的物与规定标准相比较的动作
第二类	9	寻找 search	SH	⬯	黑色	用眼睛或手探索目的物方位的动作
	10	发现 find	F	⬮	深灰	在寻找之后，看到目的物的瞬间
	11	选择 select	ST	→	浅灰	在多个物体中选择目的物的动作，包括数量
	12	计划 plan	PN	ρ	褐色	为考虑下一步骤怎么做而出现的停顿（思考）
	13	定位 position	P	9	蓝	使一个目的物与另一目的物对准的动作
	14	预定位 preposition	PP	8	天蓝	将目的物预先放在规定位置的动作
	15	握持 Hold	H	⋂	金赭	将目的物握在手中保持不动的动作
第三类	16	迟延 unavoidable delay	UD	⌃	黄	在操作中属于外界因素，使操作者无法控制（避免）而发生的工作中断
	17	故障延迟 avoidable delay	AD	L○	柠檬黄	在操作中因操作者本人的因素而使工作中断
	18	休息 rest	R	ℓ	橘黄	为消除疲劳而进行必要的休息，不含生产动作

2）动作经济原则。动作经济原则是一种保证动作经济而又有效的经验性法则。这些原则是以人的生理、心理特点为基础，以减轻人在操作过程中的疲劳为目的而建立的，具体有以下几种：

① 利用人体原则：

A. 双手应同时开始，并同时完成动作。

B. 除休息时间外，双手不应同时闲着。

C. 双臂的动作应对称，方向应相反。

D. 双手和身体的动作应尽量利用最低动作等级（表 7-6），以减少不必要的体力消耗。

E. 应当利用力矩协助操作。

F. 动作过程中，使用流畅而连续的曲线运动（如抛物线运动），要好于使用方向发生急剧变化的直线运动。

G. 作业时眼睛的活动应处于舒适的视觉范围内，避免经常改变视距。

H. 动作既要从容、自然、有节奏和有规律，又要避免单调。

表 7-6 人体动作等级

等级	枢轴	身体动作部位	说明
1	指节	手指	手动作中等级最低、速度最快的运动
2	手腕	手和手指	上臂和前臂保持不动，仅手指和手腕产生动作
3	肘	前臂、手和手指	手指、手腕和前臂的动作，即肘部以下的运动，是一种不易引起疲劳的有效动作
4	肩	上臂、前臂、手和手指	手指、手腕、前臂及上臂的动作，即肩以下的动作
5	躯体	躯干、上臂、前臂、手和手指	手指、手腕、前臂、上臂及肩的动作。该动作速度最慢，耗费体力最多，并会产生身体姿势的变化

② 布置工作地点的原则：

A. 应给固定的工作地点提供全部工具和材料。工具材料应有固定位置，以减少寻找造成人力和时间的浪费。

B. 工具、物料和操纵装置应放在操作者的最大工作范围之内，并尽可能靠近操作者，但应避免放在操作者的正前方。应使操作者手的移动距离和次数越少越好。

C. 应利用重力进给，利用料箱和容器传送物料。

D. 工具和材料应按最佳动作顺序排列布置。

E. 应尽量利用下滑运动传送物料，以避免操作者用手处理已完工的工件。

F. 应提供充足的照明。

G. 提供与工作台高度相适应并能保持良好姿势的座椅。工作台与座椅的高度应使操作者可以变换操作姿势，可以坐、站交替，具有舒适感。

③ 设计工具和设备的原则：

A. 应尽量使用钻模、夹具或脚操纵的装置，将手从所有的夹持工件的工作中解放出来，以便做其他更为重要的工作。

B. 尽可能将两种或多种工具组合为一种。

C. 用手指操作时，应按各手指的自然能力分配负荷。

D. 工具中各种手柄的设计应尽量增大与手的接触面，以便于施加较大的力。

E. 机器设备上的各种杠杆、手轮和摇把等应放置在操作者使用时尽量不改变或极少改变身体的位置（粗大费力的操作除外），并应最大限度地利用机械力。

2. 时间研究

时间研究是在方法研究的基础上，运用一些技术来确定操作者按规定的作业标准完成作业所需的时间。其目的在于揭示造成生产中无效劳动时间的各种原因，确定无效时间的性质和数量，采取措施消除无效时间，并在此基础上制定合理的作业时间标准。

时间研究的用途是比较各种工作方法的效果，合理安排作业人员的工作量，平衡作业组成员之间的工作量，并为编制生产计划和生产进程、劳动成本管理、估算标价、签订交货合同、制定劳动定额和奖励办法等提供基础资料和科学依据。

时间研究的步骤如下：

1）选定需要研究的工作对象。

2）记录全部工作环境、作业方法和工作要素的有关资料。

3）考查全部记录资料和细目，以保证使用最有效的方法和动作，将非生产的和不适当的工作要素与生产要素区别开来。

4）选用适当的时间研究技术，衡量各项要素的工作时间。

5）制定包括休息和个人生理需要等宽放时间在内的作业标准时间，并建立标准数据库。若时间研究仅用于调查无效时间或比较工作方法的效果，可不进行制定作业标准时间这一项。

7.3 人-机-环系统典型安全评价方法

人-机-环系统的安全评价主要是以系统工程理论为基础，运用不同的评价方法，以定量或定性为主，对评价对象存在的危险因素和有害因素进行识别、分析和评估，通过分析结果给出可行的、合适的安全对策。

7.3.1 定性评价方法

人-机-环系统的定性安全评价方法主要是根据经验和直观判断能力对系统的人员、工艺、设备、设施、环境和管理等方面的状况进行定性的分析，安全评价的结果是一些定性的指标，如是否达到了某项安全指标、事故类别和导致事故发生的因素等。其评价过程简单，容易理解和掌握，但是其主要是依赖评价人员的经验，有一定局限性。不同的评价人员的评价结果可能有较大差异，其结果可比性差。属于定性安全评价方法的有检查表评价法、视觉环境综合评价指数法故障类型及影响分析法等。

1. 检查表评价法

（1）基本概念

所谓检查表评价法是指利用安全人机工程学原理检查构成人机系统各种因素及作业过程中操作人员的能力、心理和生理反应状况的评价方法。用检查表法对人机系统进行评价是一种较为普遍的评价方法。使用该方法可以对系统有一个初步的定性的评价。需要时，该方法也可方便地对系统中的某一个单元（子系统）进行评价。

通过检查表分析能及时了解和掌握系统的安全工作情况，查找物的不安全状态和人的不安全行为，采取措施加以改进，总结经验，指导工作，是安全工作人员或企业安全管理部门防止事故、保护职工安全与健康的好方法。

（2）主要评价内容

1）国际人机工程学会提议内容。国际人机工程学学会（IEA）提出的"人机工程学系统分析检查表评价"的主要内容如下：

① 作业空间分析。分析作业场所的宽敞程度，影响作业者活动的因素，显示器和控制器的位置能否方便作业者的观察和操作。

② 作业方法分析。分析作业方法是否合理，是否会引起不良的体位和姿势，是否存在不适宜的作业速度，以及作业者的用力是否有效。

③ 环境分析。对作业场所的照明、气温、干湿度、气流、噪声与振动条件进行分析，考查是否符合作业者的心理和生理要求，是否存在能引起疲劳和影响健康的因素。

④ 作业组织分析。分析作业时间、休息时间的分配以及轮班形式，作业速率是否影响作业者的健康和作业能力的发挥。

⑤ 负荷分析。分析作业的强度、感知系统的信息接收通道与容量的分配是否合理，操纵控制装置的阻力是否满足人的生理特性。

⑥ 信息输入和输出分析。分析系统的信息显示、信息传递是否便于作业者观察和接收，操纵装置是否便于区别和操作。

2）具体内容说明。检查表的内容包括信息显示装置、操纵装置、作业空间、环境因素四个方面。下面介绍检查表评价法主要检查内容，见表7-7。

表7-7　检查表评价法主要检查内容

检查项目	主要检查内容
信息显示装置	1. 作业操作能得到充分的信息指示吗？ 2. 信息数量是否合适？ 3. 作业面的亮度能否满足视觉要求及进行作业要求的照明标准？ 4. 警报信息显示装置是否配置在引人注意的位置？ 5. 控制台上的事故信号灯是否位于操作者的视野中心？ 6. 图形符号是否简洁、意义明确？ 7. 信息显示装置的种类和数量是否符合信息的显示要求？ 8. 仪表的排列是否符合按用途分组的要求？排列次序是否与操作者的认读次序一致？是否符合视觉运动规律？是否避免了调节或操纵控制装置时对视线的遮挡？ 9. 最重要的仪表是否布置在最佳的视野内？ 10. 能否很容易地从仪表盘上找出所需要认读的仪表？ 11. 显示装置和控制装置在位置上的对应关系如何？ 12. 仪表刻度能否十分清楚地分辨？ 13. 仪表的精度符合读数精度要求吗？ 14. 刻度盘的分度设计是否会引起读数误差？ 15. 根据指针能否很容易地读出所需要的数字？指针运动方向符合习惯吗？ 16. 音响信号是否受到噪声干扰？

（续）

检查项目	主要检查内容
操纵装置	1. 操纵装置是否设置在手容易达到的范围内？ 2. 需要进行快而准确的操作动作是否用手完成？ 3. 操纵装置是否按功能和控制对象分组？ 4. 不同的操纵装置在形状、大小、颜色上是否有区别？ 5. 操作极快、使用频繁的操纵装置是否采用了按钮？ 6. 按钮的表面大小、按压深度、表面形状是否合理？各按钮键的距离是否会引起误操作？ 7. 手控操纵装置的形状、大小、材料是否和施力大小相协调？ 8. 从生理上考虑，施力大小是否合理？是否有静态施力过程？ 9. 脚踏板是否必要？是否坐姿操纵脚踏板？ 10. 显示装置与操纵装置是否按使用顺序原则、使用频率原则和重要性原则布置？ 11. 能用符合要求的操纵装置吗？ 12. 操纵装置的运动方向是否与预期的功能和被控制对象的运动方向相结合？ 13. 操纵装置的设计是否满足协调性（适应性和兼容性）的要求？ 14. 紧急停车装置设置的位置是否合理？ 15. 操纵装置的布置是否能保证操作者用最佳体位进行操纵？ 16. 重要的操纵装置是否有安全防护装置？
作业空间	1. 作业地点是否足够宽敞？ 2. 仪表及操纵装置的布置是否便于操作者采取方便的工作姿势？能否避免长时间采用站立姿势？能否避免出现频繁的取物弯曲腰部？ 3. 如果是坐姿工作，能否有容膝放脚的空间？ 4. 从工作位置和眼睛的距离来考虑，工作面的高度是否合适？ 5. 机器、显示装置、操纵装置和工具的布置是否能保证人的最佳视觉条件、最佳听觉条件和最佳嗅觉条件？ 6. 是否按机器的功能和操作顺序布置作业空间？ 7. 设备布置是否考虑操作者进入作业姿势和退出作业姿势的必要空间？ 8. 设备布置是否考虑到安全和交通问题？ 9. 大型仪表盘的位置是否有满足操作者操作仪表、巡视仪表和在控制台前操作的空间尺寸？ 10. 危险作业点是否留有躲避空间？ 11. 操作者精心操作、维护、调节的工作位置在坠落基准面上 2m 以上时，是否在生产设备上配置有供站立的平台和护栏？ 12. 对可能产生物体泄漏的机器设备，是否设有收集和排放渗漏物体的设施？ 13. 地面是否平整、没有凹凸？ 14. 危险作业区域是否隔离？
环境因素	1. 作业区的环境温度是否适宜？ 2. 全域照明与局部照明对比是否适当？是否有忽明忽暗、频闪现象？是否有产生眩光的可能？ 3. 作业区的湿度是否适宜？ 4. 作业区的粉尘是否超限？ 5. 作业区的通风条件如何？强制通风的风量及其分配是否符合规定要求？ 6. 噪声是否超过卫生标准？降噪措施是否有效？ 7. 作业区是否有放射性物质？采取的防护措施是否有效？ 8. 电磁波的辐射量怎样？是否有防护措施？ 9. 是否有出现可燃、有毒气体的可能？检测装置是否符合要求？ 10. 原材料、半成品、工具及边角废料放置是否整齐有序？是否安全？ 11. 是否有刺眼或不协调的色彩存在？

（3）编制步骤

应根据被评价系统的实际情况和要求，有针对性地编制检查表，要尽可能全面和详细。检查表编制流程如图 7-13 所示。

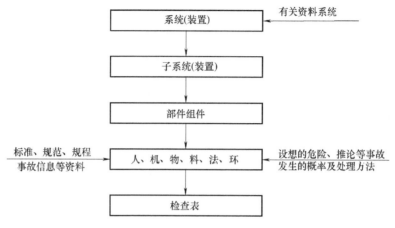

图 7-13　检查表编制流程

编制检查表时应注意以下几点：

1）从人机环系统出发，利用系统工程方法和安全人机工程学的原理编制。可将系统划分成单元，便于集中分析问题。

2）要以各种标准、规范、规程和事故信息等为依据。

3）由安全人机工程技术人员、生产技术人员和有经验的操作人员共同编制。

4）检查表的格式有提问式、叙述式以及打分式。

2. 视觉环境综合评价指数法

（1）基本概念

视觉环境综合评价指数是评价作业场所的能见度和判别对象（显示器、控制器等）能见状况的评价指标。主要借助评价问卷，考虑光环境中多项影响人的工作效率与心理舒适程度的因素，通过主观判断确定各评价项目所处的条件状态，利用评价系统计算各项评分及总的视觉环境指数，以实现对视觉环境的评价。

（2）内容

视觉环境综合评价法包含的主要内容有第一印象、照明水平、直射眩光与反射眩光、亮度分布（照明方式）、光影、颜色显现、光色、外观满意与色彩、室内结构与陈设、同室外的视觉联系等影响人的工作效率与心理舒适的方面。

（3）评价步骤

该评价过程大致分为四步：

1）确定评价项目。采用问卷形式，其评价项目包括视觉环境（如第一印象）、照明水平、直射眩光与反射眩光、照明方式、光影、颜色显现、光色、外观满意与色彩、室内结构与陈设、同室外的视觉联系等 10 项影响人的工作效率与心理舒适的因素。

2）确定分值及权重。对各评价项目分为由好到坏四个等级，相应的值分别为 0，10，50，100。各项目评价分值用下式计算：

$$S_n = \frac{\sum_m (P_m V_{nm})}{\sum_m V_{nm}} \tag{7-1}$$

式中　　S_n——第 n 个评价项目的评分，$0 \leqslant S_n \leqslant 100$；

　　$\sum_m (\ )$——对 m 个状态求和；

　　P_m——第 m 个状态的分值，依状态编号 1、2、3、4 为序，分别为 0、10、50、100；

　　V_{nm}——第 n 个评价项目的第 m 个状态所得票数。

3）综合评价指数按下式计算：

$$S = \frac{\sum_n (S_n W_n)}{\sum_n W_n} \tag{7-2}$$

式中　S——对 n 个评价项目求和；

　　$\sum_n (\ )$——对 n 个状态求和；

　　W_n——第 n 个评价项目的权值，项目编号 1~10，权值均取 1.0。

4）确定评价等级。根据计算的综合评价指数，按表 7-8 所给数据确定评价等级。

表 7-8　视觉环境综合评价指数

视觉环境指数 S	$S=0$	$0<S\leqslant 10$	$10<S\leqslant 50$	$S>50$
等级	1	2	3	4
评价意义	毫无问题	稍有问题	问题较大	问题很大

3. 故障类型及影响分析法

（1）基本概念

故障类型及影响分析（failure modes and effects analysis，FMEA）采取系统分割的概念，根据实际需要，把系统分割成子系统，或进一步分割成元件[⊖]。然后对系统的各个组成部分进行逐个分析，寻求各组成部分中可能发生的故障、故障因素以及可能出现的事故，可能造成的人员伤亡的事故后果，查明各种故障类型对整个系统的影响，并提出防止或消除事故的措施。

FMEA 分析方法源于可靠性技术，最初只能做定性分析，后来在分析中增加了故障发生难易程度或发生概率的评价，将它与危险度分析（criticality analysis，CA）结合起来，发展成故障类型及影响危险性分析（FMECA），这样，如果确定了每个元件（或子系统）的故障发生概率，就可以确定系统的故障发生概率，从而实现对故障影响的定量评价。

（2）主要内容

1）故障。故障是指系统或元素在运行过程中，不能达到设计规定的要求，因而不能实

⊖　引自 Pillay A，Jin W，Modified failure mode and effects analysis using approximate reasoning，Reliability Engineering & System Safety，2003。

现预定功能的状态。通常情况下，研究系统中相同的组成部分和元素发生的故障并不是也不可能是相同的。

2）故障类型。故障类型是指系统中相同的组成部分和元素所发生故障的不同形式，一般可从五个方面来考虑：运行过程中的故障，过早地起动，规定时间内不能起动，规定时间内不能停车，运行能力降级、超量或受阻。

3）危险度。危险度分析是对系统中组成部分和元素的不同故障类型危险程度（危险度）的分析。通常用不同故障类型发生的概率来衡量其危险程度。

4）故障等级。故障等级是衡量故障对系统任务、人员和财务安全造成影响的尺度。人们根据故障造成影响的大小而采取相应的处理措施，因此评定故障等级很有必要，评定时可以从以下几个方面来考虑：

① 故障影响大小。

② 对系统造成影响的范围。

③ 故障发生的频率。

④ 防止故障的难易。

⑤ 是否重新设计。

（3）格式

表 7-9 为故障类型与影响分析一般格式。

表 7-9　故障类型与影响分析一般格式

子系统或设备部件	故障类型	故障原因	故障影响	故障的识别	校正措施

对于故障类型及影响和危险度分析，在编制分析图表时，只需在故障类型及影响分析的图表中加上通过分析计算得出的危险程度数值和故障发生概率数值两列栏目即可。

（4）优缺点及适用范围

FMEA 是一种归纳分析方法，主要是对系统的各组成部分，即元件、组件、子系统等进行分析，找出它们所能产生的故障及其类型，查明每种故障对系统安全的影响，判明故障的重要度，以便采取措施予以防止和消除。其优点是：从部件分析到故障，侧重上、下逻辑关系，容易掌握，有针对性，对硬件分析有较大优势；对于高风险的系统或子系统采用这种分析方法可以得到比 PHA 更为精确的结果。其缺点是：必须对系统的每个部件都进行分析，从经济上考虑较为不合理，尤其是大型、复杂系统，需耗费大量时间和精力；重在对单点故障及其对系统的影响分析，忽略了部件的相互作用，无法识别它们导致的组合故障类型对系统的影响。

在产品或系统的设计和研发阶段应合理使用 FMEA 方法，尤其在详细设计阶段，因为系统设计已细致到元器件层次，采用 FMEA 分析方法进行分析对保证设计的正确合理有积极作用，此时发现问题及时修改，不需要太昂贵的费用。理论上，FMEA 法适用于从系统到元器件任一层次的分析，实际中，常用于较低层次的分析，也常与其他方法结合使用。

（5）FMEA 法的评价步骤

1）调查所分析系统的情况，收集整理资料。将所分析的系统或设备部件的工艺、生产组织、管理和人员素质、设备等情况，以及投产或运行以来的设备故障和伤亡事故情况进行全面调查分析，收集整理伤亡事故、设备故障等方面的有关数据和资料。

2）危险源初步辨识。组织与该系统或设备部件有关的工人、技术人员和安全管理人员开展危险预知活动，摆明问题，从操作行为、设备、工艺、环境因素、管理状态等方面进行危险源辨识和分析。

3）故障类型、影响及组成因素分析。列出危险源后，即根据收集整理的设备故障、伤亡事故情况等资料进行故障类型、影响及组成因素分析。

4）故障等级分析。通过危险源辨识、故障类型及组成因素的分析，对系统中危险因素的基本情况有了初步了解，此时需进行故障等级分析，以衡量故障对系统造成的影响程度。

① 简单划分法。一般将故障对子系统或系统影响的严重程度分为四个等级，简单划分法表 7-10 为依据，采用这种定性方法，直接判定故障模式的故障等级。

表 7-10　故障类型等级

故障等级	影响程度	危害后果
Ⅰ级	破坏性的	会造成严重人员伤害或系统损坏，必须设法消除
Ⅱ级	危险的	会造成较重人员伤害或系统损坏，须立即采取控制措施
Ⅲ级	临界的	会造成较轻人员伤害或系统损坏，但可排除和控制
Ⅳ级	可忽略	不会造成人员伤害和系统损坏

② 评点法。由于简单划分法是一种直接定性判别方法，基本上只考虑故障的危险性，不考虑其发生概率，因而具有一定的片面性。评点法可考虑故障影响大小、对系统造成影响的范围、故障发生概率等多个因素，实现对故障等级的半定量评估，因而得到了较为广泛的应用。评点法的计算形式多样，主要分为乘积评点和求和评点两种形式。

A. 乘积评点形式：故障等级值 c_s 计算式如下：

$$c_s = \sqrt[n]{c_1 c_2 \cdots c_i} = \sqrt[5]{c_1 c_2 c_3 c_4 c_5} \tag{7-3}$$

式中　c_s——总点数，$0 < c_s < 10$；

　　　c_i——各因素的取值，$0 < c_i < 10$；

　　　i——考虑的因素种类，$i = 1, 2, 3, \cdots, n$，一般取 $n = 5$；

　　　c_1——故障影响大小，即损失严重程度；

　　　c_2——故障影响范围，即影响到系统的哪个层次；

　　　c_3——故障频率；

　　　c_4——防止故障的难易程度；

　　　c_5——是否为新设计的工艺。

最后，根据 c_s 值划分故障等级，划分标准见表 7-11。

表 7-11　评点法故障等级划分表

故障等级	c_s 值	内容	应采取的措施
Ⅰ（破坏性的）	7~10	完不成任务、人员伤亡	变更设计
Ⅱ（危险的）	4~7	大部分任务完不成	重新讨论设计，也可变更设计
Ⅲ（临界的）	2~4	一部分任务完不成	不必变更设计
Ⅳ（可忽略）	<2	无影响	无

B. 求和评点形式：故障等级值 c_s 计算式如下：

$$c_s = \sum_{i=1}^{n} c_i \tag{7-4}$$

同理，一般取 $n=5$，此时 c_i 取值按表 7-12 划分。

表 7-12　"求和评点" c_i 取值划分表

评价因素	内容	c_i
故障影响大小 c_1	造成生命损失	5.0
	造成相当程度的损失	3.0
	组件功能损失	1.0
	无功能损失	0.5
故障影响范围 c_2	对系统造成两处以上的重大影响	2.0
	对系统造成一处重大影响	1.0
	对系统无过大影响	0.5
故障频率 c_3	容易发生	1.5
	能够发生	1.0
	不大发生	0.7
防止故障的难易程度 c_4	不能防止	1.3
	能够防止	1.0
	易于防止	0.7
是否为新设计的工艺 c_5	内容相当新的工艺	1.2
	内容和过去类似的设计	1.0
	内容和过去一样的设计	0.8

注：故障发生概率，非常容易发生，1×10^{-1}，容易发生，1×10^{-2}，较容易发生，1×10^{-3}；不容易发生，1×10^{-4}；难以发生，1×10^{-5}；极难发生，1×10^{-6}。

5）检测方法与预防措施。检测主要采用常规或专门的方法测定故障和危险因素。预防措施是对故障因素和危险源的控制措施。

6）按故障危险程度与概率大小，分先后次序，轻重缓急地逐项采取预防措施。

4. 危险性与可操作性研究分析法

（1）基本概念

危险性与可操作性研究（hazard and operability study）简称为 HAZOP，是英国帝国化学工业公司于 1974 年针对化工装置而开发的一种危险性评价方法[⊖]。

HAZOP 的基本过程是以关键词为引导，找出系统中工艺过程的状态参数（如温度、压力、流量等）的变化（即偏差），然后继续分析造成偏差的原因、后果及可以采取的对策。通过危险性与可操作性研究的分析，能够探明装置及过程存在的危险，根据危险带来的后果，明确系统中的主要危险。在进行 HAZOP 分析过程中，分析人员对单元中的工艺过程及设备状况要深入了解，对于单元中的危险及应采取的措施要有透彻的认识，因此，HAZOP 分析还被认为是对工人培训的有效方法。

HAZOP 分析法主要是应用于连续的化工过程。在进行若干改进以后，也能很好地应用于间歇过程的危险性分析。我国安全生产监督管理总局已于 2013 年 6 月 8 日发布了《危险与可操作性分析（HAZOP 分析）应用导则》（AQ/T 3049—2013），用于石油、化工、电子等工业的 HAZOP 分析。

（2）内容及适用范围

1）主要内容。它从生产系统中的工艺状态参数出发来研究系统中的偏差，研究和运行状态参数有关的因素，运用启发性引导词来研究因温度、压力、流量等状态参数的变动可能引起的各种故障的原因、存在的危险以及采取的对策。它从中间过程出发，向前分析其原因，向后分析其结果。

2）优点。

① HAZOP 分析法不需要有可靠性工程的专业知识，因而很易掌握。使用引导词进行分析，既可启发思维，扩大思路，又可避免漫无边际地提出问题。

② 研究的状态参数正是操作人员控制的指标，针对性强，有利于提高安全操作能力。

3）适用范围。可操作性研究既适用于设计阶段，又适用于现有的生产装置。对现有生产装置分析时，如能吸收有操作经验和管理经验的人员共同参加，会收到很好的效果。

分析评价结果既可用于设计的评价，又可用于操作评价；既可用来编制、完善安全规程，又可作为可操作的安全教育培训材料。

（3）分析步骤

HAZOP 全面考查分析对象，对每一个细节提出问题，如在工艺过程的生产运行中，要了解工艺参数（温度、压力、流量、浓度等）与设计要求不一致的地方（即发生偏差），继而进一步分析偏差出现的原因及其产生的后果，并提出相应的对等措施，如图 7-14 所示。

1）提出问题。为了对分析的问题能开门见山，单刀直入，所以在提问题时，只用无（no）、多（more）、少（less）、伴随（as well as）、部分（part of）、相反（reverse）、异常（other than）来涵盖所有出现的偏差。

2）划分单元，明确功能。将分析对象划分为若干单元，在连续过程中单元以管道为主，在间歇过程中单元以设备为主。明确各单元的功能，说明其运行状态和过程。

⊖ 引自 SchubachS, A modified computer hazard and operability study procedure, Journal of Loss Prevention in the Process Industries, 1997。

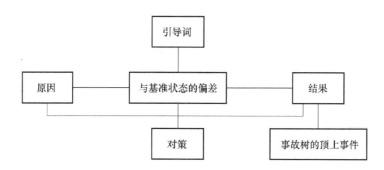

图 7-14　可操作性研究的分析步骤

在 HAZOP 分析中，通常依据工艺划分为若干工艺单元（也称为节点），然后对工艺单元内的工艺参数偏差进行分析。常见的工艺单元见表 7-13。

表 7-13　常见工艺单元

序号	工艺单元（节点）	序号	工艺单元（节点）
1	管线	8	熔炉、炉、窑
2	分批反应器	9	热交换器
3	连续反应器	10	软管
4	罐、槽、容器	11	公用工程和辅助设施
5	塔	12	其他
6	压缩机	13	以上节点的合理组合
7	鼓风机		

3）定义引导词表。按引导词逐一分析每个单元可能产生的偏差，一般从工艺过程的起点、管线、设备等一步步分析可能产生的偏差，直至工艺过程结束。

4）分析原因及后果。以化工装置为例，应分析工艺条件（温度、压力、流量、浓度、杂质、催化剂、泄漏、爆炸、静电等），开停车条件（试验、开车、检修：设备和管线，如标志、反应情况、混合情况、定位情况、工序情况等），紧急处理（气、汽、水、电、物料、照明、报警、联系等非计划停车情况），甚至自然条件（风、雷、雨、霜、雪、雾、地质）以及建筑安装等，同时分析发生偏差的原因及后果。

5）制定对策。

6）填写汇总表。为了按危险性与可操作性研究分析表（表 7-14）进行汇总填写，保证分析过程详尽而不发生遗漏，分析时应按照引导词表逐一进行。引导词表可以根据研究的对象和环境确定。表 7-15 为基本引导词及其含义。

表 7-14　危险性与可操作性研究分析表

引导词	偏差	可能原因	结果	修正措施

表 7-15　基本引导词及其含义

引导词（guide word）	含义（meaning）
无或不（no or not）	设计意图的完全否定（complete negation of the design intent）
多（more）	量的增加（quantitative increase）
少（less）	量的减少（quantitative decrease）
伴随（as well as）	定性修改/增加（qualitative modification/increase）
部分（part of）	定性修改/减少（qualitative modification/decrease）
相反（reverse）	设计目的的逻辑取反（logical opposite of the design intent）
异常（other than）	完全替代（complete substitution）

7.3.2　定量评价方法

人-机-环系统定量安全评价方法是运用基于大量的实验结果和广泛的事故资料统计分析获得的指标或规律（数学模型），对系统的工艺、设备、设施、环境、人员和管理等方面的状况进行定量的计算，安全评价的结果是一些定量的指标，如事故发生的概率、事故的伤害（或破坏）范围、定量的危险性、事故致因因素的事故关联度或重要度等。采用的定量评价方法主要有事故树分析法、保护层分析法等，还有需要将众多指标按层次结构进行综合而实施的评价的方法，如灰色系统综合评价法、模糊综合评价法等，下面介绍一些常见的定量分析评价方法。

1. 事故树分析法

（1）基本概念

1961 年 H. A. Watson 提出的事故树分析（fault tree analysis，FTA）法，又称失效树方法或故障树方法，是由事件符号和逻辑符号组成的一种图形模式，用来分析人机系统中导致灾害事故的各种因素之间的因果关系和逻辑关系，从而判明系统运行当中各种事故发生的途径和重点环节，为有效地控制事故提供了一个简洁而形象的途径。

事故树分析是对既定的生产系统或作业中可能出现的事故条件及可能导致的灾害后果，按工艺流程、先后次序和因果关系绘成的程序方框图，表示导致灾害、伤害事故（不希望事件）的各种因素之间的逻辑关系。它由输入符号或关系符号组成，用以分析系统的安全问题或系统的运行功能问题，并为判明灾害、伤害的发生途径及与灾害、伤害之间的关系，提供一种最形象、最简洁的表达形式。

（2）内容与作用

1）主要内容。在人-机-环系统中，由于人的失误、机器故障、环境影响，随时都有可能发生不同程度的事故。为了不使这些事故导致灾害性后果，就要对系统中可能发生事故的各种不安全因素进行分析和预测，以便采取相应的措施和手段来防止和消除危险。一个系统的事故分析应包括以下内容：

① 系统可能发生的灾害事故，也称为顶上事件。

② 系统内固有的或潜在的事故因素，包括人、机器、环境因素。

③ 各个子系统及各因素的相互联系与制约关系，即输入与输出的因果逻辑关系，并用专门的符号表示。

④ 计算系统顶上事件的发生概率，进行定量分析与评价。

2）事故树分析方法的优点：

① 可以发现和查明系统内固有的或潜在的危险因素，明确系统的缺陷，为改进人-机-环系统的安全设计与制定安全技术措施提供依据。

② 判明人-机-环系统中事故发生的重点环节以及关键部位，为操作者指出作业控制的要点。

③ 对已发生的事故，通过故障树全面分析事故的原因，充分吸取教训，以便合理拟定管理及防范的措施。

④ 除用于已发生的事故外，对未发生的或可能发生的事故，也可绘制事故树来进行分析。

（3）编制步骤

事故树绘制的步骤和内容如图 7-15 所示。

图 7-15　事故树分析步骤和内容

2. 保护层分析法

（1）基本概念

保护层分析（layer of protection analysis，LOPA）法是半定量的工艺危害分析方法之一[○]。它用于确定发现的危险场景的危险程度，定量计算危害发生的概率，已有保护层的保护能力及失效概率，如果发现保护措施不足，可以推算出需要的保护措施的等级。保护层分析法作为辨识和评估风险的半定量工具，是沟通定性分析和定量分析的重要桥梁与纽带。

LOPA 分析是一种简化的风险评估方法，通常使用初始事件频率、后果严重程度和独立保护层失效频率的数量级大小来近似表征场景的风险。

（2）内容与使用情形

1）主要内容。LOPA 分析是一种特殊的事件树分析形式，如图 7-16 所示。初始事件位于事件链的开始，并且导致不期望发生的后果。为了降低不期望事件的发生频率，通过一个或者更多的保护层来防止事故发生，即通过各种安全保护措施及其失效概率（probability of failure on demand，PFD）将事故发生概率降低到可接受范围内。通过将风险水平和可接受风险比较，最终可以确定附加系统的安全完整性等级（safety integrity level，SIL）。

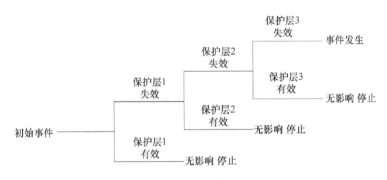

图 7-16　典型的保护层分析图

保护层是一类安全保护措施，它是能有效阻止始发事件演变为事故的设备、系统或者动作。兼具独立性、有效性和可审计性的保护层称为独立保护层（independent protection layer，IPL）。它既独立于始发事件，也独立于其他独立保护层。正确识别和选取独立保护层是完成 LOPA 分析的重点内容之一。典型化工装置的独立保护层呈"洋葱"形分布（图 7-17），从内到外一般设计为：过程设计、基本过程控制系统、警报与人员干预、安全仪表系统、物理防护、释放后物理防护、工厂紧急响应以及社区应急响应等。

保护层分析法需要输入的数据有：①有关风险的基本信息，包括 PHA 规定的危险、原因及结果；②有关现有或建议控制措施的信息；③原因事件概率、保护层故障、结果措施及可容忍风险定义；④初始事件概率、保护层故障、结果措施及可容忍风险定义。

○ 引自 Markowski A S, Kotynia A, "Bow-tie" model in layer of protection analysis, Process Safety and Environmental Protection, 2011。

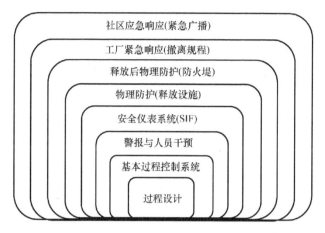

图7-17 过程工业领域典型的保护层

保护层分析法输出数据：给出有关需要采取进一步控制措施以及这些控制措施在降低风险方面效果的建议。

2）使用情形。LOPA分析耗费的时间比定量分析少，能够集中研究后果严重或高频率事件，善于识别、揭示事故场景的始发事件及深层次原因，集中了定性和定量分析的优点，易于理解，便于操作，客观性强，用于较复杂事故场景效果甚佳。所以，在工业实践中，一般在定性危害评估之后，用定性危害分析小组识别的情形进行分析。当定性危害分析的结果表明需要降低风险，而定性危害分析小组又碰到了如下问题时，就需要进行 LOPA 分析：①事故场景过于复杂，以至于定性方法不能描述；②事故场景后果严重，无法确定事故后果的发生频率；③无法判断防护措施是否为真正的独立保护层；④需要确定事故场景的风险等级，以及各保护层降低的风险水平；⑤其他情形等。具体参考《过程工业领域安全仪表系统的功能安全》（GB/T 21109—2007）。

（3）原理步骤

在开展 LOPA 分析之前，企业应根据实际情况编制风险矩阵（表7-16），其中对事故发生频率和后果严重程度要进行定性描述，以便确定风险。

表7-16 风险矩阵

风险矩阵			事故后果严重程度等级				
			无伤害或轻伤	重伤	死亡1~2人	死亡3~9人	死亡10人以上
			1	2	3	4	5
事故发生概率等级	$>10^{-1}$	5	I	III	IV	IV	IV
	$10^{-2} \sim 10^{-1}$	4	I	II	III	IV	IV
	$10^{-3} \sim 10^{-2}$	3	I	II	II	III	IV
	$10^{-4} \sim 10^{-3}$	2	I	I	II	II	III
	$<10^{-4}$	1	I	I	I	I	II

1）场景识别与筛选。在LOPA分析（图7-18）中，首先要确定事故场景，即找出导致

不良后果的意外事件或一系列事件。每个场景至少包括两个要素：引起一连串事件的初始事件及其对应的单一后果。一般情况下，以后果严重的事件作为事故场景进行分析。

2）初始事件（IE）确认：确定事故发生的初始原因，事故场景发生的初始原因，可能是某种外部事件（如火灾）、设备故障（如泵故障）、人员失误（如操作人员的误操作）等。

3）独立保护层（IPL）评估：独立保护层要求能独立发挥作用、有效阻止不良后果的发生。

4）场景频率计算：计算场景发生频率的计算方法是将初始原因的发生频率与每个独立保护层的失效概率相乘。

5）风险评估与决策：通过对照风险矩阵进行分析。

6）后续跟踪与审查。

重点注意的是，IPL 是一种设备系统或行动，能避免某个情景演变成独立于初始事项或与情景相关的任何其他保护层的不良结果。IPL 具体包括：①设计特点；②实体保护装置；③联锁及停机系统；④临界报警与人工干预；⑤事件后实物保护；⑥应急反应系统。

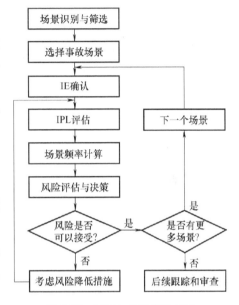

图 7-18　LOPA 分析步骤示意

3. *F-N* 曲线分析法

（1）基本概念

F-N 曲线是对某一系统中伤亡事故频率以及伤亡数目分布情况的一种图形描述。它给出了伤亡数目为 *N* 或者更多的事故的发生频率 *F*，其中，*N* 的变化范围是 1 到系统中最大可能伤亡数目。对应较高 *N* 值的 *F* 具有特殊的意义，因为它代表了高伤亡事故的频率。由于 *F* 和 *N* 值的变化范围通常很大，因此 *F-N* 图通常采用双对数坐标。

（2）内容与特点

F-N 曲线可以引出确定系统风险是否可以容忍的判定标准，这种判定标准有时称作社会风险判定标准。如果系统的 *F-N* 曲线全部位于风险标准的下方，就认为该风险是可以容忍的；若 *F-N* 曲线的任何一部分位于风险标准的上方，则该系统的风险是不可接受的，此时必须采取安全措施降低系统风险。

在大多数情况下，它指的是出现一定数量的伤亡的频率。通过 *F-N* 曲线分析，力求达到三个目的：①确定伤亡人数 *N* 的值；②确定 *N* 值对应下的累计频率 *F*；③根据 *F* 和 *N* 的值，与社会及政治上无法被人们接受的风险标准进行对比，得出风险评价结论。

F-N 曲线分析法是基于大量可靠数据下的定量安全评价方法，可以确定伤亡人数 *N* 对应条件下的累计频率 *F*。该方法优缺点如下所述：

1）优点。

① *F-N* 曲线是描述可为管理人员和系统设计师使用的风险信息的有效手段，有利于做

出风险及安全水平方面的决策。

② 作为一种有效途径，它们能以便于理解的形式来表示频率及后果信息。

③ F-N 曲线适用于具有充分数据的类似情况下的风险比较。

2) 缺点。

① F-N 曲线无法说明影响范围或事项结果，而只能说明受影响人数。

② 它无法识别伤害水平发生的不同方式。

③ F-N 曲线并不是风险评估方法，而是一种表示风险评估结果的方法。

④ 作为一种表示风险评估结果的明确方法，它需要那些熟练的分析师进行准备，往往难以被专家以外人士所理解和评估。

⑤ F-N 曲线法不适用于那些具有不同特征的数据在数量和质量都变化的环境下的风险比较。

（3）原理步骤

1) 数据输入。包括以下内容：

① 一定时期内成套的可能性后果对。

② 定量风险分析的数据结果，估算出一定数量伤亡的可能性。

③ 历史记录及定量风险分析中得出的数据。

2) 绘制 F-N 曲线图。

把现有数据绘制在图形上，以伤亡人数（对于一定程度的伤害，例如死亡）作为横坐标，以 N 或更多伤亡人数的可能性作为纵坐标。由于数值范围大，两个轴通常采用对数比例尺。

绘制 F-N 曲线需要注意的几点问题：

① F-N 曲线可以使用过去损失的"真实"数字进行统计上建构，或者通过模拟模式估算值进行计算。使用的数据及做出的假设意味着这两类 F-N 曲线传递出不同的信息，应单独用于不同目的。一般来说，理论 F-N 曲线对于系统设计非常有用，而统计 F-N 曲线对现有的特定系统的管理非常有用。

② 两种归纳法可能会很耗时，因此将两种方法综合运用较为常见。实证数据将形成已准确掌握的伤亡人数（在规定时间范围内已知事故/事项中发生的伤亡人数），以及通过外插法或内插法提供其他观点的定量风险分析。

③ 分析低频率、高后果性事故可能需要较长时间，以便为合适的分析收集足够的数据。这样就可能出现现有的数据验证因初始事项随时间变化而改变的问题。

3) 结果输出。根据横穿各类后果值的线，确定对应条件下的 F 值和 N 值，并与研究中承受特定伤害人群的风险标准进行比较，得出风险评价结论。

4. 灰色系统综合评价法

（1）基本概念

灰色系统理论是我国邓聚龙教授于 1982 年创立的一种研究"少数据、贫信息不确定性问题"的新方法，而综合评价就是对多种因素所影响的事物或现象做出总的评价，即对评价对象所给的条件，给每个对象赋予一个非负实数——评语结果，再据此排序择优。

在评价中，影响系统评价因素多而复杂，各因素都具有不确定性、随机性和模糊性，还涉及评价人员的心理素质和所具备的信息量，这就使得安全指标的确定不够精确。例如，有些影响因素是可以明确表达的，有些则受目前技术水平的限制是难以准确表达的；其次，指标与参数之间的关系，有些是清楚的，有些则是模糊的。对于指标可明确表达而其与参数的关系清楚的，称为白色系统；对于指标难以准确表达而其与参数的关系模糊的，称为黑色系统。因此，系统可以认为是由白色系统和黑色系统组成的一个灰色系统。

（2）内容与特点

灰色综合评价方法是基于灰色系统理论和方法，即对某个系统或所属因子在某一时段所处的状态，针对预定目标，通过系统分析，得出一种半定性半定量的评价与描述的方法。

如果评价的目标只有一个，可称为单层次灰色评价；若平价目标不止一个，且对这些评价目标还要进行更高层灰色评价则称为多层次灰色评价。

灰色系统综合评价应用在多个领域，比较广泛。但其应用的具体方法主要有两种：一种是利用灰色关联分析进行评价，简单易行，但只能进行安全生产的优劣排队，而不能分类，因此在实际应用中有一定的局限性；另一种是灰色聚类安全评价法，该方法既解决了分类问题，且又能综合评价安全系统的状况，是一种有效的定量安全评价方法，不足之处是其数学过程比较复杂。

（3）原理步骤

设被评估对象为 X，设 J 为评价指标，设 W 为指标的权重，则灰色综合评价法的具体步骤如下：

1）原始数据矩阵的确定。结合具体实例确定受评者 X 的样本值为 $\{F^*\} = (j_1^*, j_2^*, \cdots, j_n^*)$，设样本值 $\{F^*\}$ 为参考数列，各子因素 $\{F\}$ 作为被比较数列，$\{F^*\}$ 与 $\{F\}$ 组成的矩阵如下：

$$D = \begin{pmatrix} j_1^* & j_2^* & \cdots & j_n^* \\ j_1^1 & j_2^1 & \cdots & j_n^1 \\ \vdots & \vdots & & \vdots \\ j_1^m & j_2^m & \cdots & j_n^m \end{pmatrix}$$

2）原始数据的无量纲化处理。采用均值量化方法进行原始数据的无量纲化分析，由 $D \rightarrow C$，得：

$$C_k^i = \frac{j_k^i}{\frac{1}{m}\sum_{i=1}^{m} j_k^i} \tag{7-5}$$

3）计算综合评价结果。根据灰色系统理论，设 $\{C^*\} = (C_1^*, C_2^*, \cdots, C_n^*)$ 作为参考数列，

将$\{C\} = (C_1^i, C_2^i, \cdots, C_n^i)$作为被比较数列，则用关联度分析法分别求得第$i$个方案第$k$个最优指标的关联系数$\xi_i(k)$：

$$\xi_i(k) = \frac{\min\limits_i \min\limits_k |C_k^* - C_k^i| + \rho \max\limits_i \max\limits_k |C_k^* - C_k^i|}{|C_k^* - C_k^i| + \rho \max\limits_i \max\limits_k |C_k^* - C_k^i|} \tag{7-6}$$

其中，$\rho \in [0,1]$，一般取$\rho = 0.5$。

得出综合评价结果：

$$r_i = \sum_{k=1}^n W(k) \times \xi_i(k) \tag{7-7}$$

上述是对受评者X的分析，关联度r_i的值越大则说明$\{C^*\}$与最优指标$\{C^{i*}\}$最接近，即第i个方案优于其他方案，据此，可以排出各方案的优劣次序，对应的等级即为该评级指标的风险等级，进而能对X的危险因素进行安全评估提出相应对策。

5. 模糊综合评价法

（1）基本概念

模糊综合评价作为模糊数学的一种具体应用方法，最早是由我国学者汪培庄提出的。由于在进行系统安全评价时，使用的评语常带有模糊性，所以宜采用模糊综合评价方法。这一应用方法由于数学模型简单，容易掌握，对多因素、多层次的复杂问题评价效果比较好，因而受到广大科技工作者的欢迎和重视，并且得到广泛的应用。

（2）内容与特点

1）主要内容。模糊综合评价方法原理模糊综合评判是应用模糊关系合成的原理，从多个因素对被评判事物隶属度等级状况进行综合评判的一种方法。模糊综合评判包括以下六个基本要素：

① 指标集U。U代表综合评价指标的集合。

② 评语集V。V代表对各指标做出的可能结果的集合。它实质是对被评事物变化区间的一个划分，如安全技术中"三同时"落实的情况可分为优、良、中、差四个等级，这里，优、良、中、差就是综合评判中对"三同时"落实情况的评语。

③ 模糊关系矩阵$\boldsymbol{R}$。$\boldsymbol{R}$是单因素评价的结果，即单因素评价矩阵。模糊综合评判所综合的对象正是$\boldsymbol{R}$。

④ 权重集W。W代表评价因素在被评对象中的相对重要程度，它在综合评判中用来对$\boldsymbol{R}$做加权处理。

⑤ 合成算子。合成算子是指合成A与$\boldsymbol{R}$所用的计算方法，也就是合成方法。

⑥ 评判结果向量A。它是对每个被评判对象综合状况分等级的描述。

2）特点。从模糊综合评判的特点可以看出，它具有其他综合评价方法所不具备的特点，这主要表现为：

① 模糊综合评价结果以向量的形式出现，提供的评价信息比其他方法更全面、更系统。模糊综合评价结果本身是一个向量，而不是一个单点值，并且这个向量是一个模糊子集，较为准确地刻画了对象本身的模糊状况。

② 模糊综合评价从层次角度分析复杂对象。一方面，符合复杂系统的状况，有利于最大限度地客观描述被评价对象；另一方面，有利于尽可能准确地确定权数指标。

③ 模糊综合评判方法的适用性强，既可用于主观因素的综合评价，又可以用于客观因素的综合评价。由于主观因素的模糊性很大，使用模糊综合评判可以发挥模糊方法的优势，评价效果优于其他方法。

④ 模糊综合评价中的权数属于估价权数。估价权数是从评价者的角度认定各评价因素重要程度如何而确定的权数，因此是可以调整的。

（3）原理步骤

1）建立评判指标集 U。评价因素集 U 是综合评价指标的集合，它具有层次性，即一级指标：

$$U = \{u_1, u_2, \cdots, u_n\} \tag{7-8}$$

二级指标：

$$U_i = \{u_{i1}, u_{i2}, \cdots, u_{ik}\} \tag{7-9}$$

2）建立评语集。评语集是各种指标可能结果的集合，可请专家进行评估定级。根据矿山安全的评价目的建立评语集：

$$V = \{v_1, v_2, v_3, v_4, v_5\}$$
$$= \{安全, 较安全, 一般, 较危险, 危险\} \tag{7-10}$$

3）确定权重集。

一级指标的权重集表示如下：

$$W = \{w_1, w_2, \cdots, w_4\} \tag{7-11}$$

二级指标的权重集表示如下：

$$W_i = \{w_{i1}, w_{i2}, \cdots, w_{ij}\} \tag{7-12}$$

常见的赋权方法有许多，如统计调查法、德尔菲（Delphi）法、AHP 法等。下面简单介绍一种常用的赋权方法——熵权法。它能在主观赋权的基础上得到更能反映客观要求的权重，对主观赋权的结果进行客观化分析和处理，即通过各指标之间的内在联系，计算出各个指标相对于上层指标的权重。这种方法将主观判断与客观计算相结合，增强了权重的可信度。具体计算如下：

设 m 个评分人，n 个评价指标，x_{ij} 为评分人 i 对评价指标 j 的打分，x_j^* 是评价指标的最高分。x_j^* 的大小根据指标特征而异，对于收益性指标，越大越好；对于损失性指标，则越小越好。所以，x_{ij} 与 x_j^* 的接近度 d_{ij} 可以表示如下：

$$d_{ij} = \begin{cases} x_{ij}/x_j^* & 收益性指标 \\ x_j^*/x_{ij} & 损益性指标 \end{cases}$$

根据熵的定义，m 个评分人，n 个指标的熵可表示如下：

$$E = -\sum_{j=1}^{n} \sum_{i=1}^{m} d_{ij} \ln d_{ij} \tag{7-13}$$

$$d_j = \sum_{i=1}^{m} d_{ij} \qquad (7\text{-}14)$$

当 d_{ij}/d_j 相等时，条件熵最大，即 $E_{max} = \ln m$，用 E_{max} 对条件熵进行归一化处理，则评价指标 j 的评价决策重要性的熵表示如下：

$$e(d_j) = \frac{1}{\ln m} E' \qquad (7\text{-}15)$$

评价指标的权值可以表示如下：

$$W_j = \frac{1}{n - E_e} \left[1 - e(d_j) \right] \qquad (7\text{-}16)$$

式中

$$E_e = \sum_{j=1}^{n} e(d_j) \left(0 \leqslant W_j \leqslant 1 \text{ 且 } \sum_{j=1}^{n} W_j = 1 \right) \qquad (7\text{-}17)$$

4）建立评判隶属矩阵 $\boldsymbol{R}$：

$$\boldsymbol{R} = \begin{pmatrix} R_1 \\ R_2 \\ \vdots \\ R_m \end{pmatrix} = \begin{pmatrix} R_{11} & R_{12} & \cdots & R_{1n} \\ R_{21} & R_{22} & \cdots & R_{2n} \\ \vdots & \vdots & & \vdots \\ R_{m1} & R_{m2} & \cdots & R_{mn} \end{pmatrix} \qquad (7\text{-}18)$$

式中　R_i——对第 i 个因素的评价结果；

R_{ij}——i 个评级因素对第 j 个评价等级的隶属度，它反映了评价因素与评价等级之间用隶属度表示的模糊关系；

n——评语集中评级等级的数目；

m——被评价的因素的数目。

5）二级模糊综合评判。

首先，进行一级模糊综合评判，根据计算出的指标权重 W 和已经建立的评判隶属矩阵 $\boldsymbol{R}$，运用模糊运算法则，进行综合运算，并做归一化处理，得到因素 U_i 对评语集 V 的隶属向量 S_i：

$$S_i = W_i \cdot R_i = (W_{i1}, W_{i2}, \cdots, W_{ij}) \begin{pmatrix} R_{11} & R_{12} & \cdots & R_{1n} \\ R_{21} & R_{22} & \cdots & R_{2n} \\ \vdots & \vdots & & \vdots \\ R_{m1} & R_{m2} & \cdots & R_{mn} \end{pmatrix} \qquad (7\text{-}19)$$

然后，进行二级模糊综合评判，得到总的评价向量 $\boldsymbol{A}$。然后根据"模糊向量单值化"原则，得出综合评价结论：

$$\boldsymbol{A} = \boldsymbol{W} \cdot \boldsymbol{S} \qquad (7\text{-}20)$$

6）安全等级评定。为了便于比较，将上述综合评价结果转换成分值，取评判等级分值为 V 的评价结果如下：

$$\boldsymbol{F} = \boldsymbol{A} \cdot \boldsymbol{V} \qquad (7\text{-}21)$$

复 习 题

1. 为什么要对人-机-环系统进行分析？简要说明人-机-环系统分析的最终目标是什么？

2. 人的信息处理系统包含哪几个方面？

3. 请简要论述人机交互的基本概念及主要研究内容。

4. 国际人机工程学学会（IEA）提出的"人机工程学系统分析检查表评价"的主要内容有哪些？

5. 视觉环境综合评价中影响人的工作效率与心理舒适的因素有哪些？

6. 论述基于引导词的 HAZOP 分析的特点及适用范围。

7. 简要说明故障树分析法的优缺点及适用范围。

8. 为节约能源，解决全厂生产、采暖用蒸汽的需要，某工程拟自建一座锅炉房，设计选用 2 台 220t/h 循环流化床蒸汽锅炉和共用 1 台甲醇项目锅炉。蒸汽锅炉作为一种在高温、高压下运行的承压设备，一旦发生事故，特别是爆炸事故，将会造成非常严重的人员伤亡、财产损失及环境破坏，所以设备安全运行对于整个生产系统起着至关重要的作用。造成蒸汽锅炉爆炸的原因很多，最为典型的就是其超压爆炸。请用事故树分析方法对该项目蒸汽锅炉超压爆炸事故进行分析，并计算蒸汽锅炉超压爆炸事故的发生概率。

9. 保护层分析法的优点及缺点有哪些？

10. 简要说明模糊综合评价的六个基本要素。

11. 选取某矿山采面为研究对象，将矿山采面看成一个由人、机和环境组成的逻辑串联系统。根据该矿山影响事故的主要因素和综合管理状况，从人-机-环系统角度分析，建立评价指标体系（图 7-19），试选用模糊数学方法对矿山采面进行综合评价。

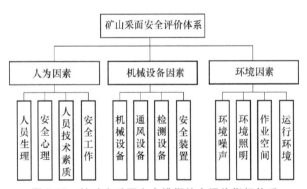

图 7-19　某矿山采面安全模糊综合评价指标体系

第8章
安全人机工程建模仿真

学习目标

（1）掌握安全人机工程几种基本的数学建模方法，了解各类数学建模方法在安全人机工程建模中的应用方式。

（2）掌握安全人机工程几种基本的数值模拟方法，了解各类数值模拟方法在安全人机工程建模中的应用方式。

（3）了解安全人机工程虚拟现实仿真技术的应用方法，了解虚拟现实技术在安全人机工程中的适用范围以及未来的发展趋势。

（4）掌握安全人机工程人体模拟仿真案例，了解安全人机工程建模机器设备仿真案例，了解安全人机工程建模环境模拟仿真案例。

本章重点与难点

本章重点：安全人机工程数学建模方法（数学规划、插值拟合回归、统计分析），安全人机工程的数值模拟方法（有限元法、有限差分法、有限体积法、离散元法），安全人机工程虚拟现实仿真技术、安全人机工程人体模拟仿真案例。

本章难点：数学规划在安全人机工程建模中的应用，线性回归在安全人机工程建模中的应用，统计分析在安全人机工程建模中的应用，有限元法在安全人机工程数值模拟的应用，有限差分法在安全人机工程数值模拟的应用，安全人机工程人体模拟仿真案例。

8.1 安全人机工程数学建模方法

在航空航天、交通运输、核反应等研究领域中，实验研究往往受成本昂贵、周期漫长、危险性大等方面的约束难以实现，为解决该问题，建模仿真分析方法应运而生，对事物相关信息的感知、适应、分析，映射到相应信息空间的相似描述，基于实际需求和现实情况提出相关约束条件，在信息空间中对事物建立描述的标准和量化以构建仿真模型，最后借助仿真硬件和仿真软件复现实际系统中发生的本质过程，通过对仿真模型的模拟来研究存在的或设计中的系统。

但随着研究逐渐扩展至安全领域，研究对象多为开发复杂巨系统，并且由于安全领域中人类认知过程中存在严重的灰度与软度，难以提供数学建模所必需的信息环境，以人机工程为主的建模仿真分析方法面临巨大挑战，无法采用单一的、定量的精确数学描述模式去提炼安全领域所具有丰富内涵的特征属性，具有较大的局限性。

针对安全领域中凸显的问题，以安全人机工程为主的建模仿真分析方法将人机工程中建模方法作为基础，关注以人为中心，使得研究人员能沉浸在所创建的虚拟现实环境中，通过多种感渠道，以最自然的方式去感知、适应、分析不同媒体映射的模型运行信息；利用人本身的智能进行信息融合，产生综合映射，从而深刻地把握人、机、环的内在实质；创建一种虚拟现实实验模型产生的信息环境，使得研究人员可用最自然的交互方式对模型进行操作，控制实验研究的运行。

安全人机工程系统仿真以人为中心，通过对客观机器和环境的认识，抽取人、机器、环境相关属性的信息，并映射于适当的信息空间，以安全为条件建立相似于人、机器、环境原型属性的描述（即模型）来近似表征人机工程原型，进行实验研究的计数。在保障安全的前提下，它用来解决人、机器、环境在信息空间中描述事物及信息空间描述过程中遇到的相关问题。

安全人机工程系统仿真解决的课题是：基于研究系统安全或风险控制需要，抽取相应特征信息，并使之映射于特定信息空间的抽象集合的描述。其中，适应人类研究人、机器、环境安全的需要，以及人、机器、环境安全原型所映射的某种形式化描述，称为安全模型。建立安全模型的过程涉及对人、机器、环境安全特征信息的抽取（如集、选取、传送、转换等）、表示（各种映射）、凝聚（浓缩与融合）等种种信息处理的广泛活动。安全建模过程要求凝聚、融合源自不同媒体、不同映射的信息，使之实现特定研究目的下的特征信息综合映射，从而建立描述系统安全原型的近似表征。

安全人机工程系统模拟仿真的基本步骤如图 8-1 所示。在定义问题方面，需要体现出模型中的重要细节，避免过于复杂或难于理解的模型，定义问题的陈述需要考虑其通用性，详细思考引起问题的可能原因；在提出假设方面，对于假设的制定需要小心谨慎，避免做出错误的假设导致模型与实际相偏离，假设是对于复杂现实的精简，也是对于无关条件的排除；收集数据不仅作为模型参数的输入，也在验证模型阶段提供了与模型测试数据的比较，数据的收集可以通过历史纪录、经验和计算实现；在构建模型方面，需要对于人-机-环系统中各类信息进行融合凝练，实现特征信息综合映射，建立描述其近似表征；在求解模型方面，需要根据问题类型的不同进行开展，基于数学规划、插值拟合、统计分析等方法并采用相应的仿真硬件、软件；分析计算可以借助报表、图形和表格等形式，通过分析结果并得出相应结论，根据模拟目标进行解释，并提出相应的实施或优化方案。上述步骤可根据实际问题进行增改删减。

安全人机工程是从安全的角度和着眼点研究人、机、环境的关系的一门学科，其立足点

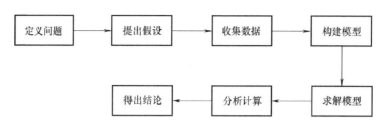

图 8-1 安全人机工程系统模拟仿真的基本步骤

放在安全上面，以活动过程中的人文实行保护为目的，主要阐述人、机、环境保持什么样的关系，才能保证人的安全。而具体分析的过程中进行建立安全人机工程模型，然后具体问题具体分析是一种有效的分析方法，建模仿真研究从最早期被实验研究包含，逐渐发展为被理论研究和实验研究共同支持，到现在独立出来成为与理论研究、实验研究对等的建模仿真研究。

在安全人机工程领域，应用最广泛的是数学建模，一切的问题的根本可以化为数学问题，根据实际问题来建立数学模型，对数学模型来进行求解，然后根据结果去解决实际问题。当前安全人机工程主要的数学建模方法分别为数学规划、回归、插值、拟合统计分析等，本章将分别进行介绍。

8.1.1 数学规划

数学规划（mathematical programming），也称数学优化（mathematical optimization），是数学中的一个分支，它主要研究在给定的区域中寻找可以最小化或最大化某一函数的最优解。数学规划问题可以分为很多种类，主要包含有线性规划、非线性规划等。

（1）线性规划

线性规划（linear programming，LP）是运筹学中研究较早、发展较快、应用广泛、方法较成熟的一个重要分支，它是辅助人们进行科学管理的一种数学方法，也是研究线性约束条件下线性目标函数的极值问题的数学理论和方法。从实际问题中建立数学模型一般有以下三个步骤：

1）根据影响所要达到目的的因素找到决策变量。

2）由决策变量和所在达到目的之间的函数关系确定目标函数。

3）由决策变量所受的限制条件确定决策变量所要满足的约束条件。

所建立的数学模型具有以下特点：

1）每个模型都有若干个决策变量$(x_1, x_2, x_3, \cdots, x_n)$，其中，$n$为决策变量个数。决策变量的一组值表示一种方案，同时决策变量一般是非负的。

2）目标函数是决策变量的线性函数，根据具体问题，它可以是最大化或最小化，两者统称为最优化。

3）约束条件也是决策变量的线性函数。

当得到的数学模型的目标函数为线性函数，约束条件为线性等式或不等式时，称此数学模型为线性规划模型。

（2）非线性规划

非线性规划是一种求解目标函数或约束条件中有一个或几个非线性函数的最优化问题的方法。非线性规划问题的一般数学模型可表述为求未知量 $x_1, x_2, x_3, \cdots, x_n$ 的模型，简记如下：

$$\min f(x)$$

$$\text{s. t.} \begin{cases} g_i(x) \geq 0 & (i=1, \cdots, m) & \text{(8-1)} \\ h_j(x) = 0 & (j=1, \cdots, p) & \text{(8-2)} \end{cases}$$

式中　　$f(x)$——目标函数；

$g_i(x)$，$h_j(x)$——不等式和等式约束。

该模型可行解所成的集合称为问题的可行集。对于一个可行解 x^*，如果存在 x^* 的一个邻域，使目标函数在 x^* 处的值 $f(x^*)$ 优于（指不大于或不小于）该邻域中任何其他可行解处的函数值，则称 x^* 为问题的局部最优解（简称局部解）。如果 $f(x^*)$ 优于一切可行解处的目标函数值，则称 x^* 为问题的整体最优解（简称整体解）。

8.1.2　回归、插值、拟合

1. 线性回归概述

在统计学中，线性回归（linear regression）是利用称为线性回归方程的最小平方函数对一个或多个自变量和因变量之间关系进行建模的一种回归分析。这种函数是一个或多个称为回归系数的模型参数的线性组合。只有一个自变量的情况称为简单回归，大于一个自变量的情况称为多元回归。

在线性回归中，数据使用线性预测函数来建模，未知的模型参数也是通过数据来估计。这些模型被叫作线性模型。最常用的线性回归建模是给定 x 值的 y 的条件均值是 x 的仿射函数。不太一般的情况下，线性回归模型可以是一个中位数或一些其他的给定 x 的条件下 y 的条件分布的分位数作为 x 的线性函数表示。像所有形式的回归分析一样，线性回归也把焦点放在给定 x 值的 y 的条件概率分布，而不是 x 和 y 的联合概率分布（多元分析领域）。

线性回归是回归分析中第一种经过严格研究并在实际应用中广泛使用的类型。这是因为线性依赖于其未知参数的模型比非线性依赖于其未知参数的模型更容易拟合，而且产生的估计的统计特性也更容易确定。

2. 多项式插值概述

插值法又称内插法，是利用函数 $f(x)$ 在某区间中已知的若干点的函数值，做出适当的特定函数，在区间的其他点上用特定函数的值作为函数 $f(x)$ 的近似值的分析方法。如果这特定函数是多项式，就称它为多项式插值。常用的几种多项式插值法有：直接法、拉格朗日插值法和牛顿插值法。多项式插值是用一个多项式来近似代替数据列表函数，并要求多项式通过列表函数中给定的数据点（插值曲线要经过型值点）。

3. 拟合概述

拟合可以分为多项式拟合和非线性拟合。多项式拟合是用一个多项式展开去拟合包含数个分析格点的一小块分析区域中的所有观测点，得到观测数据的客观分析场。展开系数用最小二乘拟合确定。但此方法的区域多项式拟合并不稳定，当资料缺测时更是如此，而且会导致分析在拟合的各个区域之间不连续，对于该情况，可以采用非线性拟合进行修正。

8.1.3 统计分析

统计分析是指通过对研究对象的规模、速度、范围、程度等数量关系的分析研究，认识和揭示人、机器、环境之间的相互关系、变化规律和发展趋势，借以达到对人-机-环系统的正确解释和预测的一种研究方法。任何人-机-环系统都有质和量两个方面，认识人-机-环系统的本质时必须掌握人-机-环系统的量的规律。电子计算的推广和应用、量度设计和计算技术的改进和发展所形成的数量研究法已成为自然科学和社会科学研究中不可缺少的研究法。统计分析法就是运用数学方式，建立数学模型，对通过调查获取的各种数据及资料进行数理统计和分析，形成定量的结论。统计分析方法是一种比较科学、精确和客观的测评方法，其具体应用方法很多，实践中常用方法介绍如下：

1. 描述统计与假设检验

描述性统计是指运用制表和分类、图形以及计算概括性数据来描述数据的集中趋势、离散趋势、偏度、峰度。应注意以下问题：

1）缺失值填充：缺失值的产生机制可分为两类：一类是这个值实际存在但是没有被观测到，例如客户的性别；另一类是这个值实际就不存在，例如，在调查顾客购买的洗发液品牌时，如果某位顾客根本没有购买任何洗发液，那么这位顾客购买的洗发液品牌缺失。如何处理缺失值是一个很复杂的课题，常用方法为剔除法、均值法、最小邻居法、比率回归法、决策树法。

2）正态性检验：很多统计方法都要求数值服从或近似服从正态分布，所以应用这类方法之前需要进行正态性检验。常用方法为非参数检验的 K-量检验、P-P 图、Q-Q 图、W 检验、动差法。

3）参数检验：参数检验是在已知总体分布的条件下（一般要求总体服从正态分布）对一些主要的参数（如均值、百分数、方差、相关系数等）进行的检验。例如，U 检验使用条件：当样本含量 n 较大时，样本值符合正态分布；T 检验使用条件：当样本含量 n 较小时，样本值符合正态分布。单样本 t 检验是推断该样本来自的总体均数 μ 与已知的某一总体均数 μ_0（常为理论值或标准值）有无差别；配对样本 t 检验是当总体均数未知时，且两个样本可以配对，同对中的两者在可能会影响处理效果的各种条件方面极为相似。

4）非参数检验：非参数检验是指不考虑总体分布是否已知，常常也不是针对总体参数，而是针对总体的某些一般性假设（如总体分布的位置是否相同，总体分布是否正态）进行检验。它适用于顺序类型的数据资料，这类数据的分布形态一般是未知的。虽然是连续数据，但总体分布形态未知或者非正态；体分布虽然正态，数据也是连续类型，但样本容量极小，如 10 以下；主要方法包括卡方检验、秩和检验、二项检验、游程检验、K-量检验等。

2. 信度、列联表与相关分析

（1）信度

检查测量的可信度，例如调查问卷的真实性。主要分类为：

1）外在信度：不同时间测量时量表的一致性程度，常用方法为重测信度。

2）内在信度：每个量表是否测量到单一的概念，同时组成两表的内在体项一致性如何，常用方法为分半信度。

（2）列联表分析

用于分析离散变量或定型变量之间是否存在相关。对于二维表，可进行卡方检验，对于三维表，可作 Mentel-Hanszel 分层分析。列联表分析还包括配对计数资料的卡方检验、行列均为顺序变量的相关检验。

（3）相关分析

研究现象之间是否存在某种依存关系，对具体有依存关系的现象探讨相关方向及相关程度：

1）单相关：两个因素之间的相关关系称为单相关，即研究时只涉及一个自变量和一个因变量。

2）复相关：三个或三个以上因素的相关关系称为复相关，即研究时涉及两个或两个以上的自变量和因变量相关。

3）偏相关：在某一现象与多种现象相关的场合，当假定其他变量不变时，其中两个变量之间的相关关系称为偏相关。

3. 方差分析

使用条件：各样本须是相互独立的随机样本；各样本来自正态分布总体；各总体方差相等。主要分类如下：

1）单因素方差分析：一项试验只有一个影响因素，或者存在多个影响因素时，只分析一个因素与响应变量的关系。

2）多因素有交互方差分析：一项试验有多个影响因素，分析多个影响因素与响应变量的关系，同时考虑多个影响因素之间的关系。

3）多因素无交互方差分析：分析多个影响因素与响应变量的关系，但是影响因素之间没有影响关系或忽略影响关系。

4）协方差分析：传统的方差分析存在明显的弊端，无法控制分析中存在的某些随机因素，影响了分析结果的准确度。协方差分析主要是在排除了协变量的影响后再对修正后的主效应进行方差分析，是将线性回归与方差分析结合起来的一种分析方法。

4. 聚类分析与判别分析

（1）聚类分析

聚类分析通常是指对样本个体或指标变量按其具有的特性进行分类，寻找合理的度量人-机-环系统相似性的统计量。

1）按性质分类：Q 型聚类分析：对样本进行分类处理，又称样本聚类分析，它使用距离系数作为统计量衡量相似度，如欧式距离、极端距离、绝对距离等。

R型聚类分析：对指标进行分类处理，又称指标聚类分析，它使用相似系数作为统计量衡量相似度，如相关系数、列联系数等。

2）按方法分类：

① 系统聚类法：适用于小样本的样本聚类或指标聚类，一般用系统聚类法来聚类指标，又称分层聚类。

② 逐步聚类法：适用于大样本的样本聚类。

③ 其他聚类法：两步聚类、K均值聚类等。

（2）判别分析

判别分析指根据已掌握的一批分类明确的样品建立判别函数，使产生错判的事例最少，进而对给定的一个新样品，判断它来自哪个总体。它与聚类分析区别为：聚类分析可以对样本进行分类，也可以对指标进行分类；而判别分析只能对样本，同时聚类分析事先不知道人-机-环系统的类别，也不知道分几类；而判别分析必须事先知道人-机-环系统的类别，也知道分几类，并且聚类分析不需要分类的历史资料，直接对样本进行分类；而判别分析需要分类历史资料去建立判别函数，然后才能对样本进行分类。主要方法有：

1）Fisher判别分析法：以距离为判别准则来分类，即样本与哪个类的距离最短就分到哪一类，适用于两类判别；以概率为判别准则来分类，即样本属于哪一类的概率最大就分到哪一类，适用于多类判别。

2）BAYES判别分析法：BAYES判别分析法比Fisher判别分析法更加完善和先进，它不仅能解决多类判别分析，而且分析时考虑了数据的分布状态，所以一般使用较多。

5. 其他分析方法

（1）主成分分析

主成分分析是指将彼此相关的一组指标转化为彼此独立的一组新的指标变量，并用其中较少的几个新指标变量就能综合反应原多个指标变量中所包含的主要信息的分析方法。

（2）因子分析

因子分析是一种旨在寻找隐藏在多变量数据中，无法直接观察到却影响或支配可测变量的潜在因子，并估计潜在因子对可测变量的影响程度以及潜在因子之间的相关性的一种多元统计分析方法。因子分析与主成分分析比较：相同点为都能够起到理清多个原始变量内在结构关系的作用；不同之处为主成分分析重在综合原始变量的信息，而因子分析重在解释原始变量间的关系，是比主成分分析更深入的一种多元统计方法；主要用途：减少分析变量个数，同时通过对变量间相关关系探测，将原始变量进行分类。

（3）时间序列分析

时间序列分析是一种动态数据处理的统计方法，研究随机数据序列所遵从的统计规律，以用于解决实际问题。时间序列通常由四种要素组成：趋势、季节变动、循环波动和不规则波动，主要方法有移动平均滤波与指数平滑法、ARIMA模型、量ARIMA模型、ARIMAX模型、向量自回归模型、ARCH模型。

（4）生存分析

生存分析是主要用来研究生存时间的分布规律以及生存时间和相关因素之间关系的一种统计分析方法。其主要包含内容：首先描述生存过程，即研究生存时间的分布规律；然后比较生存过程，即研究两组或多组生存时间的分布规律，并进行比较；分析危险因素，即研究危险因素对生存过程的影响；根据信息建立数学模型，即将生存时间与相关危险因素的依存关系用一个数学式子表示出来。

（5）典型相关分析

相关分析一般分析两个变量之间的关系，而典型相关分析是分析两组变量（如 3 个学术能力指标与 5 个在校成绩表现指标）之间相关性的一种统计分析方法。典型相关分析的基本思想和主成分分析的基本思想相似，它将一组变量与另一组变量之间单变量的多重线性相关性研究转化为对少数几对综合变量之间的简单线性相关性的研究，并且这少数几对变量所包含的线性相关性的信息几乎覆盖了原变量组所包含的全部相应信息。

8.2 安全人机工程数值模拟方法

数值模拟方法又称数值分析方法，是用计算机程序来求解数学模型的近似解，又称计算机模拟。目前世界上主要的数值模拟方法有：有限单元法（FEM）、离散元（DEM）、有限体积法（FVM）、扩展有限元法（X-FEM）、有限差分法（FDM）、玻尔兹曼格子法（LBM）、光滑粒子流体动力学（SPH）等[○]。近年来，数值模拟技术在工程中的应用迅猛发展。随着安全人机工程学科的发展，面对的人-机-环系统问题也越来越复杂，因而在安全人机工程领域，数值模拟技术也发挥了巨大的作用，例如，LS-DYNA 有限元法可以为用户提供无缝地解决"多物理场""多工序""多阶段""多尺度"等问题，LS-DYNA 适用于研究结构动力学问题中涉及大变形、复杂材料模型和接触情况的物理现象，对很多安全人机工程产品设计而言，它能够在产品模型定型前确定产品性能，这对产品设计生产起到关键作用。

8.2.1 有限元法

在安全人机工程领域研究中，不可避免地要对研究对象进行力学分析，有限元法则可以广泛适用于材料力学、弹性力学的研究，任意变形体都可以采用有限元方法处理，因此弹性力学中有关变量和方程的描述是有限元方法的重要基础。

1. 基本原理

安全人机工程有限元法（finite element method，FEM）是一种为求解偏微分方程边值问题近似解的数值技术。求解时对整个问题区域进行分解，每个子区域都成为简单的部分，这种简单部分就称作有限元。它通过变分方法，使得误差函数达到最小值并产生稳定解。类比于连接多段微小直线逼近圆的思想，有限元法包含了一切可能的方法，这些方法将许多被称

○ 引自 Bathe K J，Ramm E，Wilson E L，Finite element formulations for large deformation dynamic analysis，International Journal for Numerical Methods in Engineering，2010。

为有限元的小区域上的简单方程联系起来，并用其去估计更大区域上的复杂方程。它将求解域看作由许多称为有限元的小的互连子域组成，对每一单元假定一个合适的（较简单的）近似解，然后推导求解这个域总的满足条件（如结构的平衡条件），从而得到问题的解。这个解不是准确解，而是近似解，因为实际问题被较简单的问题所代替。

2. 建模计算步骤

有限元法分析计算的思路和方法可归纳如下：

第一步：物体离散化。将某个工程结构离散为由各种单元组成的计算模型，这一步称作单元剖分。离散后单元与单元之间利用单元的节点连接起来；单元节点的设置、性质、数目等应视问题的性质、描述变形形态的需要和计算精度而定（一般情况下，单元划分越细，则描述变形情况越精确，即越接近实际变形，但计算量越大）。所以限元中分析的结构已不是原有的物体或结构物，而是同新材料的由众多单元以一定方式连接成的离散物体。这样，用有限元分析计算所获得的结果只是近似的。如果划分单元数目非常多而且合理，则所获得的结果就与实际情况相符合。

第二步：选择位移模式。在有限单元法中，选择节点位移作为基本未知量时称为位移法；选择节点力作为基本未知量时称为力法；取一部分节点力和一部分节点位移作为基本未知量时称为混合法。位移法易于实现计算自动化，所以在有限单元法中位移法应用范围最广。当采用位移法时，物体或结构物离散化之后，就可把单元总的一些物理量（如位移、应变和应力等）由节点位移来表示。这时可以对单元中位移的分布采用一些能逼近原函数的近似函数予以描述。通常，有限元法将位移表示为坐标变量的简单函数，这种函数称为位移模式或位移函数。

第三步：分析力学性质。根据单元的材料性质、形状、尺寸、节点数目、位置及其含义等，找出单元节点力和节点位移的关系式，这是单元分析中的关键一步。此时需要应用弹性力学中的几何方程和物理方程来建立力和位移的方程式，从而导出单元刚度矩阵，这是有限元法的基本步骤之一。

第四步：等效节点力。物体离散化后，假定力是通过节点从一个单元传递到另一个单元的。但是，对于实际的连续体，力是从单元的公共边传递到另一个单元中的。因而，这种作用在单元边界上的表面力、体积力和集中力都需要等效地移到节点上去，也就是用等效的节点力来代替所有作用在单元上的力。

3. 适用范围

有限元法能成功地处理如应力分析中的非均匀材料、各向异性材料、非线性应力、应变以及复杂的边界条件等问题，且随着其理论基础和方法的逐步完善，还能成功地用来求解如热传导、流体力学及电磁场领域的许多问题。

4. 有限元法的特点

把连续体划分成有限个单元，把单元的交界结点（节点）作为离散点；不考虑微分方程，而从单元本身特点进行研究；理论基础简明，物理概念清晰，且可在不同的水平上建立起对该法的理解；具有较强的灵活性和适用性；它可以把形状不同、性质不同的单元组合起来求解，因而特别适用于求解由不同构件组合的结构，应用范围极为广泛；在具体推导运算过程中，矩阵方法被广泛采用。因此，有限元法存在许多优点：

1）物理概念浅显、清晰，易于掌握。有限元法不仅可以通过非常直观的物理解释来掌握，而且可以通过数学理论严谨的分析掌握方法的本质。

2）描述简单，利于推广。有限元法由于采用了矩阵的表达形式，从而可以非常简单地描述问题，使求解问题的方法规范化，便于编制计算机程序，并且充分利用了计算机的高速运算和大量存储功能。

3）方法优越。对于存在非常复杂的因素组合的时候，例如不均匀的材料特性、任意的边界条件、复杂的几何形状等混杂在一起的时候，有限元法都能灵活地处理和求解。

4）应用范围广。有限元法不仅能解决结构力学和弹性力学中的各种问题，而且随着其理论基础与方法的逐步改进与成熟，还可以广泛地用来求解热传导、流体力学及电磁场等领域的诸多问题。不仅如此，在所有连续介质问题和场问题中，有限元法都得到了很好的应用。

8.2.2 有限差分法

安全人机工程领域中，火灾是一项重要的研究内容。火灾是指在时间和空间上失去控制的燃烧造成的灾害。如何减少火灾的损失一直以来是安全人机工程领域的研究热点。例如，在设计被动式防热服时就需要对温度的热传递进行分析，进而对防护服的材料、设计标准、测试标准等进行改善；在分析温度传递的过程中可以采用有限差分法建立计算模型，模拟计算温度场的变化，确定优化防护服的设计方案，并为以后类似安全人机工程设计项目提供指导建议。

1. 基本原理

有限差分法（finite difference method）是一种求偏微分（或常微分）方程和方程组定解问题的数值解的方法，简称差分方法。微分方程的定解问题就是在满足某些定解条件下求微分方程的解。在空间区域的边界上要满足的定解条件称为边值条件。如果问题与时间有关，在初始时刻所要满足的定解条件称为初值条件。不含时间而只带边值条件的定解问题称为边值问题。与时间有关而只带初值条件的定解问题称为初值问题。同时带有两种定解条件的问题称为初值边值混合问题。定解问题往往不具有解析解，或者其解析解不易计算，所以要采用可行的数值解法。有限差分方法就是一种数值解法，它的基本思想是先把问题的定义域进行网格剖分，然后在网格点上，按适当的数值微分公式把定解问题中的微商换成差商，从而把原问题离散化为差分格式，进而求出数值解。实际问题常会遇到多个自变量、非线性的方程或方程组，还可能是混合型的偏微分方程（如机翼的跨声速绕流），其解包含着各种间断（如激波间断、接触间断等），非线性问题的差分法求解是十分困难的。

2. 主要步骤与求解思路方法

有限差分法主要计算步骤归纳如下：

第一步：离散场域；采用一定的网格剖分方式离散化计算区域的模型。

第二步：离散化场方程；基于差分原理的应用，对场域内场的偏微分方程以及定解条件进行差分化处理，得到方程的差分格式。

第三步：计算离散解；对建立的差分格式（与原定解问题对应的离散数学模型——代数方程组），选用合适的代数方程组解法，编写相应的计算程序，计算出待求的节点上的场值。

随着电了计算机的发展，在解决各种非线性问题中，差分法得到了很快的发展，并且出现了许多新的思想和方法，如守恒差分格式、时间相关法、分步法等。

3. 适用范围

有限差分方法已成为解各类数学物理问题的主要数值方法，也是计算力学中的主要数值方法之一。有些解偏微分问题的方法（如特征线法、直线法）实质上也是差分方法的一种形式。在固体力学中，有限元方法出现以前，主要采取差分方法；在流体力学中，差分方法仍然是主要的数值方法。当然，对于某些具有复杂的几何形状及复杂的流动现象的实际问题，差分方法还有待进一步发展。

4. 有限差分法的特点

有限差分方法具有简单、灵活以及通用性强等特点，容易在计算机上实现；同时其显式计算方法能够为非稳定物理过程提供稳定解，直观地反映计算结果；但是其边界线和内部媒质分界线都需要特别处理，否则会影响计算结果。

8.2.3 有限体积法

作为世界产煤大国，煤炭在我国国民经济中占有举足轻重的地位。瓦斯爆炸事故是威胁煤炭行业生产安全的主要因素之一，因此安全人机工程领域对于瓦斯爆炸事故灾害的研究尤为重要。瓦斯爆炸传播过程的数值模拟既是爆炸力学的一个重要研究内容，也是应用数学的一个研究内容，采用有限体积法对巷道瓦斯爆炸模型进行建模计算，得出爆炸范围与影响爆炸的因素，对煤矿开采瓦斯治理有着重要的意义。

1. 基本原理

有限体积法是流体力学中常用的一种数值算法，有限体积法基于积分形式的守恒方程，描述的是计算网格定义的每个控制体。有限体积法着重从物理观点来构造离散方程，每一个离散方程都是有限大小体积上某种物理量守恒的表示式。离散方程系数具有一定的物理意义，并可保证离散方程具有守恒特性。就离散方法而言，有限体积法可视作有限单元法和有限差分法的中间物。有限单元法必须假定值在网格点之间的变化规律（插值函数），并将其作为近似解。有限差分法只考虑网格点上的数值，而不考虑值在网格点之间如何变化。有限体积法只寻求节点值，这与有限差分法相类似；但有限体积法在寻求控制体积的积分时，必须假定值在网格点之间分布，这又与有限单元法相类似。在有限体积法中，插值函数只用于计算控制体积的积分，得出离散方程之后，便可忘记插值函数；如果需要的话，可以对微分方程中不同的项采取不同的插值函数。

2. 基本步骤

第一步：将计算区域划分为一系列不重复的控制体积，每一个控制体积都有一个节点作代表，将待求的守恒型微分方程在任意控制体积及一定时间间隔内对空间与时间做积分。

第二步：对待求函数及其导数对时间及空间的变化型线或插值方式做出假设。

第三步：对第一步中各项按选定的型线进行积分并整理成一组关于节点上未知量的离散方程。

3. 适用范围

有限体积法（finite volume method，FVM）是目前 CFD 领域最成熟的算法。该算法是将流体的 Euler 控制方程在单元控制体内进行积分后离散求解。目前大家常用的 CFD 软件，例如 Fluent，CFX，Starccm+和 OpenFoam 等都主要基于这种方法。

4. 有限体积法的特点

FVM 的出发点是积分形式的控制方程，积分方程表示特征变量在控制容积内守恒的特点，积分方程中的每一项都有明确的物理意义，从而使方程离散时对各个离散项可以给出一定的物理解释；同时区域离散的节点网格与进行积分的控制容积分立。

FVM 的优点：

1）具有很好的守恒性。

2）具有更加灵活的假设，可以克服泰勒展开离散的缺点。

3）可以很好地解决复杂的工程问题，对网格的适应性很好。

4）在进行流固耦合分析时，能够完美地和有限元法进行融合。

8.2.4　离散元法

随着两极地区航运和油气资源开发等事业的不断发展，冰区船舶和海洋平台结构的抗冰设计和安全运行等问题亟待解决。船舶与海洋平台结构的冰荷载是寒区海洋工程结构设计中的关键参数，而离散元方法是有效计算结构冰荷载的重要手段。从安全人机工程领域角度来看，针对实际情况的具体问题，采用离散元法进行建模计算，对海洋结构冰荷载进行分析，能为极地船舶与海洋平台结构的设计和安全运行提供科学的分析手段。

1. 基本原理

离散元法是专门用来解决不连续介质问题的数值模拟方法。该方法把节理岩体视为由离散的岩块和岩块间的节理面所组成，允许岩块平移、转动和变形，而节理面可被压缩、分离或滑动。因此，岩体被看作一种不连续的离散介质。其内部可存在大位移、旋转和滑动乃至块体的分离，从而可以较真实地模拟节理岩体中的非线性大变形特征。离散元法的一般求解过程为：将求解空间离散为离散元单元阵，并根据实际问题用合理的连接元件将相邻两单元连接起来；单元间相对位移是基本变量，由力与相对位移的关系可得到两单元间法向和切向的作用力；对单元在各个方向上与其他单元间的作用力以及其他物理场对单元作用所引起的外力求合力和合力矩，根据牛顿运动第二定律可以求得单元的加速度；对其进行时间积分，得到单元的速度和位移，进而得到所有单元在任意时刻的速度、加速度、角速度、线位移和转角等物理量。

2. 基本方法步骤

离散元法建模计算步骤简单归纳如下：

第一步：建立所需要的几何模型并产生颗粒。几何模型可以根据实际计算模型需要建立，颗粒通常为随机产生，即在给定的几何空间内随机产生所需要的颗粒。产生颗粒时需要实时监测新产生的颗粒和已有颗粒的位置关系，任意两颗粒不能有重叠，否则颗粒的相互作用力可能很大而导致系统崩溃。所以如果几何模型尺寸、颗粒尺寸以及颗粒数目的关系不合适，有可能导致颗粒产生失败。颗粒的初始速度需要根据模拟需要而给定。

第二步：接触探测计算颗粒之间的距离，如果颗粒之间存在相互接触（颗粒之间的距离小于两个颗粒的半径和），则要采用接触模型计算相互作用力。

第三步：确定接触模型，接触模型是离散元计算的核心。所谓接触模型就是确定颗粒接触时的相互作用力。离散元计算中首先把相互作用力分解为法向力和切向力（法向指的是两接触颗粒中心之间的连线），所以接触模型一般包含法向相互作用和切向相互作用。在目前的离散元计算模拟中，一般来讲，可以把所涉及的接触模型分为两大类：

1）非结合性接触力模型。此种接触模型不考虑颗粒之间的相互吸引力，颗粒之间的相互作用以弹簧-黏壶模型来近似。弹簧代表颗粒之间的弹性相互作用，黏壶代表颗粒之间由于碰撞而引起的能量耗散。切向相互作用还要考虑库仑最大摩擦力约束。

2）结合性接触力模型。微观上来讲，任何颗粒材料都由原子和分子构成，然后原子和分子之间存在范德瓦耳斯（Van der Walls）力。当颗粒尺寸比较大时，和颗粒自身重力相比较而言，力对颗粒本身运动的影响可以忽略不计；然后，随着颗粒尺寸减小，颗粒的相互吸引力变得和重力相当；当颗粒尺寸进一步减小时，颗粒间的相互吸引力要远远大于颗粒自身的重力。此时，就必须要考虑颗粒间的相互吸引力。

第四步：考虑其他相互作用力。有时，在颗粒系统中，需要考虑外部环境条件及其他类型的相互作用力。例如，如果环境比较潮湿时，需要考虑颗粒间的液桥相互作用力；如果颗粒表面本身带有电荷，则要引入颗粒间的静电作用；如果有外加磁场并且颗粒材料本身有磁矩，则要考虑外磁场引起的磁性力。所有这些类型的相互作用力，都可以嵌入在离散元模型之中。

第五步：考虑颗粒和边界的相互作用。计算模型的边界可以是全部周期性边界条件（x, y, z方向，全部采用周期性边界），也可以是部分周期性边界。在非周期性边界条件时，则要给出颗粒本身和边界如何相互作用。接触模型和颗粒的相互作用的接触模型与此类似。

第六步：计算总的受力、加速度。综合颗粒间的相互作用力以及其他需要考虑的特殊相互作用力、颗粒与边界的相互作用力，可以得到颗粒本身受的合外力，以此可以求得加速度。

第七步：根据加速度，更新颗粒速度、角速度、坐标等变量。坐标更新后，再进行接触探测，整个计算流程进入下一个循环。

3. 适用范围

离散元技术近年来在岩土、矿冶、农业、食品、化工、制药和环境等领域有广泛的应用，可分为分选、凝聚、混合、装填和压制、推铲、储运、粉碎、爆破、流态化等过程。颗粒离散元法在上述领域均有不少应用，如料仓卸料过程的模拟，堆积、装填和压制，颗粒混合过程的模拟。离散元法在岩土工程、地质工程和能源开采领域也具有广泛的应用价值。随着安全工程学科逐步与岩土工程、地质工程学科交叉，离散元法也逐步应用到相关问题的安全性分析中。

4. 特点

从本质上来讲，离散元和分子动力学方法类似（molecular dynamics，MD），以至于有些作者在文献中不加区别地使用 MD 和 DEM 两个名字。然而离散元和分子动力学相似性只是在形式上的相似（颗粒和牛顿定理）。两者还是有很大差别，差别在于分子动力学计算原子如何在给定相互作用势下运动，而离散元计算的颗粒通常为微米及毫米量级。此外，离散元方法中需要考虑颗粒体在外力作用下的旋转运动，颗粒的形状、颗粒尺寸分布以及颗粒之间填充气体、液体对颗粒材料宏观性能都有很大的影响。总之，即使计算模拟一个最简单的颗粒系统，单一尺寸的球形颗粒考虑摩擦作用下的运动问题都涉及许多需要仔细考虑的细节。在计算过程中，岩体或颗粒组合体被模拟成通过角或边的相互接触而产生相互作用。块体间边界的相互作用可以体现其不连续性和节理的特性。使用显式积分迭代算法允许有大的位移、转动。在岩体计算力学方面，由于离散单元能更真实地表达节理岩体的几何特点，便于处理所有非线性变形和破坏都集中在节理面上的岩体破坏问题，故其被广泛应用于模拟边坡、滑坡和节理岩体地下水渗流等力学过程。

8.2.5　边界元法

工业生产的过程中对非连续加工（如多工序生产）或连续加工（如自动化生产流水线）的原材料、半成品、成品以及产品构件提供实时的工序质量控制，特别是控制产品材料的冶金质量与生产工艺质量（例如缺陷情况、组织状态、涂镀层厚度监控等），通过检测所了解到的质量信息又可反馈给设计与工艺部门，促使进一步改进设计与制造工艺以提高产品质量，减少废品和返修品。从安全人机工程的角度来看，以物理或化学方法为手段进行材料机械设备的检测，通过边界元法建立计算模型，分析材料、机械设备的缺陷情况、组织状态、涂镀层厚度等，对降低制造成本、提高生产效率、保障生产使用人员的生命财产安全有着重要的作用。

1. 基本原理

边界元法是在有限元法之后发展起来的一种较精确、有效的方法，又称边界积分方程-边界元法。它以定义在边界上的边界积分方程为控制方程，通过对边界分元插值离散，化为代数方程组求解。它与基于偏微分方程的区域解法相比，由于降低了问题的维数，显著降低了自由度数，边界的离散也比区域的离散方便得多，可用较简单的单元准确地模拟边界形状，最终得到阶数较低的线性代数方程组。

2. 方法步骤

边界元法步骤通常可以简单归纳如下：

第一步：边界 S 离散成一系列边界单元，在每个单元上，假定位势及其导数是按节点值的内插函数形式变化。

第二步：基于边界积分方程，按边界单元上节点的配置，在相应节点上建立离散方程。

第三步：采用数值积分方法，计算每个单元上的相应积分项。

第四步：按给定的边界条件，确立一组线性代数方程组，即边界元方程，然后采用适当的数值代数解法，求解边界上待求的位势或其导数的离散解。

第五步：同样基于边界积分方程，在上述边界元法所得离散解的基础上，可得场域内任意一点的维函数与场量解。

3. 适用范围

边界元法是一种数值计算方法，该方法工程应用起源于弹性力学，逐步应用在流体力学、热力学、电磁工程领域、土木工程领域等。随着近年来安全人机工程学的发展，边界元法在安全人机工程领域中的应用从对线性静态问题的研究渐渐拓展到对非线性、时变问题的研究。

4. 边界元法的特点

边界元法主要优点在于，它以定义在边界上的边界积分方程为控制方程，通过对边界分元插值离散，化为代数方程组求解。它与基于偏微分方程的区域解法相比，由于降低了问题的维数，因而显著降低了自由度数，边界的离散也比区域的离散方便得多，可以准确地模拟较简单的单元边界形状，最终得到阶数较低的线性代数方程组。又由于它利用微分算子的解析的基本解作为边界积分方程的核函数，因而具有解析与数值相结合的特点，通常具有较高的精度。特别是对于边界变量变化梯度较大的问题（如应力集中问题），或边界变量出现奇异性的裂纹问题，边界元法被公认为比有限元法更加精确、高效。由于边界元法所利用的微分算子基本解能自动满足无限远处的条件，因而边界元法特别便于处理无限域以及半无限域问题。

边界元法的主要缺点是它的应用范围以存在相应微分算子的基本解为前提，对于非均匀介质等问题难以应用，故其适用范围远不如有限元法广泛，而且通常由它建立的求解代数方程组的系数阵是非对称满阵，对解题规模产生较大限制。对一般的非线性问题，由于在方程中会出现域内积分项，从而部分抵消了边界元法只要离散边界的优点。

8.3 安全人机工程 VR 仿真技术

8.3.1 VR 仿真技术概述

20 世纪，安全人机工程迎来了一项重大的技术——虚拟现实（VR）仿真技术，主要是利用现实生活中的数据，通过计算机技术产生的电子信号，将其与各种输出设备结合，使其转化为能够让人们感受到的现象，这些现象可以是现实中真真切切的物体，也可以是人们肉眼所看不到的物质，通过三维模型表现出来，该项技术可以针对具体问题，营造一个虚拟的环境，使人可以更真实地体验这些情景，从而针对这些情况进行更有效的分析，得出更真实的结果。虚拟现实技术集计算机、电子信息、仿真技术于一体，其基本实现方式是计算机模拟虚拟环境，从而给人以环境沉浸感。随着社会生产力和科学技术的不断发展，各行各业对 VR 技术的需求日益旺盛，VR 技术也取得了巨大进步，虚拟机器人仿真、虚拟现实、环境条件、工艺流程模拟仿真逐步成为一个新的科学技术领域。与此同时，VR 涉及学科众多，应用领域广泛，系统种类繁杂，这是由其研究对象、研究目标和应用需求决定的。

从不同角度出发，可对 VR 系统做出不同分类。

1. 从沉浸式体验角度分类

沉浸式体验分为非交互式体验、人-虚拟环境交互式体验和群体-虚拟环境交互式体验等几类。该角度虚拟现实强调用户与设备的交互体验，相比之下，非交互式体验中的用户更为被动，所体验内容均为提前规划好的，即便允许用户在一定程度上引导场景数据的调度，也仍没有实质性交互行为，如场景漫游等，用户几乎全程无事可做；而在人-虚拟环境交互式体验系统中，用户则可用诸如数据手套、数字手术刀等的设备与虚拟环境进行交互，此时的用户可感知虚拟环境的变化，进而能产生在相应现实世界中可能产生的各种感受。如果将该套系统网络化、多机化，使多个用户共享一套虚拟环境，便得到群体-虚拟环境交互式体验系统，如大型网络交互游戏等，此时的 VR 系统与真实世界无甚差异。图 8-2 所示为利用 VR 技术进行虚拟环境交互式体验[○]。

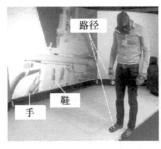

图 8-2　利用 VR 技术进行虚拟环境交互式体验

2. 从系统功能角度分类

系统功能分为规划设计、展示娱乐、训练演练等几类。

1）规划设计系统可用于新设施的实验验证，可大幅缩短研发时长，降低设计成本，提高设计效率，城市排水、社区规划等领域均可使用，如利用 VR 技术模拟给水排水系统，可大幅减少原本需用于实验验证的经费。

2）展示娱乐类系统适用于提供给用户逼真的观赏体验，如数字博物馆、大型 3D 交互式游戏、影视制作等，如 VR 技术早在 20 世纪 70 年代便被迪士尼（Disney）用于拍摄特效

○ 引自 Susanna Aromaa, Kaisa Vaananen, Suitability of virtual prototypes to support human factors/ergonomics evaluation during the design, Applied Ergonomics, 2016。

电影。

3）训练演练类系统则可应用于各种危险环境及一些难以获得操作对象或实操成本极高的领域，如外科手术训练、空间站维修训练，虚拟现实应用于建筑工程教育和培训等。

8.3.2 安全人机工程领域不同 VR 技术的应用

随着虚拟现实技术的不断进步，安全科学领域也将该技术应用到各个方向。例如，在安全人机工程领域对火灾疏散的研究中，一部分传统研究方法主要通过利用商业火灾模拟软件及行人仿真软件直接进行火灾模拟及人员疏散仿真，此技术手段可以极大地缩减成本预算、降低实施风险。但是人员疏散仿真结果可靠性存在一定问题，因为火灾场景下人员的行为难以获得。而 VR 技术可以使不同类型的实验者更真实地体验这些情景，从而做出不同的反应，最终得到更真实的人员疏散仿真结果。该方法也逐渐被用于其他应急管理演练领域，所以，VR 技术必然是未来安全人机工程领域的一大热点。

根据所使用的虚拟现实技术方式的不同，VR 技术目前可以大致分为：桌面级虚拟现实、投入型虚拟现实、增强型虚拟现实、分布式虚拟现实四大类，以下进行简单介绍。

1. 桌面级虚拟现实

桌面虚拟现实利用个人计算机和低级工作站进行仿真，计算机的屏幕用来作为用户观察虚拟境界的一个窗口，各种外部设备一般用来驾驭虚拟境界，并且有助于操纵在虚拟情景中的各种物体。这些外部设备包括鼠标、追踪球、力矩球等。它要求参与者使用位置跟踪器和另一个手控输入设备，如鼠标、追踪球等，坐在监视器前，通过计算机屏幕观察 360°范围内的虚拟境界，并操纵其中的物体，但这时参与者并没有完全投入，因为它仍然会受到周围现实环境的干扰。桌面级虚拟现实最大特点是缺乏完全投入的功能，但是成本相对低一些，因而其应用面比较广。常见桌面级虚拟现实技术如下[○]：

基于静态图像的虚拟现实技术：这种技术不采用传统的利用计算机生成图像的方式，而采用连续拍摄的图像和视频，在计算机中拼接以建立的实景化虚拟空间，这使得高度复杂和高度逼真的虚拟场景能够以很小的计算代价得到，从而使得虚拟现实技术可能在 PC 平台上实现。

VRML（虚拟现实造型语言）：它是一种在 Internet 网上应用极具前景的技术，它采用描述性的文本语言描述基本的三维物体的造型，通过一定的控制，将这些基本的三维造型组合成虚拟场景，当浏览器浏览这些文本描述信息时，在本地进行解释执行，生成虚拟的三维场景。VRML 的最大特点在于利用文本描述三维空间，大大减少了在 Internet 网上传输的数据量，从而使得需要大量数据的虚拟现实得以在 Internet 网上实现。

桌面 CAD 系统：利用 OpenGL、DirectDraw 等桌面三维图形绘制技术对虚拟世界进行建模，通过计算机的显示器进行观察，并有能自由控制的视点和视角。这种技术在某种意义上来说也是一种虚拟现实技术，它通过计算机计算来生成三维模型，模型的复杂度和真实感受

○ 引自 Lee A L，Wong K W，Learning with desktop virtual reality：Low spatial ability learners are more positively affected，Computers & Education，2014。

桌面计算机计算能力的限制。

从安全人机工程领域角度来看，桌面级虚拟现实应用极为广泛，其中，航天工业安全问题的应用有航天器虚拟维修训练系统（图 8-3）。这是为了使航天维修人员在保证安全的前提下能够快速掌握航天器维修技能，提高维修人员的操作熟练度，设计开发的一款基于桌面虚拟现实设备的航天器维修仿真系统，它摆脱了头盔式虚拟现实设备笨重、与现实世界隔绝、易头晕目眩、难以分享等问题。

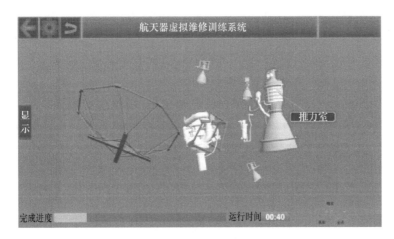

图 8-3　桌面级虚拟现实交互

该交互系统实现了装配关系数据的外部可视化编辑与管理，有效降低了系统内容更新及软件维护的成本；设计开发了用于管理装配逻辑的多路线装配管理类系统，可实现多路线装配操作，有效提升拆解、装配操作的灵活性。

2. 投入型虚拟现实

高级虚拟现实系统提供完全投入的功能，它利用头盔式显示器或其他设备，把参与者的视觉、听觉和其他感觉封闭起来，并提供一个新的、虚拟的感觉空间，利用位置跟踪器、数据手套、其他手控输入设备、声音等使得参与者产生一种身在虚拟环境中，并能全心投入和沉浸其中的感觉。常见的投入型虚拟现实系统如下。

基于头盔式显示器的系统：在这种系统中，参与虚拟体验者要戴上一个头盔式显示器，视觉、听觉与外界隔绝，根据应用的不同，系统将提供能随头部转动而随之产生的立体视觉、三维空间。通过语音识别、数据手套、数据服装等先进的接口设备，使参与者以自然的方式与虚拟世界进行交互，如同现实世界一样。这是目前沉浸度最高的一种虚拟现实系统。

投影式虚拟现实系统：它可以让参与者从一个屏幕上看到他本身在虚拟境界中的形象，为此，使用电视技术中的"键控"的技术，参与者站在某一纯色（通常为蓝色）背景下，架在参与者前面的摄像机捕捉参与者的形象，并通过连接电缆，将图像数据传送给后台处理的计算机，计算机将参与者的形象与纯色背景分开，换成一个虚拟空间，与计算机相连的视频投影仪将参与者的形象和虚拟境界本身一起投射到参与者观看的屏幕上，这样，参与者就可以看到他自己在虚拟空间中的活动情况。参与者还可以与虚拟空间进行实时的交互，计算机可识别参与者的动作，并根据用户的动作改变虚拟空间，例如来回拍一个虚拟的球或走动等，这可使得参与者感觉就像是在真实空间中一样。

远程存在系统：远程存在系统是一种虚拟现实与机器人控制技术相结合的系统，当某处的参与者操纵一个虚拟现实系统时，其结果却在另一个地方发生，参与者通过立体显示器获得深度感，显示器与远地的摄像机相连；通过运动跟踪与反馈装置跟踪操作员的运动，反馈远地的运动过程（如阻尼、碰撞等），并把动作传送到远地完成。

3. 增强型虚拟现实

增强型虚拟现实（Augmented Reality，AR）技术，不仅利用虚拟现实技术来模拟现实世界、仿真现实世界，还利用它来增强参与者对真实环境的感受，也就是增强现实中无法感知或不方便感知的感受。

AR 的三大技术要点：三维注册（跟踪注册技术）、虚拟现实融合显示、人机交互。其流程是先通过摄像头和传感器将真实场景进行数据采集，并传入处理器对其进行分析和重构，再通过 AR 头显或智能移动设备上的摄像头、陀螺仪、传感器等配件实时更新用户在现实环境中的空间位置变化数据，从而得出虚拟场景和真实场景的相对位置，实现坐标系的对齐并进行虚拟场景与现实场景的融合计算，最后将其合成影像呈现给用户。用户可通过 AR 头显或智能移动设备上的交互配件，如话筒、眼动追踪器、红外感应器、摄像头、传感器等设备采集、控制信号，并进行相应的人机交互及信息更新，实现增强现实的交互操作。其中，三维注册是 AR 技术的核心，即以现实场景中二维或三维物体为标识物，将虚拟信息与现实场景信息进行对位匹配，即虚拟物体的位置、大小、运动路径等与现实环境必须完美匹配，达到虚实相生的地步。

增强现实性的虚拟现实在安全科学领域目前更多的是在应急救援中发挥作用，例如，灾害发生的过程中有大量人员受伤，应急救援队展开急救的过程中如处理不当会直接影响伤员的预后，导致致残率、致死率上升，切实掌握创伤急救技术是每个现场救援人员应具备的基本能力。

然而，紧张、混乱、急迫的创伤情境及救治一旦发生，就不能还原，无法在实验室或技能训练室真实地再现，受训者缺乏实操前模拟训练的机会，且缺乏真实场景下的反复训练。所以，采用增强现实虚拟现实技术可以为应急救援提供接近真实场景的训练机会（图 8-4）。

图 8-4　应急救援演练虚拟现实图

4. 分布式虚拟现实

如果多个用户通过计算机网络连接在一起，同时参加一个虚拟空间，共同体验虚拟经历，虚拟现实就提升到了一个更高的境界，这就是分布式虚拟现实系统。

分布式虚拟现实系统在远程教育、科学计算可视化、工程技术、建筑、电子商务、交互式娱乐、艺术等领域都有着极其广泛的应用前景（图 8-5）。利用它可以创建多媒体通信、设计协作系统、实境式电子商务、网络游戏、虚拟社区全新的应用系统。以下介绍与工程技术及安全工程领域相关的典型应用。

图 8-5　分布式虚拟现实驾驶模拟

（1）工程技术应用

当前的工程很大程度上要依赖于图形工具，以便直观地显示各种产品，CAD/CAM 已经成为机械、建筑等领域必不可少的软件工具。分布式虚拟现实系统的应用将使工程人员能通过全球网或局域网按协作方式进行三维模型的设计、交流和发布，从而进一步提高生产效率并削减成本。

（2）道路桥梁建设中的应用

虚拟现实技术在高速公路和桥梁建设方面有着非常广阔的应用前景，可由后台置入稳定的数据库信息，便于受众对各项技术指标进行实时的查询，再辅以多种媒体信息，如工程背景介绍、标段概况、技术数据电子地图等，其展现形式包括声音、图像、动画等，并与核心的虚拟技术产生交互，从而实现演示场景中的导航、定位与背景信息介绍等诸多实用、便捷的功能。

（3）建筑业安全管理

建筑工程行业是事故风险较高的行业，因为其在有限的场地上，集中了大量的操作人员、施工设备、建筑材料等进行作业。从安全人机工程的角度来看，为进一步保证建筑工程施工的安全、高效，可采用分布式虚拟现实为工程施工设置管理程序，引导施工单位主要负责人对安全生产管理人员进行教育培训，还可以在施工现场进行引导，发挥分布式虚拟现实的优势，让现场操作人员和指挥调度人员可以及时沟通，根据现场情况进行规范化的安全生产工作。

8.4 安全人机工程建模仿真案例

在安全人机工程领域，人体信息的数字化是将医学、信息技术、计算机技术等相结合的科技前沿性研究课题。许多国家已建立或正在建立虚拟人体模型。虚拟人体模型可以通过操作者的调控，提供视、听、触等直观

安全人机工程
建模仿真案例

而又自然的实时感，在一些条件下可以替代真人完成不安全的测试等工作，从而为人员的生命、财产安全提供保障。

8.4.1　SAMMIE 系统

SAMMIE 系统是一种基于计算机的数字人体建模（digital human models，DHM）工具，它最初由英国诺丁汉大学开发，是历史最悠久、备受推崇的 DHM 工具之一，其功能多样化的特点使 SAMMIE 系统成为设计人员、人体工程学和安全科学研究的宝贵工具。

SAMMIE 工具提供了一个平台，可以对一系列不同身高和体型的人进行建模，以代表预期的用户群，并在 CAD 环境中对设计的适合度、范围和视觉进行评估。虽然 DHM 不能替代真人和物理原型的拟合试验，但 DHM 提供了在开发过程早期进行评估的机会，这种早期预先评估测试可确保在生产高昂成本的原型之前进一步优化设计方案，使其具有适当的适应性。SAMMIE 系统可用于许多领域，包括公共区域、办公室和家庭的设备和家具的设计和布局，所有类型车辆的驾驶舱、客舱和内部评估，控制面板的设计，视场、反射和镜面评估，安全和维护评估等。

正确使用 SAMMIE 可确保人们舒适地接受所评估的设计，还可以评估公共区域、工厂、办公室和家庭的布局，以优化空间，提高人员流动的便利性和安全性。DHM 工具最重要的功能之一是能够调整人体模型的大小，以表示来自预期用户群的适当范围的用户。SAMMIE 允许改变人体模型的维度以表示国籍和性别的差异，个人设备可以建模并适当放置在人体模型上，对于传统的单变量百分位驱动模型，SAMMIE 系统中包含英国、美国、中国、荷兰、法国、德国、意大利、日本和瑞典等国家的人体模型数据。SAMMIE 还可以使用内部（骨骼长度）或外部（标准测量）数据以交互方式将人体模型的各个组件设置为任何百分位数或绝对值；使用外部测量数据可以从任何数据源创建更具代表性的多变量、非比例人体模型。SAMMIE 可以根据八种标准测量创建人体模型：身高、坐高、坐肩高度、臀部膝盖长度、膝盖高度、臂长（肩峰到指尖）、手长和肩宽（双肩峰），且支持使用其他数据集（如 ANSUR、NHANES）或从与正在执行的分析相关的真实人员（如卡车驾驶员、装配工人等）收集数据。除了体型之外，它还可以修改参数以表示肥胖或肌肉的变化。SAMMIE 采用了 Sheldon 开发的体型分型系统，Endomorphy（肥胖）、Ectomorphy（瘦）和 Mesomorpy（肌肉）的三个指标可以改变，以创建 72 个级别的体型。

这种灵活性使设计师能够创建逼真的"最坏情况"模型，这些模型并不总是简单的极端矮而瘦或高而胖的人。例如，驾驶员在汽车中的手臂伸展是腿长的函数，因为这对座椅位置有很大影响，如果使用短胳膊和腿的矮个驾驶员和长胳膊和腿的高个驾驶员来描述最坏的情况模型，分析将不会突出大多数驾驶员表达的对具有可调节方向盘的需求，这是因为手臂较短的驾驶员会将座椅完全向前调整，以便他或她的腿可以够到踏板，SAMMIE 支持这种类型的多变量适应分析。

使用 SAMMIE 时，我们还建议优化对人类可变性的探索。在许多多变量人体模型方法中，一种 A-CADRE 方法允许创建一组 17 个人体模型，这些模型能够代表 400 名成员的随机人类样本，SAMMIE 的 8 项核心外部措施与 A-CADRE 要求的措施兼容，因此很容易为所需人群生成人体模型，这种非比例模型族可以与传统的极端情况相结合，以提供对任何情况的综合分析[⊖]。

SAMMIE 提供了一个可称为"工作场所"的虚拟环境，允许执行评估和创建可视化。它提供了许多基本建模工具，允许创建简单的原始形状，虽然并没有提供许多专用 CAD 工具的强大建模功能，但是可以构建足够详细的模型来支持完全在 SAMMIE 系统内进行的人体工程学分析。在许多情况下，来自外部 CAD 系统的数据将可用并可以导入 SAMMIE，几何体可以命名、着色、显示/隐藏、分层、分组，以创建所需产品或工作场所的视觉表示，并支持轻松操作对象。例如，腿、靠垫、靠背可以组合成椅子，这些对象可以作为单独的组件进行操作，也可以通过滑动或旋转进而将它们看作完整的椅子进行操作。

可以使用 SAMMIE 系统预测和量化典型姿势。人体模型显示为一组由 18 个关节和 21 个直刚性连杆组成的核心组，这些关节分层结构表示主要关节和身体部位，可以使用关节约束，根据这些关节的屈曲/伸展、外展/内收和横向/内侧旋转来量化预测的姿势。默认情况下，关节使用来自 Barter、Emmanuel 和 Truett 的数据进行约束，这些约束可防止关节移动超出正常限制，通过与人体完成该项工作的实际情况对比或根据其他专业建议，可以识别存在安全隐患或者设计不合理的不良姿势。

预测的姿势显然是人体模型的适合度、范围和视力的函数，不良姿势通常需要修改工作站的大小或控件和显示器的布局。首选的主动方法是先将各种不同大小的人体模型放置在理想的姿势中，然后在它们周围构建工作站，以确保最佳的贴合度、范围和视野，并在必要时提供可调节的功能，任何姿势的适当性都需要软件用户的判断，建议对代表性姿势进行观察以支持 SAMMIE 评估，并在一系列任务中为人体模型估计设置姿势可能需要的时间。

SAMMIE 提供了一组标准化的默认姿势和保存重新加载用户姿势的方法。在很短的时间内，大多数 SAMMIE 用户开发了一个广泛的姿势库，简化了姿势过程，因为将现有的类似姿势调整到所需的姿势通常比从默认的站立或坐姿开始更快，SAMMIE 系统可以评估到达任何交互点的范围，可以通过放置手臂或腿，使手脚接触或不接触空间中指定的控制点来简单地评估触及范围；或者可以指定手脚需要到达的位置，如果可以到达，人体模型将自动显示几何上可行的到达姿势，如果到达尝试失败，系统会提供无法到达的距离[⊖]。这种方式极大地优化了安全人机工程中的人机交互设计。

功能性伸展也与握力或手部姿势直接相关（图 8-6）。以类似于全身姿势的方式，SAMMIE 提供 16 个关节和 19 个直刚性连杆，结构化形成逼真的手形。此外，还可使用标准握法类型库，例如捏握、手掌握法、食指点等，以避免耗时且复杂的手部操作。对于每个握法，到达点是不同的，因此对于食指点，到达点是食指的指尖，这可用于评估指尖需要与按

⊖ 引自 Lee A L，Wong K W，Learning with desktop virtual reality：Low spatial ability learners are more positively affected，Computers & Education，2014。

⊖ 引自 Case K，Marshall R，Summerskill S，Digital human modelling over four decades，International Journal of the Digital Human，2016。

钮表面中心交互的按钮的触及范围。对于手掌抓握，触及点位于靠近手掌的抓握体积的中心，因此对杠杆或方向盘的伸手距离评估将尝试放置手，使得伸手可及的手包围圆柱形形状。还有另外两种定义到达的自动化方法：到达区域和到达量，统称为到达等值线。覆盖区域覆盖在设计的任何表面上。对于当前姿势，使用给定的抓握类型，可触及区域内封闭的 2D 空间可由该人体模型到达。到达量通过组合一组到达区域形成到达量来提供对区域的类似评估，到达区域和体积提供到达位置的快速视觉评估，它们可以隐藏、着色并随着选定肢体的运动而移动。在 SAMMIE 中设置操作环境时，能够通过预定义范围或特定位置和方向移动。例如，门可以具有打开状态和关闭位置，修改设置允许在 SAMMIE 中记录和调用此操作，修改记录任何几何图形的位置和方向可以随时记录和调用任意数量的这些状态，以在"状态"之间快速切换以支持评估测试。"增量"修改允许将线性或旋转运动应用于几何体，如果需要，这些运动可以限制在定义的限制内。此功能的常见用途是定义设计部分的可调范围。例如，汽车座椅的前后增量修改限制为±130mm，表示座椅的可调节性。虽然 SAMMIE 提供动态移动汽车座椅的能力作为默认工作场所操作功能的一部分，但修改提供了更好的控制方法并确保移动永远不会超出约束限制。

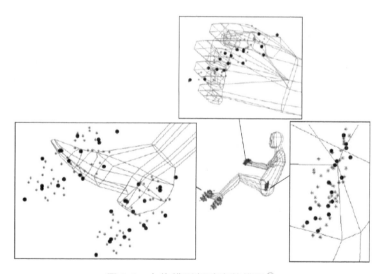

图 8-6　人体模型驾驶姿势模拟⊖

　　SAMMIE 还包括支持视觉分析的重要功能，如图 8-7 所示，通过使用体积和球面投影菜单，用户现在可以通过光圈或镜子评估人体模型的视野（FoV）。使用新的 3D 体积投影，可以投影和可视化空间的可见体积，最多可以同时投射 12 个孔径和反射镜，从而可以评估完整的 360°视野。FoV 投影可以 3D 显示，也可以投影到 2D 平面（如地面）或以眼点为中心的球体表面。这两种方法都创建了自己的可视区域版本。对于球面投影，面积可以用"m^2"计算，以提供 FoV 的客观度量，还可以从单目视点或双目视点进行投影，然后可以组合得

⊖　引自 Hogberg, D, Digital human modelling for user-centred vehicle design and anthropometric analysis, International Journal of Vehicle Design, 2009。

到的投影以提供总视觉区域（BoolearnOR），或组合以提供仅对双眼可见的视觉区域。进一步的改进包括将投影裁剪到与人体模型的眼点相对的有限距离或角度。

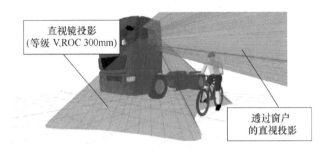

图 8-7　车辆驾驶员视野模拟⊖

8.4.2　THUMS 模型

THUMS 模型（图 8-8）是一种使用碰撞测试假人测试汽车碰撞对乘客的伤害的模型，假人模型的体型和体重与真实的人体统计数据一致，但是为了让它坚固耐用，就难以测定碰撞时对人体内部器官的影响。自 1997 年以来，丰田一直在开发计算机虚拟人体模特，即 THUMS，使模拟和分析更加接近真实的事故情况，同时 THUMS 进一步复制了人体的骨骼结构和韧带肌腱，其中使用 THUMS 软件模拟分析受伤的乘客和行人，所获数据已被用于协助开发减轻颈部伤害（Whiplash Injury Lessening，WIL）概念座椅，这类座椅能够有助于减轻某些低速追尾碰撞所造成的颈椎过度

图 8-8　日本丰田 THUMS 模拟模型⊜

屈伸损伤，缓解二次碰撞座位侧方安全气囊，因此世界各地的研究人员一直在使用 THUMS 来帮助提高安全性能。

2006 年 4 月全球人体模型协会（GHBMC）成立，其目标是将全球范围内的人体模型研究与开发活动整合为全球性的项目，以提高碰撞安全技术，GHBMC 的主要任务是开发和维护用于汽车碰撞模拟的高保真有限元人体模型（图 8-9）。

在 GHBMC 的相关研究中，女性乘员、矮小乘员和老年乘员等易损伤乘员群体在交通事故中往往有着更高的伤亡风险，而我国在评价汽车正面碰撞安全性时使用的是 HybridⅢ 男

⊖　引自 Summerskill S, Marshall R, Cook S, et al, The use of volumetric projections in Digital Human Modelling software for the identification of Large Goods Vehicle blind spots, Applied Ergonomics, 2016。

⊜　引自 Golman A J, Danelson K A, Stitzel J D, Robust human body model injury prediction in simulated side impact crashes, Computer Methods in Biomechanics and Biomedical Engineering, 2016。

性 50 百分位假人作为损伤评价工具，不仅不能准确反映我国乘员相应百分位人群的真实情况，也忽略了实际道路交通事故中驾驶员身高和体型的多样性。近年来，我国人口老龄化和肥胖化日益严重，这对现有乘员约束系统与我国人体的保护效果提出了更大的挑战。开发能够准确识别乘员体征并且主动调整约束系统参数的智能约束系统势在必行，然而智能约束系统的研究设计需要充分考虑不同体征乘员在碰撞过程中的动力学响应和损伤差异，传统的损伤评价工具无法满足这一需求，因此对于我国目前的研究现状，参数化人体模型概念的出现让多体征乘员的碰撞仿真研究成为可能。

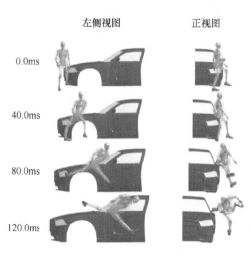

图 8-9 模拟碰撞模型 ⊖

8.4.3 DELMIA 模拟软件

DELMIA（digital enterprise lean manufacturing interactive application）是一款数字化企业的互动制造应用软件，它的特点是向随需应变（on-demand）和准时生产（just-in-time）的制造流程提供完整的数字解决方案，令制造厂商缩短产品上市时间，同时降低生产成本、促进创新。DELMIA 数字制造解决方案可以使制造部门设计数字化产品的全部生产流程，在部署任何实际材料和机器之前进行虚拟演示。它们可以与 CATIA 设计解决方案、ENOVIA 和 SMARTEAM 的数据管理和协同工作解决方案紧密结合，给产品生命周期管理（PLM）的客户带来实实在在的益处。结合这些解决方案，使用 DELMIA 的企业能够提高贯穿产品生命周期的协同、重用和集体创新的机会。

传统制造业的制造工艺均是以二维图为基础，过分依赖规划人员的经验水平，不能及时发现工艺规划中的错误，且与设计处于串行的工作模式使工艺规划处于一个信息孤岛，自动化程度低，产品研制周期长、成本高，不能满足现代工艺制造的需要。法国达索系统公司（Dassault Systeme）为客户提供一整套数字化设计、制造、维护、数据管理的 PLM 平台。以"不断的技术创新"为理念的达索系统系列解决方案已经在航空飞行器设计、汽车制造、消费电子产品等领域成为生产上的工业标准。而在达索系统内部，又包括了一个面向制造过程（维护过程、人机过程）的数字化制造平台子系统——DELMIA。作为"数字化企业精益制造集成式解决方案"的缩写，DELMIA 把视野集中于复杂制造或维护过程的仿真与相关数据的管理与协同。DELMIA 提供目前市场上最完整的 3D 数字化设计、制造和数字化生产线解决方案，运用以工艺为中心技术，针对用户的关键性生产工艺，实现全面的制造解决方案。

⊖ 引自 Casey Costa, Jazmine Aira, Bharath Koya, et al, Finite element reconstruction of a vehicle-to-pedestrian impact, Traffic Injury Prevention, 2020。

目前，DELMIA 广泛应用于航空航天、汽车、造船等制造业，涵盖飞机设计、制造及维护过程中的所有工艺设计，使用户能够利用 3D 设计模型即可完成产品工艺的设计与验证。

DELMIA 提供了工业上第一个和虚拟环境完全集成的商用人体工程模型。

DELMIA/Human 可以在虚拟环境中快速建立人体运动模型，并对设计的作业人体工程进行安全高效的分析，包含操作可达性仿真、可维护性仿真、人体工学仿真、安全性仿真（图 8-10）。人体建模模块提供了 5、50 和 95 百分位的男女人体模型库，这些模型都带有根据人体生物力学特性设定的人体反向运动特性，用户可修改人体各部位的形体尺寸以适应各种人群和特殊仿真需求。姿态分析模块可以对人体各种姿态进行分析，检验各种百分位人体的可达性，例如，座舱乘坐舒适性，装配维修是否方便等。视野分析模块可以生成人的视野窗口，并随人体的运动动态更新，设计人员可以据此改进产品的人体工学设计，检验产品的可维护性和可装配性。工效分析模块可以对人体从一个工位到另一个工位运动所需要的时间、消耗的能量自动进行计算。人体作业仿真模块可以在图形化的界面下

图 8-10 DELMIA/Human
模拟示意图⊖

示教于人体设计的工作，可以用鼠标操作人体各个关节的运动来检验人体行为动作是否安全高效。

人体模拟仿真是现代安全人机工程科学研究领域的一个重点问题，而且它在各行各业有着广阔的应用前景，但是目前研究的现状还难以模拟达到人体与现实完全一致，例如在危险情况下人体的行为动作还会受到心理、周围人群、环境条件等多个方面的因素影响，从而干扰人体的行为动作，造成事故。随着人们对安全人机工程学的不断研究，这些问题都将一一处理。

8.4.4 LS-DYNA 模拟仿真

LS-DYNA 是一款比较先进的通用非线性有限元程序，能够模拟真实世界中的复杂问题，在 Linux、Windows 和 Unix 操作系统的台式机或集群服务器上 LS-DYNA 的分布式和共享内存式求解器可在很短时间内完成每次作业。利弗莫尔软件技术公司（livermore software technology，LST）旨在通过 LS-DYNA 为用户提供无缝地解决"多物理场""多工序""多阶段""多尺度"等问题的方法。LS-DYNA 适用于研究结构动力学问题中涉及大变形、复杂材料模型和接触情况的物理现象。LS-DYNA 可以在显式分析和采用不同时间步长的隐式分析之间进行切换。不同学科如热耦合分析、计算流体动力学（CFD）、流固耦合、光滑粒子流体动力学（SPH）、无网格伽辽金法（EFG）、颗粒法（CPM）、边界元法（BEM）等可以与结构

⊖ 引自 Magistris G D，Micaelli A，Evrard P，et al，Dynamic control of DHM for ergonomic assessments，International Journal of Industrial Ergonomics，2013。

动力学相结合进行分析。LS-DYNA 程序有功能齐全的几何非线性（大位移、大转动和大应变）、材料非线性（140 多种材料动态模型）和接触非线性（50 多种）程序。它以 Lagrange 算法为主，兼有 ALE 和 Euler 算法；以显式求解为主，兼有隐式求解功能；以结构分析为主，兼有热分析、流体-结构耦合功能；以非线性动力分析为主，兼有静力分析功能（如动力分析前的预应力计算和薄板冲压成型后的回弹计算）；军用和民用相结合的通用结构分析非线性有限元程序，是显式动力学程序的鼻祖和先驱。LS-DYNA 可用于评估汽车性能（图 8-11）。

图 8-11　汽车模型[一]

对很多产品设计而言，LS-DYNA 能够在产品模型定型前确定产品性能，这对缩短产品上市时间起到关键作用，利用 LS-DYNA 开展仿真研究能够有效支持具有高性能的稳健、可靠产品的开发。自带的前后处理工具 LS-PrePost 可用于生成输入文件和数值结果的可视化。此外，为用户提供的适用于结构优化和稳健设计的 LS-OPT 软件包，因为具备多学科仿真分析与优化的能力，可以显著地提高创新产品开发的潜能，有效降低产品开发成本。所有上述功能和软件包作为一个整体模块提供给用户使用，LS-DYNA 未对一些特殊应用问题进行分块处理，因此其可将不同学科耦合进行仿真分析而没有任何限制。它在涉及结构非线性动力学等复杂问题中作为求解器被广泛地应用。由于在其他新领域的推广，其使用量正在迅速增长。

8.5　安全人机工程建模仿真的发展趋势与展望

随着计算机软件技术的日新月异，计算机图形学、计算机辅助设计、虚拟现实、人工智能等技术的进一步发展，安全人机工程学的理论与方法已发生质的飞跃。计算机技术的引入不仅为安全人机工程学的研究提供了新的方法，更重要的是为其在实际生产生活中的应用提供了强有力的支持，也为安全人机工程评价技术的发展打下了坚实的基础。国外也开发出不同的安全人机工程软件，它们都不同程度地具有人机评价的功能，所使用的人机分析、评价方法也多种多样，如静态施力分析、作业姿势分析、视阈分析、疲劳恢复分析、舒适度分析、姿态分析、低背受力分析、可及度分析及能量代谢分析等。

基于模型建立及模型实验的系统仿真方法学，其发展一直受所研究系统复杂程度的增长

───────────
⊖　引自 Yao J，Wang B，Hou Y et al，Analysis of Vehicle Collision on an Assembled Anti-Collision Guardrail，Sensors，2021。

以及仿真支持技术发展的影响。传统的仿真技术起源于工程领域，研究对象往往具有自洽性质，建模过程通常在结构级进行，信息源主要来自人类的先验知识，数据仅用于结果的验证，演绎法成为主要的建模方法。这样，建模的过程往往不被重视或被忽略，随着人类视野的扩大，关心的问题正在变化，仿真技术广泛应用于复杂的大系统研究，这类系统具有明显的黑箱性质，使广义的仿真技术更多地关注建模过程。将建模与仿真结合，发展系统仿真方法学。

当今，人类置身于开放的复杂现实世界中，面临的众多安全问题也是基于复杂系统产生的，因此安全系统仿真技术面临的问题域从过去的单一的工程与非工程、生命力与非生命的系统范围，扩展为具有丰富内涵的综合大系统，安全系统仿真任务也相应扩展为综合性和过程的仿真设计和仿真工程，例如分布交互安全仿真、各种安全仿真器、安全智能决策支持、安全管理工程等。伴随问题域的拓宽，促使安全系统仿真方法学考虑安全工程与安全管理的渗透；自然科学与社会学广泛学科领域的交融；人、机、环境信息高度一体化的融合，使分布于广阔时空范围具有广泛属性的各类安全事物进入一体化的集成安全仿真研究环境，实现多维、海量信息的综合映射。对复杂现实世界的描述必须集成各种映射手段，更自然地抽取对象属性的信息。通过多种媒体渠道的映射集成综合，创建一体化人机和谐交互处理多维信息智能仿真环境。

信息化与社会信息化的结果使人们对于系统的认识和研究有了很大的发展，系统的规模与复杂性都有了很大的增长。复杂、开放、分布巨系统的研究正受到人们的重视。众所周知，由于信息技术的迅速发展，人类可用的信息资源已经到了巨大的程度，信息高速公路、国际互联网技术的发展使系统的开放性、分布性大大增加，对于复杂、开放、分布的巨系统的研究将会推动现代系统仿真方法和技术的发展和进步。显然，信息社会化的进程，正在触动社会中安全信息广泛的研究领域，如安全科学研究、安全系统开发、安全生产实践、安全教育培训等方面，从安全管理人员到操作一线的各类人员，由切身工作产生对信息处理的需求，开始广泛关注和参与安全系统仿真活动。这个社会现实迫使系统仿真技术从专业技术人员封闭体系中转向面对社会的广泛阶层，这个信息社会化的背景推动了系统仿真方法学的革新与发展。

近年来，由于安全领域的扩展和仿真支持技术的发展，安全系统仿真方法学致力于更自然地抽取事物的属性特征，实现更直观的映射；寻求使模型研究者更自然地参与仿真活动的方法等。在这些探索的推动下出现了一批新的研究热点。例如，面向对象的安全仿真方法，从人类认识世界模式出发，使问题空间和求解空间相一致，提供更自然直观的系统仿真框架；安全定性仿真，对复杂系统进行安全研究，由于传统的定量数字仿真的局限，仿真域引入定性研究方法将拓展其应用，定性仿真力求非数字化，以非数字手段处理信息输入、建模、行为分析和结果输出，通过定性模型推导系统定性行为描述；分布交互安全仿真，研究分布于广阔时空领域不同类型（包括人在内）的仿真对象，构造一个基本框架，通过计算机网络实现交互操作，它是时空一致合成仿真环境的一种先进仿真技术，在快速、高效、海量的信息通道及相应处理的支持下对复杂、分布、综合的安全系统进行实时安全仿真。面向对象的仿真方法，提供了更为自然、直观的系统仿真框架。其实施要进一步探讨使研究者置身于虚拟真实化的信息空间目标，创建高还原感觉的信息环境，使真实化环境、模型化的物理环境与用户融为一体，使研究主体——人产生身临其境的感受，这种人机和谐仿真环境的研究推动了一些新的研究分支的发展，如可视化仿真、多媒体仿真、虚拟现实等。

安全智能仿真也是现在的一个研究热点。以知识为核心和人类思维行为作为背景的智能技术引入整个建模与仿真过程，构造各种基于知识的仿真系统——智能仿真平台。近年来，各种智能算法，如模糊算法、神经网络、遗传算法等的探索也形成了智能建模与仿真中的一些研究热点。智能建模抛开原来的数学模型和物理模型的建模方法，应用智能技术，利用系统实测输出数据、专家经验对现场控制对象和控制器进行建模，解决复杂系统的建模难题，使之更准确、更自然。而智能仿真是人工智能技术渗透到仿真技术中，建立各种智能仿真平台的活动，为安全人机工程学科的发展提供帮助。

复 习 题

1. 什么是安全人机工程系统仿真？它主要解决的问题是什么？请详细阐述。

2. 安全人机工程建模的主要方法有哪些？试举例说明。

3. 目前国际上对 DHM（digital human models）的研究主要针对哪些方面？有什么待解决的问题？试着提出一种解决思路。

4. 在自然、社会、思维活动中，仿真是一种认识世界的方法，安全人机工程仿真则是安全科学研究的一种认识方法，试举例说明安全人机工程仿真在安全科学研究中的作用和地位。

5. 安全人机工程数值模拟主要有哪些方法？选择一种分析其优、缺点。

6. 进行安全人机工程设计需要考虑哪些安全人机工程学要求？试针对一个问题选择一个模拟软件进行模拟设计，并总结心得体会。

7. 就你的理解，请表述安全人机工程建模仿真在保证人-机-环系统平稳运行过程中起到什么样的作用？

8. 在人体模拟仿真中，主要有哪些模型？选择一种进行介绍。

9. 虚拟现实（VR）技术在安全人机工程中应用越来越广泛，请谈谈虚拟现实技术的优点与目前存在的缺陷，并尝试提出解决办法。

第9章
人-机-环系统事故致因理论及安全防控技术

学习目标

（1）通过本章学习，了解人-机-环系统事故的基本特征，理解事故的致因理论和抽象出事故发生的模型理论。

（2）重点从"人"的角度出发，掌握基本的人因失误事故模型，把握事故的统计规律及其预防原则。

（3）理解并能够区分人-机-环系统检测和监测的基本概念，掌握其关键技术。

（4）了解一些常见的极端环境下的安全人机问题。

本章重点与难点

本章重点：事故因果连锁理论、能量意外转移理论与轨迹交叉理论的基本内容，人因因素理论的基本内容，事故的统计规律及其预防原则，人-机-环系统检测和监测的基本概念及其关键技术。

本章难点：威格里斯沃思模型、瑟利模型的理解与运用，人-机-环系统检测和监测的区别，常见的极端环境下的安全人机问题。

保障系统安全是安全人机工程学追求的主要目标之一，在人-机-环系统运行过程中有可能发生事故，就有必要对人-机-环系统可能产生的事故进行成因分析。分析事故原因，可为人-机-环系统最佳安全设计提供思路，因而事故成因分析必然是安全人机工程学研究的重要内容。安全生产是我国的一项基本国策，是保护劳动者安全健康、保证经济建设持续发展的基本条件，因而保证安全生产一直是人们所关注的课题。对于从事系统安全的研究人员来讲，如何对一个系统的安全性进行正确的定性与定量的评价，对可能发生的事故进行预测，事先给有关人员提出警示，及时采取有效的预防措施，减少或防止事故的发生，的确是件非常重要的事情。因此，研究事故的致因理论和抽象出事故发生的模型理论，以便从本质上阐明生产安全事故的因果关系，这对人们认识事故本质、提高人-机-环系统的安全性十分必要。本章在介绍事故致因的相关理论之后，还重点介绍人因失误事故模型及安全防控技术。

9.1 | 事故致因理论

引发事故的原因非常复杂，但依据安全人机工程学理论，事故的基本成因可归纳为人的原因、物的原因、环境条件的原因这三大因素的多元函数，当然，系统安全管理、事故发生机理也构成事故发生与否的关键因素。从事故致因逻辑关系可知，事故原因有人、物、环境、管理四个方面，而事故机理则是触发因素。从寻求事故对策的角度来分析，一般将上述四个方面的原因分为直接原因、间接原因和基础原因。如果将环境条件归入物的原因，则人机系统中事故直接原因是人的不安全行为和物的不安全状态；间接原因就是管理失误；而基础原因一般是指社会因素[⊖]。

9.1.1 事故的基本特性

事故基本特性是指事故的潜伏性、突发性、偶然性、因果性。

1. 潜伏性

潜伏性是指事故的导致因素的隐蔽性、潜在性。

2. 突发性

突发性是指事故的发生往往是事故原点在触发能量、偶合条件作用下的突发转变过程。

3. 偶然性

偶然性是指事故发生的必然性决定了事故发生的必然结果，但是事故在何时、何种情况下发生又往往是偶然的，事故终点引起的伤亡和损失的方式及严重性也往往是难以预料的。

4. 因果性

因果性是指任何事故发生的原因与结果的必然性和逻辑关系。

9.1.2 事故因果理论

1. 事故因果连锁理论及事故因果类型

事故现象的发生与其原因存在着必然的因果关系。"因"与"果"有继承性，因果是多层次相继发生的，一次原因是二次原因的结果，二次原因是三次原因的结果，如此类推。事故发生的层次顺序如图 9-1 所示。

在事故因果连锁理论中，以事故为中心，事故的结果是伤害（伤亡事故的场合），事故的原因包括三个层次：直接原因、间接原因、基本原因。由于对事故的各个层次的原因的认识不同，形成了不同的事故致因理论。因此，人们经常用事故因果连锁的形式来表达某种事故致因理论。事故因果连锁理论又称作因果继承原则。可以将因果继承原则看成这样一个连锁事件链：基础原因→二次原因（间接原因）→一次原因（直接原因）→事故→损失。显然，追查事故时，应该从一次原因逆行查起。因果有继承性，是多层次的连锁关系。

⊖ 引自 Li W，Zhang L，Liang W，An Accident Causation Analysis and Taxonomy（ACAT）model of complex industrial system from both system safety and control theory perspectives，Safety science，2017。

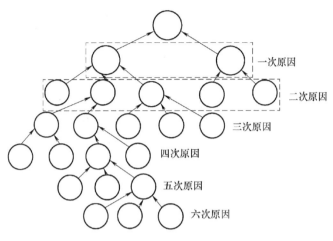

图 9-1 事故发生的层次顺序

事故的因果类型可分为三类：多因致果型、因果连锁型、集中连锁复合型（图 9-2 ~ 图 9-4）。

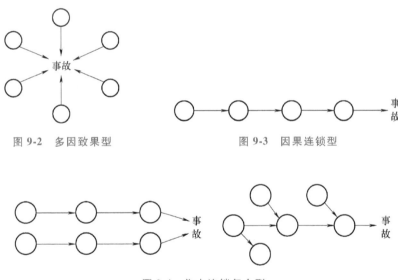

图 9-2 多因致果型　　　　　　图 9-3 因果连锁型

图 9-4 集中连锁复合型

2. 海因里希因果连锁理论

海因里希因果连锁理论又称海因里希模型或多米诺骨牌理论，该理论由海因里希首先提出，用以阐明导致伤亡事故的各种原因及与事故间的关系。该理论认为，伤亡事故的发生不是一个孤立的事件，尽管伤害可能在某瞬间突然发生，却是一系列事件相继发生的结果。海因里希把工业伤害事故的发生、发展过程描述为具有一定因果关系的事件的连锁发生过程：

1）人员伤亡的发生是事故的结果。

2）事故的发生是由于人的不安全行为或物的不安全状态。

3）人的不安全行为或物的不安全状态是由人的缺点造成的。

4）人的缺点是由不良环境诱发的，或者是由先天的遗传因素造成的。

在该理论中，海因里希借助多米诺骨牌形象地描述了事故的因果连锁关系，即事故的发生是一连串事件按一定顺序互为因果依次发生的结果。如果一块骨牌倒下，则将发生连锁反应，使后面的骨牌依次倒下（图9-5）。海因里希模型中5块骨牌依次代表：M——由于遗传或社会环境而造成的属于人体本身的原因（例如鲁莽、固执、轻率等先天性格）；P——人为过失；H——由于人的不安全行为或物的不安全状态而引起的危险性（例如用起重机吊重物时不发信号就启动机器，再如拆除安全防护装置等，都属于人的不安全行为）；D——发生事故；B——伤亡。用 $A_1 \sim A_5$ 分别代表5块骨牌所表示的事件，用 A_0 代表伤亡事故发生的这一事件，用 $P(A)$ 表示事件 A 发生伤亡事故的概率。根据海因里希连锁论，伤亡事故要发生，必须5块骨牌都倒下，即属于逻辑"与"门事件。

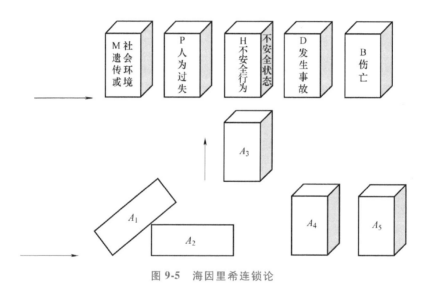

图 9-5 海因里希连锁论

于是，

$$A_0 = A_1 A_2 A_3 A_4 A_5 \tag{9-1}$$

$$P(A_0) = P(A_1) P(A_2) P(A_3) P(A_4) P(A_5) \tag{9-2}$$

由于 $P(A_i)$ 都小于1（这里 $i = 1 \sim 5$），因此 $P(A_0) \ll 1$，这说明伤亡事故的概率是很小的。显然，如果某一个 $P(A_i) = 0$（即相当于抽去5块骨牌中的任意一块），这时 $P(A_0)$ 便为零（这相当于事故就不会发生了）。

应该指出的是，虽然海因里希把事故致因的事件链假设得过于简单和绝对化（事实上，各个骨牌之间的连锁关系是复杂的、随机的。前面的牌倒下，后面的牌可能倒下，也可能不倒下。此外，事故也并不是全部都造成伤害，不安全状态也并不是必然会造成事故），然而他的事故因果连锁理论促进了事故致因理论的发展，成为事故研究科学化的先导，具有重要的历史地位。近些年来，一些新的事故因果理论模型的出现将事故的事件链多元化、复杂化，使其更具有现实意义，例如，AcciMap方法、能垒模型、系统论事故模型与过程（STAMP）与动态方法的耦合等[⊖]。

9.1.3　能量意外转移理论

1. 能量与事故

1961 年吉布森（Gibson）、1966 年哈登（Haddon）等人提出了能量意外转移理论。其理论的依据是对事故本质的定义，即哈登把事故的本质定义为：事故是能量的不正常转移。这样，研究事故控制的理论则从是事故的能量作用类型出发，即研究机械能（动能、势能）、电能、化学能、热能、声能、辐射能的转移规律；研究能量转移作用的规律，即从能级的控制技术，研究能转移的时间和空间规律；预防事故的本质是能量控制，可通过对系统能量的消除、限值、疏导、屏蔽、隔离、转移、距离控制、时间控制、局部弱化、局部强化、系统闭锁等技术措施来控制能量的不正常转移。能量类型与产生的伤害见表 9-1。

表 9-1　能量类型与产生的伤害

能量类型	产生的伤害	事故类型
机械能	刺伤、割伤、撕裂、挤压皮肤和肌肉、骨折、内部器官损伤	物体打击、车辆伤害、机械伤害、起重伤害、高处坠落、坍塌、冒顶片帮、放炮、火药爆炸、瓦斯爆炸、锅炉爆炸、压力容器爆炸
热能	皮肤发炎、烧伤、烧焦、焚化、伤及全身	灼烫、火灾
电能	干扰神经-肌肉功能、电伤	触电
化学能	化学性皮炎、化学性烧伤、致癌、致遗传突变、致畸胎、急性中暑、窒息	中毒和窒息、火灾
辐射能	细胞和亚细胞成分与功能的破坏	反应堆事故中，治疗性与诊断性照射，滥用同位素、辐射性粉尘的作用。具体伤害结果取决于辐射作用部分和方式

从能量的观点出发，按能量与被害者之间的关系，可以把伤害事故分为三种类型，相应地，应该采取不同的预防伤害的措施，具体如下：

1）能量在人们规定的能量流通渠道中流动，人员意外地进入能量流通渠道而受到伤害。设置防护装置之类屏蔽设施防止人员进入，可避免此类事故。警告、劝阻等信息形式的屏蔽可以约束人的行为。

2）在与被害者无关的情况下，能量意外地从原来的渠道里逸脱出来，开辟新的流通渠道，使人员受害。按事故发生时间与伤害发生时间的关系，又可分为两种情况：

① 事故发生的瞬间人员即受到伤害，甚至受害者尚不知发生了什么就遭受了伤害。这

⊖　引自 Fabiano B，Vianello C，Reverberi A P，et al，A perspective on Seveso accident based on cause-consequences analysis by three different methods，Journal of Loss Prevention in the Process Industries，2017。

种情况下，人员没有时间采取措施避免伤害。为了防止伤害，必须全力以赴地控制能量，避免事故的发生；

② 事故发生后人员有时间躲避能量的作用，可以采取恰当的对策防止受到伤害。例如，发生火灾、有毒有害物质泄漏事故时，人们可以恰当地采取隔离、撤退或避难等行动远离事故现场，避免遭受伤害。这种情况下，人员行为正确与否往往决定他们的生死存亡。

3）能量意外地越过原有的屏蔽而开辟新的流通渠道；同时被害者误进入新开通的能量渠道而受到伤害。实际上，这种情况较少。采用事故分析方法预设所有能量可进入的流通渠道并设立新的防护屏障，同时约束人员的行为。

2. 能量意外转移观点下的事故因果连锁

调查伤亡事故原因时发现，大多数伤亡事故都是由于过量的能量，或干扰人体与外界正常能量交换的危险物质的意外释放所引起的，而且造成能量意外释放大都是由人的不安全行为或者物的不安全状态造成的。美国矿山局的札别塔基斯（Zabetakis）给出了根据能量意外释放观点建立的事故因果连锁模型，如图9-6所示。这个模型为采用能量观点分析事故提供了工具。

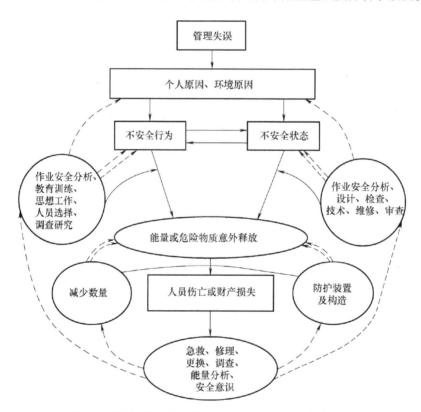

图9-6　根据能量意外释放观点建立的事故因果连锁模型

9.1.4　轨迹交叉理论

轨迹交叉理论（trace intersecting theory）是一种研究伤亡事故致因的理论。轨迹交叉理论可以概括为设备故障（或物处不安全状态）与人失误事件链的轨迹交叉就会构成事故。

在多数情况下，由于企业管理不善，工人缺乏教育和训练，或者机械设备缺乏维护、检修以及安全装置不完备，导致人的不安全行为或物的不安全状态。轨迹交叉理论将事故的发生、发展过程描述为基本原因→间接原因→直接原因→事故→伤害。从事故发展运动的角度，这样的过程被形容为事故致因因素导致事故的运动轨迹，具体包括人的因素运动轨迹和物的因素运动轨迹。图 9-7 给出了根据轨迹交叉理论所建立的事故模型。轨迹交叉理论作为一种事故致因理论，它强调人的因素与物（包括环境）的因素在事故致因中占有同样重要的地位，这一观点对于调查和分析事故来说是十分重要的。

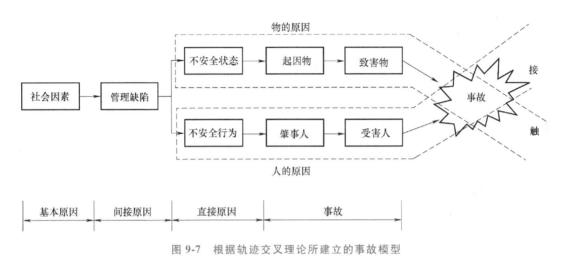

图 9-7　根据轨迹交叉理论所建立的事故模型

9.2 | 人因失误事故模型

这类事故理论都有一个基本观点，即人失误会导致事故，而人失误的发生是由人对外界信息（刺激）的反应失误所造成的。

9.2.1　威格里斯沃思模型

威格里斯沃思在 1972 年提出，人失误构成了所有类型事故的基础。他把人失误定义为"人错误地或不适当地响应一个外界刺激"。生产操作过程中，各种各样的信息不断地作用于操作者的感官，给操作者以"刺激"。若操作者能对刺激做出正确的响应，事故就不会发生；反之，如果错误或不恰当地响应了一个刺激（人失误），就有可能出现危险。危险是否会带来伤害事故，则取决于一些随机因素。图 9-8 是威格里斯沃斯事故模型流程图。

9.2.2　瑟利模型

瑟利把事故的发生过程分为危险出现和危险释放两个阶段，这两个阶段各自包括一组类似人的信息处理过程，即感觉、认识和行为响应过程。

在危险出现阶段：如果人的信息处理的每个环节都正确，危险就能被消除或得到控制；反之，只要任何一个环节出现问题，就会使操作者直接面临危险。

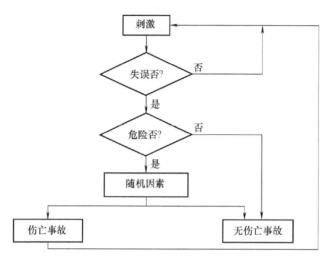

图 9-8　威格里斯沃斯事故模型流程图

在危险释放阶段：如果人的信息处理过程的各个环节都是正确的，则虽然面临着已经显现出来的危险，但仍然可以避免危险释放出来，不会带来伤害或损害；反之，只要任何一个环节出错，危险就会转化成伤害或损害。图 9-9 是瑟利事故模型流程图。

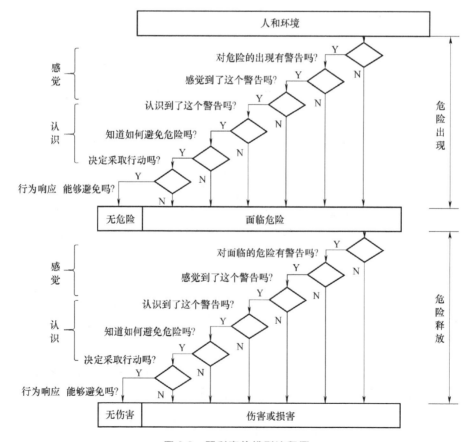

图 9-9　瑟利事故模型流程图

事故因果关系理论解释了事故可能的因果机制，不安全行为是事故因果关系的重要组成部分。事故中不安全行为之间相互作用的局限性同样需要引起重视。建立起事故中的行为风险链，通过安全管理得到协同控制，这对预防事故具有一定的理论和现实意义[一]。

9.2.3　人因因素理论

1. 人因因素

美国化学工程师协会《化工事故调查指南》（第 2 版）（*Guidelines For Investigating Chemical Process incidents*）中描述引发事故的人因因素主要涉及三个方面（图 9-10）：

1）人：人的特性和行为。

2）机：工艺设备。

3）管理体系：管理性程序、工作指南和培训等。

员工在工作中每天都与技术、环境（更准确地说是作业环境）、组织因素相互作用。人因因素不仅与员工个体的因素有关，绝大多数的情况是：人的行为是受到技术、环境和组织因素影响的结果。一旦技术、环境和组织与管理者对人的行为绩效期望不匹配时，人的缺点就会被诱发出来（图 9-11）。

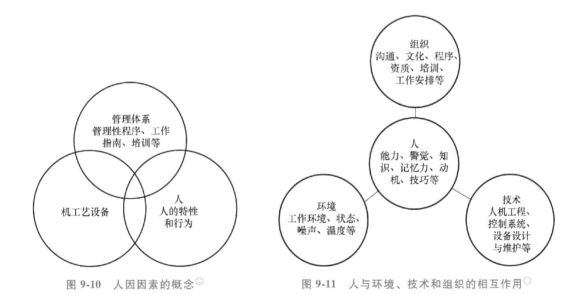

图 9-10　人因因素的概念[一]　　　　图 9-11　人与环境、技术和组织的相互作用[二]

目前，发达国家和地区已经尝试通过制定相应的激励机制来避免和克服设计的不足、技术的不足、管理系统的不足和人的局限性。对此，其理论是：当事故发生时，管理人员应该寻找管理系统的原因，正是由于系统的缺陷而使得技术、环境和组织存在不足，而导致和诱

㊀ 引自 Guo S，Zhou X，Tang B，et al，Exploring the behavioral risk chains of accidents using complex network theory in the construction industry，Physica A：Statistical Mechanics and its Applications，2020。

㊁ 引自美国化学工程师协会《化工事故调查指南》第 2 版（Guidelines For Investigating Chemical Process Incidents：Second Edition），2003。

发了人的不安全行为。事实是，人适应系统很难，因此，更好的选择应是提升和完善系统的设计，使其更符合人性的特征。

环境的影响表现在：身体的活动能力（高温、高噪声、照明不足等所导致的能力受限）、心理作用（超长的工作时间、高温环境导致的疲劳和其他心理作用）、决策（由于环境因素导致员工铤而走险、走捷径）等。

技术的影响表现在：解决问题和决策的能力（例如在中控室太多的警报声、仪器仪表出现误差等）、认知和理解（从技术设计所参照的标准不同，例如：红色代表打开，绿色代表关停）、可操作、力量强弱、灵敏性（人机工程设计、阀门操作位置的设计）等。

组织的影响表现在：惯用做法（程序、培训、工作计划等直接影响人员发生习惯性违章）、知识和技能（培训不足、知识欠缺直接影响人员的能力）、班组（班组内工作优先次序的安排直接影响员工间的合作）等。

以下是常见的影响员工行为的管理因素：

作业场所的设计：设施布局，场站软、硬件的配置，辅助设施。

设备的设计：显示器和控制板、阀门、法兰、开关、键盘等控制设备、手动工具。

工作环境状态：噪声、振动、照明、温度、化学品接触。

体力操作：力度、重复性操作、姿势。

管理因素：奖励与处罚、个人和组织的目标、工作轻重缓急的安排。

工作设计：工作计划、工作量、岗位要求与人员能力、任务分配。

信息转化：标签与警示、指引、操作程序、沟通、培训、决策。

个人因素：精神压力、年龄、修养、疲劳、厌倦、动机、身材大小、体型。

班组合作：岗位职责与定位相互关系、班组作风。

近20年来，国际上人因因素理论在事故预防方面得到了广泛的应用，包括：工艺流程设计、安全管理、生产运营、设备维护等环节。在化工行业，人因失误被认为是绝大多数灾难事故的主要原因。人因失误的出现实质是人的技能与工艺流程的要求不匹配，而导致这种不匹配的关键是管理上的问题。例如，制定的工艺流程不正确、不合适，没有为管理、操作和维护工艺流程提供相匹配的资源，设置合适的反馈机制以是否便监控和保障安全运营等。

2. 人因失误与行为安全

人因失误（human error）是指人的行为结果偏离了规定的目标，或超出了可接受的界限，并产生了不良影响。在航空、航天、核能及石油化工等高风险行业中，人因可靠性分析（human reliability analysis，HRA）作为概率风险评价（probabilistic risk analysis，PRA）的一个重要组成部分，已成为越来越重要的风险控制工具。研究和开发改进的HRA方法，使人的可靠性能更好地在PRA中加以模拟和量化，已经成为PRA领域乃至风险管理领域普遍关心和亟待解决的问题。研究人员通常将人因失误的原因分为内因和外因。外因是指人的工作环境、组织特征、工具与设备等，而内因包括个人的生理特征和心理特征。

在事故根源分析中，要注意人因失误与行为安全（或者称行为安全管理）是两个既相互关联又相互区别的概念：

（1）研究内容与对象

人因失误及其分析和研究的对象与范围包括组织与管理系统的各个环节和所有工作人员，侧重于造成失误的系统、环境、过程和概率等因素；而行为安全及其分析的对象与范围主要是针对个体的安全行为和不安全行为的特征及其原因，侧重于行为个体或群体的行为特征与造成不安全行为的直接原因。

（2）含义

人因失误主要是指人们有意识或无意识的失误行为，既包括个人的，也包括群体、组织及人机复杂系统，并且与故意违规行为有区别；而行为安全主要针对个人和群体，既包括人因失误，也包括故意违规（或违章）的行为。

（3）术语

人们通常将人因失误用于人因可靠性基础理论和学术上的研究，而行为安全主要是指生产实际中的应用，习惯性地是指一种管理方法。因此，在日常生产管理中多采用行为安全这一术语。

9.3 事故的统计规律与预防原则

专家和学者根据大量事故的现象来研究事故致因理论，在此基础上，又运用工程逻辑提出事故致因模型，用以探讨事故成因、过程和后果之间的联系，达到深入理解构成事故发生各种原因的目的。本节从事故的统计规律和事故的预防原则两方面提出事故控制对策，从而获得较高程度的系统安全性。

9.3.1　事故的统计规律

海因里希法则（Heinrich's Law）又称"海因里希安全法则""海因里希事故法则"，是美国著名安全工程师海因里希（Herbert William Heinrich）提出的 300：29：1 法则。当时，海因里希统计了 55 万件机械事故，其中死亡、重伤事故 1666 件，轻伤 48334 件，其余则为无伤害事故。从而得出一个重要结论，即在机械事故中，死亡或重伤、轻伤或故障以及无伤害事故的比例为 1：29：300。这个法则说明，在机械生产过程中，每发生 330 起意外事件，有 300 起未产生人员伤害，29 起造成人员轻伤，1 起导致重伤或死亡。

对于不同的生产过程，不同类型的事故，上述比例关系不一定完全相同，但这个统计规律说明了在进行同一项活动中，无数次意外事件必然导致重大伤亡事故的发生。要防止重大事故的发生，必须减少和消除无伤害事故，要重视事故的苗头和未遂事故，否则终会酿成大祸。

例如，某机械师企图用手把皮带挂到运输机正在旋转的带轮上，因未使用拨皮带的杆，且站在摇晃的梯板上，又穿了一件宽大长袖的工作服，结果被带轮绞入运输机后被碾压而死。事故调查结果表明，他这种操作方法已使用数年之久。查阅四年病历（急救上药记录），发现他有 33 次手臂擦伤后治疗处理记录，结果还不能幸免因这种危险操作而导致死亡。这一事例说明,重伤和死亡事故虽有偶然性,但是不安全因素或动作在事故发生之前已暴露过许多次,如果在事故发生之前,抓住时机,及时消除不安全因素,许多重大伤亡事故是完全可以避免的。海因里西法则的另一个名字是"1∶29∶300 法则",也可以是"300∶29∶1 法则"。

9.3.2 事故的预防原则

事故是有其固有规律的,除了人类无法防控的像地震、山崩之类自然因素造成的事故外,在人类生产和生活中所发生的各种事故都是可以预防的。事故的预防工作可以从技术、管理与安全教育三大方面进行,应当遵循以下基本原则:

1. 技术原则

技术原则和安全工程学的对策是不可分割的。当设计机械装置或工程以及建设工厂时,要认真地研究、讨论潜在危险之所在,预测发生危险的可能性,从技术上消除这些危险。为了实施这样根本的技术对策,应该知道所有有关的化学物质、材料、机械装置和设施,了解其危险性质、构造及其控制的具体方法。为此,不仅有必要归纳整理各种已知的资料,而且要测定性质未知的有关物质的各种危险性质。为了得到机械装置的安全设计所需要的其他资料,还要反复进行各种试验研究,以收集有关防止事故的资料。而且,这样已经实施了安全设计的机械装置或设施,还要应用检查和保养技术,确实保障安全计划的实现。

2. 管理原则

管理原则是依据国家法律规定的各种标准,学术团体、行业的安全指令和规范、操作规程、以及企业、工厂内部的生产、工作标准等,对生产及运营进行安全管理。一般把强制执行的标准称为指令性标准,劝告性的非强制的标准称为推荐标准。法规必须具有强制性、原则性和适用性。如果规定过于详细,就很难把所有可能的情况都包含在里面,势必妨碍法规的执行。当然除指令式法规外,还可以通过制定行业、地方标准将国家标准具体化。

管理的对策一般包括安全审查、可行性研究、初步设计、竣工验收、安全检查、安全评价、辨识危害、评价风险、提出风险控制和安全目标管理等。

3. 安全教育原则

安全教育包括安全意识教育、安全知识教育及安全操作技能教育等方面。作为教育的对策,不仅在产业部门,而且各种学校同样有必要实施安全教育和训练。安全教育应当尽可能从幼年时期就开始,对学生从小灌输良好安全的意识和习惯,还应该在中学及高等学校中,通过化学试验、运动竞赛、远足旅行、骑自行车、驾驶汽车等活动实行具体的安全教育和训练。对将来担任技术工作的学生,更应该按照具体的业务内容进行安全技术及管理方法的教育。而安全操作技能的教育一般由专业技术培训机构完成。

安全教育应不断重复、多次强化,并注重教育的科学性、系统性和有效性。

9.4 | 人-机-环系统检测

检测指的是用指定的方法来检验测试某种物体指定的技术性能指标。一般情况下，检测是适用于各种行业范畴的质量评定，如土木建筑工程、水利、食品、化学、环境、机械、机器、服装、家纺、玩具、电子、文具等各种检测。

人-机-环系统检测主要是指针对人-机-环系统运行过程中有可能发生的故障或者为研究系统的各参数特性，利用一定的仪器和技术手段对系统中的人、机械、环境的相关参数或指标按照规定的步骤进行试验和测量，然后把测定的结果同规定的标准进行比较，从而对系统中各元素做出合格或不合格判断的活动。

通过人-机-环系统检测，相关负责人员把检验信息及时报告和反馈给个人或者企业，为研究解决系统功能问题提供依据，减少系统故障发生的可能性，从而不断改进和提高系统安全性，提高生产经济效益与社会效益。

9.4.1 检测的原理和方法

1. 人的检测

人的检测主要体现在职业健康检查方面。职业健康检查是职业健康监护的重要内容之一，是及时发现和掌握从事职业病危害作业人员的健康状况及职业危害、职业病和工作相关疾病的发生情况，为保护劳动者健康权益和采取相应的防治措施提供依据。其内容包括上岗前、在岗期间、离岗时和离岗后医学随访以及应急健康检查。职业健康检查是由卫生行政、卫生监督、用人单位及其劳动者、职业卫生技术服务机构多方面参加的系统项目。加强职业健康检查的质量管理，是贯彻落实《职业病防治法》的重要措施，也是预防、控制和消除职业病危害、防治职业病、保护劳动者健康、促进经济发展的重要措施。

（1）影响职业健康检查质量的因素

1）用人单位的法律意识和作业工人的职业健康意识。自《职业病防治法》颁布实施以来，大多数用人单位积极组织宣传贯彻实施，认真制定职业健康监护规划和干预措施。但有的用人单位没有将其列为经常性、长期性的工作；有的用人单位强调经济效益差，不重视作业工人职业健康检查，特别是忽视临时作业工人的职业健康检查；有的用人单位领导对作业工作健康重视和关心不到位，缺乏职业健康检查工作计划；有的用人由于单位健康教育不到位，作业工人不了解法律赋予自己的权利，不了解作业场所的危害因素，职业健康意识淡漠，不积极参加职业健康检查；有的用人单位的体检率不到 50%，未达到职业健康要求，不能充分反映被检用人单位作业工人健康情况的真实性。

2）体检工作量。职业人群的体检比较集中，用人单位为了不影响生产，要求体检单位在短时间内完成健康检查，通常每天要完成 100~200 人的体检，造成体检医生超负荷工作、体检设备超负荷运行从而影响体检质量。

3）职业卫生技术服务机构的资质和能力。职业健康检查工作是由省、市（州、地）职防所（或卫生防疫站）、县卫生防疫站、企业职工医院或综合医疗机构承担，由于职业卫生工作可能得不到政府及相关部门的应有重视，经费投入严重不足，致使人才流失人员配备不足，结构不合理，业务技术水平低。同时，职业健康检查设备陈旧、缺乏，在设备配置上有不足等会严重影响职业健康检查质量。

（2）职业健康检查的质量管理对策

1）加强职业健康教育，加大卫生监督力度。控制职业病危害因素根本在于用人单位自我管理。建立长效的预防控制机制，职业健康教育是关键。只有提高用人单位（包括劳动者）健康意识和依从性，才能实现有效的自我管理。加大卫生监督力度，促进用人单位进一步宣传《职业病防治法》等法律、法规，普及职业卫生知识。用人单位要始终以人为本，把职业健康检查作为自己的法律责任和义务，并作为一项经常性、长期性的工作；劳动者要把职业健康检查视为法律赋予的健康权益，积极组织配合职业卫生技术服务机构实施职业健康检查，做到不漏人、不少项。

2）加强职业卫生技术服务机构能力建设。职业健康检查的根本在于技术服务人才，人才素质是质量保证的重要因素。要建立长效激励机制，合理引进人才，对现有人员进行多形式的专业培训，使职业健康体检医生既有丰富的职业卫生知识，又有丰富的临床医学知识，要加强职业道德教育，树立良好的道德风尚，不断增强责任心和责任感。积极争取政府对职业卫生工作的重视和支持，加大投入，配备必需的检查设备。

3）规范职业健康检查、程序、质量控制是职业健康检查质量管理的关键。职业卫生技术服务机构应进一步建立和完善职业健康检查的质量体系、制定岗位职责、仪器设备、工作流程、技术规范、实验室质量控制、档案管理等制度，严格检查程序，按照不同的职业健康检查内容根据检查结果，分析检查结果中异常指标是否与职业病危害因素有关，是否与用人单位采取的职业病防护措施有关，从而做出科学、准确的健康监护评价。

2. 机器的检测

安全人机工程学学科的主要目的是将安全理念彻底融入人-机-环系统的设计、实施、运行、维护的全生命周期。设备检测对实现人-机-环系统的本质安全性至关重要，以下选取机器运行全生命周期中的检测环节，介绍设备检测技术、故障诊断等相关内容，提出机械设备智能化安全检测的基本概念。

设备检测技术又称为设备诊断技术，是指为准确掌握设备的磨损、腐蚀等情况和及时进行维修，通过仪器、仪表和科学方法，对正在运转中的设备进行一系列的检查和测定方面的技术。

由于很多机械设备大多处于潮湿环境中，给机械设备的生产、管理和决策带来了一定的挑战。与此同时，受设备的自身设计影响，在机械设备的运行过程中，时刻都面临着机械设备的安全故障和工程事故的发生，随时可能遭遇人为操作和机械故障等突发状况，导致人力、物力和财力的损失。为顺应更高效、更经济、更环保和更智能的发展趋势，应该加速研发有先进技术含量的机械设备和过程监测设备，以从根本上排除不利因素的影响。因此，对机械设备开展科学的检测具有重要的现实意义，这不仅会给人带来安全舒适的工作环境，也是实现本质安全化的重要前提。

下面简单介绍现阶段工程实践中常见的无损检测技术。

无损检测技术，以其在检测过程中不损害或不影响被检测对象使用性能的优点，已广泛应用于设备检测的各个方面。无损检测技术主要是指在检查机械材料内部不损害或不影响被检测对象使用性能，不伤害被检测对象内部组织的前提下，利用材料内部结构异常或缺陷存在引起的热、声、光、电、磁等反应的变化，以物理或化学方法为手段，借助现代化的技术和设备器材针对工程建设中所使用的机械设备进行检测和管理。

（1）超声检测

1）超声波的特点。

① 方向性好。超声波具有像光波一样定向束射的特性，具有良好的方向性。

② 穿透能力强。对于大多数介质而言，超声波具有较强的穿透能力。

③ 能量高。超声检测的工作频率远高于声波的频率，因此超声波的传输能量也相对较高。

④ 超声波在传输过程中，若遇到界面时，将产生反射、折射和波形的转换。利用超声波在介质中传播时这些物理现象，可以通过巧妙设计，使超声检测工作更具有灵活性。

2）超声检测设备和器材。

① 超声波检测仪。超声波检测仪是超声检测的主体设备，主要是用来开展超声检测的一种电子仪器。它的工作原理是，产生电振荡并施加于换能器——探头，激励探头发射超声波，同时将探头送回的电信号进行放大处理后，按照一定方式呈现出来，从而得到被探测工件或岩石内部有无缺陷、缝隙，并确定缺陷的位置和大小等信息。

② 超声波探头。超声波探头主要用于实现声能和电能的互相转换。它是超声检测系统的最重要的组件，其性能影响着超声检测的结果。

③ 试块与耦合剂。为保证检测结果的准确性、科学性、重复性与可比性，在对监测系统进行校准时，需使用一个具有已知固定特性的试样，通常这种按一定用途进行设计的具有简单形状人工反射体的试件称为试块。在进行检测时，如果探头和试件之间有一层空气，那么超声波的反射率几乎为 100%，即使很薄的一层空气也可以阻止超声波传入试件。因此，在超声波检测过程中需要排除探头和试件之间的空气。耦合剂可以填充探头与试件的空气间隙，使超声波能够传入试件。除此之外，耦合剂具有润滑功能，可以降低探头和试件之间的摩擦。

3）超声检测方法。超声检测的方法有很多，可按原理、显示方式、波形和使用探头的数目、耦合方式及入射角度来分类。按原理分类，有脉冲反射法、穿透法和共振法；按显示方式分类，有 A 型显示、B 型显示和 C 型显示；按波形分类，有纵波法、横波法、表面波法和板波法；按使用探头的数目分类，有单探头法、双探头法和多探头法；按耦合方式分类，有接触法和液浸法；按入射角度分类，有直射声束法和斜射声束法。

（2）射线检测

在射线检测中应用的射线主要是 X 射线、γ 射线和中子射线。X 射线和 γ 射线属于电磁辐射，而中子射线是中子束流。这里主要介绍 X 射线检测。

1）X 射线检测的基本原理。X 射线检测是利用 X 射线技术观察、研究和检验材料微观结构、化学组成、表面或内部结构缺陷的实验技术，如 X 射线粉末衍射术、X 射线荧光谱法、X 射线照相术、X 射线形貌术等。

当一束强度为 I_0 的 X 射线平行通过被检测试件（厚度为 d）后，其强度 I_d 由下式表示：

$$I_d = I_0 e^{-\mu d} \tag{9-3}$$

若被测试件表面有高度为 h 的凸起时，则 X 射线强度将衰减，衰减后强度 I_h 表示如下：

$$I_h = I_0 e^{-\mu(d+h)} \tag{9-4}$$

式中　μ——射线的衰减系数。

又如，在被测试件内有一个厚度为 x、吸收系数为 μ' 的某种缺陷，射线通过后强度衰减为 I_x：

$$I_x = I_0 e^{-[\mu(d-x)+\mu'x]} \tag{9-5}$$

若有缺陷的吸收系数小于被测试件本身的线吸收系数，则 $I_x > I_d > I_h$，于是，在被检测试件的另一面就形成一幅射强度不均匀的分布图。通过一定方式将这种不均匀的射线强度进行照相或转变为电信号指示、记录或显示，就可以评定被检测试件的内部质量，达到无损检测的目的。

2）X 射线检测方法。X 射线检测常用的方法是照相法，即利用射线感光材料（通常用射线胶片），放在被透照试件的背面，接受透过试件后的 X 射线。胶片曝光后经暗室处理，就会显示出物体的结构图像。根据胶片上影像的形状及其黑度的不均匀程度，就可以评定被检测试件中有无缺陷及缺陷的性质、形状、大小和位置。X 射线检测技术应用于复合材料的检测不仅具有灵敏度高、分辨率高、动态范围大、图像质量好等优点，同时适用于大多数缺陷、材料密度不均、材料结构特性等方面的检测，并广泛应用于逆向工程中。

（3）涡流检测

1）涡流检测基本原理。把一块导体置于交变磁场之中，在导体中就有感应电流存在，即产生涡流。导体自身各种因素（如电导率、磁导率、形状、尺寸和缺陷等）的变化会导致涡流的变化，利用这种现象判定导体性质、状态的检测方法称为涡流检测。在工业生产中，涡流检测是控制各种金属材料及少数石墨、碳纤维复合材料等非金属导电材料及其产品品质的主要手段之一，在无损检测技术领域占有重要的地位。涡流检测是建立在电磁感应原理基础之上的一种无损检测方法，它适用于导电材料。

2）涡流检测装置。涡流检测装置包括检测线圈、检测仪器和辅助装置，还配有标准试样和对比试样。检测仪器是涡流检测的核心部分。其作用为产生交变电流供给检测线圈，对检测到的电压信号进行放大，抑制或消除干扰信号，提取有用信号，最终显示检测结果。根据检测对象和目的，涡流检测仪器分涡流探伤、涡流电导仪和涡流测厚仪三种。

（4）声发射检测

1）声发射检测的原理。声发射是指材料或结构受内力或外力作用产生形变或破坏，并以弹性波形式释放出应变能的现象。声发射是一种常见的物理现象，大多数材料变形和断裂时都有声发射现象产生，如果释放的应变能足够大，就产生可以听得见的声音，如在耳边弯曲锡片，就可以听见噼啪声，这是锡受力产生孪晶变形的声音。

2）声发射检测仪器。自 20 世纪 60 年代末首台声发射仪问世以来，声发射仪已更新换代多次，它们在结构、功能、数字化程度和价格上均有很大差异。声发射仪一般可分为功能单一的单通道型（或双通道型）、多通道型、全数字化型和工业专用型。声发射仪的类型、特点与适用范围见表 9-2。典型的单通道声发射检测仪的基本组成一般由传感器、前置放大器、主放大器、信号参数测量、数据计算、记录与显示等基本单元构成。

表 9-2 声发射仪的类型、特点与适用范围

类型	特点	适用范围
单（双）通道型	1. 只有一个信号通道，功能单一，适于粗略检测，两个信号通道可以完成一维源定位功能 2. 多用模拟电路，处理速度快，适于实时指示 3. 多为测量计数或能量类简单参数，具有幅度及其分布等多参数测量和分析功能 4. 小型、机动、廉价	1. 实验室试样的粗略检测 2. 现场构件的局部监视 3. 管道、焊缝等采用两个信号通道进行一维的定位检测
多通道型	1. 可扩展多达数十个通道，并具有二维源定位功能 2. 具有多参数分析、多种信号鉴别、实时或事后分析功能 3. 微机进行数据采集、分析、定位计算、存储和显示 4. 适于综合而精确分析	1. 适宜于金属材料方面的检测 2. 实验室和现场的开发和应用 3. 大型构件的结构完整性评价
全数字化型	1. 可扩展多达几百个通道，并具有二维源定位功能 2. 具有多参数分析、多种信号鉴别、实时或事后分析功能 3. 采用 DSP、FPGA 等数字信号处理器件，具有分析、定位计算、存储和三维显示功能 4. 具有实时波形记录、频谱分析功能 5. 适于综合而精确分析	1. 进行材料的检测方法研究 2. 金属、复合材料等多种材料检测 3. 实验室和现场的开发和应用 4. 大型构件的结构完整性评价
工业专用型	1. 多为小型，功能单一 2. 多为模拟电路，适于现场实时指示或报警 3. 价格为工业应用的重要因素	1. 刀具破损监视 2. 泄漏监视 3. 旋转机械异常监视 4. 电器件多余物冲击噪声监测 5. 固体推进剂药条燃速测量

（5）磁粉检测技术

磁粉检测技术又称磁粉检验或磁粉探伤，其基本原理是在铁磁性材料工件被磁化后，由于不连续性的存在，使工件表面和近表面的磁力线发生局部畸变而产生漏磁场，吸附施加在工件表面的磁粉，在合适的光照下形成目视可见的磁痕，从而显示出不连续性的位置、大小、形状和严重程度。

磁粉检测设备的分类，按设备重量和可移动性分为固定式、移动式和便携式三种，按设备的组合方式分为一体型和分立型两种。一体型磁粉探伤机是将磁化电源、螺管线圈、工件

夹持装置、磁悬液喷洒装置、照明装置和退磁装置等部分，按功能制成单独分立的装置，在探伤时组合成系统使用的探伤机。固定式探伤机属于一体型的，使用操作方便。移动式和便携式探伤仪属于分立型的，便于移动和在现场组合使用。

（6）渗透检测技术

渗透检测技术是一种以毛细管作用原理为基础的无损检测技术，主要用于检测非疏孔性的金属或非金属零部件的表面开口缺陷。渗透检测主要的应用是检查金属（钢、铝合金、镁合金、铜合金、耐热合金等）和非金属（塑料、陶瓷等）工件的表面开口缺陷，例如表面裂纹等。工业产品在制造和运行过程中，可能在表面产生宽度零点几微米的表面裂纹。断裂力学研究表明，在恶劣的工作条件下，这些微细裂纹都会是导致设备破坏的裂纹源。检测时，将溶有荧光染料或着色染料的渗透液施加到零部件表面，由于毛细作用，渗透液渗入到细小的表面开口缺陷中，清除附着在工件表面的多余渗透液，经干燥后再施加显像剂，缺陷中的渗透液在毛细现象的作用下被重新吸附到零件表面上，就形成放大了的缺陷显示，即可检测出缺陷的形貌和分布状态。

（7）机械设备的智能化安全检测

随着工业技术的进步和发展，对于设备检测的全面性、科学性、精度等要求越来越高，设备检测的状态、精度、性能等直接影响了日常的生产效果。特别是随着信息时代的发展，传统的设备检测手段无法满足现行要求，设备的安全检测遇到了前所未有的考验。特别是社会物质需求的快速发展，传统的安全检测技术更新滞后，降低了原有设备的工作效率，因此加快设备检测进度、提升设备检测效率逐渐成为广大安全人员亟须突破的技术瓶颈。

智能化安全检测可定义为：利用现代通信技术、信息技术、计算机网络技术、监控技术等，通过对安全生产设备及其他辅助设施的智能管理，实现对机械设备的自动检测、优化、控制，保障智能设备检测系统拥有自适应、自训练、自维护、自学习、自优化功能，进而为安全管理人员提供最佳的机械设备安全信息服务。

1）机械设备的智能化安全检测体系建设步骤。

① 智能化安全检测体系感知层构建。感知层是设备智能化安全检测体系对机体外部环境进行感知、识别和信息采集的基础性物理网络，海量的数据在感知层产生。因此，为了实现设备的智能检测，首要步骤就是应建立机械设备智能化安全检测体系感知层。由于设备检测参数众多，必须在构筑感知层的基础上实现设备检测过程中的数据共享，以便后期进行数据分析。智能化安全检测体系感知层主要对网络进行分类和网络组建。感知层是设备智能化安全检测体系的核心，是设备故障信息采集的关键部分。设备智能化安全检测体系的感知层，包括二维码标签和识读器、RFID 标签和读写器、摄像头、GPS、传感器、M2M 终端、传感器网关等，主要功能是识别机体外部环境、采集信息，与人体结构中皮肤和五官的作用类似。

② 检测体系的数据通信。在构建智能化安全检测体系感知层后，通过移动互联网数据、社交网络数据、传感器数据等方式获得各种类型的结构化、半结构化及非结构化的海量数据，并进一步通过数据的提取、转换、加载方式，从数据信息中挖掘设备安全信息。

③ 检测体系的数据处理。对采集到的多维数据参数规范化处理，引入算法模型对采集的数据进行预处理。数据预处理主要用来辅助数据分析，通过组态显示将实时检测数据进行视觉和听觉上的展示。按照建立参数字典库、现有参数进行规范化参数关联、通道配置磁盘存储的步骤实现检测参数规范化处理。

④ 检测体系的反馈、优化与控制。智能化安全检测系统在获得数据后，通过执行规范化程序完成其规定功能。利用智能化处理方法，针对机械设备质量方面存在的问题，自动快速地进行反馈，并为消除缺点、提高生产工艺水平提出改进优化建议和指导实施。通过设备的智能化安全检测，可以掌握设备的质量信息和工作状态，以便及早采取措施，对其可能存在的问题加以改进。

2）机械设备的智能化安全检测体系特点。

① 可重复性。搭建机械设备的智能化安全检测平台，可实现检测模式的调用和共享，通过智能化技术可对设备装置存在的表面缺陷进行显性化及可视化处理。智能化安全检测技术可为安全管理人员灵活调用，促进零配件制造工业知识的沉淀、传播、复用与价值创造，从而提升行业整体水平。

② 实时性。设备智能化安全检测要保证结果准确、快速，对一些大中型设备存在的缺陷要及时检测，这样方能有效发挥整个人-机-环系统的功能。

③ 智能反馈。机械装置的检测智能反馈，一方面根据本身工作状态或外部环境变化，利用内部和外部的智能传感装置实现检测状态的自我调整；另一方面对人-机交互形式进行自我调整，根据检测结果，选取不同的人机交互方式。

④ 智能化分析及故障分析。机械装置的单独运行或人-机系统的交互作业期间，可通过调节人-机-环闭环控制系统，实现机器自身的智能故障分析，通过自优化功能，极大提高设备的作业能力与作业水平。

3. 环境的检测

（1）环境检测技术的技术特征

环境检测技术具备专业性、复杂性和系统性等特征，多项特征决定了环境检测技术的多样性。环境检测方式包含生物和化学等多方面的知识内容，由于检测环境的样本复杂，加之污染物含量相对较少，这种情况下自然要求环境检测技术和设备具备更高的精准度和准确度，只有这样才能行之有效地满足国家环境建设需求。环境检测的面对对象通常是存在差异的，整体种类非常多，包括水源、土壤、大气等，只有对此类对象做出全方位的综合分析，才能够强化对环境质量的监督管控。同时，在处理各种数据资源的过程中，需要深入分析处理环境检测数据，统计可能会对某个区域造成影响或威胁的自然因素等。

由此可见，如果想要重点展现出环境检测的意义，那么就有必要做好检测后的数据分析管理工作，全面提升对环境检测工作的认识，保证多部门相互交流配合，全面强化对生态环境的检测管理。此外，环境检测技术还拥有连续性特征，自然界是处于实时变化的状态下的，所以环境污染问题也将会伴随其产生相应的变动，想要精准地掌控其变化规律，进而能够有效预测未来环境的发展情况，做好长期检测管理显然是极为重要的。环境检测技术也存在追踪性特征，其内容整体表现复杂，无论是任何检测步骤出现偏差，都很有可能影响到最终检测成果，想要保障环境检测结构的稳定性和精准性，就有必要做好长期追踪管理的准备。

（2）环境检测技术的应用现状

我国环境检测技术的起步时间相对较晚，和西方发达国家相比，还有一定差距。伴随我国科学技术水平的日渐提升，有关于环境检测技术的研究探讨也在日渐增多，此类研究结果在环境治理、环境优化等方面发挥着不可忽略的作用，取得的成效瞩目。与此同时，通过将环境检测技术与互联网信息技术等的融合应用，还能够极为有效地提升环境检测质量与效率，为促进人类社会的安全建设和生态环境的可持续发展提供良好支撑。

（3）环境检测技术存在的问题

环境检测技术在取得诸多成效的同时也存在相应问题。

1）环境检测技术配置和任务需求相互偏离。时代的发展带来的是经济能力的提升，但也在相当大的程度上影响着环境的健康、和谐，人类生存和生态环境的矛盾日渐凸显，人类的各种行为活动使得自然环境受到巨大的影响，而自然环境受到污染则会使未来的人类社会的发展受到制约。环境检测技术的应用可以有效地改善此种问题，所以全方位地加快提升环境检测技术就显得极为重要。但是就目前来看，我国的环境检测工作还存在技术配置和任务需求相互偏离的问题，这将会很大限度地影响到环保工作的正常实行，无论是从环境检测质量还是从效率来讲，都是有弊无利的，将导致环境检测技术的效果无法被充分展现出来。

2）检测设备条件和实际需要存在距离。现阶段，我国诸多地区与城市的环境检测技术设备配套软硬件仍旧是处于较为落后的水平，无法行之有效地满足现阶段环境检测工作的实际需求。之所以会引发此种问题，原因主要来自于两个方面：首先，我国部分地方政府在环境检测工作上的重视力度明显较低，因而并未投入充足的资金到环境检测技术的革新当中，部分地方甚至没有专门用于环境检测的实验室。其次，环境检测设备在长时间的应用下已经表现出相应的老化问题，由于缺少环境检测设备专业维护管理的帮助，因而导致设备仪器经常出现各种故障，严重影响环境检测的准确率、有效性和时效性。

3）环境监测人员能力仍有提升空间。我国专门从事于环境检测的研究人才相对较少，并且普遍存在职业素养不高的问题，由于部分单位忽略对环境检测技术应用和研究型人才的培养和管理，没有提供足够专业具体的教育培训，因而导致相关人才的知识架构严重不全，整个人才管理体系的完善度不足，这将会进一步影响未来环境检测工作的开展。

（4）环境检测技术的改进对策

1）提升对环境检测技术的重视。为积极有效地强化对环境检测技术的应用，相关单位有必要积极地提升对此项技术的重视。首先，迅速建立确定和环境检测技术相互关联的法律条例，建立并完善环境检测技术相关制度，从本质上提高环境检测技术在当地环境保护事业中的地位。其次，积极地完善、优化现有环境检测工作机制，需要明确的是，制度是保障环境检测工作正常进行的保障，这就要求相关单位能够优化完善现有工作机制，全方位地提升对技术管理工作的重视程度，这样才能够真正地体现出环境检测在保护正常生态环境中的作用。

2）推进环境检测技术制度体系的完善。建立并优化环境检测技术管理体系有助于高效、保质地开展环境检测工作，这是推动环境检测管理有效开展的主要路径，可以充分地展现出环境检测技术所具备的作用和价值，最终完成环境检测的目标，获得更为精确的数据信息。与此同时，定期展开有关于环境检测仪器和设备的检测管理也是极为重要的环节，此举主要用于保障仪器设备的使用寿命与测量精度。作为环境检测工作的核心执行者，操作者要积极地贴合实际情况，选取更为符合需要的环境检测技术，同时充分贴合环境检测技术标准和需求，积极地改进相关技术形态，做好创新工作，以此来实现环境检测技术和时代的相互连通发展，最终为改进优化环境检测技术形式提供良好的支撑作用。

3）促进环境检测工作者的职业素养的提升。环境检测工作具有系统性、复杂性和专业性等特征，此类特征说明环境检测工作是比较复杂的，而此种复杂便会对相关操作者的能力提出更高的要求，可以说高素质、高能力的检测团队已经成为保障环境检测技术正常开展的核心因素。全方位地推动环境检测团队的建设以及完善相关操作者的培训教育体系已经成为刻不容缓的任务，同时还需要充分调动检测团队的积极性和主动性为环境检测人员提供更多的进行实践操作的机会，随机开展考核活动，以此来促使环境检测工作者形成良好的规则意识与操作习惯，进而有效提升其自身工作能力。此外，做好协调沟通工作也是极为重要的，及时强化环境检测后期工作总结，提升工作水准。

4）提升在环境检测工作方面的投入。不同地区为保证环境检测工作能够顺利地开展，构建与其相互对应的环境检测站显然是必不可少的工作，检测站是保证各项环境检测工作正常展开的保障，也是环境检测工作数据收集与分类的场所，只有精准分析环境检测后的各项数据信息，才能够为后续环境保护工作的建设提供良好的支撑作用，所以全方位地提升在环境检测工作方面的经济投入就显得极为重要，只有这样才能推动环境检测技术的创新改革，为我国生态环境的良好建设奠定基础。

5）健全优化执法机构形式。建立完整健全的环境检测保护执法机构是极为重要的，这是用来约束相关单位的行为的重要措施，也是保障环境检测工作顺利进行的前提支撑。

9.4.2 检测方法的应用举例

1. 超声检测技术的应用

（1）锻件检测

锻件的种类和规格有很多，常见的类型有饼盘件、环形件、轴类件和筒形件等。锻件中的缺陷多为面积型（如裂纹、未熔合、夹层等）或长条形的特征。由于超声检测技术对面积型缺陷检测最为有利，因此锻件是超声检测实际应用的主要对象。锻件中的缺陷主要来源于两个方面：材料锻造过程中形成的缩孔、缩松、夹杂及偏析等热处理中产生的白点、裂纹和晶粒粗大等。锻件可采用接触法或液浸法进行检测。锻件的组织很细，由此引起的声波衰减和散射影响相对较小。因此，锻件上有时可以应用较高的检测频率（如10MHz以上），以满足高分辨力检测的要求，以及实现较小尺寸缺陷检测的目的。

（2）铸件检测

铸件具有组织不均匀、组织不致密、表面粗糙和形状复杂等特点，因此常见缺陷有孔洞类（包括缩孔、缩松、疏松气孔等）、裂纹冷隔类（冷裂、热裂、白带、冷隔和热处理裂纹）、夹杂类以及成分类（如偏析）等。

铸件的上述特点形成了铸件超声检测的特殊性和局限性。检测时一般选用较低的超声频率，如 $0.5 \sim 2MHz$，因此检测灵敏度较低，杂波干扰严重，缺陷检测要求不高。铸件检测常采用的超声检测方法有直接接触法、液浸法、反射法和底波衰减法。

（3）焊接接头检测

许多金属结构件都采用焊接的方法制造。超声检测是对焊接接头质量进行评价的重要检测手段之一。焊缝形式有对接、搭接、T形接、角接等。焊缝超声检测的常见缺陷有气孔、夹渣、未熔合、未焊透和焊接裂纹等。焊缝探伤一般采用斜射横波接触法，在焊缝两侧进行扫查。探头频率通常为 $2.5 \sim 5.0MHz$。发现缺陷后，即可采用三角法对其进行定位计算。仪器灵敏度的调整和探头性能测试应在相应的标准试块或自制试块上进行。

（4）复合材料检测

复合材料是由两种或多种性质不同的材料轧制或黏合在一起制成的。其黏合质量的检测主要有接触式脉冲反射法、脉冲穿透法和共振法。脉冲反射法适用于由两层材料复合而成，黏合层中的分层多数与板材表面平行的复合材料。用纵波检测时，黏合质量好的，产生的界面波会很低，而底波幅度会较高；当黏合不良时，则相反。

（5）非金属材料的检测

超声波在非金属材料（木材、混凝土、有机玻璃、陶瓷、橡胶、塑料、砂轮、炸药药饼等）中的衰减一般比在金属中的大，多采用低频率检测。检测时超声频率一般为 $20 \sim 200kHz$，也有用 $2 \sim 5MHz$ 的。为了获得较窄的声束，需采用晶片尺寸较大的探头。塑料零件的探测一般采用纵波脉冲反射法；陶瓷材料可用纵波和横波探测；橡胶检测频率较低，可用穿透法检测。

2. 射线检测技术的应用

（1）焊件中常见的缺陷

1）裂纹。裂纹主要是在熔焊冷却时因热应力和相变应力而产生的，也有在校正和疲劳过程中产生的，是危险性最大的一种缺陷。裂纹影像较难辨认。因为断裂宽度、裂纹取向、断裂深度不同，使其影像有的较清晰，有的模糊不清。常见的有纵向裂纹、横向裂纹和弧坑裂纹，分布在焊缝上或热影响区。

2）未焊透。未焊透是熔焊金属与基体材料没有熔合为一体且有一定间隙的一种缺陷。其在胶片上的影像特征是连续或断续的黑线，黑线的位置与两基体材料对接的位置间隙一致。

3）气孔。气孔是在熔焊时部分空气停留在金属内部而形成的缺陷。气孔在底片上的影像一般呈圆形或椭圆形，也有不规则形状的，以单个、多个密集或链状的形式分布在焊缝上。在底片上的影像轮廓清晰，边缘圆滑，如气孔较大，还可看到其黑度中心部分较边缘要深一些。

4）夹渣。夹渣是在熔焊时所产生的金属氧化物或非金属夹杂物因来不及浮出表面，停留在焊缝内部而形成的缺陷。在底片上其影像是不规则的，可呈圆形、块状或链状等，边缘没有气孔圆滑清晰，有时带棱角。

5）烧穿。在焊缝的局部，因热量过大而被熔穿，形成流垂或凹坑。其在底片上的影像呈光亮的圆形（流垂）或呈边缘较清晰的黑块（凹坑）。

（2）铸件中常见的缺陷

1）夹杂。夹杂是金属熔化过程中的熔渣或氧化物，因来不及浮出表面而停留在铸件内形成的。在胶片上的影像有球状、块状或其他不规则形状。其黑度有均匀的和不均匀的，有时出现的可能不是黑块而是亮块，这是因为铸件中夹有比铸造金属密度更大的夹杂物，如铸镁合金中的熔剂夹渣。

2）气孔。因铸型通气性不良等原因，使铸件内部分气体排不出来而形成气孔。气孔大部分接近表面，在底片上的影像呈圆形或椭圆形，也有不规则形状的，一般中心部分较边缘稍黑，轮廓较清晰。

3）针孔。针孔是指直径小于或等于1mm的气孔，是铸铝合金中常见的缺陷。在胶片上的影像有圆形、条形、苍蝇脚形等。当透照较大厚度的工件时，由于针孔分布在整个横断面，针孔投影在胶片上是重叠的，此时无法辨认出它的单个形状。

4）疏松。浇铸时局部温差过大，在金属收缩过程中，邻近金属补缩不良，产生疏松。疏松多产生在铸件的冒口根部、厚大部位、厚薄交界处和具有大面积的薄壁处。其在底片上的影像呈轻微疏散的浅黑条状或疏散的云雾状，严重的呈密集云雾状或树枝状。

5）裂纹。裂纹一般在收缩时产生，沿晶界发展。其在底片上的影像是连续或断续曲折状黑线，一般两端较细。

6）冷隔。冷隔由浇铸温度偏低造成，一般分布在较大平面的薄壁上或厚壁过渡区，铸件清理后有时肉眼可见。其在底片上的影像呈黑线，与裂纹相似，但有时可能中部细而两端较粗。

3. 涡流检测的应用

（1）涡流探伤

1）管、棒材探伤。用高速、自动化的涡流探伤装置可以对成批生产的金属管材和棒材进行无损检测。首先，自动上料进给装置使管材等速、同心地进入并通过涡流检测线圈；然后，分选下料机构根据涡流检测结果，按质量标准规定将经过探伤的管材分别送入合格品、次品和废品料槽。

2）不规则形状材料和零件探伤。适合采用放置式线圈进行检测，检测对象既包括形状复杂的零件，也包括除管、棒材以外形状不规则的材料和零件，如板材、型材等。由于这类材料和零件的形状、结构多种多样，因此放置式线圈的形貌也多种多样。例如要采用涡流方法完成飞机维修手册所规定的全部检查项目，就要配备各式探头，包括笔试探头、钩式探头、平探头、孔探头和异形探头等。

（2）电导率测量和材质分选

电导率的测量是利用涡流电导仪测量出非铁磁性金属的电导率值，而电导率值与金属中所含杂质、材料的热处理状态以及某些材料的硬度、耐腐蚀等性能有关，所以通过电导率的测量可进行材质的分选。

（3）涡流测厚

用涡流检测方法可以测量金属基体上的覆层以及金属薄板的厚度，利用的是探头式线圈的提离效应。这一厚度一般在几微米至几百微米的范围。用涡流法测量金属薄板的厚度时，检测线圈既可按反射工作方式在被检测薄板的同一侧布置，也可按透射方式在其两侧布置。这些方式都是根据在测量线圈上测得的感应电压值来推算金属薄板厚度的。

4. 声发射检测的应用

根据声发射的特点，现阶段声发射技术主要用于其他方法难以检测或不能适用的对象与环境、重要构件的综合评价、与安全性和经济性关系重大的对象等。因此，声发射技术不是替代传统的方法，而是一种新的补充手段。

（1）石油化工工业

各种压力容器、压力管道和海洋石油平台的检测和结构完整性评价，常压储罐底部、各种阀门和埋地管道的泄漏检测等。

（2）电力工业

高压蒸汽汽包、管道和阀门的检测与泄漏监测，汽轮机叶片的检测，汽轮机轴承运行状况的监测，变压器局部放电的检测等。

（3）材料试验

材料的性能测试、断裂试验、疲劳试验、腐蚀监测和摩擦测试，铁磁性材料的磁声发射测试等。

（4）民用工程

楼房、桥梁、起重机、隧道、大坝的检测，水泥结构裂纹开裂和扩展的连续监视等。

（5）航天和航空工业

航空器壳体和主要构件的检测与结构完整性评价、航空器的时效试验、疲劳试验检测和运行过程中的在线连续监测、固体推进剂药条燃速测试等。

（6）金属加工

工具磨损和断裂的探测、打磨轮或整形装置与工件接触的探测、修理整形的验证，金属加工过程的质量控制、焊接过程监测、振动探测、锻压测试、加工过程的碰撞探测和预防。

（7）交通运输业

长管拖车、公路和铁路槽车及船舶的检测与缺陷定位，铁路材料和结构的裂纹探测，桥梁和隧道的结构完整性检测，卡车和火车滚子轴承与轴连轴承的状态监测，火车车轮和轴承的断裂探测。

5. 磁粉检测技术的应用

磁粉检测技术的适用范围没有超声检测那么宽泛，主要适用于下面的几个场景：

1）检测铁磁性材料表面和近表面缺陷。例如，表面和近表面间隙极窄的裂纹和目视难以看出的其他缺陷，但不适合检测埋藏较深的内部缺陷。

2）检测铁镍基铁磁性材料。例如，马氏体不锈钢和沉淀硬化不锈钢材料，不适用于检测非磁性材料。

3）检测未加工的原材料（如钢坯）和加工的半成品、成品件及在役与使用过的工件。与声波检测不同，由于使用了磁性粉末，因此对于正在使用的设备不宜使用磁粉检测技术。

4）检测管材、棒材、板材、形材、锻钢件、铸钢件及焊接件。

5）检测工件表面和近表面的延伸方向与磁力线方向尽量垂直的缺陷，但不适用于检测延伸方向与磁力线方向夹角小于 20° 的缺陷。

6）适用于检测工件表面和近表面较小的缺陷，不适合检测浅而宽的缺陷。

可见，对磁粉检测技术的应用限制很大，因此在很多情境下，这种检测技术并不多见，但由于该方法操作简单方便、检测成本较低、灵敏度高、结果可靠，也受到监测工程者的青睐。

6. 智能化安全检测设备的应用

（1）智能无线数字多用表

作为生产制造车间测量、测试的主要工具，基于任务的便携式测试设备具有数据采集、存储、处理、发送功能，数据能自动与调试任务对应，替代人工填写作业模式，提升调试数字化水平。智能无线数字多用表可辅助构建交互式远程故障处理平台，实现调试故障的实时处理与排除，实现外场调试和现场保障的远程支持。

（2）设备故障跟踪记录仪

在装备的运行阶段中，需要对其数据进行实时的记录与分析，为设备状态评估与分析提供基础。设备故障跟踪记录仪可对设备的被测信号进行实时跟踪记录，及时发现故障并记录故障发生情况的详细数据，能够记录设备运行全生命周期的数据，便于后期进行详细分析，排查故障原因。

（3）PXI 智能平板仪器

PXI 智能平板仪器凭借其独具的便携、智能化等产品优势，可快速、便捷地搭建各种便携专用测试检测平台，并已成功应用于美国波音公司民用飞机地面振动测试以及飞行颤振试验中。

（4）机器视觉与感知处理设备

通过对设备进行扫描式采集与分析，结合后台知识库对特征状态进行判定，从而对在运行设备的质量状态进行确认，提高设备复杂特征检测的效率，减少人为操作。

（5）智能检测机械手

集成精密机械传动系统、视觉系统以及伺服控制系统等子系统，通过对设备故障诊断系统生成故障集，获取故障待测点的相对坐标，进一步利用视觉系统实现待检测装置绝对位置坐标的精确定位，从而实现对机械装置的智能化诊断。智能检测机械手可拓展应用于检测、焊接、切割、搬运、探伤、分类、装配、贴标、喷码、喷涂等多种工业领域。

9.5 | 人-机-环系统监测

相对检测而言，监测指的是长时间的对同一物体进行实时的监视，并且掌握它的变化规律。检测注重现状，监测注重发展趋势，可以理解为静态检测和动态监测。

人-机-环系统监测主要是指为研究人-机-环系统的稳定性与安全性，融合传感器技术、无线通信技术、嵌入式控微制器技术、数据处理技术、物联网技术、定位技术以及行业应用软件等技术，采用一定的技术手段安装或埋设仪器设备，对系统运行中的人、机械和环境的状态进行监测，并通过数据报告、数据分析、危险预警等保证系统正常运行。

通过对人-机-环系统监测，可以帮助个人、企业或相关的质管部门及时发现监测点的异常状态，快速采取合理有效的措施进行处理，从而保证系统运行的安全和稳定。

9.5.1 监测原理

传统的系统监测主要是根据需要分析的问题和场景选取特定的采样点进行检测，利用实验室分析等手段完成数据处理，通过多点长时间的采样分析掌握系统的动态情况，实现对系统运行状态的监测。然而，随着时代的发展和科学技术的进步，传统的监测手段依赖人工、监测信息不全面、监测工作量大、监测效率低、监测工作成本高、监测数据误差大、监测结果时效性差等问题导致的弊端日益突出，实时、连续、高效的监测方法的研究已成为不可逆的潮流。

如今对人-机-环系统的监测的实现需要借助传感器技术、蓝牙技术、物联网技术、人工智能和大数据等技术手段，实现全过程自动化监测，其实现步骤如下：确定监测对象，根据监测对象或场景选用合适的传感器进行信号采集，随后转换装置将采集的信息转变为数字信号，再通过传输装置将数字信号直接传送至微控制单元并计算得到监测对象的原始信号信息，最后利用特定的信号传输模块将监测到的数据发送到显示终端或其他服务器，实现信息的实时测量、发送接收数据、客户端显示的功能，还便于数据的分享和分析。

监测系统一般包含以下功能：

（1）自动监测

监测工作需要保证时效性和连续性。将监测设备安装在监测地点，对监测项目进行实时采集和分析，第一时间将数据信息反馈给控制中心。

（2）数据在线查询

通过构建起系统配套的信息数据库，监测人员可根据自身工作权限从数据库中实时查询以往监测数据、工作记录，从而开展对照分析工作，更为直观地了解变化情况。

（3）信息发布功能

监测人员基于自动监测系统，向各类基础监测设备与自动监测站远程、实时下达控制管理指令，向监测人员手机监控终端设备传达具体工作任务或者实时监测信息。

（4）预警功能

监测人员可提前在自动监测系统中输入、制定各项系统运行准则，在系统运行过程中监测到异常状态信息时，会基于运行准则与问题严重程度向监控中心发出不同级别的预警信号，从而帮助监测人员快速了解问题、制定相应解决措施。预警功能主要依靠图标、颜色及声音等提示实现，一旦监测数据超出正常范围或者设备发生故障，系统会自动发出报警信息。

9.5.2　监测技术

近年来，发展迅速的传感器技术、无线通信技术、嵌入式微控制器技术、数据处理技术、定位技术以及物联网技术等，为构建更高效的系统监测提供了很好的技术支撑。

1. 传感器技术

在监测中，应用传感器技术是利用敏感元件或转换元件，将人类无法直接获取或识别的信息转换成可识别的信息数据的技术。传感器技术不仅能检测到被测量的信息，还能将检测到的信息，按一定规律变换成为电信号或其他所需形式的信息输出，以满足信息的传输、处理、控制等要求。

（1）人的方面

人的基本生命体征如体温、血压和心率等，是判断人体健康情况的重要因素，也是一些常见疾病诊断的可靠依据。这些人的生命体征主要靠温度和压力传感器感知、处理和传递。实现健康状态实时检测、方便快捷、精准采集和数据共享是现代科学仪器研究的主要方向。

（2）机的方面

一般来说，需要监测的机械状态信息点有电动机电压、电流、温度、速度、加速度、振动、倾角、扭矩等，根据不同的监测场景要求选用或者设计对应的传感器，对机械的各状态信息点进行全面实时动态监测和分析。

例如，温度测量是矿山安全监控和通信工作的内容之一，其中接触式和非接触式为主要的测量方法。接触式主要是指在传感器接触被测对象后会出现热传递的情况，当传感器感温器件与被测物体温度一致时，被测物体的温度就是传感器所显示的温度，这种方法的操作过程简单方便，且准确度非常高。非接触式是指在测量过程中主要以物体热辐射性质为主，将接收和分析电磁波信号的工作通过特定的装置来完成，在这样的情况下，被测物体的温度就是收集信号后所转化的温度。这种测量方法的测量范围广泛，且不会影响被测物体的实际温度。在矿山安全监控和通信工作中，工作人员需要合理地选择相应的测量方法，以提高环境监测数据的准确性，为后续相关工作的开展提供有力保障。针对采矿机的温度信号监测，需要监测的采矿机温度信息有液压系统油温温度、左右摇臂传动轴温度、左右牵引电动机温度、左右截割电动机温度、主电气控制箱以及牵引电气控制箱温度。温度传感器需灵敏度高、线性度好、功耗小，因此可以选用单总线数字式半导体温度传感器，精度可达 0.2℃。

（3）环的方面

根据前面章节的内容不难发现，人机工作过程中的环境条件很大程度上影响着人的工作状态与机械运行状态，此外环境参数的异常还有可能导致如火灾、中毒等的事故发生，因此，对环境中的光、温度、湿度、一氧化碳、粉尘颗粒物、烟雾浓度等方面的监测对避免人的不安全行为、物的不安全状态以及突发事故具有重要意义。

例如，某车内环境智能监测与控制系统包括不同监测模块。

1）温湿度监测模块采用 DHT11 数字温湿度复合传感器监测车内的温度和湿度。DHT11传感器内部包括一个电阻式感湿元件和一个 NTC 测温元件，并与一个高性能 8 位单片机相连，响应快、抗干扰能力强、性价比高。

2）烟雾监测模块采用 MQ-2 烟雾传感器监测车内以及车外烟雾情况。MQ-2 型传感器对天然气、液化石油气等烟雾有很高的灵敏度，尤其对烷类烟雾更为敏感，具有良好的抗干扰性，烟雾的浓度越大，输出电阻越低，则输出的模拟信号就越大。

3）一氧化碳监测模块采用 MQ-7 气体传感器监测车内外一氧化碳的浓度。MQ-7 气体传感器对一氧化碳的灵敏度高，可检测多种含一氧化碳的气体，检测浓度 $10 \sim 1000$ppm（1ppm $= 10^{-6}$），是一款适合多种应用的低成本传感器。

4）粉尘颗粒物监测模块采用一款基于激光散射原理的数字式通用颗粒物浓度传感器，可连续采集并计算单位体积内空气中不同粒径的悬浮颗粒物个数，即颗粒物浓度分布，将其换算成为质量浓度，并以通用数字接口形式输出。该传感器最小分辨粒径为 $0.3\mu m$。

2. 无线通信技术

无线通信是指利用无线电波传播信息的通信方式。无线通信可用来传输电报、电话、传真、图像、数据和广播电视等通信业务。与有线通信相比，其不需要假设传输线路，不受通信间距限制，机动性好，建立迅速。

在人-机-环系统监测中，最常用到的无线通信技术主要有蓝牙、ZigBee、WiFi 等。下面就这几种通信技术做一些简单的介绍。

（1）蓝牙（Bluetooth）技术

1）蓝牙技术概述。蓝牙是一种无线技术标准，它以低成本的短距离无线通信为基础，可实现固定设备、移动设备和个人域网之间的短距离数据交换，主要用于通信和信息设备之间的无线连接。

2）蓝牙技术的特点：

① 语音和数据业务可同时传输。

② 开放的接口标准。

③ 抗干扰性能强。

（2）ZigBee 技术

1）ZigBee 技术概述。随着无线网络市场对网络的高效性及标准化的需求日益增长，ZigBee 协议应运而生。它作为一种支持低速率、低功耗、安全可靠的无线网络标准，是目前远程监控传感网络应用领域的标准化技术。

ZigBee 技术在物联网、工业控制和医疗传感器网络等场景下有着广泛的应用。ZigBee 技术很好地填补了低成本、低功耗无线通信市场的空白，其成功的关键在于丰富、便捷的应用。

2）ZigBee 的技术特点：

① 功耗低。ZigBee 的传输速率较低，发射功率仅为 1mW。在休眠待机模式下，ZigBee 设备仅靠两节 5 号电池就可以维持长达 6~24 个月的使用。

② 成本低。ZigBee 模块的初始成本只有 6 美元。而且 ZigBee 协议是免协议专利费的，因此低成本是 ZigBee 能够广泛应用的关键因素之一。

③ 时延短。ZigBee 的通信时延以及从休眠待机状态启动的时延都非常短。一般来说，设备入网时延只有 30ms，从休眠状态进入工作状态的时延只有 15ms。这种低时延的特点使其能够在对时延要求苛刻的无线控制场景中有更好的应用。

④ 容量大。基于星形结构的 ZigBee 网络最多可以容纳 254 个从设备和 1 个主设备，最多可以支持 64000 个左右网络节点。而且网络组成非常灵活，不仅可以采用星形拓扑结构，还可以采用片状、树状以及 Mesh 等网络结构。

⑤ 可靠性强。由于 ZigBee 采取了 CSMA/CA 碰撞避免策略，同时为需要固定带宽的通信业务预留了专用时隙，进而避开了发送数据的竞争和冲突。MAC 层采用了完全确认的数据传输握手模式，每个发送的数据包都必须等待接收方的确认信息，如果传输过程中出现问题可以进行重发，保证了高可靠性。

（3）WiFi 技术

1）WiFi 技术概述。WiFi 是一种能够将个人计算机、手持设备（如 PDA、手机）等终端以无线方式互相连接的技术。

WiFi 在无线局域网的范畴是指"无线相容性认证"，实质上是一种商业认证，也是一种无线联网技术，以前通过网线连接计算机，而现在则是通过无线电波来联网，通过无线路由器的电波覆盖的有效范围都可以采用 WiFi 连接方式进行联网。

2）WiFi 的技术特点。WiFi 是现在使用的最多的传输协议，突出优势如下：

① 不需要布线。WiFi 最主要的优势在于不需要布线，可以不受布线条件的限制，因此非常适合移动办公用户的需要。

② 高移动性。在无线局域网信号覆盖范围内，各个节点可以不受地理位置的限制进行任意移动。在无线信号覆盖的范围内，都可以接入网络，而且可以在不同运营商和不同国家的网络间进行漫游。

③ 无线电波的覆盖范围广。基于蓝牙技术的电波覆盖范围非常小，半径大约为 15m，而 WiFi 的半径则可达约 100m。因而在办公室或整栋大楼中都可使用，而且解决了高速移动时数据的纠错问题、误码问题。

④ 传输速度快。现有 WiFi 技术传输速率可以达到 300Mbps，下一代 WiFi 标准可以达到 1Gbps，符合个人和社会信息化的需求。

WiFi 的技术特点还有易扩展性、健康安全和成本低廉。

（4）无线通信技术在系统监测中应用举例

某室内环境监测系统设计使用 ZigBee 技术构建无线传感器网络，把采集到的空气温湿度、粉尘浓度、可燃气体浓度等传感器数据，通过无线传感器网络发送至服务器，服务器再对数据进行分析和存储，并通过 Web 系统向用户提供所需的服务。

整个系统由环境监测终端、信息服务器和客户机三大部分组成。其中，环境监测终端的数量由具体应用需求而定。客户机通过互联网直接访问信息服务器，不受时间和空间的限制。环境监测终端的主控板连接了温湿度传感器、PM2.5 粉尘浓度传感器与可燃气体传感器。环境监测终端采集这些传感器的数据，并通过 ZigBee 无线传感器网络把数据发送至信息服务器。环境监测系统休系结构如图 9-12 所示。

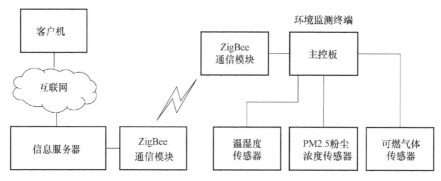

图 9-12　环境监测系统体系结构

ZigBee 无线传感器网络由协调器、路由节点和终端设备节点组成。协调器负责建立与维护网络，一个 ZigBee 网络中只能有一个协调器。终端设备节点是普通的传感器数据采集节点。路由节点除了具备终端设备节点的功能以外，还具有数据转发功能，可以扩展通信范围。当协调节点建立起网络以后，路由节点与终端设备节点可自动加入网络。上述系统中协调器连接信息服务器，路由节点连接各个环境监测终端。

ZigBee 网络通信模式有三种，分别是广播模式、一对多模式和点对点模式。上述系统采用一对多透明传输模式，这种工作模式下信息服务器通过串口发送的数据会完全透明地传输到所有路由节点，再从路由节点的串口输出到各环境监测终端的主控板。

3. 嵌入式微控制器技术

嵌入式技术在各个领域得到了越来越广泛的应用。嵌入式系统当中，核心是嵌入式处理器。其中嵌入式微控制器（单片机）已经成为代表性的嵌入式处理器。目前各种类型单片机不断升级，也逐渐完善了相关开发技术，使其功能和类型更加多元，推动其在各领域的广泛应用。

（1）单片机操作系统的分类

1）操作指导控制系统。控制系统中的各环节与生产过程是不产生联系的，具有结构简单并且操作安全的优势。但是也存在着一系列问题，例如必须由人工进行操作，因此生产效率受到了限制，并且不能够同时控制多个对象，通常用于数据检测、程序调试等方面。

2）直接数字控制系统。直接数字控制系统就是指一台微机需要检测多个设备参数，并且要将所测结果与标准进行比对，根据标准数值进行控制运算。并且通过输入到执行机构进行控制，使参数值始终稳定在标准状态。

3）监督控制系统。监督控制系统不仅能够进行顺序控制、自适应控制，还有利于操作系统的长期发展。一般情况下有两种形式：一种是SCC+模拟调节器控制系统，一种是SCC+DDC控制系统。

（2）单片机控制系统方案

进行单片机控制系统方案设计时，最重要的就是确定整体的方案，确定目标方案的设计水准。关于操作性能，要根据系统的要求确定是采用闭环系统还是开环系统。在元件检测的过程中，要选择好被测的参数，它将直接影响到系统操作的精确度，这也是影响单片机控制系统设计方案水平的重要因素之一。因此，在确定总体方案和选择执行机构的时候，一方面要根据算法进行匹配计算；另一方面要根据被控制对象的实际情况来确定，并且要考虑被测参数的数量。选择外围设备时，必须考虑输入对象是串行操作还是并行操作，以及打印时的需求和需要。根据以上内容，画出整个操作系统的原理图。

（3）单片机控制系统常见的方式

1）数字式控制。确立被控对象的数学模型后，通常情况下就可以直接运用数字控制的方法，采用系统动态特性来表达数学模型，能够直观地体现内部与外部间的关系。一般情况下，试验过程中通常会采取测量系统特性曲线，然后再根据曲线确定模型的方式，但现在可以通过使用计算机仿真辅助设计确定出数字模型，可有效地加快模型建立的速度，提高工作效率。在模型建立完成后，可根据上述的算法求出差分方程，计算机主要根据差分方程计算的结果实现对输入输出总量进行控制。

2）单片机硬件设计。单片机具有程度高的特性，但是在组建系统的过程中，扩展接口仍然是一项重要的任务，主要分为两个方面：一种是根据系统实际操作的需求，选用芯片进行设计；另一种是购买现成的接口板。第一种设计方式，主要包括以下几方面的内容：①储存器的扩展；②输入通道的扩展；③模拟量的扩展；④操作面板的扩展；⑤系统速度的匹配；⑥系统负载匹配。

（4）嵌入式微控制器技术在系统监测中应用举例

某室内环境监测系统以STM32单片机为核心，利用物联网技术和单片机的控制技术，结合多种功能模块，能够实现各种环境下数据采集和监测，并上传到云端平台，可通过计算机端和设备云App在手机端进行查看和监控。

1）系统总体设计。上述系统以STM32f103c8t6单片机作为主控芯片，采用温湿度传感器采集温湿度数据，光照度传感器采集光照数据，WiFi模块是传感器采集系统和云平台的桥梁，传感器将数据输送至单片机处理，通过WiFi模块，上传至云端服务器，可在计算机端和手机端监测所接收的数据，显示模块辅助显示。环境监测系统结构框图如图9-13所示。

2）硬件设计。本设计硬件主要分为两部分，一部分是由传感器来收集数据并进行相应的数据处理，另一部分将数据上传到云平台，可在计算机端和手机端查看采集的数据。图9-14为环境监测系统硬件结构图。

核心控制设计采用的是48引脚封装的STM32f103c8t6芯片，内核是基于ARM 32位的

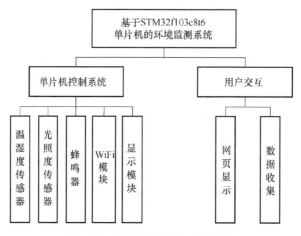

图 9-13 环境监测系统结构框图

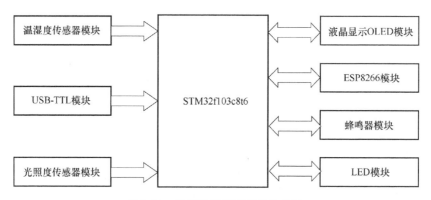

图 9-14 环境监测系统硬件结构图

Cortex™-M3CPU 的带 64 或 128kb 字节闪存的微控制器，7 个定时器、2 个 ADC、9 个通信接口，采用的是串行单线调试（SWD）等。

4. 数据处理技术

（1）云计算

1）云计算概述。云计算（cloud computing）是分布式计算技术的一种，是通过网络将庞大的计算处理程序自动分拆成无数个较小的子程序，再交由多部服务器所组成的庞大系统，经搜寻、计算分析之后，将处理结果回传给用户。通过这项技术，网络服务提供者可以在数秒之内，处理数以千万计甚至亿计的信息，完成和"超级计算机"同样强大效能的网络服务。最简单的云计算技术在网络服务中已经随处可见，如搜寻引擎、网络信箱等，使用者只要输入简单指令即能得到大量信息。未来的手机、GPS 等移动装置都可以通过云计算技术，发展出更多的应用服务。未来的云计算不仅只完成资料搜寻、分析等，其他如分析 DNA 结构、基因图谱定序、解析癌症细胞等，都可以通过这项技术轻易达成。

2）云计算的特点。云计算描述了一种基于互联网的新的 IT 服务、使用和交付模式。它意味着计算能力也可作为一种商品通过互联网进行流通，取用方便，费用低廉。

① 超大规模。"云"具有相当的规模。Google 云计算已经拥有 100 多万台服务器，Amazon、IBM、微软等的"云"均拥有几十万台服务器，企业私有云一般拥有数百上千台服务器。"云"能赋予用户前所未有的计算能力。

② 虚拟化。云计算支持用户在任意位置、使用各种终端获取应用服务。所请求的资源来自"云"，而不是固定的有形实体。用户只需要一台便携式计算机或者一个手机，就可以通过网络服务来实现。

③ 高可靠性。"云"使用了数据多副本容错、计算节点同构可互换等措施来保障服务的高可靠性，比使用本地计算机更可靠。

④ 通用性强。云计算不针对特定的应用，在"云"的支撑下可以构造出千变万化的应用，同一个"云"可以同时支撑不同的应用运行。

⑤ 高可扩展性。"云"的规模可以动态伸缩，满足应用和用户规模增长的需要。

⑥ 按需服务。云计算采用按需服务模式，用户可以根据需求自行购买，降低用户投入费用，并获得更好的服务支持。

⑦ 极其廉价。由于"云"的特殊容错措施可以采用极其廉价的节点来构成云，"云"的自动化集中式管理使大量企业无须负担日益高昂的数据中心管理成本，用户可以充分享受"云"的低成本优势。

3）云计算服务。云计算服务是指将大量用网络连接的计算资源统一管理和调度，构成一个计算资源池，为用户提供按需服务。用户通过网络以按需、易扩展的方式获得所需资源和服务。

（2）大数据

科普中国网关于大数据的定义：大数据（BigData），IT 行业术语，是指无法在一定时间范围内用常规软件工具进行捕捉、管理和处理的数据集合，是需要新处理模式才能具有更强的决策力、洞察发现力和流程优化能力的海量、高增长率和多样化的信息资产。

麦肯锡全球研究所给出的定义：一种规模大到在获取、存储、管理、分析方面大大超出了传统数据库软件工具能力范围的数据集合，具有海量的数据规模、快速的数据流转、多样的数据类型和价值密度低四大特征。

大数据的意义不在于掌握庞大的数据信息，而在于对这些庞大的数据信息进行专业化的处理，以获取有价值的数据信息。换句话说，如果把大数据比作一种产业，那么实现产业盈利的关键是提高对数据的"加工能力"，通过"加工"实现数据的"增值"。从技术上看，大数据与云计算的关系就像一枚硬币的正反面一样密不可分。大数据无法用单台的计算机进行处理，必须采用分布式架构。它的特色在于对海量数据进行分布式数据挖掘。大数据必须依托云计算的分布式处理、分布式数据库和云存储、虚拟化技术。

5. 定位技术

在人机环的监测过程中，获取系统中材料损伤过程的动态信息，探测材料或者构件中的"活性"缺陷，为评价材料或构件的使用安全性提供依

人-机-环系统中的定位技术

据，对于损伤的定位也是系统监测中不可或缺的一个重要环节。下面基于声发射简单介绍几种定位原理与方法。

（1）一维定位

一维定位一般用于无损检测技术中，一般至少使用两个传感器才能进行定位，多用于检测长度与半径之比非常大的试件，如管道、钢材以及横梁等物体的缺陷定位。一维定位法的一般原理为：假设损伤源位于 A、B 两传感器之间，若信号到达两传感器的时间差为 $\Delta t = T_2 - T_1$，则损伤源与传感器 B 的距离可用 d 表示：

$$d = 0.5 \times (D - \Delta t V) \tag{9-6}$$

式中　　D——两传感器的距离；

　　　　V——波速。

图 9-15 为线性时差定位原理图。

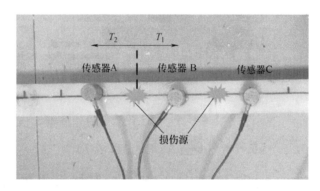

图 9-15　线性时差定位原理图

所以当 $\Delta t = 0$ 时，意味着信号同时到达两个传感器，代入式（9-6）中计算，可以得到损伤源位于两个传感器的中点位置。但是，当损伤源位于 A、B 传感器阵列之外（例如位于 B、C 之间）时，无论损伤源与传感器 B 的距离有多远，代入式（9-6）计算得到的定位结果始终位于传感器 B 上，因此在这种情况下，两传感器阵列便不足以完成定位；需要通过布置额外传感器来预先判断声发射源位于哪两个传感器阵列之间，之后才能运用式（9-6）进行线性定位。

（2）二维时差定位

二维时差定位又称平面定位。若假设声发射源产生的应力波以恒定波速沿直线传播，则根据双曲线的定义，不难求出声发射源 (X_s, Y_s) 位于式（9-7）所示的且以两传感器为焦点的一支双曲线上。

$$R = \frac{1}{2} \frac{D^2 - \Delta t V^2}{\Delta t V + D \cos\theta} \tag{9-7}$$

式中　　Δt——信号到达时间差值；

　　　　D——两传感器的距离；

　　　　V——波速。

然而，仅得到发射源(X_s,Y_s)位于如图9-16所示的一条双曲线上，无法确定准确的源位置坐标，如图9-17所示，通过添加第3个传感器便可得到3对传感器组合（1-2，2-3和1-3），利用另外一对传感器测的时差信息，也可获得一条关于源位置的双曲线，因此两条双曲线的交点便为准确的声发射源位置。

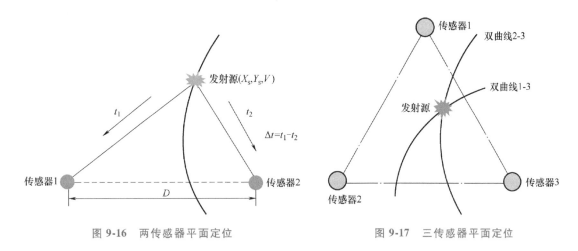

图 9-16　两传感器平面定位　　　　图 9-17　三传感器平面定位

（3）二维定位——平面结构无需预先测速定位法

从式（9-7）中可以发现，对于传统的时差定位法，首先需要求得波速V才可确定声发射源的位置坐标，如果波速难以获得，则无法运用该方法进行损伤定位，利用 Dong 等 2010 年提出的无须预先测定波速的方法，Kundu 等人[注]对传统时差定位法进行改进，通过定义如式（9-8）所示源误差函数$E(x_0,y_0)$，使平面时差定位法在无须知晓波速V的情况下便能实现损伤定位。该方法能够便捷地运用多个传感器同时参与定位以提高定位精度。

$$E(x_0,y_0)=\sum_{i=1}^{n-1}\sum_{j=i+1}^{n}\sum_{k=1}^{n-1}\sum_{l=k+1}^{n}\left[t_{ij}(d_k-d_l)-t_{kl}(d_i-d_j)\right]^2 \tag{9-8}$$

其中：

$$t_{ij}=t_i-t_j \tag{9-9}$$

$$d_i=V\times(t_i-t_0)=\sqrt{(x_i-x_0)^2+(y_i-y_0)^2} \tag{9-10}$$

式中：t_0——信号发生时间；

　　　t_i——信号到达传感器的时间；

　(x_0,y_0)——估计源坐标；

　(x_i,y_i)——第i号传感器坐标；

　　　d_i——待估计声发射源与i号传感器的直线距离；

　　　n——传感器总个数。

在该方法中，只有估计源坐标(x_0,y_0)是唯一的变量因此只需将待估计源坐标(x_0,y_0)及相关参数代入式（9-8）中，便可计算该点对应误差函数$E(x_0,y_0)$的值。当估计坐标与实际

⊖ 引自 Kundu，Tribikram，Acoustic source localization，Ultrasonics，2014。

位置不同时，$E(x_0, y_0) > 0$，且仅当估计坐标与实际坐标一致时，$E(x_0, y_0) = 0$，因此使 $E(x_0, y_0)$ 有最小解的坐标 (x_0, y_0) 为合理估计声发射源位置坐标。

（4）二维定位——含孔结构无须预先测速定位法

上面介绍的定位方法适用于结构规则的二维平面定位，然而在实际工程监测中，定位对象往往是复杂的不规则结构，使用上述方法，定位精度必然会下降。为解决这一问题，下面介绍一种针对这种复杂结构的声发射源定位方法，简称 ALM 法[一]。ALM 方法可以分别以下四个步骤：首先，对待测物体进行网格化并用 0 和 1 表示物体的形状；其次，采集传感器接收到的声发射事件产生的 P 波到时信号；再次，使用 A* 算法搜索每个传感器与每个网格点之间的最快波形路径；最后，根据最小二乘法原理识别声发射源的位置。该方法的流程图如图 9-18 所示。

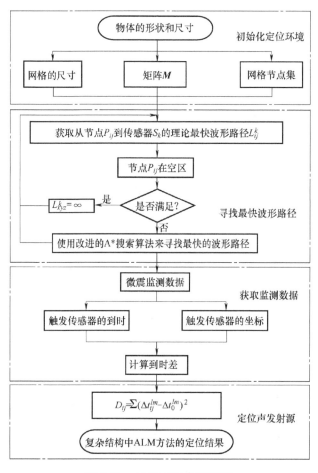

图 9-18　ALM 方法的流程图

（5）三维定位——三维含孔洞结构的无须测速震源定位方法

为了实现复杂三维含孔结构的高精度定位要求，董陇军等人提出一种三维含孔洞结构的

⊖ 引自 Qing chun，Dong Longjun，Acoustic emission source location and experimental verification for two-dimensional irregular complex structure，IEEE Sensors Journal，2019。

无须测速震源定位（velocity-free for hole-containing structure，VFH）方法。该算法采用等距网格点搜索路径，避免了人工重复训练。引入了 A* 搜索算法（图 9-19，图 9-20），并利用网格点来适应具有不规则孔洞的复杂结构。它还利用了无须预先测速的定位方法的优点。在尺寸为 10cm×10cm×10cm 的立方体混凝土构件，掏出一个尺寸为 φ6cm×10cm 的圆柱形空区的构件上进行断铅试验。根据到时，分别用经典的 Geiger 法和 A* 搜索算法进行定位计算，可以实现在含孔洞的复杂三维结构中进行有效定位，并能达到较高的精度要求。

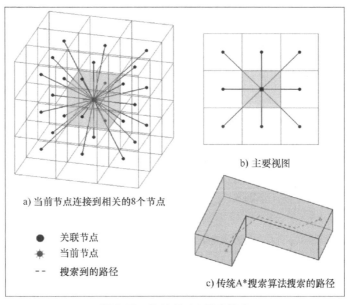

图 9-19　传统的 A* 搜索算法

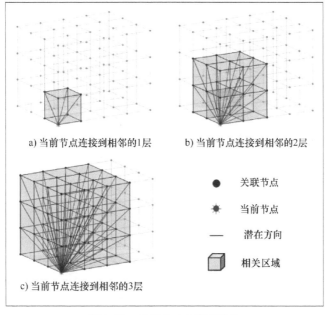

图 9-20　改进的 A* 搜索算法

VFH 法使用改进的 A* 搜索算法和无须预先测速定位方法的思想来确定声发射源的位置。该方法可分为四个步骤：首先，划分需要定位物体的网格并用 0 和 1 表示物体的形状；其次，采集传感器接收到的声发射事件产生的 P 波到时信号；再次，使用 A* 算法搜索每个传感器与每个网格点之间的最快波形路径；最后，根据引入最小偏差量 D 来确定声发射源的位置。图 9-21 为 VFH 的定位流程图。

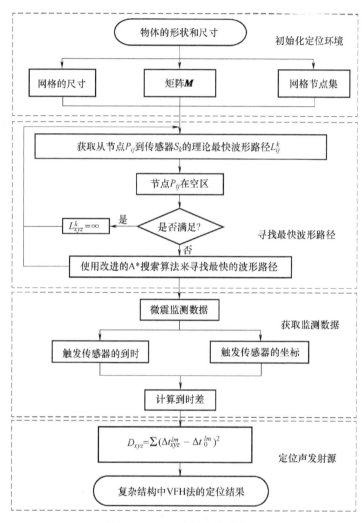

图 9-21 VFH 法的定位流程图

6. 物联网技术

（1）物联网概述

物联网（Internet of things）又名传感网，其概念是在 1999 年提出的。目前，物联网的精确定义并未统一，主要包括以下几种：

1）1999 年，美国麻省理工学院的 Kevin Ashton 教授首次提出物联网的概念，即把所有物品通过射频识别等信息传感设备与互联网连接起来，实现智能化识别和管理。简而言之，物联网就是物物相连的互联网。

2）国际电信联盟在发布的 ITU 互联网报告对物联网做了如下定义：通过二维码识读设备、射频识别装置、红外感应器、全球定位系统和激光扫描器等信息传感设备，按约定的协议，把任何物品与互联网相连接，进行信息交换和通信，以实现智能化识别、定位、跟踪、监控和管理的一种网络。该报告对物联网的概念进行了扩展，提出了任何时刻、任何地点、任意物体之间的互联。

3）中国物联网校企联盟将物联网定义为：当下几乎所有技术与计算机、互联网技术的结合，实现物体与物体之间，环境以及状态信息的实时共享以及智能化的收集、传递、处理、执行。从广义上说，当下涉及信息技术的应用，都可以纳入物联网的范畴。

综合上述物联网的定义，其中包含了以下三层含义：

1）物联网是指对具有全面感知能力的物体及人的互联集合。

2）物联必须遵循约定的通信协议，并通过相应的软件、硬件实现。

3）物联网可以实现对各种物品（包括人）进行智能化识别、定位、跟踪、监控和管理等功能。这也是组建物联网的目的。

综上所述，物联网是指通过接口与各种无线接入网相连，进而联入互联网，从而给物体赋予智能，可以实现人与物体的沟通和对话，也可以实现物体与物体相互沟通和对话。

（2）物联网的特征

物联网中最为关键的三个特征：对物体具有全面感知能力、对数据具有可靠传输能力和智能处理能力。

1）全面感知能力。全面感知能力，即利用 RFID 传感器、条码及其他各种的感知设备随时随地采集各种动态对象，全面感知世界。在生活中，采用话筒、摄像头、门禁卡、指纹机、温度计等信息采集设备来收集语音、图像、射频信号、身份、温度等各种感知信息。

2）可靠传输能力。可靠传输能力，利用以太网、无线网、移动网即各种电信网络与互联网的融合，将物体的信息及时、准确地传递出去。采用数据网络、移动网络、传输设备、ZigBee、WiFi、蓝牙等传输方式，同时实现信息的双向传递，还要保证信息传输安全，具备防干扰及防病毒能力，其防攻击能力强，具有高可靠的防火墙功能。

3）智能处理能力。智能处理能力，即利用云计算、模糊识别等各种智能计算技术，对海量的信息数据进行分析和处理，对物体实施智能化的控制。智能处理实际上依赖于各种类型的服务器。

（3）物联网体系结构

综合国内各权威物联网专家的分析，将物联网系统划分为三个层次：感知层、网络层、应用层，并依此概括地描绘物联网的系统架构。

1）感知层。感知层解决的是人类世界和物理世界的数据获取问题，由各种传感器以及传感器网关构成。该层被认为是物联网的核心层，主要用于物品标识和信息的智能采集，它由基本的感应器件（如 RFID 标签和读写器、各类传感器、摄像头、二维码标签和识读器等）和感应器组成的网络（如 RFID 网络、传感器网络等）两大部分组成。该层的核心技术包括射频技术、新兴传感技术、无线网络组网技术、现场总线控制技术（FCS）等，涉及的核心产品包括传感器、电子标签、传感器节点、无线路由器、无线网关等。

2）网络层。网络层也称为传输层，解决的是感知层所获得的数据在一定范围内（通常是长距离）的传输问题，主要完成接入和传输功能，是进行信息交换、传递数据的通路，包括传输网与接入网两种。传输网由公网与专网组成，典型传输网络包括电信网（固网、移动网）、广电网、互联网、电力通信网、专用网（数字集群）。接入网包括光纤接入、无线接入、以太网接入、卫星接入等各类接入方式，实现底层的传感器网络、RFID 网络的"最后一公里"的接入。

3）应用层。应用层也称为处理层，解决的是信息处理和人机界面的问题。网络层传输的数据在这一层进入各类信息系统进行处理，并通过各种设备与人进行交互。应用层由业务支撑平台（中间件平台）、网络管理平台（如 M2M 管理平台）、信息处理平台、信息安全平台、服务支撑平台等组成，完成协同、管理、计算、存储、分析、挖掘，以及提供面向行业和大众用户的服务等功能，包括中间件技术、虚拟技术、高可信技术、云计算服务模式、SOA 系统架构方法等先进技术和服务模式，可被广泛采用。

在上述各层之间，信息不是单向传递的，可有交互、控制等功能；所传递的信息多种多样，包括在特定应用系统范围内能唯一标识物品的识别码和物品的静态与动态信息等。尽管物联网在智能工业、智能交通、环境保护、公共管理、智能家庭、医疗保健等经济和社会各个领域的应用千差万别，但是每个应用的基本架构都包括感知、传输和应用三个层次，各种行业和各种领域的专业应用子网都是基于这三层基本架构构建的。

9.5.3 人-机-环系统监测的应用——以岩体失稳灾害为例

人-机-环系统监测数据是岩体失稳灾害监测的关键内容，其对了解岩体周边所有情况提供了重要支撑，是开展岩体失稳灾害防控的基础。人-机-环系统监测主要是针对岩体人-机-环系统运行过程中的情况、有可能发生的故障或为研究系统的各参数特性，利用一定的仪器和技术手段对系统中的人、机械、环境相关参数或指标进行监测，把获得的结果进行分析、处理、比较，从而对系统中各元素做出危险或者不危险判断的活动（图 9-22）。通过人-机-环系统监测，相关负责人员把监测信息及时向管理人员报告，为研究解决人-机-环系统功能问题或管理决策提供依据，降低岩体失稳灾害的可能性，从而不断改进和提高岩体环境中人-机-环系统的协调性和安全性。

1. 岩体失稳人-机-环系统监测数据获取

（1）人的监测数据获取

在岩体环境中对人的监测，主要是为获取人的健康状态、行为活动、语言活动、存在状态、心理状态、工作情况、位置信息等。对于系统中大多数人的信息获取可采用传感技术。传感技术通过各类传感器监测岩体周围人体的各种情况，把模拟信号转化成数字信号，再传递给中央处理器处理，最终将结果以定量数据或图像等方式显示至 PC 端。

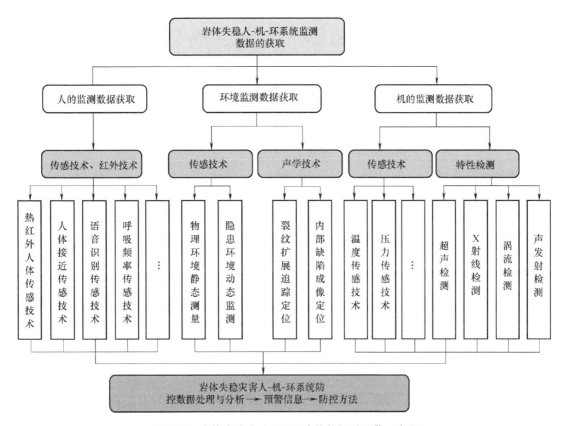

图 9-22 岩体失稳人-机-环系统从数据到预警示意图

传感技术主要包括热红外人体传感技术，即通过感知人体体温发现人的存在、人的异常体温和人的行为活动；人体接近传感技术，一种用于监测人体接近的技术，可准确探知附近人物的靠近，若在危险区域使用该技术，可以对人的接近实时发出警报，提醒人不要靠近；语音识别传感技术，即通过人的语音来监测人的存在，同时可以将人的语音传递给另一端，保证沟通的及时性。如在资源开发的岩体系统中，可采用热红外人体传感技术、呼吸频率传感技术来感知人的健康状态，若状态不好的就避免下井，可以减少因人的失误而导致的岩体失稳灾害；对于已经在井下的作业者，若发现身体情况不佳，应及时救援。这种对人的监测可以提高人与人之间的交互，能够有效避免人因失误造成的岩体失稳灾害。

（2）机械监测数据获取

在岩体环境中对人进行监测，主要是为获取机的运行状态、温度、工作完成情况、存在状态、位置信息、故障信息等。对于系统中机的监测可以采用传感技术、超声检测、X射线检测、涡流检测、声发射检测等。

1）传感技术包括：接近传感技术，即通过感知附近的"接近"来执行机的开关操作，防止机与其他岩体或人的碰撞，避免灾害发生；转速传感技术、压力传感技术，即对机内部构件的转速、机所施加的压力的监测，及时发现异常转速和异常压力，有针对性地排除隐患；温度传感技术可以实时监测机的运行温度，对于异常温度可以实时发出警报。例如，在资源开发的岩体系统中，可以通过传感系统及互联网技术，将车辆在井下的运行情况上传到云计算平台中，并通过处理分析获取定位车辆位置信息，判断其周围环境及岩体条件，并在此基础上，计划车辆的下一个行动和路线，利用这样的技术手段来实现机的正常运行，保证安全性。

2）超声检测即利用超声波对机的内部缺陷和性能进行精确判定，超声波具有指向性好、穿透能力强、能量高、灵敏度高等特点。超声监测是利用超声波监测仪产生电振荡并加之于超声波探头上，激励探头发射超声波，同时将探头送回的电信号进行放大处理后以一定方式显示出来，从而判断被监测的机内部有无缺陷，并获取缺陷的位置和大小等信息。

3）X 射线检测是利用 X 射线通过物质衰减程度与被透过部位的材质、厚度和与缺陷性质有关的特性，使胶片感光成黑度不同的图像来实现的。胶片曝光后经暗室处理，就会显示出机的结构图像，根据胶片上影像的形状及其黑度的不均匀程度，可以评定被监测机械的内部情况。

4）涡流检测。当载有交变电流的检测线圈靠近导电机械时，由于激励线圈磁场的作用，机械试件中会产生涡流，涡流的大小、相位及流动形式受到试件导电性能的影响。涡流也会产生一个磁场，这个磁场反过来又使检测线圈的阻抗发生变化。因此，通过测定检测线圈阻抗的变化，可以判断出被测试机械的性能及有无缺陷等。

5）声发射检测。声发射可以对机内部的损伤进行实时检测，声发射是机在受到力的作用时产生的变形或破坏，会以弹性波的形式释放出能量的现象，通过对声发射的追踪和研究实现机械内部损伤的监测与定位。

（3）环境监测数据获取

在岩体系统中，环境尤为重要，它是具有巨大隐患的要素。对于岩体环境的监测是实现岩体人-机-环系统安全的重要环节，主要包括环境温度、气体、损伤的监测。环境温度主要依靠温度传感技术来实现，可以实时将岩体内部的温度传递至管理人员处，方便管理人员做出工作决策。岩体环境中气体的监测依靠气敏传感技术，通过监测一氧化碳或其他有毒有害气体的成分和含量，把信息传递给 PC 端，使人-机-环信息交互，工人就能在进入环境前得知空气情况，采取必要的措施。

岩体的损伤监测相对复杂。岩体损伤具有复杂性、动态性、被动性等特征，这些特征决定了岩体损伤监测的重要与不易。岩体损伤监测设备的精准度和灵敏度决定了监测信息的准确性，也直接影响了岩体失稳灾害的发生。目前，对于岩体损伤的监测主要是利用声发射和微震技术。要对岩体损伤进行监测，首先，需要进行现场勘察，由于大部分岩体体量庞大，往往无法覆盖全体，在考虑成本的情况下，可以采用循环监测的方法，通过循环监测，可以了解整个岩体结构的情况，这对于灾害的预防、预警有重要意义；其次，需要对岩体的关键部位进行监测，这些位置往往具有一定的失稳条件和前兆；最后，在对岩体进行损伤监测时，需要注意岩体本身的特殊性，应采用适应岩体环境的微震和声发射传感器进行损伤监测。

在获取各种数据资源的过程中，需要深入分析、处理环境监测数据，统计、分析可能会对岩体环境造成影响威胁的自然因素，如降雨、地震。由此可见，如果想要重点展现出环境监测的意义，就有必要做好监测后的数据分析管理工作，全面提升对岩体环境监测的认识，保证多部门相互交流配合，强化对岩体具体环境的监测管理。此外，环境监测技术还具有连续性，由于岩体处于自然界中，而自然界是实时变化的，因此岩体环境的情况也会伴随其产生相应的变化，若想精准地掌控岩体环境的变化规律，那么做好长期监测管理是极为重要的，这能够有效预测未来岩体环境的发展趋势。

2. 岩体失稳灾害监测系统及精细定位技术

岩体环境的监测结果受监测设备的影响极大，设备能否适应动态的环境、是否具有高灵敏度等都是重要的影响因素。另外，利用监测结果进行灾害源的精细定位是岩体失稳灾害防控的重要步骤，该步骤是监测结果的直观体现，能够直接地反映出岩体的潜在失稳区域，使灾害防控具有针对性和有效性。

（1）岩体失稳灾害监测系统

在灾害监测设备研发制造方面，目前使用广泛的几种监测系统大部分由国外制造，如澳大利亚 IMS 系统、加拿大 ESG 系统、波兰 SOS 系统等，但这些系统的成本较高。而国内自主研发的监测设备在数据获取与处理等方面还存在一定差距。因此，针对现有微震监测设备难以捕捉小事件的缺陷、数据处理滞后的问题，中南大学董陇军教授所在科研团队自行研发了灵敏度高、频响范围广、环境自适应能力强的智能感知传感器，开发了具有我国完全自主知识产权的实时高精度多维微震监测系统，融入了建立的"P 波初至的多指标加权自动拾取方法""异常到时剔除方法""无须预先测定波速的微震震源解析迭代协同定位方法""微震与爆破震源实时辨识方法"等核心关键技术，达到了信号智能感知、数据动态处理、灾害精细预警的效果，实现从微震监测数据到微震事件信息、从微震事件信息到灾害预警指令的全过程、实时、协同监测，提升岩体灾害的防控技术水平。

1）硬件设备。硬件设备主要包括加速度/速度传感器、动态采集仪、时钟同步、通信设备等。

加速度传感器通过将岩体运动加速度转换成一个可衡量的电子信号来衡量岩体破裂、变形等微震活动，具有耐腐蚀、防冲击的优点。通过设置微震加速度传感器信号输出频率，经反复优化信号输出频率，可将调整传感器灵敏度并达到 30V/g 以上，进而提高设备感知能力；利用传感实验研究，搭建发射频率可灵活调节的射频收发电路，利用不同地质条件下声发射事件频率信号，智能判别得到频率区间，以适应不同岩体环境；通过设置智能感知监测设备的检波器个数阈值进行干扰事件的筛选处理，研发具有噪声滤波功能的高性能感知设备，增强智能感知设备对外部噪声信号的抗干扰能力。

动态采集仪适用于测点较为集中且被测物理量快速变化的环境中，主要用于监测参数的动态变化，其可接入不同类型的传感器，兼容性好，可完成应力、应变、速度、位移、冲击、温度、压力等多个物理量的测量，其具有通道数可修改、抗混滤波强、采集精度高、稳定性佳等优点，既可以用于室内实验测量，也可以用于长期现场监控。

此外，设备实现了授时服务器可实现监测模块之间的时间同步，时间同步信号的传输方式可根据监测范围的大小及监测模块之间的距离进行调整。

2) 智能监测可视化软件。智能监测可视化软件借助上述传感器实时采集到的数据,以直观的数字或图形的方式将监测结果展现出来,软件内嵌入了包括文件、编辑、处理、事件等选项菜单及三维视图、微震事件列表、传感器坐标、数据处理等多个模块,通过加速度传感器、多功能动态采集仪实现对地震震动、视应力等多个参数的采集。软件中的数据处理模块嵌入了微震监测数据动态处理方法,包括震源信号的自动化辨识方法和 P 波初至多指标加权自动拾取方法。方法中充分利用了解析解的高精解优势,以概率分析与相对距离为判据,实现了异常到时的准确剔除;借助频谱分析和移动时窗分析法,克服了刺突和尾部震荡的影响,联合多信息权重综合确定首波初至,实现了复杂噪声环境中 P 波初至时刻的自动拾取。另外,在可视化软件中,可以实时查看监测到的微震事件,实现了震源自动化识别和震源拾取的功能。

该监测系统硬件及可视化界面如图 9-23 所示。

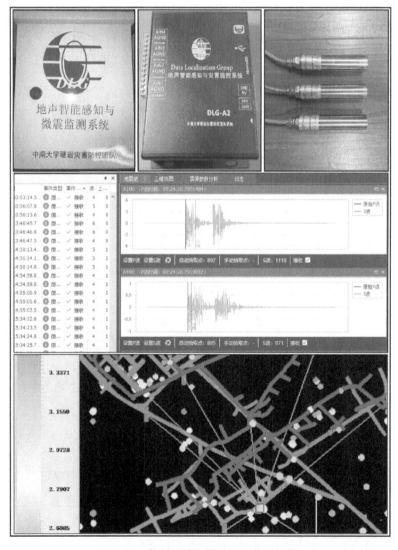

图 9-23　监测系统硬件及可视化界面图

（2）未知波速的声源/震源三维定位方法

目前针对微震源和声发射源的定位有很多，如 Geiger 定位法、双重残差法、时差定位法等，这些传统定位方法的定位精度严重依赖迭代算法和预先测量的波速值，且已有的解析定位方法因含有平方根而存在解不唯一的问题。其中，预先测速造成的波速误差对定位精度的影响尤为严重。由于岩体是各向异性材料，不同区域的岩体波速是完全不同且动态变化的，所以采取确定的唯一平均波速值作为岩体的波速不妥，其准确性与定位的精细度要求不平衡。为解决这些定位难题，避免岩体失稳灾害防控措施失效，本书作者提出未知波速系统中声源/震源三维解析综合定位方法和含空区的三维定位法。

1）声源/震源三维解析综合定位方法。为了消除异常到时和预先测定波速的影响，本书作者开发了声源/震源三维解析综合分析定位方法。具体步骤如下：

① 对于具有 n 个传感器的监测系统，先利用 6 个传感器的分析定位方法得到源坐标 (x,y,z)，由此可得到 C_n^6 组定位结果。

② 用逻辑累积分布函数对上一步得到的 C_n^6 组定位结果进行拟合，通过拟合 x，y 和 z 的结果，可以分别得到 F_X，F_Y 和 F_Z 的逻辑函数。

③ 通过 F_X，F_Y 和 F_Z，利用控制值得方法可以计算出解集 S_x，S_y 和 S_z。用 S_x，S_y 和 S_z 来表征与正确定位结果有偏差的异常定位结果。

④ 若是 $x \in S_x$，或 $y \in S_y$，或 $z \in S_z$，则定位结果 (x,y,z) 被标记为异常定位结果。然后将用于获得异常定位结果的 6 个传感器计数 （N_c）分别增加 1，并将所有 C_n^6 组的定位结果设置为输入，以确定是否为异常定位结果。因此，N_c 可以用于指示传感器在所有异常定位结果中出现的次数。

⑤ 若已经确定了所有 C_n^6 组定位结果 （输入完成），则将 N_c 最大的传感器对应的到时定义为异常到时，其对定位精度的影响最大，通过消除异常到时，可以提高定位精度。

⑥ 对异常到达进行过滤后，再采用迭代解析定位方法对 $n-1$ 个清除后的源进行定位，获得定位结果：

$$t_{ij}^{\text{mea}} - t_{ij}^{\text{theor}} = \left(\frac{\partial t}{\partial x}\right)_{ij} \Delta x + \left(\frac{\partial t}{\partial y}\right)_{ij} \Delta y + \left(\frac{\partial t}{\partial z}\right)_{ij} \Delta z + \left(\frac{\partial t}{\partial v}\right)_{ij} \Delta v + \Delta t_{0i} + e_{ij} \tag{9-11}$$

$$\min f(x,y,z,v) = \sum_{i,j=1}^{n} (t_{ij}^{\text{mea}} - t_{ij}^{\text{theor}})^2 \tag{9-12}$$

式中　t_{ij}^{mea}、t_{ij}^{theor}——从第 i 事件到第 j 传感器的测量时间和理论旅行时间；

　　　　t_{0i}——第一个事件的起始时间；

　　　　Δ——一个参数的扰动；

　　　　e_{ij}——扰动和数据误差的高阶项。

通过求解，可求得准确的源坐标 (x,y,z)，该解析综合定位方法也可称为 TD （到时差）法，与目前广泛使用的 LM-PV 法相比，TD 法消除了预测波速引起的定位误差，具有精度高的显著优势。

2）含空区的三维定位方法。此外，针对可能含有空区的三维岩体结构，本书作者还提出了 A* 搜索算法与未知波速的定位方法相结合估计震源的位置。在计算机科学中，A* 搜索算法作为 Dijkstra 算法的扩展，因其具有高效性而被广泛应用于路径查找。该方法可以分为四个步骤：首先，对需要定位的岩体进行网格划分；其次，获取传感器接收到的微震或声发射事件产生的 P 波到达信号；再次，使用 A* 搜索算法搜索各传感器与各网格点之间最快的波形路径，即利用集合中的每个网格点 P_{xyz} 作为主动震源激发的样本点位置，追踪最短路径，得到从样本点到第 k 个传感器的理论最短路径 L_{xyz}^k。如果样本点 P_{xyz} 在空区内，则认为 L_{xyz}^k 为无穷大；最后，引入最小偏差量来计算未知震源的位置，点 P_{xyz} 与未知震源 P_0 的偏差度采用 D 表示，计算表达式如下

$$D_{xyz} = \sum \left(\Delta t_{xyz}^{lm} - \Delta t_0^{lm} \right)^2 \tag{9-13}$$

式中　Δt_{xyz}^{lm}——震源到传感器 l 和 m 之间的到时差；

　　　Δt_0^{lm}——震源到传感器 l 和 m 之间的理论到时差。

每个网格点得到相对应的 D_{xyz} 值。随着 D_{xyz} 值的增加，P_{xyz} 与未知源 P_0 的偏差越大。因此，最小 D_{xyz} 值所对应的坐标为震源坐标。该方法在计算时将弹性波的波速视为未知，以减少监测过程中波速变化引起的定位误差，能有效地适应不规则的三维岩体结构。

上述两种定位方法均有效提高了结构内震源定位的精度，对于岩体失稳灾害的危险区域确定具有重要意义。

9.5.4　人-机-环系统检测与监测的区别

1. 概念不同

人-机-环系统的检测通常是利用指定的方法检测系统的技术性能指标，如对人的检测主要体现在职业健康检查方面，对机主要是掌握设备的磨损、腐蚀等信息，对环境的检测主要是分析环境数据，进而统计可能会对生产系统造成影响或威胁的自然因素。

人-机-环系统的监测主要是通过数据收集、数据分析完成数据处理，进一步利用实验室分析等手段完成数据处理，通过长时间的采样和分析，掌握系统的动态情况及变化规律，监测通常具有一定的时效性。对人的监测主要体现在生产系统中人的基本生命体征，如体温、血压和心率等，对机器的监测主要体现在生产系统运行过程中的某个状态信息点，对环境的监测主要针对系统运行过程中光、温度等环境特征。

2. 对象不同

一般情况下，检测是适用于生产系统运行状况和自身稳定性的质量评定；监测通过是对影响生产系统运行因素的代表值测定，进而确定生产系统的实时状态参数和可能变化趋势，多指的是现场实施采样和监测。

3. 工具不同

检测常用的技术及工具包括如超声检测、射线检测、涡流检测等，其目的是把测定的结果同规定的标准进行比较，进而对系统做出合格或不合格判断。监测常用工具包括传感器技术、无线通信技术、嵌入式微控制器技术等，保证人员明确系统运行过程中分析对象的实时状态。

9.6 | 极端环境下的安全人机问题

极端环境是指环境处于非常规状态，极不适合人的生产、生活活动和机器的运行工作等的极端情况。主要包括高温、低温、高湿度、高盐、高海拔、地震、重大疫情等。在这些极端环境下，人-机-环系统中的人和机由于环境的影响，各种性能和功能会受到不同程度的损伤和限制，使得它们无法发挥原本的功能或无法正常发挥原本的功能，最后导致事故的发生，造成损伤和损失。

极端环境下的
安全人机问题

9.6.1　典型的极端环境

1. 极端高温、低温环境

极端高温环境指在某一段时间内，系统环境中的温度超过一般常规规定的温度范围。

极高温的情况下，对于人，人体会从外界吸收大量热量，心跳加快、血液循环加速，头昏脑涨，全身不适和疲劳，并有极大可能中暑甚至昏迷；同时在人体出汗过程中，身体中的盐分就会随汗液流失，血液浓缩，血液黏性增高，心脏血管负担加重，从而引起血压下降，为了维持正常血压就会加重心脏的负担，此外高温还影响人的神经活动和运动协调等。对于机器设备，若环境温度高于允许极限值时，可能造成设备故障，尤其是电气设备。温度升高，金属材料软化，机械强度将明显下降。例如，铜金属材料长期工作温度超过200℃时，机械强度明显下降。温度过高，有机绝缘材料也会变脆、老化，绝缘性能下降，甚至击穿。

如果环境温度过低，人体为了保持肌体的热量平衡，组织代谢加强，氧气的需要量增加，寒冷的环境可能使人体失去知觉。在高温环境中，人体要通过蒸发来散失热量，以此来维持体温的平衡。环境温度低于设备工作温度范围时，可能导致机器设备芯片无法工作。在低温环境下，电池的极化现象严重，放电不完全，放电容量减小，放电电压降低，影响设备电池寿命使用和性能。

2. 高海拔环境

高海拔环境的特点是：缺氧、寒冷、湿度低、阳光辐射强等。这些特点导致人在高海拔环境中会出现各种不适应的情况。人在缺氧的环境中，易出现注意力不集中，智力减退，定向力障碍，烦躁不安，神志恍惚，出现脑水肿，颅内压增高，甚至昏迷的情况，严重缺氧时，兴奋和条件反射进一步减弱，致使生理功能调节出现障碍。在海拔3600m的高处，电离辐射和紫外线的强度约是常规海拔地区的3倍，人们在该环境下，患皮肤病的概率大大提高。

3. 高湿度环境

一般来说，对人体适宜的湿度是40%~60%，湿度适中，人的身体机能能够得到很好的发挥；但若环境中空气湿度过大，会影响人体的水排放，人的体感会很差，很容易造成中暑等问题；如果湿度超过一定限度，人有可能会患上风湿病、肾病等。此外，高湿度环境有利于一些细菌和病毒的繁殖和传播，当空气湿度高于65%时，病菌繁殖滋生加快，细菌和水汽也有可能导致机器设备表面或内部被腐蚀破坏。

4. 地震环境

地震是地壳快速释放能量过程中造成的振动，期间产生地震波的一种自然现象。地震是无法避免的，常常造成人员伤亡和设备损坏，能引起火灾、水灾、有毒气体泄漏、细菌及放射性物质扩散，还可能造成海啸、滑坡、崩塌、地裂缝等次生灾害，人和机器设备乃至整个人-机-环系统都会受到严重的威胁。据统计，地球上每年约发生 500 多万次地震，即每天要发生上万次的地震。因此，在地震这种极端环境下，如何保证人-机-环系统的安全和正常运行是一个难题。

9.6.2 极端环境下的安全人机

由 9.6.1 节的介绍可知，在极端环境下，人-机-环系统会面临极大的威胁，系统的功能会受到严重的影响，无法正常运转，甚至发生事故。因此，对于人-机-环系统而言，在出现极端环境时，系统内的人和机需要及时了解环境情况，也就是提高人-环、机-环之间的交互，了解环境情况后，需要人、机能够对于环境的变化采取相应的措施以适应极端环境，在经过基本判断后，若无法适应，也应采取措施防止损失和伤害，这是人和机对于极端环境的反馈作用。同时，应重视人-机之间的交互，极端环境的出现具有突发性，若机无法对环境做出反馈，就需要人对其进行操作。此外，日常的应急演练也有利于应对极端环境，相关工作人员应该接受培训，在极端环境下做好工作，并安抚相关人员的情绪。

1. 地震下的铁路列车运行安全

地震发生时产生的较大震动会造成轨道不平整，特别是高速行驶的高铁列车容易出现脱轨；如果震级较大，还可能会导致地面产生裂缝，进而破坏铁路列车行驶的轨道，造成轨道断裂。因此，保证运行中的铁路列车在地震发生时的安全，以及如何把事故风险降到最低是尤其重要的，应该从以下几个途径来展开：

1）高铁列车上须安装地震预警系统，使驾驶人员在地震波到达前接收到预警信息，这是提高人-环交互效率的重要途径。

2）铁路列车的紧急制动系统要定期检查、维护，防止故障，这是从机器的本质安全出发的途径。

3）铁路列车上的各个系统应该联网，在特殊紧急情况下，人员不便到达的地方，可以实施远程的控制，保障群众的安全，这是提高人-机交互效率的途径。

4）制定地震的相关应急预案，定期做好应急演练，应对列车上工作人员进行应急救援的培训，这是管理方面的途径。

2. 重大疫情下的公共安全

在重大疫情的影响下，社会停摆，企业停工、停产，最好的应对方式就是居家不外出。但在疫情暴发的初期，由于尚未完全了解病源，也不清楚疫情的影响范围等，人民群众极易出现恐慌的情绪，甚至有人在网络或媒体上发布不实信息，针对这种情况，可以从如下几个方面应对：

1）政府或相关部门应及时公布已知信息，让人民群众及时了解疫情的最新情况，安抚人民群众的情绪，这是提高人-环交互效率的途径。

2）政府应加强管制，维护特殊时期的社会稳定，这是从管理方面来加强公共安全。

3）对于医护人员和医疗设备等，应该集全社会之力支持，保证被感染人群的健康。

4）对于新感染的人员，应及时进行流行病学调查，公布相关活动轨迹，让人民群众进行自查和互查，控制疫情的进一步传播。

3. 特大洪水下的地铁运行安全

特大暴雨是导致洪水灾害出现的重要原因，尤其是部分地下工程受灾严重，且洪水造成的经济损失和人员伤亡都十分重大，不容忽视。在大型城市中，地铁是常见的公共交通工具，其具有在地下运行，不受地面交通影响的优点，但地铁在特大洪水下，若防范措施不及时、不正确，很容易造成站台甚至列车进水，在这样相对密闭的环境下，最终导致人员的伤亡。针对这种情况，应该从以下几个方面采取措施：

1）地铁相关人员在汛期应重点关注降雨情况，在降雨量超过一定范围时，采取措施应对，如地铁停运、封闭站台等，这是人-环交互方面的措施。

2）地铁站应修建泄洪口，在出现大量积水时，可以在最短时间内将洪水排出，保证地铁上的人员不被困在密闭空间中。

3）地铁运行隧道必须有应急口，一旦有洪水等灾难事故发生，地铁中的人可以主动积极地逃生。

4）制定地铁在洪水下的应急预案，并定期做好应急演练，对地铁工作人员进行应急救援的培训，提高系统整体可靠性，这是管理方面的措施。

复 习 题

1. 事故的基本特征有哪些？

2. 能量意外转移理论与其他事故致因理论相比，具有什么优点？

3. 从技术、组织管理与安全教育三大方面简要说明事故的预防工作应当遵循哪些原则。

4. 简述超声波的特点。

5. 举例说明声发射检测常应用于哪些领域。

6. 我国的环境检测目前存在的问题有哪些？

7. 说说你对人-机-环系统监测的理解。

8. 物联网体系结构包括哪几个层次？其具体内容是什么？

9. 根据所学知识，尝试说明人-机-环系统检测和监测的区别。

10. 结合实际情况，说说重大疫情下的公共安全中体现的安全人机问题。

11. 从安全人机工程的角度出发，应该如何应对极端环境？

12. 扫描本题二维码观看视频，了解其中介绍的有关医护人员健康监测平台的作品，思考该作品中体现了哪些人-机-环系统监测的原理和技术。

"心眼"

第 10 章
安全人机工程学典型案例要点与分析

10

学习目标

（1）了解典型设计案例要点。

（2）掌握用事故致因模型分析事故的方法。

（3）了解多优势人机事故模型。

本章重点与难点

本章重点：智能穿戴设备的设计要点、新型公交车的设计要点、典型事故分析方法。

本章难点：多优势人机事故模型的构建。

10.1 设计案例

随着科技的发展，安全人机工程学的涉及范围不断扩大，相关内容包括生理学、心理学、安全工程学等方面。将其应用于智能化工业产品的设计，是提升智能化产品的一个重要途径。通过安全人机工程学的设计，使人、机和环境之间形成一种舒适、安全、稳定的关系，并且能够相互影响和作用，进而优化产品的功能，提高其智能化效果。现代智能技术通常是多种技术的结合，将安全人机工程的理念融入其中，可以在保证安全、舒适的前提下，完善设备的功能，提升工效，提高智能化水平。

本节拟对智能穿戴设计、激光切割机设计、动车驾驶室设计、飞机驾驶室设计和新型公交车设计进行要点分析，其中智能穿戴设计与新型公交车设计为中南大学安全工程专业2017级本科生冯万鹏与黄子欣的安全人机工程课程设计作品，已征得本人同意。智能穿戴设备设计和激光切割机设计体现了传统工业领域设备智能化、人性化的改进，动车驾驶室和飞机驾驶舱代表了现代科学技术领域的典型安全人机系统的设计，新型公交车代表了日常生活中的典型安全人机系统的设计。

10.1.1 智能穿戴设备设计

随着科技的发展，智能穿戴设备已经成为现实，并且存在较大发展空间。这一技术不仅需要实现基本功能，还要从交互性、安全性、舒适性和美观性等多个角度出发，致力于研发更加完美的智能穿戴设备。

考虑使用人员的实际需求，智能穿戴设备的设计基本原则要求尺寸符合一般穿戴物品尺寸，其颜色设计应考虑安全色搭配，并且要便于人员穿戴，在此基础上应实现一定工作效能。

1. 智能穿戴设备的基本功能

目前市面上的智能穿戴设备具有图像交互、语言交互、体感交互、位置交互等功能。

1）图像交互通过图像采集仪对人的操控进行识别，采集穿戴者人体数据信息、环境信息和传感器输入信息，并对信息进行大数据分析和处理，再反馈到感官系统，同时将工作现场情况实时传递至远程控制端，使得控制端能够及时了解和掌握远程现场信息。

2）语言交互是通过5G通信技术，以内置高灵敏度麦克风和喇叭，实现双向通信的语音功能，该功能使工作班组内、班组间、决策者和执行者之间的沟通交流更加及时，极大提高工作效能，保证了工作安全性。语言交互是智能穿戴设备的重要功能之一。

3）体感交互功能是智能穿戴设备通过传感器等装置对人体的行为动作进行识别并做出反应的功能，该功能可以实现人因失误的安全预警，有效防止人行为错误导致的事故。

4）位置交互是指智能穿戴设备支持 GPS+北斗实时定位，方便管理人员对工人的调配以及时处理事件，该功能可以实时传递人员定位信息，使远程控制人员掌握工人作业情况，有益于提高工人的调度效率和突发事件应急救援决策有效度，实现人-机-环系统的高效信息交互。

智能穿戴设备的安全人机交互设计能够对人们的生活提供帮助，满足不同环境下的任务的执行，实现工作的高效、安全、舒适。

2. 智能安全头盔及其主要设计要点

以智能安全头盔为例，其作用是避免和减缓人体头部受到飞来物体、坠落物、硬质物体的冲击，挤压和伤害。智能安全头盔在传统安全头盔基础之上。按照人机工程学的以人为主体的原则进行，设计最符合人体的尺寸，从最基本的尺寸到抗冲压设计、颜色设计、再到舒适性设计，满足人体和安全的需求。此外，佩戴识别、温度报警、定位系统是智能安全头盔的核心设计部分。设计要点如下：

（1）尺寸设计

作为安全头盔的基本设计，尺寸设计应符合《头部防护 安全帽》（GB 2811—2019）要求：如有下颌带，应使用宽度不小于10mm 的织带或直径不小于5mm 的绳；帽舌尺寸为10～70mm，帽沿宽度≤70mm，佩戴高度≥80mm，垂直间距≤50mm，水平间距≥6mm。

（2）抗冲压设计

抗冲压设计中，安全头盔的制作材料是重要影响因素。目前，国内用于制造安全头盔壳的材料有高密度聚乙烯（HDPE）、ABS、聚碳酸酯（PC）、增韧改性聚丙烯、玻纤增强聚丙烯、聚酯玻璃钢等。玻璃钢安全头盔具有绝缘、耐酸碱、耐高温、耐低温、防静电、抗冲击、阻燃及不易老化等优点，所以近几年用玻璃钢制作安全头盔的产业技术发展很快，年产量约 200 万顶，在建筑、交通、电力及矿业生产中发挥了重要的安全保护作用。长纤维增强热塑性材料（long-fiber reinforce thermoplastic，LFT）是用长玻璃纤维代替原来的短切纤维与 PP、PA、PET 等热塑性塑料，通过挤出、造粒或造片等方法制得的复合材料，这种材料被广泛应用在汽车工业中，在玻璃钢安全头盔的生产上很少见。该材料具有较高比强度、高比模量、抗冲击性强、密度低、制品稳定性好及生产自动化程度高等特点。在抗冲击性能上，LFT-G（LFT 材料的一种）的表现更佳，其直径有 3mm，长度有 12mm 及 25mm 两种，制品中纤维的长度能达到 6mm 以上，能明显提高 LFT 产品的抗冲击性能。

（3）颜色设计

佩戴正确颜色的安全头盔，有利于管理工作有条不紊的开展。

工地里佩戴黄色安全头盔的，是普通施工工人，人数众多，而技术工和特殊工种人员佩戴蓝色安全头盔。

技术人员、管理人员或甲方工作人员头戴红色安全头盔。一般佩戴红色安全头盔的人在工地巡逻检查，对操作不规范的工人进行批评教育。负责工地计划实施和工程质量的项目管理者，主要佩戴白色的安全头盔。

（4）舒适性设计

舒适是个体对其周围环境一种自我感觉良好的反应。从人的整体角度出发，舒适是生理、心理与社会和环境和谐愉快的状态。对于安全头盔来说，它的舒适性的特征主要有：满足使用环境的舒适性要求，满足用户人体参数的要求，满足用户的心理舒适的要求，满足用户使用过程舒适的要求。通过相关研究提升安全头盔的舒适性设计，避免工人因不舒适性而产生的安全问题，可减少事故产生的危害，保护工人的权利和健康，体现对工人的人性化关怀。我国的劳工众多，安全头盔的需求量大，所以对安全头盔的舒适性进行研究可以提升市场的潜力，为企业的发展提供竞争力。提高安全头盔的舒适性可以满足工人的行为、心理的需求，提升工人的工作效率。

1）舒适性设计首先应考虑安全头盔的重量。普通型小沿、卷边安全头盔不应超过 430g（不包括附件），特殊型（如防寒头盔等）安全头盔不应超过 690g（不包括附件）。

2）其次应考虑散热性。一般情况下，人体的前额出汗较多，如果毛发密集一点，还会发痒；而头顶的血管众多，毛发也非常密集，出汗也较多；头顶侧面是太阳穴，生理结构比较脆弱，在较热情况下人的不舒适性大幅提高，甚至有晕感。散热孔具有通风散热的作用，夏季散热孔可以把头部产生的热量散发到安全头盔外部，通过空气对流使外界凉爽空气进入头部，以调节头部温度，减少或消除闷热感。在安全规范条件内做出侧面和前额顶部的散热孔，同时制造成可开闭的状态，这样既可在较为寒冷的环境中保暖，又可在炎热时有效帮助佩戴者头部散热，舒适性有很大的提升。

安全头盔的舒适性设计要细化到某些结构的材质，具体包括衬带、吸汗带和下颌带。

衬带分塑料和化纤两种，塑料材料的会相对较宽，而化纤材料的基本为 4 点式和 6 点式的带子，受安全和散热的影响，带子具有一定安全宽度。如果不考虑散热问题，衬带较宽可以让用户感觉更舒适。若安全头盔的衬带较硬，可选择更有弹性和柔软度的材料制作衬带。

吸汗带主要的作用是吸收头上部的汗水，需考虑吸水后对佩戴者皮肤的黏腻感和材质的舒适度。如今为了减少成本，皮革材质的居多，但是为了工人们的舒适程度，应该加大海绵材质的用量。在海绵吸汗带制作过程中，还可添加清香气味、无毒的固体物，驱除汗味，降低佩戴者的心理抵触。

最常用的下颌带是 D 型和 YD 型。YD 型与帽壳是四点连接，佩戴稳定、方便、安全、舒适。同时可以避开耳朵和太阳穴，避免帽带对这些部位的摩擦，也可以进一步提高舒适性。在材质方面，下颌带最多的是化纤材质的，长时间佩戴会有不舒服的感觉，可导致佩戴者工作效率下降。目前市场上物美价廉的棉质下颌带不多，但是棉质的下颌带舒适性更高，佩戴者心理状态也会更好，工作效率也会有显著提升，应是未来市场需求的热点。普通安全头盔示意图如图 10-1 所示。

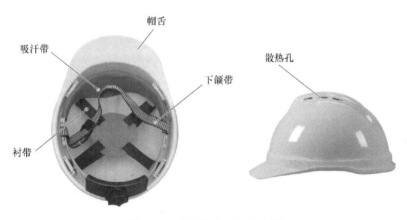

图 10-1　普通安全头盔示意图

（5）智能设计

在智能设计方面：①佩戴识别设计，该设计可以监测工人是否佩戴或是否正确佩戴安全头盔，该功能可通过光控电路来实现；②温度报警设计可通过安装高温报警装置实现，一旦头部温度高于某一数值，安全头盔则会发出警报，提醒佩戴者进行降暑休息；③定位系统可通过北斗定位系统或 GPS 定位系统实现，采取"北斗/GPS+"的手段，可将实时数据传输到手机端、PC 端。智能安全头盔示意图如图 10-2 所示。

10.1.2　激光切割机设计

随着数控技术的迅速发展，数控机床已成为机械制造业的核心设备之一，并被广泛应用于加工制造业的各个领域，其在让人们生活工作更加便利的同时，也带来了一些操作上的问题，如操作复杂、作业空间狭窄、照明不合理、显示信息不合理等人机系统设计问题，在如

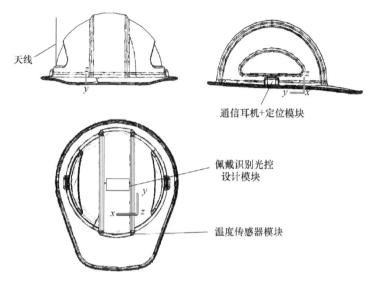

天线

通信耳机+定位模块

佩戴识别光控
设计模块

温度传感器模块

图 10-2　智能安全头盔示意图

今发展飞速的激光加工技术中，更存在辐射影响人的健康问题，上述这些问题容易导致颈椎病、尘肺、职业中毒、职业性皮肤病等职业病。因此，为了保证操作人员的安全健康与高效舒适，就需要针对数控机床在安全人机系统设计中存在的人-机-环交互问题进行合理改进，避免安全事故的发生，提高作业效率。

1. 尺寸与外观设计

机床的尺寸与外观设计，人的视距范围为 380~760mm，最佳视距为 450~550mm，再根据人体尺寸数据，确定机床的合理高度，男性操作机床的高度范围为 999~1189mm，女性操作机床的高度范围为 896~1066mm。机床的外观设计应具有整体性、宜人性和独特性。首先，相比于传统的手轮和手柄等控制，设计按钮控制开合，舍去了凸出于机器上盖的门把手的设计；设计气泵与水箱安放空间，以增强整体性；设计观察窗为前后开合型，这样就在保证整齐的作业空间的同时保证了设计的整体性。其次，设计控制面板和主要加工区域的位置都应处于人手可及范围内的最佳工作区域。最后，机床的色彩设计要符合操作人员的审美要求和现场的工作环境，设定控制面板及安全标识等要适当采用对比色和警戒色；设计观察窗采用绿色防辐射玻璃，给操作者以动感、立体且和谐的视觉感受；设计控制面板采用红、白、黄、绿色进行搭配，使操作者方便识别且不易发生误操作；安全标识则采用黄色和黑色的搭配以起到警示作用。激光切割机控制面板整体布局如图 10-3 所示。

2. 显示器设计

机床的显示器设计，如电流表、液晶显示屏、信号灯等，应能直观反映当前机床状态和情况，要符合人的生理和心理特性，主要是刻度盘、指针、刻度线、字符、仪表配色、显示方式、显示界面大小、显示位置的设计，需满足易读、易懂、易操作的基本要求。

3. 控制器设计

控制器设计包括开关、按键等的设计。开关要求简单、方便且容易操作，同时要有防止

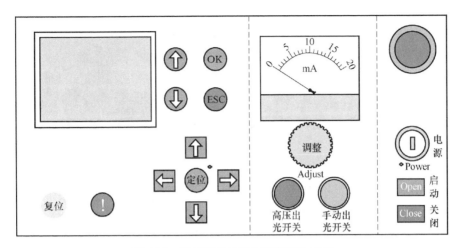

图 10-3　激光切割机控制面板整体布局

误碰的设计，尺寸和所需施加的力度都要符合操作人员的生理特性。激光切割雕刻机的电力开关是每次启动和关闭机器都要使用的开关，可选择更为安全的钥匙旋钮开关，需旋转钥匙控制机器的启动和关闭，可选开孔尺寸为 16mm 的小钥匙开关，且要有足够的旋动阻力；急停开关具有在运行过程出现问题时紧急关闭机器的作用，要求其大小和位置都足够醒目，可选用比较常见的按下锁定、右旋复位且配有急停按钮标识圈的红色按钮开关，直径大小为 22mm；高压出光开关是控制机器自动出光的开关，选择红色的防尘型双工位平头食指按压按钮开关，直径为 16mm。按键可选用体积小、重量轻、成本低、功能全面、工艺简单且手感好的薄膜按键，薄膜按键不仅按键轻薄柔软，而且防护性能也好，对于不同功能的按键，应选用不同的颜色，对于方向控制型按键，可以标注方向箭头，方便操作，并可按照按键的安全重要性程度设计为不同大小。

4. 观察窗设计

目前常用的观察窗打开方式是翻盖式，这类翻盖式观察窗（上盖）是通过操作者的抬举动作来控制开合的，这样的抬举动作容易产生不同程度的上肢疲劳，而且不适合体力较小的操作者操作，如果上盖与机体接合处的缝隙不够紧密，则无法保证加工环境的密封性，如果采取密封措施，则需增大抬举力度方可实现开合，容易造成体力疲劳。非金属材料的加工很容易产生有毒有害的气体、粉尘，如果不保证加工环境的密封性，气体和粉尘就不能完全被排气装置吸收处理进而逸散到周围环境中，一旦被操作人员吸入体内，不仅刺激性气味和粉尘会严重影响人的工作舒适性，而且长时间吸入会对人的健康造成威胁。设计观察窗主要针对密封性和省力性两方面进行。首先，观察窗上盖的部分，为了使观察窗开合省力，应设计按键控制的自动开合式，可通过传动系统实现其前后平移运动。为了增加激光的气密性，保证操作者的身体健康，在观察窗与机体间加密封条，在这样相对密封的条件下，粉尘气体不易飘散到工作环境中，易被排气除尘装置处理。观察窗要选择防激光辐射玻璃，保障操作者的眼部安全。图 10-4 为翻盖式切割机观察窗示意图。

5. 激光防护设计

激光辐射不仅对人眼和人的皮肤都具有辐射危害，还会带来如点燃周边易燃物及电学危害等。对激光辐射可采取的防护措施有隔离操作、密闭加工、避免眼部直视激光束、采用防激光辐射玻璃的观察窗、车间地面墙壁及工作台等采用暗色不反光材料、穿戴防护服及防护眼镜等。

图 10-4　翻盖式切割机观察窗示意图

6. 作业空间设计

对激光切割雕刻机加工车间作业空间的设计，首先要考虑车间的整体布局，避免设备和操作人员分布过于密集。结合操作者的心理、体力和尺寸等对设备进行合理的布置，使空间设计符合人员的认知特点和习惯性或自然性的动作。其次还应准备临时座位，避免立姿工作引起的腿部疲劳。以避免作业位置不合理等原因引起的绊倒或误操作事故。

7. 安全防护装置设计

安全防护装置也尤其重要，在设计时就应充分考虑可能存在的安全问题，并采取相应的装置系统及图标等来进行控制和防护，包括上盖防护罩、观察窗防护屏、强制水冷保护系统、水温安全控制系统、温控自动报警系统、加工异常或暂停工作自动报警系统、观察窗打开自动暂停出光功能、观察窗开合处的光幕系统、激光防护安全标识以及必要的其他安全标识。

10.1.3　动车驾驶室设计

动车驾驶室是动车的中枢，决定着列车运行的安全性与可靠性，将安全人机工程理论与方法应用于动车驾驶室设计，是动车设计过程中的重要环节，能够改善动车驾驶员的工作环境并降低驾驶员的疲劳程度，提高驾驶安全性，设计要点如下：

1. 人体尺寸设计

人体尺寸的确定应符合中国成年人人体尺寸的有关规定，根据中国铁路的实际情况，考虑成年男性驾驶员，同时要尽可能满足身材矮小及身材高大者的作业要求，宜选取第 5 百分位到第 95 百分位的成年男子人体尺寸进行驾驶室人机工程设计。当各种身材的驾驶员在正常驾驶时，手部均可以触碰到台面上的各个按钮，频繁使用和紧急使用的控制部件须位于人体最易触及的位置。

2. 驾驶员视野

驾驶员前方视野需要同时满足高处信号和低处信号可见的要求。高处信号可见性要求规定，所有驾驶员均能够准确读取纵向距离缓冲器前端 10m，横向距轨道中线 2.5m，垂向高出轨道 6.3m 位置的信号；低处信号可见性要求规定，所有驾驶员均能读取纵向距离缓冲器前端 15m，横向距离轨道中心 1.75m，垂向与轨面齐平的信号。

3. 仪表盘设计

仪表盘主要是提供信息显示装置布置的载体，驾驶员通过读取仪表盘上的信息及各项参数，知晓列车的运行状况，并根据不同的工况进行不同的操作。仪表盘各个显示装置应该以能够使驾驶员舒服观察的方式排列，并便于驾驶员以合理的习惯来观察。同时，主要的信息显示装置都应尽可能布置在驾驶员自然的观察范围内，次要的仪表尽量布置在驾驶员不大动身体，仅稍稍转动头部就能轻松观察到的范围内；另外，仪表的排列要符合读识的逻辑顺序。另外，驾驶员在正常驾驶目视前方时，应能直接观察到中间的显示屏，两侧边缘位置的显示屏则应在驾驶员头部转动不超过 30°。

4. 作业空间设计

驾驶室应该为驾驶员提供较为宽阔的工作空间，以方便进出并进行各种操作。空间性主要分为两个方面：

1）一是驾驶员腿部到驾驶台下边缘的距离，《机车、动车、动车组和驾驶拖车的司机室设计》（UIC 651）规定，驾驶台的形式和尺寸大小应当允许驾驶员很容易地接近座位以及保证其有足够的膝盖自由活动空间。驾驶员正常驾驶时，驾驶员腿部和驾驶台下表面不应该产生干涉，并能保持一定的距离。

2）二是参观位置的垂向距离，参观位置的垂向距离应该满足中等身材的人站立要求。

5. 舒适性设计

驾驶员在正常驾驶时，身体应该保持舒适状态，从而避免疲劳，提高列车运行的安全性。舒适性主要包括了驾驶员的身体舒适性、感官舒适性以及心理舒适性。因此，驾驶座椅的设计应符合人体工学，避免身体疲劳；整个驾驶室的设计应和谐美观统一，配色也应符合人的一般审美，并有放松紧张心理的色彩搭配，使驾驶员保持身心愉悦，不受驾驶室环境影响，尤其在连续工作后，极易产生驾驶疲劳的情况下，设计具有统一性和美观性的驾驶室，能有效缓解驾驶员的不良感受。

10.1.4　飞机驾驶舱设计

飞机运行环境特殊，如果因为设计不当而影响驾驶效果，很容易出现严重的事故。因此必须对飞机驾驶舱进行安全人机工程学的设计，保证飞行员舒适的驾驶姿势，良好的飞行视野和安全的驾驶体验，为飞行员营造一个安全、舒适、高效的飞行环境。

设计合理的驾驶舱，要求为飞行员提供飞行信息，使其可以精准的控制飞机，完成飞行任务。对飞机驾驶舱进行人机工程设计，核心要求是对飞机安全、性能进行保障，充分发挥具有的效能，提高人机匹配度，为飞行员提供安全舒适的操作环境。对飞机驾驶舱人机工程设计内容进行分析，涉及的学科比较多，包括照明、视觉、色彩、多体动力学、光学以及生物力学等，需要根据实际操作应用需求，做好每个节点的科学设计，确保可以满足飞行员操作要求。

飞机驾驶舱的设计要点包括：一体化设计、标记标牌设计、声音设计、操纵台设计、仪表面板设计，设计要点如下：

1. 一体化设计

一体化设计是驾驶舱设计的基本要求，即控制和显示一体化要求，确定位置与运动关联分析必要性，将功能相关控制和显示设置在一起，并按照操作顺序与功能进行分类，将其设置在最方便位置。

2. 标记标牌设计

标记标牌设计即驾驶舱内需要标记的功能名称，任何标记标牌的设计，无论是内容还是位置均需要具有较高的可识别性、解读性，可以根据其内容描述来执行措施，避免伤害。一般标记标牌与安全性关系较小且空间有限制时，可以采取垂直方向布置，内容从上到下读取，且各类标记标牌要按照内容进行设置，避免与其他项目和标签混杂。对于标记标牌的设置，要注意不得将其设置在会对飞行员行动产生影响的位置，尤其是手或手臂位置。

3. 声音设计

声音设计是驾驶舱设计中人机信息交互的一环关键设计，飞机驾驶舱设备仪器运行情况，对整个飞行任务执行来说具有重要意义，在危险来临时，飞行员可以更快地通过音频信号获得相应信息，及时采取操作措施，即应在飞机驾驶舱内设置音频警告信号，确保飞行员可以更容易发现问题。

4. 操纵台设计

操纵台上需要设置控制器与显示器，如操纵杆、油门杆、脚蹬和操作按钮等，要严格设计操纵台尺寸，降低操作难度，且结构设计上也应符合人体机能操作要求，还需要对飞行员心理和生理特点进行综合分析，按照常规标准对操纵台进行设计，或者可以按照预期运动方向操作进行设计，如手柄向下，受控部位放下；手柄向上，受控部位收上；手柄向后，受控部位向后；手柄向前，受控部位向前。要适当提高受控部件性能参数，或者部件接通，还可以在操纵台上设置相关显示装置，保证操作作业的协调性，获得最高安全人机工效。另外，应根据使用时机和功能对各操作装置进行集中布置，尤其是飞行控制、动力燃油系统与导航系统的操作装置布置方位要便于飞行员操作。

5. 仪表面板设计

仪表面板设计包括显示器与控制器设计，它主要负责飞行员与各种仪器的对话，在飞行任务中为仪器观察和操作最为频繁的部位。基于安全人机工程设计要求，应将仪表面板设置在飞行员正前方，且控制与飞行员视线成直角，视距在 710mm 左右。飞行员坐姿时，仪表面板与地面夹角保持 70°~80°，且面板高度要控制在视线水平线 10° 以内，以及高于视水平线 45°，最佳设计是应与飞行员眼高平行。

为保证可以切实满足飞行员操作要求，需要做好驾驶舱内整体布局，应保证各功能系统间配置的合理性，确保所有系统均可以协调作业，并且不会对飞行员操作行为产生不良影响。

10.1.5 新型公交车设计

公交车作为一种现代生活经常使用的交通工具，应具有方便、舒适、新型公交车设计快速、安全等特点。但现有城市公交车在外观设计方面可谓是千篇一律，中规中矩，公交车外壳多以商业广告覆盖或单调统一的颜色，很容易给人以审美疲劳，在安全和舒适性等方面上也有待提高。应运用先进科学技术，体现创新思维，在外观造型、人性化无障碍设计、车内安全设施设计、火灾烟雾设计、逃生设计上须满足人们日益增长的功能需求。因此，有针对性地对公交车进行舒适性与安全性方面的改良或创新既是时代发展的要求，也是人机系统中"人"的重要性的关键体现。设计要点如下：

1. 公交车整体设计

（1）整体外观

公交车作为城市风貌之一，可以大胆运用色彩，美学、艺术卡通等进行外观设计。车表图层可采用卡通图片、艺术美学、手绘涂鸦、城市风景名胜图等各种各样的形式，巧用活用色彩，改善人们日常心情（图10-5）。

图 10-5 公交车色彩图

（2）参数设计

新能源公交车能够大幅度地减小能源的消耗，是现代公交车展趋势。另外，随着城市化进程的加速，城市人口越来越多，对于公共交通工具的体量的需求也越来越大，对车身长度有新的要求。一般规定超过12m的公交车要用三根轴，这样就无形中增了车身的重量，使消耗增大，综合考虑，可以将公交车车身长度定为11m。而且，在现有的厂家大都是生产11m左右的车型，所以这种车型将是未来发展的趋势，也符合城市对于公共交通设施的要求。综合各方面的因素，车的整体尺寸可以定为长11000mm，宽2500mm，高3200mm；座椅为0.5m×0.5m，共31个；前门宽1m，后门宽1.3m（图10-6）。

（3）大方面无障碍设计

1）空气悬挂系统。当车门打开时，利用空气悬挂系统（控制右侧空气压缩机和排气阀门，使簧自动压缩或伸长，从而降低或升高底盘离地间隙），使整个车身向右倾斜一定角度，此时上下车的台阶类似于一个贴近地面的斜坡，如此更加便于乘客特别是老弱病残乘客上、下车；当车门关闭时，该系统缓慢复位，公交车开始正常行驶。该系统运行情况如图10-7所示。

2）内部低地板。如今许多乘客抱怨公交车后半部分台阶太多，且有一定高度，大多数乘客坐在后排的乘坐体验并不好，有不少人甚至宁愿选择站立乘车。查阅目前国外的公交车

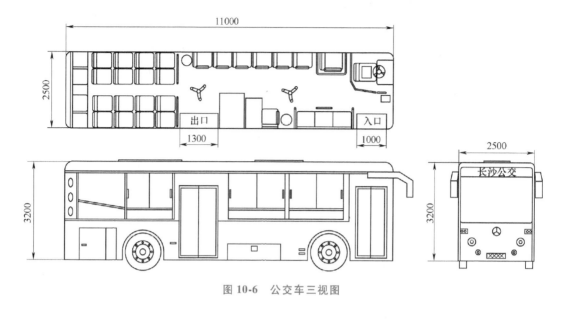

图 10-6 公交车三视图

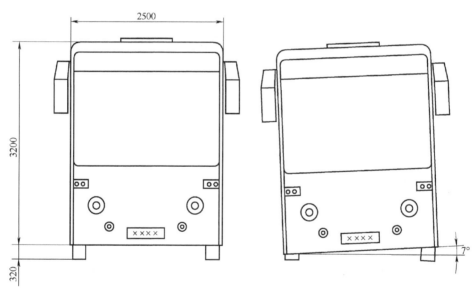

图 10-7 系统运行情况

以及各种资料，可以考虑采用低地板设计，由于发动机占有一定空间，后排座位无法避免地比前排座位高一些，但采用微角度斜坡以及调节座椅支撑架高度的方式，能够尽量使后排座位高度一致（图 10-8）。

2. 公交车内部功能分区

公交车内部功能分区如图 10-9 所示。

出入口：考虑到乘客上、下车的快捷性，车前门的宽度为 1000mm×2250mm，车后门的宽度为 1300mm×2250mm。

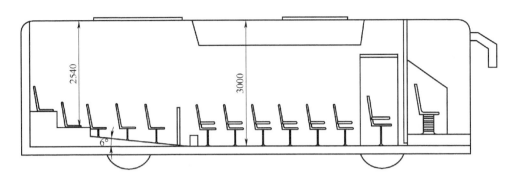

图 10-8 公交车侧剖面图

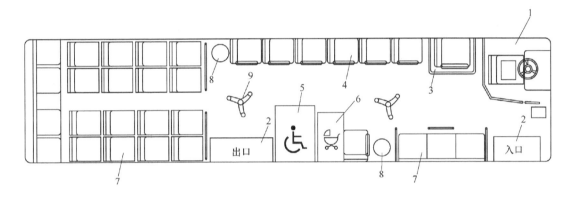

图 10-9 公交车内部功能分区图

1—驾驶区 2—出入口 3—哺乳期妇女或孕妇专区 4—老弱病残乘客专区 5—轮椅停泊区 6—婴儿车停泊区

（附带家长座椅一张） 7—普通乘客座椅区 8—垃圾桶（2个） 9—三角立式扶手（2个）

　　哺乳期妇女或孕妇专区：此区靠近入口，方便哺乳期妇女或孕妇上车后就近坐下；此座椅较普通座椅大，约为 600mm×600mm，更符合孕妇体型需求以及哺乳期妇女动作需求，同时座椅右边设有扶手，确保乘客乘坐平稳；此外上部设有可拉开的围帘，很好地满足了哺乳期妇女遮挡的需求，避免其尴尬。

　　老弱病残乘客专区：此区在车的中部靠前，方便老弱病残等特殊乘客上车后就近坐下；座椅右边设有可翻转扶手，乘客入座后此扶手自动下降固定，使乘客乘坐平稳，确保其安全，下车时，乘客可手动抬升扶手。

　　轮椅停泊区：通过根据某品牌的无障碍电动轮椅的规格参数加以分析，针对汽车的车门入口设计，以及满足电动轮椅能够通过的空间面积，设计的轮椅区尺寸为 1150mm×830mm；轮椅区有自动固定解锁装置，保证轮椅乘客安全停泊。

　　婴儿车停泊区（附带家长座椅一张）：通过根据普通婴儿车规格参数加以分析，设计的轮椅区尺寸为 1000mm×550mm，以满足婴儿车能够通过并有一定活动的空间面积；婴儿车停泊区有自动固定解锁装置，保证轮椅乘客安全停泊；此区紧挨家长座椅，方便家长更好控制婴儿车以及照顾婴儿。

普通乘客座椅区：普通座位区分布在车的前部和后部，因为公交车客流量较大，设计要满足大容量的载客要求，并考虑乘客上、下车和车内移动的快捷性，高峰期为容纳更多乘客而满足乘客站立需求，在车前半部分仅设立三个侧面朝向的座位，车辆后半部分设立有20个普通乘客座位；考虑到乘客乘坐安全，普通座位周围均有扶手设置，避免急刹车或转弯情况下乘客无法坐稳的情况发生。

垃圾桶（2个）：在公交车靠前和靠后两个区域设置两个小型垃圾桶，方便乘客扔垃圾。

三角立式扶手（2个）：车辆中部较大面积的空区可供乘客站立，因此在空区中心处设置了两个三角立式扶手，以方便中间站立的乘客在拥挤时使用。同时扶手要考虑乘客身高问题。

3. 火灾监测系统设计

火灾检测自动报警系统由一个报警主机和多个车载烟雾探测器组成。报警主机内置大屏幕液晶显示屏，可直接显示各种数据，并可选大容量数据存储、语音报警等功能。动力电池火灾检测自动报警系统利用不同类型的敏感器件采集火灾生成物，通过合理密度布局，可加快监控系统的反应时间。

（1）数据采集系统

通过数据采集系统有效避免动力电池热失控，在热失控早期发现并响应，以降低损失，保障乘客生命财产安全。温度传感器：用于监测整个电池箱工作温度，可设置多个预警值；压力传感器：箱体内为密封等压环境，使用压力传感器用于监测电池箱内部压力异常；湿度传感器：箱体内部为密封环境，使用湿度传感器拟布置在电池箱底部，主要检测箱体是否进水；烟雾传感器：考虑火灾的紧急程度，密封条件下气体流动较缓，使用烟雾传感器；火焰传感器：考虑火灾的紧急程度，火焰传感器可以检测特定波长的可见光，以判断是否有火苗产生，如图 10-10 和图 10-11 所示。

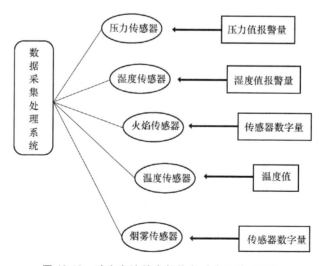

图 10-10　动力电池箱内部信息采集系统用例图

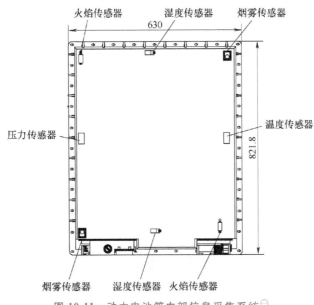

图 10-11   动力电池箱内部信息采集系统

（2）报警控制系统

液晶显示屏：用于显示各从机模块传感器数据及报警信息；语音报警模块：用于语音播报故障信息，提示解决措施；定位发送模块：利用 GPS 技术、无线传输技术等向警方或车辆管理公司发送故障车辆详细位置信息；信息输出模块：向指定责任人发送手机短信报警车辆详细信息，紧急情况下打电话给责任人（图 10-12）。

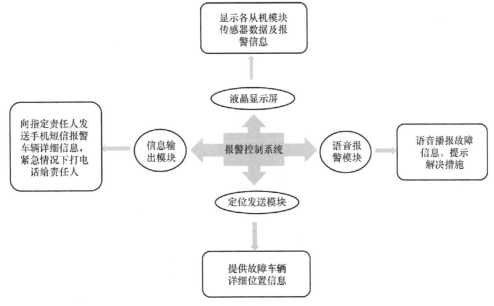

图 10-12   内部通信及报警系统例图

⊖ 引自彭峰，动力电池火灾自动报警系统的设计与实现，电子科技大学，2018。

4. 车尾紧急逃生门设计

图 10-13a 为安装在车尾的装置整体示意图，第一段门体与车体连接处因受发动机舱影响，所以距地面约为 170cm，宽为 250cm，两段门体展开约为 300cm，门体展开与地接触夹角约为 35°角。当车辆遇到突发状况时，驾驶员按下电机按钮，电机顺时针转动进而打开门锁；乘客也可顺时针旋转门体上的旋钮打开车门。车锁开启后，第一段门体伴随自身重力和气弹簧的推力迅速翻转过来，第二段门体受到第一段门体的推力，继而在地面向远离车尾端滑动到位，最终形成较平缓坡道，供乘客逃生。

图 10-13b 为逃生门闭合之后的状态，当锁关闭时左右两根锁杆分别插入车体左右两边，门体得到固定，且不影响车身整体美观性。

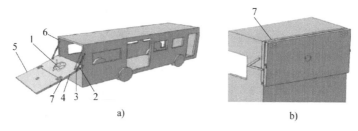

图 10-13 装置示意图

1—旋钮开关 2—拉杆 3—气弹簧 4—第一段门体 5—第二段门体 6—车体 7—铰链

图 10-14 为逃生门门锁结构，若驾驶员反应及时，可以通过按下按钮接通电动机的电源，电动机会顺时针转动控制两端锁杆向里收缩，若驾驶员未能及时按下按钮，乘客则可以通过手动顺时针旋转逃生门锁的旋钮开关打开门体。这种双控操作能保证受困人员快速逃生。

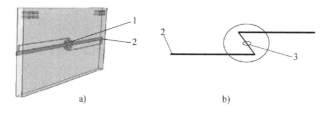

图 10-14 逃生门门锁结构

1—电机及旋钮安装处 2—锁杆 3—电机输出轴

10.2 事故案例

10.2.1 天津市滨海新区爆炸事故⊖

1. 事故概况

2015 年 8 月 12 日 22 时 51 分 46 秒，位于天津市滨海新区天津港的瑞海公司危险品仓库

⊖ 引自 Wu Chao，Huang Lang，A new accident causation model based on information flow and its application in Tianjin Port fire and explosion accident，Reliability Engineering & System Safety，2019。

发生火灾爆炸事故，该事故中爆炸总能量约为 450t TNT 当量。事故造成 165 人遇难、8 人失踪，798 人受伤，304 幢建筑物、12428 辆商品汽车、7533 个集装箱受损，截至 2015 年 12 月 10 日，已核定直接经济损失 68.66 亿元人民币，该事故残留的化学品与产生的二次污染物逾百种，对局部区域的生态环境造成了不同程度的污染。

2. 事故原因

（1）直接原因

瑞海公司危险品仓库运抵区南侧集装箱内的硝化棉由于湿润剂散失出现局部干燥，在高温（天气）等因素的作用下加速分解放热，积热自燃，引起相邻集装箱内的硝化棉和其他危险化学品长时间大面积燃烧，导致堆放于运抵区的硝酸铵等危险化学品发生爆炸。

（2）间接原因

1）瑞海公司作为以营利为目的的民营企业，其主营业务为危险货物的存储。相关文件明确规定：大中型危险化学品仓库应与周围居民建筑等距离至少保持 1000m。但此次爆炸有 5600 多住户在爆炸点 1000m 内，不符合规定要求。

2）公司证件不合规仍继续经营。按照有关法律法规，在港区内从事危险货物仓储业务经营的企业，必须同时获得《中华人民共和国港口经营许可证》和《港口危险货物作业附证》（根据交通运输部令 2017 年 27 号，该行政服务事项已取消），但瑞海公司在 2015 年 6 月 23 日取得上述两证前实际从事危险货物仓储业务经营的两年多时间里，除 2013 年 4 月 8 日至 2014 年 1 月 11 日、2014 年 4 月 16 日至 10 月 16 日期间依天津市交通运输和港口管理局的相关批复经营外，在没有任何行政许可的条件下违法运营达 11 个月。

3）安全管理严重缺失。一是没有按照规定对危险品货物进行备案登记，瑞海物流公司既没有按要求对危险品货物进行危险性的评估，也未去天津市交委做记录；二是没有进行必要的安全培训，瑞海物流公司部分日常管理人员没有取得相关的从业资格证书，无证上岗，且无视安全生产主体责任，公司人员对自己所负安全责任不清楚，严重违反天津市城市总体规划和滨海新区控制性详细规划，违法建设危险货物堆场，违法经营，违规储存危险货物，安全管理极其混乱，安全隐患长期存在。

3. 事故分析

该事故发生过程中，基本所有的伤亡都是因为过量的能量释放，因此采用能量观点下的事故因果连锁模型（参见本书图 9-6）分析：首先，瑞海公司运营和管理不到位导致作业现场存在很大的事故隐患，是事故发生的根本原因，也就是模型的顶层原因；其次，事故现场超量储存，存在违规混存、超高堆码危险货物且间距严重不足现象，对应了模型中的环境原因，这是一个长期存在的环境，并不只在事故发生时才存在；再次，公司存在违规开展拆箱、搬运、装卸等现象，在拆装易燃易爆危险货物集装箱时，没有安排专人进行现场监护，导致湿润剂散失，这是事故发生的个人原因（个人的失误），个人原因和环境原因均是由上述的根本原因导致的。事故当天，在高温作用下，硝化棉自燃，最终导致事故发生。这是环境和个人原因导致的不安全状态和不安全行为在某一时空出现交集、碰撞，进而造成储存在危化品中的能量或危险物质意外释放，并最终造成严重的人员伤亡与财产损失。在事故的发生链中，如果企业做好作业人员培训，对所有的物料进行仔细审查，就有很大的可能性能够防止事故的发生。

从安全人机工程的角度看，事故现场存在管理人员和工作人员没有对物料进行仔细核查、湿润剂散失、事故发生点存在货物摆放混乱、危险货物储存违规等问题，导致人-机-环系统中存在隐患，破坏了人-机-环系统的平衡，不符合安全人机工程学要求。通过此次事故应该得到的教训是：

1）首先，应该对系统中的隐患进行排查，全面整改系统中存在的违法违规问题。

2）其次，在人-机-环系统中：①对于人，应该加强管理、教育和培训，增强安全意识，落实安全生产责任制；②对于机，应该在仓库内安装摄像头、高温或烟雾报警装置等，以及时发现仓库的异常情况；③对于环境，应该避免混存混放的情况，严格按照标准规定布置，减小事故发生的概率。

10.2.2 四川省宜宾市恒达科技有限公司爆燃事故[○]

1. 事故概况

2018 年 7 月 12 日 11 时 13 分，位于四川省宜宾市的宜宾恒达科技有限公司（简称宜宾恒达公司）发生重大爆炸着火事故，造成 19 人死亡、12 人受伤，直接经济损失约 4142 万元。

2. 事故经过

宜宾恒达公司为生产咪草烟（实为违规开展生产）需从江西汇海公司购入 COD 去除剂。江西汇海公司为隐瞒 COD 去除剂成分，违法要求供应商提供无任何标识的易致爆危化品氯酸钠，并销售给宜宾恒达公司。2018 年 7 月 12 日 11 时 13 分，宜宾恒达公司副总陈某接到物流公司电话后，通知公司生产部部长刘某有生产原料即将到货，让刘某安排两个工人卸货。后来刘某当面告知公司库管员宋某有一批生产咪草烟的原料 2-氨基-2,3-二甲基丁酰胺（简称丁酰胺）到货，并安排宋某接车。11 时 30 分左右，物流公司将 2t 原料丁酰胺（实为氯酸钠）送至宜宾恒达公司仓库。随后，宋某请三车间副主任查某安排 3 名工人完成了卸货。入库时，宋某未对入库原料进行认真核实，将其作为咪草烟生产原料丁酰胺进行了入库处理。

14 时左右，二车间副主任罗某平开具 20 袋丁酰胺领料单到库房领取丁酰胺，宋某签字同意并发给罗某平 33 袋"丁酰胺"（实为氯酸钠），并要求罗某平补开 13 袋丁酰胺领料单。15 时 30 分左右，二车间咪草烟生产岗位的 4 名当班人员（均已在事故中死亡）通过升降机（物料升降机由车间当班工人自行操作）将生产原料"丁酰胺"提升到二车间堆放，16 时左右，用于丁酰胺脱水的 2R301 釜完成转料处于空釜状态。17 时 20 分，2R301 釜完成投料并开始通入蒸汽进行升温脱水作业。18 时 42 分，正值现场交接班时间，2R301 釜发生化学爆炸。爆炸导致 2R301 釜严重解体，随釜体解体过程冲出的高温甲苯蒸气，迅速与外部空

○ 引自肖方，国务院安委会对宜宾重大爆炸着火事故挂牌督办，中国消防，2018。

气形成爆炸性混合物并产生二次爆炸，同时引起车间现场存放的氯酸钠、甲苯与甲醇等物料殉爆殉燃以及二车间、三车间的着火燃烧，造成重大人员伤亡和财产损失。事故共造成 19 人死亡，12 人受伤（其中重伤 1 人）。

3. 事故原因

直接原因：宜宾恒达公司在生产过程中，操作人员将无包装标识的氯酸钠当作原料丁酰胺，补充投入 2R301 釜中进行脱水操作。在搅拌状态下，丁酰胺-氯酸钠混合物形成具有迅速爆燃能力的爆炸体系；开启蒸汽加热后，釜内温度升高，物料之间、物料与釜内附件和内壁相互撞击、摩擦，引起釜内的丁酰胺-氯酸钠混合物发生化学爆炸，导致釜体解体；随釜体解体过程冲出的高温甲苯蒸气迅速与外部空气形成爆炸性混合物并产生二次爆炸，同时引起车间现场存放的氯酸钠、甲苯与甲醇等物料殉爆、殉燃及二车间、三车间着火燃烧，进一步扩大了事故后果，造成重大人员伤亡和财产损失。

间接原因：

1）非法组织生产。咪草烟生产过程中伴有危险化学品甲醇、乙醇产生，宜宾恒达公司在没有办理危险化学品建设项目行政审批手续和取得危险化学品安全生产许可证的情况下非法组织生产。该公司边建设边组织生产，未经许可擅自改变生产产品，实际生产产品与项目备案和报批内容不符；且在不具备安全生产条件、未经核实工艺安全可靠性的情况下，非法组织咪草烟和 1，2，3-三氮唑的生产，违规在生产区域进行有关产品的小试、中试试验。

2）在未办理建设工程规划许可、建筑工程施工许可、环境影响评价审批、消防设计审核、安全设施设计审查等项目审批手续之前，擅自开工建设，未批先建；拒不执行安全监管部门下达的停止建设监管监察指令，违法组织建设。

3）安全管理混乱。具体表现为：安全生产责任制不落实，安全生产职责不清、规章制度不健全，未制定岗位安全操作规程，未建立危险化学品及化学原料采购、出入库登记管理制度；未配齐专职安全管理人员，未开展安全风险评估；未认真组织开展安全隐患排查治理，风险管控措施缺失；违规在办公楼设置职工倒班宿舍，应急处置能力严重不足。

4）装置无正规科学设计。该企业的咪草烟和 1，2，3-三氮唑生产工艺没有正规技术来源，也未委托专业机构进行工艺计算和施工图设计。

5）安全生产教育和培训不到位。主要负责人和安全管理人员未经安全生产知识和管理能力培训考核，未按规定开展新员工入厂三级教育培训，日常安全教育培训流于形式，培训时间不足，内容缺乏针对性，无安全生产教育和培训档案，操作人员普遍缺乏化工安全生产基本常识和基本操作技能，不清楚生产过程中本岗位存在的安全风险，不能严格执行工艺指标，不能有效处置生产异常情况，不能满足化工生产基本需要。

6）操作人员资质不符合规定要求。事故车间绝大部分操作工均为初中及以下文化水平，不符合国家对涉及"两重点一重大"装置的操作人员必须具有高中以上文化程度的强制要求，特种作业人员未持证上岗，不能满足企业安全生产的要求。

7）不具备安全生产条件。安全设施不到位，未按照《危险化学品建设项目安全监督管理办法》（国家安全监管总局令第 45 号）的要求取得安全设施"三同时"手续，安全投入严重不足，无自动化控制系统、安全仪表系统、可燃和有毒气体泄漏报警系统等安全设施，生产设备、管道仅有现场压力表及双金属温度计，工艺控制参数主要依靠人工识别，生产操作仅靠人工操作，生产车间现场操作人员较多且在生产现场交接班，加大了安全风险；特种设备管理不到位，未对特种设备进行检测、使用登记；环保设施不到位，废水处理装置无法满足咪草烟和1，2，3-三氮唑生产过程废水处理的实际需求，生产废水严重积存，造成事故隐患；消防设施不到位，车间内无消火栓、灭火器材、消防标识等消防设施，防雷设施未经具备相关资质的专业部门检测验收。

8）厂房设计与建设违法违规。随意变动总平面布置设计，改变库房使用功能，扩大危险化学品及其他化工原料的储存规模；擅自改变设计生产品种、设备布置及数量，调整车间层高，且不履行设计相关变更手续；设备选型和安装、管线走向和工艺配管等全凭企业人员靠经验判定，在未采取重新校核、变更设计的情况下组织施工；未委托有资质的监理单位开展设备、管道安装监理；不具备验收条件组织建筑工程竣工验收，在生产厂区11幢建筑物耐火等级未达到二级、基本未进行工程防腐的情况下，违规自行组织开展了房屋建筑工程竣工验收。

9）氯酸钠产供销相关单位违法违规生产、经营、储存和运输，也是事故发生的重要原因。

4. 事故分析

该事故的发生是由于一系列人的失误引起的，是人对于外部刺激未能做出正确反应，接收信息失效导致的。因此可采用威格里斯沃斯的事故模型流程图（参见本书图9-8）分析：首先，生产单位的管理与培训不到位是事故的根本原因；其次，在事故发生当天，事发公司副总陈某、生产部部长刘某、库管员宋某三人对于无包装标识的生产原料"丁酰胺"（实为氯酸钠）这一外部刺激均未做出正确的响应，公司副总陈某、生产部部长刘某在接到电话后，没有到货物运输现场进行检查核对，导致信息未能准确传递，库管员宋某在现场进行原料入库时也没有认真核实，将氯酸钠作为原料丁酰胺进行了入库处理，这是又一人员对外部刺激做出了错误的反应，在模型图中，由于这三人对外部刺激的错误响应，使得危险存在于生产系统。而事故当天，操作工人对于原料为氯酸钠这一刺激仍未有正确的响应，将实为氯酸钠的原料当作丁酰胺放入2R301釜中并进行一系列生产流程，使得生产系统的危险再加大；在随后正常工艺的高温脱水（模型中的随机因素）过程中，2R301釜发生化学爆炸，最终导致严重的伤亡事故。从安全人机工程的角度看：产品外包装没有正确标识产品性质，属于人机信息交互的问题；生产装置无正规科学设计，不符合机宜人的要求；操作人员资质不符合规定要求，不符合人适机的要求；安全生产教育和培训不到位，工艺控制参数主要依靠人工识别，生产操作仅靠人工操作，这些都是发生事故的原因。

此次事故主要由人的失误导致，因此公司应该加强工人的安全教育和培训，增强工人的安全意识和危化品相关知识；其次公司也应加强安全管理，明确每个人的岗位职责，落实安全生产责任制，建立完善危险化学品接收、存放和取用的制度，将流程规范化；同时要完善监管制度，在进行重要工艺过程时，应安排专人进行监督。

10.2.3 江西省丰城发电厂冷却塔施工平台坍塌事故⊖

1. 事故概况

2016 年 11 月 24 日 7 点左右，江西丰城发电厂三期在建项目冷却塔施工平台倒塌事故，造成 73 人死亡、2 人受伤，直接经济损失 10197.2 万元。

2. 事故原因

施工单位在 7 号冷却塔第 50 节筒壁混凝土强度不足的情况下，违规拆除第 50 节模板，致使第 50 节筒壁混凝土失去模板支护，不足以承受上部荷载，从底部最薄弱处开始坍塌，造成第 50 节及以上筒壁混凝土和模架体系连续倾塌坠落，坠落物冲击与筒壁内侧连接的平桥附着拉索，导致平桥也整体倒塌。

施工单位安全生产管理机制不健全，现场施工管理混乱，安全教育培训不扎实，安全技术交底不认真，交底内容缺乏针对性，未督促整改劳务作业队习惯性违章、施工质量低等问题，安全技术措施存在严重漏洞，施工方案存在重大缺陷，未按要求在施工方案中指定拆模管理控制措施，未辨识出拆模作业中存在的巨大风险，项目经理期任由劳务作业队凭经验盲目施工，对拆模工序的管理失控。

此外，混凝土供应商无工商许可、无预拌混凝土专业承包资质，未通过环境保护等部门验收批复，生产关键环节把控不严，未严格按照混凝土配合比添加外加剂，最终导致惨剧发生。

3. 事故分析

此次事故是一次典型的轨迹交叉事故。以轨迹交叉理论模型（参见图 9-7）分析：从事故经过分析，起因物是冷却塔第 50 节筒壁混凝土强度不足，同时第 50 节筒壁混凝土失去模板支护，不足以承受上部荷载，肇事人是当时违规拆除的建筑工人，它们分别对应物的不安全状态和人的不安全行为，这是事故的直接原因，可回溯为安全管理的缺陷，随后，两者在一个时空中进行轨迹交叉，致使事故最终发生。从安全人机工程学的角度看，系统中存在较大隐患，对人的监督管理培训不到位，导致人的专业性不强，安全意识薄弱；混凝土生产不过关，导致其强度不够，这些问题破坏了人-机-环境间的信息正常交互，在施工过程中，由于信息传递出现漏洞，导致事故发生。

通过此次事故应该得到的教训是：①应该对系统中的人、机、环境中的隐患进行排查；②工人进行重要工序时，应先请示专业人员或有专业人员在旁监督，应增强工人的安全教育和培训，提高工人的安全意识和基本常识；③对于混凝土等建筑材料，应该加强对材料采购的把控。

10.2.4 广东省东莞市双洲纸业有限公司中毒事故⊖

1. 事故概况

2019 年 2 月 15 日 23 时许，东莞市双洲纸业有限公司工作人员在进行污水调节池（事

⊖ 引自付秋实，江西省宜春市丰城发电厂"11·24"冷却塔施工平台坍塌特别重大事故应急处置工作情况，中国应急管理，2016。
⊖ 引自曹孝平，事故树分析法在有限空间中毒窒息事故风险分析中的应用，现代职业安全，2020。

故应急池）清理作业时，发生一起气体中毒事故，造成 7 人死亡、2 人受伤，直接经济损失约为人民币 1200 万元。

2. 事故原因

（1）直接原因

1）双洲纸业一车间污水处理班人员邹某等 3 人违章进入含有硫化氢气体的污水调节池内进行清淤作业，是导致事故发生的直接原因。双洲纸业污水调节池属于有限空间，相关人员违章进行有限空间作业表现在以下几点：作业前未采取通风措施，对氧气、有毒有害气体（硫化氢）浓度进行检测；在作业过程中未采取有效通风措施，且未对有限空间作业面气体浓度进行连续监测；作业人员未佩戴隔绝式正压呼吸器和便携式毒物报警仪进行作业。

2）双洲纸业其他从业人员盲目施救导致事故伤亡的扩大。邹某等参与应急救援的人员不具备有限空间事故应急处置知识和能力，在对污水调节池内中毒人员施救时未做好自身防护，未配备必要的救援器材和器具（气体检测仪、通风装备、吊升装备等）。

（2）间接原因

东莞市双洲纸业有限公司安全生产主体责任、安全生产管理制度、安全生产隐患排查治理工作不落实，有限空间作业应急救援预案编制不完善、应急演练缺失，专项安全培训不到位。

3. 事故分析

此次事故明显反映出人在危险出现时的信息处理失误，采用劳伦斯模型（图 10-15）对事故进行分析。事故发生当天，危险出现时，也就是当作业池出现了有毒有害气体时，作业池中没有报警装置对该危险进行初期警告，之后污水处理班 3 名作业人员在没有采取通风措施、气体检测和佩戴呼吸器的情况下进入作业池（属于图中意外事件）。进入作业池后，没有安全防护的作业人员与有毒环境接触，导致危险发生。此时，作业池内的有毒有害气体达到了一定浓度（属于图中的随机因素），在这一条件下，事件就发生到了有危险、有事故、有伤害的程度。此外，在 3 名作业人员进入作业池后，发现该环境内存在有毒有害气体，被动接受并识别了环境给其的警告，但由于有毒有害气体浓度过高，很快昏迷、死亡；因 3 名作业人员未能采取行动，未对其他从业人员进行二次警告，使得其他从业人员进入池内时，也未做好自身防护，未配备必要的救援器材和器具，盲目施救，施救人员也陷入危险环境中，导致事故伤亡进一步扩大。

从安全人机工程的角度看，作业人员未采取通风措施，有限空间内未进行有害气体浓度监测，作业人员未佩戴安全防护装置均是不符合安全人机工程学要求的，这也是企业缺乏安全管理和培训，作业人员缺少安全意识，以及人不适应环境导致的，同时，有限空间内未安装有害气体报警装置，使得人接收信息失效，人机交互失败，这是人-机-环系统没有有效运转的体现。系统中存在严重的人、机、环境信息交互不及时、错误的情况。通过此次事故应该得到的教训是：

1）对于人，应该加强安全教育和培训，在进入这种危险环境中时，应该测量空气中危险物质的浓度，佩戴防护用具并通风。同时，应加强人的应急救援能力，尤其是危化品生产行业，在进行救援时，应先佩戴好防护用具，了解现场情况再进入。

2）对于机，应该在作业池内安装危险浓度报警装置等，以及时发现作业池的异常情况，并防止人员直接进入。

3）对于环境，应在有限空间中安装气敏装置，对空间中的有毒有害气体进行实时检测。

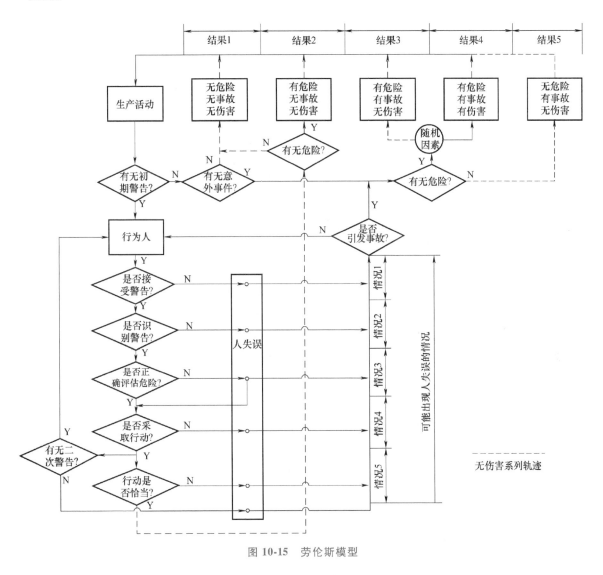

图 10-15　劳伦斯模型

10.2.5　内蒙古某矿业公司运输事故

1. 事故概况

2019 年 2 月 23 日 8 时 20 分许，内蒙古某矿业公司使用车辆超员承载违规运送工人时发

⊖　引自宋鹏飞，夏永波，内蒙古矿难为矿山运输安全敲响警钟，消防界（电子版），2019。

生井下车辆伤害重大生产安全事故，造成 22 人死亡、28 人受伤。

2. 事故经过

2019 年 2 月 23 日 7 时许，温建西乌分公司当班工人在主斜井口派班室召开班前安全生产例会。7 时 30 分许，司机张某在公司分管设备副总经理齐某民的安排下，驾驶事故车辆从维修车间出发运送当班工人入井作业。事故车辆到在主斜井口的派班室接工人上车后又驶回维修车间，再次搭载工人上车后驶向辅助斜坡道井口；期间，途径主斜井口派班室又有人员上下车；8 时 14 分许，事故车辆行驶待措施斜坡道井口处入口电子门开启后，起步驶入措施斜坡道，行驶过程中，车辆失控，与措施斜坡道左右侧帮多次剐蹭后，正面碰撞在巷道第 19 个躲避硐室的侧壁上，造成事故发生。碰撞瞬间速度约 66km/h。

3. 事故原因

（1）直接原因

该公司违规使用未取得金属非金属矿山矿用产品安全标识、采用干式制动器的报废车辆向井下运送作业人员。驾驶事故车辆人员不具备大型客运车辆驾驶资质，行驶过程中制动系统发生机械故障，制动时促动管路漏气，导致车辆制动性能显著下降。驾驶人员遇制动不良突发状况处置不当，误操作挂档位，车辆失控引发事故。而且发现事故车辆私自改装车厢内座椅、未设置扶手及安全带，且超员运输，加重了事故的损害后果。

（2）间接原因

该公司未落实承包工程安全生产责任，事故车辆车厢内未装配相应的防护设施，驾驶员、安全员、乘车员工对车辆超员运输未制止；井上下运人车辆安全管理问题突出，没有制定出入井运人车辆安全管理制度，没有严格执行矿用车辆维修保养制度，事故车辆因维修保养不到位造成制动性能显著下降，形成重大事故隐患。事故车辆检查、维修、保养及行车记录缺失，事发后伪造维修保养记录，干扰事故调查；施工作业安全管理极为混乱。安全隐患排查不深入具体，台账缺失、记录内容不规范，教育培训流于形式，部分管理人员未取得考核合格证书，部分从业人员未经安全生产教育培训合格上岗作业。人员出入井登记、人员定位卡配用长期处于失控状态。

4. 事故分析

该事故属于危险局面出现得较慢的情况，故采用瑟利事故模型（参见图 9-9）对事故进行分析。事件发生涉及人和环境为现场作业人员、车辆驾驶人、事故车辆情况、井下的全部环境。在危险出现阶段，从车辆开始搭载工人，到驶入措施斜坡道时（即出现危险的时候）这一时期中，没有警告工人和驾驶人危险的出现，导致车辆上所有人员面临了危险。在进入措施斜坡道后，发现车辆制动系统出现故障，驾驶人驾驶失控，其过往的经验和知识对其进行危险警告，同时让他感觉并认识到了该警告，但由于该车辆驾驶人不具备大型客运车辆驾驶资质，不具备避免危险的应急能力，对制动不良的突发状况处置不当，失误操作将档位挂入三档，导致车辆进一步失控，最后造成了事故，这一阶段属于危险释放阶段，在这一阶段中，机的故障和人的失误互相影响，且对事故后果造成了人机（失误）叠加的效果。对于人失误的分析，只体现在事故发生的直接原因上，但该事故还表现出严重的安全管理问题，这也是造成事故的重要原因。

从安全人机工程学的角度分析，此事故中的运输车辆属于报废车辆，不符合安全人机工程学要求，没有达到运输标准，没有达到机宜人的基本条件，同时，驾驶人由于操作失误，导致车辆进一步失控，最终引发事故，这也是人不适应机的表现，说明企业在日常的安全管理和培训中存在严重问题。因此，这是一起典型的安全人机工程学事故案例。通过此次事故应该得到的教训是：对于人，应该加强管理，所有员工必须持证上岗，出入井必须严格按照规定执行；对于设备，要备案统一管理，及时维修、报废，落实安全生产责任制，出入井应有安全员进行监督，加强安全教育和培训，提高员工的安全意识，让员工了解基本的安全规范，增强员工的应急处置能力；及时更换报废的设备，不得私自改装，设备应具备基本的安全防护装置，如安全带等。

10.2.6 浙江省宁海县"9·29"重大火灾事故[⊖]

1. 事故概况

2019 年 9 月 29 日宁波锐奇日用品有限公司（以下简称"锐奇公司"）发生重大火灾事故，事故造成 19 人死亡、3 人受伤（2 重伤，1 轻伤），其中 1 名重伤人员一个月后抢救无效死亡，过火总面积约 1100m²，直接经济损失约 2380.4 万元。

2. 事故经过

2019 年 9 月 29 日 13 时 10 分许，锐奇公司员工孙某在厂房西侧一层灌装车间用电磁炉加热制作香水原料异构烷烃混合物，在将加热后的混合物倒入塑料桶时，因静电放电引起可燃蒸气起火燃烧。孙某未就近取用灭火器灭火，而采用纸板扑打、覆盖塑料桶等方法灭火，持续时间超过 4min，灭火未成功。火势渐大并烧熔塑料桶，引燃周边易燃可燃物，一层车间迅速进入全面燃烧状态，并发生了数次爆炸。13 时 16 分许，燃烧产生的大量一氧化碳等有毒物质和高温烟气，向周边区域蔓延扩大，迅速通过楼梯向上蔓延，引燃二层、三层成品包装车间可燃物。13 时 27 分许，整个厂房处于立体燃烧状态。

3. 事故原因

1）锐奇公司违规使用、储存危化品，生产工艺未经设计，违规使用易产生静电的塑料桶灌装非极性液体化学品；违规使用没有温控、定时装置的电磁炉和铁桶加热可燃液体原液，导致产生大量可燃蒸气；违规将甲醇、酒精等易燃可燃危化品及异构烷烃等其他化学品储存在不符合条件的厂房西侧建筑一楼内。

2）建筑存在重大安全隐患，厂房建筑为违法建筑，未办理规划审批、施工许可、消防验收等手续，擅自违法翻建、投入使用；厂房耐火等级低，楼板为钢筋混凝土预制板，结构强度低，多次爆炸后，部分扣板坍塌，导致搜救行动受阻；厂房窗口违规设置影响人员逃生的铁栅栏，厂区内违规搭建钢棚，导致高温烟气迅速向楼内蔓延扩大，仅有的一个楼梯迅速

⊖ 引自李祈，小微企业的安全"命门"——浙江宁波市"9·29"重大火灾事故致 19 死 3 伤教训极其惨痛，广东安全生产，2019。

被高温烟气封堵，导致人员无法逃生。

3）锐奇公司安全生产管理混乱，企业负责人未有效落实安全生产主体责任，未及时组织消除生产安全事故隐患。建筑内生产车间和仓库未分开设置，作业区域内堆放大量易燃可燃物。企业未组织制订安全生产规章制度和操作规程，未组织开展消防安全疏散逃生演练，未组织制订并实施安全生产教育和培训计划。

4）企业负责人重效益、轻安全，安全生产工作资金投入不足，各项基础薄弱。企业违规租用不具备安全生产条件的厂房用于生产日用化工品，未在事故发生第一时间组织人员疏散逃生。

4. 事故分析

该火灾事故属于典型的能量转移事件，因此可采用能量观点下的事故因果连锁模型（参见图9-6）对事故进行分析。由于政府相关部门管理失误，使该企业的违规建筑一直未整改且建筑强度、耐火等级均不符合要求的问题；企业的安全管理失误导致危化品的违规使用、储存，企业的安全培训和教育不到位导致从业人员对危化品的特性不了解、基本应急技能缺失、职业素养降低。这是事故发生的个人原因和环境原因。这两大原因促使了事故当天作业人员孙某将加热后的异构烷烃混合物倒入塑料桶这一人的不安全行为，同时存在原料异构烷烃混合物因加热而产生大量的可燃蒸气这一物的不安全状态，两者在同一时间发生碰撞，导致了火灾的发生。火灾发生后，孙某没有立即取用灭火器灭火，而是采用纸板扑打、覆盖塑料桶的方法灭火，但火势并未减小，这充分暴露了企业在平常没有对作业人员进行基本的安全教育和应急处置培训等问题。此外，由于违规储存危化品，导致火势进一步蔓延，在这一过程中，又由于厂房耐火等级低，楼板强度低，逃生通道被堵，人员缺乏安全疏散逃生经验，最终造成19人死亡、3人受伤的严重后果。从事故因果连锁模型图来看，若政府加强安全监管，企业加强安全管理、教育培训，这些因素再反作用于模型的第二层或第三层，就能大大降低人的不安全行为和物的不安全状态出现的概率，就能有效阻止能量或危险物质的意外释放。

通过此次事故应该得到的教训是：①对于人，应该加强管理，涉及危险化学品的工艺应有专人监督，应该加强安全教育和培训，提高员工的安全意识，让员工了解危险化学品的危险原理，掌握基本的安全操作，增强员工的应急处置能力；②对于机，生产厂房内应安装灭火装置；③对于环境，公司应按照国家规定使用、储存危化品，厂区内厂房应取得规划审批、施工许可等，并按照国家要求修建，不得私自翻建，厂区内的逃生通道应保持畅通。

10.2.7 山东省烟台市金矿爆炸事故⊖⊜

1. 事故概况

2021年1月10日14时，位于栖霞市西城镇正在建设的五彩龙金矿在基建施工过程中，

⊖ 引自王超群，黄钰琳，山东金矿事故企业迟报引发舆情，中国应急管理，2021。

⊜ 引自山东省应急管理厅，山东五彩龙投资有限公司栖霞市笏山金矿"1·10"重大爆炸事故调查报告，http://yjt.shandong.gov.cn/zwgk/zdly/aqsc/sgxx/202102/P020210224448460623965.pdf。

回风井发生爆炸事故，事故发生时，"一中段"无作业人员，"六中段"（离井口 698m）作业人员 13 人、"五中段"（离井口 648m）作业人员 9 人，冲击波将井筒梯子间损坏，罐笼无法正常运行，导致井下 22 名工人被困，因通信信号系统损坏，未及时与被困工人取得联系。事故发生后，涉事企业（山东五彩龙投资有限公司，后文简称为五彩龙公司）迅速组织力量施救，但由于对救援困难估计不足，直到 1 月 11 日 20 时 5 分才向栖霞市应急管理局报告有关情况。接报后，投入专业救援力量 300 余人，40 余套各类机械设备，紧张有序开展救援，经全力救援，11 人获救，10 人死亡，1 人失踪，直接经济损失 6847.33 万元。

2. 事故经过

2021 年 1 月 10 日，新东盛工程公司施工队在向回风井六中段下放启动柜时，发现启动柜无法放入罐笼，施工队负责人李某安排员工唐某波和王某磊直接用气焊切割掉罐笼两侧手动阻车器，有高温熔渣块掉入井筒。

12 时 43 分许，浙江其峰工程公司项目部卷扬工李某兰在提升六中段的该项目部凿岩、爆破工郑某泼、李某满、卢某雄 3 人升井过程中，发现监控视频连续闪屏；罐笼停在一中段时，视频监控已黑屏。李某兰于 13 时 04 分 57 秒将郑某泼等 3 人提升至井口。

13 时 13 分 10 秒，风井提升机房视频显示井口和各中段画面"无视频信号"，几乎同时，变电所跳闸停电，提升钢丝绳松绳落地，接着风井传出爆炸声，井口冒灰黑浓烟，附近房屋、车辆玻璃破碎。

五彩龙公司和浙江其峰工程公司项目部有关人员接到报告后，相继抵达事故现场组织救援。14 时 43 分许，采用井口悬吊风机方式开始抽风。在安装风机过程中，因井口槽钢横梁阻挡风机进一步下放，唐某波用气焊切割掉槽钢，切割作业产生的高温熔渣掉入井筒。15 时 03 分左右，井下发生了第二次爆炸，井口覆盖的竹胶板被掀翻，井口有木碎片和灰烟冒出。

3. 事故原因

经调查，本次事故发生的直接原因是：井下违规混存炸药、雷管，井口实施罐笼气割作业产生的高温熔渣块掉入回风井，碰撞井筒设施，弹到一中段马头门内乱堆乱放的炸药包装纸箱上，引起纸箱等可燃物燃烧，导致混存、乱放在硐室内的导爆管雷管、导爆索和炸药爆炸。

间接原因如下：

（1）事故相关企业未依法落实安全生产主体责任。

1）五彩龙公司。无视国家民用爆炸物品及安全生产相关法律法规规定，民用爆炸物品安全管理混乱，长期违法违规购买、储存、使用民用爆炸物品；未落实安全生产主体责任，企业管理混乱，是事故发生的主要原因。

① 民用爆炸物品管理混乱。使用栖霞市公安机关依据已废止的行政法规核发的《爆炸物品使用许可证》申请办理爆炸物品购买手续，长期违规购买民用爆炸物品；未健全并落实民用爆炸物品出入库、领用退回等安全管理制度，对库存民用爆炸物品底数不清；长期违法违规超量储存民用爆炸物品且数量巨大，违规在井下设置 3 处民用爆炸物品储存场所，炸

药、导爆管雷管和易燃物品混存混放。

② 对施工单位长期违法违规使用民用爆炸物品监督、检查不力。主要负责人及分管民用爆炸物品、安全生产工作的负责人对施工现场安全生产不重视，对施工单位的施工作业情况尤其是民用爆炸物品储存、领用、搬运及爆破作业情况监督检查、协调管理缺失。

③ 建设项目外包管理极其混乱。对外来承包施工队伍安全生产条件和资质审查把关不严，日常管理不到位；对浙江其峰工程公司、新东盛工程公司等外包施工单位管理不力，以包代管，只包不管，对浙江其峰工程公司、新东盛工程公司交叉作业未进行统一协调管理，未及时发现并制止违规动火作业行为；对进场作业人员安全教育培训、特种作业人员资格审查流于形式。

④ 瞒报生产安全事故。企业主要负责人未按照规定报告生产安全事故。

2）浙江其峰工程公司。违反国家民用爆炸物品、外包施工单位安全管理法律法规，外派项目部在五彩龙公司违法违规储存、使用民用爆炸物品，安全生产管理混乱。

① 对派驻的山东栖霞金矿项目部民用爆炸物品管理、使用混乱。回风井一中段临时储存点的炸药、导爆管雷管和易燃物品混存混放等安全隐患长期存在；违规使用民用爆炸物品，放任回风井爆破作业人员自用自取、剩余自退，未按规定记载领取、发放民用爆炸物品的品种、数量、编号以及领取、发放人员姓名；违规使用未取得《爆破作业人员许可证》的人员实施爆破作业。

② 对外派项目部管理严重失控。浙江其峰工程公司2020年未按规定对项目部进行安全检查，公司安全部仅于当年9月11日到项目部检查过一次。公司外派驻山东栖霞金矿项目部未按规定配备专职安全管理人员和相应的专职工程技术人员；未按规定对驻山东栖霞金矿项目部人员进行安全教育培训，对爆破作业人员、安全管理人员进行专业技术培训不到位。

③ 施工现场管理混乱。外派项目部主要负责人未履行项目经理职责，对现场交叉作业管理不到位，纵容、放任爆破作业过程违法行为。

3）新东盛工程公司。未取得矿山施工资质，违规承揽井下机电设备安装工程；未严格执行动火作业安全要求，作业人员使用伪造的特种作业操作证，在未与浙江其峰工程公司进行安全沟通协调、未确认作业环境及周边安全条件的情况下，在回风井口对罐笼进行气焊切割作业。

4）北京康迪监理公司。

① 向五彩龙公司笏山金矿派驻的监理人员未经监理业务培训，现场监理人员监理业务能力严重不足。

② 未认真履行工程监理责任，未发现回风井井口罐笼切割动火作业，事故发生当日未下井监理。

（2）政府及业务主管部门未认真依法履行安全监管职责。

1）公安部门。

① 栖霞市公安局。未依法履行民用爆炸物品购买和运输安全监管职责；未依法履行民

用爆炸物品储存和使用安全监管职责；未依法履行民用爆炸物品流向监控安全监管职责；未依法履行民用爆炸物品安全监督检查职责；未按规定及时上报事故。

② 烟台市公安局。履行民用爆炸物品安全监管职责不到位；对栖霞市公安局履行民用爆炸物品安全监管职责监督、指导不力；对栖霞市民用爆炸物品信息管理系统的运行监管不力；对栖霞市公安局未依法履行民用爆炸物品购买、使用和储存、流向监控安全监管职责存在的问题失察；未认真履行爆破作业单位安全监督检查职责，对取得营业性爆破作业单位资质的兴达爆破公司监督检查不力。

2）应急管理部门。

① 栖霞市应急管理局。履行非煤矿山安全生产监督检查职责不力，非煤矿山监管人员配备不足；对五彩龙公司及外包施工单位管理混乱等问题监督不到位；未按规定及时上报事故。

② 烟台市应急管理局。组织开展非煤矿山安全生产抽查检查工作不到位；对栖霞市应急管理局安全生产监督检查工作监督指导不力。

3）工信部门。

① 栖霞市工业和信息化局。履行对民用爆炸物品销售企业的安全监管职责不力，没有及时发现并纠正安达民爆公司履行民用爆炸物品查验职责违规行为。

② 烟台市工业和信息化局。未依法履行民用爆炸物品销售安全监管职责；没有及时发现并纠正安达民爆公司履行民用爆炸物品销售查验职责违规行为；对栖霞市工信局履行民用爆炸物品销售安全监管职责监督、指导不力。

4）地方党委、政府。

① 栖霞市西城镇党委、政府。未认真履行对五彩龙公司、浙江其峰工程公司项目部等辖区内生产经营单位安全生产状况监督检查职责，协助栖霞市有关部门依法履行民用爆炸物品、非煤矿山安全生产监督管理职责不力。

② 栖霞市委、市政府。未认真落实烟台市委、市政府关于民用爆炸物品、非煤矿山安全生产监管工作的部署和要求，事故发生后未按规定及时上报事故。未认真督促栖霞市相关部门依法履行民用爆炸物品、非煤矿山安全生产监督管理相关职责。未认真督促栖霞市西城镇党委、政府依法履行安全生产监督检查职责。

③ 烟台市委、市政府。未切实加强烟台市民用爆炸物品、非煤矿山安全生产监督管理工作的领导；未有效督促烟台市相关部门依法履行民用爆炸物品、非煤矿山安全生产监督管理职责；对栖霞市委、市政府未有效落实民用爆炸物品、非煤矿山安全生产监督管理职责等问题失察。

4. 事故分析

该爆炸事故的直接原因为人因，且内外部组织因素影响较大，故采用行为安全"2-4"模型（图10-16）对事故进行分析。该模型把事故的原因及其影响链分为上、中、下3层，分别称为"事故致因链""内部影响链"和"外部影响链"，其中事故致因链指的是事故引发者引发事故的行为链；内部影响链指的是与事故引发者在同一组织内的其他人影响事故引发者的行为影响链；外部影响链则是事故主体组织以外的其他组织或因素影响事故发生的行为影响链。

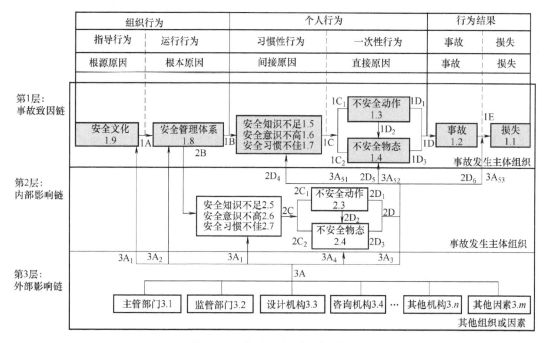

图 10-16　行为安全"2-4"模型

从第 1 层事故致因链来看，不安全动作为井口实施罐笼气割作业，而不安全物态为产生的高温熔渣块掉入回风井，这些均属于一次性行为，且均由事故引发者导致，导致这些一次性行为的原因是事故引发者在日常的习惯性行为不佳，即其安全知识不足、安全意识不强、安全习惯不佳，体现为事故引发者使用伪造的特种作业操作证，未经动火审批并确认作业环境以及周边安全条件的情况下，违规多次在井口进行气焊切割作业。不安全习惯的产生是由组织的运行行为错误所致，运行行为错误的最主要原因是程序文件（即安全制度）的缺失或者不完善，而此次爆炸事故的发生是企业各类安全制度不完善和执行不到位引起的，具体体现在炸药、导爆管雷管和易燃物品混存、混放，民用爆炸物品储存、领用、搬运及爆破作业情况监督检查、协调管理缺失，瞒报生产安全事故等。因此，事故的根本原因为该企业的安全管理体系不健全。管理体系不完善的根源原因是安全文化不足，安全文化对安全管理体系的指导过程是组织整体的行为，即指导行为，该企业未强调安全的重要性、未形成企业安全价值观、未将安全融入管理等一系列行为，使得企业安全文化氛围欠缺。

从第 2 层内部影响链来看，"内部"的"其他人"可以是与事故引发者在同一组织的上级领导、下属或同事，他们与事故引发者受同一安全文化指导、运行同一套安全管理体系、并以同一种方式形成习惯性行为。他们在出现违章指挥、不当培训或错误劝导时（如施工队负责人安全员工直接用气焊切割掉罐笼两侧手动阻车器），会造成第 2 层内的不安全动作和不安全物态，并影响到第一层中的习惯性行为与不安全物态，对其中的不安全动作不会造成直接影响。

从第 3 层外部影响链来看，包括若干主管部门、监管部门、设计或咨询机构及其他机构等，主管部门和监管部门主要是对事故发生主体组织的安全文化和安全管理体系产生作用和影响，有时也可能会直接影响到事故发生主体组织人员的安全知识、意识和习惯和事故引发者的习惯性行为以及物的状态。在本次事故中，栖霞市公安局、烟台市公安局、栖霞市应急管理局、烟台市应急管理局和相关工信部门等对企业的安全监管职责不力，使得企业的安全管理体系不健全、不完善，企业组织内部人员缺乏安全意识和知识。

整体来看，事故引发者在井口实施罐笼气割作业属于人的不安全行为，在人-机-环系统中，人这一环出现了失误，这一错误操作也导致系统中机（罐笼）的状态出现偏差；井下炸药、导爆管雷管和易燃物品混存、混放属于事故发生时的环境，这一环境属于人造环境，是由于企业不重视安全，未对相关人员进行培训教育而引起的，同时，监察部门等的监管不力等，是事故发生的社会环境。由此可以看出，在这一系统中，人、机、环三大因素均出现了问题，这些问题共同作用导致了此次事故的发生。通过此次事故应该得到的教训是：对于人，应该加强管理，包括有关部门对企业、企业对员工的管理，企业应落实安全生产责任制，所有员工应持证上岗，在作业过程中应安排专人监督，及时制止危险行为，应该加强安全教育和培训，提高员工的安全意识和安全知识，让员工了解基本的安全操作方法，增强员工的应急处置能力，避免盲目处置，同时，在事故发生后，应按照规定立即向上级报告，不应瞒报、谎报，耽误最佳救援时间；对于环境，应规范硐室内导爆管雷管、导爆索和炸药的存放制度，并严格执行。

10.3 | 模型构建及事故案例分析

本节根据前人的研究成果，综合劳伦斯事故模型、行为安全"2-4"模型、轨迹交叉理论、事故的累积效应等理论的各自优势，结合安全人机工程学相关知识，按照事故发展三大时期、七小阶段的逻辑创新性地建立了一种"L-B"人机事故模型，以期从整体上对人机事故的分析与预防提供新的思路。

10.3.1　多优势人机事故模型的构建

1. 相关理论介绍

（1）劳伦斯事故模型

劳伦斯事故模型的主要观点为：有伤害和无伤害是一个生产活动可能出现的两种结果，事故是使正常生产活动中断的意外事件。事故的发生不一定会造成伤害，造成伤害还受到其他因素的影响。该模型将生产活动过程中可能出现的各种信息（如烟气、声响等）作为初期警告，分析行为人在处理这种初期警告时可能出现的各种情况，如是否接受警告、是否识别警告等。当行为人正确处理了该警告，结果会向着无事故、无伤害的方向发展；而若行为人在处理警告时的任一环节出现失误，都极有可能造成事故的发生。

（2）行为安全"2-4"模型

行为安全"2-4"模型是傅贵在分析众多事故致因链的基础上，结合 Reason 的观点而提出的一种事故致因模型。模型中，"2"是指事故的发生受到组织和个人两个层面的共同影响；"4"是指行为发展过程中的指导、运行、习惯性和一次性这四个阶段。其中，安全文化指导安全管理体系的运行，安全管理体系作用于行为人，使其产生习惯性行为，进而影响一次性行为，一次性行为则直接关系到事故发生与否。该模型将事故发生的原因分为四类：根源原因是安全文化的缺失或不足，根本原因是安全管理体系的不完善，间接原因是行为人安全知识的不足以及安全意识和安全习惯的不佳，直接原因是人的不安全行为与物的不安全状态。

（3）轨迹交叉理论

轨迹交叉理论是一种研究伤亡事故致因的经典理论。该理论将生产过程中人的不安全行为和物的不安全状态看作两条运动轨迹。在正常生产条件下，即人无不安全行为且物非不安全状态，两条轨迹便不会形成；而当出现异常时，即人做出不安全行为或物处于不安全状态下，则可能会形成其中某一条轨迹或是两条轨迹全部形成。而当两条轨迹在时间和空间上相遇时，便会导致事故发生。因此，轨迹交叉理论认为预防事故的根本在于避免人失误和物故障同时空出现。

2. "L-B"人机事故模型

通过上述介绍可以发现劳伦斯事故模型的缺陷在于只分析了行为人的失误如何造成事故发生，而没有更深一步地追究人出现失误的原因，同时忽视了设备的不安全状态对事故发生的影响。轨迹交叉理论的缺陷与之类似，对事故发生的原因没有深入挖掘。而行为安全"2-4"模型则分别从组织和个人两个层面分析了引起事故发生的多种原因，恰好弥补了上述两种模型在事故原因分析方面存在的不足。然而，"2-4"模型的缺陷在于模型总体概括比较宽泛，对事故的具体发生过程以及生产中可能出现的各类结果、描述较少，在这一点劳伦斯模型优势比较明显。同时，安全人机工程学的观点如人机功能分配、人机功能设计等能够应用于轨迹交叉理论中单轨迹出现时的分析。因此，本书基于上述三种事故模型的各自特点及事故发展特征，结合安全人机工程学的理论，构建"L-B"人机事故模型。

（1）事故发展阶段划分

本书作者研究了事故前、中和后三大时期的各自特征并再次将其细分为七个小阶段。其中，将事前时期细分为作业阶段和隐患阶段；将事中时期细分为触发阶段、发生阶段和应急阶段；将事后时期细分为平息阶段和恢复阶段。各阶段基本内涵见表 10-1。根据事故的可预防性原则，各生产领域如矿山、化工等在正常条件下不会发生事故，但是其发生的可能性并不能忽视。生产过程中出现的各种不安全因素会驱使生产朝着事故的隐患阶段发展，多数情况下这并不会达到触发事故的临界点，因此生产得以继续进行；但若达到临界点，事故发生，生产中止，此时只有通过一系列措施使事故过渡到平息以及恢复阶段，现场秩序得以恢复，生产才能继续进行。基于此，构建如图 10-17 所示的生产与事故的关系图。

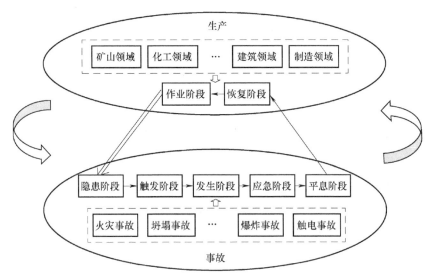

图 10-17　生产与事故的关系图

表 10-1　事故发展各阶段基本内涵

三大 时期	七小 阶段	基本内涵
事前时期	作业阶段	生产活动开始、各类设备开始运转以及人员在岗工作的时期
	隐患阶段	生产活动过程中出现的各种不安全行为或不安全状态而未被察觉或未受重视，生产活动仍继续进行的时期
事中时期	触发阶段	生产活动过程中各种不安全因素逐渐积累"汇聚"，达到事故发生临界点的时期
	发生阶段	承接触发阶段，事态恶化，导致生产中断甚至人员伤亡的时期
	应急阶段	相关部门人员为迅速控制事态、营救受害人员、恢复现场秩序而开展紧急救援行动的时期
事后时期	平息阶段	事态基本得到控制，但现场秩序仍处于混乱的时期
	恢复阶段	秩序逐渐恢复、周围环境安全、生产有序进行的时期

（2）模型构建

基于上述研究，人机事故模型总体框架可按照事前、事中和事后三大阶段构建，具体细节框架可按照七小阶段构建。

根据表 10-1 可知，事故发生前期可分为作业阶段和隐患阶段。作业阶段即某个生产开始进行、各类设备开始运转以及相关人员在岗工作的时期，因此将此阶段作为人机事故模型的起点。隐患阶段，在某生产活动进行时，操作人员可能会出现不按规定方法操作、不使用保护用具等不安全行为；现场机械设备可能出现老化、缺陷等不安全状态。这些不安全行为或不安全状态可能不会影响生产的正常进行，也不容易引起事故，因此并未受到企业的重视，这就为事故的发生埋下了隐患。此阶段的模型构建可结合轨迹交叉理论相关知识，其简化过程如图 10-18 所示。

其中，图 10-18a 为一定生产条件下人与机分别可能出现的两种状态；图 10-18b 为一个生产活动持久安全进行的必要条件；图 10-18c 为前文所述事故发生的隐患阶段；图 10-18d 则为轨迹交叉理论所揭示的事故发生原理。人机模型在事故隐患阶段的构建可依据上述原理。对于图 10-18c，基于安全人机工程学相关知识可知，当人出现不安全行为或物出现不安全状态时，可能会引起人机功能匹配紊乱，导致进行某项工作时超越人体极限或者行为人过分依赖机器等情况，而这些情况的出现会极大增加事故发生的可能性，因此将此情况纳入模型加以考虑。

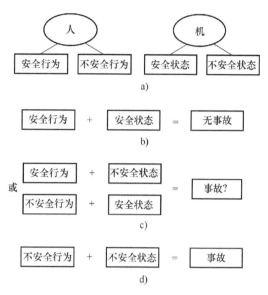

图 10-18 轨迹交叉理论简化图

根据表 10-1 可知，事故发展可分为触发阶段、发生阶段、应急阶段。成连华认为事故是一系列失误累积作用达到触发点而造成的，基于此理论可将事故中期的触发阶段与事故前期的隐患阶段相衔接，基本累积效应理论模型如图 10-19 所示。

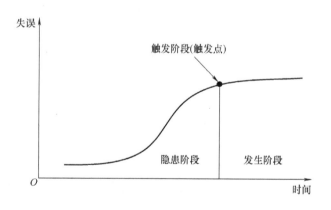

图 10-19 基于累积效应理论模型

在事故发生阶段，可基于劳伦斯模型相关内容进行构建相关事故模型，同时明确相关元素内涵（表 10-2）。在此阶段，按照事故、危险和伤害的关系可得出三类结果：有事故、无危险、无伤害；有事故、有危险、无伤害；有事故、有危险、有伤害。由于不存在危险或没有事故也就不可能发生伤害，为了便于比较，把在隐患阶段未发生事故时可能出现的两类结果（无事故、无危险、无伤害；无事故、有危险、无伤害）与上述三类结果进行综合，并将每类结果按照安全、较安全、稍不安全、较不安全和不安全等术语定性表示，得到如图 10-20 所示的五类结果。将结果定性表示后，可以对企业每年发生的第 3、

4 和 5 类结果的次数进行统计，计算这几类结果出现的概率，从而实现对企业整体生产形式的定量分析；也可用于对某一生产园区的多家企业进行统计分析，实现对生产园区整体安全形势的定量分析。

表 10-2　相关元素内涵

元素	基本内涵
危险	使人受到伤害的可能
事故	使正常生产活动中断的意外事件
伤害	使行为人受到身体或心理上的损伤
模糊因素	促进危险伤害到人的各种不确定性因素

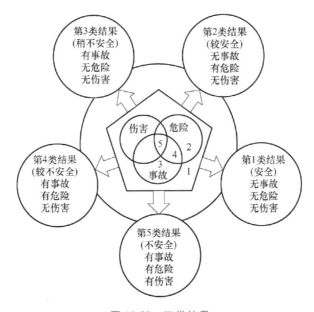

图 10-20　五类结果

根据表 10-1 可知，事故发生后期可分为平息阶段和恢复阶段。在平息阶段，由于应急救援行动的顺利进行，事态得到控制，但是生产现场秩序还处于混乱状态且周围环境并不安全，因此并不能急于开展下一阶段的生产工作。只有等到秩序恢复、生产环境安全，即整个过程进入恢复阶段时方可考虑生产活动的继续进行。至此，人机事故模型的构建已经形成一个闭环，与图 10-17 所示的生产与事故的关系相一致。本书将事故后期细分为上述两阶段并加入构建的事故模型中，希望借此警醒企业重视事故后的恢复工作，切勿急于求成，否则只会给新的生产活动埋下事故隐患。

按上述思路和方法构建的事故模型符合实际生产活动过程中人占主导作用的特征。人与机在完成生产目标上有着合理的分工。人在生产中主要承担决策、设计和维修等的工作；机在生产中主要承担重复、持久、复杂和笨重等的工作。由此可见，若机在生产过程中发生故障，则生产大概率会发生中断，一个良性生产工序的进行需要机时刻处于安全状态。事实上，机的状态也与人有很大关联，若人能够在平时对机进行合理的设计、保养和维护等，在工作过程中机出现不安全状态的概率会极大降低。因此，深入研究影响行为人安全知识以及安全意识等指标高低的机理，能够对事故发生的深层原因提供解释。根据行为安全"2-4"模型，安全文化反映了企业内成员所共有的安全道德、态度、价值观和行为规范，其能影响企业安全管理体系的建设；安全管理则是企业为了确保生产安全而开展的有关计划、组织和决策等活动，一套完善的安全管理体系则由合理的组织结构、正确的安全方针和行之有效的安全管理程序等要素构成。企业的安全文化氛围和安全管理体系会对企业成员的安全知识、意识等产生潜移默化的影响。因此，将安全管理体系元素和安全文化元素加入上述构建的模型中，最终形成了如图 10-21 所示的"L-B"人机事故模型。

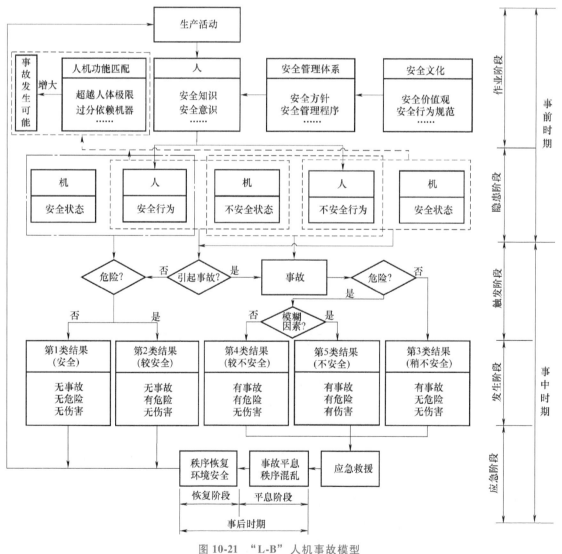

图 10-21　"L-B"人机事故模型

（3）模型说明

综上所述，"L-B"人机事故模型是一种揭示整个生产活动过程中人的行为和机的状态如何导致事故隐患的产生，事故由隐患阶段过渡到发生阶段进而对整个生产结果产生影响的机理，以及阐明人-机出现各类状态的深层次原因的模型。根据该模型，当某生产活动开始时，行为人受企业安全文化和安全管理体系的影响，可能会做出安全行为或不安全行为两种动作。若行为人做出安全行为且机处于安全状态，则会出现第 1 类或第 2 类结果，生产继续进行；若行为人做出安全行为且机处于不安全状态，此次生产过程即进入事故的隐患阶段，事故发生与否并不确定。若没有引起事故，根据模型会出现第 1 类或第 2 类结果，生产继续进行。安全文化氛围和安全管理体系较好的企业会及时处理人与机出现的各种不安全因素，避免影响后续生产；而安全文化氛围和安全管理体系较差的企业可能会直接忽视这些不安全因素，致使后续生产长期存在事故隐患。若各类失误在隐患阶段不断积累并达到图 10-19 所示的触发点，则进入事故发生阶段，根据是否存在危险以及随机因素，分别可能出现第 3、4 及 5 类结果，此时生产活动中断，必须及时进行应急救援行动，使事故态势得到控制并进入平息阶段，从而生产活动恢复。在行为人做出不安全行为而机处于安全状态或人做出不安全行为且机处于不安全状态时，仍可按照模型流程进行分析，在此不再赘述。

10.3.2 事故案例分析

我国是矿产资源比较丰富的国家，对矿产资源的开发与利用有力地促进了国民经济的发展。然而，在矿业持续发展的过程中，各类矿山生产事故时常发生，造成大量人员伤亡和财产损失。科技的发展及其在矿山领域的应用，使得作业现场设备设施（机）出现故障的概率降低，因而近年来，矿山生产事故的频繁发生多由人失误造成。例如，贵州广隆煤矿"12·16"重大煤与瓦斯突出事故，主要由工作人员未能及时发现煤与瓦斯突出的危险，加之作业时未按规定采取针对性的防突措施等原因造成；湖北大冶有色铜矿"3·11"较大高处坠落事故，主要由作业人员违章作业、作业时未系安全带以及防护平台搭建不稳固等原因造成；黑龙江翠宏山铁多金属矿"5·17"较大透水事故，主要由该公司未对违规形成的采空区进行及时充填等原因造成。针对上述矿山生产事故的特点使用以人失误为主因、机故障为次因的事故模型对矿山生产事故进行分析能够取得事半功倍的效果。本节以 2021 年山东省烟台市曹家洼金矿火灾事故作为案例并运用"L-B"人机事故模型对其分析。事故概况如下：2021 年 2 月 17 日 0 时 14 分许，曹家洼金矿 3 号盲竖井罐道木更换过程中发生火灾，最终造成 6 人死亡。这是一起典型的由人的失误引起的事故。

因此，使用本书构建的综合几类模型优点的"L-B"模型对该事故进行分析，从事故前期的初始阶段到事故后期的恢复阶段逐段分析，强调从整体上预防矿山事故的发生。在实际应用时只需按照图 10-22 所示逻辑便可依次找出事故发展各阶段的基本特征以及关键致灾因素，总结本次事故经验教训并做出相应的整改，促进企业未来生产形势不断向长久安全的方向发展。

对照图 10-22 所示事故发展阶段，分别对相对重要的阶段提出下列预防措施：

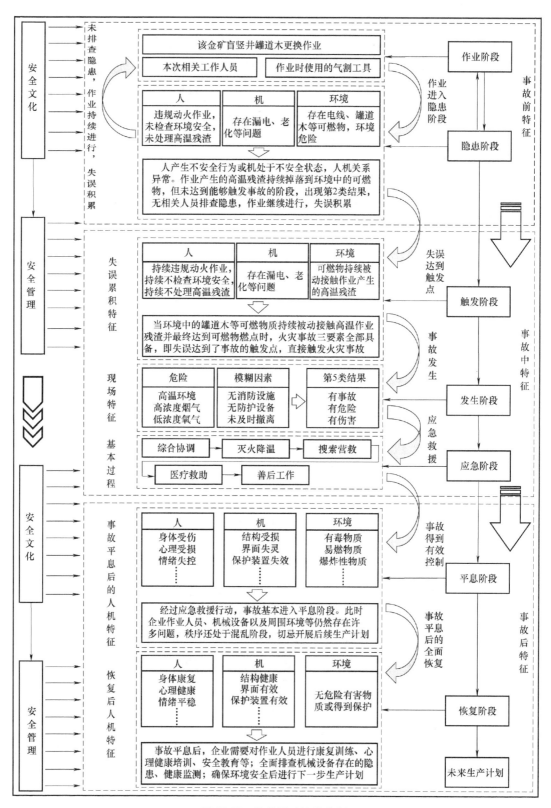

图 10-22　作业活动演化分析

（1）对于事故前期的隐患阶段

首先，在平时加强企业安全文化的建设，重视员工思想意识的培养，努力在企业内部形成一套所有员工一致认同的安全价值观、安全态度以及切实可行的安全行为规范，从根源上解决企业生产安全问题；其次，加强企业安全管理体系的建设，使各项作业活动制度化、规范化进行，从根本上解决企业生产安全问题；最后，平时作业时构建良好的人机关系，重视人机功能匹配以及人机界面设计方面问题，及时消除作业现场存在的人的不安全行为或机的不安全状态，防止失误逐渐积累至触发点造成事故的突然发生。

（2）对于事故发生中期未造成人员伤亡的阶段以及应急救援阶段

在避免人员伤亡方面，须及时消除作业现场存在的危险及模糊因素，可考虑在作业现场合理布置消防设施以及各类劳动保护用品，并且在平时加强对生产现场的危险因素及时排查等。在应急救援方面，应培养一批安全意识高、经验丰富的应急救援队伍，并加强平时的安全教育和应急救援演练等。

（3）对于事故发生后期的平息阶段

切勿急于开工。要给予受伤人员康复训练、心理健康培训以及做好情绪平复等工作；排查作业现场各类机械设备的结构、界面以及安全保护装置等存在的隐患；同时彻底消除作业环境中由于事故发生而残留下的危险有害物质后方可进行下一步生产计划。

期望通过上述系列措施降低矿山生产过程中人机失误的产生，从而降低事故的发生率，促进矿山企业持久健康发展。

复 习 题

1. 在设计产品时，通常需要考虑人的哪些因素？

2. 飞机和动车驾驶舱设计的共同点是什么？

3. 天津市滨海新区火灾发生的主要原因是什么？今后应该如何减少此类事故的发生？

4. 四川省宜宾市宜宾恒达科技有限公司爆燃事故发生的主要原因是什么？了解该事故的概况、原因及分析后，应该吸取什么教训？

5. 在江西省丰城发电厂冷却塔施工平台坍塌事故中，人的失误有哪些？

6. 广东省东莞市双洲纸业有限公司中毒事故造成伤亡扩大的主要原因是什么？应该吸取什么教训？

7. 内蒙古某矿业公司运输事故发生的主要原因是什么？应该吸取什么教训？

8. 浙江省宁波锐奇公司"9·29"重大火灾事故中，人的失误有哪些？

9. 山东省烟台市金矿爆炸事故发生的主要原因是什么？造成事故扩大的原因是什么？

10. 诱发人因事故的主要因素有哪些？

第 11 章

大数据时代智能安全人机工程

学习目标

（1）掌握安全人机工程大数据的基本概念，了解安全人机可视化的概念。

（2）掌握机的可视化工具基本原理，理解其基本内涵。

（3）掌握安全人机智能化概念，掌握其关键技术。

（4）掌握安全人机系统设计、施工与运维的基本概念。

本章重点与难点

本章重点：安全人机工程大数据的基本概念，安全人机可视化工具分类，智能交互技术的案例分析与技术应用，智能设计、智能施工、智能运维基本概念。

本章难点：智能安全人机工程的未来挑战，多领域智能交互案例，安全人机可视化工具的性质与用途、原理。

随着信息技术的不断发展，大数据时代悄然来临。数字化、信息化技术日益革新，大量的机械装置不需要人们操作就能满足既定的生产需求，安全人机工程的人机关系也在向智能化转变。与此同时，人机控制交互技术、神经工效学、认知功效学、智能系统交互等多领域发展为人与机的关系增添了多种元素。本章论述了安全人机工程学的大数据，介绍了安全人机工程中的可视化工具及智能化技术，简述了安全人机系统智能设计、实施与运维的概念，分析了智能安全人机工程发展的未来挑战。

11.1 安全人机工程的大数据

随着信息时代的到来，特别是计算机网络技术、云计算、5G 技术等信息化产物迅猛发展，逐渐催生了以海量数据为主的大数据技术。近年来，大数据技术已逐渐成为一门非常重要的学科。大数据技术涉及人们生产生活的多个领域，数据的海量储存与利用使得人们可以得出结论：大数据时代已经来临。实际上，大数据充斥了人们的工作、生活及学习：美国国会图书馆已收录超过 1PB 数据文档，百度搜索每天处理 10PB 以上的数据，支付宝和微信扫码支付利用大数据技术进行的图像识别；网购时，部分软件会记录消费者的浏览信息并在之后推送其所需的产品的信息。

那么究竟何为大数据？有学者将大数据的特征总结为 3V 即体积大（volume）、速度快（velocity）、数据特征多样性（variety）[⊖]。所谓体积大是指大数据分析所需的数据量庞大，人们通过搜寻多数据才能挖掘其中所含的信息；速度快则是指大数据的实时性，利用网络信息通道，可以第一时间将大数据技术所需要传递的信息传给受众群体；数据特征多样是指大数据可以将信息以文本、视频、动画、语音等形式进行传播，可见其传达信息的形式也是多种多样的。大数据背后隐藏着各类信息和知识，只有利用信息挖掘和数据挖掘手段才能传递多方信息，可以认为大数据领域所研究的主要核心就是大数据分析技术[⊖]。

随着计算机技术与网络技术的发展，安全人机工程也逐渐步入信息化的时代，无论是安全人机工程学学科本身，还是对于安全人机交互界面设计，大数据技术对安全人机工程都进行了内容与技术拓展。安全人机工程的大数据泛指为实现人机功能的最优匹配包含的所有信息与知识，安全人机工程的大数据主要包含以下几个方面：

1. 人体测量学的大数据

人体测量学的数据属性及数据内涵直接影响着人体体态的定量与定性利用，进而影响人机效能。作为安全人机工程的重点研究领域，人体内部结构的数据精确性会影响人体体态的测定，也影响着安全人机交互设计的最终效果。因此，为了实现人体体态及其他人体测量学特征的仿真，人体测量大数据库的建立是必要的。大数据库的内容可包括骨骼测量数据、活体测量数据、关节活动度测量数据、皮褶厚度测量数据、体力测定数据、生理测定数据等一系列与安全人机交互相关的数据。其目的主要是应用人体测量数据科学地设计产品参数，如确定人们使用的机械设备的大小和形状，以及确定机械设备所需工作空间。这样，才能实现最优的人机功能匹配，且能使设备更切合实用及更符合安全要求，进而实现安全生产。

2. 人机功能匹配的大数据

人机功能分配，应全面考虑下列因素：①人和机器的性能、特点、负荷能力、潜在能力以及各种限度；②人适应机器所需的选拔条件和培训时间；③人的个体差异和群体差异；④人和机器对突然事件应激反应能力的差异和对比；⑤用机器代替人的效果，以及可行性、可靠性、经济性等方面的对比分析。大数据分析技术为上述过程中内部数据处理与挖掘提供了必要的技术手段。在信息化时代，人机功能分配的一般规律是：凡是快速的、精密的、笨重的、有危险的、单调重复的、长期连续的、复杂的、高速运算的、流体的、环境恶劣的工作，适合由机器承担；凡是对机器系统工作程序的指令安排与程序设计、系统运行的监督控制、机器设备的维修与保养、情况多变的非简单重复工作和意外事件的应激处理等，则分配给人承担较为合适。因此，利用安全人机工程学的大数据分析技术可以分析和协调各子系统

⊖ 引自 Wu X, Zhu X, Wu G Q, et al, Data mining with big data, IEEE transactions on knowledge and data engineering, 2013。

⊖ 引自 Labrinidis A, Jagadish H V, Challenges and opportunities with big data, Proceedings of the VLDB Endowment, 2012。

的交互作用与界面，也可以利用它开展作业场所与作业空间设计。例如，可利用大数据时代的产物——可视化技术与数据挖掘技术实现安全人机工程学中的建模、分析与评价。

大数据背景下，安全人机工程蓬勃发展，随着智能化技术的不断革新和发展，人-机-环三者的互联关系日益复杂，特别是智能人机交互、生物特征识别、机器感应与环境自适应等技术的涌现对安全人机工程学产生了很大的促进作用。基于安全人机工程中大数据的基本作用，本章从大数据视角，着重介绍大数据技术在安全人机交互中的两大应用——可视化及数据挖掘。

11.2 安全人机可视化

11.2.1 安全人机可视化概述

近年来，大数据已成为几乎所有行业感兴趣的话题。由于物联网（IoT）、环境中的传感器以及所有离线记录的数字化等多种因素，数据的增长率在几年内呈指数级增长。在如此短的时间内，大数据的重要性及作用越发显现，如今几乎所有行业都在存储所属相关的所有数据。

海量数据信息的处理是比较棘手的事情，通常人们会将数据信息进行转化，为了对选取的数据信息进行采集，数据分析师通常会利用不同的经典数据视图来探究多视图之间的内在或外在联系，并利用这种联系来反映数据之间的内在映像。大数据可视化技术通常是指人们对海量的抽象数据使用可视化的表达形式进行信息提取，进而增强对这部分数据的理解能力和认知能力。大数据可视化技术主要满足以下几点要求[注]：①基于大数据信息传递的图示是以海量数据为基础的；②可视化信息的受众群体与可视化图示之间可以实现交流互动，可视化信息可以与受众相互反馈；③呈现出的大数据可视化图示是可以被更改的。

1. 安全人机可视化的基本概念

根据大数据可视化技术的基本特点，这里给出安全人机可视化的基本概念：安全人机可视化是指以人员安全与设备安全为出发点，利用通信网络技术和三维可视化系统，实现人机可视化管理、人员行为及生产设备的隐患排查、巡检管理等安全方面的全面整合与集成，实现人-机-环系统之间的数据通信联动响应，从而达到安全管理便捷、安全数据直观显示，进而实现本质安全的目的。安全人机可视化的功能就是在任何生产系统中，助力企业建立安全生产可控制、安全建设可预警、生产人员可定位的智能化安全生产管理系统。

2. 安全人机数据可视化的作用

安全人机数据可视化技术的主要作用在于捕获、存储、分析、共享、搜索与人机交互、安全生产相关的可视化数据，进而在庞大的数据集中找到并呈现出有用的安全信息。最初，这些信息都是通过海量数据呈现的，通过这些数字很难解释任何东西。但是，如果这些数字以视觉方式表示，便可令人更容易做出相应的决定。近几年传统可视化方法已有发展，但依

○ 引自 Gorodov E Y, Gubarev V V, Analytical review of data visualization methods in application to big data, Journal of Electrical and Computer Engineering, 2013。

旧无法满足安全人机工程的基本需求。

　　数据可视化工具为降低交互延迟、满足安全人机工程的发展提供了可能，为了减少延迟，人们可以使用预先获取的数据，或者将原始数据进行处理和渲染。需要注意的是，数据可视化工具必须能够处理半结构化和非结构化数据。此外，要处理庞大的数据量，需要极大的并行化，这对于安全人机可视化技术来说是一个挑战。

3. 安全人机数据可视化的任务

　　安全人机数据可视化的任务是充分、全面、及时地找出人-机-环系统中可能存在的安全威胁，评估人-机-环系统安全，保证基础设施的安全。在完成数据可视化任务过程中，人们需要仔细选择需要处理的数据的维度，如果减少维度以降低可视化程度，则此时数据呈现模式就会失真；反之，如果人们过度使用原始数据维度，导致可视化密度过高也无法满足人机交互的可视化需求。例如，显示仪表的过度绘制、重叠可能会降低人们的感知和认知能力。在安全工程领域，如果因为人机交互不协调造成可视化误差，则极易引发意想不到的事故。

　　大数据技术为安全人机可视化的发展提供了崭新的平台，人机交互的工具更新迭代且更具智能化，利用智能化技术进行人机交互传递的信息流与传统信息流的产生机制、作用机理、传输方式、传输方向是迥然不同的，可以说大数据技术促进了传统安全人机工程向智能化的方向发展，也促使着安全人机交互平台更具智能化。

4. 数据可视化的表现形式

　　当海量数据以"井喷式"形式增长时，人机之间的可视化交流变得异常困难。由于很多可视化工具在可扩展性、功能性和响应时间方面的性能都很低，为解决这一问题，有学者利用 R 编程语言作为模型中的编译器环境建立了大数据可视化算法分析综合模型（图 11-1）。

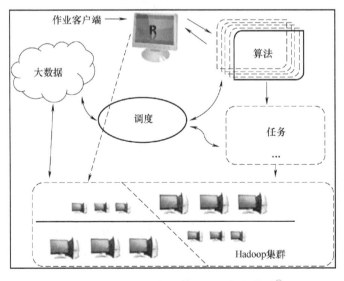

图 11-1　大数据可视化算法分析综合模型⊖

⊖　引自 Cai L, Guan X, Chi P, et al, Big data visualization collaborative filtering algorithm based on RHadoop, International Journal of Distributed Sensor Networks, 2015。

数据的可视化技术通常是通过直观的显示方式（如表格、图像和图表）解释海量数据。如上文所述，基于大数据技术的可视化就是将海量信息转化成人们比较好理解的东西，与此同时还需要满足交互式功能。有研究表明，人类获取的信息大部分源于视觉系统，当文本信息以图形形式传给受众时，分析者往往可以透过图片本质寻找其内在的隐藏信息。

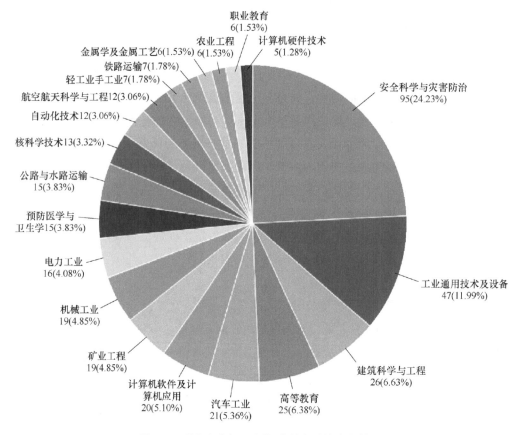

图 11-2 "安全人机工程"学科类别的分布情况

通常情况下，文本可视化信息包括诸如关键字、主题等关键信息。

如图 11-2 所示，在中国知网搜索"安全人机工程"学科类别的分布情况，最终可将知网中关于"安全人机工程"为主题包含的所有学科数据以图片信息的形式显示出来。图片传达的数据信息有两点：一方面是以"安全人机工程"为关键词的前 20 个学科的内容，另一方面显示的则是各学科的文献数量和所占比例。图 11-3 显示的是中国知网搜索"安全人机工程"文献情况分析，可以发现图 11-3 展现的数据信息比图 11-2 更直观、更丰富，显示的信息更多，不仅包含了学科数据，还包括了相关文献的主要主题情况、发表年度情况等。

11. 2. 2 Plotly 可视化工具

Plotly 是一款用来进行数据分析和可视化的在线平台，其功能非常强大，可以在线绘制很多数据统计图形，如条形图、散点图、饼图、直方图等。Plotly 不仅支持在线编辑，同时

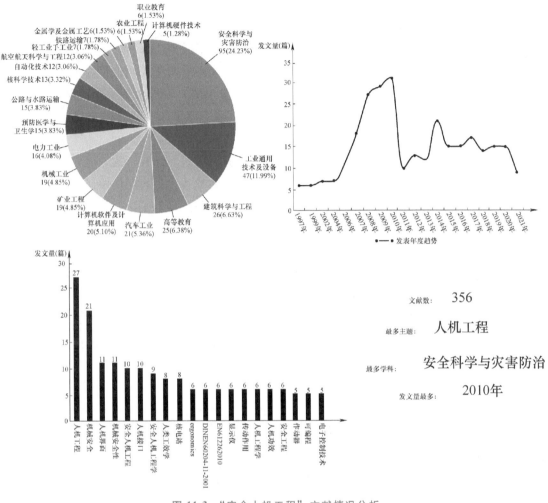

图 11-3 "安全人机工程" 文献情况分析

注：此图数据截至 2021 年年底。

还支持多种编程语言，如 python、javascript、matlab、R（编程语言，例如 C++）等。使用 Plotly 还可以生成媲美 Tableau（用于快速分析、可视化并分享信息的工具）的高质量图。

Plotly 可视化工具可以在线创建图表和仪表板，也可以在 IPython notebook、Jupyter notebook 和 pandas（基于网页的用于交互计算的应用程序）中进行离线编程，Plotly 中的一种称为 Web plot digitizer（WPD）的工具可以自动从静态图像中获取数据。

11. 2. 3 文本可视化工具

文本可视化主要是指使用语言的选定子集以基于单词出现次数来创建字形。文本可视化信息主要包括一些关键字或关键词，通常利用颜色和字体大小等标签⊖来表征所传递信息的

⊖ 引自 Wu Y，Provan T，Wei F，et al，Semantic-preserving word clouds by seam carving，Computer Graphics Forum，Oxford，UK：Blackwell Publishing Ltd，2011。

重要程度，进而突出主体及作者想要表达的基本观点。标签是文本可视化最常见的工具之一，其实质是利用单词或汉字来传达信息，并通过标签字体大小对单词出现的频率进行编码。比较典型的是 Wordle 网站，该网站自 2008 年 6 月发布以来，创建的词云众多，且其更新速度达到了 10s 一个单词。但需要注意的是，如果在文本可视化界面中传递过多信息，信息冗杂问题就会显现，信息受众可能无法准确找到精确主题，进而会被误导获取错误信息。标签云示例如图 11-4 所示。通常情况下，这种关键词或关键字表述出来的海量数据的视觉影响因素主要包含字体、颜色、内容、布局等。

文本可视化的表现形式不局限于标签表达，还包括一些逻辑结构形式，通常为了表征海量数据中存在的潜在逻辑关系，有学者对一些结构式可视化技术进行了相关研究。例如，吴守仁基于文本的物理层次结构信息，将文本中存在的语义信息进行了融合，挖掘出了文本内部蕴含的相关信息；涂鼎表述了文本数据的基本价值，基于层次结构介绍了提高流式文本性能的基本方法，提出了半监督在线层析主题模型；Collins⊖基于 WordNet 人工注释的具有层次结构的文档可视化内容，提出了一种文本语义结构树。

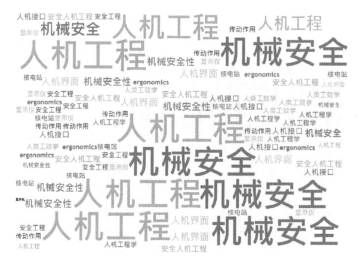

图 11-4　标签云示例

具有标签和逻辑结构的大数据文本可视化模型，在可视化信息交互过程起到了重要作用，但这类可视化工具表述的仅是某一个时间的基本信息，其转化过程无法详尽表述，因此如何将文本进行动态展示，进而反映信息对象随空间、时间的变化规律也是学者们进一步研究的课题。

11.2.4　Gephi 可视化工具

Gephi 可视化工具是一款基于 JVM 的开源免费复杂网络分析软件，其主要应用于各种网

⊖　引自 Collins C, Carpendale S, Penn G, Docuburst: Visualizing document content using language structure, Computer graphics forum. Oxford, UK: Blackwell Publishing Ltd, 2009。

络和复杂系统分析。通常用来处理数据信息庞大且复杂的数据集，Gephi 可视化工具的分析方法主要包括网络分析、链接分析、生物网络分析方法等。

Gephi 可视化工具中网络分析的基本概念包括以下几个方面：

1. 网络密度（network density）

网络密度表示该指标反映网络中节点之间的联系程度。网络密度值既体现了整体网络对于网络中个体的影响，也体现了网络中个体之间的相互影响。网络密度值越大，表明网络对成员的影响可能性越大，网络成员之间的关系越密切，网络关系密度的关系如下所示：

$$可观测到的实际联系 \div 全部潜在的联系 = 关系密度$$

2. 层（degree）

层是指特定行动者对网络其他成员持有关系的数量和类型，主要分为单方向性关系（directed relationship）和对称关系（symmetric relationship），如图 11-5 所示。

3. 结构洞（structural holes）

结构洞主要描述系统中两个对象之间的非重复关系。结构空洞的思想与网络密度描述的含义相反，表示两个系统之间缺乏连接的程度。

结构洞通常归因于节点，这些节点被称为 brokers，图 11-6 所示为典型的结构洞构造。

图 11-5 单方向性关系和对称关系

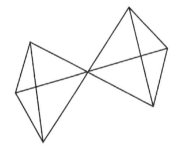

图 11-6 结构洞构造（structural holes）

11.2.5 信息图表类可视化工具

信息图表也是比较常见的可视化工具，除了一般静态的信息图表之外，还包括交互式信息图表和动态信息图表。在数据新闻的概念被广泛采用后，信息图表开始变得更加灵活多变。灵活的互动信息图表取代枯燥的数字进行阐释，可以使受众更加快捷地获取其所传递的信息。在信息图表类可视化工具中，既有借助网络和其他数字平台使用的交互性强的图表形式，也有各种富有创意的图表，如树图、气泡图（图 11-7）等，这些信息图表也更符合人的习惯与偏好。另外，和静态的信息图表相比，交互式图表不但有炫目的视觉化效果，容易引起受众兴趣，还可以通过简洁有限的界面向受众直观清晰地传递大量信息，同时交互式图表更具个性化和号召力，它可以使读者们拥有更高的参与认同感，让受众可以通过自行选择单击图表获得相应的各项数据信息，而不只是被动地接受。受众也可以自行比对，然后做出自己的判断。比较常用的信息图表类工具主要有 Google chart、IBM Many Eyes、Tableau、Spotfire、Data-Driven Documents（D3. js）等。

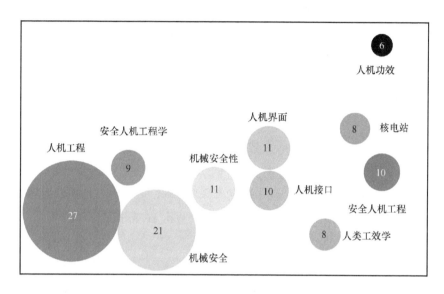

图 11-7　气泡图表示的知网"安全人机工程"的主要主题分布

1. Tableau 可视化工具

Tableau 是一款数据分析与可视化工具，该工具支持连接本地或云端数据，不管是电子表格，还是数据库元数据，都能进行无缝连接。利用该工具可以进行拖拽式操作，并实时生成各种视觉效果突出的图表与趋势线，以供人们获取有用信息，还可以利用交互式操作，获取动态数据的变化趋势。

Tableau 可以处理大批量数据，且数据处理速度非常快，其数据源也比较丰富，即使是不够深入掌握统计原理的操作者也可以快速完成有价值的信息分析。利用 Tableau 可视化工具还能方便地制作复杂的可视化作品。另外，Tableau 作为数据探索器，可以通过特殊方法将数据格式化，并通过数据清洗与整理实现作业目的。图 11-8 所示为 Tableau 的可视化作品仪表板图例。

图 11-9 是利用 Tableau 可视化软件绘制的知网"安全人机工程"相关指标可视化显示图。

2. Spotfire 可视化工具

Spotfire 可视化工具是一个可以通过搭建完整平台来提供数据展示和分析等解决方案的工具，主要包括 Spotfire Desktop、Spotfire Cloud 两个部分：

Spotfire Desktop 提供的桌面数据分析软件可以用于数据的挖掘和探索，通过简单操作能够发现和描绘数据背后的价值。利用这种工具可以直观对比不同图表之间的数据差别，简单而直接的操作便可以查看数据在不同图表中的显示样式。Spotfire 提供丰富的数据连接，可以快速集成多个数据集，并可仅利用一个图表显示集成的数据信息。此外，还可以通过标记

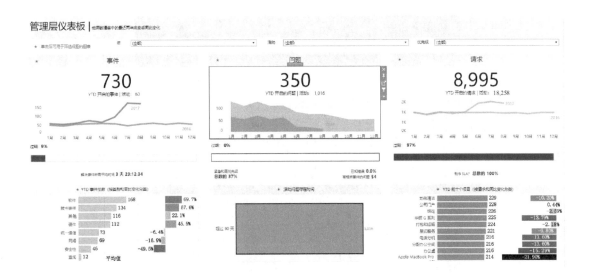

图 11-8 Tableau 的可视化作品仪表板图例

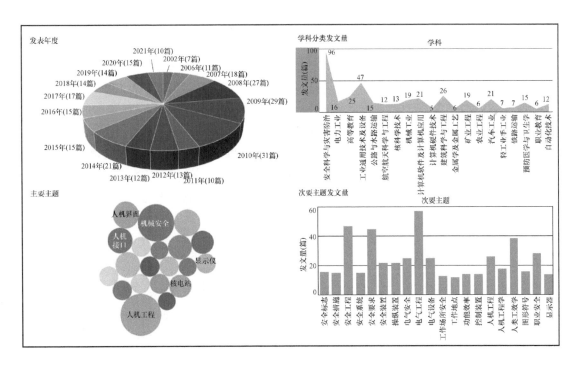

图 11-9 知网"安全人机工程"相关指标可视化显示图

出相关数据或筛选掉一些不相干的数据，进而将数据背后的隐藏关系直观显现出来。利用 Spotfire 中的书签功能可以保存数据分析的实时动态结果，而利用多个书签可以对复杂的数据分析步骤进行追溯。Spotfire 提供的文本编辑器也可以引导用户完成数据分析过程（图 11-10）。

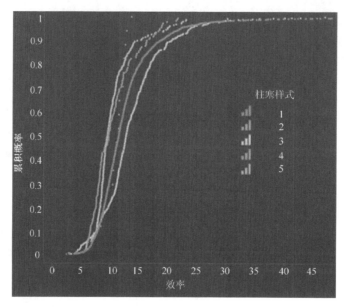

图 11-10　Spotfire 可视化示例：累积概率图[⊖]

Spotfire Cloud 是 Spotfire 提供的 SaaS（软件即服务）数据分析服务。使用 Spotfire 云，无须安装任何软件就可以充分感受和体验其强大的数据分析功能。Spotfire 云有以下特点：

1）易访问，易理解，易操作，易分析。使用 Spotfire 云服务，无须等待过长时间，也无须管理，因而不会贻误数据分析的时机，保证了数据分析的时效性。通过 Spotfire 云服务可以得到实时、直观的界面进行数据的时效分析。

2）当发现数据异常值时，Spotfire 云提供的上下文协作功能可以实现快速洽谈，从而为团队做出正确决策提供强有力的支撑。

3）Spotfire 云可以看到数据运行的前行方向，所提供的 Web 界面可以让使用者轻松、直观地创建和访问可视化数据，从而帮助制定决策。

11.2.6　数据地图类工具

数据地图类工具的使用在数据可视化中也较为常见，数据地图在展现数据空间或地理分布上有很强的表现力，可以直观地展现分析指标的分布、区域等，同时在传递观点时更有说服力。在数据地图类工具中，最常使用的软件工具主要有 Leaflet、Google fushion tables、Quanum GIS 等。

11.2.7　时空数据可视化工具

随着网络时代的到来，信息化的发展导致数据量激增，这使得数据的规律性特征难以掌

⊖ 引自 Zhong Z，Plunger Style Optimization by Machine Learning，SPE Annual Technical Conference and Exhibition. OnePetro，2021。

握，在时空域中表述出数据之间的关联性具有一定的困难。特别是对不同的数据维度，传统数据可视化工具由于缺乏时间维度会导致信息缺失。时空数据可视化通常依赖于时间轴来表示数据随时间的变化，但是如果缺乏空间域中时间轴的视觉尺寸，时间与空间数据的关联也会异常困难。因此，选用适当的方式将时间与空间变量进行融合，进而表征出海量数据之间的时空特征十分重要。为此，国内外学者也展开了相关研究。S. Baskaran 等[一]为了将海量数据的时间维度与空间维度进行融合，提出通过将时间映射到色彩空间中的时间曲线上，并利用该方法描绘了城市道路上车辆行驶路径的时间特征，实现了空间优化技术与 GPS 数据的关联；M. N. Elnesr 等[二]利用 172 台温度监测设备，分析了 10、25、40 年等不同周期的海洋温度数据，通过开发交互式的在线分析工具，研究了温度发展趋势及气象因素对城市的影响。

利用对象属性表征其时空位置变化规律也是数据可视化的功能，流式地图是用来解决这类问题的重要工具。在众多领域，国内外学者利用流式地图做了大量的研究。例如，谢金运基于传统 GPS 技术存在的定位误差，提出了一种减小误差的分布式地图匹配方法，利用马尔科夫模型提高了数据匹配精度，并降低了传统方法可能带来的路径恢复多义性问题。

二维平面传输的信息往往具有局限性，且无法表征出时间、空间及事件之间的关系，因此众多学者们将二维信息表述转变为三维时空立方体的表述，在这种情况下，轨迹显示通常为带时间信息的 3D 折线。三维时空立方体有以下几个特征：

1）涵盖信息量广。图示是三维，因此可视化三维图片包含了时空及事件信息，它揭示了时空中运动物体的存在，并提供了路线流动信息，但没有揭示其他运动属性（如方向和速度）信息。

2）数据线密集。由于在不受约束的空间中，因此可移动的对象和表述的现象仅能在固定图示中表述。

如上文所述，尽管三维可视化图形涵盖信息较广，但维度属性的数据变量在三维图示之中无法表示出来，维度属性之间的关系也很难通过三维可视化图示表征，因此众多学者建立了多维可视化方法，如利用散点图对有限数目的维度图片进行展示，或者采用投影法将多维度属性通过投影函数加以映射，或通过特征提取展示分析对象多维度属性之间的语义关系。平行坐标分析方法目前是应用最多、最为广泛的可视化技术，通常研究学者会利用坐标轴之间的直线或曲线映射多维信息，因此平行坐标散点图、含角度柱状平行坐标分析图应运而生。上述方法仍存在着与三维视图共有的问题，那就是属性信息线条密集会导致信息重叠覆盖，进而导致数据信息失真，聚簇可视化技术有效解决了这一类问题。

⊖ 引自 Baskaran S，Fang S，Jiang S，Spatiotemporal visualization of traffic paths using color space time curve，2017 IEEE International Conference on Big Data（Big Data），IEEE，2017。

⊖ 引自 Elnesr M N，Alazba A A，Seasonal trends of air temperature and diurnal range in the Arabian Peninsula, the Levant, and Iraq: a spatiotemporal study and development of an online data visualization tool，Theoretical and Applied Climatology，2019。

11.3 | 安全人机智能化

11.3.1 智能化安全人机交互技术

1. 智能化安全人机交互的基本概念

当下社会已经进入智能化时代，信息技术广泛应用，数据持续积累以及算法不断创新，不仅仅是计算机、手机、手持式计算机（PAD），人们的衣食住行的方方面面都开始应用智能技术，如智能电视、智能导航、智能家居等，智能技术为人们生活的各个方面提供了方便、快捷的服务。依托人工智能技术，引入意图识别、语义理解、对话判断等智能手段，融合场景化设计和知识碎片加工技术可以实现交互服务，大数据信息时代的智能化技术给交互领域带来了新的手段和契机。

安全人机交互技术（safety human-computer interaction techniques）是指通过计算机输入、输出设备，以有效的方式实现人与智能化设备安全对话的技术。安全人机交互技术包括机器通过输出或显示设备给人提供大量有关安全信息及请示等，人通过输入设备给机器输入有关信息，回答问题及提示请示等。安全人机交互技术是在安全生产过程中，计算机用户界面设计中的重要内容之一。它与认知学、人机工程学、心理学等学科领域有密切的联系。

（1）交互技术发展简要历史

最初的交互技术限于交互界面，Xerox Palo 研究中心于 20 世纪 70 年代中后期研制出原型机 Star，形成了以窗口（windows）、菜单（menu）、图符（icons）和指示装置（pointing devices）为基础的图形用户界面，也称 WIMP 界面。随着生产力的高速发展，传统的交互手段已无法满足基本需求。多媒体计算机技术的日益普及以及 VR 系统的出现，改变了人与计算机通信的方式，人机交互形式发生很大变化。随着多媒体软硬件技术的发展，在人机交互界面中可以使用多种媒体手段，用户只能用一个交互通道进行交互，而从计算机到用户的通信带宽要比从用户到计算机的大得多，因此这是一种不平衡的人-计算机交互。

虚拟现实技术除了要求有高度自然的三维人机交互技术外，受交互装置和交互环境的影响，不可能也不必要对用户的输入做精确的测量，这种方式是一种非精确的人机交互形式。三维人机交互技术在科学计算可视化中占有重要的地位。传统的 WIMP 技术从本质上讲是一种二维交互技术，不具有三维操作能力。要从根本上改变不平衡的人机交互形式，交互技术的发展必须适应从精确交互向非精确交互、从单通道交互向多通道交互、从二维交互向三维交互的转变，并开发人与机之间快速、低耗的多通道界面。

（2）交互类型

1）非精确的交互。语音交互（voice）主要以语音识别为基础，但不强调很高的识别率，而是借助其他通道的约束进行交互。姿势（gesture）主要利用数据手套、数据服装等装置，对手和身体的运动进行跟踪，完成自然的人机交互。头部跟踪（head tracking）主要利用电磁、超声波等方法，通过对头部的运动进行定位交互。视觉跟踪（eye tracking）是对眼睛运动过程进行定位的交互方式。上述都是比较常见的非精确交互手段。

2）多通道交互的体系结构。多通道交互的体系结构首先要能保证对多种非精确的交互通道进行交叉综合，使多通道的交互存在于一个统一的用户界面之中，同时，还要保证多通道交互过程在任何时候都能进行。良好的多通道交互的体系结构应能保证层序化的特点。各国对多通道交互的体系结构的研究十分重视。美国将人机界面列为信息技术中与软件和计算机并列的六项关键技术之一，并称其为"对计算机工业有着突出的重要性，对其他工业也是很重要的"。在美国国防关键技术中，人机界面不仅是软件技术中的重要内容之一，而且是与计算机和软件技术并列的 11 项关键技术之一。欧洲信息技术研究与发展战略计划（ES-PRIT）还专门设立了用户界面技术项目，其中包括多通道人机交互界面（multimodal interface for man-machine interface）。可见，以发展新的人机界面交互技术为基础，可以带动和引导相关的软硬件技术的发展。

2. 现阶段智能化交互面临的问题

智能安全交互系统历经了多年的发展，时至今日，人工智能的引入加快了产品发展的脚步，但不可否认的是，目前使用的相关智能交互系统仍旧存在不少问题，给使用者的感受仍旧是体感差、维护量大、回答生硬。

目前阻碍智能交互系统推广的因素可以概括为以下几点：

（1）缺乏场景化概念

目前市场上众多智能化交互产品都是从问答系统演变而来的，没有场景化的规划设计，无法立即响应和满足用户多变的需求，或者虽然可以解决实际需求问题，但是需要较长的等待时间，使用户丧失耐心，由此导致用户的使用感受急剧变差。

（2）维护工作量大

大多数智能交互产品的知识需要用户主动扩充，例如用户需要提供完整的标准问题和标准答案，还需要根据标准问题的内容，尽可能地编写扩展问题，如此才能满足提升交互信息准确率的要求。但这样的维护方式带来的后果是维护工作量大、耗时费力，同时需要逐条编写扩展问题，给系统的使用维护带来极大的挑战。

（3）交互模式呆板

"被动—问—答"模式是当下交互系统的主流，但是这种模式给交互体验者的深切感受就是死板和服务呆滞，和现实中人与人之间的交互存在明显差异，降低了交互体验者的再次使用意愿。此外，文本的回复模式也限制了交互内容的生动性和多样性。

（4）使用范围局限

在人机交互技术领域，尽管当前已经有许多新兴交互方式，比如体感交互、眼动跟踪、语音交互、生物识别等方式，但大部分的交互方式使用率都不是非常高，还未进入真正意义上的商业、工业应用普及中，更没有哪种人机交互方式能够达到使用者毫无障碍、随心所欲地与设备（机器）交流的水平。

（5）仍未摆脱界面交互

虽然随着智能手机的广泛应用，人借助触屏简化了原先烦琐的打字输入环节，但用户仍旧未彻底被解放，反而因为对触控交互智能设备的依赖变得越来越不自由。尽管安全生产领域中的触屏交互方式已逐渐普及，但对于像触控这种交互方式而言，本质上还是与传统的鼠标输入、显示屏输出一样，只不过是形式更换而已。用户仍旧需要有意识地输入精准的需求，才能获得设备相应信息的反馈，对使用者来说，还是费神、费力的。在信息大爆炸时代，人们缺乏的已经不是信息传递工具，而是如何能简单地让信息及时有效地传递。这其中，开发简单、直观、人性化的人机交互方式就成一个核心问题。

11.3.2 智能化安全人机数据挖掘技术

海量数据通常具有多维、复杂、无规律的特点，因此如何在海量数据中搜寻有用信息至关重要，特别是在安全生产过程中，各种安全生产数据相互关系复杂。大数据挖掘技术就是从这些安全生产海量的数据集合中寻找其规律，但由于大数据存在上述特点，挖掘内部信息并寻求内部规律并不容易。常用的大数据挖掘技术主要包括如关联度分析、数据分类、聚类分析等，本节也从这几个方面浅谈数据挖掘技术及其在多方面的应用。在安全人机工程中需要挖掘的数据包括：人体测量参数、与安全生产相关的生产参数、各类人体机能分析参数、机器机能分析参数等，具体的分析挖掘方法如下。

1. 关联度分析

关联度分析又称关联挖掘，就是在生产数据、关系数据或其他信息载体中，查找存在于系统集合或对象集合之间的频繁模式、关联、相关性或因果结构。或者说，关联度分析可以发现生产数据库中不同系统（对象）之间的联系。

针对小样本、贫信息的数据集合，学者们通常运用灰色系统理论方法研究解决数据较少且完整度较低的问题，例如，熊萍萍等结合人口、产值、能源结构等多方面因素，基于个体和时间维度构建了基于面板数据的灰色矩阵相似模型，以此从不同角度探讨我国华北地区碳排放量变化的特点；张文泉基于灰色关联度分析理论，通过完善现行经验公式得出了修正公式，并对影响底板破坏因素进行了关联度排序，实现了对底板破坏深度的预测。

数据关联度分析还可以用来进行问题预测，其主要思想是通过选取研究对象及其统计特征，基于实测数据及其构成的时间序列研究分析对象的关联特征，达到数据趋势预测的目的。李诗汝将关联预测方法应用于分析微生物与疾病的潜在关联方面，通过开发有效的计算模型实现了微生物-疾病关联的预测；Cheng[一]基于黄金价格数据集和汇率被用作实验数据集，构建了加权关联规则的模糊时间序列模型，并通过对比分析论证，验证了预测方法的准确性；Zhang[二]为解决短期电力系统的负荷预测问题，利用关联分析影响研究对象的影响因素，采用决策树来建立分类规则，提出了基于大数据技术的短期负荷预测模型。

利用数据关联度分析还可以用来解决安全人机的相关问题，如根据人-机-环对象的数据

○ 引自 Cheng C H, Chen C H, Fuzzy time series model based on weighted association rule for financial market forecasting, Expert Systems, 2018。

○ 引自 Zhang P, Wu X, Wang X, et al, Short-term load forecasting based on big data technologies, CSEE Journal of Power and Energy Systems, 2015。

特征，对其构成的系统进行危险性预测；根据某矿山企业的历年生产事故，基于关联度分析找出与事故发生频率相关的事故特征，从而避免该类特征指数，防止事故的发生。可见，数据关联度分析对分析人-机-环系统的安全性也具有很高的应用价值。

数据关联度分析技术可以结合具体算法发现大量数据之间的联系，当影响研究对象的两个或多个属性存在关联，那么其中的一个属性就能利用其他属性值进行预测。

2. 深度学习

深度学习（deep learning，DL）是机器学习（machine learning，ML）领域中一个新的研究方向。深度学习是学习样本数据的内在规律和表示层次，它的最终目标是让构建的安全系统能够像人一样具有分析学习能力，能够识别文字、图像和声音等数据，这也是未来智能安全人机工程发展的基础。

深度学习是一个复杂的机器学习算法，在语音和图像识别方面取得了良好的效果，其智能性远远超过先前的相关技术。深度学习在搜索技术、数据挖掘、机器学习、机器翻译、自然语言处理、多媒体学习等领域都取得了很多成果。深度学习使机器模仿视听和思考等人类的活动，解决了很多复杂的模式识别难题，使得人工智能相关技术取得了很大进步。

充分挖掘大数据内部价值就要从数据结构及内容上加以分析计算，通过对不同类型的数据类型（如图像数据、文本数据等）进行有效表达、解释，进而挖掘其内部存在的深度架构，深度学习方法恰恰实现了这样的功能。

深度学习方法最早源于神经网络，但是这种方法在分析深层次结构时所得到的结果不够完善，后来众多数据分析方法应运而生，如 K 均值算法、KNN 算法、贝叶斯分类算法、随机森林算法、支持向量机、SOM 网络分析方法等。下面对部分深度学习方法进行简单的介绍：

（1）K 均值算法

K 均值算法（K-means）是聚类中最常用的方法之一，主要是基于点与点的距离的相似度来计算最佳类别归属。K-means 算法通过将样本分离到 n 个方差相等的组中来对数据进行聚类，从而最小化目标函数。该算法要求指定集群的数量，它可以很好地扩展到大量的样本，现已在许多不同领域中广泛推广和使用。

数据存储在硬盘的时候都是以簇为单位，被分在同一个簇中的数据是有相似性的，而不同簇中的数据是不同的。聚类完毕之后，就要分别研究每个簇中样本的性质，从而根据不同的需求制定不同的策略。如图 11-11 所示，不同编号代表不同的簇，它是在 K 均值算法中的基本计量单位，呈现结果也是利用这种方式可视化表达的。

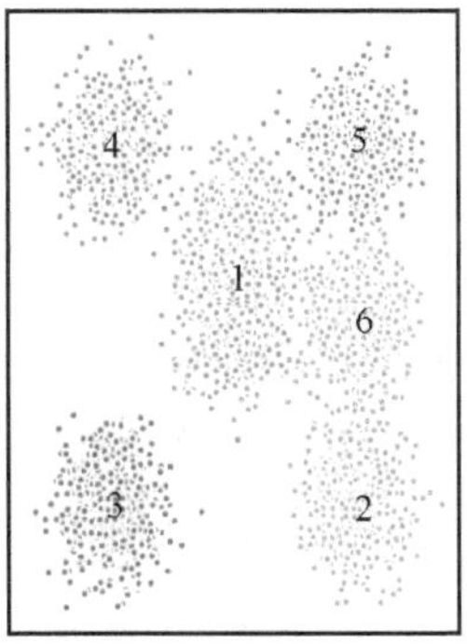

图 11-11　K 均值算法
迭代示意图

（2）KNN 算法

KNN 可以说是最简单的分类算法之一，也是最常用的分类算法之一，它与上述 K 均值算法有些类似（K 均值算法是无监督学习算法），但在本质上却是完全不同的。KNN 算法既能用于分类，也能用于回归，它主要通过测量不同特征值之间的距离来进行分类。

KNN算法的思想非常简单，它的工作原理是利用训练数据对特征向量空间进行划分，并将划分结果作为最终算法模型。存在一个样本数据集合，也称作训练样本集，样本集中的每个数据都存在标签，每个数据与所属分类的对应关系是明确的。然后输入没有标签的数据，将这个数据的不同特征与样本集中数据对应的特征进行比较，提取样本中特征最相近的数据（最近邻）的分类标签，最终将无标签数据进行分类。一般而言，只选择样本数据集中前 k 个最相似的数据，这就是 KNN 算法中 k 的由来，通常 k 是不大于 20 的整数。最后，选择 k 个最相似数据中出现次数最多的类别，作为新数据的分类。

KNN是一种非参、惰性的运算模型。非参的意思并不是说这个算法不需要参数，而是意味着这个模型不会对数据做出任何的假设，与之相对的是线性回归（通常会假设线性回归是一条直线）。也就是说，KNN 建立的模型结构是根据数据来决定的，这也比较符合现实的情况，毕竟现实中的情况往往与理论上的假设是不相符的。

同样是分类算法，逻辑回归需要先对数据进行大量训练（training），最后才会得到一个算法模型。而 KNN 算法却不需要，它没有明确的训练数据的过程，或者说这个过程很快捷，惰性的概念就是如此。

（3）随机森林算法

作为新兴的、高度灵活的一种机器学习算法，随机森林（random forest，RF）算法拥有广泛的应用前景，既可以用来做市场营销模拟的建模，也可用来预测疾病的风险和病患者的易感性。在安全人机工程领域，应用随机森林算法可借助各类生产数据对生产状态进行评判分析，还可以对机器寿命进行预测分析，以实现设备的自运维。

随机森林算法的构建过程如下：

1）数据的随机选取。

① 首先，从原始的数据集中采取有放回的抽样，构造子数据集。

② 利用子数据集来构建子决策树，将这个数据放到每个子决策树中，每个子决策树输出一个结果。

③ 如果有新的数据，需要通过随机森林算法得到分类结果，就可以通过对子决策树的判断结果投票，得到随机森林算法的输出结果了。

2）待选特征的随机选取。与数据集的随机选取类似，随机森林算法中的子树的每一个分裂过程并未用到所有的待选特征，而是从所有的待选特征中随机选取一定的特征，之后再在随机选取的特征中选取最优的特征。这样能够使得随机森林算法中的决策树都能够彼此不同，提升系统的多样性，从而提升分类性能。图 11-12 是随机森林算法集成框架，相同的颜色代表独立（不同）的样本和特征，不同的颜色表示分类过程中具有不同权重的相关样本。

从直观角度来解释，每棵决策树都是一个分类器（假设现在针对的是分类问题），那么

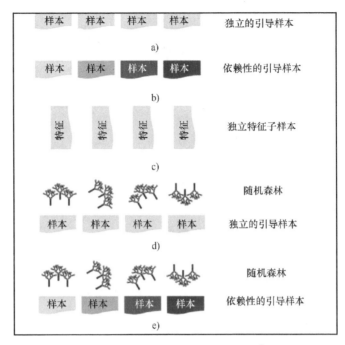

图 11-12 随机森林算法集成框架⊖

对于一个输入样本，N 棵树会有 N 个分类结果。而随机森林算法集成了所有的分类投票结果，将投票次数最多的类别指定为最终的输出，这就是最简单的机器学习领域的一种团体学习算法（Bagging）思想。

3. 其他深度学习算法

近几年，深度学习方法在语音、图像识别等多领域取得了革命性的进步，例如 Dahl 等⊖为了将语音识别错误率降低，利用深度神经网络（DNN）方法进对语音信息进行了深度处理，提取了所需的有用信息（图 11-13）；Hinton 等人⊜利用卷积神经网络方法通过使用较多参数及训练数据对图像进行了深度处理，降低了错误率。深度学习方法还应用在其他领域，如 Wang 等⑱讨论了深度学习技术的发展及其相对于传统机器学习的优势，总结了基于数据驱动的深度学习算法在智能制造中的应用，认为通过从汇总数据中挖掘知识，可在识别模式和制定决策方面发挥关键作用；Seonwoo 等⑮回顾了深度学习方法在生物信息学领域的应用，讨论了生物信息学中深度学习理论与实践问题，并探讨了该学科的未来研究方向。在

⊖ 引自 Xia J, Ghamisi P, Yokoya N, et al, Random forest ensembles and extended multiextinction profiles for hyperspectral image classification, IEEE Transactions on Geoscience and Remote Sensing, 2017。

⊜ 引自 Dahl G E, Yu D, Deng L, et al, Context-dependent pre-trained deep neural networks for large-vocabulary speech recognition, IEEE Transactions on audio, speech, and language processing, 2011。

⊜ 引自 Krizhevsky A, Sutskever I, Hinton G E, Imagenet classification with deep convolutional neural networks, Advances in neural information processing systems, 2012。

⑱ 引自 Wang J, Ma Y, Zhang L, et al, Deep learning for smart manufacturing: Methods and applications, Journal of manufacturing systems, 2018。

⑮ 引自 Seonwoo, Lee B, Yoon S, Deep learning in bioinformatics, Briefings in bioinformatics, 2017。

深度学习及其算法架构领域方面，有学者也进行了相关研究工作：1957年，F. Rosenblatt[⊖] 创建了感知器的基本概念，这是神经网络的第一个原型，后来 DNN 算法产生，它是经过算法训练且可以无须任何特征提取器的方法。

为进一步解决计算机视觉（图像识别）和视频识别问题，有学者提出了卷积神经网络方法（CNN），它由一系列卷积和子采样层组成，然后是一个完全连接的层和一个归一化层，从输入到输出层每一层逐步执行程序实现特征的精细提取。深度学习方法将是引领未来大数据时代高速发展的引擎，其包含的多种计算方法和思维方式

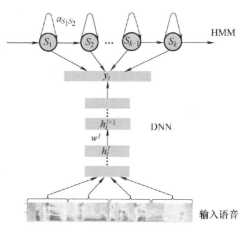

图 11-13　基于 DNN-HMM 的语音识别系统

将完全改变对安全人机工程信息处理的认识及其处理方式。图 11-14 微震事件和爆炸分类模型的 CNN 分析。

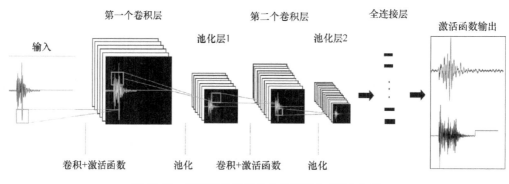

图 11-14　微震事件和爆炸分类模型的 CNN 分析

11.4 安全人机系统智能设计、施工与运维

11.4.1　安全人机系统智能设计

1. 安全人机系统智能设计的基本概念

安全人机系统智能设计就是充分发挥人在人-机-环系统中的主体作用，根据人可能发挥作用的方式、程度、侧重点、阶段等特点，提出解决问题的智能化设计方案，并保证在设计中，充分考虑系统的安全性，利用智能化技术最大限度地避免一切不安全因素。

⊖　引自 Rosenblatt F，The perceptron：a probabilistic model for information storage and organization in the brain，Psychological review，1958。

2. 智能设计的基本方法——综合集成法

（1）综合集成法的基本概念

综合集成是从整体上考虑并解决问题的方法论。随着信息时代的到来，信息共享已成为大数据时代的一大特点，安全人机系统不再是一个闭塞、非畅通的系统，现如今安全人机系统逐渐演变成开放的复杂巨系统，而处理这种系统的典型方法论就是从定性到定量的综合集成。综合集成的特征是在各种集成（观念的集成、人员的集成、技术的集成、管理方法的集成等）之上的高度综合；又是在各种综合（复合、覆盖、组合、联合、合成、合并、兼并、包容、结合、融合等）之上的高度集成。综合集成法的实质是把专家体系、数据和信息体系以及计算机体系结合起来，构成一个高度智能化的人机结合系统。

（2）综合集成法的主要特点

1）定性研究与定量研究有机结合，贯穿全过程。

研究安全人机工程的研究方法就是定性研究与定量研究的有机结合，安全人机工程学的学科侧重点就是将安全理念彻底融入人-机-环系统的设计、实施、运行、维护全生命周期，贯穿于全过程。

2）科学理论与经验知识结合，把人们对客观事物的知识综合集成来解决问题。

安全人机工程学的研究就是从理论到实践的演化，研究思维就是将科学理论与经验知识相结合。

3）应用系统思想把多种学科结合起来进行综合研究。

4）根据复杂巨系统的层次结构，把宏观研究与微观研究统一起来。

5）必须有大型计算机系统支持，不仅有管理信息系统、决策支持系统等功能，还要有综合集成的功能。

（3）综合集成法的发展历程

1）理论奠基阶段：1990—1992年。1990年，钱学森先生正式提出开放的复杂巨系统理论及其方法论是定性定量相结合的综合集成方法，这成为系统科学发展的里程碑，开辟了系统科学新的发展方向和研究领域。

2）继承发展阶段：1993—2000年。开放的复杂巨系统理论及其方法论研究在此阶段走向深化，本阶段的研究特色在于开始与其他系统工程实践相结合。

3）应用深化阶段：2001—2004年。信息时代的到来，不仅为此阶段的综合集成研究提供了技术支持，同时促进了综合集成方法的深入应用。鉴于互联网系统的开放性、复杂性、自组织性和巨量性，该方法开始融入开放复杂的巨系统之中。

4）成熟推进阶段：2005—2010年。大数据时代背景推进了综合集成法的研究走向成熟，人工设计智能系统及社会智能概念的提出，推动了综合集成方法的应用场景向数字城市建设和城市管理领域的扩展。

5）创新升华阶段：2011年至今。在智慧地球、智慧城市等创新背景下，以人的联网、物的联网、思想的联网实现专家、计算机、数据体系的综合集成越来越普遍。综合集成、大成智慧逐渐成为此类开放的复杂巨系统的求解方式。

3. 智能设计的基本要点

开展安全人机系统的智能设计的技术路线可以有多种。选择什么样的路线主要依据人与机器系统在问题求解中所承担的角色以及相互协作的关系，即人机结合模式。根据人机所担角色的分量与主次作用，人机结合的模式可以分为人机结合、以人为主的策略，人机结合、以机为主的策略，人机结合、人机协作的策略等。

（1）人机合理分工

开展人机系统的智能化设计，要思考在感知、决策、执行三个层面上，将适合人做的事交给人去做，将适合机器做的事交给机器去做，而智能化设计则帮助人们解决哪些事情适合人去做，哪些事情适合于机器去做。

（2）人机最佳合作

机器，特别是智能机器（具有一定"人类智能"的机器），先是作为人类肢体的延伸，后逐渐延伸人类的感知，甚至大脑，成为人类在认识世界、改造世界乃至创造世界过程中的重要力量。人与智能机器之间的新型协作关系体现在人与智能机器之间在智能层面上的独立性和互补性。各方都视对方为能够进行独立思考、独立决策的智能个体，人与机器之间形成真正的同事关系，共同合作，取长补短，从而使人机智能系统产生最佳效益，这也是保证人机系统设计过程的首要前提。

（3）智能设计过程中的人机交互方式

人机智能结合是通过人机交互作用实现的，人机交互方式应该做到：

1）计算机对人的友好支持，例如，能提供全面、透彻、灵活的直观信息，用"自然语言"和图形进行对话。

2）人不断给予计算机新知识，在满足智能结合的必要条件下，人的预见性和创造性可通过逻辑决策层，把分析、推理和判断的结果，即人的经验和知识传授给计算机，以提高和丰富计算机的智能。

3）人机共同决策，包括在有些算法和模型已知时，靠人机对话确定某些参数，选择某些多目标决策的满意解等。

（4）人机智能界面设计

随着各种形式的人机智能系统快速进入实用阶段，用户对人性化的人机智能界面十分关注，开发研究人员对此也极为重视。目前，最能反映综合技术融合的人机智能界面是多媒体和虚拟现实两种人性化智能界面。

4. 智能设计的原则

1）系统整体化原则。在人机系统的智能化设计过程中，人与机器的关系应不再是主从关系，两者之间应建立一种"同事"的关系，即保证人机子系统的共同感知、共同思考、共同决策、共同工作、互相制约和相互监护。因此，系统中人与人、机器与机器、人与机器各部分之间的结合，是一种"整体结合"。

2）系统人本化设计原则。安全人机工程学原本就是研究以人为中心的设计思想和以人为本的管理理念。因此，在开展智能化设计阶段仍要保证以人为本的设计原则。

3）系统安全性原则。智能安全人机系统不同于一般无智能机的安全人机系统，如人与一般动力机械组成的系统，也不同于无人参与工作的智能机械系统，如无人驾驶汽车、飞机等系统。因此，在设计过程中对系统安全性标准的要求很高，即采取先进的智能化技术措施消除或控制系统的不安全因素，杜绝系统事故发生或使事故发生的概率降到极小值，最终实现本质安全化设计。

4）系统最优化原则。应该指出，最优化不是一次简单工作，不是在所有情况下都存在。特别是在解决安全人机系统智能设计问题时，因为其影响因素太多，关系极为复杂，探索次优、满意的设计方案是比较可行的。所以，所谓最优化应该是人们对系统目标的追求，就是尽可能使系统的整体性保证在给定的目标下，系统要素集、要素的关系集以及其组成结构的整体结合效果为最大。

11.4.2　安全人机系统智能施工

1. 智能施工的基本概念

智能施工是指在安全人机系统运行过程中，在完成智能化设计之后，根据设计方案的基本要求，以智能化机械和设备为工具，开展的设计与仿真、构件加工生产、安装、测控和人员的安全监测、建造环境感知等一系列生产活动。

智能施工整体架构可以分为三个层面：

第一个层面是终端层。充分利用物联网技术和移动应用提高现场管控能力。通过 RFID、传感器、摄像头、手机等终端设备，实现对安全人机系统建设过程的实时监控、智能感知、数据采集和高效协同，提高施工建造过程的管理能力。

第二层面是平台层。在建造安全人机系统的过程中，通常会以大规模和不同维度的数据为支撑，因此要保证数据处理效率，这对提供高性能的计算能力和低成本的海量数据存储能力产生了巨大需求。通过云平台进行高效计算、存储及提供服务，让项目参建各方更便捷的访问数据，协同工作，使得智能施工过程更加集约、灵活和高效。

第三层面是应用层。应用层核心内容应始终以提升安全系统的安全性能这一关键目标为核心，因此智能施工的管理系统是关键。智能施工应用层可通过可视化、参数化、数据化的特性让项目施工更加高效和精益，这也是实现智能施工精益管理的有效手段。

2. 智能施工的重要技术手段

智能施工包含多个环节，为保证将安全理念注入其中，智能化技术是不可缺少的。智能施工的关键技术手段可归纳以下几个方面：

（1）三维建模及仿真分析技术

三维仿真是指利用计算机技术生成的一个逼真的，具有视、听、触、味等多种感知的虚拟环境，用户可以通过其自然技能，使用各种传感设备同虚拟环境中的实体相互作用的一种技术。通过三维建模及仿真分析技术，对安全人机系统中的复杂构件进行三维建模，在此基础上，对其受力特征、建造全过程、与周边环境的关系进行仿真模拟。

（2）工厂预制加工技术

根据数字化的几何信息，借助先进的数控设备或者 3D 打印技术，对构件进行自动加工并成形。预制加工技术的应用同时促进了模块化生产和现场装配（模块化技术是实现智能化系统的前提，本书第 3 章有介绍）。

（3）机械化安装技术

采用计算机控制的机械设备或机器人，根据指定的施工过程，在现场对构件进行高精度的安装。智能化机械与传统的机械装置不同，其精度要求高、参数变化特征显著，仪器布局比较精密，因此安装技术要保证自动化和机械化。

（4）精密测控技术

精密测控是指利用地面监测法、地面摄影测量法等结合 GPS、三维激光扫描仪等先进的测量仪器，对建造空间进行快速放样定位和实时监测，从而提高安全人机系统智能化施工的精确性和准确性。

（5）结构安全、健康监测技术

利用先进的传感技术、数据采集技术，系统识别和损伤定位技术，分析结构的安全性、强度、整体性和可靠性，对破坏造成的影响进行预测以尽早修复，或利用智能材料自动修复损伤破坏。健康监测过程涉及使用周期性采样的传感器阵列获取结构响应、损伤敏感指标的提取、损伤敏感指标的统计分析以确定当前设备的结构健康状况等过程。

（6）人员安全与健康监测技术

安全人机系统的主导对象是人，因此对人员的安全与健康状况监测分析具有重要意义。通过对施工人员的生理和心理指标进行监测，通过规范化作业对其施工行为进行警示指导，保证施工作业人员的安全健康。

（7）建造环境感知技术

在安全人机系统建造施工过程中，环境的影响也是至关重要的。安全人机工程研究的对象就是人-机-环系统，因此对周边施工环境开展系统分析十分必要。建造环境感知技术就是对建造周边环境进行分析识别、确定位置、匹配感知、实时预测与预警的技术，通过寻找出潜在危险源，对人员提早警示，避免施工过程中的危害。

（8）信息化管理技术

智能化施工除上述部分技术手段，还应以智能施工的知识本体为基础，基于信息手段和系统思想，构建智能信息化管理体系。主要目的是借助项目信息管理平台、多方协同工作网络平台、4D 施工管理系统以及现场信息采集与传输系统，实现对安全人机系统施工过程的物料、质量、工作人员、机器设备等有关因素的一体化智能施工系统管理。

11.4.3 安全人机系统智能运维

1. 智能运维的定义与内涵

运维是技术类运营人员根据业务需求，网络监控、事件预警、业务调度、排障升级等手段，对系统运行环境、人员和设备进行的综合管理，从而使系统长期稳定运行。早期的运维工作大部分都是由运维人员手工完成的，这种运维模式不仅低效，且需要耗费大量的人力资源。

自动化运维主要是利用一些开源的自动化工具解决运维工作中的重复性工作，可实现大规模和批量化的自动化工作处理，能极大降低人力成本和操作风险，提高运维效率。根据自动化运维的基本概念可知，自动化运维的本质依然是人与自动化工具相结合的运维模式，因此这种运维方式仍受限于人类自身的生理极限以及认识的局限，依旧无法持续地为大规模、高复杂性的系统提供高质量的服务。在智能化技术不断发展的今天，只有在运维领域引入新技术、新思路、新体系，才能更好地提升运维水平，更好地保障系统安全稳定高效的运行。

当前主流运维技术已从自动化运维向智能运维发展，利用人工智能来辅助甚至部分替代人工决策，可以进一步提升运维质量和效率。智能运维（artificial intelligence for IT operations，AIOps）是指通过机器学习等人工智能算法，自动地从海量运维数据中学习并总结规则，并做出决策的运维方式。智能运维将人工智能科技融入运维系统中，以大数据和机器学习为基础，从多种数据源中采集海量数据（包括日志、业务数据、系统数据等）进行实时或离线分析，具有主动性、人性化和动态可视化等特点，可有效增强传统运维的实施能力。智能运维绝不是一个跳跃发展的过程，其根基还是运维自动化、监控、数据收集、分析和处理等具体的工作，其重点主要是解决传统运维严重依赖人工决策的问题，实现决策的自动化、智能化。

上述几种运维方式的比较见表 11-1。

表 11-1　几种运维方式的比较

运维方式	手工运维	自动化运维	智能运维
运维效率	往往受限于人为因素，运维效率较低	在部分进程中实现自动化后，运维效率较手工运维有所提高	以大数据和机器学习为基础，可自动分析处理事件，在三种运维方式中的运维效率最高
系统可用性	异常处理效率低，系统可用性相对较低	异常处理与系统恢复速度较快，系统可用性相对较高	采用智能分析、预警、决策等智能化技术与手段，对系统出现的异常情况处理效率高，在某些情况下甚至可规避异常，系统可用性高
系统可靠性	受人为因素的影响，手工运维时系统的可靠性相对较低	将人工开展的重复性操作可利用自动化工具实现，采用自动化运维时系统可靠性较高	结合多种智能化工具，可实现系统运维过程中的自维护、自控制功能，并采用多种策略使用工具，可靠性高
学习成本	需人工掌握多个系统的运维知识和操作指令，机械化工作所需时间较多，学习难度高、成本高、耗时长	操作人员需对自动化工具有一定掌握，学习难度较大、成本较高	利用智能化手段即可实现故障分析、预警及异常处理，学习难度低、成本低、耗时短

（续）

运维方式	手工运维	自动化运维	智能运维
建设与使用成本	对于简单系统建设运维的工具成本低，但对于复杂系统建设运维需投入大量的人力、物力	建设自动化运维的成本较高，投入运维的人力成本则相对较低	与自动化运维相近，由于需要一些智能化技术手段，因此其建设智能运维的成本较高，投入运维的人力成本低
应用范围	运维基础手段，应用广泛，但对于分布式、大规模系统运维并不适用	适用于集群系统复杂程度、服务器数量一般的分布式系统运维	新技术，目前有部分金融企业、互联网企业开展研究与实践，适用于大规模分布式系统运维，在安全人机工程领域仍需进一步发展

2. 智能运维的应用场景

安全人机系统智能运维主要应用于安全人机系统智能检测、智能值守、智能巡检、智能预警四个方面。

（1）智能检测

智能检测主要是从事前分析、事中告警聚合、设备故障定位、灾后经验沉淀等方面开展，具体开展过程如下：

1）智能运维知识图谱的建立。智能运维领域知识图谱作为智能运维平台的"大脑"，当检测到异常发生时，"大脑"对异常做出判断和决策，控制子模块执行自修复命令，从而实现故障自愈。其开展过程是利用离线数据挖掘等方式，从运维历史数据中得出各个运维安全人机系统的运行规律、各子系统（人机系统、机环系统、人环系统以及人-机-环系统）之间的关联关系。

2）智能异常检测。在安全人机系统运行过程中，通常会有一些突发性的异常事件发生，这些异常事件往往会对系统机能产生影响。智能运维技术可以通过对已有的异常事件进行标注，并采用无监督异常检测及基于算法的工具，在历史日志中自动搜索匹配已标注的异常事件，以此训练机器学习模型，实现对异常情况自动判断与检测。

3）异常报警聚合。异常报警聚合的思想与本质安全化中的冗余设计相近，通常发生在处理系统异常情况期间。在安全人机系统运维过程中，经常会出现两个极端的监控现象：一种极端是日志较少，即运维系统记录异常情况较少；另一种极端是日志过多，导致监控报警过多。由于安全系统原始数据量更新速率加快，系统异常监控指标较多，粒度较细，致使智能运维系统报警信息过多，异常报警冗余。安全人机系统运行过程受外部环境影响，异常情况发生频发是正常现象，但短时间内发生多处异常情况，一方面说明安全人机系统本身就存在问题，另一方面则是异常报警机制存在问题。智能运维的异常报警聚合，是将冗余的报警信息进行聚合，通过将报警信息进行精简，使相同时间段内多个关联性较强的异常报警聚合成单个独立的报警信息，这也会使安全人机系统的运行更为顺畅。

4）故障原因分析。利用智能运维获取异常信息后，系统会自动分析并查找异常的发生原因，定位故障并修复。它是对故障失效传播链、智能异常检测、异常报警聚合的综合运用。当系统运行期间被检测到异常时，利用过异常报警聚合缩小范围，基于安全分析的方法，通过故障失效传播链找到引发系统故障的原因。在此过程中，采用机器学习及智能化算法，将异常情况可能引发的各类故障进行模拟，同时依据失效传播链建立学习模型，进而获取异常指标，缩小故障范围。

（2）智能值守

智能值守主要是通过智能运维技术对系统进行智能值守。智能值守可将值班人员从查看监控数据、盯屏等琐碎操作中解脱出来，转而研究如何定义新的运维场景、建立运维模型、完善运维知识图谱等方面，从而提升运维效率。智能值守主要包括以下几个方面：

1）值班操作智能化。主要是将手工操作全部实现自动化，并对操作结果进行智能检测与分析，保障安全人机系统可靠、稳定地运行。

2）值班巡检智能化。将简单且需重复执行的巡查工作自动化，如对安全人机系统、应用的运行状态、关键数据进行自动巡查，并结合历史数据进行分析，以当前的工作量、通信连接数等数据进行分析，预测未来系统与应用的运行状态及寿命。

3）建立智能运维大数据可视化界面。在现有的监控界面上，丰富监控对象，实现运维大数据的可视化，并且丰富报警规则，减少漏报率与误报率。

4）建立性能预警与稳控机制。以历史运行日志、当前业务量为依据，构建性能预测模型，评估安全人机系统中各个节点、各个应用服务器的性能数据，通过调整计算资源，提升智能运维质量。

（3）智能巡检

智能巡检主要是对安全人机系统中设备和环境的状态进行分析，通过全天候全自主检测，提高巡检质量、提升巡检效率、降低人工劳动强度，减少人为的疏漏，及时发现异常，提高安全人机系统的运行可靠性。

（4）智能预警

智能预警主要是在安全人机系统出现异常情况之前，预测异常发生的概率，从而提醒或有针对性地对异常情况提前规避。

1）指标预警。指标主要是指用以衡量安全人机系统运行状态的自描述的标准或数据。指标预警是指针对安全人机系统，根据其历史运行的信息，以时间序列为轴，构建其正常运行的基线，结合系统当前的运行状态、指标数值，判断是否出现异常。更进一步，可依据其知识图谱信息，获取影响指标的其他变量因素，通过预测模型，预测未来一段时间该指标的走势，提前感知应用或系统的状态。

2）日终节点运行时间预测。此类预测是从节点运行历史数据中，获取影响各节点运行时间的变量数据作为特征值，采用机器学习算法中的回归类算法，对各节点构建运行时间的特征函数，然后在实际生产环境中，利用已知的特征值来预测运行时间与系统寿命。

3. 智能运维的核心技术

（1）运维知识图谱类组件

运维知识图谱类的组件通过多种算法挖掘运维历史数据，得出运维主体各类特性画像和规律，以及运维主体之间的关系。运维主体是指安全人机系统软硬件及其运行状态，软件包括操作系统、中间件、数据库、应用、应用实例、模块、服务、微服务、存储服务等，硬件包括机房、机群、机架、服务器、虚拟机、硬盘、交换机、路由器等，运行状态主要是由指标、日志事件、变更、Trace 等监控数据体现。

（2）动态决策类组件

动态决策类组件则在已经挖掘好的安全人机系统运维知识图谱的基础上，利用实时监控数据做出实时决策，最终形成运维策略库。实时决策主要有异常检测、故障定位、故障处置、故障规避等，如图 11-15 所示。

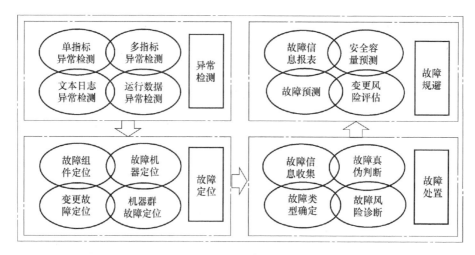

图 11-15　动态决策类组件构成

（3）智能运维大数据平台

智能运维大数据平台用于对各种运维数据进行采集、处理、存储、展示的统一平台。运维数据包含设备自身特性数据、日常监控数据、异常日志数据、相关配置信息等。大数据平台所存储的数据，按照所更新的频率可分为静态数据和动态数据。

静态数据主要包含 CMDB 数据、变更管理数据、流程管理数据、平台配置信息数据、安全人机系统的特性数据等。此类数据一般情况下在一定时间范围内固定不变，主要是为动态数据分析提供的基础配置信息。对此类数据的查询操作较多，增删改操作较少。当智能运维平台启动时，部分静态数据可直接加载到内存数据库中，因此静态数据一般保存在结构化数据库中。

动态数据主要包含各类监控指标数据、异常日志数据、安全人机系统日常运行数据以及第三方扩展应用所产生的数据。此类数据一般是实时生成并被获取，并作为基础数据，需要通过数据清洗转换成可使用的样本数据。动态数据一般按不同的使用场景保存在动态化存储器中，用于检索的日志数据可保存在 ES（即 Elastic Search）中。

智能运维大数据平台构成如下：

1）数据采集处理层。数据采集处理层是整个大数据平台的数据来源，所接入的运维数据类型包括日志数据、性能指标数据、网络抓包数据、设备运行数据、告警数据、配置管理数据、运维流程类数据等，其格式包括系统中的结构化数据、半/非结构化数据，以及实时流数据。采集方式可分为代理采集和无代理采集。在该层也会对数据做预处理，使其能满足定义的格式，用以在数据存储层落地。

2）数据存储层。数据存储层用于落地智能运维数据，可根据不同的数据类型、数据消费和使用场景，选择不同的数据存储方式。

3）数据计算层。数据计算层主要提供实时和离线计算框架。离线计算是指针对存储的历史数据进行批量分析与计算，可用于大数据量的离线模型训练和计算，如告警关联关系挖掘、趋势预测计算、容量预测模型计算等。实时计算是指对流处理中的实时数据进行在线计算，包括数据查询、预处理、统计分析、异常数据实时监测。

4）展示层。展示层为用户展示时序指标数据提供可视化方式，并提供统一的告警监控配置和监控告警通知功能，还可以为业务应用提供分析展示功能，帮助专业人员实时了解业务应用状态。

（4）自动化工具

自动化工具是基于逻辑分析的智能运维工具，对安全人机系统实施诸如运行控制、监控、重启、回滚、版本变更、流量控制等系列操作，是对安全人机系统实施运维的手段，用以维护技术系统的安全、稳定、可靠运行。自动化工具是自动化运维的产物，也是智能运维组件做出决策后，实施具体运维操作所依赖的工具。

自动化工具按照功能可分为两类：监控报警类自动化工具和运维操作类自动化工具。监控报警类自动化工具的功能是对各类 IT 资源（包括服务器、数据库、中间件、存储备份、网络、安全、机房、业务应用、操作系统、虚拟化等）进行实时监控，对异常情况进行报警，并能对故障根源告警进行归并处理，以解决特殊情况下告警泛滥的问题。运维操作类自动化工具的主要功能是把运维系统中手工执行的烦琐工作，按照日常正确的维护流程分步编写成脚本，然后由自动化运维工具按流程编排成作业自动化执行，如运行控制、备份、重启、版本变更与回滚、流量控制等。

11.5 智能安全人机工程应用案例

11.5.1 人车领域的智能安全人机交互应用

人与驾驶的车辆形成了一种人-机-环系统，车辆设计可参照人体尺寸进行自动调整。根据人机结合思想来设计新型人机结合的汽车智能安全系统，通过人、机器和计算机三者之间的有机结合，充分利用先进的计算机和电子技术，可以帮助人们用更直观、更适宜和更简便的方法处理各种复杂的安全行驶问题。此外，利用人机交互可实现装备智能化故障诊断和紧

智能安全人机工程应用案例

急救助的功能，进而实现人机联合诊断。所谓人机联合诊断，即采取人和智能机器共同判断、共同决策，当人的判断出现偏差或失误时，计算机智能系统将及时提醒并予以纠正，避

免发生操作失误。可见，智能化的人机交互是实现人-车系统智能运行的前提。

1. 自然交互过程

大数据为智能化安全人机工程发展带来了前所未有的先机。特别是随着智能化普及，人机交互过程更为智能，自然交互应运而生。自然交互的目标是消除人所处的环境和计算机系统之间的界限，即在计算机系统提供的虚拟空间中，人可以通过眼睛、耳朵、皮肤等各种感觉器官及依靠手势和语言直接与之发生交互，这就是虚拟环境下的自然交互技术。

2. 混合现实交互过程

混合现实是在虚拟现实的基础上发展起来的新技术，也被称为增强现实。它是通过计算机系统提供的信息增加用户对现实世界感知的技术，将虚拟的信息应用到真实世界，并将计算机生成的虚拟物体、场景或系统提示信息叠加到真实场景中，从而实现对现实的增强。图 11-16 所示为虚拟驾驶汽车场景，可模拟车外的虚拟物体、场景等。AR 通常是以透过式头盔显示系统，AR 系统中用户观察点和计算机生成的虚拟物体的

图 11-16　虚拟驾驶汽车场景⊖

定位系统相结合的形式来实现的。图 11-17 是中南大学人机实验室拥有的汽车驾驶培训模拟器，操作人员操纵虚拟的方向盘就可以实现汽车驾驶。图 11-18 是中南大学人机实验室拥有的驾驶模拟器，该模拟器可支持不同驾驶环境下实现六个自由的运动，可模拟高速公路驾驶、城市道路驾驶、暴雨天驾驶、有雾天气驾驶、山路会车等不同的驾驶状态。利用人体生理参数采集系统采集不同驾驶状态下人的生理参数，并进行比较。

图 11-17　汽车驾驶培训模拟器

图 11-18　驾驶模拟器

⊖　引自 Lindemann P，Rigoll G，Exploring floating stereoscopic driver-car interfaces with wide field-of-view in a mixed reality simulation，Proceedings of the 22nd ACM Conference on Virtual Reality Software and Technology，2016。

在汽车的交互设计中,增强现实通常与平视显示紧密联系在一起,将信息直接投影在挡风玻璃上,增强现实很大程度上消除了驾驶员在行车时查看车辆信息而带来的隐患,这种技术可以让驾驶员在堵车时可以查看漏掉的消息资讯,保证驾驶行程的安全。

3. 虚拟现实交互过程

虚拟现实(virtual reality,VR)是近年来出现的高新技术,也称人工环境。虚拟现实是利用计算机模拟产生一个三维的虚拟世界,能够让使用者如同身历其境一般,从而及时、没有限制地观察三维空间内的事物。目前,虚拟显示设备分为两种,一种是直接嵌入式,另一种是接入式。未来汽车制造商将直接开发虚拟现实车载设备,通过接入汽车内置系统,让车内乘客在乘车之余有更多的沉浸式体验。需注意的是,不正确的导航界面会对 VR 体验产生负面影响,此外,不同界面的不同特性也会使驾驶体验有所不同⊖。图 11-19 显示的是虚拟现实汽车 unity3D 场景。

4. 触觉感知交互过程

长时间的驾车使驾驶员的听觉与视觉体验趋于感官的临界饱和状态,其操作也会进入疲劳期。驾驶汽车如同其他作业,作业时间过长,操作者的就可能产生疲劳。智能触觉感知系统可以缓解这种问题,触觉感知交互能够让用户通过非触碰的手势实现计算机数据操作,进而达成相关目的。

图 11-19 虚拟现实汽车 unity3D 场景⊖

5. 听觉感知交互过程

听觉交互,属于前述自然感知交互,听觉感知交互过程就是通过人的语音与机器进行的交互活动,包括语音合成、语音搜索、语音听写、语音理解等智能语音交互功能。听觉交互可通过人的语音对机器进行控制,例如,乘客下车前,只需说一声"开门",车辆可辨识声音频率后实现车门的自动打开。

6. 视觉感知交互过程

视觉类人机交互技术将会是最先得以发展的技术之一,如 AR(增强现实技术)和裸眼3D。AR 就是借助计算机技术和可视化技术,产生一些现实环境中不存在的虚拟对象,并通过传感技术将虚拟对象准确"放置"在真实环境中,借助显示设备将虚拟对象与真实环境融为一体,并呈现给使用者富有真实感官效果的新环境。图 11-20 所示为基于 AR 的汽车驾驶单视场虚拟环境。裸眼 3D 是对不借助偏振光眼镜等外部工具,实现立体视觉效果的技术的统称。目前,该类型技术的代表主要有光屏障技术、柱状透镜技术。

⊖ 引自 Kim Y M,Rhiu I,A comparative study of navigation interfaces in virtual reality environments:A mixed-method approach,Applied Ergonomics,2021。

⊜ 引自 Haeling J,Winkler C,Leenders S,et al. In-Car 6-DoF Mixed Reality for Rear-Seat and Co-Driver Entertainment,2018 IEEE Conference on Virtual Reality and 3D User Interfaces(VR),IEEE,2018。

图 11-20 基于 AR 的汽车驾驶单视场虚拟环境[⊖]

11.5.2 医学领域的智能安全人机交互应用

目前，医学领域的人机交互变得更为先进和智能。传统的机械设备的故障率也比较低，因此在医学领域的智能化交互设备对设备安全性要求更高，下面通过介绍几例医学领域的人机交互案例，说明在医学领域智能化安全人机交互的作用。

1. 无障碍技术

障碍包括有形障碍和无形障碍，有形障碍的主要表现形式是个体不能在外界环境中自由地活动，而无形障碍主要是指个体无法将自身的思想主张传递给另一个个体。狭义上的障碍包括智力、情绪、视听觉、语言、肢体、行为和多重障碍等。广义上的障碍包括人类个体的缺陷、环境中的物理障碍、信息障碍和心理障碍等。

无障碍技术的服务对象是存在功能缺陷的各类人群，无障碍技术是指个体可以通过调整计算机以满足其视听觉、语言、肢体和认知等特殊需要的计算机技术。针对不同程度的功能障碍者的无障碍技术种类繁多，复杂程度也各不相同，但是它们从本质上都包括三个组成要素，表 11-2 列出了无障碍技术要素及其说明。

表 11-2 无障碍技术要素及其说明

无障碍技术要素	说明
辅助设置	在系统中，为了最大限度地满足用户在听、说、读、写和感知等方面的特殊需求而提供的产品参数设置
辅助技术产品	包括软件产品和硬件产品，软件产品如语音识别程序等，硬件产品如助听器等
兼容性	指操作系统、辅助产品的硬件设施和软件设施在运行时能够相互配合，保证整体功能的正常实现

根据人体功能障碍的缺陷部位不同，无障碍技术包括以下几种：

（1）运动障碍

针对有运动障碍的群体，常用的无障碍辅助技术主要包括语音识别程序、屏幕键盘程

⊖ 引自 Gabbard J L，Smith M，Tanous K，et al，AR drivesim：An immersive driving simulator for augmented reality head-up display research，Frontiers in Robotics and AI，2019。

序、触摸屏、替换键盘和电子指示设备等。其中，电子指示设备与传统意义上的指示设备不同，用户使用该新型设备时，控制源为自身产生的可控生理信号如肌电信号、脑电信号或者眼电信号，通过对这些生理电信号按照自己的意愿进行控制，并借助有效的处理算法和一定的解码规律，将电信号转化成控制命令，控制屏幕上的光标。

（2）视觉障碍

为有视觉障碍的人设计的无障碍辅助技术的设备包括屏幕放大器、屏幕阅读器、可刷新的盲用显示器、点字印表机、有声和大印刷的文字处理器等。

（3）听觉障碍

最常用的听觉障碍患者的辅助产品就是助听器，目前，助听器分为数字和模拟两种类型。随着技术的发展，模拟助听器兼容性较差，不能适应主流电子设备的发展，所以逐渐被数字助听器取代。比较好的数字助听器可以根据用户听力缺失的具体频段进行智能调节，使处理结果与正常的听力结果高度吻合。

（4）语言障碍

语言障碍的症状包括失语、语言发展迟缓以及其他情况导致记忆、问题解决或接受感觉信息等能力低下。对于有类似功能障碍的人，他们的思维未必表现出异常，但是不能与其他人进行正常沟通，无法准确地表达自己的想法或者缺失组织语言的能力。针对语言障碍患者，现有的比较成熟并投入使用的无障碍辅助产品包括键盘过滤器、触摸屏和语音合成器等。

2. 无障碍人机交互

传统的人机交互设备如键盘、鼠标等给非肢体残障人士的日常生活带来了便捷。但是对于肢体障碍患者来说，这些传统设备不能满足其特殊的需求，不能有效改善他们的生活质量。如果能够设计出一类适合这些人使用的无障碍人机交互系统，让他们依靠自己的意愿，独立地与外界进行信息交流，对于构建和谐社会具有深远的意义。目前，无障碍的人机交互系统的研究得到了广泛的关注，比较有发展前景的人机交互系统有肌电控制的人机交互系统、脑机接口系统和眼动控制的人机交互系统。

（1）肌电控制的无障碍人机交互

肌电信号（electromyography，EMG）是多个运动神经元细胞产生的动作电位叠加的结果，它是人体一切肢体运动的根本原因。与其他生理电信号相比，肌电信号的变化幅度较大，一般在 mV 量级，且变化频段也很广，从直流一直持续到 kHz 量级。通常使用表面电极和针电极两种方式采集肌电信号，但是这两种方式采集的信号频段存在一定的差异。表面电极采集的肌电信号是周围运动神经元细胞的整体作用的结果，反映了整体机能状态，这种采集方式是无创的，适合于日常的科研和生活环境。针电极采集的肌电信号是少数几个细胞动作电位的叠加结果，能够反应局部的肌肉功能，但是由于针电极必须与细胞进行直接的接触，所以它是一种有创采集方式，比较适合应用于术中环境。

肌电控制人机接口系统示意图如图 11-21 所示。该系统大致可分为四个模块，分别是电池模块、信号采集模块、信号处理模块和控制模块：①电池模块的作用是向整个系统提供电力支持；②信号采集模块将使用者的肌电信号采集到该系统内，采集过程包括信号的放大和数据类型的转换；③信号处理模块是将采集的原始肌电信号经过去噪处理后，按照指定的数据处理流程提取出信号特征并将其转换成可识别的控制命令；④控制模块是联系信号处理模块和假肢设备的中介，该模块根据前一级得到的控制命令控制假肢进行抓握等动作。同时，系统内的传感器采集假肢的运动信息，将其转换成电信号反馈到控制模块，指导控制模块对假肢进行相应的驱动调节。使用者则通过观察假肢的动作准确性来控制自身的肌电信号强度，尽可能地完成希望完成的动作。传统的假肢控制系统由于方法简单，所以所能完成的动作比较少，随着模式识别中相关算法（如时域法、频域法、时频域法、高阶谱以及混沌与分形）等的不断挖掘，假肢所能完成的动作将更加灵活多样，并逐渐达到智能化的标准。

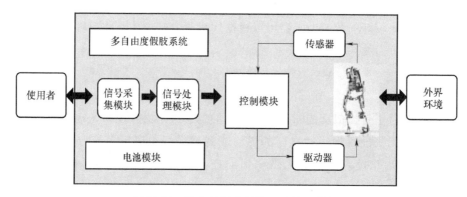

图 11-21　肌电控制人机接口系统示意图

（2）脑-机接口控制的无障碍人机交互

将存在于大脑中的想法转换成控制外部设备的命令，传统意义上，是由人体系统中的神经系统和运动系统相互协作、相互配合而完成的[○]，而脑-机接口（brain-computer interface，BCI）主要用于模拟神经系统和运动系统相互协作过程，是一种独立于传统通路且可实现外部设备控制的人工智能系统。脑-机接口的研究主要包括算法研究和脑电诱发规律研究。与肌电控制人机交互系统的信号处理流程类似，脑-机接口也包括信号采集、分析和转换三个步骤（图 11-22）。由于脑-机接口可以应用的模式识别算法比较丰富，所以脑-机接口比肌电控制人机交互系统的应用范围广。脑-机接口的独特优越性为肢体障碍患者提供了一种更加有效的辅助方式，在一定程度上降低了这些患者与外界进行信息交流的限制。

由于脑-机接口的研究起步较晚，所以大部分还处在试验研究阶段，但一些比较简易的脑-机接口已经实现了商业化，如美国加州旧金山的神经科技公司 Emotive Systems 研发的意念控制器 Emotive Epoc 和加州硅谷的 NeuroSky 公司研发的脑波控制头盔 MindSet 等。此外，还有一些脑-机接口开始尝试在家庭和医疗环境中使用，如用于控制家电的脑-机接口。限制

○　引自 Wolpaw J R，Birbaumer N，Heetderks W J，et al，Brain-computer interface technology：a review of the first international meeting，IEEE transactions on rehabilitation engineering，2000。

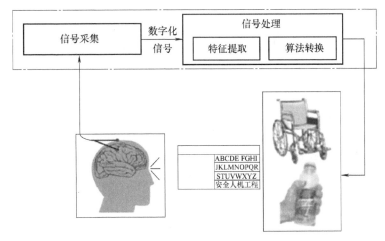

图 11-22　脑-机接口系统示意图[⊖]

脑-机接口系统商业化的主要原因是用户必须经过长期的专门训练才能达到满意的使用效果。图 11-23 所示为基于脑机接口的仿人机器人控制系统。

3. 眼动控制的无障碍人机交互

对于肢体障碍患者来说，虽然其肢体功能存在某种程度的缺陷，但是他们的大部分其他功能都正常，尤其是眼部功能，他们依然可以自由地控制眼球运动。如果能够通过某种方式将这些眼动信息提取出来，然后按照已经得到的关于眼动的相关知识将这些信息按照一定的规律进行解码，进而指挥控制外部的电子辅助设备（如计算机、家用电器等）的运行状态，这样对于肢体障碍患者来说，他们也能实现像正常人一样表达自己的意志。

图 11-23　基于脑机接口（BCI）的
仿人机器人控制系统[⊜]

美国波士顿学院的 James Gips 教授带领其研究团队研发出了一套基于眼动控制的人机交互产品 Eagleeyes，该产品开启了基于眼动控制的无障碍人机交互技术的发展[⊜]。Eagleeyes 系统混合了眼电控制和头动控制，使用户能更好地与计算机进行交互，其相关的一系列配套外围软件，完善了系统的功能，使用户能够自如地使用计算机收发邮件、浏览信息等。近十

⊖ 引自 Wolpaw J R，Birbaumer N，McFarland D J，et al，Brain-computer interfaces for communication and control，Clinical neurophysiology，2002。

⊜ 引自 Li W，Jaramillo C，Li Y，Development of mind control system for humanoid robot through a brain computer interface，2012 Second International Conference on Intelligent System Design and Engineering Application，IEEE，2012。

⊜ 引自 Gips J，Olivieri P，EagleEyes：An eye control system for persons with disabilities，The eleventh international conference on technology and persons with disabilities，1996。

几年来，Eagleeyes 系统成功地应用到残障人士身上，并且帮助个别残障儿童完成了相关课程学习⊖。

以下简单介绍几种基于眼动控制的无障碍人机交互技术。

基于眼电的虚拟键盘打字系统通常是在屏幕上显示一个虚拟键盘的界面，在该界面下，用户通过眼球的运动控制字符的输入。但使用这些系统时，使用者需要进行多次操作才能完成输出一个字母的任务，这对使用者来讲费时费力，且长时间操作对眼睛的负荷太大，容易造成视觉疲劳。西班牙阿尔卡拉大学开发出了一套基于眼电信号的电动轮椅自动控制系统⊖，该系统使用方便，无须训练，响应速度更快，且能提供更多控制量。西班牙巴利阿里大学在前人研究的基础上，开发出了一套利用眼球运动控制计算机的系统⊜，该系统能够通过将采集的眼电信号按照适当的投射函数，投射成相对于屏幕的位置坐标，进而控制屏幕上的光标移动，达到控制计算机的目的。图 11-24 是脑电控制智能设备原理图。

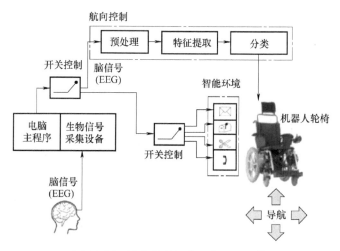

图 11-24　脑电控制智能设备原理图⑭

美国凯斯西储大学的 Yingxi Chen 等人开发出一套基于眼电的机械臂控制系统⑮，该系统能够通过分析和识别用户的眼电信号，从眼电信号中提取出有用的特征信息，并将其转化成对机械臂的控制命令，成功实现了对机械臂的位置和移动速度的控制。但是现有的控制系统还停留在完成简单动作的控制上，将眼电应用于机械手臂手部姿态的精细控制，还是一个

⊖ 引自 Di Mattia P A, Curran F X, Gips J, An eye control teaching device for students without language expressive capacity: EagleEyes, Edwin Mellen Press, 2001。
⊖ 引自 Barea R, Boquete L, Mazo M, et al, Wheelchair guidance strategies using EOG, Journal of intelligent and robotic systems, 2002。
⊜ 引自 R Barea, L Boquete, M Mazo, et al, EOG technique to guide a wheelchair, Proceedings of the 16th IMACS World Congress, 2000。
⑭ 引自 Al-Qaysi Z T, Zaidan B B, Zaidan A A, et al, A review of disability EEG based wheelchair control system: Coherent taxonomy, open challenges and recommendations, Computer methods and programs in biomedicine, 2018。
⑮ 引自 Yingxi Chen, Wyatt S. Newman. A human-Robot interface based on Electrooculography, Proceedings of the 2004 IEEE International Conference on Robotics and Automation, 2004。

需要深入研究的问题。图 11-25 是人员基于眼动控制机械臂装置示意图。

与其他的人机交互系统相比，眼动控制的人机交互系统具有模式相对简单、识别正确率较高的特点，使用过程中用户不需要肢体操作，对肢体障碍患者依然有效，而且这是一种客观记录方法，绝大部分用户不需要专门的训练。因此，眼动控制的人机交互系统更适合于残障人士在生产过程中使用。

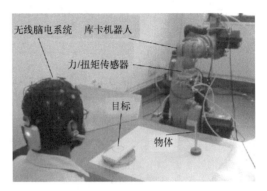

图 11-25　人员基于眼动控制机械臂装置示意图○

4. 医疗手术机器人

自 20 多年前首次报道机器人技术用于外科手术以来，医疗手术机器人已经被广泛应用于外科手术和介入手术过程中。据统计，在过去几年中，发达国家的医疗手术机器人应用数量年增长率为 40% 以上。医疗手术机器人最初主要应用于心胸外科、妇科、泌尿科等手术中，最近医疗手术机器人也开始广泛应用于整形外科、脑神经外科以及普通外科等手术中。统计表明，在外科手术中使用机器人能够减少 80% 的并发症，可极大地缩短患者的住院治疗时间，从而使患者能更快地恢复其劳动力并正常生活。

目前，外科手术机器人在外科医生的操控下协助其完成手术过程。通常情况下，外科医生利用远程手术场景，操纵一个主输入装置，根据手术要求发出手术操作指令，置于病人床边的手术机器人接收到手术指令后，按照外科医生输入的命令执行相应的手术操作。相比传统的微创手术，外科手术机器人可以让外科医生提高体内操作灵巧性，超越人类手术动作距离的局限，实现更微小的手术动作，完成更精准的手术操作。

外科手术机器人的杰出代表之一是美国直觉外科公司（ISRG）设计制造的达·芬奇手术机器人。达·芬奇手术机器人不仅拥有三维高清晰度视觉系统，还拥有能完成精细运动和组织操作的机械腕装置，其弯曲和旋转的程度远远超出人类的手腕。因此，它能提供灵巧操控、精准定位以及术前手术规划，从而极大减少患者手术创口，加速手术后的恢复，实现精准、微创的外科手术。目前，达·芬奇手术机器人是世界范围应用广泛的一种智能化手术平台，适合普外科、泌尿外科、心血管外科、胸外科、妇科、五官科和小儿外科等微创手术。图 11-26 显示的是达·芬奇机器人系统的三个功能单元：操作员控制台、机械臂系统和成像系统。

我国在医疗辅助机器人方面取得了重要进展，例如，针对腹部手术的机器人辅助手术系统，具有自主控制、视觉定位和远程互动的神经微创外科机器人辅助手术系统，胸腹外科机器人，影像引导的经自然腔道介入仿生型放疗机器人、血管介入机器人、经皮穿刺腹腔介入

○ 引自 Sharma K，Jain N，Pal P K，Detection of eye closing/opening from EOG and its application in robotic arm control，Biocybernetics and Biomedical Engineering，2020。

机器人等。此外，我国一些科研单位相继开展了面向脊柱外科手术的机器人系统研究，取得了一些重要技术的突破和进展，一些脊柱手术辅助机器人系统已完成了动物实验。

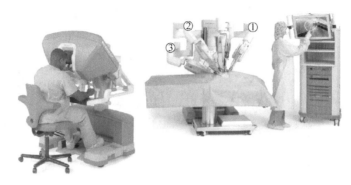

图 11-26　达·芬奇机器人系统的三个功能单元：操作员控制台、机械臂系统和成像系统[一]

5. 功能康复与辅助机器人

近年来，随着生机电交互、智能控制及机器人等技术的不断发展，功能康复与辅助机器人在国际上已经逐步成为临床康复治疗的重要技术手段之一，并催生了一批新型康复机器人技术及系统。针对因脑卒中等疾病造成的肢体运动功能障碍患者，除了传统的由物理治疗师帮助进行的肢体训练外，康复机器人技术也已经应用到康复治疗中。诸多临床试验表明，康复机器人能一定程度上帮助长期瘫痪的中风患者恢复自身主动控制肢体的能力[二]。患者可以在康复机器人的帮助下，对肢体的患侧进行准确、重复性的运动练习，从而加快运动功能的康复进程。

按照科学的运动学习方法对患者进行再教育以恢复其运动功能，患者积极参与到功能恢复训练中，能够获得更好的恢复效果。为此，人们开始在基于工业机器人控制模式的传统康复机器人中引入肢体-机器人互动功能，使患者能够主动参与到治疗过程中，从而有利于提高康复治疗效果。美国麻省理工学院研制了上肢康复机器人系统（MIT-MANUS）[三]。利用一系列视频游戏，MIT-MANUS 可以实现脑中风患者手臂肩关节及肘关节功能康复。随后，他们又进一步扩展了 MIT-MANUS 功能，开发了不同版本的上肢康复机器人系统。下肢功能康复机器人的典型产品是由瑞士医疗器械公司与瑞士苏黎世大学合作推出的洛克马（LOKOM-AT）。它是第一台通过外骨骼式下肢步态矫正驱动装置辅助的，用于有步态障碍的神经科病人进行步态训练，如脑卒中、脊髓损伤、脑外伤等（图 11-27）。

此外，美国姆特瑞卡（Motorika）公司研制的下肢康复机器人系统（REO）可通过大量

○ 引自 Douissard J，Hagen M E，Morel P，The da Vinci surgical system，Bariatric Robotic Surgery，Springer，Cham，2019。

○ 引自 Kwakkel G，Kollen B J，Krebs H I，Effects of robot-assisted therapy on upper limb recovery after stroke：a systematic review，Neurorehabilitation and neural repair，2008。

○ 引自 Hogan N，Krebs H I，Charnnarong J，et al，MIT-MANUS：a workstation for manual therapy and training，Proceedings IEEE International Workshop on Robot and Human Communication，IEEE，1992。

重复性训练，诱导患者形成正确步态。需要指出的是，这些肢体功能康复机器人系统在临床应用中取得了一定的效果，但仍存在操作复杂、价格昂贵、缺乏主动康复功能等问题。

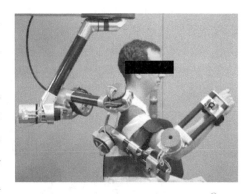

　　随着先进的信号处理技术和高性能微处理器的发展，一些先进的假肢控制方法得以实现。当截肢者通过"动作想象"做肢体动作时，大脑产生的运动神经信号使残存肌肉收缩，产生肌电信号。用模式识别的方法解码该肌电信号，可以得到截肢者想要做的肢体动作类型，控制系统便可驱动假肢完成相应的动作。利用这种控制方法，假肢使用者可以自然而直接地选择并完成他们想要做的不同肢体动作（图 11-28）。

图 11-27　LOKOMAT 康复机器人⊖

　　辅助外骨骼机器人是一种可穿戴的人机一体化机械装置（图 11-29），是机器人与康复医学工程交叉领域的研究成果，它将人和机器人整合在一起，利用人来指挥、控制机器人，通过机器人来实现辅助患者正常站立行走功能。外骨骼机器人的应用使得丧失行走能力或有行走障碍的患者能重新正常站立、行走，这极大地改善了患者的血管神经调节功能，防止因久坐引起的肌肉萎缩等问题，还能防止下肢关节挛缩，减轻骨质疏松，促进血液循环等。近些年，国内外外骨骼机器人研究取得令人瞩目的发展，部分外骨骼机器人已经开始进入实际应用阶段。日本筑波大学 Cybernics 实验室研制了系列穿戴型助力机器人系统（HAL）⊜⑩，帮助老年人和下肢残障者完成正常步行运动。以色列埃尔格医学技术（Argo Medical Technologies）公司研究了一套下肢助动外骨骼（ReWalk），它可帮助下身麻痹患者站立、行走和

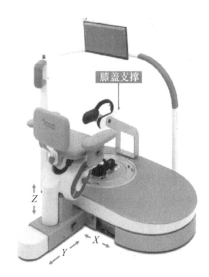

图 11-28　hunova® 设计的
下肢康复机器人⊜

⊖　引自 Zimmermann Y，Forino A，Riener R，et al，ANYexo：a versatile and dynamic upper-limb rehabilitation robot，IEEE Robotics and Automation Letters，2019。

⊜　引自 Saglia J A，De Luca A，Squeri V，et al，Design and development of a novel core，balance and lower limb rehabilitation robot：hunova®，2019 IEEE 16th International Conference on Rehabilitation Robotics（ICORR），IEEE，2019。

⊜　引自 Tsukahara A，Kawanishi R，Hasegawa Y，et al，Sit-to-stand and stand-to-sit transfer support for complete paraplegic patients with robot suit HAL，Advanced robotics，2010。

⑩　引自 Sankai Y，HAL：Hybrid assistive limb based on cybernics，Robotics research. Springer，Berlin，Heidelberg，2010。

爬楼梯[⊖]。与此同时，我国一些科研机构与大学也相继开展了辅助外骨骼机器人的研发工作，取得了一些技术上的突破[⊜]。

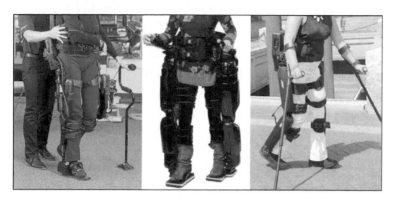

图 11-29　外骨骼机器人[⊜]

在机器人参与的外科手术中，不论是机器人协助外科医生完成手术，还是在医生的指导下由机器人完成手术，机器人与人之间的精准互动和协同将是确保机器人在手术中最大限度发挥其价值的重要保障。例如，为确保机器人辅助手术操作的安全性，机器人可以模仿医生手感对手术状态进行实时感知，并将术中的感知信号实时反馈给手术医生进行决策。同样，功能康复与辅助机器人系统需要直接与患者接触和互动，来实现患者运动功能的恢复、补偿或辅助。例如，在多功能假肢机器系统应用中，假肢使用者直接将人工机器手臂穿戴在残肢上，并操控机器手臂完成各种日常动作，假肢使用者的运动意图与机器手臂之间的运动和感觉功能协调统一是实现机器手臂自然、精确抓握物体的关键和保障。因此，借助人机融合系统实现人与医疗康复机器人之间的信息互动与交互控制，使人和机器有机地结合在一起，充分发挥各自的优势，将是医疗康复机器人发展的一个重要目标。

从物理层面来看，人工智能与生物智能的融合能够发挥两种智能所长，使它们优势互补、协同工作，有望产生更强大的智能形态，并将孕育出重大的理论创新和技术方法的突破，从而推动智能机器人技术与系统的发展。因此，如何通过机器智能与生物智能的融合实现机器人与人的自然、精准交互，目前已经成为智能机器人研究的一个热点。

目前的运动功能康复机器人不具备直觉的触觉神经反馈功能，患者只能依靠视觉反馈，判断待抓握物体的大小等感觉信息。为了实现感觉信息的神经反馈，智能康复机器人手需要实时地获取接触、握力、温度等感觉信息。然后，把这些信息通过适当的方式反馈给患者大脑，将患者的主观运动意识与客观获取的感觉信息融合，进行互适应控制（图 11-30）。

⊖　引自 Zeilig G，Weingarden H，Zwecker M，et al，Safety and tolerance of the ReWalk^{TM} exoskeleton suit for ambulation by people with complete spinal cord injury：A pilot study，The journal of spinal cord medicine，2012。

⊜　引自 Wang M，Wu X，Liu D，et al，A human motion prediction algorithm for non-binding lower extremity exoskeleton，2015 IEEE International Conference on Information and Automation，IEEE，2015。

⊜　引自 Shi D，Zhang W，Zhang W，et al，A review on lower limb rehabilitation exoskeleton robots，Chinese Journal of Mechanical Engineering，2019。

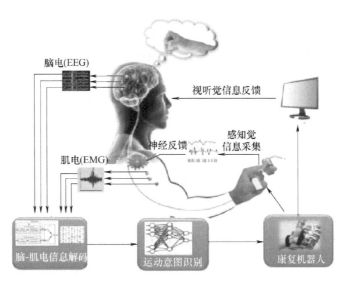

图 11-30　有控制和感觉反馈功能的智能康复机器人系统示意图

11.5.3　智能家居系统的安全人机交互应用

随着大数据时代及 5G 时代的到来，物联网给智能家电带来了更多的可能性，特别是伴随着人们对于智能化家居设备需求的日益增长，营造一个绿色、舒适、方便和安全的家庭场所已成为现代人们的美好期盼，这也是安全人机工程学科建设的目标。在家居系统环境中，根据人作业特征，家庭劳务也是一种作业；家居设备组成系统机的部分，可见智能家居的研究也属于安全人机工程的范畴，其安全性也受到人机交互的影响。物联网时代下物与物之间的信息传输方式，给智能设备带来的一系列的变化，传统的人机交互方式已经不能满足人与智能家电设备之间的交互行为，家电设备的互联互通和协同管理需要构建新的人机交互环境，因此人机交互在智能家居发展和应用的过程中显得尤其重要。图 11-31 显示了智能家居架构、内部和外部环境。

1. 家庭安防

家庭安防是智能家居中很重要的应用场景，是基于家居环境提供与安防相关的产品及服务。家庭安防产品从大的方面来讲可以分为三类：安防报警类、视频监控类、楼宇对讲类。其中，安防报警类产品包括智能门锁、紧急按钮开关、门磁开关、多技术入侵传感器、入侵探测器（被动式红外、微波、超声波、主动式红外）、烟感探测器、振动传感器、玻璃破碎探测器、漏水检测探测器、可燃气体探测器、感温探测器等；视频监控类产品包括智能猫眼、智能摄像头等；楼宇对讲类产品主要包括智能门铃等。

现有的一些家庭安防智能化监测装置基本都是对传统行业的智能化（互联网化）改造，比如智能门锁、智能猫眼、智能门铃。未来人机的交互成果将会更多地应用于家庭安防领域，如人脸识别开锁、虹膜识别开锁、声纹开锁等，同时人脸识别将会更多地应用于家庭安防产品上。

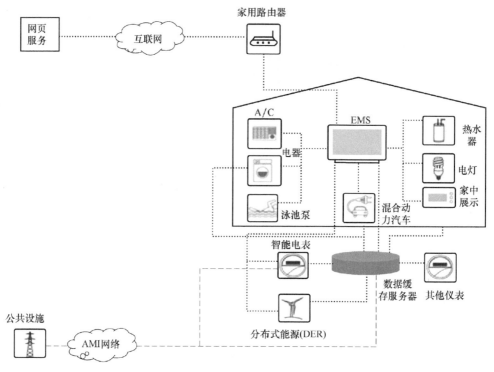

图 11-31　智能家居架构、内部和外部环境[○]

2. 智能照明

智能照明是指利用物联网技术、有线或无线通信技术、电力载波通信技术、嵌入式计算机智能化信息处理，以及节能控制等技术组成的分布式照明控制系统，来实现对照明设备的智能化控制。

传统照明手段一般只能够实现开、关操作，也有能调节亮度的照明设备功能，但这些都需要人为操作，使用起来不够便利。智能照明开发相较于传统照明，摒弃原有缺点，改善了传统照明布线的烦琐、开关多和耗费能源的限制，智能照明实现的人机交互为人们带来更便捷的生活体验。智能照明可以实现以下功能：

1）全自动调光。智能照明开发采用的是全自动的工作系统，系统中有若干个基本状态，所有的状态都会按照预先设定好的时间自动地切换，并且会根据需要将照度调整到最合适的水平。

2）充分利用自然光源。智能照明可以通过调节有控光功能的建筑设备来调节天然光，可以和灯光系统连接，如果天气发生变化，系统就可以自动调节，使光效始终保持在预先设定的水平。

3）场景智能转换。智能照明可以预先设置不同的场景模块，有任何需要时只需要在相

○ 引自 Komninos N，Philippou E，Pitsillides A，Survey in smart grid and smart home security: Issues, challenges and countermeasures, IEEE Communications Surveys & Tutorials, 2014。

应的控制面板上进行操作即可。此外，用户还可以通过控制面板对场景进行适时调节。

4）智能化节能。智能照明可根据照明所需地点及所需时间给予充分的照明，并能实现对大多数灯具进行智能调光。智能照明控制一般可以节约 20%~40% 的电能，不但降低了用户的电费支出，也减轻了供电压力。

5）智能化人机交互。通过搭建云平台，将传统灯控方式改变为智能云端控制，同时，基于人机交互功能，可以实现场景切换、亮度调节、远程控制等，大大提高生活便捷性。

3. 智能家电

智能家电就是将微处理器、传感器技术、网络通信技术引入家电设备后形成的家电产品，具有自动感知住宅空间状态和家电自身状态、家电服务状态的功能，能够自动控制及接收住宅用户在住宅内或远程的控制指令；同时，智能家电作为智能家居的组成部分，可通过人机交互实现住宅内其他家电与家居、设施互联组成系统，从而实现智能家居功能。

随着信息时代的到来，事物之间的联系比以往任何时候都更加紧密。特别是工业 4.0 时代的快速变化，垂直集成（例如智能家电、智能房屋、智能楼宇和智能城市）和水平集成（例如智能冰箱、洗衣机、微波炉和具有语音功能的智能设备）建设过程增加了对特定物联网框架的需求，智能家电也变得更立体。同传统的家用电器产品相比，智能家电具有如下特点：

1）网络化功能。各种智能家电可以通过家庭局域网连接到一起，还可以通过家庭网关接口同制造商的服务站点相连，最终同互联网相连，从而实现信息的共享。

2）智能化。智能家电可以根据周围环境的变化做出响应，不需要人为干预。例如，智能空调可以根据不同季节、气候及用户所在地域，自动调整其工作状态以达到最佳效果。

3）开放性、兼容性。由于用户家庭的智能家电可能来自不同的厂商，智能家电平台必须具有开发性和兼容性。

4）节能化。智能家电可以根据周围环境自动调整工作时间、工作状态，从而实现节能。

5）易用性。由于复杂的控制操作流程已由内嵌在智能家电中的控制器解决，因此用户只需了解非常简单的操作，且无须了解其复杂的工作原理。智能家电并不是单指某一个家电，而应是一个技术系统，随着人类应用需求和家电智能化的不断发展，其内容将会更加丰富，根据实际应用环境的不同，智能家电的功能也会有所差异。

智能家电是实现智能家居的基本保障。从智能家居建设的消费需求来看，不管是哪个品牌或怎样的产品，家电设备之间必须是互联、互控、互通的，这样有利于智能家居的建设。但眼前的状况是，每个品牌基于自身能力的智能方案实为画地为牢，只关注自己能做什么，而无法满足消费者的真实需求。如果消费者想要实现智慧家庭梦想，就只能选择某品牌的整套方案。于是，要么是购买成本太高、要么是厂家也无实力提供全套智慧家居产品。消费者在日常生活中，需要使用不同品牌的家电产品，但它们却无法互联、互通、互控。最终，每个家庭都被不同品牌割裂成多个"孤岛"，这样也就失去了智能的效应，这也是智能家居建设过程中的壁垒。

开发智能化家电是保障在家居环境中人-机-环系统安全性和平稳运行的发展方向。但在智能家居建设过程中，没有大数据、云计算等技术的支撑，就无法实现家居系统智能化，也就无法实现智慧家庭。因此，在消费需求主导市场背景下，不进入大数据平台的智能家电、智能家居是无法发展的。

11.6 智能安全人机工程学科建设及内容体系研究

随着社会发展及科技进步及智能时代的来临，现有安全人机工程学的内容已显出些许滞后，具体体现在以下几个方面：首先，数字化、信息化技术日益革新，传统的人机交互方式逐渐向智能化交互转变，大量的机械装置不需要人的操作就能满足既定的生产需求，人机关系也在向"智能化人机"转变；其次，人机控制交互技术、神经工效学、认知功效学、智能系统交互等多领域发展为人机关系增添了多种元素；与此同时，传统的安全人机工程不再适应当今安全学科创新发展的要求；再次，安全人机工程学的学科发展与传统经典学科相比，理念更新滞后，自身理论基础依然较弱。为积极推进安全人机工程学学科理论的研究与高校教学课程内容体系的基本建设，本书结合智能化背景并适应时代发展需求，提出智能化安全人机的基本概念，并通过理论分析，分析学科定义、内涵、属性、基础及学科任务，构建智能安全人机工程学学科体系，以期进一步诠释智能安全人机基本内涵，提出智能安全人机工程学研究对象及研究内容，并分析智能安全人机工程学未来发展的挑战及未解决难题，为安全科学理论、安全人机工程学学科的发展注入生机与活力。

11.6.1 智能安全人机工程学学科体系

1. 学科定义

利用传统的学科定义方法可将安全人机工程学定义为：安全人机工程学是研究"人-机-环"最佳功能匹配现象及其运动规律的科学。从上述定义可以发现，该定义过于笼统、浅显，安全人机工程学的内部精髓并没有被完全体现。鉴于此，中南大学董陇军教授提出了安全人机工程学全新的定义：安全人机工程学是运用生理学、心理学、环境学、人工智能等学科的知识，以安全舒适为目标，以工效为条件，使人、机、环境相互协调与适应，满足人们生活与工作的需求，从而达到安全、高效的一门学科。中南大学吴超教授提出：安全人机工程学是以安全的角度和着眼点，运用人机工程学的原理和方法解决人机结合面的安全问题的一门学科，其通过在系统中建立合理科学的方案，更好地进行人机之间合理、科学的功能分配，使人、机、环境有机结合，充分发挥人的作用，最大限度地为人提供安全、卫生和舒适的工作系统，保障人能够健康、舒适、愉快地活动，同时带来活动效率的提高。从上述定义可以发现，安全人机工程学的研究对象是人、机、环境，目的是保证三者有机结合，使系统达到最优，进而实现本质安全化。

毋庸置疑的是，随着智能化技术的不断革新和发展，人、机、环三者的互联关系日益复杂，特别是智能人机交互、生物特征识别、机器感应与环境自适应等技术的涌现对安全人机工程学产生了很大的促进作用，传统定义已经不再适用于现阶段安全人机工程学的学科体系。鉴于此，本书给出更为科学、更具实效性的智能安全人机工程学的定义：智能安全人机工程学是指以新一代信息技术为工具，以生理学、心理学、环境学等学科知识为基础，以满足人们生活与工作的需求为出发点，以将安全理念彻底融入人机环系统的设计、实施、运行、维护全生命周期为侧重点，以实现系统本质安全为目标，以实现"人-机-环-信"系统自适应、自训练、自维护、自学习、自优化为最终目的的一门新兴交叉综合学科。

从上述定义中，可总结传统安全人机工程学与智能安全人机工程学的区别（表11-3）。

表 11-3　传统安全人机工程学与智能安全人机工程学的区别

		传统安全人机工程学	智能安全人机工程学
区别	研究工具	传统安全人机工程学的研究手段包括参数实测法、实验分析法、调查研究法、感觉评价法等	智能安全人机工程学是以云计算、大数据、5G、物联网等新一代信息技术为工具对人-机-环系统进行研究，如可视化技术、智能化数值模拟仿真技术、机器感应与环境自适应等技术
	研究侧重点	传统安全人机工程学是保证人机最佳的功能匹配。人机工程的发展阶段主要经历了"人适应机器""机器研发适应人""人与机的最佳功能匹配"阶段，因此传统的安全人机工程的研究侧重点是在保证安全的基础上，保证人体参数与机械的特征参数相互匹配，以实现最优功效，保证工作效率的极大开发	智能安全人机工程学更注重以人为本，并强调安全的重要性，在保证人的心理、生理达到最佳状态的基础上，基于机器智能感知自适应功能，实现人机环最优功能匹配，在这一过程中，安全理念是彻底融入人-机-环系统的设计、实施、运行、维护的全生命周期中
	研究目标	实现人机之间合理科学地功能最优分配，保证人、机、环境有机结合，充分发挥人的作用，并为人提供安全、卫生和舒适的工作系统，保障人能够健康、舒适、愉快地活动，提高系统的生产效率及生产质量	依据研究侧重点可知，智能安全人机工程学以实现系统本质安全为目标，进而实现"人-机-环-信"系统自适应、自训练、自维护、自学习、自优化
	研究对象	传统安全人机工程学的研究对象是人-机-环系统，即包含自然人、操作设备或机械以及人机所处的外部环境	智能安全人机工程学的研究对象还包括传统人-机-环系统以外的新元素——信息流，宏观意义上是指系统作业过程中彼此呈递的宏观现象，微观意义则是指在智能化技术基础之上，通过各种智能交互作用产生彼此间的作用机制的特殊"介质"
	知识基础	传统安全人机工程学的学科基础是安全科学理论、机械工程理论、环境科学理论、系统科学理论、可靠性工程理论	智能安全人机工程学在传统安全人机工程学的学科基础上，添加了信息论、通信技术、物联网技术、互联网技术等计算机科学理论

2. 学科内涵

根据智能安全人机工程学的基本概念，概略剖析智能安全人机工程学的基本内涵。智能安全人机工程学的基本内涵是指在实现"人-机-环-信"系统最优匹配过程中，以安全科学系统理论为基础，融合智能控制与人工智能科学理论与方法，应用新一代信息技术中的工具与方法，研究"人-机-环-信"协调（自适应、自训练、自维护、自学习、自优化）的规律和方法手段，最大限度地将安全理念彻底融入人机环系统的设计、实施、运行、维护全生命周期（利用最新技术手段保证协调主动性、时效性、实时性、有效性、适应性），以期解决传统人-机-环系统运行过程中的安全性能低下、智能化程度不高、自调整自适应能力不强、本质安全得不到保障等问题，并为实现"人-机-环-信"系统智能化提供理论支撑，从而丰富安全科学理论体系。可以从以下三个方面理解智能安全人机工程的内涵（图11-32）：

1）智能安全人机工程的研究主体依旧是人-机-环系统。智能安全人机工程无论怎样进行学科融合，其研究对象主体是人-机-环系统，但其内部之间的交互关系发生了改变。特别是随着传感器技术的发展，"感应"浮现于各交互界面，人与机器、机器与环境、环境与人之间的信息流产生机制、传播方式、交互信息的表现特征发生了显著变化。

2）智能安全人机工程的最终目的是实现本质安全。传统的安全人机工程学科建设目的是实现人、机、环境的最优匹配，进而实现系统的最优化功能，这时的本质安全很难实现，但随着信息技术的高速发展，智能安全人机工程学可充分借助智能化的特殊技术手段，进而便实现本质安全化成为可能。

3）智能安全人机工程学的实现工具是广泛的新一代信息技术。从现有的智能制造、智能可视化等手段来看，将新一代信息技术与安全人机工程进行融合的研究仍停留在学科交叉理论的应用与集成上，深层次的融合与应用有待进一步发展。

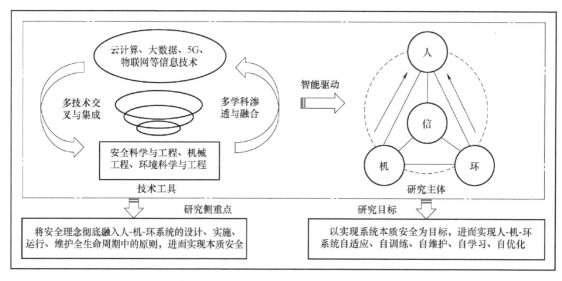

图11-32　智能安全人机工程学学科内涵

3. 学科属性

与其他安全科学所属学科相似，智能安全人机工程是传统安全人机工程与"智能化"的产物，因此智能安全人机工程学可归属于安全科学理论、机械工程理论、环境科学理论、系统科学理论、可靠性工程理论、信息论等理论的交叉学科。

1）智能安全人机工程学是一门研究安全背景下"人-机-环-信"系统协调机制的学科。

在大数据技术背景下，传统人-机-环系统之间的协调机制已发生根本性的变革，例如，由于数据量呈"井喷式"增长，各子系统之间的联络维度及联络方式发生了改变，识别数据的模式和相关性需要新的安全人机工程方法论。

2）智能安全人机工程学仍从属于安全科学。首先，智能安全人机工程学的学科受众仍是安全工程专业的学生，其基础理论仍是以安全科学理论为基础的；同时，从学科的研究目标出发，实现系统的本质安全是智能安全人机的最终目的；此外，安全科学理论是研究安全事物的运动规律，智能安全人机工程学是借助智能化工具研究"人-机-环-信"安全系统的运动规律。可见，智能安全人机工程学与安全学科的其他二级学科一样，与安全科学与工程仍从属于一般与特殊的关系。

3）智能安全人机工程学是基于多学科的交叉融合。安全人机工程学学科的诞生是当前信息化社会下安全学科发展的必然趋势，也是其他多学科在安全科学学科领域的渗透。相比其他安全科学的二级学科，智能安全人机工程融合的学科领域更为多样化，涉及面更加广泛，且更加注重新教育范式。

11.6.2 智能安全人机工程学学科基础及学科任务

1. 学科基础

从学科含义来看，智能安全人机工程学科建设需要多学科知识的交叉融合与知识支撑。可见，智能安全人机工程是以"人-机-环-信"系统为研究对象，运用多学科知识形成的一门科学体系。

从学科构成来看，智能安全人机工程可包含多层次结构，具体包括以安全科学与工程、机械工程、环境科学与工程、计算机科学与技术为主的高层次结构和以安全信息学、安全管理学、安全运筹学、安全预测学、安全决策学、安全系统工程、安全统计学、安全行为学、可靠性工程、人机工程理论、机械设计、机械制造、机电一体化、环境评价、环境容量、信息论、通信技术、物联网技术、互联网技术等为主的低层次结构（图11-33）。

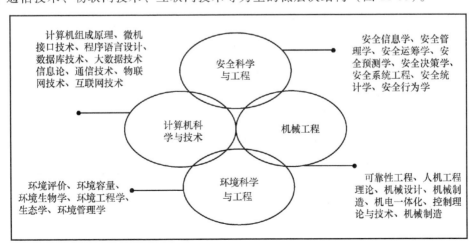

图 11-33 智能安全人机工程学学科基础

从学科功能来看，智能安全人机工程学学科要为学生搭建完整的安全知识体系，进而促进安全学科领域建设和安全领域专业人员的素质培养；从学科交叉性可以预见，智能安全人机工程不仅可以面向高校本科教学，还可以开展对研究生的培养。

从学科发展来看，智能安全人机工程通过智能化技术深入"人-机-环-信"系统的相关研究，不仅能助推安全科学体系的旁支建设，也可向多领域棘手问题提供更安全、更健康、更可靠的解决方案。

2. 学科任务

根据智能安全人机工程学的定义和内涵可得到智能安全人机工程学的基本任务：在以安全理念为先导作用的前提下，利用当前新兴信息技术工具优化人-机-环系统之间的信息流维度，提高系统自适应、自训练、自维护、自学习、自优化能力，并将其兼顾融合于系统分析的各个环节，进而实现本质安全。从学科实践角度考量，智能安全人机工程学更加注重人机交互效率、系统信息传输的准确性及人机环之间功能匹配的交互形式。因此，智能安全人机工程学学科任务的实质就是实现"人-机-环-信"智能化协调的功能，"人-机-环-信"智能化协调的功能及具体释义见表 11-4。

表 11-4 "人-机-环-信"智能化协调的功能及具体释义

"人-机-环-信"智能化协调方式	具体释义
自适应功能	一方面是机的自适应，即根据本身工作状态或外部环境变化，利用内部和外部的智能传感装置实现工作状态的自我调整；另一方面是人-机交互的自我调整，智能安全人机强调系统应以满足人们生活与工作的需求为出发点，故在进行人机交互阶段，机器可以通过感应系统实现自身设计参数、人机交互界面的智能调整，进而完成最优的人机功能匹配，保证系统最优的工作效率
自训练功能	自训练强调机系统利用传感技术，在进行作业时根据外部环境特征时效性反馈，通过反馈信号了解作业特征，提高作业效率。同时，强调人员借助智能辅助工具，完成非传统作业
自维护功能	强调通过检查检测、数据记录、诊断分析、故障表征、智能感知、隐患管理实现"人-机-环-信"系统的自维护功能
自学习功能	自学习功能强调机器模仿生物（重点是人）功能，通过自动修正调节工作品质参数，强化机械的自学习能力，从而实现自我独立作业、事故预测、预警的目的。例如，在传统人作业过程中，由于生理、心理因素，作业效率容易受到影响。机械装置可通过自学习功能完成对作业的智能实现。数据挖掘技术就是采用了自学习功能，机器可通过自学习完成对作业环境的远景预测，并分析作业的合理性、可行性，提高作业效率
自优化功能	系统运行阶段，机械装置的单独运行或人机系统的交互作业期间，可通过调节人-机-环闭环控制系统，实现机器自身的智能故障分析，通过自优化功能，极大提高作业系统的作业能力与作业水平

11.6.3 智能安全人机工程学研究对象与研究内容

1. 研究对象

在任何一个生产系统中，总是包含人、机以及它们所处的环境三大部分，安全人机工程的研究对象就是人-机-环系统的安全因素。与传统安全人机工程学不同的是,智能安全人机工程学的研究对象包含了新元素——信息。随着智能化设备生产逐渐普及,人工成本大大降低,生产效率也充分提高。但智能安全人机学科认为,智能化时代对人的要求更高,主控智能化的"机体"仍需要人来完成,特别是智能化生产系统更加复杂,人不再是传统人机匹配关系中处理单一工作的个体,而是可以开展智能决策控制的行为人;"机"从宏观角度可定义为与人可进行功能匹配的、能满足一些特定功能的机械装置或能量载体,这里的"机"不仅是某一特定的机械装置,也是可产生能量意外释放的宏观机体;环境宏观层面可理解为人操作机的过程中的外部条件特征,微观层面可理解为阻碍或促进人机融合且对人的心理发生实际影响的整个生活条件;任何抽象系统内部的能量传输与作用机制往往都是靠信息流传输的,与传统的安全人机工程不同的是,智能安全人机工程中的信息流是依据外部智能化技术创造出的交互信息流,其与传统信息流的产生机制、作用机理、传输方式、传输方向是迥然不同的。智能安全人机工程学研究对象及其关系如图 11-34 所示。

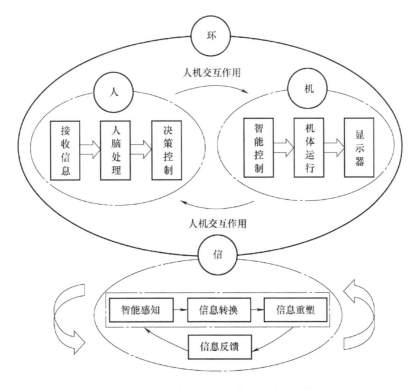

图 11-34 智能安全人机工程学研究对象及其关系

2. 研究内容

任何学科的研究内容无外乎分为三个层次,即基础理论层次、应用技术层次和实践应用层次,根据研究内容划分,智能安全人机工程学的研究内容包含以下几个方面,具体释义见表 11-5。

表 11-5　智能安全人机工程学研究内容及具体释义

层面	研究内容	研究内容具体释义
基础理论层次	智能安全人机工程学方法论	主要包括智能安全人机工程学研究方法及其体系、智能安全人机工程学的感知设计方法、智能安全人机工程学人机评价方法、智能安全人机工程学可靠性分析方法、智能安全人机工程学人机空间关系分析方法、智能安全人机工程学智能交互界面设计方法、智能安全人机工程学实验分析方法、智能安全人机工程学模拟分析方法、智能安全人机工程学智能控制方法、智能安全人机工程学模型设计方法、智能安全人机工程学安全智能设计方法
	智能安全人机工程学基础理论	广义的基础理论包括：智能安全人机工程学基本概念与定义、学科内涵、学科设置目标、学科性质、学科建立视角、学科内容体系、学科任务等 狭义的基础理论包括：智能安全人机工程学原理、人机工程学原理、人类工程学原理、人机控制学原理、感知系统设计原理、宜人学原理、环境控制与安全保护设计原理、机械控制原理、机械动力学原理、机械制造学原理、机械机电控制原理、自动化控制原理、环境容量控制原理、智能系统设计原理、交互可视化技术理论、大数据挖掘分析、机器感知设计原理等
	智能安全人机工程学学科体系	主要包括学科属性、学科基础、学科层次、学科地位、学科与子系统架构与关联关系等
应用技术层次	"人"体智能	主要包括智能人体感知（五官感知）、人体空间智能（人机空间距离智能化设计）、自然观察智能（主要是指接受外部环境动态变化的信息接纳与初步处理能力）、人体内省智能（主要是指接受外部环境动态变化的信息后期反馈能力）、人体语言智能（语音智能、语义智能、言语思维智能等）、外部环境感知（如声的感知、色彩感知、触觉感知）等
	"机械"智能	主要包括智能传感技术（柔性材料选取、智能传感器制造、感知信号提取、采集、处理、分析）、智能机器感知（感知元件设计、机器位移感知、触觉感知、应力感知、接近感知、声觉感知、温度感知、滑觉感知、视觉感知、速度感知等）、智能控制与优化技术（传感器参数自控制技术、作业过程智能评估技术、大规模机器群控制技术、智能装备数值模拟仿真技术、传感器精密控制技术等）、机械设备智能系统协同技术（机械装置作业方案自设计技术、局部装置自安装技术、目标优化最优解分析技术、时间分析与安全警戒技术）、智能诊断与智能维护技术（机器状态自识别技术、机器状态智能诊断分析、故障智能化动态表征、故障自调控优化技术、装备寿命预测与磨损状态分析、作业可靠性评估）等
	人-机智能化交互	主要包括智能人机接口（接口数据接收与知识处理、语音与图像显示、接口节点模块设计、人机接口组件设计、模块化系统仿真设计）、人机一体化技术（交互接口的信息转换技术、智能制造技术）、智能化接触面控制技术（脑机接口技术、泛在感知网络技术、多通道交互体系建立技术、虚拟现实技术）等
实践应用层次	智能化人机功能匹配设计	构建智能人机系统中人的传递函数、人机特性指标的建立与性能比较、人机的功能匹配参数最优化、人机系统安全性与可靠性分析等
	智能人机结合面的最优设计	管理信息的智能化处理、智能决策支持系统的优化建模、办公智能化系统的优化等
	工作效率最优智能化设计	智能化机械流程最优化设计、操作处理最优方案设计、人机匹配参数的智能化调整等
	本质安全最优智能化设计	智能化设备的可靠性设计、防能量溢散缓冲设备开发、人机功能匹配设计优化等
	…	…

11.6.4　智能安全人机工程学未来挑战

在高精尖技术高速发展的今天，任何学科在其发展过程中都会有未解决的难题，这些难题也促使着学科进步与发展。智能安全人机工程学是传统安全人机工程学的发展与延续，新学科的普及与推广也注定经受住满路荆棘。根据智能化的概念以及现阶段安全人机工程学的发展现状，未来智能安全人机工程学的发展仍面临着以下挑战：

1. 挑战一：智能化技术与安全人机工程融合机制

大数据时代的到来为各学科的创新发展带来了挑战，信息数据处理技术不同以往，传统学科必须迭代更新。智能化的发展终将会引发新一轮的学科革命，不同学科间的联系也会越来越密切，因此智能化技术与安全人机工程领域融合机制也是未来智能安全人机工程学学科推广的挑战。

2. 挑战二：智能安全人机工程学理论与分析方法

目前，智能安全人机工程学的学科属性、学科内涵尚处于初步探讨阶段，在新一轮的信息技术革新和交互机理转变之前，智能安全人机工程理论与分析方法仍旧是学科建设首要关注的重点。

3. 挑战三：智能安全人机工程算法的设计与开发

当前，智能化技术已在人机可视化、安全人机工程数据挖掘技术方面逐渐应用，但程度依旧不高；此外，信息时效性反馈仍具有滞后性，算法的设计与开发耗时较长且精度偏低，因此，智能化算法的设计与开发将彻底突破控制模式时间和空间的约束条件，这也是未来智能安全人机工程学所面临的挑战。

4. 挑战四：本质安全最优智能化设计

在传统的人-机-环系统中，由于机械装置无法实现自诊断、健康状态自反馈功能，人员疲劳作业也会发生失误，本质安全化难以实现。智能安全人机工程学学科建设的目标就是实现本质安全化。例如，在矿山生产过程中，可综合利用微震监测技术、图像识别技术、人工智能、智能传感器研制智能矿山无人驾驶汽车，进而实现采掘作业的智能化，不仅可以保护工人和设备的安全，还可以为资源的安全与高效回收提供技术支持。可见，本质安全最优智能化设计也是学科建设需要面临的挑战。

5. 挑战五：数据的驱动处理及算法结构构建

智能化安全人机工程强调数字化与信息化，当数据量呈"井喷式"增长时，获取数据有用信息的效率会大大降低，因此数据驱动处理对优化智能安全人机工程中的数据体系结构十分关键。需注意的是，由于大数据有多源异构、快速多变的特点，因此，研究大数据的计算范式对后续有效信息的采集及数据质量的精细化管理至关重要。

6. 挑战六：数据匿名化处理技术

利用智能化技术获取海量数据的过程中，数据的隐私保护至关重要，这不仅需要研究机构的重视，还需要社会、政府间的紧密配合与联系，只有这样，数据获取的途径才会更加合法、合规、提高安全性。

7. 挑战七：数据精细化管理思维及运行机制

数据井喷式的增长伴随着数据产生速度的激增。由于深入了解数据比处理数据更为重要，因此在获取数据时，一定要设置数据采集的阈值，进而实现数据的精细化管理。

8. 挑战八：智能安全人机工程的信息时效性反馈

随着新的成像软硬件和人工智能芯片的出现，如何提高安全人机工程系统智能化进程及智能化效率，以及加快新算法的设计与开发对保证信息时效性反馈至关重要。

9. 挑战九：人机交互可视化视觉噪声消融机理

智能交互过程受广泛信息量的存在，人们的感知器官可能会受到影响，宏观的智能机械操控过程中可能会对信息理解产生误导，开发消除智能人机交互界面的视觉噪声技术也是智能安全人机工程学面临的一大挑战。

10. 挑战十："人-机-环-信"系统智能交互大型图像感知与高速变换技术

智能化人机交互是智能安全人机工程学研究内容的重点，为保证所有的数据均可视化，需寻求共性可视化技术，要保证智能机械对海量数据具有高度敏感性，并可以将不同文本形式呈现的海量安全信息依托变换技术进行改善，因此开发"人-机-环"系统智能交互大型图像感知与高速变换技术也是学科需要研讨的重点内容和重大挑战。

11. 挑战十一：智能人机交互领域的拓展

尽管有新兴交互方式的尝试，但大多数交互方式的使用率不高，未形成普及化的商业应用，更没有达到无障碍、随心所欲沟通的水平。例如，体感交互目前只应用于游戏领域，动作捕捉交互方式更多应用于电影制作领域。

12. 挑战十二：智能人机设计标准体系的构建

当前，针对不同领域还没有形成被广泛认可的智能人机设计标准技术结构。例如，在智能人机共驾方面，如何将自然驾驶人状态监测、意图识别和个性化等技术融合，如何从标准架构去解释、搭建更高级的先进辅助驾驶系统有待进一步商榷。一方面是因为当前技术体系不成熟；另一方面是由于没有试图从标准技术结构去定义。

13. 挑战十三：控制模式的开发需要考虑可扩展性和普适性

智能人机操作界面的显示器无论是位于本地还是远程端，通常都是借助于交互控制技术，将预先获取的和实时的信息集成地呈现在显示器上。一旦 5G、物联网等通信技术有所创新，将彻底改变现有的控制模式、相关算法的时间和空间的约束条件。

14. 挑战十四：在智能化人机工程发展中的二次伤害

穿戴式体感设备可以接受人体的生物信号，从而统计身体各种生理机能反馈出来的数据，极大地方便人们对身体健康状态的把握。但系统工作过程中，设备自身存在电波信号，监测数据通过 WiFi 信号传递给云存储系统，如何保证人体的健康不受影响以及数据的安全是需要考虑的问题。同时，使用者可能会对智能化设备产生依赖，当设备出现故障或反应不灵时，引发的停滞会影响工作计划的实施；对于前文所述医疗领域的无障碍技术设备，在没有专业人员的指导下出现不当的运动训练也可能造成受训者的肢体损伤；此外，过亮的设备屏幕和嘈杂的声音也可能造成人的视觉、听觉的损害。

15. 挑战十五：智能控制自然交互体系的构建

未来的人机交互体系有望构建完备的智能控制自然交互体系，构建沉浸的 3D 交互显示系统与多通道的人机交互方式，为用户提供栩栩如生和身临其境的沉浸式交互体验。未来的人机交互将更重视用户的直觉与感官，产品将允许用户利用自身固有的认知习惯及其所熟知的生活化行为方式进行交互动作，旨在提高交互的自然性和高效性。

大数据技术的出现，促使安全人机工程交互产业、安全大数据理论蓬勃发展，是安全工程学科在大数据时代未来的发展方向，也是广大安全领域科研学者需要重点关注的领域。

当今的世界，比以往任何历史时期更重视作业的安全、工作的舒适以及生活的品质。安全人机工程是现代社会繁荣基本保障，也是当今社会进步的一剂强心剂。随着我国的经济实力，特别是生产力的逐年上升，越来越多的工业生产与科研专业人员意识到安全人机工程在提升国家实力中的重要性。改革开放以来，我国工业发展经过几十年的奋起追赶，逐渐在摸索中找到了自信。通过深入的"人-机-环"系统的相关研究，加大对安全人机研究领域的科研投入，不仅能助推我国科技的大步迈进，也将向世界的工业进程与经济发展提供更安全、更健康、更可靠的中国解决方案。未来的人工智能，或许就建立在更深入、更广泛的安全人机工程研究所建立的基础之上。

复 习 题

1. 何为人机交互？请简要论述不同背景下人机交互的发展历程。大数据背景下人机交互现状是什么？

2. 如何利用大数据技术促进安全生产？

3. 大数据的特征有哪些？请简要说明你的理解。

4. 从大数据的基本概念入手，分析如何将大数据成为安全生产"利器"？

5. 大数据挖掘与分析技术对安全人机工程的促进作用有哪些？请举例说明。

6. 以地下无人矿车为例，为实现连续智能化开采，需要运用大数据技术中的哪些手段？

7. 大数据背景下，可以在哪些方面实现人机工程的智能化？

8. 简述大数据背景下安全人机工程学科的发展方向。

参 考 文 献

[1] 王保国，王新泉，刘淑艳，等. 安全人机工程学 [M]. 2 版. 北京：机械工业出版社，2016.

[2] 谢光茂. 关于百色手斧问题：兼论手斧的划分标准 [J]. 人类学学报，2002（1）：65-73.

[3] 赵宾福，赵娟. 三江平原及黑龙江中下游新石器时代生业方式分析 [J]. 地域文化研究，2020（6）：112-120.

[4] 张昌平. 商周青铜礼器铸造中焊接技术传统的形成 [J]. 考古，2018（2）：88-98.

[5] 王婷，吴超. 中国古代家具的人机工程学痕迹研究 [J]. 青岛理工大学学报，2012，33（5）：104-110.

[6] 胡中艳，曹阳. 中国古代家具设计的继承与发展 [J]. 包装工程，2009，30（1）：158-160.

[7] 秦佳. 中国古代家具源流概说 [J]. 收藏家，2019（2）：45-52.

[8] 石瀚洋. 人眼不可感知的可见光通信关键技术研究 [D]. 长春：吉林大学，2020.

[9] 季伏枥. 二战时期的匈牙利"图兰"中型坦克 [J]. 坦克装甲车辆，2018（1）：47-50.

[10] 龙滨."变节"的鹰：二战中被俘的作战飞机 [J]. 航空知识，2005（7）：36-39.

[11] 李建中，曾维鑫，李建华. 人机工程学 [M]. 北京：中国矿业大学出版社，2009.

[12] 章曲，谷林. 人体工程学 [M]. 2 版. 北京：北京理工大学出版社有限责任公司，2019.

[13] 丁玉兰，程国萍. 人因工程学 [M]. 北京：北京理工大学出版社，2013.

[14] 朱磊，杨利芳，付雁平. 心理作业空间优化的机电设备人机界面设计 [J]. 哈尔滨工业大学学报，2007（11）：1740-1744.

[15] 张兴容，李世嘉. 安全科学原理 [M]. 北京：中国劳动社会保障出版社，2004.

[16] 蒋军成，郭振龙. 安全系统工程 [M]. 北京：化学工业出版社，2004.

[17] 王秉，吴超. 安全信息学论纲 [J]. 情报杂志，2018，37（2）：88-96.

[18] 吴超. 安全科学方法学 [M]. 北京：中国劳动社会保障出版社，2011.

[19] 李红杰，鲁顺清. 安全人机工程学 [M]. 武汉：中国地质大学出版社，2006.

[20] 孙林辉，朱鹏烨，袁晓芳，等. 脑疲劳测度方法对比实验研究 [J]. 人类工效学，2018，24（6）：32-38.

[21] 吴超.《安全科学原理》新教材及其在线课程的建设经验 [J]. 安全，2020，41（7）：25-31.

[22] 刘东明，孙桂林. 安全人机工程学 [M]. 北京：中国劳动出版社，1993.

[23] 余滢鑫，余晓光，翟亚红，等. 5G 终端安全技术分析 [J]. 信息安全研究，2021，7（8）：704-714.

[24] 曹宇，唐小波，宋育泽，等. 北斗卫星导航系统在一体化智能安全头盔中的应用 [J]. 全球定位系统，2021，46（3）：111-115.

[25] 吴盛雄. 基于大数据的老年网络学习行为分析模型构建 [J]. 教育评论，2021（7）：74-80.

[26] 陈信，袁修干. 人-机-环境系统工程生理学基础 [M]. 2 版. 北京：北京航空航天大学出版社，2000.

［27］ 谢燮正. 人类工程学 ［M］. 杭州：浙江教育出版社，1987.

［28］ 赵江洪. 普通人体工程学 ［M］. 长沙：湖南科学技术出版社，1988.

［29］ 丁玉兰. 人机工程学 ［M］. 5 版. 北京：北京理工大学出版社，2017.

［30］ 严扬，王国胜. 产品设计中的人机工程学 ［M］. 哈尔滨：黑龙江科学技术出版社，1997.

［31］ 赵铁生，王恒毅，李崇斌. 工效学 ［M］. 天津：天津科技翻译出版公司，1989.

［32］ 朱祖祥. 工程心理学教程 ［M］. 北京：人民教育出版社，2003.

［33］ 黄清武，陈伯辉，沈斐敏. 人的不安全行为干预技术 ［J］. 安全与健康，2002（23）：31-32.

［34］ 郭晓艳，张力. 安全人因工程中的心理因素 ［J］. 工业安全与环保，2007（10）：29-32.

［35］ 张力，王以群，邓志良. 复杂人-机系统中的人因失误 ［J］. 中国安全科学学报，1996（6）：38-41.

［36］ 闫剑群，赵晏. 神经生物学概论 ［M］. 西安：西安交通大学出版社，2007.

［37］ 许伟晶，申黎明，谈立山，等. 面向座椅设计的人体尺寸测量与腰臀形态分型 ［J］. 家具，2021，42（3）：39-43.

［38］ 侯秋丽. 基于三维扫描的人体尺寸测量方法研究 ［J］. 大众标准化，2020（22）：188-190.

［39］ 李静媛. 不同主动性个体安全生产行为演化机理研究 ［D］. 哈尔滨：哈尔滨工程大学，2018.

［40］ 吴林，吴超，黄浪，等. 微系统人机界面的安全信息流模型构建及其应用 ［J］. 中国安全生产科学技术，2020，16（3）：151-156.

［41］ 吴超. 安全信息认知通用模型构建及其启示 ［J］. 中国安全生产科学技术，2017，13（3）：5-11.

［42］ 冯伟，陈沅江，吴超，等. 基于安全信息认知的事故致因模式研究 ［J］. 情报杂志，2019，38（7）：160-165.

［43］ 黄浪，吴超，王秉. 基于信息认知的个人行为安全机理及其影响因素 ［J］. 情报杂志，2018，37（8）：121-127.

［44］ 龙增，吴超，石英. 多级视听混合交替安全信号的认知模型构建及其故障模式分析 ［J］. 中国安全生产科学技术，2018，14（7）：154-160.

［45］ 付瑞霞，胡汉华. 安全阈值基本原理及应用研究 ［J］. 中国安全科学学报，2014，24（9）：15-19.

［46］ 秦奎元，李文强，陈宏玉，等. 飞行员风险知觉：概念、测量及研究理论取向 ［J］. 心理科学，2018，41（4）：936-941.

［47］ 武悦，康健. 听觉引导在大型铁路客站候车厅安全疏散中的应用 ［J］. 城市建筑，2016（16）：121-123.

［48］ 彭聃龄. 普通心理学 ［M］. 5 版. 北京：北京师范大学出版社，2019.

［49］ 肖国清，陈宝智. 人因失误的机理及其可靠性研究 ［J］. 中国安全科学学报，2001，（1）：25-29.

［50］ 肖业伦. 飞行器运动方程 ［M］. 北京：航空工业出版社，1987.

［51］ 章国栋，陆廷孝，屠庆慈，等. 系统可靠性与维修性的分析与设计 ［M］. 北京：北京航空航天大学出版社，1990.

［52］ 杨为民. 可靠性·维修性·保障性总论 ［M］. 北京：国防工业出版社，1995.

［53］ 何明鉴. 航空发动机可靠性·维修性·故障诊断 ［M］. 北京：航空工业出版社，1998.

［54］ 蔡永娟. 机器人感知系统标准化与模块化设计 ［D］. 合肥：中国科学技术大学，2010.

［55］ 张景柱. 特种六分力传感器设计原理研究 ［D］. 南京：南京理工大学，2008.

［56］ 金振林，高峰. 新型机器人 6 维力/力矩传感器结构的刚度性能指标分析 ［J］. 中国机械工程，2001

（10）：12-14.

[57] 赵志飞. 机械设备的检测技术研究 [J]. 内燃机与配件，2019（2）：128-129.

[58] 史红卫，史慧，孙洁，等. 服务于智能制造的智能检测技术探索与应用 [J]. 计算机测量与控制，2017，25（1）：1-4.

[59] 龙升照. 人-机-环境系统中机的本质可靠性分析与设计 [C] //中国系统工程学会. 第四届全国人的可靠性和人-机-环境系统可靠性专题研讨会论文集：第七卷. [S.l.]：[s. n.]，2006.

[60] 杨宏刚. 基于控制论的系统安全评价理论研究 [D]. 西安：西安建筑科技大学，2007.

[61] 撒占友，程卫民. 安全人机工程 [M]. 徐州：中国矿业大学出版社，2012.

[62] 赵江平. 安全人机工程学 [M]. 西安：西安电子科技大学出版社，2014.

[63] 欧阳文昭. 安全人机工程学 [M]. 武汉：中国地质大学出版社，1991.

[64] 刘潜. 从劳动保护工作到安全科学 [M]. 武汉：中国地质大学出版社，1992.

[65] 白恩远，杨硕，王福生. 安全人机工程学 [M]. 北京：兵器工业出版社，1996.

[66] 臧吉昌. 安全人机工程学 [M]. 北京：化学工业出版社，1996.

[67] 石金涛. 安全人机工程 [M]. 上海：上海交通大学出版社，1997.

[68] 谢庆森，王秉权. 安全人机工程 [M]. 天津：天津大学出版社，1999.

[69] 谢鸣一. 安全系统工程 [M]. 北京：科学技术文献出版社，1988.

[70] 张金钟. 系统安全工程 [M]. 北京：航空工业出版社，1990.

[71] 汪元辉. 安全系统工程 [M]. 天津：天津大学出版社，1999.

[72] 景国勋. 安全学原理 [M]. 北京：国防工业出版社，2014.

[73] 白云，吴吉昌，胡浪. 一种新型轨道交通车载控制显示装置的研制 [J]. 机车电传动，2018（4）：62-66.

[74] 刘军. 支持 TCN 的列车智能显示器的研究与实现 [D]. 长沙：中南大学，2009.

[75] 王鹏，陈高华. 高速列车液晶显示器可靠性强化试验技术研究 [J]. 机车电传动，2013（5）：75-79.

[76] 魏文君，徐享，刘学清，等. 现代显示技术的发展与展望 [J]. 功能材料与器件学报，2015，21（5）：99-106.

[77] 薛澄岐. 人机融合、智能人机交互、自然人机交互未来人机交互技术的三大发展方向：薛澄岐谈设计与科技 [J]. 设计，2020，33（8）：52-57.

[78] 张田田. 多 Kinect 人机交互模型研究 [D]. 西安：陕西师范大学，2018.

[79] 陆熊，陈晓丽，孙浩浩，等. 面向自然人机交互的力触觉再现方法综述 [J]. 仪器仪表学报，2017，38（10）：2391-2399.

[80] 马风力. 基于 Kinect 的自然人机交互系统的设计与实现 [D]. 杭州：浙江大学，2016.

[81] 王佳雯，管业鹏. 基于人眼注视非穿戴自然人机交互 [J]. 电子器件，2016，39（2）：253-257.

[82] 刘雪，石天聪，余政涛. 智能网联汽车人机交互界面分析 [J]. 汽车实用技术，2021，46（10）：34-36.

[83] 汪大伟. 色彩构成对人机交互界面设计的影响研究 [J]. 机械设计，2021，38（5）：156.

[84] 李洋，谢继武，刘波. 人机交互技术在数字媒体移动端界面设计中的应用 [J]. 现代电子技术，2021，44（6）：155-158.

[85] 高成志，王丽君. 民用飞机头戴式显示器设计研究 [J]. 科技创新与应用，2020（12）：90-92.

[86] 杨邦朝，张治安. 触摸屏技术及应用 [J]. 电子世界，2003（2）：79-80.

[87] 曲海波，陈莉. 触摸屏技术的原理及应用 [J]. 中国教育技术装备，2006（11）：49-51.

[88] 田秋红，杨慧敏，梁庆龙，等. 视觉动态手势识别综述 [J]. 浙江理工大学学报（自然科学版），
　　　2020，43（4）：557-569.

[89] 李勃. 脑机接口技术研究综述 [J]. 数字通信，2013，40（4）：5-8.

[90] 杨立才，李佰敏，李光林，等. 脑-机接口技术综述 [J]. 电子学报，2005（7）：1234-1241.

[91] 张汝果，徐国林. 航天生保医学 [M]. 北京：国防工业出版社，1999.

[92] 周衍椒，张镜如. 生理学 [M]. 3版. 北京：人民卫生出版社，1989.

[93] 陈玲，赵建夫. 环境监测 [M]. 北京：化学工业出版社，2004.

[94] 王健，王红，朱祖祥. 经典氧债学说研究进展 [J]. 应用心理学，1997（2）：55-57.

[95] 林崇德. 心理学大辞典 [M]. 上海：上海教育出版社，2003.

[96] 余云霞，王祎. 国际劳工标准 [M]. 北京：中国劳动出版社，2007.

[97] 中国标准化研究院标准馆. 日本标准目录 [M]. 北京：中国标准出版社，2006.

[98] 姚立根，王学文. 工程导论 [M]. 北京：电子工业出版社，2012.

[99] 王全伟，徐格宁，文豪. 起重机司机行为建模与操作可靠度分析 [J]. 人类工效学，2016，22（3）：
　　　58-65.

[100] 毛海峰. 安全管理心理学 [M]. 北京：化学工业出版社，2004.

[101] 王遥，沈祖培. CREAM：第二代人因可靠性分析方法 [J]. 工业工程与管理，2005（3）：17-21.

[102] 高佳，沈祖培，何旭洪. 第二代人的可靠性分析方法的进展 [J]. 中国安全科学学报，2004（2）：
　　　18-22.

[103] 郭晓波，郭海林. 影响作业疲劳的因素及对策研究 [J]. 中国安全生产科学技术，2009，5（6）：
　　　189-192.

[104] 扎齐栈奥尔斯基. 人体运动器官生物力学 [M]. 吴中贯，等译. 北京：人民体育出版社，1987.

[105] 庞诚，顾鼎良. 高温环境与工作效率 [J]. 自然杂志，1991（2）：129-133.

[106] 迪普伊，泽莱特. 全身振动对人体的影响 [M]. 杨延篪，译. 西安：西安交通大学出版社，1989.

[107] 张宝. 基于视觉传达要素的制造装备人机优化设计方法研究 [D]. 合肥：合肥工业大学，2015.

[108] 徐大明. 人机系统设计 [D]. 西安：西安建筑科技大学，2001.

[109] 张宽. 安全人机工程学主动设计方法研究 [J]. 中国战略新兴产业，2018（12）：139.

[110] 董明哲. 化工工艺设计中的安全防范及危险应对措施 [J]. 化工管理，2020（2）：61-62.

[111] 袁泉，高岩，裴晨璐. 基于人-机-环境因素的未来交通事故风险研究 [J]. 系统仿真学报，2019，31
　　　（3）：566-574.

[112] 胡杰英. 无创通气中测压管内冷凝液对人机同步的影响及其应对方法的探讨 [D]. 广州：广州医科
　　　大学，2017.

[113] 曹琼茹. 基于人机交互的大词汇量连续语音自动识别系统设计 [J]. 自动化与仪器仪表，2021（4）：
　　　94-97.

[114] 赵娟. 铁路货车危化品运输安全监测系统设计 [D]. 太原：太原科技大学，2017.

[115] 曹志超. 胶轮车安全防护阻栏装置的动力学分析 [D]. 西安：西安科技大学，2015.

[116] 栗婧，王真，秦亚茹，等. 不同噪声强度对煤矿工人作业失误率的影响研究 [J]. 中国安全科学学

报，2021，31（2）：179-184.

[117] 游波，刘剑锋，施式亮，等. 深井恶劣环境对安全人因指标影响的试验研究 [J]. 中国安全科学学报，2020，30（12）：52-61.

[118] 吕收. 汽车发动机的主动噪声控制方法研究 [D]. 哈尔滨：哈尔滨理工大学，2019.

[119] 郭军峰. 一种保安油压联锁装置：CN209604867U [P]. 2019-11-08.

[120] 曹琦. 人机环境系统本质安全化原理 [J]. 劳动保护科学技术，1996（2）：33-35.

[121] 邹树梁，赵然，唐德文，等. 驾驶舱屏蔽系统预先危险性分析 [J]. 中国安全生产科学技术，2014，10（9）：170-175.

[122] 石岩，李永刚. 液压挖掘机发动机噪声分析与降噪设计 [J]. 工程机械，2010，41（1）：38-41.

[123] 张士超. 基于隐患分析的海洋钻修机井架及底座安全评估 [J]. 船海工程，2021，50（1）：112-116.

[124] 肖成侠，陈全. HAZOP 在煤矿通风系统安全风险分析中的应用 [J]. 中国安全生产科学技术，2013，9（11）：97-102.

[125] 胡明，高冀，谭力文. 贝叶斯网络分析在管道腐蚀失效概率计算中的运用 [J]. 化工设备与管道，2009，46（5）：52-56.

[126] 邓聚龙. 灰色控制系统 [J]. 华中工学院学报，1982（3）：11-20.

[127] 王家新，郝晓丽，魏家虎，等. 高层建筑火灾风险灰色系统综合评估 [J]. 建筑安全，2018，33（11）：62-65.

[128] 刘爱华，施式亮，吴超. 高层建筑火灾风险评估的指标体系设计 [J]. 中国工程科学，2006（9）：90-94.

[129] 刘宏. 综合评价中指标权重确定方法的研究 [J]. 河北工业大学学报，1996（4）：75-80.

[130] 卢兆明，胡宝清，陆君安，等. 高层建筑火灾风险灰关联评估 [J]. 武汉大学学报（工学版），2004（5）：62-66.

[131] 廖建朝，李猛，谢正文. 基于人机工程学的矿山采面安全模糊综合评价 [J]. 中国安全生产科学技术，2008（2）：57-60.

[132] 马骊，王鹏军，李晋生. 浅析矿井通风系统的优化 [J]. 中国安全生产科学技术，2009，5（4）：187-190.

[133] 龙升照. 航天员的模糊控制模型及应用展望 [J]. 航天控制，1990（2）：53-59.

[134] 贺仲雄. 模糊数学及其应用 [M]. 天津：天津科技出版社，1983.

[135] 刘豹. 自动调节理论基础 [M]. 上海：上海科学技术出版社，1963.

[136] 陈衍泰，陈国宏，李美娟. 综合评价方法分类及研究进展 [J]. 管理科学学报，2004（2）：69-79.

[137] 虞晓芬，傅玳. 多指标综合评价方法综述 [J]. 统计与决策，2004（11）：119-121.

[138] 穆永铮，鲁宗相，乔颖，等. 基于多算子层次分析模糊评价的电网安全与效益综合评价指标体系 [J]. 电网技术，2015，39（1）：23-28.

[139] 陈刚，张圣坤. 船舶搁浅概率的模糊事件树分析 [J]. 上海交通大学学报，2002（1）：112-116.

[140] 夏睿，张裕，叶晓桐. 基于突变理论与 BP 神经网络的建筑施工安全综合评价 [J]. 现代电子技术，2021，44（9）：176-181.

[141] 苏欣，袁宗明，王维，等. 层次分析法在油库安全评价中的应用 [J]. 天然气与石油，2006（1）：1-4.

［142］王彬，吴海宏，李庚华. 基于 BP 神经网络确定评价体系指标权重［J］. 广州航海学院学报，2021，
　　　　29（1）：55-59.

［143］陈亮，殷秀芬，胡立伟，等. 基于模糊神经网络的驾驶模拟器实验有效性评价研究［J］. 昆明理工
　　　　大学学报（自然科学版），2021，46（2）：126-134.

［144］赵鹏飞. 煤矿安全评价方法综述及发展趋势［J］. 化工矿物与加工，2021，50（9）：29-31.

［145］韩海荣，王岩. 基于层次分析：模糊综合评价法的危险化学品生产企业安全评价研究［J］. 石油化
　　　　工安全环保技术，2019，35（6）：28-32.

［146］李娜，孙文勇，李佳宜. 保护层分析方法研究及其在风险分析中的应用［J］. 石油与天然气化工，
　　　　2013，42（6）：663-666.

［147］吴超. 安全科学方法论［M］. 北京：科学出版社，2016.

［148］黄柯棣，等. 系统仿真技术［M］. 长沙：国防科技大学出版社，1998.

［149］王秉，吴超. 安全文化学［M］. 北京：化学工业出版社，2018.

［150］姚建，田冬梅. 安全人机工程学［M］. 北京：煤炭工业出版社，2012.

［151］唐焕文，贺明峰. 数学模型引论［M］. 2 版. 北京：高等教育出版社，2001.

［152］江裕钊，辛培清. 数学模型与计算机模拟［M］. 成都：电子科技大学出版社，1989.

［153］威廉斯. 数学规划模型建立与计算机应用［M］. 孟国璧，等译. 北京：国防工业出版社，1991.

［154］陈汝栋，于延荣. 数学模型与数学建模［M］. 北京：国防工业出版社，2009.

［155］吴翊. 数学建模的理论与实践［M］. 长沙：国防科技大学出版社，1999.

［156］朱道元. 数学建模精品案例［M］. 南京：东南大学出版社，1999.

［157］汉密尔顿. 应用 STATA 做统计分析［M］. 郭志刚，等译. 5 版. 重庆：重庆大学出版社，2008.

［158］里德. 数值分析与科学计算［M］. 张威，译. 北京：清华大学出版社，2008.

［159］王松桂. 线性统计模型：线性回归与方差分析［M］. 北京：高等教育出版社，1999.

［160］贝茨. 非线性回归分析及其应用［M］. 韦博成，等译. 北京：中国统计出版社，1997.

［161］张尧庭，方开泰. 多元统计分析引论［M］. 北京：科学出版社，1982.

［162］许可. 卷积神经网络在图像识别上的应用的研究［D］. 杭州：浙江大学，2012.

［163］秦寿康. 综合评价原理与应用［M］. 北京：电子工业出版社，2003.

［164］张文生. 科学计算中的偏微分方程有限差分法［M］. 北京：高等教育出版社，2006.

［165］李人宪. 有限体积法基础［M］. 北京：国防工业出版社，2005.

［166］刘璐，尹振宇，季顺迎. 船舶与海洋平台结构冰载荷的高性能扩展多面体离散元方法［J］. 力学学
　　　　报，2019，51（6）：1720-1739.

［167］申光宪，等. 边界元法［M］. 北京：机械工业出版社，1998.

［168］刘飞飞，魏守水，魏长智，等. 基于速度源修正的浸入边界-晶格玻尔兹曼法研究仿生微流体驱动模
　　　　型［J］. 物理学报，2014，63（19）：249-255.

［169］LIU G R，LIU M B. 光滑粒子流体动力学［M］. 韩旭，杨刚，强洪夫，译. 长沙：湖南大学出版
　　　　社，2005.

［170］韦有双，王飞，冯允成. 虚拟实与系统仿真［J］. 计算机仿真，1999（2）：63-66.

［171］施寅，周葆芳. 虚拟现实造型语言及其应用［J］. 计算机辅助设计与图形学学报，1998，10（5）：
　　　　67-73.

[172] 石教英. 虚拟现实基础及实用算法 [M]. 北京: 科学出版社, 2002.

[173] 赵沁平. DVENET 分布式虚拟现实应用系统运行平台与开发工具 [M]. 北京: 科学出版社, 2005.

[174] 白冰. FEPG 有限元应用深入剖析 [M]. 北京: 清华大学出版社, 2011.

[175] 盛选禹, 盛选军. DELMIA 人机工程模拟教程 [M]. 北京: 机械工业出版社, 2009.

[176] 胡远志, 曾必强, 谢书港. 基于 LS-DYNA 和 HyperWorks 的汽车安全仿真与分析 [M]. 北京: 清华大学出版社, 2011.

[177] 吴超. 安全科学学的初步研究 [J]. 中国安全科学学报, 2007 (11): 5-15.

[178] 吴超, 杨冕. 安全科学原理及其结构体系研究 [J]. 中国安全科学学报, 2012, 22 (11): 3-10.

[179] 李昌春, 张薇薇. 物联网概论 [M]. 重庆: 重庆大学出版社, 2020.

[180] 刘景良. 安全人机工程学 [M]. 北京: 化学工业出版社, 2018.

[181] 刘春荣. 人机工程学应用 [M]. 上海: 上海人民美术出版社, 2009.

[182] 邓鹏, 袁狄平, 何存富等. 无损检测技术在城市公共安全领域的应用 [J]. 无损检测, 2021, 43 (1): 87-90.

[183] 赵彦修, 田红岩, 陈彦泽, 等. 在役常压储罐的无损检测技术 [J]. 无损检测, 2020, 42 (9): 77-81.

[184] 胡绕. 基于超声横波的混凝土结构无损检测数据成像技术 [J]. 无损检测, 2020, 42 (6): 17-21.

[185] 沈功田, 王尊祥. 红外检测技术的研究与发展现状 [J]. 无损检测, 2020, 42 (4): 1-9.

[186] 王宏春. 职业健康检查的质量管理探讨 [J]. 职业卫生与病伤, 2008 (4): 234-235.

[187] 栗鹏辉. 环境监测技术方法在环境保护中的实践探析 [J]. 资源节约与环保, 2020 (9): 69-70.

[188] 汪海兵. 浅谈环境检测技术存在的问题及对策 [J]. 资源节约与环保, 2021 (6): 43-44.

[189] 刘敏. 环境监测技术的应用现状及发展趋势研究 [J]. 资源节约与环保, 2019 (9): 51.

[190] 赵菲, 张见昕. 水环境保护中水质自动监测技术的应用及改进措施 [J]. 现代农业科技, 2021 (15): 165-166.

[191] 李悦. 水环境保护中水质自动监测技术的运用分析 [J]. 节能与环保, 2019 (12): 111-112.

[192] 顾敏, 曹腾昆, 渠时龙, 等. 车内环境智能监测与控制系统设计 [J]. 内燃机与配件, 2021 (13): 210-211.

[193] 黄培灿, 林锦峰, 周培森, 等. 基于 ZigBee 技术的室内环境监测系统设计 [J]. 工业控制计算机, 2020, 33 (5): 61-62.

[194] 林丽. 微机控制与单片机控制技术介绍 [J]. 轻工科技, 2021, 37 (8): 64-65.

[195] 任肖丽, 王骥, 王昊鹏, 等. 基于 STM32 的环境监测系统设计 [J]. 集成电路应用, 2021, 38 (8): 14-15.

[196] 沈功田, 耿荣生, 刘时风. 声发射源定位技术 [J]. 无损检测, 2002 (3): 114-117.

[197] 覃容, 彭冬芝. 事故致因理论探讨 [J]. 华北科技学院学报, 2005 (3): 1-10.

[198] 聂慧锋. 基于知识的智能化人机工程设计研究 [D]. 西安: 西安电子科技大学, 2010.

[199] 彭峰. 动力电池火灾检测自动报警系统的设计与实现 [D]. 成都: 电子科技大学, 2018.

[200] 梁文静. 基于安全人机工程学的激光切割机人机系统设计 [D]. 哈尔滨: 哈尔滨理工大学, 2018.

[201] 隋鹏程, 陈宝智, 隋旭. 安全原理 [M]. 北京: 化学工业出版社, 2005.

[202] 四川省应急管理厅. 宜宾恒达科技有限公司 "7·12" 重大爆炸着火事故调查报告 [EB/OL].

（2019-08-16）［2022-03-31］. http://www.hzzk.gov.cn/ajfj/sgal/201908/d9b1c5198ff84ace8d2a29fd6b02f9ec/files/6c17c76e3aec401eb684fc1e32d21751.pdf.

［203］朱序璋. 人机工程学［M］. 西安：西安电子科技大学出版社，2006.

［204］肖方. 国务院安委会对宜宾重大爆炸着火事故挂牌督办［J］. 中国消防，2018（8）：4-5.

［205］付秋实. 江西省宜春市丰城发电厂"11·24"冷却塔施工平台坍塌特别重大事故应急处置工作情况［J］. 中国应急管理，2016（11）：58-63.

［206］曹孝平. 事故树分析法在有限空间中毒窒息事故风险分析中的应用［J］. 现代职业安全，2020（3）：77-79.

［207］宋鹏飞，夏永波. 内蒙古矿难为矿山运输安全敲响警钟［J］. 消防界（电子版），2019，5（4）：12-16.

［208］孙薇. 大货车交通事故致因机理及对策研究［D］. 重庆：重庆交通大学，2014.

［209］李祈. 小微企业的安全"命门"：浙江宁波市"9·29"重大火灾事故致19死3伤教训极其惨痛［J］. 广东安全生产，2019（11）：62-63.

［210］傅贵，杨春，殷文韬，等. 行为安全"2-4"模型的扩充版［J］. 煤炭学报，2014，39（6）：994-999.

［211］许素睿，项原驰，任国友，等. 新的行为安全"2-4"模型研究［J］. 中国安全科学学报，2016，26（4）：29-33.

［212］傅贵，索晓，孙世梅. HFACS的细节层级元素在24Model中的对应研究［J］. 中国安全科学学报，2016，26（10）：1-6.

［213］侯东毅. 基于行为安全"2-4"模型的某非煤矿山火药爆炸事故分析与研究［J］. 有色矿冶，2019，35（6）：46-52.

［214］张海，田硕，李宁. 基于瑟利模型的社区火灾分析［J］. 安全，2019，40（5）：58-61.

［215］王超群，黄钰琳. 山东金矿事故企业迟报引发舆情［J］. 中国应急管理，2021（1）：72-73.

［216］山东省应急管理厅. 山东五彩龙投资有限公司栖霞市笏山金矿"1·10"重大爆炸事故调查报告［R/OL］.（2021-02-23）［2022-02-14］. http://yjt.shandong.gov.cn/zwgk/zdly/aqsc/sgxx/202102/t20210223_3536726.html.

［217］寇丽平. 从事故特性谈人的安全意识的培养［J］. 中国安全科学学报，2003（12）：20-24.

［218］李艳. 基于轨迹交叉论的电力生产事故预防研究［D］. 北京：北京交通大学，2007.

［219］张凯. 大数据导论［M］. 北京：清华大学出版社，2020.

［220］吴仁守. 基于文本结构信息的短文本摘要生成研究［D］. 苏州：苏州大学，2019.

［221］涂鼎. 基于层次语义结构的流式文本数据挖掘［D］. 杭州：浙江大学，2016.

［222］李希娟. 大数据时代下的数据可视化研究［D］. 保定：河北大学，2014.

［223］谢金运. 浮动车GPS轨迹的实时流式地图匹配方法与实现［D］. 深圳：深圳大学，2016.

［224］范俊君，田丰，杜一，等. 智能时代人机交互的一些思考［J］. 中国科学：信息科学，2018，48（4）：361-375.

［225］宋鸣侨. 浅析人机交互技术的发展趋势［J］. 现代装饰（理论），2012（2）：148.

［226］曹亚男，赵璐，裴海超，等. 学习型智能交互系统的研究与实现［J］. 电子科学技术，2017，4（3）：133-137.

[227] 熊赟, 朱扬勇, 陈志渊. 大数据挖掘 [M]. 上海: 上海科学技术出版社, 2016.

[228] 王振武. 大数据挖掘与应用 [M]. 北京: 清华大学出版社, 2017.

[229] 熊萍萍, 曹书人, 杨卓. 华东地区碳排放量灰色关联度分析 [J]. 大连理工大学学报 (社会科学版), 2021, 42 (1): 36-44.

[230] 张文泉, 赵凯, 张贵彬, 等. 基于灰色关联度分析理论的底板破坏深度预测 [J]. 煤炭学报, 2015, 40 (S1): 53-59.

[231] 李诗汝. 疾病与微生物关联预测方法研究 [D]. 长沙: 湖南师范大学, 2020.

[232] 陈先昌. 基于卷积神经网络的深度学习算法与应用研究 [D]. 杭州: 浙江工商大学, 2014.

[233] 曾向阳. 智能水中目标识别 [M]. 北京: 国防工业出版社, 2016.

[234] 周志华. 机器学习 [M]. 北京: 清华大学出版社, 2016.

[235] 李欣海. 随机森林模型在分类与回归分析中的应用 [J]. 应用昆虫学报, 2013, 50 (4): 1190-1197.

[236] 戴礼荣, 张仕良, 黄智颖. 基于深度学习的语音识别技术现状与展望 [J]. 数据采集与处理, 2017, 32 (2): 221-231.

[237] 胡浩. 大数据与移动互联网背景下的未来电动汽车人机交互研究 [D]. 南京: 南京艺术学院, 2015.

[238] 郑敏敏. 基于眼电信号检测的人机接口研究 [D]. 北京: 清华大学, 2013.

[239] 杨金转, 许家成. 无障碍技术中的计算机相关辅助技术 [J]. 中国教育技术装备, 2008 (10): 83-84.

[240] 李昕. 基于眼电的无障碍人机交互技术研究 [D]. 杭州: 浙江大学, 2010.

[241] 陈歆普. 基于肌电信号的多模式人机接口研究 [D]. 上海: 上海交通大学, 2011.

[242] 杨鑫. 基于眼电的交互技术与机械手抓握控制 [D]. 杭州: 浙江大学, 2012.

[243] 李光林, 郑悦, 吴新宇, 等. 医疗康复机器人研究进展及趋势 [J]. 中国科学院院刊, 2015, 30 (6): 793-802.

[244] 赵梦凡. 基于物联网的智能家电人机交互设计研究 [D]. 扬州: 扬州大学, 2021.

[245] 许为, 葛列众. 人因学发展的新取向 [J]. 心理科学进展, 2018, 26 (9): 1521-1534.

[246] 王柏村, 黄思翰, 易兵, 等. 面向智能制造的人因工程研究与发展 [J]. 机械工程学报, 2020, 56 (16): 240-253.

[247] 吴超. 3MS-5Meic 安全系统模型构建及其应用研究 [J]. 中国安全科学学报, 2020, 30 (8): 1-11.

[248] 王秋惠, 姚景一. 下肢外骨骼康复机器人人因工程研究进展 [J]. 图学学报, 2021, 42 (5): 712-718.

[249] 陈善广, 李志忠, 葛列众, 等. 人因工程研究进展及发展建议 [J]. 中国科学基金, 2021, 35 (2): 203-212.

[250] 刘雨博, 高妍. 人机工程学关于手部操纵装置的研究 [EB/OL]. (2010-11-19) [2022-03-31]. http://www.paper.edu.cn/releasepaper/content/201011-480.

[251] 徐志胜, 姜学鹏. 安全系统工程 [M]. 3 版. 北京: 机械工业出版社, 2017.

[252] 王秉, 吴超. 安全科普学的创立研究 [J]. 科技管理研究, 2017, 37 (24): 248-254.

[253] 皮寇弗. 数学之书 [M]. 陈以礼, 译. 重庆: 重庆大学出版社, 2015.

[254] 汪雨冰, 王睿, 于永江, 等. 高精度增量式光电编码器信号处理系统 [J]. 吉林大学学报 (信息科学版), 2018, 36 (4): 398-402.

[255] 赵浩. 一种基于霍尔效应的无刷式测速发电机 [J]. 传感技术学报, 2017, 30 (3): 467-470.

[256] 陈静, 曹庆贵, 刘音. 煤矿事故人失误模型及系统动力学分析 [J]. 煤矿安全, 2011, 42 (5): 167-169.

[257] 钱新明, 陈宝智. 事故致因的突变模型 [J]. 中国安全科学学报, 1995 (2): 1-4.

[258] 成连华, 郑庆, 郭慧敏, 等. 基于累积效应的事故进程研究 [J]. 中国安全科学学报, 2019, 29 (12): 35-39.

[259] 湖北省应急管理厅. 大冶有色金属有限责任公司铜山口铜矿 "3·11" 较大高处坠落事故调查报告 [EB/OL]. (2015-07-03) [2022-02-24]. http://yjt.hubei.gov.cn/yjgl/ztzl/sgjy/dcbg/201507/t20150703_460623.shtml.

[260] 黑龙江省应急管理厅. 黑河市逊克县翠宏山铁多金属矿 "5·17" 较大透水事故调查报告 [EB/OL]. (2019-09-16) [2022-02-24]. http://yjgl.hlj.gov.cn/#/NewListDetail? id=81402&parentName.

[261] 山东省应急管理厅. 烟台招远曹家洼金矿 "2·17" 较大火灾事故调查报告 [EB/OL]. (2021-07-09) [2022-02-24]. http://yjt.shandong.gov.cn/zwgk/zdly/aqsc/sgxx/202107/t20210709_3657934.html.

[262] 汪国华. 基于声发射技术的结构损伤定位方法综述 [J]. 工程与建设, 2020, 34 (6): 1115-1118.

[263] 梁仁杰, 朱新征, 王跃龙, 等. 公交车尾部应急逃生门 [J]. 科技创新导报, 2017, 14 (30): 96-97.

[264] 魏士松, 周正东, 章栩苓, 等. 基于桌面虚拟现实技术的航天器虚拟维修训练系统 [J]. 系统仿真学报, 2021, 33 (6): 1358-1363.

[265] 潘卫军, 徐海瑶, 朱新平. 基于VR技术的机场应急救援虚拟演练平台 [J]. 中国安全生产科学技术, 2020, 16 (2): 136-141.

[266] 陈定方, 李勋祥, 李文锋, 等. 基于分布式虚拟现实技术的汽车驾驶模拟器的研究 [J]. 系统仿真学报, 2005 (2): 347-350.

[267] 董陇军, 邓思佳, 闫艺豪. 岩体失稳灾害人-机-环系统监测与灾害防控: 智能安全人机工程学及教学实践 [J]. 安全, 2021, 42 (10): 1-10.

[268] 胡绕. 基于超声横波的混凝土结构无损检测数据成像技术 [J]. 无损检测, 2020, 42 (6): 17-21.

[269] 龙林, 王宁, 陶俊林, 等. 振动环境中螺栓连接结构状态声发射试验研究 [J]. 噪声与振动控制, 2010, 30 (4): 166-170.

[270] 周朝, 尹健民, 周春华, 等. 考虑累积微震损伤效应的荒沟电站地下洞室群围岩稳定性分析 [J]. 岩石力学与工程学报, 2020, 39 (5): 1011-1022.

[271] 周游, 黄静美, 谢红强. 西南地区某高速公路边坡危岩体稳定可靠性评价 [J]. 地下空间与工程学报, 2020, 16 (S2): 1022-1029.

[272] 田玥, 陈晓非. 地震定位研究综述 [J]. 地球物理学进展, 2002 (1): 147-155.

[273] 汪国华. 基于声发射技术的结构损伤定位方法综述 [J]. 工程与建设, 2020, 34 (6): 1115-1118.

[274] 董陇军, 李夕兵, 唐礼忠. 影响微震震源定位精度的主要因素分析 [J]. 科技导报, 2013, 31 (24): 26-32.

[275] 董陇军, 李夕兵, 马举, 等. 未知波速系统中声发射与微震震源三维解析综合定位方法及工程应用 [J]. 岩石力学与工程学报, 2017, 36 (1): 186-197.

[276] 王起全. 安全评价 [M]. 北京: 化学工业出版社.

［277］董方旭，王从科，凡丽梅，等. X 射线检测技术在复合材料检测中的应用与发展［J］. 无损检测，2016，38（2）：67-72.

［278］陈照峰. 无损检测［M］. 西安：西北工业大学出版社，2015.

［279］汤志荔，张安，曹璐，等. 复杂人机智能系统功能分配方法综述［J］. 人类工效学，2010，16（1）：68-71.

［280］杨宏刚，赵江平，郭进平，等. 人-机系统事故预防理论研究［J］. 中国安全科学学报，2009，19（2）：21-26.

［281］郭伏，杨学涵. 人因工程学［M］. 沈阳：东北大学出版社，2001.

［282］汤松龄. 电子产品之触摸屏技术浅析［J］. 家用电器，2009（5）：68-69.

［283］董陇军，周盈，邓思佳，等. 磷矿清洁安全生产的人-机-环境系统评价方法案例研究［J］. 中南大学学报（英文版），2021，28（12）：3856-3870.